装饰装修材料与构造

第2版

主　编　高祥生
副主编　潘　瑜　刘清泉　许　琴　许佳佳

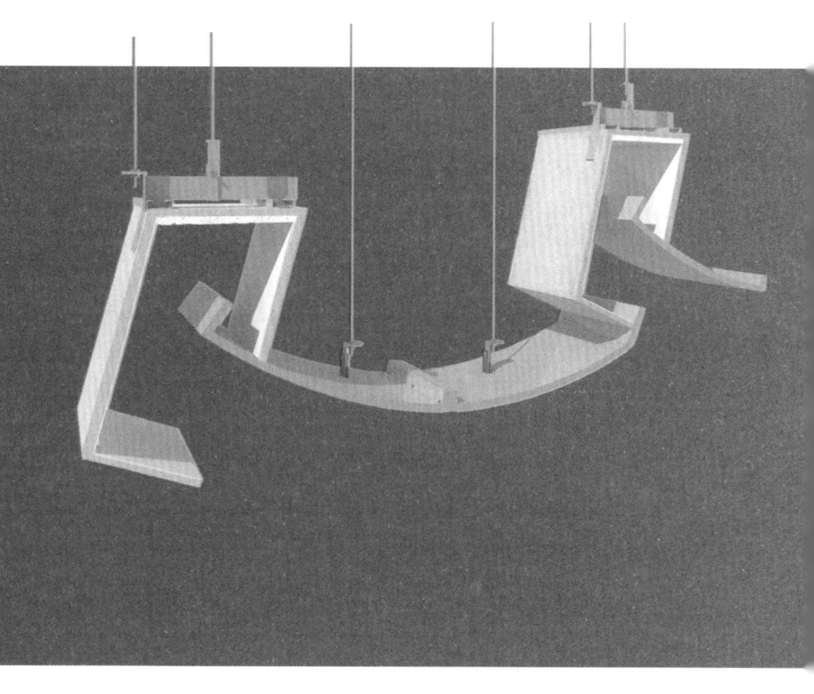

METERIAL AND DRAWING FOR INTERIOR DECORATION

微信扫码
下载上编彩图

南京师范大学出版社
NANJING NORMAL UNIVERSITY PRESS

图书在版编目（CIP）数据

装饰装修材料与构造 / 高祥生主编 . -- 2 版 . -- 南京：
南京师范大学出版社，2020.6（2023. 10 重印）
（高等院校环境设计专业系列教材）
ISBN 978-7-5651-4443-1

Ⅰ . ①装… Ⅱ . ①高… Ⅲ . ①室内装饰 – 建筑材料 –
装饰材料 – 高等学校 – 教材②室内装饰 – 构造 – 教材 Ⅳ . ① TU56
② TU767

中国版本图书馆 CIP 数据核字（2019）第 288882 号

书　　名 装饰装修材料与构造
主　　编 高祥生
副 主 编 潘　瑜　刘清泉　许　琴　许佳佳
责任编辑 何黎娟
出版发行 南京师范大学出版社
地　　址 江苏省南京市玄武区后宰门西村 9 号（邮编：210016）
电　　话 （025）83598919（总编办）　83598412（营销部）　83373872（邮购部）
网　　址 http://press.njnu.edu.cn
电子信箱 nspzbb@njnu.edu.cn
照　　排 南京凯建文化发展有限公司
印　　刷 江苏扬中印刷有限公司
开　　本 850 毫米 ×1168 毫米　1/16
印　　张 18.75
字　　数 421 千
版　　次 2020 年 6 月第 2 版　2023 年 10 月第 3 次印刷
书　　号 ISBN 978-7-5651-4443-1
定　　价 75.00 元

出 版 人 张　鹏

再版前言

自 2011 年我主持编写的《装饰材料与构造》一书出版后，多所高校将该书作为教材使用，因为教师和学生们的反响较好，所以该教材也多次重印。

近年来，一些专业人员向我反映：一是教材中的一些装饰装修材料现已被国家新的规范明确限制使用，因此继续保留这些内容已不妥当；二是随着建材行业的发展和人们对室内环境要求的提高，在装饰装修行业中出现了许多新型材料，作为高等教育和职业教育的教材，应该及时将这些内容编入其中；三是随着数字化技术的发展，三维的图像也在有些教材或教学资料中出现。由于这些问题的产生，南京师范大学出版社建议对《装饰材料与构造》进行修订，我认为是很有必要的。因为教材中许多地方涉及装修的内容，所以我提出将书名修改为《装饰装修材料与构造》，在“装饰”后加“装修”两字的提法符合当前国家主管部门的要求和行业内的习惯。

修订后的教材分上编和下编。上编十一章，主要介绍装饰装修材料。下编四章，主要是装饰装修材料的三维构造图例。

本教材最大的特色是将二维的 CAD 线图转换成三维的图像，这需要经过设计、建模、渲染成图，每幅图的制作都是一项细致的工作。修订后的《装饰装修材料与构造》不仅材料种类系统、齐全，而且各类构造做法以三维图的形式呈现，直观、清晰，实用性非常强。因此，本教材既可作为高等院校相关专业的教科书，也可作为室内设计人员、施工人员的参考书。

新版内容根据当前社会的实际情况，做了近两倍的增补。本教材的修订工作由我牵头组织，体例、形式由我确定，书中内容主要由我、潘瑜老师、许佳佳老师、许琴修改、确定。教授级高工刘清泉提供了新型装饰装修材料的资料，并修改了部分装饰装修构造图。东南大学成贤学院建筑与艺术学院的陈心同、夏潮、殷小雅、彭慧芸、周杰、冯伶通、刘超等学生为三维构造图做了大量的工作。在本教材的编写过程中，我经常与南京师范大学出版社的何黎娟老师就内容进行讨论，她常提出许多很好的意见并被我们采纳；南京盛旺设计研究所的潘炜、朱霞为编写本教材做了一些后勤工作。

在本教材即将出版之际，我向对本书编写和出版给予帮助和支持的朋友、学生们表示衷心的感谢！

高祥生
2020 年 5 月 20 日

前 言

近三十年来，装饰装修行业和装饰装修设计（即室内设计）专业得到了迅猛发展。据行业主管部门统计，2010年，全国建筑装饰装修行业的年产值达2万多亿，从事建筑装饰装修设计的人员已超过百万人。在全国一千多所高等院校中，设有建筑室内设计专业的院校已超过900所，这表明我国建筑装饰装修设计的队伍和专业教育已经具有相当大的规模。

装饰材料和构造知识是室内设计专业中不可或缺的内容。装饰材料是装修设计的重要语言，是表现装修工程标准、风格特征、视觉效果的重要因素；装饰构造是材料与材料、材料与构件之间结合的方法和形式，它体现了材料应用、施工工艺、安全措施、经济投入的水平。因此，装饰材料和装饰构造是室内设计专业必须了解、熟悉和掌握的知识，同时，它也是室内设计专业的主干课程。近年来，有关装饰材料和装饰构造的教材时有出版，然而这些教材大多有两点不足之处：一是将装饰材料和构造的内容分开编写，常使读者较为孤立地理解各部分的内容；二是很少收集新型的装修材料构造案例，致使这些教材的内容难以反映装饰装修行业的最新发展状况。鉴于上述情况，我们编写了这本《装饰材料与构造》，希望对室内设计专业的教材建设和装饰装修设计师的业务提高有所帮助。

在编写时我们将装饰材料与构造两部分内容整合在一起，使读者能更加深入、完整地了解各种材料的性能和应用方法。另外，本教材取消了不符合环保要求和目前不常用的装饰材料，收录了低碳的、生态的，并能满足工业化生产要求的新型装饰材料和构造方法，使读者能更全面地了解装饰材料的最新发展和应用情况。

本教材分为十章，每一章介绍一类装饰材料，分别是木材、石材、陶瓷、玻璃、塑料、金属、涂料、胶粘剂、无机胶凝材料、织物与卷材十大类，涵盖了装饰材料的基本内容。虽然将来还会有新型的材料产生，但都可归纳在这十个种类之中。

为使本教材的内容能更好地适应行业发展的需要及主要读者对象的使用需求，教材对构造工艺中较复杂的内容未作进一步阐述，而是侧重于对基本工艺、方法的介绍。为了帮助学生更好地理解教材的内容，教师在使用本教材时，应酌情组织学生到装饰材料市场、工厂和施工现场参观学习，以更直观的方式掌握各种材料的特性及应用方法，提高学习效果。本教材对学时、学习目的、重点内容作了规定，教师可根据具体的教学情况作适当调整。

本教材内容系统、基础，可读性、适用性强，可作为大专院校建筑室内设计专业、环境艺术设计专业的教材，也可作为建筑装饰装修设计师创作时的参考资料。

高祥生

2011年5月15日

目　录

下编 装饰装修构造图例

上编
装饰装修材料

第一章　木材及木制品

【学习重点】

了解木材的基本特性，以及木制品的种类及特点；

重点掌握木制品在室内空间中的用途及基本构造做法。

木材是人类最早使用的建造材料之一，其物理力学性能、表面装饰性能、加工性能都较优异，不仅应用于建筑物的建造，同时还是室内装修的主要用材。

第一节 木材的基本特性

一、木材的主要优点

木材是天然材料，只要控制好采伐和种植的关系，在应用中严格采取消防措施，它就是一种可持续发展和生态环保的优良装饰装修材料。

木材的优点主要体现在以下几方面：

① 物理力学性能：质轻、强度高，有韧性，抗震、抗冲击能力强；具有较好的吸声、吸湿和绝缘性能。在干燥条件下耐久性好。

② 表面装饰性能：天然的质地、纹理、色泽具有温暖、亲切和回归自然的美感。

③ 加工性能：易于进行锯、刨、铣、钉、剪等机械加工和粘、贴、涂、画、烙、雕等表面处理。

二、木材的主要缺点

木材的缺点主要有：

① 木材内部构造的不均匀使其有向异性，受到外界因素影响时，会不同程度地开裂、变形，产生结构性破坏。

② 木材在潮湿环境中易被腐蚀，影响原有强度。

③ 木材的天然纹理中，常有树结、虫眼、裂口、裂缝等疵病，处理不当影响观感。

④ 木材属易燃性材料，应用中必须采取严格的防火措施。

三、木材的防火处理

木材作为装修材料广泛应用于建筑室内外空间中。但木材属于易燃材料，在遇到高温或火源时，会着火燃烧，它是一种极不安全的材料。木材的闪燃点为225～250℃，发火点为330～470℃。因此，在装修中，木材的防火问题十分重要。

目前，木材的防火处理主要依靠使用阻燃剂或防火涂料使之成为难燃材料，在遇到小火时能自熄，遇到大火能延缓或阻滞燃烧，最终为扑救赢得宝贵时间，提高建筑的安全性。

自2018年3月国家发布《建筑设计防火规范》[GB 50016-2014（2018年版）]以来，在建筑工程、建筑装饰装修工程中，已限制了木材装饰装修制品的使用范围，强化了木材应用中的防火处理。

第二节 木材的分类

木材的种类繁多，在实际应用中，常以树种及材种两大标准来进行分类。

一、按树种分类

生产木材的树种很多，为便于识别，常以树叶的外观形状为依据进行分类，可分为针叶树和阔叶树两大类。

1. 针叶树

（1）主要树种

红松、白松、马尾松、落叶松、杉树、柏树等，通常为软材（图1-2-1）。

（2）应用

广泛用于承重构件及装修的构造骨架部分。

2. 阔叶树

（1）主要树种

柚木、榆木、柞木、水曲柳、榉木、柳桉、枫木、印茄木、重蚁木、甘巴豆木等，通常为硬材（图 1-2-2）。

（2）应用

阔叶树材中很多树种具有优美的纹理，故能适用于室内装修和家具制作等。大量应用于室内空间界面、家具和地板的表面装修。

表 1-1 为常见树种的特点及应用范围。

图 1-2-1　杉树（左）、针叶树（右）

图 1-2-2　阔叶树（左）、阔叶（右）

表 1-1　常见树种的特点及应用范围

树　种	特点及应用范围
榉　木	分红榉和白榉，可加工成板、方材、薄片。纹理细而直，或呈均匀点状。木质坚硬，强韧，耐磨、耐腐、耐冲击，干燥后不易翘裂，透明漆涂装效果颇佳。板、方材用于实木地板、楼梯扶手以及各种装饰线材（门窗套、家具封边线、角线、格栅等），薄片（面材）与胶合板（基层材）结合用于壁面、柱面、门窗套以及家具饰面板
枫　木	花纹呈明显的水波纹，或呈细条纹。乳白色，色泽淡雅均匀，硬度较高，胀缩率高，强度低。多用于实木地板以及家具饰面板
柚　木	质地坚硬，细密耐久，耐磨、耐腐蚀，不易变形，胀缩率是木材中最低的一种。油性丰富，线条清晰，纹理有山纹和直纹之分，装饰风格稳重大方。其板材可用于实木地板，饰面板用于家具、壁面
胡桃木	颜色由浅灰棕色到紫棕色，纹理粗而富有变化。透明漆涂装后纹理更加美观，色泽更加深沉稳重。胡桃木饰面板在涂装前要避免表面划伤泛白，涂装次数要比其他饰面板多 1 ~ 2 道

续表

树 种	特点及应用范围
水曲柳	呈黄白色，结构细腻。纹理直而较粗，花纹漂亮，颜色清爽，装饰效果自然。胀缩率低，耐磨，抗冲击性好。常用于混水工艺
黑 檀	色泽油黑发亮，木质细腻坚实，为名贵木材。横纹细腻，直纹朴雅，装饰效果浑厚大方，为装饰材料之极品
橡 木	有白橡与红橡之分，色泽略浅，纹理淡雅清晰。直纹虽无鲜明对比，但却有返璞归真之感，装饰效果自然
沙比利	线条粗犷，颜色对比鲜明，装饰效果隽永大方，为高级木材
红樱桃	色泽鲜艳，高贵典雅，属暖色调。装饰效果温馨浪漫，并呈现较好的视觉效果，为宾馆、餐厅首选饰材

二、按加工程度分类

砍伐下来的木材，常会根据用途不同，被加工成不同的形式，以便于再加工和使用。木材按加工程度分类，可分为原条、原木和普通锯材（板方材）等（图 1-2-3）。

1. 原条

指去除树根、树皮，但未按一定的尺寸规格加工的原始木材。一般作为工地脚手架使用。

2. 原木

指在原条的基础上，按一定的直径和尺寸规格加工而成的木材。可用于制作房梁、柱、椽子、檩条等。

3. 普通锯材

指锯成的规格料，也称板方材。凡宽度为厚度的 3 倍或 3 倍以上的木材叫板材；宽度不足厚度 3 倍的叫方木。板材按厚薄尺寸不同可分为：薄板、中板、厚板、特厚板。方木按宽厚的乘积（cm^2）可分为：小方、中方、大方、特大方。

锯材按尺寸分类如下：

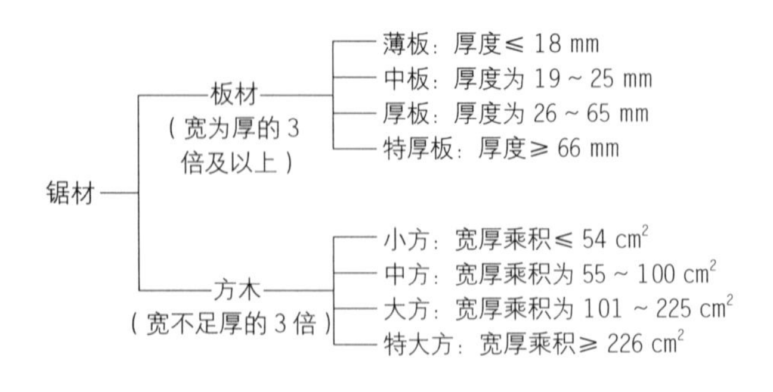

图 1-2-3 从上至下分别为原条、原木、普通锯材

第三节　木材装修制品

在室内装修工程中，木材常常被加工成各种不同形式的装修制品，广泛应用于顶面、地面、墙面和部品部件。根据木材加工的程度以及木材各部分的特点，木材制品既可用于结构、基层，也可用于表面装饰装修。

一、木材装修制品的加工

木材装修制品的加工有多种方法，如旋切法、平切法、1/4斜切法等（图1-3-1、图1-3-2）。

二、木材装修制品的种类及特点

1. 基层板

在室内装饰装修工程中，已限制了木工板在基层中应用的部位，但它是传统装饰装修中应用广泛的基层材，因此初学者有必要了解木质基层的构成和在装饰装修中的构造做法。

1）细木工板

细木工板，是以木条为芯板，在上下各覆以一层或几层单板胶合热压后制成的板材，又称大芯板或木工板。中间的芯材一般为拼接的木料（图1-3-3），有手拼和机拼两种。

用于细木工板的材质以白松木、柳木、桉木

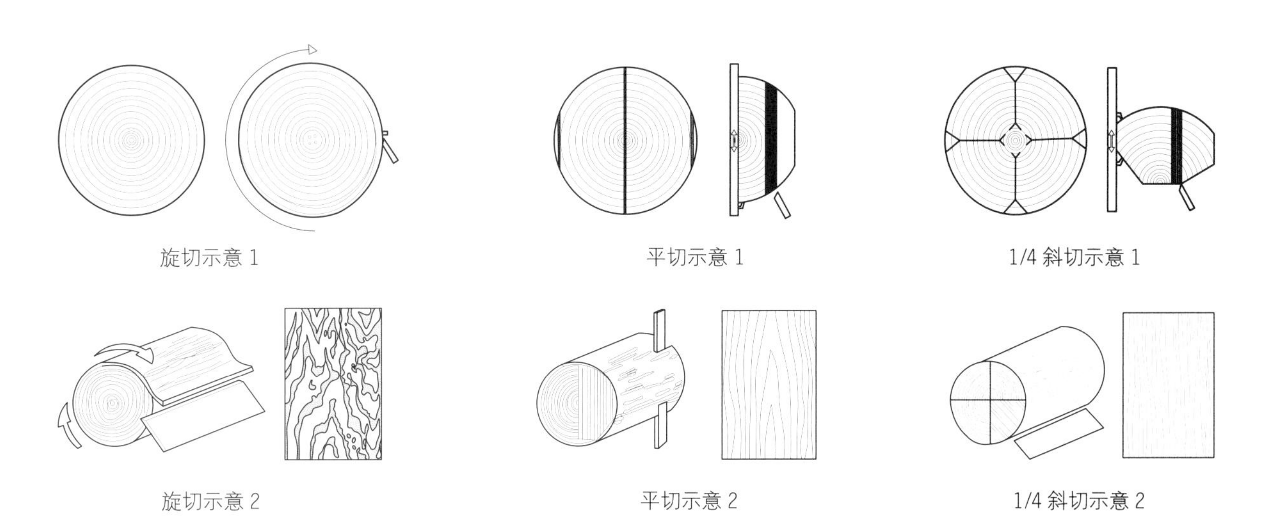

图1-3-1　木材装饰加工方法

平切的木皮

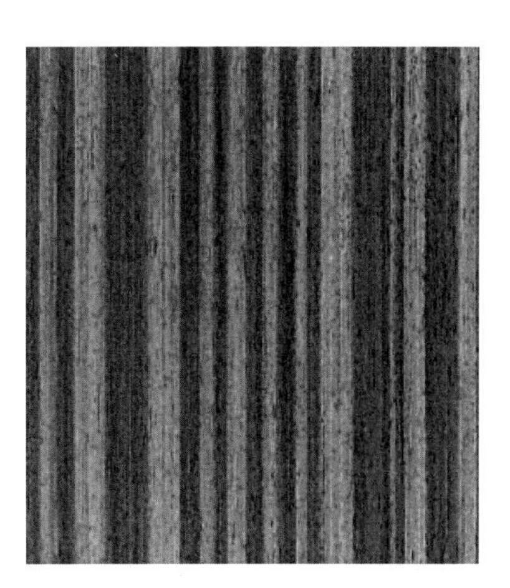

1/4 斜切的木皮

图1-3-2

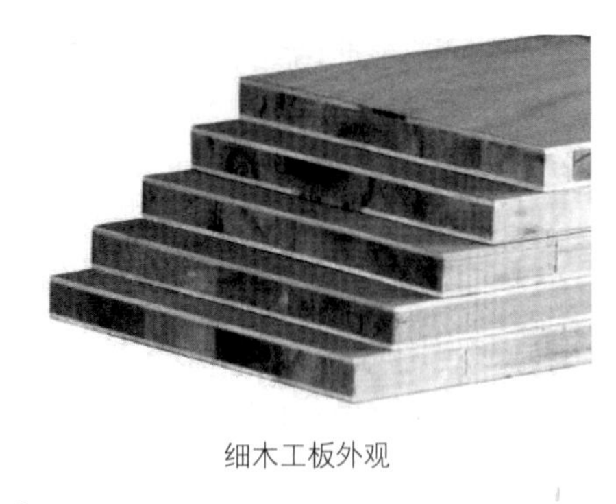

细木工板外观

胶合板外观

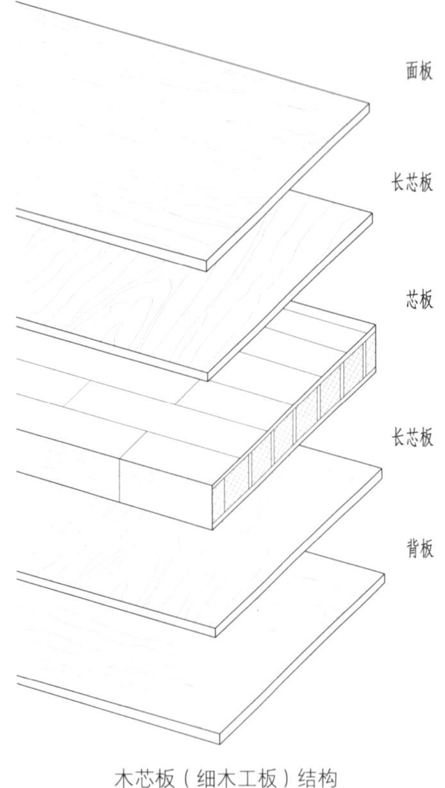

木芯板（细木工板）结构

图 1-3-3

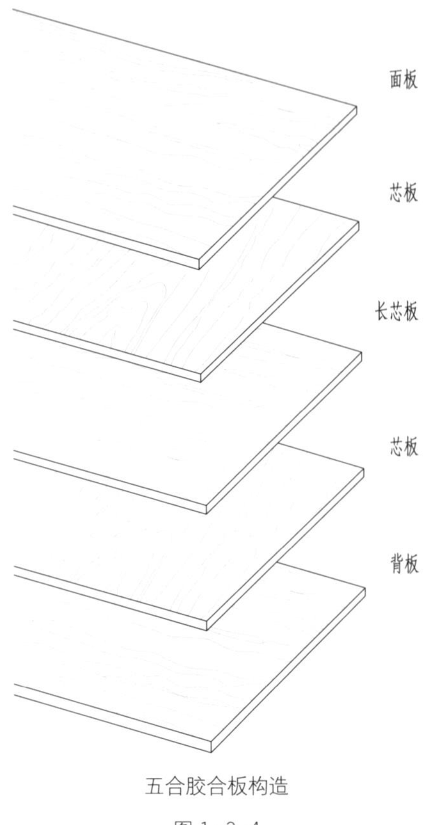

五合胶合板构造

图 1-3-4

为好，杨木、杉木次之，桐木再次之。

细木工板具有较强的硬度、强度，质轻、易加工、稳定性强，是适用于制作各种家具的基层材料，在室内装饰装修工程中可作为门、窗、墙面造型等室内木作工程的基层材料。

2）**胶合板**

胶合板是用3层、5层、7层、9层、13层原木旋切成单板后胶合而成，相邻层单板的纹理相互垂直。单板层数为奇数，一般在3~13层之间（图1-3-4）。

胶合板的分类繁多，按所用材种可分为：柳桉胶合板、水曲柳胶合板、花樟树瘤胶合板、枫木雀眼胶合板、白橡胶合板、红橡胶合板、泰柚胶合板、枫木胶合板、白榉胶合板、红榉胶合板以及桦木、杂木、椴木胶合板等；按单板层数可分：三合板、五合板、七合板、九合板等；按结构可分：胶合板、夹心胶合板、复合胶合板；按表面加工可分：砂光胶合板、刮光胶合板、贴面胶合板、预饰面胶合板；按形状可分：平面胶合板和成型胶合板；按用途可分：普通胶合板和特种胶合板。胶合板的常用规格见表1-2。

在装饰装修工程中，木材制品还有纤维板、刨花板，在家具制作中仍有应用，但在装修工程中应用已很少，故对此不做赘述。

表 1-2　胶合板的常用规格

种类	规格 /mm		
	长	宽	厚
阔叶树材胶合板	915、1 830、2 135	915	2.5、2.7、3、3.5、7、9
	1 220、1 830、2 135、2 440	1 220	
针叶树材胶合板	1 525、1 830	1 525	3、3.5、5、7、9

2. 饰面板

1）木饰面板

木饰面板是将较珍贵树种的木材加工成 0.1 ~ 1 mm 的微薄木切片，再将微薄木切片胶接于基层板上制成的板材。木饰面板的取材较为广泛，例如水曲柳、花梨木、枫木、桃花芯、西南桦、沙比利等。

木饰面板可分为 3 mm 厚木饰面板（又称切片板）和微薄木饰面板（又称成品饰面板）。

（1）3 mm 厚木饰面板

3 mm 厚木饰面板，俗称面板，一般为 2.7 mm 的基层板加 0.2 ~ 0.3 mm 的微薄板覆层，故总厚度在 3 mm 左右（图 1-3-5、图 1-3-6）。3 mm 厚木饰面板表面纹理细腻、真实、美观，广泛应用于门、门套、窗套、家具以及其他木作工程的表层装饰。这种木饰面板应用于施工现场，按照尺寸大小制作，现场油漆。

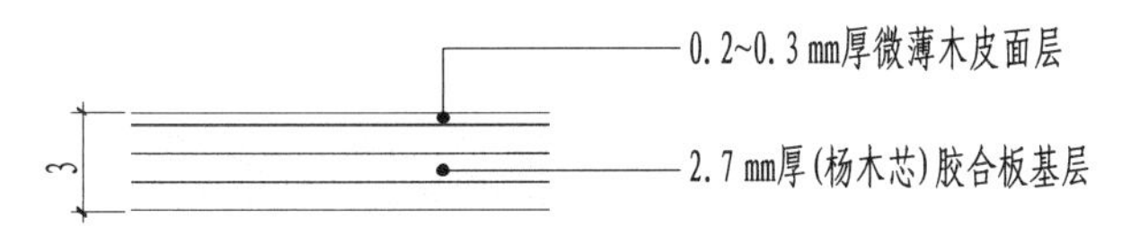

图 1-3-5　3 mm 厚木饰面板内部构造

0.2~0.3 mm厚微薄木皮面层

2.7 mm厚(杨木芯)胶合板基层

图 1-3-6　3 mm 厚木饰面板内部结构

木饰面板尺寸规格（mm）有：1 200×2 400×3、1 220×2 440×3。

（2）微薄木饰面板

微薄木饰面板是利用珍贵树种，如紫檀木、花樟、楠木、柚木及水曲柳等，通过精密设备刨切成 0.3 ~ 0.6 mm 厚的薄木皮，以胶合板、刨花板、细木工板等为基层材，采用先进的胶粘工艺，将薄木皮复合于基层材之上，经热压后制成。具有木纹逼真、花纹美丽，真实感和立体感强等特点，几乎与直接用珍贵树种加工的板材完全相同，是目前装修工程中用量最大的装饰面材。

常用规格：0.3 ~ 0.6 mm 厚饰面木皮加 12 ~ 18 mm 厚中密度纤维板基层加 0.3 ~ 0.6 mm 厚普通木皮。

非满贴时，以 400 mm、600 mm 为模数，宽度、高度方向取模数的倍数；满贴时，宽度方向以 400 mm、600 mm 为模数，取模数的倍数后，不足模数尺寸时，按现场实际测量尺寸为准。宽度方向尺寸小于 600 mm 时，用整块。高度方向从下往上 2 400 mm 处为分割线，2 400 mm 以上部分按现场实际测量尺寸为准。

遇特殊要求，如超长、弧形等，可另行设计，但加长不超过 3.8 m，一定要考虑油漆完的变形可能，大于 2.4 m 高需加工艺缝。微薄木饰面一般是由基层材、装饰薄木（单板、木皮）、平衡薄木（单板、木皮）、正面装饰涂层、反面封闭（平衡）涂层组成。

常用微薄木饰面板品种有：水曲柳面板、美柚面板、泰柚面板、花梨木面板、酸枝木面板、红榉面板、白榉面板、楠木雀眼面板、枫木雀眼面板、橡木树瘤面板、桃花芯面板、白橡木面板、枫木面板、槭木面板、朴木面板、白栎木面板、红栎木面板等（图 1-3-7）。

2）木质复合板材

常见的木质复合板材有：宝丽板、波音板、PVC 装饰板、防火板、镁铝饰板、镁铝曲板、蜂巢板、纸面稻草板等。

白橡色饰面板

橡木色饰面板

红檀色饰面板

樱桃色饰面板

柚木色饰面板

重蚁木色饰面板

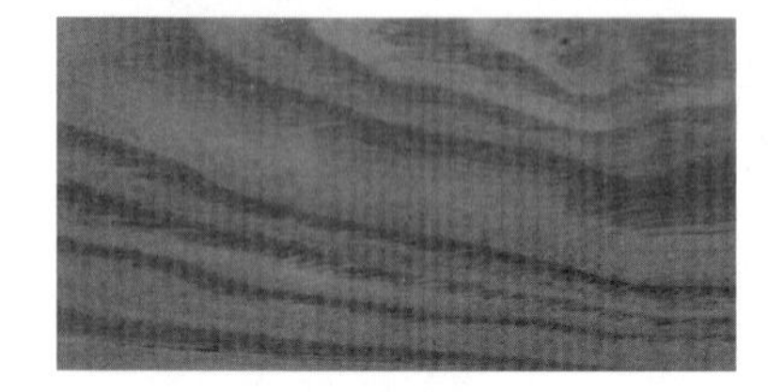

水曲柳饰面板

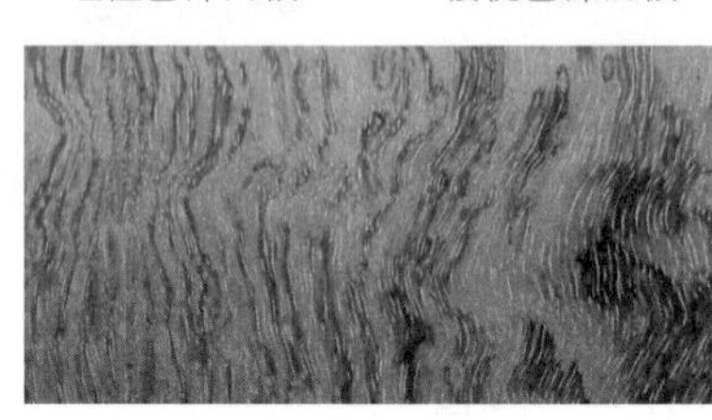

花梨木饰面板

枫木饰面板

桃花芯饰面板

西南桦饰面板

沙比利饰面板

图 1-3-7 常见的饰面板

(1)宝丽板(含宝丽坑板、富丽板)

宝丽板又称华丽板，是以特种花纹纸，贴于三合板基层材上，再在花纹纸上涂以不饱和树脂，并在其表面压合一层塑料薄膜而成。

宝丽坑板是在宝丽板表面按等距离加工出宽 3 mm、深 1 mm 的坑槽而成。槽距有 80 mm、200 mm、400 mm、600 mm 等多种。

(2)波音板、皮纹板、木纹板

以波音皮(纸)、皮纹皮(纸)、木纹皮(纸)经过压花，用 EV 胶真空贴于三夹板上加工而成。

(3)PVC 装饰板

PVC 装饰板是一种以塑料代木材的建筑装饰材料。它具有防火、防水、防潮、耐酸碱、耐腐蚀、抗老化、不变形、重量轻、表面光滑等特点。花色多样，有木纹、大理石纹及茉莉花、牡丹花、彩云等图案。

(4)防火板

防火板亦称耐火板或防火装饰板，有各种流行色，有仿木纹、仿石纹、仿皮纹、仿织物等。板面有亮面(镜面)、亚光两种。特点是图案、花色丰富多彩，耐湿、耐磨、耐烫、阻燃、耐一般酸碱油脂及酒精等溶剂的腐蚀。用于防火工程，既能达到防火要求，又能起装饰作用。

市场销售的防火板种类很多，以国外某厂家的产品为例，其品种、规格及用途见表 1-3。

表 1–3　防火板的品种、规格、用途				
品　种	规格 /mm			用　途
	长度	宽度	厚度	
一般用途板	长度：2 440～3 048 宽度：915～1 220		1.3	适用于室内装修
立面用装饰板			0.7	适用于门、墙和橱柜里面
可弯曲品种（1）			1	适用于有弯曲要求的工作面，一般用于现代家具
可弯曲品种（2）			0.8	一般用于轻型产品的面材
防火板			1.3	适用于学校、医院、商业大楼、高级宾馆、高级住宅等室内装修
铝面板			1.1、1.7	主要用于火车车厢、公共汽车等装饰
地板			1.5、3	专用于地板面材
板块			1.6、3.2	适用于制作各种室内铭牌
耐磨型			1.3	适用于有大量摩擦接触的柜台表面

（5）镁铝饰板和镁铝曲板

镁铝饰板是以三夹板为基层板，表面胶以一层铝箔并进行电化处理加工而成。其表面可做成多种图案花纹及多种颜色，有平板型、镜面型、刻花图案型及电化加色型等。其颜色通常有银白、乳白、金色、古铜、青铜、绿、青铝等。

镁铝曲板是以电化铝箔贴于复合纸基层之上，并将铝箔及纸基层一并开槽加工而成。由于该板槽与槽之间的距离很小（约 10～25 mm），故能卷曲自如。

以上两种板材的特点、规格及用途见表 1–4。

3. 木地板

木地板主要有实木地板、复合地板、软木地板、竹地板和活动地板五种。

1）**实木地板**

实木地板是以天然的木材直接加工而成的地板，又称原木地板。

根据选用树种和施工工艺不同，实木地板产生的装饰效果也不同。

实木地板的尺寸规格（mm）：910×125×18、910×90×18、750×90×18、600×75×18 等。

特点：木质感强、弹性好，脚感舒适、美观大方，可减弱音响和吸收噪声，能自然调节室内湿度和温度，不起灰尘，给人以舒适的感受。适用于住宅、办公、休闲、会议会所、特色店等场所的地面装饰。

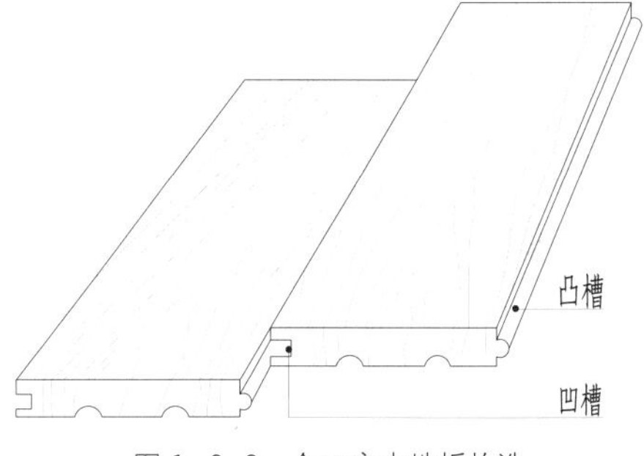

图 1–3–8　企口实木地板构造

常用于制作实木地板的木材有：松木、水曲柳、柞木、柚木等。根据木材特点不同，可分为高、中、低三档。具体见表 1–5。

实木地板按断面接口构造的不同，可分为平口、错口和企口（图 1–3–8）三类。按表面涂饰的不同，又可分为素板和漆板两种。

2）**复合地板**

复合地板是指以不同质地的纤维板为基层材，经过特定工艺压制而成的人造地面装饰板材。其内部构造包括四个层次：底层、中间层、装饰层和耐磨层。

复合地板包括实木复合地板和强化复合地板两种。

表 1-4 镁铝饰板和镁铝曲板的特点、规格及用途			
名 称	特 点	规格 /mm	用 途
镁铝饰板	该板具有不变形、不翘曲、耐温、耐湿、耐擦洗、可钉、可刨、可锯、可钻、平直光洁、有金属光泽、图案花纹多样、华丽高贵及施工方便等特点	(3 或 4)×1 220×2 440	适用于各种商业建筑、工业及民用建筑等室内墙面、柱面及装饰面等的装饰
镁铝曲板	该板平直光亮，有金属光泽，美观华丽，具有可锯、可钉、可刨、可沿纵向弯曲粘贴在弧形面上、施工安装方便等特点，并可用壁纸刀分条切割或分数条切割，以适应不同部位之特殊要求	3×1 220×2 440 条宽（即槽距）: 细条 10 ~ 25 中条 15 ~ 20 宽条 25	适用于各种室内墙面、柱面、曲面、装饰面及局部顶棚等装饰

表 1-5 实木地板木材的特点		
分类	常用木材	特点
高档实木地板	柚木、榉木、檀木、花梨木	纹理美观、坚硬耐磨、装饰效果好
中档实木地板	水曲柳、柞木、胡桃木	耐磨性好、木质坚硬，具有一定的抗冲击性能
低档实木地板	松木、杉木、柳木	耐蚀性好、抗腐性好、木质极软、木节眼多

（1）实木复合地板

实木复合地板采用 5 mm 厚的实木作装饰面层，由多层胶合板或中密度板构成中间层，以聚酯材料作底层。实木复合地板按结构分为：三层复合实木地板、多层复合实木地板、细木工板复合实木地板等。实木复合地板上下均为 4 ~ 5 mm 硬木面层，中间为横纹、竖纹软木类平衡层，这样既节约珍贵面层木材又保持了实木地板的优点。三层经粘贴后再高压制成板材，最后表面压制耐磨剂或薄膜（图 1-3-9）。

实木复合地板既有实木地板的美观和质感，又降低成本，减少木材使用量，同时还具有材质均匀、不易翘曲和不易开裂等优点。

实木复合地板的规格：长度为 910 ~ 2 200 mm，宽度为 90 ~ 303 mm，厚度为 8 ~ 18 mm。

（2）强化复合地板

强化复合地板是用三聚氰胺浸渍纸作装饰面层，表面为耐磨层（三氧化二铝），用硬质纤维板或高密度纤维板等作为中间层，再用 PVC 等聚酯材料制成底层，然后将这三层粘贴后经高压制成板材，再在表面压制耐磨剂或薄膜（图 1-3-10）。

强化复合地板可以解决实木地板因季节转换而产生的胀缩变形等问题，且不会有色差，安装简便，几乎不需保养。

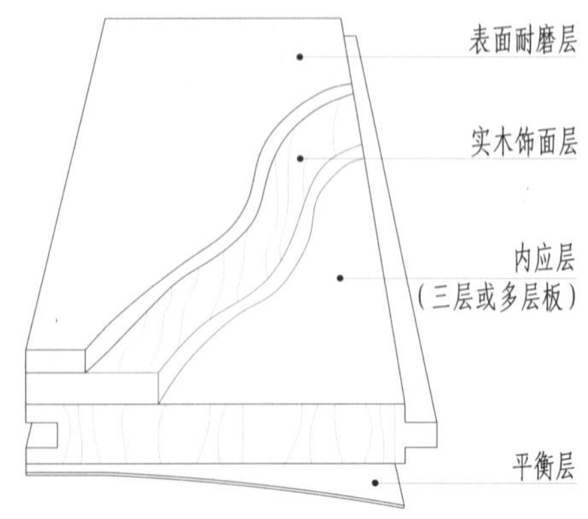

图 1-3-9 实木复合地板外观和内部结构

强化复合地板的规格：长度为 910 ~ 2 200 mm，宽度为 90 ~ 303 mm，厚度为 8 ~ 18 mm。

3）软木地板

软木地板是由软木片、软木板和木板复合而成的地板。既适用于家庭居室，也适用于商店走廊、舞厅、图书馆等人流量大、难以避免沙砾的场所。软木地板具有保温隔热性好、不易燃烧、弹性好、噪音小、适用于儿童活动空间等优点。根据不同的应用需要，软木地板可被加工成块状、条状、卷状（图 1-3-11）。

软木地板尺寸规格（mm）一般包括：900×150 条形地板、300×300 方形块板。厚度为 4 ~ 13.4 mm。

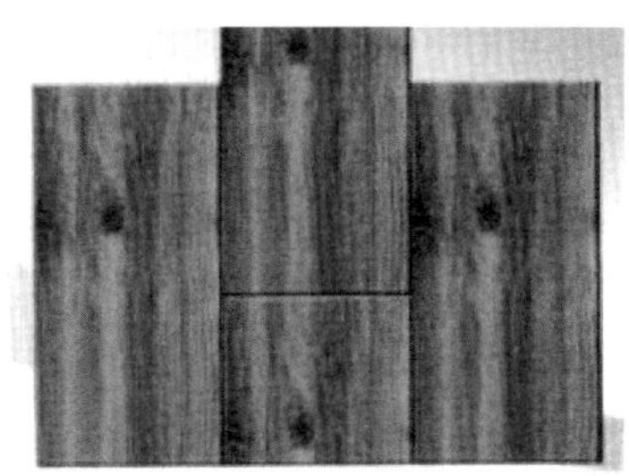

图 1-3-10
强化复合地板外观

4）竹地板

竹地板是选用中上等竹材，经漂白、硫化、脱水、防虫、防腐等多道工艺以后，再经高温、高压、热固胶合而成的地板。竹地板耐磨、耐压、防潮、防火、强度高且收缩率低，铺设后不开裂、不翘曲、不变形起拱。其表面呈现竹子的纹理，色泽美观（图 1-3-12）。但竹地板硬度高，脚感略逊于实木地板。

竹地板按构造方式的不同，可分为多层胶合竹地板、单层侧拼竹地板和竹木复合地板；按外形的不同，可分为条形拼竹地板、方形拼竹地板、菱形拼竹地板及六边形拼竹地板。

竹地板的尺寸规格（mm）有：1 850×250×18、1 850×154×18、1 960×154×15、1 210×125×18、970×97×15、910×125×14 等。

5）活动地板（又称抗静电地板）

活动地板是指由金属材料或特制刨花板为基层材，表面覆以三聚氰胺装饰板，以胶粘剂胶合成的架空地板（图 1-3-13）。它配有专用的钢木梁、橡胶垫条及可调节的金属支架。主要是满足计算机房等有特殊要求的场所地面铺设。活动地板抗静电、耐磨耐燃性好、便于通风，架空层便于走线，安装维修方便，可随意开启和拆除，同时也具有一定的装饰功能。

图 1-3-11　软木地板

图 1-3-12　竹地板

图 1-3-13　活动地板

活动地板的尺寸规格（mm）有：500×500×26、600×600×30、600×600×35。根据金属支架可调整安装高度，一般为 80～300 mm。

4. 防腐木

防腐木是采用防腐剂渗透并固化后具有防止腐朽菌侵害功能的木材。

（1）特点

① 自然、环保、安全（木材呈原本色，略显青绿色）。

② 防腐、防霉、防蛀。

③ 提高木材稳定性，对户外木质结构的保护更为主要。

④ 易于刷涂料及着色，能达到设计要求的效果。

⑤ 能满足各种设计要求，易于各种园艺景观精品的制作。

⑥ 在接触潮湿土壤或亲水环境时效果尤为显著，能满足在户外各种气候环境中使用 15～50 年不腐朽的要求。

（2）应用

由于防腐木是经过特殊防腐处理后的木材，它具有防腐烂、防白蚁、防真菌的功效。可专门用于户外露天环境，并且可以直接用于与水体、土壤接触的环境中，是户外木地板、园林景观地板、户外木平台、露台地板、户外木栈道及户外木凉棚的首选材料。

第四节 木材装修制品构造

一、木材饰面的构造

1. 3 mm 厚木饰面板的工艺与构造

一般在墙体上先通过木龙骨找平，然后用木工板（或胶合板、密度板等）做基层，最后在木饰面板背面涂胶，用钉枪固定于基层板上。

2. 微薄木饰面板的工艺与构造

1）微薄木饰面的分缝尺寸

微薄木饰面进行块面分割时，分缝的宽度和深度可根据设计要求定。对设计未作特殊要求的，深度一般为 3 mm，宽度可以根据板面幅度定为 5～12 mm。

2）阴、阳角木饰面工艺及要求

阳角木饰面构造见图 1-4-1。

阴角木饰面构造见图 1-4-2。

阴、阳角木饰面其中一面宽度不大于 600 mm 时，必须将其与另一面按照设计的角度组装固定。

3. 木饰面安装方式

木饰面的安装方式分为挂式安装和粘贴式安装两类。

1）挂式安装

挂式安装的基层分为轻钢龙骨基层、不燃板满铺基层。

采用挂式安装时，根据木饰面板幅度，首先在基层上对挂件位置进行放线，放线要求每块木

图 1-4-1 阳角木饰面构造

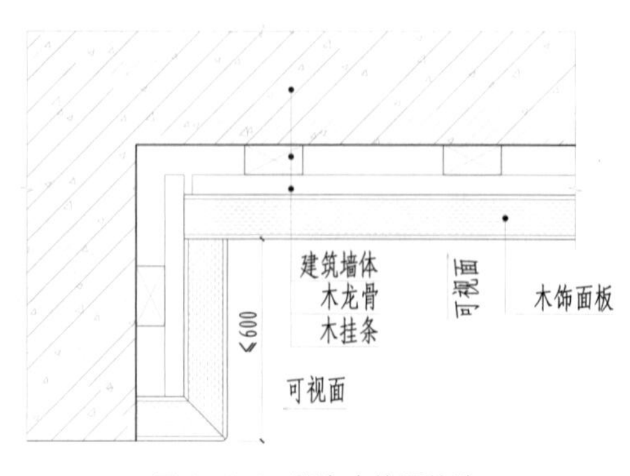

图 1-4-2 阴角木饰面构造

饰面的一组对应边必须与基层骨架的其中一条框架重合，另一组对应边必须为安放挂件位置，挂件之间的档距不应大于 400 mm。

2）**粘贴式安装**

粘贴式安装适用于面板较薄（厚度小于 12 mm）、基层板材满铺的场合。基层制作要满足平整度、垂直度与面板的规范要求。

粘贴材料要求用快干型胶粘剂，一般有液体胶、硅胶、白乳胶、云石胶等。

粘贴式安装要求：

① 清洁。涂胶前对基层和面板反面需要涂胶的位置进行彻底清洁，清除影响粘结牢固度的一切杂质。

② 涂胶。根据面板厚度，在面板的反面按照 200 ~ 300 mm 见方的网点状位置涂布适量的胶粘剂。

板边应按照线状涂胶。

③ 粘贴。用各种临时性的支撑物（或胶带）把面板固定在基层上，待胶粘剂完全固化后方可移除支撑物。保证面板与基层板粘贴牢固可靠，边部不脱胶和翘曲，相邻板面平整顺滑（注意：支撑物不能损坏其他装饰部位，胶粘剂不得污染木饰面表面）。

④ 安装完成后，面板布置应符合设计要求。

二、木地板饰面构造

1. 实木条地板施工工艺

（1）铺设工艺

实木条地板的铺设可分为实铺式和空铺式两种。实铺式构造主要包括木龙骨、细木工板（也称毛地板）、实木条地板。

（2）工艺流程

安装木龙骨 → 铺装毛地板 → 铺装实木地板 → 面层处理 → 安装踢脚板

2. 实木拼花地板施工工艺

实木拼花地板按铺装构造不同可分为双层实木拼花地板和单层实木拼花地板。双层实木拼花地板是将面层小板条用暗钉钉于毛地板上；单层实木拼花地板则采用胶粘剂，直接粘在混凝土基层上。

3. 复合地板施工工艺

1）**复合地板的铺设安装方法**

复合地板的铺设安装方法有悬浮式、粘贴式、打钉式。

（1）悬浮式

在地面先铺设衬垫（聚乙烯膜），再将复合地板铺于衬垫之上。此法可达到较好的防潮、隔声效果，且操作简单、施工速度快。

（2）粘贴式

在地面满刮地板胶，再将复合地板铺设其上。此法可起到粘结、隔潮、降低噪声的作用。

（3）打钉式

在地面满铺一层毛地板，再用射钉器将复合地板与之连接。此法平整度高，隔声防潮等效果好，脚感舒适。

2）**复合地板工艺流程及施工要点**

（1）工艺流程

基地清理 → 铺衬垫（胶、膜或毛地板）→ 铺复合地板（铺粘或铺钉）

（2）施工要点

① 铺装前，基层表面应平整、坚硬、干燥、密实、无杂质。条件允许，最好做地面找平。

② 铺设复合地板条时，应从墙的一边开始。铺粘企口复合地板，第一块板凹槽朝墙，离墙面 8 ~ 10 mm 左右，并插入木楔。用胶水均匀涂在凹槽内，确保每块地板之间紧密粘连。

③ 铺设时，应由房间由内向外铺设。

第二章　装修石材

【学习重点】

了解天然石材和人造石材的种类特点及用途；

掌握石材在室内空间中不同部位的构造做法。

第一节 天然石材的加工

采石场开采出来的天然石材不能直接用于建筑装饰装修，还需要经过一系列加工处理，使其成为各类板材或特殊形状、规格的产品。

一、天然石材的分类

天然石材源于岩石之中。根据地质形成条件的不同，有火成岩、沉积岩和变质岩三种基本类型的岩石，每种类型的岩石在结构和材质上都有一定的差异。

二、天然石材的加工

天然石材的加工主要包括锯切和表面处理。

1. 锯切

锯切是用各类机械设备将石料锯成板材的作业方式。

锯切的常用设备主要有框架锯（排锯）、盘式锯、沙锯、钢丝绳锯等。锯切较坚硬石材（如花岗石等）或规格较大的石料时，常用框架锯；锯切中等硬度以下的小规格石料时，则可以采用盘式锯。

2. 表面加工

经锯切后的板材，表面质量通常不能达到装饰用途的要求。因此，根据实际需要，板材需进行不同形式的表面加工。天然石材的表面加工可分为：剁斧、机刨、烧毛、粗磨、磨光。

（1）剁斧

经手工剁斧加工，使石材表面粗糙，呈规则的条状斧纹（图 2-1-1）。剁斧板材表面质感粗犷，常用于防滑地面、台阶、基座。

（2）机刨

经机械刨平，使石材表面平整，呈相互平行的刨切纹。与剁斧板材相比，表面质感较为细腻，用途与剁斧板材相似。

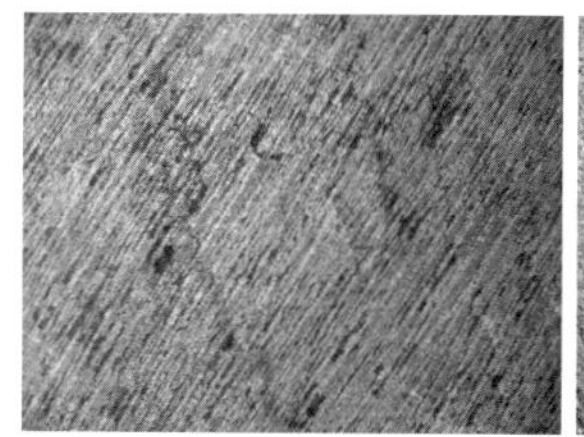

图 2-1-1 各种剁斧表面效果

（3）烧毛

利用火焰喷射器对锯切后的花岗石板材进行表面烘烧，烘烧后的板材用钢丝刷，刷去岩石碎片后，再用玻璃碴和水的混合液高压喷吹，或用手工研磨机研磨，使表面达到色彩沉稳、触感粗糙的效果。

（4）粗磨

经机械粗磨，使石材表面平滑但无光泽。粗磨的石材主要用于需柔光效果的墙面、柱面、台阶、基座等。

（5）磨光

又叫抛光。石材经机械精磨、抛光后，表面平整光亮，结构纹理清晰，颜色绚丽。磨光后的石材主要用于需高光泽度，表面平滑的墙面、台面、地面和柱面。

第二节 常用的天然饰面石材

在装饰装修工程中，常用的天然饰面石材主要有天然大理石和天然花岗石两类。

一、天然大理石

所谓装饰装修用的天然大理石是广义大理石的总称，它属于碱性岩石，是指具有装饰效果的、中等硬度的各类碳酸岩、沉积岩和与其有关的变质岩。包括了大理岩、白云岩、灰岩、砂岩、页岩、板岩等。因其经不住酸雨的长年侵蚀，多用于室内。

1. **天然大理石的特征**

花纹自然，色彩丰富，色泽鲜润，材质细腻，装饰效果好。

抗压强度较高，耐磨性较好，吸水率低，不变形，硬度中等，易加工。

耐久性好，一般使用年限 40 ~ 150 年。

抗风化性能较差，易与酸性物质发生反应，从而失去光泽，减弱装饰效果。

2. **天然大理石的品种**

天然大理石的质地细腻，光泽柔润，具有较强的装饰性。天然大理石的类型有单色大理石、云灰大理石和彩花大理石，通常有自然多变的纹理。常用的大理石见图 2-2-1。

图 2-2-1　天然大理石

3. 天然大理石板材的规格

天然大理石经过加工切割后，以各种规格和形状的板材应用于装饰装修工程中。按板材形状的不同，分为普型板（P×）、圆弧板（HM）和异型板（Y×）。

天然石板的板材可以加工成各种厚度，常用的厚度有 20 mm 及 20 mm 以上两种规格，可钻孔、锯槽，适用于湿作业法和干挂法。近年来，随着加工工艺的不断改进，薄型板材也应用于装饰工程中，常见的厚度有 7 mm、8 mm 和 10 mm 等。具体尺寸见表 2-1。

表 2-1　天然大理石普型板的常用规格

（单位：mm）

长	宽	厚	长	宽	厚	长	宽	厚
300	150	20	900	600	20	610	305	20
300	300	20	1 070	750	20	610	610	20
400	200	20	1 200	600	20	915	610	20
400	400	20	1 200	900	20	1 067	762	20
600	300	20	305	152	20	1 220	915	20
600	600	20	305	305	20			

4. 天然大理石的应用

天然大理石是较高档的装饰装修材料，因其具有质地疏松、易碎等特点，主要用于建筑室内墙面、板面、台面、栏杆等部位的装饰装修，也有部分高档场所会选用质地较硬的天然大理石作地面铺贴（图 2-2-2），但用作地面铺贴时要注意适时地进行保养。除部分杂质少的大理石，如汉白玉等，大理石较少用于室外。

图 2-2-2　天然大理石作为室内地面、墙面装饰

5. 文化石

近年来在装饰装修工程中使用的天然大理石，除常见的大理岩外，板石、板岩、砂岩等也被大量应用于各类室内空间中。这类石材保持着天然的色泽和自然的纹理，看似未经加工，但却蕴含着浓厚的自然气息，适应了人们崇尚自然和注重文化性的审美取向，因此，这类石材又被称为文化石。文化石主要有：板石、板岩、砂岩、石英岩、蘑菇石、艺术石、乱石。

二、天然花岗石

所谓装饰用的天然花岗石是广义花岗石的总称，是指具有较高硬度、可磨平抛光、有装饰效果的火成岩，包括花岗岩、拉长岩、辉长岩、正长岩、闪长岩、辉绿岩、玄武岩、安山岩等。

1. 天然花岗石的特征

天然花岗石具有独特的装饰效果，表面呈整体均粒状结构，具有色泽和深浅不同的斑点状花纹。石质坚硬致密，抗压强度高，吸水率小。耐酸、耐腐、耐磨、抗冻、耐久，一般使用寿命可达 75～200 年。硬度大，开采困难；质脆，为脆性材料；耐火性较差，当燃烧温度达到 573℃和 870℃时，石材爆裂，强度下降。

2. 天然花岗石的品种

天然花岗石结构致密，色彩丰富，纹理清晰，具有较好的装饰效果。

我国的天然花岗石品种约 300 多种，较有名的有：四川红、黑金沙、济南青、广西的岑溪红、福建灰色、山西的贵妃红、内蒙古的丰镇黑、河北的中国黑、山东的将军红等。进口的花岗石较有名的有：印度红、美国白麻、蓝钻、绿晶、巴西蓝、瑞典紫晶等（图 2-2-3）。

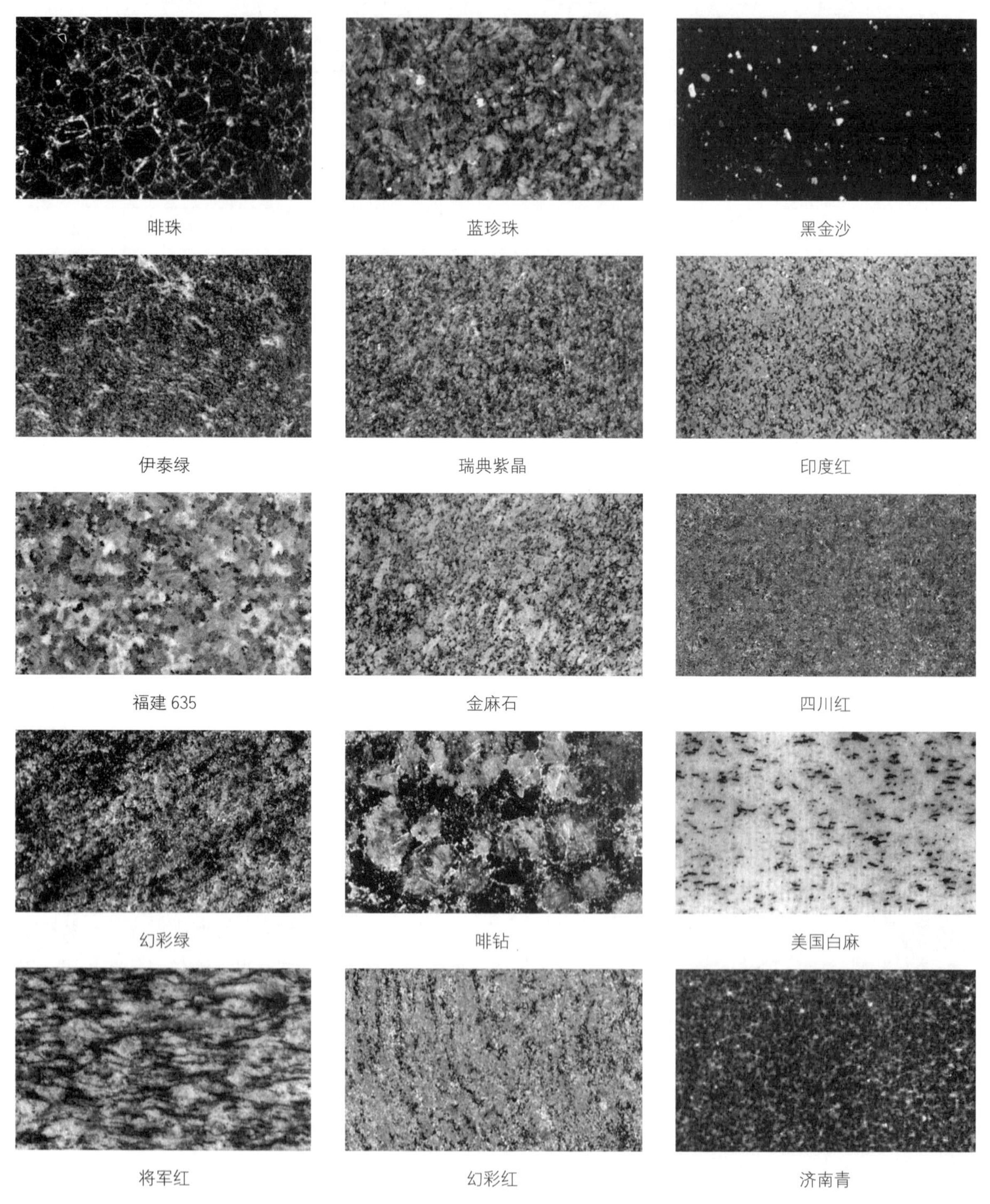

图 2-2-3 天然花岗石

3. 天然花岗石的应用

天然花岗石是一种较高档的装饰石材，不易风化变质，耐磨，坚硬，色泽可长久保持。因此常用于室内外装饰装修中的台阶、地面、墙面、立柱等部位以及家具、工艺品中。

第三节　常用人造装饰石材

人造石材是用人工合成的方法，制成的具有天然石材花纹和质感的新型装饰材料，又称合成石。由于天然石材开采困难、加工成本高，且部分石材含有放射性元素，在现代建筑装饰装修工程中逐渐被人造石材所取代。人造石材以其生产工艺简便、产品重量轻、强度高、耐腐蚀、耐污染、施工方便等优点，在装饰装修工程中得到广泛使用。

一、人造石材的类型及特点

人造石材可分为树脂型人造石材、水泥型人造石材、复合型人造石材、烧结型人造石材（图2-3-1）。

1. 树脂型人造石材（亚克力）

树脂型人造石材是以有机树脂为胶粘剂，与石粉、天然碎石、颜料及少量助剂等配制搅拌混合，经成型、固化、脱模、烘干、抛光等工艺制成，又称聚酯合成石，俗称亚克力。主要以人造大理石、人造花岗石居多。此类产品光泽性好，颜色鲜艳，是目前装饰装修工程中应用最多的人造石材。按成型工艺可分为：浇注成型聚酯合成石、压制成型聚酯合成石、人工成型聚酯合成石。

2. 水泥型人造石材

水泥型人造石材是以水泥为胶粘剂，砂为细骨料，碎大理石、花岗岩、工业废渣等为粗骨料，经配料、搅拌、成型、加压蒸养、磨光、抛光等工序制成。作为胶粘剂的水泥因其矿物成分不同会直接影响人造石材成品的外观。采用铝酸盐水泥为胶粘剂制成的人造大理石具有表面光泽度高、花纹耐久、抗风化，以及耐磨性和防潮性高等优点，水磨石、人造文化石多属此类。

3. 复合型人造石材

复合型人造石材是先将无机填料用无机胶粘剂胶接成型、养护后，再将坯体浸渍于有机单体中，使其在一定条件下聚合。由于板材制品的底材采用无机材料，故性能稳定且价格低。其面层可采用大理石、大理石粉等制作，以获得最佳的装饰效果。

4. 烧结型人造石材

烧结型人造石材的生产工艺与陶瓷相似，是将石英石、辉绿石、方解石等石粉及赤铁矿粉、高岭土等混合，以一定比例制成泥浆后，再以注浆法制成坯料，然后用半干压法成型，经1 000℃左右的高温焙烧而成。此类制品性能接近于陶瓷，可采用镶贴瓷砖的方法进行施工。

树脂型人造石材

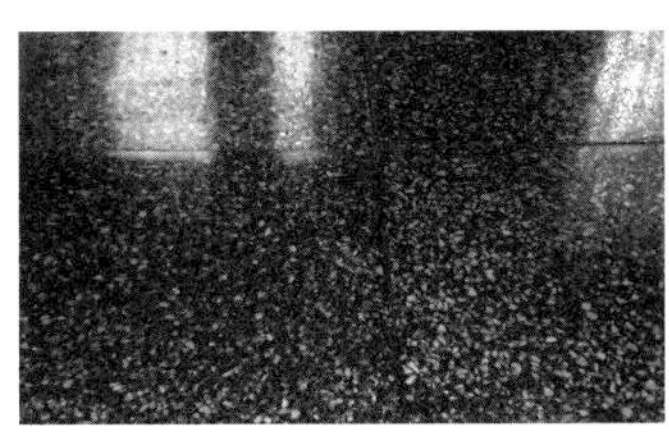
水泥型人造石材

复合型人造石材

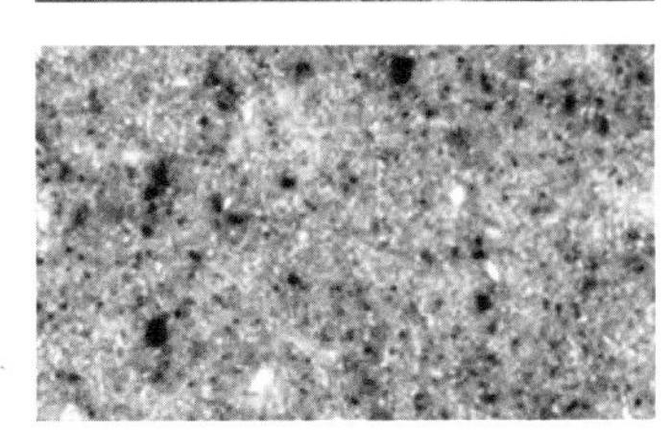
烧结型人造石材

图2-3-1

二、常用人造石材饰面制品

1. 人造大理石

人造大理石是以不饱和聚酯树脂为胶粘剂，石粉、石渣等为填料加工而成的一种人造石材，表面模仿天然大理石肌理。具有重量轻、强度高、厚度薄、易加工、无色差、耐酸、耐污等特点，且色调和花纹可按需要设计，易于加工成复杂的形状，因此被广泛应用于装饰装修工程中。

2. 人造花岗石

人造花岗石的工艺与人造大理石十分接近，其填料采用天然石质碎粒和深色颗粒，固化后抛光。其内部石粒外露，通过不同色粒和颜料搭配，可生产出不同色泽和纹理，其外观极像天然花岗石。

人造花岗石不含有放射性元素，耐热、耐腐蚀性能优于天然花岗石，其温度膨胀系数亦与混凝土相近，比天然花岗石更不易开裂和剥落。主要用于高档装饰装修工程中。

3. 环氧磨石

环氧磨石地坪能展现现代建筑的独特风格，具有很强的装饰性，其地坪整体无缝，精选多种特色的天然鹅卵石、五彩石、大理石、彩色玻璃颗粒、金属颗粒、贝壳等装饰性骨材与高分子树脂材料相混合。环氧磨石经打磨、抛光等特殊工艺现场施工而成后，还可根据要求分割出不同颜色、不同风格的优美图案，多彩的颜色可满足独到的设计需要，同时又具备天然大理石的特点。

环氧磨石地坪适用于机场、商场、医院、展厅、走廊、高级娱乐场所、博览会馆、商务会所和其他一些需要美观耐磨地面的场所。

4. 人造透光石

人造透光石制作原理与人造大理石相似，厚度较薄，一般为 5 mm 左右，具有透光不透视的效果，装饰效果好（图 2-3-2）。它主要以树脂为胶粘剂，加以天然石粉和玻璃粉以及其他辅助原料，经过一系列工序聚合而成。具有质轻、硬度高、防火、耐污、抗老化、无辐射、抗渗透、耐腐蚀，其规格、厚薄、透光性均可任意调制，以及切割、钻孔、粘结方便等优点。

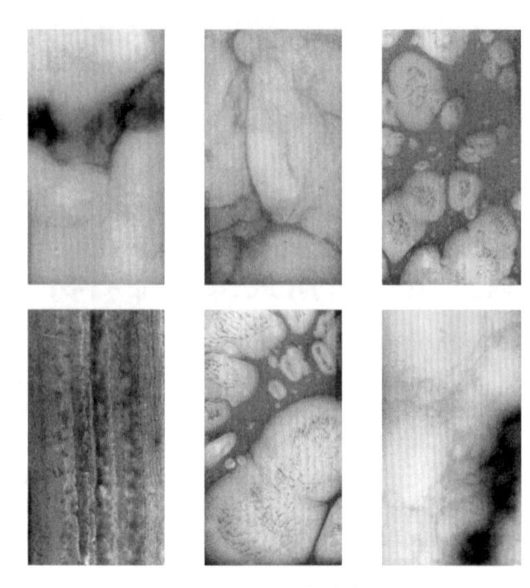

图 2-3-2　人造透光石

5. 微晶石

微晶石又称微晶玻璃、微晶陶瓷、结晶化玻璃，是由陶瓷和玻璃复合物经高温烧结晶化而成的材料（图 2-3-3）。它既有特殊的微晶结构，又有玻璃基质结构，质地坚实且细腻均匀，外观晶莹亮丽柔美。微晶石吸水率低，不易受污染，耐候性优良。比天然石材更坚硬耐磨，不含放射性元素，可弯曲成型。

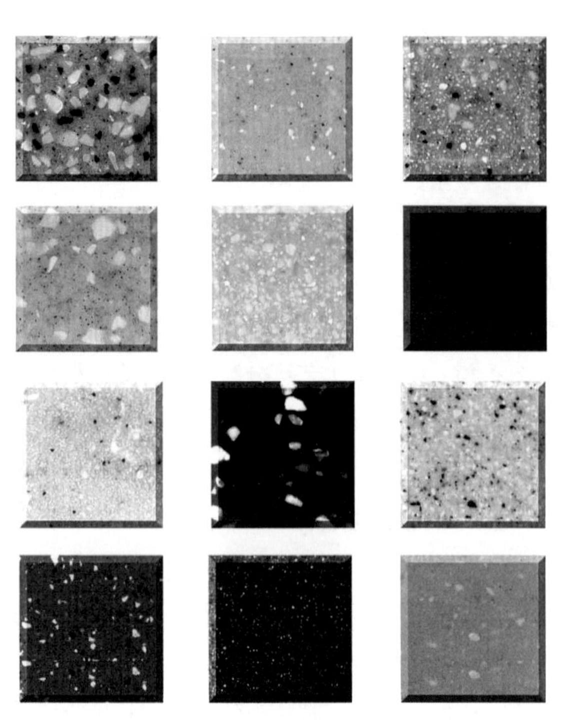

图 2-3-3　微晶玻璃

常用微晶石板材的尺寸规格（mm）主要有：3 200×1 400×20，2 400×1 200×11/20/30，800×800×11/20/30，600×600×11/20/30，400×400×11/20/30，300×300×11/20/30。

6. 大理石复合板

（1）特点

① 重量轻、强度高。大理石复合板（图 2-3-4）可以薄至 3～5 mm 厚（与铝塑板复合）。常用的复合瓷砖或花岗石板也只有 12 mm 厚左右。对有载重限制的大楼，它是最佳选择。

天然大理石与瓷砖、花岗石、铝蜂窝板等复合后，其抗弯、抗折、抗剪切的强度明显得到提高，大大降低了运输、安装和使用过程中的破损率。

② 抗污染性能提高。普通大理石原板（通体板）在安装或使用过程中，如用水泥湿贴，很有可能半年或一年后，大理石表面出现变色和污渍，非常难以去除。复合板因其底板更加坚硬致密，同时还有一层薄薄的胶层，就避免了这种情况发生。

③ 安装方便。在安装过程中，无论重量、强度或分色拼接，都大大提高了安装效率和安全性，同时也降低了安装成本。

④ 扩大了大理石的装饰部位。对于内外墙、地面、窗台、门廊、桌面等，普通的原板（通体板）都不存在问题，但在天花板工程上，无论是大理石或是花岗石，通常都难以安装。而大理石与铝塑板、铝蜂窝板粘合后的复合板就突破了这种石材装饰的局限，因为它非常轻盈，重量只有通体板的 1/5 至 1/10。

⑤ 隔音、防潮。用铝蜂窝板与大理石做成的复合板，因其用等边六边形做成的中空板芯拥有隔音、防潮、隔热、防寒的性能，这些特点弥补了通体板所不具备的隔音防潮性能。

⑥ 节能、降耗。大理石复合板因其有隔音、防潮、保温的性能，所以在室内外安装后可较明显地降低电能和热能的消耗。

⑦ 降低成本。大理石复合板较薄较轻，因而在运输安装上就节省了一部分成本。而且相比较贵的石材品种，做成复合板后都不同程度地比原板的成品板成本低。

此外，大理石复合板还杜绝了天然大理石通体板铺设地面容易造成空鼓的缺陷。

图 2-3-4 大理石复合板

（2）生产工艺

大理石复合板的生产工艺较复杂，简述如下（图 2-3-5）：

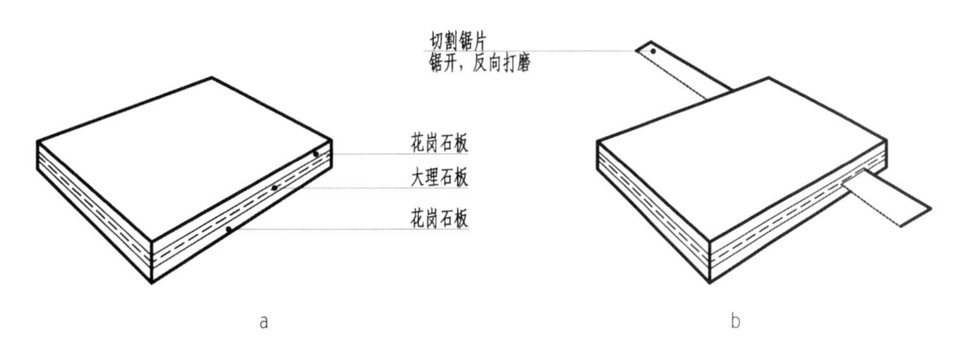

图 2-3-5 大理石复合板的生产工艺

① 先将大理石板两面用胶粘在两块花岗石板（或镜面板、铝蜂窝板、玻璃板等）中间，形成“三明治”；

② 待粘牢固后，将大理石板从中间剖切为两块；

③ 分别将一剖为二的切面打磨成所需要的光洁程度。

（3）用途

大理石复合板因其复合的底板不同，其性能特点也有较大的区别。根据不同的使用要求和使用部位就要采用不同底板的复合板。

① 底板用大理石、瓷砖、花岗石、硅酸钙板的大理石复合板：使用范围几乎与通体板相同。如果大楼有特殊的承重限制，这几种复合板就更有用武之地，因其不但重量轻，强度也提高了许多。

② 底板用铝塑板的大理石复合板：因其超薄与超轻的性能，适用于墙面与天花板的装饰。而且在施工过程中要用胶水粘贴，在装饰天花板的时候是其他石材无可替代的。铝塑板的特殊性能使该复合板在外墙、内墙的干挂用途上更加具备用武之地，一般用于大型、高档的建筑，如机场、展览馆、五星级酒店等，同时也可做成台面板、餐桌与橱柜等；而且还可以做成弧形复合板，用在建筑内墙、游轮和游艇上。因其抗弯强度较弱、抗压强度较高的特点，又因其超轻性能，一般用于墙面的装饰，既可用干挂方式安装，也可用特殊胶水粘贴。

③ 底板用玻璃的大理石复合板：因大理石天然材质的性能，其中有一部分拥有非常好的透光性，用这些大理石与玻璃复合，可以达到透光的装饰效果，一般使用干挂和镶嵌方式安装，里面也可安装不同颜色的彩灯，再配上音乐，会产生梦幻般的效果。同时，可配上一些夜光材料，在没有灯光的情况下，它仍能闪烁出绚丽的光线。

④ 底板用复合木板的大理石复合板：复合木板的品种很多，选择不同的木板作底板，其产品性能也各异，可用在墙面的装饰和各种家具上。

第四节 石材饰面的构造

石材饰面板可应用于室内外各界面的不同部位，其尺寸规格也根据实际需要而异，因此，石材的安装施工构造做法亦各有不同。

一、石材的墙面饰面构造

石材饰面板安装于墙面时，根据石材自身的重量、尺寸等条件，通常采用的构造做法包括：聚酯砂浆固定法、树脂胶粘贴法、灌挂固定法和干挂法四种。

1. 聚酯砂浆固定法

（1）基层抹底灰

底灰为 1∶3 的水泥砂浆，厚度 15 mm，分两遍抹平。

（2）铺贴石材

先做粘结砂浆层，厚度应不小于 10 mm。砂浆可用 1∶2.5 水泥砂浆，也可用 1∶0.2∶2.5 的水泥石灰混合砂浆。如在 1∶2.5 水泥砂浆中加入 5%～10% 的 107 胶，粘贴效果则更好。

（3）做面层细部处理

在石材贴好后，用 1∶1 水泥细砂浆填缝，再用白水泥勾缝，最后清理石材的表面。

如图 2-4-1 所示。

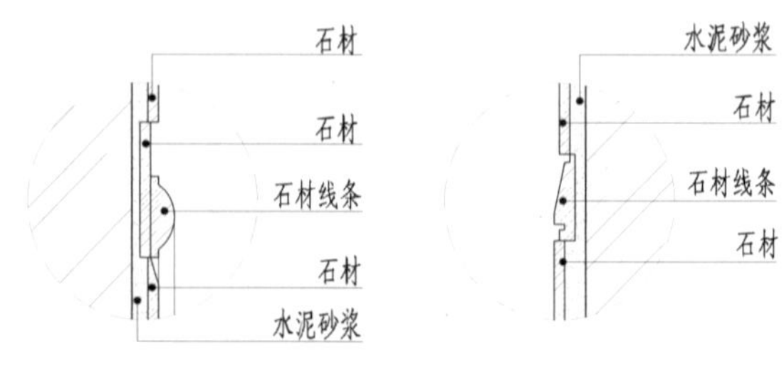

图 2-4-1 聚酯砂浆固定法

2. 树脂胶粘贴法

树脂胶粘贴法同样也仅适用于小块面、小范围的石材安装。

在墙基层清理、打毛处理的基础上，将胶粘剂涂在板材的相应位置（用量应针对使用部位受力情况布置，以牢固结合为原则，尤其是对悬空的板材用胶量必须饱满）。

将带胶粘剂的板材粘贴，并挤紧、压平、扶直，随后即进行固定。

待胶粘剂固化，石材完全粘贴牢后，拆除固定支架。树脂胶粘贴法如图 2-4-2 所示。

3. 灌挂固定法

灌挂固定法是一种“双保险”的做法，在饰面安装时，既用水泥砂浆等作灌注固定，又通过各种钢件或配用的钢筋网，在板材与墙体之间、板材与板材之间进行加强连接固定。

这种固定方法，通常在板材与板材之间，是通过钢筋、扒钉等相连接；在板材与墙体之间，对厚板用系钢件等扁条连接件固定，对薄板则用预埋在墙体中的 U 型钢件固定，然后将配置的钢筋网用铅丝或铜丝扎紧。

4. 干挂法（又称螺栓和卡具固定法）

干挂法是在基层的适当部位放置 5# 角钢，用金属膨胀螺栓与墙体固定，竖向主龙骨采用 8# 槽钢，横向次龙骨采用 5# 角钢，安装前打好孔，用于安装与石材板相连接的不锈钢干挂件。在饰面石材的底侧面上开槽钻孔，然后用干挂件与石材固定（图 2-4-3），另外也可用金属型材卡紧固定，最后进行勾缝和压缝处理。

二、石材的柱面饰面构造

石材柱面的饰面构造与墙面构造基本一致，但柱面面积相对较小，因此除采用干挂法、粘贴法之外，亦可采用钢筋网绑扎法。钢筋网绑扎法施工较为简便，是一种较传统的铺贴石材的施工方法；缺点是易在接缝处产生泛碱问题。钢筋网绑扎的施工程序大体如下：

设置钢筋网 → 试拼编号 → 板材背面开槽 → 绑扎板材 → 找平吊直并临时固定 → 灌浆 → 嵌缝

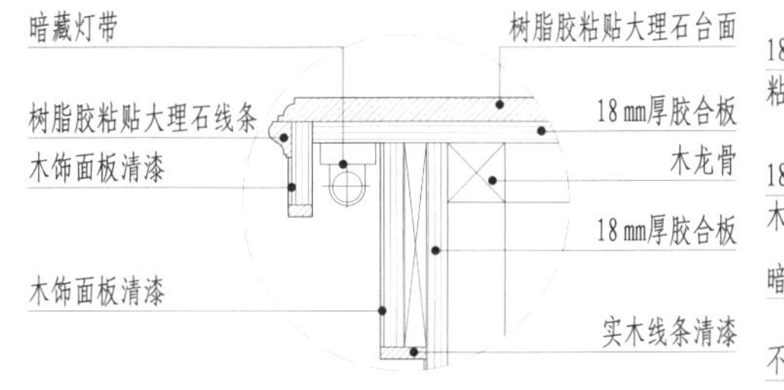

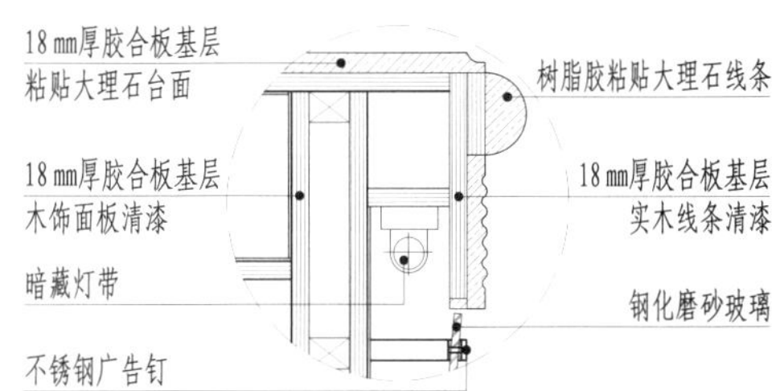

图 2-4-2　树脂胶粘贴法

不锈钢干挂件

石材的干挂结构

图 2-4-3

1. 钢筋网绑扎法

（1）设置钢筋网

如柱面上设有预埋件时，用铜丝或不锈钢丝按施工图将钢筋制成钢筋骨架，固定于基体上。当柱面没有预埋件时，可在柱面上钻孔，并在孔内安放膨胀螺栓，再用电焊将钢筋与膨胀螺栓焊牢。

（2）绑扎板材

用切割机在板材背面四角分别开槽（图2-4-4），穿插和固定好铜丝或不锈钢丝。

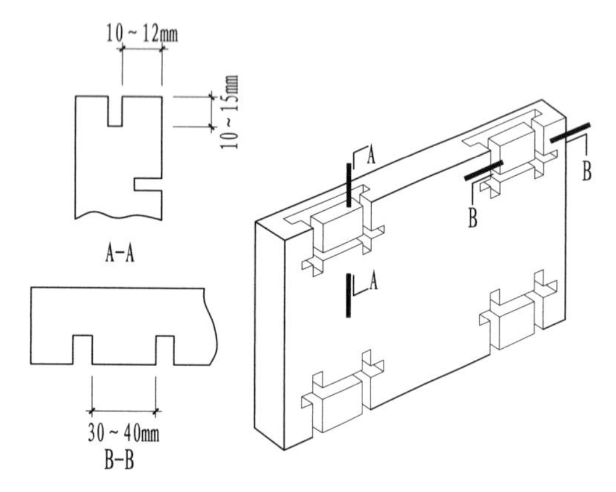

图 2-4-4 板材背面槽口形式

（3）安装板材

安装时可按顺时针，从正面开始由下向上逐层安装，并用靠尺板找垂直，用水平尺找平整，用方尺找好阴阳角，紧固钢（铜）丝。板缝用石膏填塞，以防止板材移位和砂浆发生泌浆。灌浆时应根据板材颜色调制水泥砂浆，如浅色石材灌浆时应采用白水泥，以使板材底色不受影响。

（4）嵌缝

板材安装完毕后，应清除板缝间多余的粉尘，用与板材底色相近的水泥浆进行嵌缝。对于镜面石材，如面层光泽受到影响，应重新打蜡上光。

2. 干挂法

干挂法就是用特制的不锈钢挂件，将石材固定在基体上的一种施工方法，这种方法不需要用水泥砂浆灌注或水泥镶贴，方便简捷。具体做法是直接在石板上打孔、开槽，然后用不锈钢连接件、角钢与埋在柱体内的膨胀螺栓直接相连。

三、石材的地面饰面构造

石材地面铺设的基本构造做法是：在混凝土基层表面刷素水泥膏一道，随即铺 15～20 mm 厚的 1：3 干硬性水泥砂浆找平层，然后按定位线铺石材，待干硬后再用白水泥稠浆填缝嵌实。

第三章　装修陶瓷

【学习重点】

了解装修陶瓷的种类、特点以及适用范围；

掌握陶瓷制品在室内空间中不同部位的构造做法。

陶瓷是以黏土为主要原料，经过配料、制坯、干燥、焙烧等工艺制成。成品的陶瓷制品具有强度高、耐火、耐久、耐酸碱腐蚀、耐水、耐磨、易于清洗等优点。

第一节 陶瓷的种类及特点

陶瓷可以分为陶器、瓷器和炻器三类。陶器吸水率较大，断面粗糙无光泽，不透明，可施釉也可不施釉。瓷器基本不吸水，强度高，坯体致密，耐磨，半透明，通常施釉。炻器也称半瓷，是介于陶器与瓷器之间的产品。与陶器相比，炻器坯体较密实，孔隙率低；与瓷器相比，炻器多带颜色且不透明，成本低，热稳定性好（图 3-1-1）。

陶质制品

陶土砖

瓷质制品

瓷砖

炻质制品

炻质仿古砖

图 3-1-1

第二节 陶瓷装修制品

在室内装饰装修工程中，陶瓷制品主要分为陶瓷面砖、建筑琉璃制品和卫生陶瓷制品三大类。

一、陶瓷面砖

陶瓷面砖是当前室内装饰装修工程中应用非常广泛的材料，主要有釉面内墙砖、墙地砖。

1. 釉面内墙砖

釉面内墙砖又名釉面砖、瓷砖、瓷片、釉面陶土砖，它属于精陶制品，具有颜色丰富典雅、表面光滑、耐急冷急热、防火、耐腐蚀、防潮、不透水、抗污染且易清洁等优点。主要用于厨房、浴室、卫生间、实验室、手术室、精密仪器车间等用水场所的室内墙面。

釉面砖正面施釉，背面有凹凸纹，便于粘贴。釉面砖易冻融，并导致剥落，不适用于室外。由于釉面砖吸水率较大（通常＞10%），内部多孔，强度不高，因此亦不适合用于地面装饰。

釉面砖按形状分，有正方形砖、长方形砖和异形配件砖等。按色彩图案分，有单色砖、花色砖、图案砖等，具体种类和特点见表 3-1。

2. 墙地砖

墙地砖是以优质陶土或瓷土为主要原料，经高温焙烧而成，可用于建筑室内外墙面、地面等，适用范围广泛（图 3-2-1）。其具有结构致密、孔隙率低、吸水率低、强度高、硬度高、耐冲击、防水、防火、抗冻、耐急冷急热、不易起尘、易清洁、色彩图案丰富、装饰效果好等特点。

图 3-2-1 墙地砖作卫生间的饰面

表 3-1　釉面内墙砖的种类和特点		
种　类		特　点
白色釉面砖		色纯白、釉面光亮，贴于墙面，清洁大方
彩色釉面砖	有光彩色釉面砖	釉面光亮晶莹，色彩丰富雅致
	无光彩色釉面砖	釉面无光（亚光），不晃眼，色泽一致，色调柔和
	花釉面砖	同一砖上施以多种彩釉，烧制后色泽相互渗透，花纹千姿百态
	结晶釉面砖	晶花辉映，纹理多姿
	斑纹釉面砖	斑纹丰富多彩，别具一格
	大理石釉面砖	仿天然大理石花纹，颜色丰富逼真，美观大方
	微晶玻璃釉面砖	结晶细微，耐风化、耐酸碱，外观平滑光亮，色泽鲜艳
	荧光釉面砖	使用丝网印刷，荧光颜料经高温焙烤固定在釉面上，在紫外线下发光显色
装饰釉面砖	金属釉面砖	釉面具有金属光泽，或呈现铜墙铁壁的压重感，或与其他釉面砖组合成图案，呈现与众不同的特色
图案砖	白底图案砖	在白色釉面砖上装饰彩色图案，经高温烧成，色彩明朗，清洁优美
	色底图案砖	在有光或无光彩色釉面砖上装饰各种图案，经高温烧成，装饰效果别具一格
字画釉面砖	瓷砖画	以各种釉面砖拼成瓷砖画，或将画稿烧制在釉面砖上再拼成瓷砖画
	色釉陶瓷字	以各种色釉、瓷土烧制成陶瓷字，色彩丰富，光亮美观，永不褪色
生态保健釉面砖	抗菌釉面砖	面釉中利用银离子及其化合物的抗菌性（银系抗菌剂）制成，具有抗菌性
	光催化抗菌釉面砖	面釉中含有二氧化钛和金属离子，在微弱紫外光激发下产生催化作用，可以杀菌、防霉，分解有机物及臭味，净化空间
	稀土复合无机抗菌釉面砖	釉面抗菌剂与水、空气发生催化反应，产生活性氧自由基，损伤细菌细胞膜，达到抑制细菌繁殖和杀死细菌的目的

墙地砖按表面装饰分有：无釉墙地砖、有釉墙地砖；按材质分有：炻质砖、细炻砖、炻瓷砖、瓷质砖；按表面质感分有：平面、麻面、毛面、磨光面、抛光面、纹点面、耐磨面、玻化瓷质面、金属光泽面、仿真大理石面等（图 3-2-2）。

图 3-2-2

常用墙地砖有以下一些种类:

1）**玻化砖**

玻化砖又称金瓷玻化砖、玻化瓷砖，属于瓷质砖，采用优质瓷土经高温焙烧而成，结构非常致密，吸水率≤0.5%。玻化砖质地坚硬，具有高光亮度、高硬度、高耐磨性、吸水率低、色差少、规格多等优点。表面不上釉，具有玻璃光泽，装饰效果好（图 3-2-3）。

图 3-2-3 玻化砖作地面饰面

玻化砖有优等品、合格品两个质量等级。

玻化砖主要用于室内外墙面、地面、窗台板、台面及背栓式幕墙等装饰。

常用尺寸规格（mm）：400×400、500×500、600×600、800×800、900×900、1 000×1 000。

2）**彩釉砖**

彩釉砖是指有釉墙地砖，又称釉面外墙砖或釉面陶瓷墙地砖。其表面与釉面内墙砖相似，表面均施釉，具有色彩丰富、光洁明亮、装饰效果好的特性；与釉面砖不同之处在于，釉面砖是多孔结构，而彩釉砖结构致密、抗压强度高、坚固耐用、易清洁、吸水率低（＜10%）。利用配料和制作工艺的不同可制成多种具有不同表面质感的品种。彩釉砖属于炻质砖和细炻砖范畴，具有较好的防滑性能。

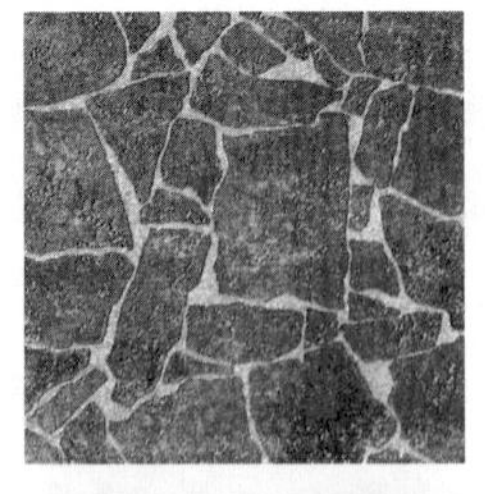

图 3-2-4 仿古砖

常见彩釉砖品种有仿古砖（图 3-2-4）、渗花砖、金属光泽彩釉砖等，可用于各类建筑的室内外墙面及地面装饰。

3）**麻面砖**

麻面砖（图 3-2-5）是采用仿天然岩石配料，压制成表面凹凸不平的麻面坯体，干燥后经一次烧成的炻瓷砖。砖的表面酷似人工修凿过的天然岩石面，纹理自然，粗犷淳朴，有白、黄、红、灰、黑等多种色调，吸水率＜1%，抗折强度大于 20 MPa，防滑耐磨。

薄型麻面砖适用于建筑物外墙饰面，厚型麻面砖适用于广场、停车场、码头、人行道等地面铺设。

图 3-2-5 麻面砖

4）**陶瓷锦砖**

陶瓷锦砖又称陶瓷马赛克，以优质瓷土烧制而成。分有釉、无釉两种。陶瓷锦砖一般做成边长不大于 40 mm 的小块（图 3-2-6），按设计可拼成各式图案，具有独特的装饰效果。

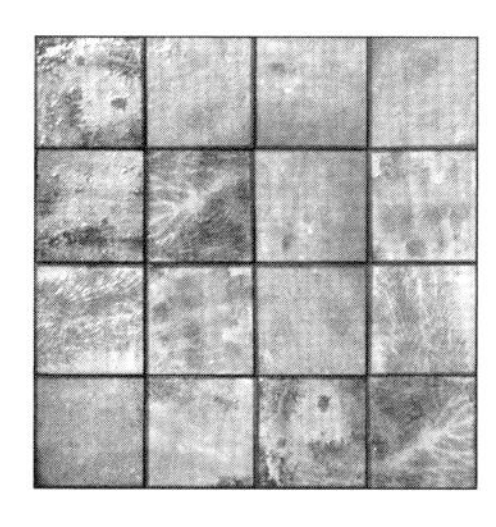

图 3-2-6　普通马赛克及利用马赛克拼成的图案

（1）特点

质地坚硬、吸水率低、强度高、耐磨、耐腐、耐水、易清洗、不褪色、抗火、抗冻、形状色彩多，可按设计拼图，具有独特装饰效果。

（2）用途

可用于门厅、走廊、卫生间、餐厅、花园、浴室、游泳池的内墙和地面装修，也可用于普通建筑外墙。

在建筑装修中，除了上述应用之外，墙地砖还广泛用作腰线砖、踢角线砖。

5）**瓷抛砖**

瓷抛砖是陶瓷墙地砖的创新品类之一，其表面为瓷质材料，经印刷装饰，高温烧结，表面抛光处理而成（图 3-2-7）。与表面为玻璃质材料（如釉抛砖、抛晶砖等）的陶瓷墙地砖相比，瓷抛砖具有以下特点：

① 温润质感。新型瓷质面材，令瓷质表面温润厚重，表面材料与花岗石、大理石组成类似，但在材质硬度和耐酸性上较普通石材更胜一筹。

② 仿石质感。运用具有渗透性的喷墨墨水，在面料中引入助色材料，采用数码喷墨渗透工艺，立体呈现逼真仿石质感。

③ 通体质感。瓷抛砖采用新型装饰工艺与手法，研发通体一次布料技术，使产品在外观上具有整体感。

④ 耐磨耐污。通过新材料运用，瓷抛砖与表面为玻璃质材料（如釉抛砖、抛晶砖等）的陶瓷墙地砖相比，具有更高的耐磨性与耐污性。

瓷抛砖适用于各类建筑物的内外墙、地面装饰。

6）**石英石砖**

石英石砖是石英含量为 94% 以上的石英石板材之一（图 3-2-8）。石英是一种物理性能和化学性能均十分稳定的矿产，以石英为主要成分生产的石英石板、砖优点明显。

① 无毒无辐射。石英石的表面光滑平整，也无划痕滞留，致密无孔的材料结构使得细菌无处藏身，可与食物直接接触，安全无毒。优质的石英石采用精选的天然石英结晶矿产，其 SiO_2 的含量超过 99.9%，并在制造过程中去杂提纯，原料中不含任何可能导致辐射的重金属杂质。94% 的石英晶体和其他的树脂添加剂使得石英石没有辐射污染的危险。

② 天然的石英结晶是典型的耐火材料，其熔点高达 1 300℃，94% 天然石英制成的石英石完全阻燃，不会因接触高温而导致燃烧，具备人造石无法比拟的耐高温特性。

③ 石英石是在真空条件下制造的表里如一、

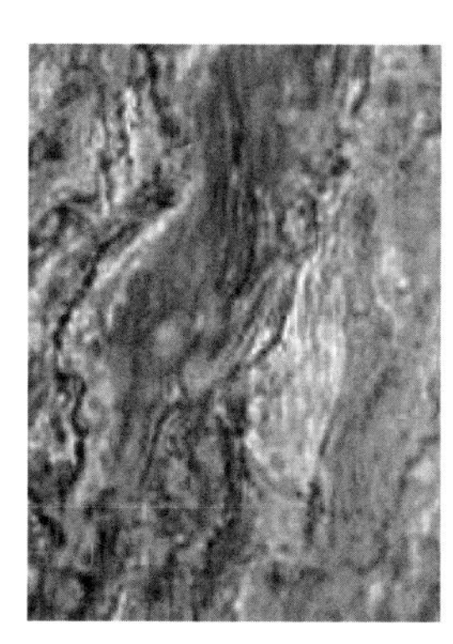
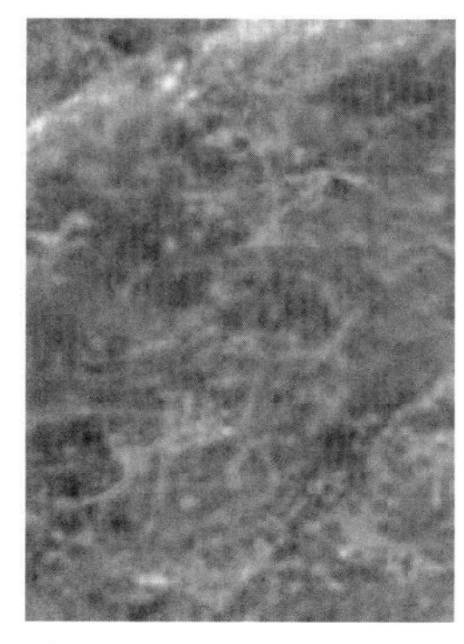

图 3-2-7　瓷抛砖

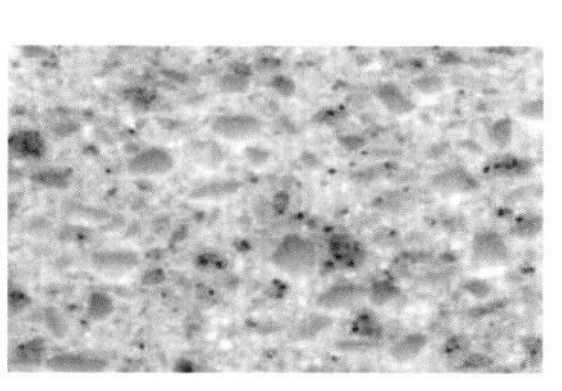
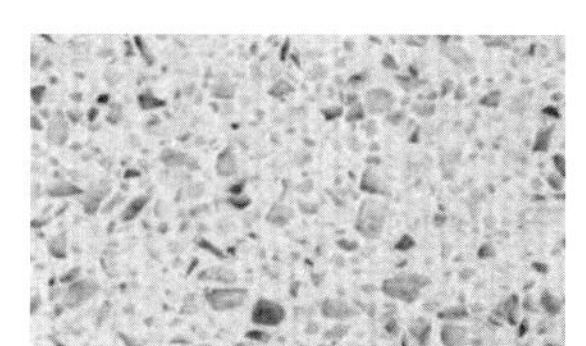

图 3-2-8　石英石砖

致密无孔的复合材料，其表面对酸碱等有极强的抗腐蚀能力。

④ 石英石的石英含量高达 94%，石英晶体是自然界中硬度仅次于钻石的天然矿物，其表面硬度高达莫氏硬度 7.5。光泽亮丽的表面经过 30 多道复杂的抛光处理工艺，不会被刀铲刮伤，不会渗透液体物质，不会产生发黄和变色等问题，日常的清洁只需用清水冲洗即可，无须特别的维护和保养。

7）薄瓷板

由于陶瓷原料资源过度消耗，加上能源紧缺、环境污染等因素制约，建筑陶瓷企业的生产成本和环保压力必将日益增大，开发和应用“资源节约型、环境友好型”的薄瓷板产品已成为建筑陶瓷产业可持续发展的必然选择。

薄瓷板是一种绿色生态、节源降耗、耐候、耐用的全瓷质的饰面板型材料，产品尺寸规格（mm）齐全：有 300×600、400×800、500×1 000、600×1 200、750×1 500、800×1 600、900×1 800、1 000×2 000、1 200×2 400/3 600 等，产品色彩、纹路、质感、光泽及长宽尺寸、厚度等均可定制。

（1）主要特点

大：尺寸大，最大单板面积可以达到 1.2 m×3.6 m，装饰效果大气；

薄：厚度 4～6 mm，轻薄精巧却坚韧；

净：表面釉面经过高温处理，易清洁，防渗透；

轻：7～14 kg/m^2，最大限度减少建筑物的负载。

（2）基本特点

高硬度、高强度。硬度比传统瓷砖更高，釉面比一般瓷砖更耐磨。

高韧性。瓷板结晶成纤维状组织，如木材般有弹性。

耐热防火无辐射。以天然晶体、无机陶瓷原料和无机纤维，经高温烧制而成，是完全不燃的最佳耐火材料，无伤害人体的放射性元素，热膨胀率比传统瓷砖至少低 25%，无剥落危险，是最安全的绿色环保建材。

耐酸碱。瓷质表面光亮、光滑，无惧化学试剂的侵蚀。

抗菌，耐污垢，易清洗。采用特殊配方，含纳米抗菌材料，经高温烧制，使细菌无法在产品表面生存，表面无细孔，不会有灰尘等污染物附着。引用最新施釉技术，雨水冲洗会产生自体清洗作用，保持明亮如新。

花色繁多，不褪色。采用最新的喷墨打印技术，可根据客户需求随意打印各式图案，经高温烧制后，不褪色，栩栩如生。

经济实惠。单块面积大，施工材料及人工成本比传统建材更加经济实惠。

施工与加工容易。具有木材般的韧性，加工容易，切割、凿洞不易裂。没有传统瓷砖或其他装饰材料施工复杂的缺点，工序少，工期短，能快速安全地完成施工。

安装方法简捷，成本低。薄瓷板具有“薄、大、轻、硬、新”的优点。由于轻，其在装饰装修中可以直接湿贴，节省成本和工期；材料简单，施工轻便快捷，比传统材料至少降低了 60% 的安装成本，减少 50% 安装时间及工作强度；降低建筑的综合造价和提高建筑的安全指数；薄瓷板的剪裁、开孔、修磨边简单、快捷，大大降低噪音和对环境的污染。

（3）适用范围

普通外墙空间，如饭店、大厦、集合式住宅、别墅、摩天大楼；

普通室内空间，如饭店、大厦、博物馆、集合式住宅、别墅、工厂改建工程；

厨房、卫浴空间；

地下公共空间，如隧道、地铁、地下人行通道等；

医疗空间，如手术室、无菌室、化验室、病房、通道等；

教学空间，如实验室、体育馆等。

薄瓷板与传统材料性能的对比见表 3-2。

3. 劈裂砖

劈裂砖又称劈离砖、双合砖，是将黏土、页岩、耐火土等原料，按一定配比，经粉碎、炼泥、成型、高温焙烧等工序制成。由于成型时是双砖背联的坯体，焙烧后再劈离成两块砖，故称为劈裂砖。

劈裂砖色彩丰富，坯体密实，具有自然断口，装饰效果好。分有釉和无釉两种，表面上釉的光泽晶莹；无釉的，质朴大方。

（1）特点

质感强、吸水率低（≤6%）、强度高、防潮、防腐、耐急冷急热、耐酸、耐碱、防滑抗冻。

表 3-2　薄瓷板与传统材料性能的对比

性能	超薄瓷板	涂料	石材	铝扣板	钢化玻璃	普通瓷砖
吸水率	极低，约 0.2%	—	低，小于 4%	低	低，接近 0	0.5% 左右
耐污性	强，有自洁功能	表面粗糙、耐污性差	差	较差	差，极易蒙上污垢	较强（表面有釉面保护）
色差	4 个色号 /10 000 m^2	较小	天然性导致本身色差大	较小	—	较大
变色	1 200℃高温烧制不变色	紫外线照射会发黄，通常 2 年涂一次	较小	质量好的可以 20 年左右不褪色，差的几年就褪色	不褪色	800℃高温烧制，不易变色
老化	无	含有机成分，存在老化剥落问题	无	外表的薄膜容易被磨蚀	结构较易老化，15 ~ 20 年寿命	无
建筑承载	7.1 kg/m^2	几乎无重量	60 ~ 90 kg/m^2（含铝蜂窝板）	5.5 ~ 7.5 kg/m^2（含铝蜂窝板）	25 kg/m^2	17 ~ 25 kg/m^2
色彩纹理	丰富（纯色和石纹、木纹、布纹、金属釉效果等）	较丰富（纯色）	较丰富（天然石纹）	色彩丰富，但质感单一	单一	丰富（纯色和石纹、木纹、布纹、金属釉效果等）
耐冻性	强	强	差（-20℃时易胀裂）	强	强	差
热膨胀	几乎不受影响	几乎不受影响	较小	大（需留缝）	较小	较小
抗变形	强	—	较强	差	强	较强
通风隔热效果	幕墙有通风隔热效果，又可以结合保暖材料	无	无	幕墙有通风隔热效果，又可以结合保暖材料	差，无法使用保温材料，能耗大	无
异形建筑可用性	材质本身有冷弯能力，可以围成半径 5 m 的圆	—	—	—	—	—
其他问题	—	水泥后期膨胀，涂层无法掩盖，出现裂痕	—	—	光污染问题，有 3% 的自爆率，有安全隐患	单位面积较小，影响美观

（2）用途

可用作建筑外墙面和室内外地面装修，如广场、停车场、人行道地面以及浴室、池岸的铺装。

二、建筑琉璃制品

建筑琉璃制品属于精陶制品，是以难熔黏土为原料，经配料、成型、干燥、素烧、表面施琉璃釉、烧结等工序制作而成。琉璃制品质地致密、表面光滑、不易沾污、经久耐用、色彩丰富，极具中国传统建筑构造的特征。

建筑琉璃制品的品种主要有琉璃瓦、琉璃砖、琉璃兽、琉璃花窗、琉璃栏杆等装饰制品，以及琉璃桌、琉璃绣墩、琉璃花盆、琉璃花瓶等陈设用工艺品，另外还有琉璃壁画等。

可分为传统建筑琉璃制品和现代建筑琉璃制品。前者多用于我国古典建筑中的构件和屋面，后者主要用于现代建筑中室内外立面的装饰装修。

三、卫生陶瓷制品

卫生陶瓷是指由黏土、石英粉、长石粉等原料经注浆成型和烧制施釉等一系列工序制作而成的卫生洁具及配件。它具有结构致密、气孔率小、吸水率小、耐腐、易清洁、热稳定性好等特点，多用于厨房、卫生间、实验室等空间。

常用的陶瓷洁具有洗面器、便器、洗涤器、浴缸等。

第三节 装修陶瓷的构造

陶瓷种类多样，各品种之间各有特色和优点，应用范围亦有所差别。但由于其组成原料基本相似，所以在安装构造做法上也基本相同，大致分为湿贴法和干挂法两大类别。

1. 墙面砖湿贴法

（1）基层抹底灰

底灰为 1∶3 的水泥砂浆，厚度 15 mm，分两遍抹平。

（2）铺贴面砖

先做砂浆粘结层，厚度应不小于 10 mm。砂浆可用 1∶2.5 的水泥砂浆，也可用 1∶0.2∶2.5 的水泥石灰混合砂浆，如在 1∶2.5 水泥砂浆中加入 5% ~ 10% 的 107 胶，粘贴效果则更好。

（3）做面层细部处理

在瓷砖贴好后，用 1∶1 水泥细砂浆填缝，再用白水泥勾缝，最后清理面砖的表面。

2. 墙面砖干挂法

墙面砖采用干挂法进行安装时，需要在基层的适当部位放置 4# 角钢连接件，用 M10 金属膨胀螺栓与墙体固定，竖向主龙骨采用 6# 槽钢，横向次龙骨采用 4# 角钢，安装前打好孔，用于安装与墙砖相连接的不锈钢背栓干挂件。在饰面墙砖的底面上开槽钻孔，然后用背栓干挂件和墙砖固定，最后进行勾缝和压缝处理。

第四章　装饰装修玻璃

【学习重点】

了解装饰装修玻璃的种类和特点，以及各类玻璃的适用范围；

掌握各类装饰装修玻璃的不同构造做法。

第一节 装饰装修玻璃的特点及加工

一、装饰装修玻璃的特点

玻璃是常见的室内装饰装修材料之一。玻璃的组成主要有石英砂、纯碱、石灰石等无机氧化物，这些成分经过高温与某些辅助性原料熔融，成型后冷却而形成的固体即为玻璃。玻璃的主要化学成分包括 SiO_2、Na_2O 和 CaO，属于无定型的均质材料。建筑玻璃特点如下：

① 玻璃的密度高达 2 450 ~ 2 550 kg/m^2，孔隙率接近零，可称得上是绝对密实的一种材料。

② 玻璃具有极佳的光学性质，透光的同时又能吸收和反射光，适用于采光、照明与装饰。

③ 玻璃的抗压强度高，抗拉强度低，属于脆性材料；导热系数小，仅为铜的 1/100，可作为保温隔热材料；化学稳定性好，对大多数酸碱（FH 酸除外）具有抗腐蚀性能。

④ 玻璃具有一定的隔音性能，其隔音性能的高低主要取决于化学成分、生产工艺及结构造型。

由于具有以上种种优良性能，玻璃在室内装饰装修中得到广泛使用，且随着各种需求的增加和制作工艺的提高，如今的玻璃向着多品种、多功能方向发展。从单纯的采光、装饰功能逐渐发展到可控制光线、调节热量、控制噪音、降低建筑自重、节约能源、改善建筑的环境等方面。越来越多的新型玻璃为室内装饰装修工程提供了更多的可能性。

二、装饰装修玻璃的加工

成型后的玻璃制品，除极少数能符合要求外（如瓶罐等），大多数须做进一步加工。玻璃制品的二次加工可分为冷加工、热加工和表面处理三大类。

玻璃制品的冷加工，是指在常温下通过机械方法来改变玻璃制品外形和表面状态的工艺过程。冷加工的基本方法包括研磨、抛光、切割、喷砂、钻孔和车刻等。

（1）研磨

研磨是为了去除玻璃制品的表面缺陷或成形后残存的凸出部分，使制品获得所要求的形状、尺寸和平整度（图 4-1-1）。

（2）抛光

抛光是使用工具消除玻璃表面在研磨后仍残存的凹凸层和裂纹，从而获得平整光滑的表面（图 4-1-2）。

图 4-1-1 玻璃研磨

图 4-1-2 玻璃抛光

图 4-1-3　玻璃切割

玻璃磨边机

玻璃磨边后效果

图 4-1-4

图 4-1-5　玻璃喷砂后效果

图 4-1-6　玻璃刻花工艺

（3）切割

切割是利用金刚石或硬质合金刀具，对玻璃表面进行划割，使之在划割处断开的加工过程（图 4-1-3）。

（4）磨边

磨边是为磨除玻璃边缘棱角和粗糙截面（图 4-1-4）。

（5）喷砂

喷砂是使用喷枪，以压缩空气为动力，将相关材料喷射到玻璃表面，形成各种图案花纹或者文字的加工方法（图 4-1-5）。

（6）钻孔

钻孔是利用硬质合金钻头、金刚石钻头或超声波等方法对玻璃制品进行打孔。

（7）车刻

车刻又称刻花，是用砂轮在玻璃制品表面刻磨图案的加工方法（图 4-1-6）。

第二节　装饰装修玻璃制品

玻璃在建筑装饰装修上的功能较多，主要可分为普通玻璃、安全玻璃和特种玻璃三大类。

一、普通玻璃

普通玻璃是室内装饰装修中最基础的玻璃材料，安全玻璃和特种玻璃多是以其为基础进行深加工而成。普通玻璃是普通无机类玻璃的总称，主要分为普通平板玻璃和装饰平板玻璃两大类。

（一）普通平板玻璃

普通平板玻璃是指用引上法、平拉法、压延法和浮法等工艺生产的板状玻璃。

普通平板玻璃具有良好的透光透视性能，透光率达到 85% 左右，紫外线透光率较低。具有一定程度的机械强度，材性较脆。

平板玻璃是建筑玻璃中生产量最大、使用最多的一种，主要用于门窗，起采光、围护、保温、隔声等作用。可二次深加工制成钢化玻璃、夹丝玻璃、夹层玻璃、中空玻璃和特种玻璃，用作高级建筑、火车、汽车、船舶的门窗挡风采光玻璃以及制作电器设备的屏幕等。

普通平板玻璃的常见品种有引拉法玻璃和浮法玻璃。

1. 引拉法玻璃

引拉法玻璃是将玻璃液通过特定机关设备制成玻璃带，并向上或水平指引，经退火、冷却等工艺生产出的一种平板玻璃。

引拉法玻璃按厚度不同分为 2 mm、3 mm、4 mm、5 mm、6 mm 五类。一般引拉法玻璃的长宽比不应大于 2.5，其中 2 mm、3 mm 厚玻璃尺寸不得小于 400 mm×300 mm，4 mm、5 mm、6 mm 厚玻璃的尺寸不得小于 600 mm×400 mm。

2. 浮法玻璃

浮法玻璃是将玻璃液漂浮在金属液面上，控制成不同厚度的玻璃带，经退火、冷却而制成的一种平板玻璃。

浮法玻璃表面光滑，厚度均匀，且操作成型简易、质量好，易于实现自动化生产，所以是目前生产量较大、应用面较广的一种玻璃。

浮法玻璃按厚度不同分为 3 mm、4 mm、5 mm、6 mm、8 mm、10 mm、12 mm。按国家标准规定，浮法玻璃尺寸规格（mm）一般不小于 1 000×1 200，不大于 2 500×3 000。

（二）装饰平板玻璃

装饰平板玻璃的表面具有一定的色彩、图案和质感，与其他类型玻璃相比更具装饰效果。目前较为常见的装饰平板玻璃的品种有毛玻璃、彩色玻璃、花纹玻璃和镭射玻璃等。这些品种的玻璃由于均是由普通平板玻璃加工而成，因此其规格亦与普通平板玻璃相同。

1. 毛玻璃

毛玻璃又称磨砂玻璃，是以手工研磨、机械喷砂或氢氟酸腐蚀的方法，将普通平板玻璃的表面处理成不同程度的粗糙面。由于表面粗糙，因此当光照射到毛玻璃上时会产生漫反射，从而具有透光而不透视的效果（图 4-2-1）。

图 4-2-1 透明玻璃局部磨砂的装饰效果

所以毛玻璃可用于有遮挡视线要求的部位，如卫生间、浴室和办公室的门窗上，也可作为黑板或室内灯箱的面层板。毛玻璃在安装时应将毛面朝向室内。

2. 彩色玻璃

彩色玻璃又称有色玻璃，具有丰富的色彩。在室内应用彩色玻璃，不仅玻璃本身具有装饰性，而且能改变光线的色彩，同时在装饰装修工程中，还可用不同色彩的彩色玻璃拼成图案花纹取得独特的艺术效果。由于制作工艺的不同，彩色玻璃可呈现出不同的透明程度，包括透明、半透明和不透明三种。

（1）特点

透明彩色玻璃是在普通平板玻璃的制作原料中加入氧化钴、氧化铜、氧化铬、氧化铁或氧化锰等金属氧化物，使玻璃具有各种色彩；调整加入金属氧化物的量，可使玻璃表面的颜色呈现不同的深浅度。彩色玻璃的装饰性好，具有耐腐蚀、易清洁的特点。

半透明的彩色玻璃是在透明彩色玻璃表面进行喷砂处理，使其既具有透光不透视的性能，又有不同色彩的装饰效果。

不透明玻璃又称彩釉玻璃，是利用滚筒印刷或丝网印刷的方法，将无机或有机釉料印制在玻璃的表面。采用无机釉料时要经高温烧结，采用有机釉料时则是用烘干炉将釉料固化在玻璃的表面，因而前者耐久性、耐热性等优于后者，但有机釉料的成本低、工艺简单。

（2）应用

彩色玻璃有各种颜色，不仅可以单色使用，还可以拼成一定的图案花纹，以取得某种艺术效果。彩色玻璃主要用于建筑物的门窗、内外墙面和对光线有色彩要求的建筑物部位，如教堂的门窗和采光屋顶、幼儿园的活动室内门窗等处（图 4-2-2）。

3. 花纹玻璃

花纹玻璃是在玻璃表面用各种不同的制作方法使其具有花纹图案，从而产生特殊的装饰效果。花纹玻璃的品种主要有压花玻璃、雕花玻璃、印刷玻璃、冰花玻璃和镭射玻璃等。

1）**压花玻璃**

压花玻璃是将熔融的玻璃液在冷却的过程中用带有花纹图案的辊轴压延而成的。

压花玻璃可制成单面压花和双面压花两种。由于具有透光不透视的特点，因此能够起到一定的遮挡视线的作用。

2）**雕花玻璃**

雕花玻璃是采用机械加工或经化学制剂腐蚀，使普通平板玻璃的表面呈现出各种花形图案的一种装饰性玻璃。

雕花玻璃图案丰富、立体感强，有很强的装饰效果，可用在商业、娱乐、休闲场所的隔断及吊顶等部位（图 4-2-3）。花形图案也可根据设计要求制定。

雕花玻璃的常见厚度规格有：5 mm、6 mm、8 mm、10 mm。

3）**印刷玻璃**

印刷玻璃是利用印刷技术将特殊的材料印制在普通平板玻璃上的一种装饰玻璃（图 4-2-4）。

图 4-2-2　彩色玻璃的应用效果

图 4-2-3　雕花玻璃的应用效果

图 4-2-4 印刷玻璃的应用效果

其特点是印刷处不透光，而镂空处透光，有特殊的装饰效果。

4）冰花玻璃

冰花玻璃在玻璃表面具有天然冰花纹理。其花纹自然、装饰感强，且有透光不透视的特点（图 4-2-5）。冰花玻璃多用于宾馆、酒店、茶楼、餐厅和家庭居室等场所的门窗、隔断处。

图 4-2-5 冰花玻璃

5）镭射玻璃

镭射玻璃是经过特殊工艺处理后，使普通玻璃的表面构成全息或几何光栅，在光线照射下能产生彩光的一种玻璃。

镭射玻璃经照射所产生的艳丽的色彩和图案可因光线的变化而变化（图 4-2-6），适用于休闲场所，如商场的装饰部位。

二、安全玻璃

安全玻璃是具有特殊用途的一类玻璃，其在遭到破坏时不易破碎或破碎时不易伤人，能起到

图 4-2-6 镭射玻璃

一定的安全防护作用。安全玻璃包括钢化玻璃、夹丝玻璃、夹层玻璃等。

1. 钢化玻璃

钢化玻璃是将普通平板玻璃均匀加热至 600 ~ 650℃后，喷射压缩空气使玻璃表面迅速冷却而制成的一种玻璃。

（1）特点

与普通玻璃相比，钢化玻璃具有很高的物理力学性能，抗折强度是同等厚度普通玻璃的 4.5 倍。钢化玻璃破碎后呈颗粒状，不易伤人，安全性较高。同时，钢化玻璃还具有弹性好、热稳定性强等优点。

应注意的是，钢化玻璃不能切割、磨削，边角不能撞击挤压，需按现成的尺寸规格选用或提供具体设计图纸进行定制。

（2）应用

由于钢化玻璃具有较好的机械性能和热稳定性，所以在建筑工程、交通工具及其他领域内有广泛的应用，具体包括建筑室内外玻璃幕墙、室内玻璃隔断，以及门窗、栏杆、橱窗等要求安全的场所及部位。在玻璃上开孔、裁切需要在钢化前确定，钢化后无法再进行机械加工。

另外，钢化玻璃不易伤人，故有被撞击可能的玻璃必须钢化。

（3）规格

钢化玻璃最大宽度 2.5 m，最大长度 6 m，厚度为 2 ~ 19 mm 不等。

2. 夹丝玻璃

夹丝玻璃又称防碎玻璃或钢丝玻璃，是当普通玻璃加热至软化状态时，将预热处理好的金属网或金属丝压入而制成的玻璃（图 4-2-7）。

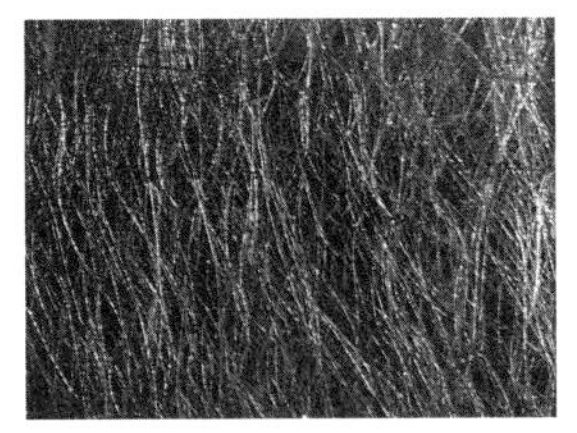
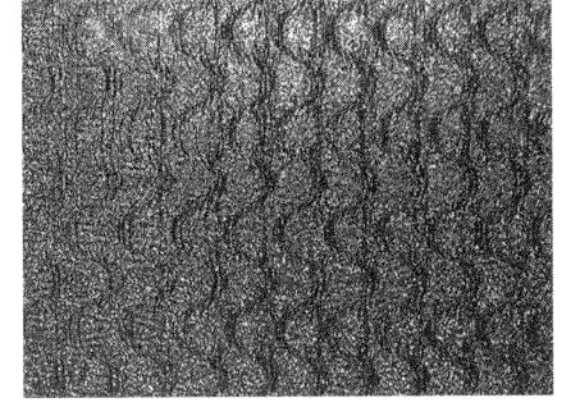

图 4-2-7　夹丝玻璃

（1）特点

由于金属丝与玻璃粘结在一起起到骨架作用，可提高玻璃的抗折强度。在玻璃受到冲击或温度骤变时，内部钢丝能使玻璃裂而不散落，避免了玻璃碎片飞溅伤人。同时还可起到隔绝火势的作用，因而夹丝玻璃又称防火玻璃。

（2）应用

主要应用于天窗、天棚、阳台、楼梯、电梯井、防火门窗，以及易受震动的门窗等处。

当夹丝玻璃被裁切后，其切口边缘处的强度较低。在安装时应注意对切口处做防锈处理，填入缓冲材料以防止变形开裂。

夹丝玻璃的基层板可以是普通玻璃，也可以是彩色玻璃或花纹玻璃等。采用不同基层板可产生不同的装饰效果。

（3）规格

长度和宽度的尺寸规格（mm）有：1 000×800、1 200×900、2 000×900、1 200 ×1 000 和 2 000×1 000 等；常用厚度有 6 mm、7 mm、10 mm。

3. 夹层玻璃

夹层玻璃是在两张或多张平板玻璃之间夹入一层透明的 PVB 薄膜材料，经热压粘合而成的一种安全玻璃（图 4-2-8）。

（1）特点

当夹层玻璃破碎时，碎片仍粘在薄膜上而不会掉落，因而十分安全。同时，夹层玻璃具有极强的抗震防爆防盗性能，且能隔音、防水、防紫外线。

图 4-2-8　夹层玻璃

（2）应用

夹层玻璃广泛应用于商业空间、银行门窗、陈列架、天窗、隔墙等安全性能要求高的场所或节点部位。水下用玻璃应选用钢化夹层玻璃，屋面玻璃最高点离地面大于 5 m 时，必须使用夹层玻璃。

（3）规格

夹层玻璃的常见厚度规格：2 mm+3 mm、3 mm+3 mm、5 mm+5 mm 等。

夹层玻璃的基层板和夹丝玻璃一样，也可有多种选择。按玻璃层数的不同还可分为二层夹片玻璃和多层夹片玻璃。常用层数有 2、3、5、7 层，最多可达 9 层。

夹层玻璃极难裁割，因此其尺寸是根据要求向厂家预先定制的。

三、特种玻璃

特种玻璃有中空玻璃、吸热玻璃、热反射玻璃、光致变色玻璃、电热玻璃、泡沫玻璃、热弯玻璃、异形玻璃、复合防火玻璃。

1. 中空玻璃

中空玻璃是在两片或多片平板玻璃中间夹有干燥空气层或惰性气体层，边部以有机密封剂密封而制成的一种玻璃（图 4-2-9）。密闭的干燥空气层具有良好的保温、隔热、防霜露性能，同时亦起到较好的隔音效果。

根据所采用的玻璃原片不同，中空玻璃可分为：普通中空玻璃、吸热中空玻璃、钢化中空玻璃、夹层中空玻璃、热反射中空玻璃等。其光学性能与玻璃原片的性能有很大关系。可见光透视范围为 10% ~ 80%，光反射率为 25% ~ 80%。

中空玻璃主要应用于需要采暖、有保温要求，以及要求隔热、隔音、避免冷凝水的地方，如住宅、宾馆、商场、医院、办公楼等。

中空玻璃一般不能切割，可按要求向厂家定制。

图 4-2-9 中空玻璃

2. 吸热玻璃

吸热玻璃是既能吸收阳光中大量的红外线辐射热，同时又能使可见光透过，保持良好透视性的玻璃（图 4-2-10）。吸热玻璃可采用两种方法制得：本体着色法和表面喷涂法。本体着色法是在普通玻璃中加入一定量的具有吸热性能的着色氧化物（如氧化亚铁、氧化镍等），而表面喷涂法则是在玻璃表面喷涂一层具有吸热性能的物质，使玻璃着色并具有吸热特性。

吸热玻璃主要用于建筑外墙的门窗，特别适合用于炎热地区的建筑中。

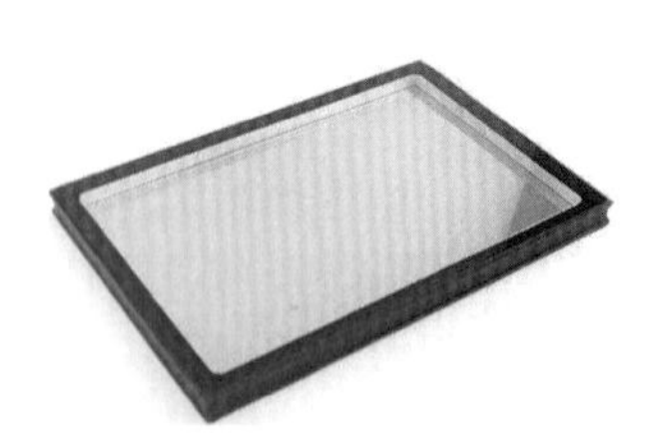

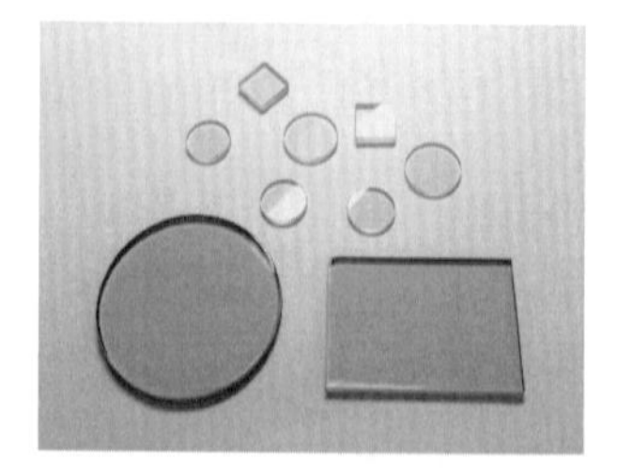

图 4-2-10 吸热玻璃

3. 热反射玻璃

热反射玻璃是在平板玻璃的表面用物理或化学方法涂覆一层金属或金属薄膜。其表面膜层对阳光有较强的反射能力，反射率在 30% ~ 60%，并能使玻璃具有良好的隔热性能。热反射玻璃的迎光面具有镜子的镜像反射性能，而其背面又有透视性，因此具有良好的单向透视效果（图 4-2-11）。

图 4-2-11 镀膜玻璃

单面镀膜的热反射玻璃在安装时应将膜层面向室内，可提高膜层的使用寿命并取得较好的节能效果。

热反射玻璃主要应用于炎热地区的建筑门窗、玻璃幕墙，以及需私密隔音的部位，也用于高性能中空玻璃的玻璃原片。

热反射玻璃的尺寸规格（mm）有：1 600×2 100、1 800×2 000、2 100×3 600 等；常用的厚度规格有 3 mm、6 mm 等。

4. 热弯玻璃

热弯玻璃是将玻璃加热至软化点，然后在模具中成型的建筑装饰材料，一般采用真空磁溅射镀膜玻璃和热反射镀膜玻璃制成。它具有较高的热反射性能，又能保持良好的透光性，造型大方，外形美观。

热弯玻璃主要用于建造采光避雨的露天阳台、安全走道、停车棚、露天餐厅、花房、温室，以及家具和弧形艺术造型等（图 4-2-12）。

热弯玻璃的最大尺寸规格（mm）为 2 500×3 500×（3～12）。

图 4-2-12　用热弯玻璃制成的弧形茶几

5. 异形玻璃

异形玻璃一般采用压延法、浇注法和辊压法制成。主要有槽形、波形、肋形、三角形、Z 形和 V 形等品种。有无色的和彩色的，表面带花纹和不带花纹的，夹丝的和不夹丝的等。它有良好的透光、安全、隔热等性能，可节约能源、金属、木材和减轻建筑物自重等。

异形玻璃主要用作建筑物外部竖向非承重的围护结构、内隔墙、天窗、透明屋面、阳台和走廊的围护屏蔽等（图 4-2-13）。

异形玻璃没有明确的规格，主要是按照需要进行加工。

图 4-2-13　异形玻璃

6. 复合防火玻璃

复合防火玻璃是用透明耐火胶粘剂将两层或两层以上的平板玻璃粘合而成的一种夹层玻璃。在发生火灾时，玻璃夹层受热膨胀起泡，逐渐由透明物质转变为不透明的多孔物质，形成很厚的防火隔热层，起到保护作用。它具有一定的抗冲击强度，存放稳定性好，以及有适用环境、温度范围广等优点。复合防火玻璃适用于宾馆、影剧院、机场、车站、展览馆、医院，以及有防火要求的工业和民用建筑的室内防火门、窗和救火隔墙等（图 4-2-14）。

防火门用玻璃的尺寸规格（mm）为（200～700）×（400～1 600）。

防火窗用玻璃的尺寸规格（mm）为（90～480）×（80～1 580）×（10～18）。

防火隔墙用玻璃的尺寸规格（mm）为（800～1 200）×2 000。

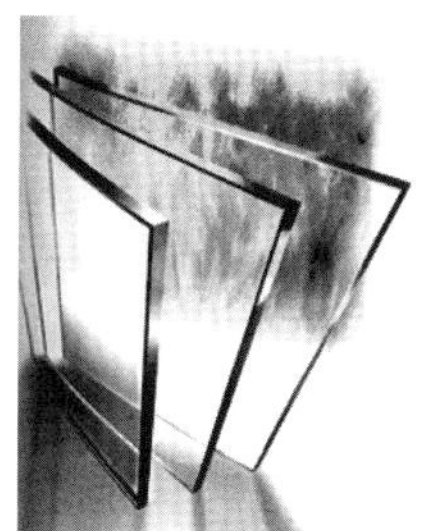

图 4-2-14　复合防火玻璃

四、特殊玻璃

1. 防火玻璃

防火玻璃是一种经过特殊工艺加工和处理，在规定的耐火试验中能够保持其完整性和隔热性的特种玻璃（图 4-2-15）。防火玻璃的原片玻璃可选用浮法玻璃、钢化玻璃、复合防火玻璃，还可选用单片防火玻璃制造。防火玻璃的作用主要是控制火势的蔓延或隔烟，其防火的效果以耐火性能为标准进行评价。

防火玻璃主要有夹层复合防火玻璃、夹丝防火玻璃、特种防火玻璃、中空防火玻璃、高强度单层铯钾防火玻璃。

高强度单层铯钾防火玻璃通过特殊化学处理，在高温状态下进行二十多小时离子交换，替换了玻璃表面的金属钠，形成化学钢化应力；同时通过物理处理后，玻璃表面形成高强度的压应力，大大提高了抗冲击强度，当玻璃破碎时呈现微小颗粒状态，减少对人体的伤害。单层铯钾防火玻璃的强度是普通玻璃的 6 ~ 12 倍，是钢化玻璃的 1.5 ~ 3 倍，而且高强度单层铯钾防火玻璃在紫外线及火焰作用下依然能保持通透。

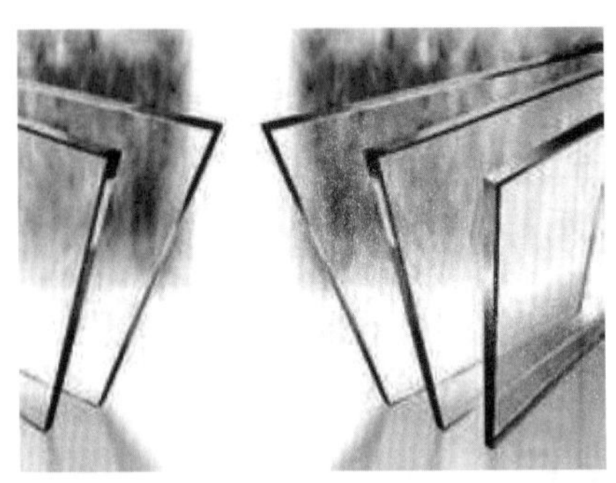

图 4-2-15 防火玻璃

2. 防爆玻璃

防爆玻璃是在玻璃里面夹了钢丝或者是特制的薄膜。防爆玻璃具有高强度的安全性能，是同等普通浮法玻璃的 20 倍。一般的玻璃在遭到硬物猛烈撞击时，一旦破碎就会变成细碎的颗粒，飞溅四周，危及人身安全。而防爆玻璃在遭到硬物猛烈撞击时，只会产生裂纹，用手触摸也是光滑平整的，不会伤及任何人员。

防爆玻璃除了具有高强度的安全性能，还可以防潮、防寒、防火、防紫外线。

五、其他装饰装修玻璃制品

1. 空心玻璃砖

空心玻璃砖是把两块经模压成型的玻璃周边密封成一个空心砖，中间充有干燥空气的一种玻璃制品。空心玻璃砖具有抗击打、保温绝热、不结露、防水、不燃、耐磨、透光不透视、装饰效果好等优点。其加工过程中主要采用有色玻璃或在腔内侧涂饰透明着色材料，以增加装饰性。

空心玻璃砖主要用于公共建筑空间或居室空间的非承重墙、隔墙、天棚、地面、门窗等部位，使用时不得切割，不能承重。

空心玻璃砖的尺寸规格（mm）有：190×190×80、240×240×80、240×115×80、190×190×95、145×145×95（80）、115×115×80。

2. 玻璃马赛克

玻璃马赛克也称玻璃锦砖，是一种小规格的彩色饰面玻璃，生产工艺一般采用熔融法和烧结法两种。其品种多样，有透明、半透明、不透明的，有带金色、银色斑点或条纹的。它具有颜色绚丽、耐热、耐酸、耐碱等特性；不褪色，不受污染，历久弥新；与水泥粘结性好，便于施工。

由于玻璃马赛克的良好性能，被广泛用作建筑物内外饰面材料或艺术镶嵌材料（图 4-2-16 至图 4-2-18）。

尺寸规格（mm）：20×20，30×30，40×40；厚度为 4 ~ 6 mm。

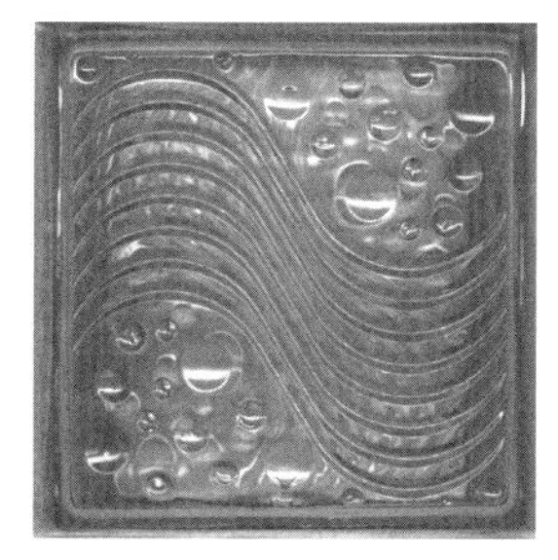

玻璃砖

玻璃砖隔断效果

图 4-2-16

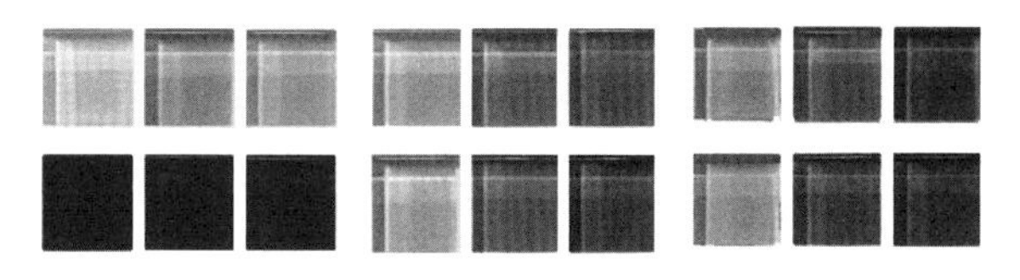

图 4-2-17 玻璃马赛克

图 4-2-18 用玻璃马赛克拼成图案

3. 智能液晶调光膜

智能液晶调光膜又称电控智能调光膜，由两层柔性透明导电薄膜（ITO）与一层聚合物分散液晶材料（PDLC）构成。通过外加电场的控制，可实现液晶调光膜无色透明与不透明（雾化）两种状态。智能液晶调光膜和两层玻璃结合在一起，成为液晶调光玻璃，在办公、卫浴隔断、橱窗广告、医疗机构、展览展示、公共教育等领域已广泛应用。

液晶调光玻璃的最大功用是隐私保护功能，可以随时控制玻璃的透明状态。而且，液晶调光玻璃还是一款非常优秀的投影硬屏，在光线适宜的环境下，投影效果非常出众。

液晶调光玻璃具备安全玻璃的一切优点，包括破裂后防止碎片飞溅的安全性能，抗击打强度好。

液晶调光玻璃中间的调光膜及胶片可以隔绝98%以上的红外线，屏蔽99%以上的紫外线，可保护室内的陈设不因紫外线辐射而出现褪色、老化等情况，保护人员不患受紫外线直射引起的疾病。液晶调光玻璃中间的调光膜及胶片还有声音阻尼作用，可有效阻隔各类噪音。

液晶调光玻璃还可用于人工开关、光控、声控、温控、远程网络控制。

第三节 装饰装修玻璃的构造

一、玻璃的各种连接方式（图 4-3-1）

二、钢化玻璃的常见施工方法

1. 钢化玻璃隔断

（1）玻璃隔断下部固定方法

将 50 ~ 100 mm 长的 4# 角钢短料焊接在 5# 槽钢的两侧，然后用 M10 金属膨胀螺栓与地面固定。

（2）玻璃隔断上部固定方法

5# 槽钢和 4# 角钢组合钢架单片（间隔 900 mm），与顶面楼板用 M10 金属膨胀螺栓固定。

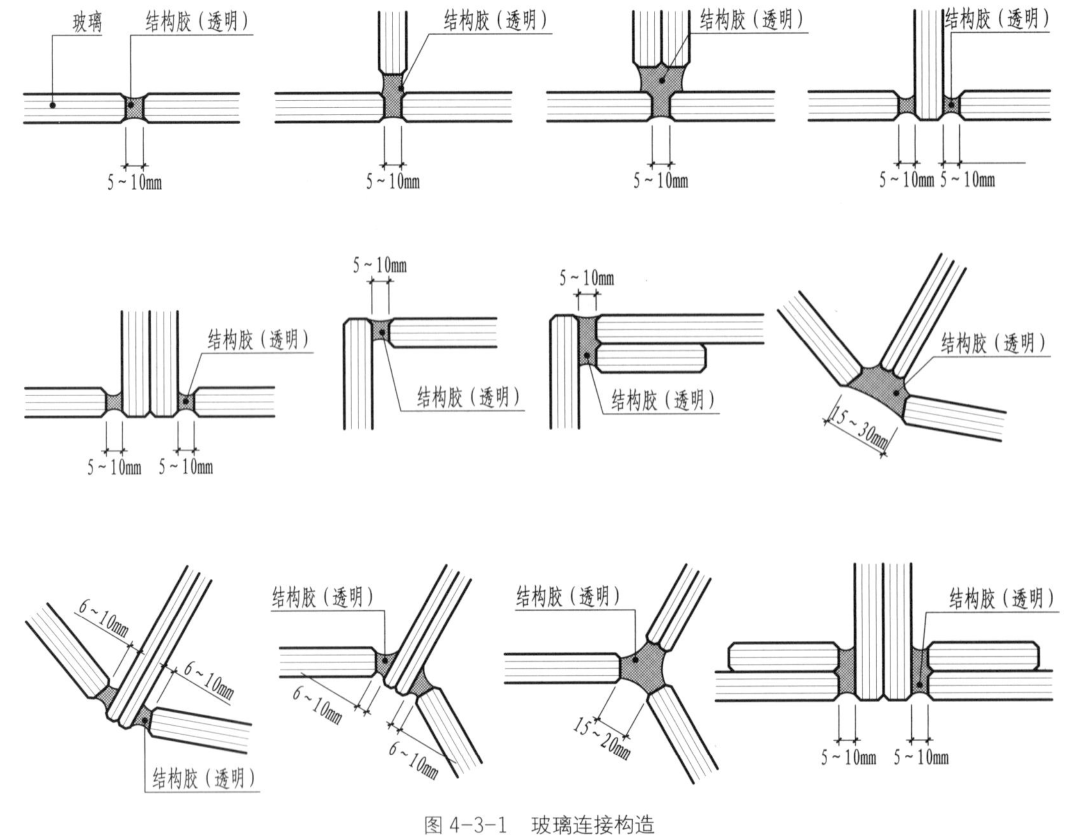

图 4-3-1 玻璃连接构造

（3）安装玻璃

在上下的5#槽钢内安装12 mm厚钢化玻璃，玻璃下面需加牛筋垫块，最后用泡沫条和玻璃胶将间隙密封。

2. 成品玻璃隔断

在许多办公空间，用成品的玻璃隔断非常方便，既容易安装，又容易拆卸，可以充分满足现代化办公环境的需求（图4-3-2）。玻璃隔断产品是现代工业技术与传统的手工技艺相结合的典范，优质的隔断材料造就的隔断墙产品，能够同时满足建筑物理学在防火、隔音、稳定性、环保等方面的所有要求，可广泛用于办公空间、商业空间、工业建筑等。

图 4-3-2 成品玻璃隔断

第五章 装饰装修塑料

【学习重点】

了解装饰装修塑料的种类、基本特点；

重点掌握塑料在装饰装修中构造的类型与做法。

塑料作为一种装饰材料，由于其质轻、价廉、防腐、防蛀、绝缘、装饰性好等优点，早在20世纪30年代就得到应用。在当今的装饰装修领域，它已经成为不可或缺的一种材料，并出现越来越多的新型塑料制品。

第一节 装饰装修塑料的组成和特性

一、装饰装修塑料的组成及分类

1. 组成

装饰装修塑料由树脂、填料、着色剂、增塑剂及其他助剂组成。

① 树脂。树脂是塑料的主要成分，作用是将各组成成分粘结成一个整体。树脂有天然树脂和合成树脂两种，目前大多采用合成树脂制作塑料。使用不同品种的树脂，塑料会体现不同的性能。

② 填料。又称填充剂，能增强塑料性能。

③ 着色剂。分染料和颜料两类，起到着色美化作用。

④ 增塑剂。提高塑料加工时的可塑性及流动性，使塑料制品具有柔韧性。

⑤ 其他助剂。如稳定剂、固化剂、偶联剂、抗静电剂、发泡剂、阻燃剂、防霉剂等，根据使用需要加入，可优化塑料制品的性能。

2. 分类

塑料按热性能不同可分为热塑性塑料和热固性塑料。

热塑性塑料是具有加热软化、冷却硬化特性的塑料。加热时变软以至流动，冷却变硬，这个过程是可逆的，可以反复进行。

热固性塑料是指仅在第一次加热或加入固化剂之前能软化、熔融，并在此条件下能固化，以后再加热不会软化或熔融，也不会被溶解的塑料。若温度过高，此种塑料的分子结构会被破坏。

二、装修塑料的特性

自重轻、强度高、导热系数小、加工性能好、耐腐蚀、耐水防潮性好、绝缘、有装饰功能，但耐热性差、易燃、易老化。

第二节 装饰装修塑料制品

装饰装修塑料制品按形态可分为管材、薄板、型材、薄膜、模制品、复合板材、溶液或乳液等，常用于室外及室内的界面、门窗等部位的装饰装修。

一、建筑塑料管材

1. 硬聚氯乙烯（PVC-U）管材

此种管材是以聚氯乙烯树脂为主要原料，加入稳定剂、改性剂后，以挤塑法加工而成的（图5-2-1）。

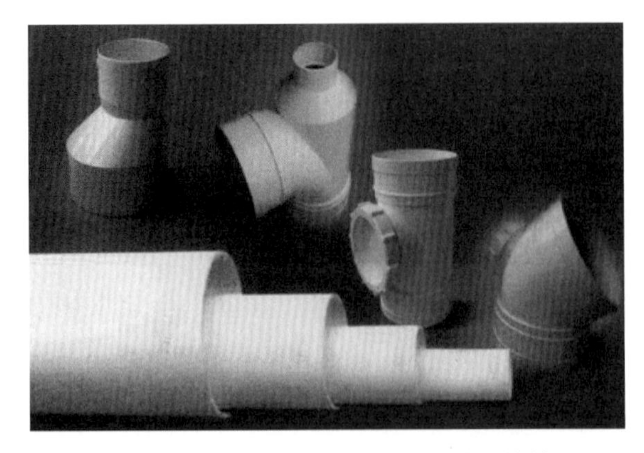

图5-2-1 硬聚氯乙烯（PVC-U）雨落水管材

（1）特点

内壁光滑、阻力小、无毒、无污染、耐腐蚀、抗老化性能好，可输送介质的温度在40℃内。直径通常为20～1 000 mm。

（2）应用

作为室内冷水管、雨水管等。

2. 氯化聚氯乙烯（PVC-C）管材

与硬聚氯乙烯管材相比，氯化聚氯乙烯管材除保持其所有特性外，显著提高了耐热性，可输送介质的最高温度为 90℃左右，具有优良的抗燃性，机械强度较高，但使用的胶水有毒，常用作非饮水管（图 5-2-2）。

图 5-2-2 氯化聚氯乙烯（PVC-C）管材

3. 无规共聚聚丙烯（PP-R）管材

（1）特点

质轻，加工方便、无毒、耐腐蚀、内壁光滑、阻力小、导热系数小，保温绝热性能好。压力不超过 0.6 MPa 时，长期使用最高温度可达 70℃左右，短时间内温度不能高于 95℃，采用热熔方式连接为整体，牢固不渗漏。

（2）应用

可作为饮用水管及冷热水管。其韧性以及抗紫外线性能较差，且属可塑材料，故不可作消防管道（图 5-2-3）。

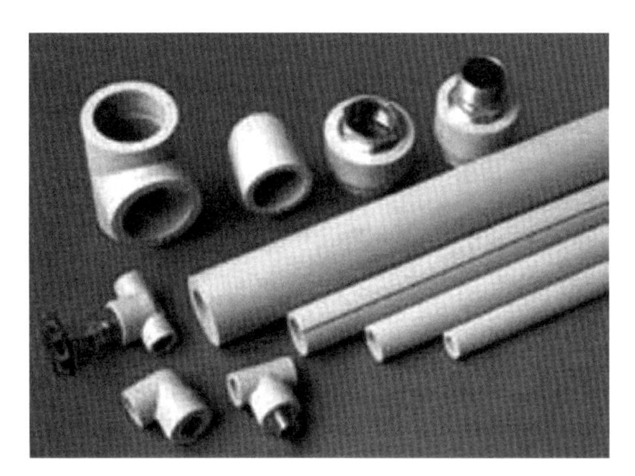

图 5-2-3 无规共聚聚丙烯（PP-R）管材

4. 聚丁烯（PB）管材

（1）特点

具有强度高、韧性好、无毒的特点，耐温最高可达到 110℃，长期使用耐温最高可达 90℃左右。其缺点是易燃、热膨胀系数大、价格较高。

（2）应用

适用于饮用水及冷热水输送，可用于地板辐射采暖系统的盘管（图 5-2-4）。

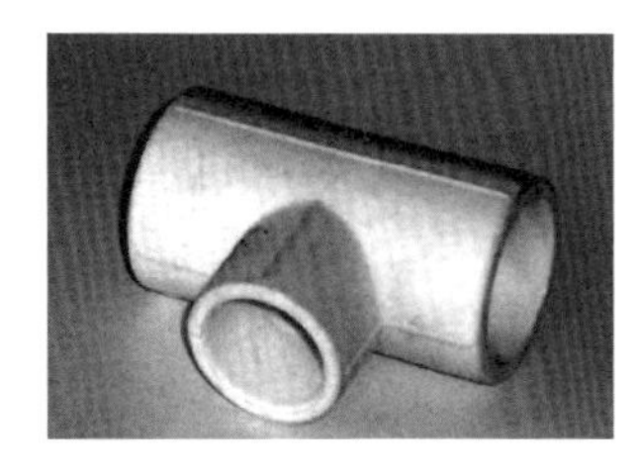

图 5-2-4 聚丁烯（PB）管材

二、塑料门窗

塑料门窗采用 PVC 树脂为基料，加其他填料、稳定剂、润滑剂等助剂，经混炼、挤塑而成为内部带有空腔的异型材，以此为框材，经切割、组装而成门窗。

在门窗框内嵌入铝合金型材或轻钢型材，可以增强塑料门窗的刚性，称为塑钢门窗（图 5-2-5）。

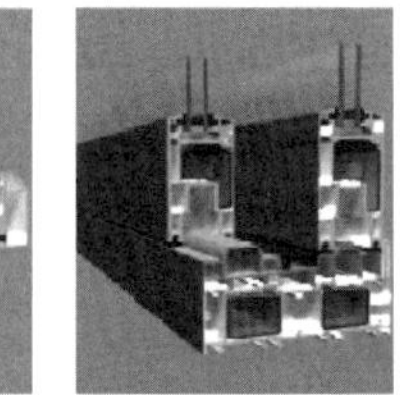

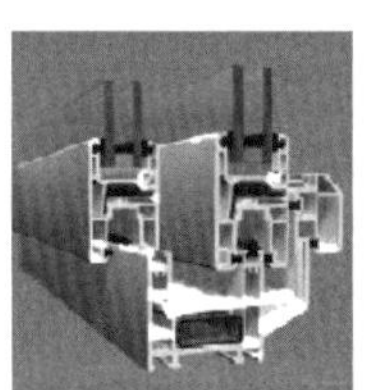

图 5-2-5 塑钢门窗型材构造

塑钢门按开启方式分为平开门（向内开启、向外开启）、推拉门、弹簧门。按结构形式分为镶板门、框板门、折叠门。

塑钢窗按开启方式分为固定窗、平开窗（向外平开、向内平开）、悬转窗（上悬外翻、下悬内翻）、内平开下悬窗、中旋窗、推拉窗（水平推拉、垂直提拉）。

（1）特点

有良好的绝热保温性能，气密性、水密性和隔声性好，耐腐、耐老化、抗震、防火，且外表美观，防虫蛀、能耗低。

（2）规格（mm）

平开门：80 系列；弹簧门：108 系列。

推拉窗：60、77、80、95 系列。

平开窗：50、60 系列。

三、塑料装饰板

塑料装饰板主要以聚氯乙烯装饰板（PVC 板）为主，是以 PVC 树脂为基料，加入稳定剂、填料、着色剂、润滑剂等其他助剂，经混炼、挤压等工序制成。

1. 硬 PVC 板

其特点是表面光滑、色泽鲜艳、防水耐腐、化学稳定性好、强度较高，且耐用性、抗老化性能好，同时易于加工、施工简便。品种有硬质 PVC 平板、波纹板、波形板、格子板和异型板等。其中不透明品种有硬质 PVC 平板，多用于内墙罩面板、护墙板；波纹板用于外墙装饰；透明平板和波形板可用于采光顶棚、采光屋面、室内隔断、广告牌、灯箱、橱窗等。

尺寸规格（mm）：1 220×2 440；厚度为：2 ~ 20 mm。

2. PVC 装饰塑料扣板

（1）特点

质轻、防水防潮、阻燃隔热，但耐高温性不好，在较热的环境中容易变形。

（2）应用

适用于写字楼、店铺、餐厅和住宅厨卫空间的顶棚装饰。

（3）规格

宽度为 150 mm、200 mm、250 mm 和 300 mm，厚度为 5 ~ 12 mm，长度为 4 000 mm、5 000 mm 和 6 000 mm。

（4）施工要点

① 选用龙骨，一般 PVC 扣板配用专用龙骨，龙骨为镀锌钢板或烤漆钢板，标准长度为 3 000 mm。

② 根据同一水平高度装好收边角。

③ 按合适的间距吊装轻钢龙骨（38 龙骨或 50 龙骨），一般间距 1 ~ 1.2 m，吊杆距离按轻钢龙骨的施工规定分布。

④ 把预装在 PVC 扣板龙骨上的吊件，连同 PVC 扣板龙骨紧贴轻钢龙骨，并与轻钢龙骨成垂直方向扣在轻钢龙骨下面。PVC 扣板龙骨间距一般为 1 000 mm，全部装完后必须调整至水平（当建筑物与所要吊装的 PVC 扣板的垂直距离不超过 600 mm 时，不需要中间加 38 龙骨或 50 龙骨，而用龙骨吊件和吊杆直接连接）。

⑤ 将条状 PVC 扣板按顺序并列平行扣在配套龙骨上，条状 PVC 扣板连接时用专用龙骨系列连接件接驳。

3. 软质 PVC 板

适用于建筑物内墙、吊顶、家具台面等部位的装饰和铺设。

其规格最大宽度为 1 300 mm，厚度为 1 ~ 10 mm。

四、张拉膜

张拉膜又称软膜天花和柔性天花，采用特殊的聚氯乙烯材料制成，厚 0.15 mm 左右，防火级别为 B1 级。

（1）特点

软膜天花造型美观大方、安装方便、光感独特，具有防霉、抗菌、防污染、防水、抗静电等特点。使用寿命在 15 年以上。

（2）应用

适用于酒店、宾馆、洗浴中心、会议室、医院、大型卖场、展览会场以及家居装饰（图 5-2-6）。

图 5-2-6　用张拉膜作顶棚发光材料

五、有机玻璃板（PS 板）

有机玻璃板是一种具有极好透光度的热塑性塑料。有机玻璃可分为无色透明有机玻璃、有色透明有机玻璃、有色半透明有机玻璃、有色非透明有机玻璃等（图 5-2-7）。

（1）特点

透光率较好，机械强度较高，耐腐蚀、耐热、耐寒、耐候性及绝缘性均较好，但质地较脆，并易溶于有机溶剂中。

（2）应用

适用于广告灯箱片、指示灯罩、装饰灯罩、隔板、吸顶灯罩、亚克力浴缸等，是室内常用的装饰材料。

（3）规格

尺寸规格（mm）为：1 220×1 830、1 220×2 440、1 220×3 050，厚度为 1.3～12 mm。

六、玻璃卡普隆板（PC 板）

玻璃卡普隆板有实心板、波纹板和中空板（蜂窝板）三大系列。

（1）特点

玻璃卡普隆板（PC 板）具有质轻、安全、不易碎、阻燃，耐候性、耐冲击、弯曲性好，隔热、隔音、抗紫外线等特点（图 5-2-10）。特别是单层卡普隆板的耐冲击能力是普通玻璃的 200 倍以上，是有机玻璃的 30 倍。

（2）应用

适用于办公楼、娱乐休闲场所、商场等公共环境的顶棚、采光棚，车站、凉亭等建筑的雨篷、廊道，以及广告牌、隔断等部位的装饰。

（3）规格

实心板厚度为 3～6 mm；波纹板厚度为 0.8～1.2 mm；中空板厚度为 4 mm、6 mm、8 mm、10 mm，尺寸规格为 800 mm×2 100 mm。

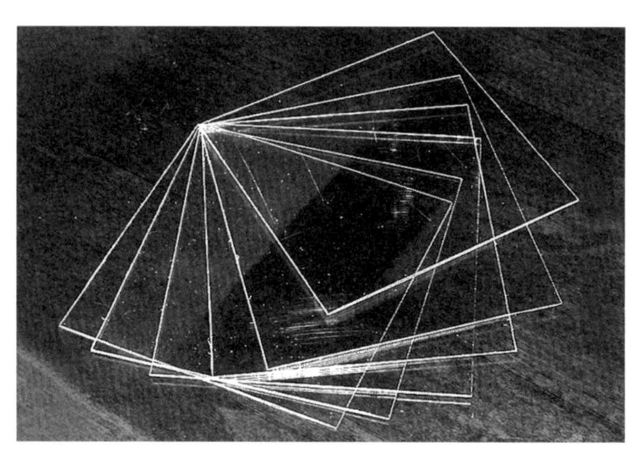

无色透明有机玻璃板

有色半透明有机玻璃板

图 5-2-7

第六章　金属装饰装修材料

【学习重点】

了解各种金属装饰装修材料的基本特点和各自优缺点；

熟悉主要金属材料在装饰装修中的应用及特点；

重点掌握钢材、铝材、铜材及其合金材料在装饰装修中的基本构造做法。

用金属加工而成的装饰装修材料，具有独特的质感、光泽和颜色，并有耐腐、轻盈、高雅、易加工、表现力强等优点，是其他材料难以相比的。因此，金属装饰装修材料在建筑装饰装修中被广泛应用。

第一节 金属装饰装修材料的种类

金属材料主要分为黑色金属和有色金属两大类。黑色金属主要是指铁及其合金，如钢、铁合金、生铁等；有色金属是指铁以外的其他金属，如铝、铜、铅、镁等及其合金。

在装饰装修中，金属材料按应用部位的不同，可分为结构承重材和饰面材两大类；按加工形式不同分，有波纹板、压型板、冲孔板等（图6-1-1）。

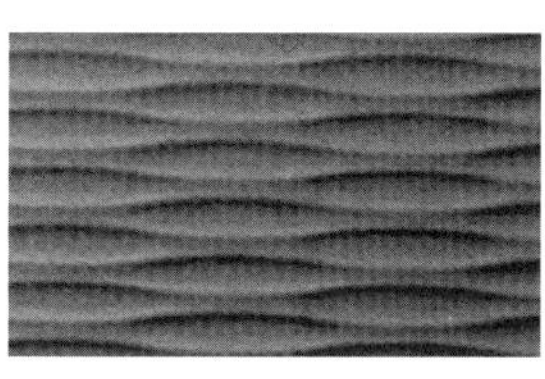

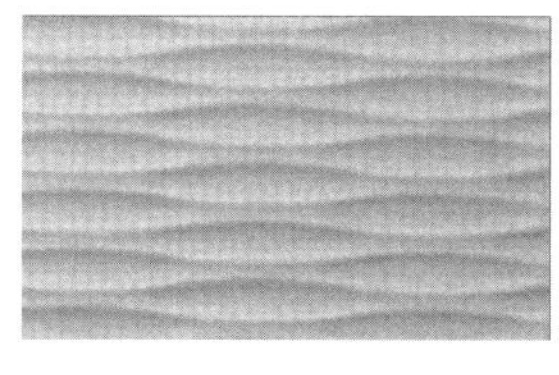

波纹板

压型板

冲孔板

图6-1-1

第二节 钢材及钢制品装饰装修材料

钢材是以生铁为原料，根据含碳量进行冶炼加工而成的一种铁碳合金。钢材的碳含量小于2%，具有强度高，韧性、塑性好，可焊、可锯、可切割，抗冲击性高，以及工艺加工性能好等优点。

钢材按外形可分为型材、板材、管材、金属制品等四大类。

在室内装饰装修工程中常用的钢材制品主要包括彩色不锈钢板、镜面不锈钢板、不锈钢包覆钢板、不锈钢微孔吸声板、复合钢板浮雕艺术装饰板、钛金镜面板、彩色涂层钢板、彩色压型板、搪瓷装饰板以及轻钢龙骨等。

一、不锈钢及其制品

普通钢材的缺点是极易锈蚀，为使其在使用过程中具有良好的抗腐蚀性，在钢材中添加铬元素等其他元素制成合金钢，即不锈钢。不锈钢中铬元素含量越高，其抗腐蚀性越好。而添加的镍、锰、钛、硅等其他元素，还会影响不锈钢的强度、塑性、韧性及耐腐蚀性等。不锈钢制品可应用的范围包括门、墙、柱等处。

不锈钢制品包括薄钢板、管材、型材及各种异型材等。

常用尺寸规格（mm）为：1 000×2 000、1 220×2 440、1 250×2 500、1 500×6 000、1 500×3 000、1 530×6 000、1 530×3 000 等；厚度为 0.8 mm、1 mm、1.2 mm、1.5 mm 等。

1. 拉丝不锈钢板

拉丝不锈钢板就是通过相关的加工工艺，使不锈钢表面具有丝状的纹理（图6-2-1）。拉丝不锈钢板表面为亚光，平顺光滑，而且要比一般亮面的不锈钢耐磨。

拉丝不锈钢板常用于厨卫精装、高档室内装修面板等。

图 6-2-1 拉丝不锈钢板

2. 镜面不锈钢板

镜面不锈钢板，是经抛光处理的不锈钢板，分 8K 和 8S 两种。

镜面不锈钢板光洁明亮，永不生锈，易于清洁。可用于宾馆、商场、办公大楼等场所的装饰装修（图 6-2-2）。

图 6-2-2 用镜面不锈钢板装饰的效果

3. 彩色不锈钢板

彩色不锈钢板是在不锈钢板面上用特殊工艺做出各种绚丽的色彩，有蓝、灰、紫、红、青、绿、金、橙及茶色等，它会随着光照角度不同而变幻色彩效果。

彩色不锈钢板的抗腐蚀性好，彩色压层可耐 200℃的高温，色彩经久不褪。主要用于高级建筑的室内墙板、电梯厢板、车厢板、吊顶饰面板等。

4. 不锈钢包覆钢板

不锈钢包覆钢板是在普通钢板的表面加一层不锈钢、铜、镍、钛等金属，使之复合而成。这种板材可以替代价格昂贵的不锈钢。

不锈钢包覆钢板制作工艺简单、成本低、加工性能优于纯不锈钢板。主要用于室内外装饰部件，可完全替代不锈钢板。

5. 不锈钢微孔吸声板

不锈钢微孔吸声板，是在不锈钢板上加工出微孔组成图案，既有吸声作用，又有一定的装饰效果。

不锈钢微孔吸声板吸声性好，装饰效果好。可用于电梯、计算机房、各种控制室、精密车间、影剧院、宾馆、播音室等室内吊顶和墙面。

6. 不锈钢花纹板

不锈钢花纹板是指采用特殊加工工艺，使不锈钢板表面形成凹凸感。由于不锈钢花纹板具有耐腐蚀性和防滑性，因此得到了广泛的应用。最早期的不锈钢花纹板的花纹样式为交错式横竖条纹，目前已经衍生出方格、菱形、皮革、瓷砖、石砖、涟漪等多种样式的产品。

不锈钢花纹板主要应用在有防滑和防腐要求的部位。

7. 钛金镜面板

钛金镜面板，是用特殊加工工艺在不锈钢板表面形成钛氮化合物膜层。膜层有金黄色、亮灰色和其他七彩颜色。

钛金镜面板不氧化、不变色、耐磨、硬度高，有金碧辉煌、雍容华贵的装饰效果。可用于高档建筑的室内装饰。

二、彩色涂层钢板（彩钢板）

彩色涂层钢板又称塑料复合钢板，它是在热轧钢板上覆以 0.2 ~ 0.4 mm 的半硬质聚氯乙烯薄膜或其他树脂制成（图 6-2-3）。涂层可配制成各种颜色和花纹，如布纹、木纹、大理石纹等等，目前产品已有上千种色彩和几百个花色品种。这种板材有单面覆膜和双面覆膜两种类型。

彩色涂层钢板耐磨、耐冲击、耐潮湿，绝缘性能好，具有良好的加工性能，弯曲加工时涂层不受损。

彩色涂层钢板可用于室内外墙板、地板、顶棚、窗台等装饰，也可用于暖气片、通风管道等设备，还可用于交通、农业机械、生活用品等方面。

图 6-2-3　彩色涂层钢板

三、彩色压型钢板

彩色压型钢板是镀锌钢板经冷压制成波形表面的钢板，通过表面处理可以得到各种色彩（6-2-4）。

彩色压型钢板质感好、耐腐蚀、耐久、易安装，装饰效果独特，可用作建筑幕墙非承重的外挂板，包括建筑屋面、墙板、墙面装饰等（6-2-5）。

四、搪瓷装饰板

是以钢板、铸铁为基底材料，表面涂覆一层无机物，经高温烧制后形成具有装饰效果的搪瓷表面层的装饰板材。其主要特点有：不生锈、耐酸碱、防火、受热不易氧化，可进行贴花、丝网印花及喷花等表面装饰，装饰效果好，耐磨性高，重量轻，刚度好。搪瓷装饰板主要应用于内外墙面装饰及小幅面装饰制品。

五、轻钢龙骨

龙骨是指罩面板的骨架材料。轻钢龙骨是以冷轧钢板（带）、镀锌钢板（带）或彩色涂层钢板（带）为原料，采用冷弯工艺制成的薄壁型材。它具有强度大、通用性强、耐火性好、安装简易等优点，可用于装配各类型的石膏板、钙塑板、吸音板等。主要用作罩面板的龙骨支架等（图 6-2-6）。

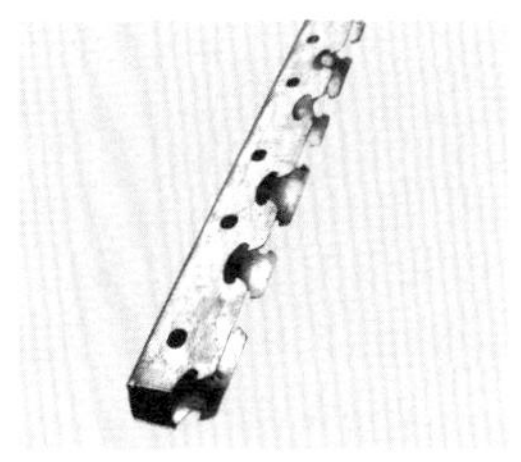

图 6-2-6　轻钢龙骨吊顶龙骨（卡式龙骨）构造

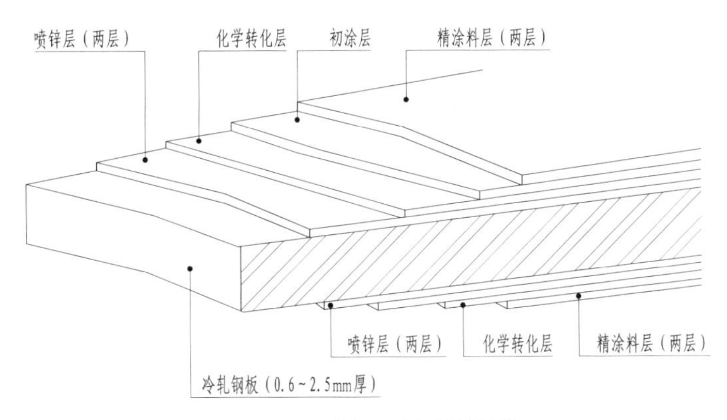

图 6-2-4　彩色压型钢板的结构

图 6-2-5　彩色压型钢板

轻钢龙骨按断面分有U型龙骨、C型龙骨、T型龙骨及L型龙骨（图6-2-7至图6-2-9）。厚度通常为0.5～1.5 mm。按用途分有墙体隔断龙骨（代号Q）和吊顶龙骨（代号D）。墙体龙骨分竖龙骨、横龙骨和通贯龙骨；吊顶龙骨分主龙骨和次龙骨。

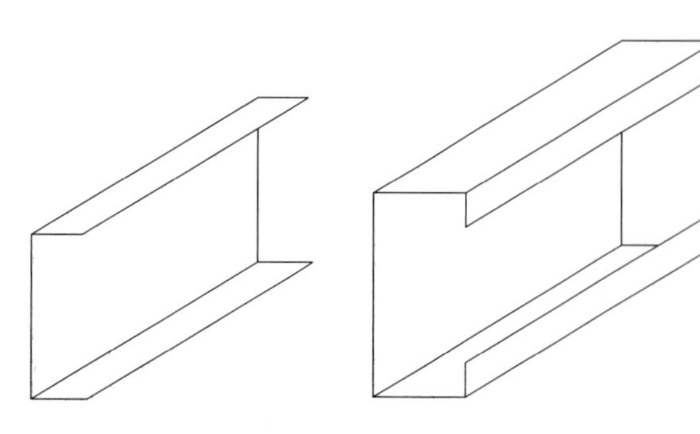

U型大龙骨(承载龙骨)　　C型大龙骨(承载龙骨)　　U型次龙骨(覆面龙骨)

适用范围：吊装用承载龙骨D38大龙骨用于不上人吊顶；D50与D60用于上人吊顶

适用范围：与承载龙骨D配合使用。吊顶轻钢龙骨CB50×19用于复合矿棉板，起覆面龙骨作用

图6-2-7　轻钢龙骨吊顶龙骨U型、C型构件

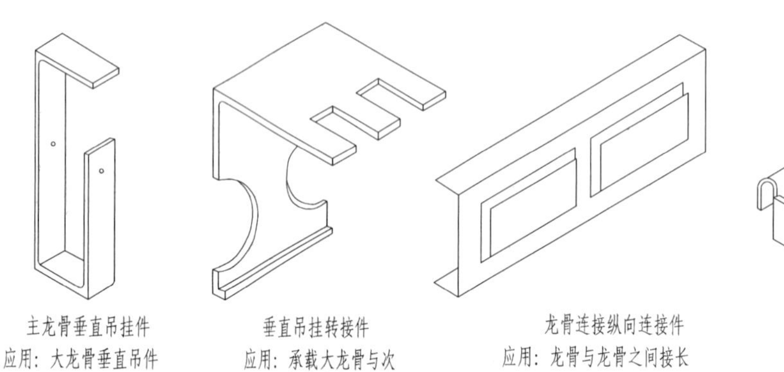

主龙骨垂直吊挂件
应用：大龙骨垂直吊件

垂直吊挂转接件
应用：承载大龙骨与次龙骨连接的挂件

龙骨连接纵向连接件
应用：龙骨与龙骨之间接长

次龙骨连接卡件
应用：龙骨与龙骨连接

图6-2-8　轻钢龙骨吊顶龙骨U型、C型配件

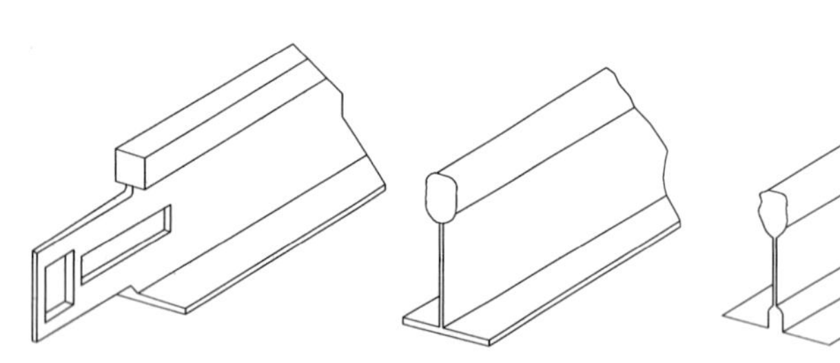

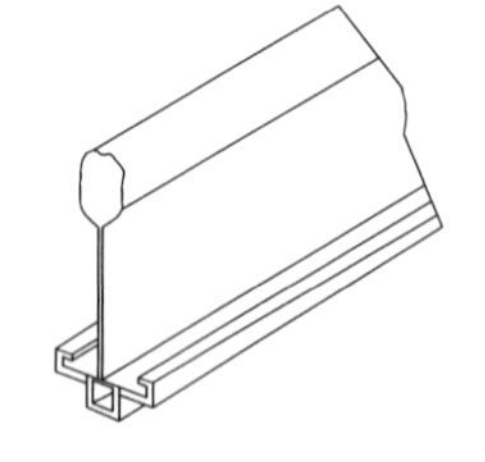

T型主龙骨（烤漆龙骨）
适用范围：明装或跌级矿棉板

T型次龙骨
适用范围：明装或跌级矿棉板

凹槽T型主、次龙骨
适用范围：明装或跌级矿棉板

凸型主、次龙骨
适用范围：明装或跌级矿棉板

图6-2-9　轻钢龙骨吊顶T型龙骨构件

第三节 铝材及铝合金装饰装修材料

铝及其合金是人们熟知且广泛应用的金属材料。铝质轻、密度低、耐腐蚀、抗氧化，具有良好的导电性和导热性，可用于制造反射镜；具有良好的延展性和可塑性，可加工成铝板、铝管、铝箔等，广泛应用于室内外装饰装修中。

一、铝合金及其应用

（1）特性

在铝中加入镁、铜、锰、锌、硅等元素制成铝合金后，其化学性质发生了变化，既能保持铝原有质量轻的特性，同时又明显提高其机械性能。铝合金装饰材料具有重量轻、不燃、耐腐、不易生锈、施工方便、美观等优点。

（2）应用

铝合金广泛用于建筑工程结构和装饰装修中，如屋架、屋面板、幕墙、门窗框、活动式隔墙、顶棚、阳台、楼梯扶手及五金件等。

二、建筑装饰铝合金制品

建筑装饰中常用的铝合金制品有铝合金门窗、铝合金装饰板、铝合金吊顶龙骨、铝合金单板、铝塑板等，家具设备及各类室内装饰配件也大量采用铝合金。

（一）铝合金门窗

铝合金门窗是表面处理过的铝型材，经过下料、打孔、铣槽、攻丝、制配等加工工艺制造成门窗框料构件，再与连接件、密封件、开闭五金件一起组合装配而成的。铝合金门窗在传统的住宅建筑室内应用普遍，现已逐渐减少。

（二）铝合金装饰板

1. 铝合金花纹板

铝合金花纹板是以防锈铝合金为基质，用特制的花纹轧制而成的（图 6-3-1）。它具有精致的花纹，不易磨损，防滑性能好，防腐性强，便于冲洗。表面经处理可呈现不同的颜色。广泛用于墙面、电梯门等部位的装饰装修。

常用尺寸规格（mm）如下：1 000×2 000×0.5、1 000×2 000×0.8、1 000×2 000×1、1 000×2 000×1.2、1 220×2 440×2、1 220×2 440×3、1 220×2 440×4 等。

图 6-3-1 铝合金花纹板

2. 铝质浅花纹板

铝质浅花纹板是以冷作硬化后的铝板为基质，表面处理成浅花纹的装饰板，除具有普通铝板优点外，刚度提高 20%，抗污、抗划伤、抗擦伤能力也有所提高。其立体图案和丰富色彩使装饰性增强（图 6-3-2）。装饰中应用浅花纹板不仅美观，而且可以发挥材料的物理性能，对白光反射率达 75%～90%，热反射率达 85%～95%，有良好的耐氨、硫、硫酸、浓硝酸腐蚀性能。多用于室内和车厢、飞机、电梯等内饰面。

常用尺寸规格（mm）有：1 000×2 000×0.8、1 000×2 000×1、1 000×2 000×1.2、1 000×2 000×1.5 等。

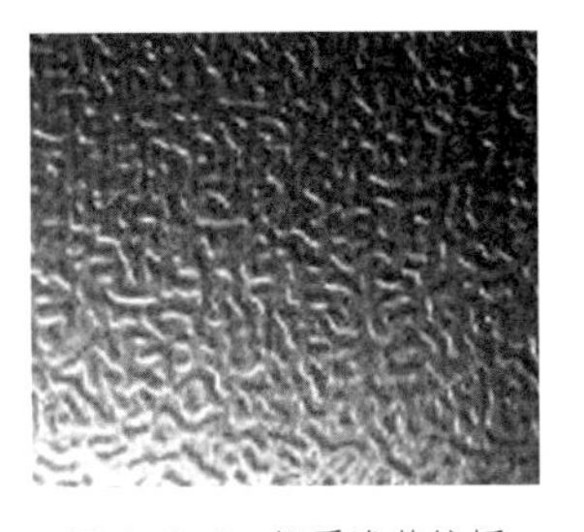

图 6-3-2 铝质浅花纹板

3. 铝合金波纹板

铝合金波纹板具有自重轻、色彩丰富、防火、防潮、耐腐蚀等优点，既有较好的装饰效果，又有很强的反射阳光能力，经久耐用，可用20年无须更换，且拆卸下的波纹板仍可重复使用（图6-3-3）。多应用于商场、酒店、会所、别墅等建筑的墙面和顶棚装饰。

常用尺寸规格（mm）：826×3 200×0.8、826×3 200×1、826×3 200×1.2。

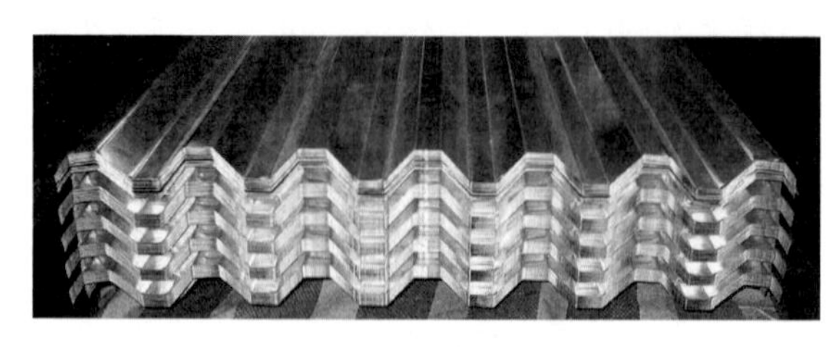

图6-3-3 铝合金波纹板

4. 铝合金穿孔吸声板

铝合金穿孔吸声板是铝合金平板经机械冲孔后制作而成的（图6-3-4）。孔径6 mm，孔距10～14 mm，孔型有圆孔、方孔、长圆孔、长方孔、三角孔、组合孔等。

铝合金穿孔吸声板材质轻、耐高温、耐腐蚀、防火、防潮、防震，化学性能稳定，色泽雅致、美观，装饰性好，且组装方便，在其内部放置吸音材料后可起到吸音、降噪的作用。铝合金穿孔吸声板主要用于影剧院、商场、车间控制室、机房等场所的顶棚墙面，可以改善空间的音质。

常用尺寸规格（mm）：600×600、600×1 200。

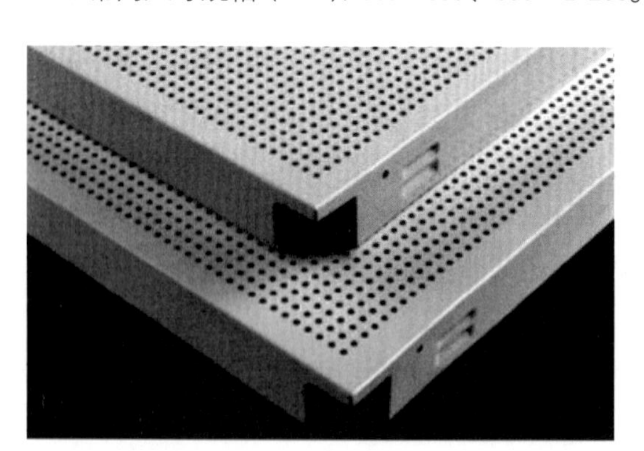

图6-3-4 铝合金穿孔吸声板

5. 铝合金龙骨及其五金件

铝合金龙骨具有不锈、质轻、防火、抗震、安装方便等优点。铝合金材料经电氧处理后，光洁、不锈、色调柔和，吊顶龙骨呈方格状外露，美观大方。铝合金龙骨广泛应用于室内顶棚和隔墙工程中，可与各种不同规格板材任意组合安装。

6. 单层彩色铝板（铝合金单板）

铝合金单板是按一定尺寸、形状和结构形式对铝合金进行加工，并对表面加以涂饰处理而成的一种高档装饰材料。其厚度有2 mm、2.5 mm、3 mm，最大尺寸规格（mm）为1 600×4 500。

铝合金单板多用于各类公共建筑墙面、壁板、隔断、顶棚等部位。

7. 铝塑复合板（铝塑板）

铝塑复合板由三层组成，其表层和底层为2～5 mm厚高强度铝合金薄板，中间层为聚乙烯芯材（或其他材料芯层），经高温高压压制在一起，表面喷涂氟碳树脂或聚酯涂料（图6-3-5）。

图6-3-5 铝塑板

铝塑板耐候性强，耐酸碱、耐摩擦、耐清洗，自重轻，成本低，防水、防火、防蛀，色彩丰富，表面花色多样，隔音隔热效果好，使用安全，弯折造型方便，装饰效果较好。广泛应用于建筑的内外墙体、门面、柱面、壁板、顶棚、展台等部位的装饰。厚度一般为4 mm，长宽尺寸规格为2 440 mm×1 220 mm。

铝塑板的内部结构及构造如图6-3-6。

（三）铝质顶棚

铝质顶棚分为铝单板顶棚系列和铝扣板顶棚系列两类。

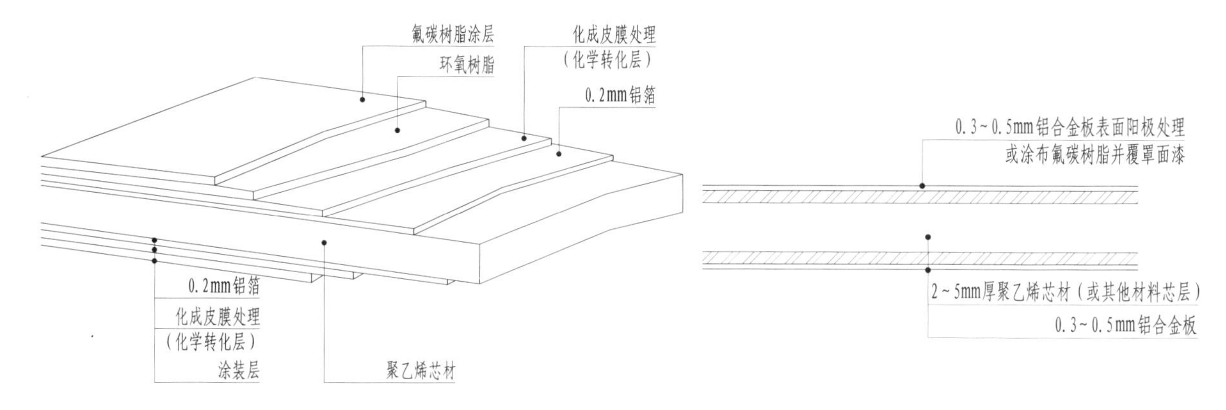

图 6-3-6 铝塑板构造

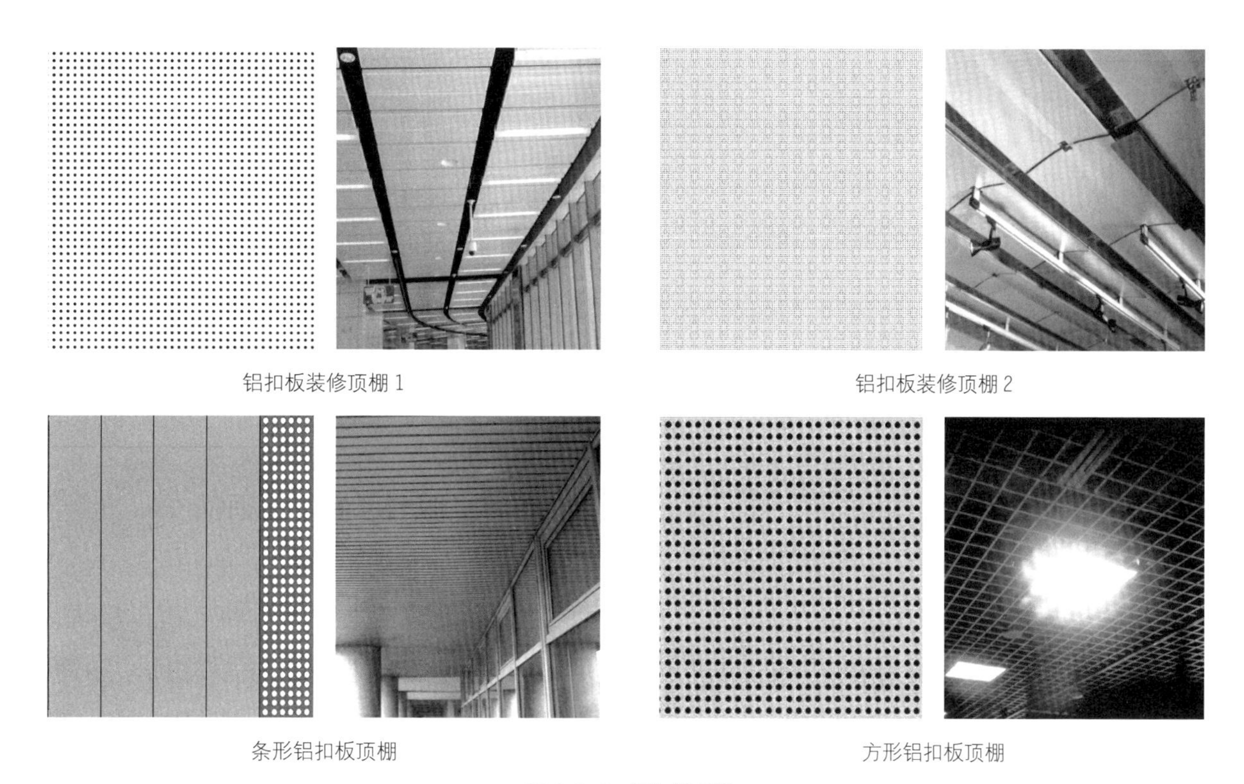

图 6-3-7 铝扣板顶棚

1. 铝单板顶棚系列（厚度在 1.5 mm 以上的铝板）

采用优质铝合金面板为基材，运用先进的数控折弯技术，确保板材在加工后能平整不变形。

2. 铝扣板顶棚系列（厚度在 1.2 mm 以下的铝板）

铝扣板顶棚主要分为条形、方形、栅格三种（图 6-3-7）。另外，还有长方形、弧形铝扣板。

条形烤漆铝扣板顶棚为长条形的铝扣板，一般适用于走道、卫生间等地方。

方形铝扣板主要有 300 mm×300 mm、600 mm× mm600 两种规格。300 mm×300 mm 规格的铝扣板适用于厨房、厕所等容易脏污的地方，而其他尺寸规格的铝扣板可使用在会议室、商场等空间。

方形铝扣板又分微孔和无孔两种。微孔式的铝扣板最主要的好处是其可通潮气，使洗手间等高潮湿地区的湿气通过孔隙进入顶部，避免在板面形成水珠痕迹。

栅格铝扣板适用于商业空间、阳台及过道的装饰。规格有100 mm×100 mm、150 mm×150 mm等。

铝质天花板施工时要注意配用专用龙骨，龙骨为镀锌钢板或烤漆钢板，标准长度为3 000 mm。铝质天花板施工要点：

① 根据同一水平高度装好收边角系列。

② 按合适的间距吊装轻钢龙骨，一般间距1～1.2 m，吊杆距离按轻钢龙骨的规定分布。

③ 把预装在吊顶龙骨上的吊件，连同扣板龙骨紧贴轻钢龙骨，并与轻钢龙骨成垂直方向扣在轻钢龙骨下面。

④ 将顶棚板按顺序并列平行扣在配套龙骨上，顶棚板连接时用专用龙骨系列连接件接驳。

施工工艺对铝质天花板的使用有很大的影响，好的施工工艺不仅可以提升铝质天花板产品的使用寿命，而且方便后期的拆卸。

第四节 铜材及铜合金装饰装修材料

一、铜材

铜材表面光滑，光泽中等，有良好的导电、传热性，经磨光处理后表面可达到镜面的亮度。铜材经铸造、机械加工成型，表面用镀镍、镀铬等工艺处理后，可具有抗腐蚀、色泽光亮、抗氧化性强的特点，因其经久耐用，且集古朴和华丽于一身，属于高级装饰装修材料。多用于宾馆、酒店、别墅、会所等空间的装饰装修零部件和饰品。

二、铜合金

1. 黄铜

以铜、锌为主的铜合金，耐蚀性好，有良好的铸造性，可做成各种零部件、工艺品等。

2. 青铜

以铜、锡为主的铜合金，强度好、耐腐蚀，可铸造成各种装饰装修的零部件、工艺品等。

3. 铜合金型材

铜合金经机械挤制或压制而形成不同横断面的型材，有空心型材和实心型材，具有与铝合金相似的优点。可用于门窗及外墙装饰等。

第五节 金属装饰装修材料的构造

一、不锈钢薄板常用构造做法

不锈钢薄板常用构造做法有粘贴法和干挂法两种。粘贴法是将不锈钢薄板用专用胶粘剂粘贴在不燃基层板上。干挂法同铝板干挂相同。详细做法参见本节的铝合金单板干挂构造做法。

二、搪瓷装饰板墙面（或柱体）干挂工艺流程

（1）工艺流程

复尺 → 放线、测量定位 → 材料复检 → 预埋件 → 龙骨安装、调整 → 装饰板安装、调整 → 清洁

（2）构造效果

搪瓷装饰板墙面干挂的构造效果，详见图6-5-1所示。

图 6-5-1 搪瓷装饰板墙面干挂

三、轻钢龙骨安装构造做法

1. 放线

按照设计在墙面、顶面及地面上弹线，标出沿边、沿顶、沿地轻钢龙骨的位置。

2. 固定轻钢龙骨

在顶面、地面固定沿顶、沿地轻钢龙骨，采用膨胀螺栓固定。将竖向轻钢龙骨（间距不大于 600 mm）插入沿顶、沿地龙骨之间，开口方向保持一致（图 6-5-2）。

图 6-5-2 轻钢龙骨隔墙

四、铝合金穿孔吸声板吊顶工艺流程及构造做法

（1）工艺流程

弹线 → 安装吊杆 → 安装龙骨 → 安装面板

（2）构造做法

龙骨安装之前要对吊杆及焊缝进行防腐处理。龙骨的安装一般是从房间（或大厅）的一端依次安装到另外一端。如有高低跨部分先安装高跨再安装低跨；先安装上人龙骨，后安装一级龙骨。对于照明灯检修口、喷淋头通风箅子等部位，在安装龙骨的同时，应将尺寸及位置留出，在四周加设封边横撑龙骨，而且检修口处的主龙骨应加设吊杆。吊顶中心一般轻型灯具可固定在副龙骨或横撑龙骨上；重型灯具应按设计要求重新加设吊杆，不应固定在龙骨上。对特殊造型的吊灯，施工时根据具体情况而定。

饰面板与龙骨的连接，一般有固定式粘结法、搁置式明装法、嵌入式暗装法等。

五、铝塑板构造做法

铝塑板的构造做法主要有粘贴法和干挂法。

1. 粘贴法

在墙体（或柱体）上，用 40 mm×40 mm 的镀锌方钢焊成骨架找平，用 M10 金属膨胀螺栓与墙体固定。然后将不燃板（或多层胶合板）基层固定于方钢架上，最后把铝塑板用胶粘剂粘在不燃板上。一般板间留 3～5 mm 的工艺缝，板材贴好后，在缝之间打密封胶。

2. 干挂法

干挂法构造和铝合金单板干挂工艺相同。

六、铝合金条板吊顶工艺流程及构造做法

（1）工艺流程

龙骨布置 → 弹线 → 固定吊杆 → 安装调平龙骨 → 安装铝合金条板 → 条边封口

（2）构造做法

确定标高线：定出吊顶平面的标高线，并将标高线用粉线包弹到柱面或墙面上。沿标高线用木楔或水泥钉固定角铝，角铝色彩应与铝合金条

板一致。

确定龙骨位置线：根据房间形状、尺寸及铝合金面板规格确定面板走向、接头位置，安排龙骨及吊点的位置，龙骨间距通常为 600 ~ 1 200 mm，吊点间距控制在 1 m 左右。

如果吊顶有高差，应将变截面的位置线弹到楼板上。

采用 ϕ6（或 ϕ8）钢制吊杆，吊杆与龙骨以螺栓相连接。

龙骨可在地面分片组装，然后托起与吊杆连接固定。龙骨与吊杆连接时，先拉纵横标高控制线，从一端开始边安装边调整，最后再精调一遍。

七、铝合金单板干挂工艺流程及构造方法

工艺流程：

放线 → 安装固定连接件 → 安装骨架 → 安装铝合金单板

铝合金单板的构造方法见图 6-5-3 所示。

图 6-5-3 铝合金单板包柱干挂现场构造

八、金箔、铜箔、铝箔

金箔由黄金制成，是珍贵的贴金材料，是我国传统的手工艺产品，多用于古建筑、工艺美术品和家具等的装饰。

常用的金箔有两种：一是库金，颜色较深，用 27 g 金能打成 9.33 cm×9.33 cm 的金箔 100 片。二是赤金，颜色稍浅，规格为 8.33 cm×8.33 cm，含金量 74%，白银 26%。库金质量最好，色泽经久不变，可用于室外贴饰；赤金质量较次，耐候性稍差，经风吹日晒易变色。

目前市场上一般出售的贴金材料是铜箔或铝箔，铜箔是黄方，铝箔是白方，是以铜、铝材料压制成像竹衣一样的薄膜，经技术处理后渐渐转色，色如黄金，光彩夺目，可与金箔媲美。

如今金箔、铜箔、铝箔已广泛应用在建筑装饰装修中。

第七章　装修涂料

【学习重点】

了解装修涂料的特点；

掌握涂料在装饰装修中的应用和基本构造做法。

第一节　涂料的分类及特点

装修涂料是指涂于物体表面，能与装饰装修材料或建筑界面粘结在一起，并形成整体涂膜的液膜材料。

装修涂料的品种繁多，按使用部位可分为外墙涂料、内墙涂料、木器涂料、地面涂料及防火涂料等。按包含的树脂类别可分为油漆类、天然树脂类、醇酸树脂类、丙烯酸树脂类、聚酯树脂类和辅助材料类等。按成膜物质化学成分可分为无机涂料、有机涂料和复合涂料等。按涂膜厚度可分为薄质涂料和厚质涂料。按特殊功能分类可分为防火涂料、防腐涂料、保温涂料、防霉涂料、弹性涂料等。

装修涂料具有重量轻、附着力强、施工简便、价廉质优、易于维修、色彩丰富等特点。涂料的品种丰富，装饰效果多样，如浮雕类涂料具有强烈的立体感，彩砂涂料色泽新颖、质感晶莹等。另外，通过不同的施工方法，装修涂料又可获得不同的装饰效果。例如经喷涂、滚花、拉毛等工序可产生不同质感的花纹等。

本章主要介绍内墙涂料、地面涂料及防火涂料，对外墙涂料不做介绍。

第二节　内墙涂料

一、内墙涂料的特点

内墙涂料主要用于室内墙面装饰装修，使室内环境舒适、整洁、美观，主要特点有：

① 色彩丰富，质感细腻。内墙涂料既具有丰富的色彩，又富有细腻的质感，可满足人们在室内环境中的视觉和触觉等多种需求。

② 耐碱性、耐水性、耐粉化性良好，透气性好。由于墙面基层为碱性，且室内环境一般比室外湿度高，因此内墙涂料需具有耐碱性及耐水性。透气性好的涂料可避免墙面结露或挂水，有利于营造舒适的室内环境。

③ 涂刷容易，价格合理。内墙涂料皆易于涂刷，施工和维修方便。其价格与其他饰面材料相比较为低廉，是一种广泛使用的墙体装饰装修材料。

二、内墙涂料的种类

1. 水溶性内墙涂料

水溶性内墙涂料包括聚乙烯醇水玻璃内墙涂料（简称 106 内墙涂料）和聚乙烯醇缩甲醛内墙涂料等。

内墙涂料是以聚乙烯醇系水溶液为基料，加入颜料、填料及助剂，经搅拌研磨而成的水溶性内墙涂料，具有较强的耐洗刷性。可广泛用于建筑的内墙及顶棚。

2. 合成树脂乳液内墙涂料（内墙乳胶漆）

合成树脂乳液内墙涂料主要应用于室内墙面及顶棚装饰，是由合成树脂乳液为主要成膜物质的薄型材料。此类涂料的共同特点是：

① 以水为分散介质，不污染环境，对人体毒性小，不燃，价格低，透气性好，不易结露和起泡。

② 施工方便、易清洁。

③ 耐水性、耐碱性、耐候性好，涂布时基层含水不可大于 10%。

④ 色彩丰富、装饰性强。

⑤ 低温下不能形成优质涂膜，施工温度一般须在 5 ~ 35℃。

常见不同类别内墙涂料性能比较见表 7-1。

3. 隐形变色发光涂料

隐形变色发光涂料是一种能隐形、变色和发光的建筑内墙涂料，主要是由成膜物质、有机溶剂、发光材料等助剂加工而成的。它可直接以刷、喷、滚或印刷的方法涂于材料表面，并可以涂饰成预先设计的图案。图案在普通光线下不显

表 7-1 常见不同类别内墙涂料性能比较			
品种名称	主要特点	档 次	应 用
聚醋酸乙烯内墙乳胶漆	无毒、不燃、涂膜细腻、平滑、透气性好、价格适中	中高档	仅适宜涂刷内墙及顶部，不宜作外墙涂料使用
乙－丙内墙乳胶漆（亦称醋丙乳胶漆）	无毒、无味、不燃、透气性好，外观细腻、保色性好、有光泽，耐碱性、耐水性、耐久性好，价格适中	中档 较高档	适宜用于内墙及顶棚装饰，不宜用于外墙及潮气较大的部位
苯－丙乳胶漆	无毒、无味、不燃，高耐光性、耐候性，漆膜不泛黄；外观细腻、色泽鲜艳、与水泥附着力好；耐碱性、耐水性、耐洗刷性均较强，价格适中。	高档	可用于内、外墙装饰及潮气较大的部位
氯－偏共聚乳液内墙涂料	无毒、无味、不燃、抗水、耐磨、涂层干燥快、施工方便、光洁，具有良好的耐水、耐碱、耐化学腐蚀性能	中档	可用于工业、民用建筑物内墙面装饰，可在较潮湿基层上施工；用于地下建筑工程和山中洞库的防潮效果更为显著

形，在紫外线灯照射下，可呈现出各种美丽的色彩和图案。可用于舞厅、酒吧、地下水族馆等娱乐场所的墙面及顶棚装饰，并可用于舞台布景、广告牌、道具等特殊部位。

4. 硅藻泥涂料

硅藻矿物具有极强的物理吸附性能和离子交换性能，经过精加工后被广泛应用于酒精及医用注射液过滤、食品添加剂、核放射吸附剂等众多领域。

硅藻泥涂料以硅藻泥为主要原材料，是一种天然环保内墙装饰材料，具有良好的可塑性，施工、涂抹上墙、制作图案等都可随意造型，可用来替代壁纸和乳胶漆，适用于别墅、公寓、酒店、医院等内墙装饰（图 7-2-1）。硅藻泥以一个房间为最小施工单位，因为每平方米硅藻泥墙面能净化 1 m^3 空气，如果房间内施工面积小，就不能有效地消除甲醛等有害物质。

图 7-2-1 硅藻泥涂料

硅藻泥涂料的主要特点有：

① 天然环保。硅藻泥涂料由纯天然无机材料构成，不含任何有害物质，材料本身为纯绿色环保产品。其主要成分硅藻矿物被广泛应用于美容面膜、食品过滤等。

② 净化空气。硅藻泥产品具备独特的“分子筛”结构和选择性吸附性能，可以有效去除空气中的游离甲醛、苯、氨等有害物质以及由宠物、吸烟、垃圾所产生的异味，能净化室内空气。

③ 色彩柔和。硅藻泥选用无机颜料调色，色彩柔和。涂覆硅藻泥涂料的居室墙面反射光线自然柔和，人不容易产生视觉疲劳，能有效保护视力，尤其对保护儿童视力效果显著。同时，硅藻泥涂料墙面颜色持久，不易褪色，墙面长期如新，减少了墙面装修次数，节约了装修成本。

④ 防火阻燃。硅藻泥是由无机材料组成，因此不燃烧。当温度上升至 1 300℃时，硅藻泥只是出现熔融状态，不会产生有害气体。

⑤ 自动调湿。随着季节不同及早晚空气湿度的变化，硅藻泥可以吸收或释放水分，自动调

节室内空气湿度，使之达到相对平衡。

⑥ 吸音降噪。由于硅藻泥自身的分子结构，其具有很强的降低噪音功能，可以有效地吸收对人体有害的高频音段，并减小低频噪音；同时，能够缩短 50% 的余响时间。其降噪功效是同等厚度的水泥砂浆和石板的 2 倍以上。

⑦ 保温隔热。硅藻泥的主要成分硅藻土的热传导率很低，其本身是理想的保温隔热材料，具有非常好的保温隔热性能，隔热效果是同等厚度水泥砂浆的 6 倍。

⑧ 历久弥新。硅藻泥不易产生静电，墙面不易积尘，使用寿命可达 30 年以上，历久弥新。

5. 液体壁纸漆

液体壁纸漆是一种新型艺术涂料（图 7-2-2），也称壁纸漆和墙艺涂料，是集壁纸和乳胶漆特点于一身的环保水性涂料。液体壁纸漆采用高分子聚合物、进口珠光颜料及多种配套助剂精制而成，做出的图案不仅色彩均匀，而且极富光泽。无论是在自然光下还是在灯光下，都能显示其卓越不凡的装饰效果。液体壁纸漆无毒无味、绿色环保，有极强的耐水性和耐酸碱性，不褪色、不起皮、不开裂，可确保使用 15 年以上。

图 7-2-2 液体壁纸漆

6. 纳米涂料

纳米涂料（图 7-2-3）必须满足以下两个条件：首先，涂料中至少有一相的粒径尺寸在 1 ~ 100 nm 的范围内；其次，纳米相的存在使涂料的性能有明显的提高或具有新的功能。因此，并不是添加了纳米材料的涂料就能称为纳米涂料。

高科技纳米涂料不仅无毒无害，还可以缓慢释放出一种物质，降解室内甲醛、二甲苯等有害物质。

图 7-2-3 纳米涂料

7. 贝壳粉涂料

贝壳粉涂料（图 7-2-4）采用天然的贝壳为原料，经过研磨及特殊工艺制成。是近年来新兴的家装内墙涂料，自然环保是其最重要的优势。

图 7-2-4 贝壳粉涂料

贝壳粉涂料的主要特点有：

① 经过生物活化技术处理的贝壳粉微细颗粒为多孔纤维状双螺旋体构造，具有很强的吸附功能。

② 贝壳粉的多孔结构有利于制成具有光触媒特性的内墙生态壁材，能替代传统光触媒的作用。

③ 贝壳粉自身的高强度多孔结构，有良好的水呼吸功能。在低气压、高湿度状态下墙面不结露，而在干燥的情况下，可以将墙内储藏的水分缓缓释放。因此它是室内湿度的调节剂，被誉为“会呼吸”的涂料。

④ 贝壳粉涂料主要成分是无机物，因此不燃烧，即使发生火灾，贝壳粉只会出现熔融状态，不会产生任何对人体有害的气体或烟雾。

⑤ 贝壳粉涂料选用无机矿物颜料调色，色彩柔和。涂覆贝壳粉的居室墙面反射光线自然柔和，不容易导致视觉疲劳。

⑥ 贝壳粉涂料颜色持久，使用高温着色技术，不褪色，墙面长期如新，减少墙面装修次数，节约了装修成本。

8. 高固体分涂料

高固体分涂料是以高固高羟低黏的羟基丙烯酸树脂和合成脂肪酸树脂为主要原料制成的高固体分丙烯酸改性聚氨酯涂料，是一种具有涂层干燥速度快，施工周期短，涂膜机械性能、耐老化性、耐化学性优良等特点的低污染溶剂型涂料。

9. 储能发光涂料

储能发光涂料是特种功能性涂料（图 7-2-5），可在夜间尽显整栋建筑物的外观造型，具有很好的装饰效果。外墙储能发光涂料的余晖辉度随光照度提高而增大，并与光照时间长短有关，通常达到饱和状态需 20 分钟以上，在光照十分强烈时，10 分钟内即达到饱和。而在天黑之后，它的余晖辉度在 4 小时以内较高，效果明显，然后随着时间的延续逐渐衰减。经检验，该发光涂料的余辉可持续 14 小时。此外，对该涂料进行放射性检验，结果属于 A 类，证明该发光涂料可用于各种环境中。

10. 质感涂料

制造质感涂料（图 7-2-6）的灵感最早来自于希腊半岛上的风格各异的小屋。质感涂料在外国已经广泛使用，近几年国内的厂商引进了国外的质感涂料技术，提高了涂料的质量，其纹路给人以朴实的感觉。

质感涂料以其变化无穷的立体化纹理、多选择的个性搭配，展现独特的空间视觉，丰富而生动，令墙体涂料由平滑型时代进入凹凸型的全新时代。

质感涂料具有天然环保，无毒无味，防水透气，以及抗碱防腐、耐水耐擦、不起皮、不开裂、不褪色的优点。

三、内墙涂料的施工要点

① 在基层处理前要对墙面进行全面检查，发现面层有松动、空鼓、疙瘩、毛刺、孔洞或附着力差的部位，应将其铲除或进行填补。

② 填补墙面基层，要求光滑平整，刮灰时用尺检查基层的平整度，误差不能超出 5 mm。

③ 纸面石膏板基层，用石膏粉勾缝，再贴牛皮纸或专用绷带。固定石膏板的专用螺丝，需用防锈漆点补。

④ 多层板基层必须先刷一遍醇酸清漆，用木胶粉或原子灰勾缝，再贴牛皮纸或专用绷带，不得起泡。

⑤ 墙体干燥后，用聚乙烯醇胶拌 425# 白水

图 7-2-5 储能发光涂料

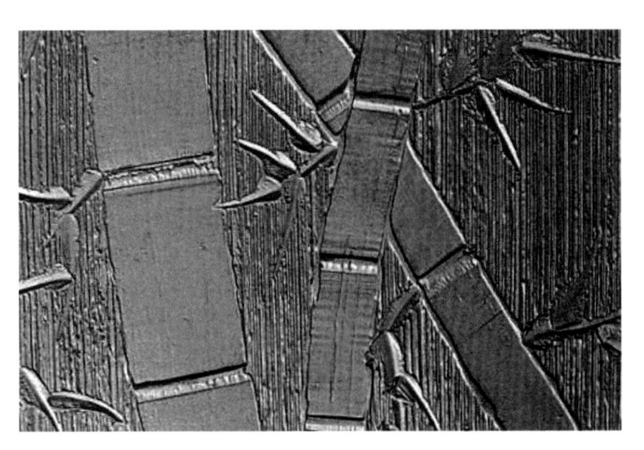

图 7-2-6 质感涂料

泥调制的腻子刮平。先用粗砂纸整平，再用细砂纸打磨光滑，阴阳角可略磨圆，保持顺直。

⑥ 对批刮形成的新整体基层进行检查和局部修整，再满刮腻子两遍，并用细砂纸打磨光滑。墙面需批嵌三道腻子，批嵌第一道时应注意把遗留于墙面上的一些缺陷，如将气泡孔、砂眼、麻点等凹凸不平的地方刮平，对于缺陷较大的地方可进行多次找平。第二道腻子则应注意大面积找平，待相对干燥后用 2 号砂纸打磨。第三道腻子则在局部稍加修复并打磨，每道腻子层不宜刮得太厚。第一道腻子应调稠些，便于批嵌缝、洞；第二道则稀些，使之大面积找平；第三道则更稀些，所有腻子层打光磨平后应无刮痕，随之清除墙面粉尘。用于基层处理的腻子应坚实牢固，批嵌后不得出现粉化、起皮和裂缝等现象。腻子干燥后，应打磨平整光滑，并清理干净。

⑦ 滚涂抗碱封闭底漆一遍。

⑧ 用细砂纸轻轻打磨至不磨手后，再滚涂涂料两遍。

⑨ 如涂料采用喷涂，必须使用专用喷涂设备喷涂一遍，喷涂第二遍应在第一遍完成 2 小时后（须干透）。喷涂前必须用纸胶带或报纸将无需喷涂的地方保护严密，避免污染。

第三节　地面涂料

一、地面涂料及其特点

地面涂料具有耐磨性、耐水性、耐碱性，粘结力强、耐冲击性高，装饰性好，施工方便、重涂性好，价格合理等特点，主要用于装饰及保护室内地面。

二、地面涂料的种类

1. 聚氨酯地面涂料

聚氨酯地面涂料分薄质罩面涂料与厚质弹性地面涂料两类。前者用于木质地板或混凝土等其他地面的罩面上光，涂膜较薄，硬度较大；后者刷涂于水泥地面或混凝土地面，整体性好、耐磨性好，涂层耐油、耐水、耐酸碱，有一定弹性，脚感舒适。聚氨酯地面涂料适用于地下室、卫生间等的防水装饰，以及图书馆、健身房、歌舞厅、影剧院、办公室、会议室、工业厂房、车间、机房等有耐磨、耐油、耐腐要求的地面装饰。

2. 环氧树脂地面漆

又称环氧树脂地面厚质涂料，是以环氧树脂为主要成膜物质，加入颜料、填料、增塑剂和固化剂等，经一定工艺加工而成。属于双组分常温固化型涂料，甲组分为清漆或色漆，乙组分为固化剂。施工现场调配使用。

环氧树脂地面漆的涂膜坚硬有韧性，有一定的耐磨性，具有较好的耐水性、耐酸碱性、耐有机溶剂性、耐化学性，但施工比较复杂。主要应用于机场、车库、实验室、化工厂，以及有耐磨、防尘、耐酸碱、耐有机溶剂、耐水要求的地面装饰。

3. 聚醋酸乙烯地面涂料

是用聚醋酸乙烯乳液、水泥、颜料、填料等配制而成的一种地面涂料，属于有机与无机相结合的聚合物水泥地面涂料。无毒、无味，早期强度高，与水泥地面结合力强，不燃，耐磨，抗冲击，有一定弹性，装饰效果好，价格适中。具有可替代塑料地板或水磨石地坪的性能，常用于实验室、仪器装配车间等的水泥地面。

三、地面涂料（环氧树脂地面漆）的施工要点

1. 基层要求

① 基层含水率低于 8%，空气相对湿度低于 85%。

② 整体层强度符合建筑规范，要求平整性良好。

③ 整体层表面无杂物，无水泥浆、建筑垃圾、油污、蜡水等。

④ 地面无空鼓现象。

2. 基层处理

地面油污应洗涤干净。局部地面油污超过施工标准的，应用碘钨灯或瓦斯枪烘烤。

用打磨机打磨，以除去水泥表面的松散层，形成毛细小孔，增加环氧树脂对地面的渗透性及接触面积。

地面凸出部分应处理平整；地面松散部分应先去除，然后修补平整；地面空鼓的地方应先切割，再用水泥补平。

3. 底涂施工

做好基层处理后，采用大功率工业吸尘器把地面的残渣、粉尘吸净。

4. 中涂施工

依照正确的比例将主剂、硬化剂及填料充分混合均匀，迅速送往施工区域。

采用锯齿镘刀刮板将混合好的材料均匀涂抹，保持平整。

中涂固化后，视实际情况按上一道工序再涂一次。达到下一次施工标准后，方可进行下道工序。

5. 面涂施工

依照正确比例将主剂和硬化剂充分混合均匀，迅速送往施工区域。

采用无气喷涂机或滚筒，均匀涂布，且表面不容许有目视可见之杂质。

面涂必须一次性完工，而且前后桶应连续衔接。

第四节 木器常用涂料

木器涂料主要可分为两大类：一类是具有透明清水效果的木器涂料，主要包括硝基纤维素涂料（硝基漆）、聚酯树脂涂料和聚氨酯涂料三种；另一类是具有混水不透明效果的木器涂料，主要包括醇酸树脂涂料和酚醛树脂涂料两种。木器涂料主要用于木地板及木质家具等的表面装饰，并可对木器表面材料的纹理质感起保护作用，延长其使用寿命（图 7-4-1）。

硝基漆家具

硝基透明腻子家具

图 7-4-1

1. 硝基纤维素涂料

又称硝基漆、喷漆、蜡克等，其组成以硝化棉为主要成膜物质，添加合成树脂、增塑剂、有机溶剂及其他助剂配制而成。品种包括硝基木器清漆、硝基木器磁漆及其底漆等。

（1）优点

干燥快，装饰性好，透明度高，可充分显示木板的自然花纹，耐磨，耐候性好，便于修复。

（2）缺点

含固量低，溶剂挥发多，易造成环境污染，费工费时。

（3）应用

主要用于竹木地板、家具及制品的表面涂饰。

（4）工艺流程

清扫面层、起钉、除油污等 → 砂纸打磨 → 第一遍满刮腻子 → 磨光 → 第二遍满刮腻子 → 磨光 → 刷第一遍清漆 → 复补腻子 → 磨光 → 刷第二遍清漆 → 磨光 → 刷第三遍清漆 → 水砂纸打磨 → 刷第四遍清漆 → 磨光 → 擦漆施工 → 磨退打砂蜡 → 擦亮

（5）施工要点

刷第四遍漆并磨光后，应使用脱脂纱布内包脱脂棉，蘸上烯料或掺有少许清漆的烯料，在漆面上揉擦，一定要从一边开始按顺序揉擦。

2. 聚酯树脂涂料

聚酯树脂涂料是以不饱和聚酯树脂的苯乙烯溶液为主的无溶剂涂料。

（1）优点

可以常温固化，也可以加温固化，干燥速度快。固化时溶剂挥发少，污染小。

涂膜丰满厚实，硬度高，有较好的光泽度、保光性和透明度，耐磨、保湿性好，具有较高的耐热性、耐寒性、耐温变性，以及具有耐水、耐多种化学药品的特点。

（2）缺点

涂膜附着力差，硬而脆，不耐冲击，不宜修补，施工温度在 15℃以上，现场配制较麻烦。

（3）应用

主要用于竹木地板及家具涂饰。

（4）施工要点

在不饱和聚酯树脂内，先添加固化剂，再加促进剂，调匀后即可使用（超过半小时就会固化）。把配好的不饱和聚酯树脂涂料涂在物体表面，迅速覆盖一层聚酯薄膜，然后用小胶滚快速推平，20 分钟后将薄膜去掉，即出现光滑透亮的漆面。

3. 聚氨酯涂料

聚氨酯涂料又称为水晶地板涂料。

（1）优点

其涂膜坚硬有韧性，在各种材料表面有很好的附着力，强度高，高度耐磨，对木板表面有很好的保护作用。装饰效果好，有高光和亚光两种涂层。具有耐磨性、耐化学性，可现场施工，也可工厂化涂饰。

（2）缺点

含有对人体有害的物质，易污染环境，遇水或潮气易胶凝起泡；受紫外线照射后，易分解，使涂膜泛黄，保色性差。

（3）应用

主要用于木地板及木质家具表面涂饰。

（4）施工要点

① 打开漆桶后将涂料彻底搅拌至桶底无沉积物、无色差即可涂覆。

② 涂装金属表面时，要求喷砂、抛丸除锈达到国标 Sa212 级，保持表面干燥，无油污、灰尘等异物，并在 4 小时内涂装。

③ 混合配比（重量比）为基料：固化剂 =4：1。

④ 用无气喷涂、空气喷涂、刷涂均可。

⑤ 理论涂布率：干膜厚度 60 ~ 80 μm 条件下，0.2 ~ 0.25 kg/m^2。稀释剂用量：根据施工情况可适当添加专用稀释剂，用量为 5% ~ 15%。

⑥ 最后一道面漆涂装完工后，须自然固化 7 天后才能投入使用。当环境温度低于 10℃时，应适当延长固化时间。

4. 醇酸树脂涂料

醇酸树脂涂料主要由醇酸树脂组成，主要成分是醇酸树脂、200 号溶剂汽油、催干剂、防结皮剂、色漆颜料等。

（1）优点

具有良好的光泽，其耐候性、耐水性、附着力强，价格便宜，施工简单。

（2）缺点

干燥较慢，涂膜质量不是很高，不适用于高标准的装饰。

（3）应用

适合一般木器、家具及家庭装修的涂装，以及一般金属装饰或要求不高的金属防腐涂装，是目前国内用量最大的一类涂料。

（4）施工要点

① 基层处理：将墙面上的起皮杂物等清理干净，然后用笤帚把墙面上的尘土扫净。对于泛碱的基层应先用 3% 的草酸溶液清洗，然后用清水冲刷干净。

② 修补腻子：用配好的石膏腻子将墙面、窗口角等破损处找平补好，腻子干燥后用砂纸将凸起处打磨平整。

③ 第一遍腻子：用橡胶刮板横向满刮，接头处不得留槎，每一刮板最后收头时要干净利落。腻子配合比为聚醋酸乙烯乳液：滑石粉：水 =1：5：3.5。当满刮腻子干燥后，用砂纸将墙面上的腻子残渣、斑迹等打磨光滑，然后将墙面清扫干净。

④ 第二遍腻子：涂刷高级涂饰要满刮腻子，配合比和操作方法同第一遍腻子。待腻子干燥后再修补个别地方，个别大的孔洞可修补石膏腻子。彻底干燥后，用 1 号砂纸打磨平整并清扫干净。

⑤ 涂刷涂料（第一遍）：第一遍可涂刷铅油，它的遮盖力较强，是罩面层涂料基层的底层涂料。铅油的稠度以盖底、不流淌、不显刷痕为宜。涂刷每面墙面宜按先左后右、先上后下、先难后易、先边后面的顺序进行，不得胡乱涂刷，以免漏涂或涂刷过厚。第一遍涂料完成后，对于中级及高级涂饰应进行修补腻子施工。

⑥ 涂刷涂料（第二遍）：第二遍的操作方法与第一遍涂料相同。如墙面为中级涂饰，此遍可刷铅油；如墙面为高级涂饰，此遍应刷调和漆。待涂料干燥后，可用细砂纸把墙面打磨光滑并清扫干净，同时要用潮湿的布将墙面擦拭一遍。

⑦ 涂刷涂料（第三遍）：用调和漆涂刷，如墙面为中级涂饰，此道工序可作罩面层涂料（即最后一遍涂料），其操作顺序同上。由于调和漆的黏度较大，涂刷时应多刷多理，以达到漆膜饱满、厚薄均匀、不流不坠的效果。

⑧ 涂刷涂料（第四遍）：一般选用醇酸磁漆涂料，此道涂料为罩面层涂料（即最后一遍涂料）。如最后一遍涂料改为无光调和漆时，可将第二遍铅油改为有光调和漆，其他做法相同。

5. 酚醛树脂涂料

酚醛树脂是酚与醛在催化剂作用下缩合生成的产品。涂料工业中主要使用油溶酚醛树脂制漆。

（1）优点

干燥快，漆膜光亮坚硬，耐水性及耐化学腐蚀性好。

（2）缺点

容易变黄，不宜制成浅色漆，耐候性不好。

（3）应用

主要用于防腐涂料、绝缘涂料、一般金属涂料、一般装饰性涂料等方面（图 7-4-2）。

图 7-4-2 酚醛树脂涂料效果

（4）施工要点

酚醛树脂涂料与醇酸树脂涂料均为混水不透明的调和漆，其施工要点与醇酸树脂涂料类同。

第五节 特种涂料

1. 防火涂料

防火涂料按用途可分为：饰面防火涂料（木结构等可燃基层用）、钢结构防火涂料、混凝土防火涂料。

按防火原理可分为：非膨胀型防火涂料和膨胀型防火涂料等。

（1）特点

可有效延长可燃材料的引燃时间，阻止非可燃材料表面温度升高，阻止或延缓火焰的蔓延和扩展，为灭火和疏散人群赢得宝贵时间。

（2）施工要点

① 涂料用量不得小于0.6 kg/m^2，确保耐燃时间在20分钟以上。采用喷涂、刷涂或滚涂施工均可，一般涂3～5遍，间隔2～4小时（图7-5-1）；

② 基层必须无灰尘、无油污，平整；

③ 使用前将涂料先搅拌均匀，不得与其他涂料混用；

④ 施工温度要求在12~40℃之间；

⑤ 贮存在干燥通风的室内，温度在0～35℃之间。

2. 发光涂料

发光涂料是指在夜间显示一定亮度的涂料。发光涂料主要由成膜物质、填充剂和荧光颜料等组成。当荧光颜料的分子受光的照射后被激发、释放能量，就能使涂膜发光。一般分为蓄发性发光涂料和自发性发光涂料。

（1）特点

发光涂料具有耐候、耐油、透明、抗老化等优点。

（2）应用

可用作桥梁、隧道、机场、工厂、剧院、礼堂的安全出口标志、广告牌、交通指示牌、门窗把手、钥匙孔、电灯开关等需要发出色彩和明亮反光的场合和部位（图7-5-2）。

图7-5-1 木龙骨刷三遍防火涂料

图7-5-2 发光涂料装饰后的效果

3. 防水涂料

防水涂料按其状态可分为溶剂型、乳液型和反应固化型三类。

溶剂型防水涂料是以各种高分子合成树脂溶于溶剂中制成，具有干燥快，可低温操作的特点。常用种类有氯丁橡胶沥青、丁基橡胶沥青、SBS 改性沥青、再生橡胶改性沥青等。

乳液型防水涂料以水为稀释剂，因而降低了施工中的污染、毒性和易燃性，是目前应用最广泛的一种防水涂料。主要品种有改性沥青系防水涂料（各种橡胶改性沥青）、氯－偏共聚乳液、丙烯酸乳液防水涂料、改性煤焦油防水涂料、涤纶防水涂料等。

反应固化型防水涂料是以化学反应型合成树脂（如聚氨酯、环氧树脂等）配以专用固化剂制成的双组分涂料，具有优异的防水性、耐变形性和耐老化性，属于高档防水涂料。

（1）特点

由于防水涂料是直接涂布于抹面砂浆之上，形成防水层，因此防水涂料必须能形成连续的、不随基层开裂而出现裂缝的完整涂层，同时还必须具备很好的耐候性，使防水效果保持较长时间。此外，防水涂料还应具有良好的抗拉强度、延伸率、撕裂强度等。

（2）应用

主要应用于地下工程、卫生间、厨房等场所。

（3）工艺流程

清理基层表面 → 细部处理 → 配制底胶 → 涂刷底胶（相当于冷底子油）→ 细部附中层施工 → 第一遍涂膜 → 第二遍涂膜 → 第三遍涂膜 → 防水层一次试水 → 保护层饰面层施工 → 防水层二次试水 → 防水层验收

（4）施工要点

① 防水层施工前，应将基层表面的尘土等杂物清除干净，并用干净的湿布擦一次。

② 涂刷防水层的基层表面不得有凹凸不平、松动、空鼓、起砂、开裂等缺陷，含水率一般不大于 9%。

③ 防水层施工时所用聚氨酯防水材料为聚氨酯甲料、聚氨酯乙料和二甲苯，配比为 1 ∶ 1.5 ∶ 0.2（重量比）。

④ 防水层施工完成后，经过 24 小时以上的蓄水试验，未发现渗水漏水为合格，然后进行隐蔽工程检查验收，再交下道工序施工。

4. 防霉涂料

防霉涂料以不易发霉的材料（如硅酸钾水玻璃涂料和氯乙烯－偏氯乙烯共聚乳液等）为主要成膜物质，加入防霉剂、颜料、填料、助剂等配置而成，是一种对各类霉菌、细菌等具有杀灭或抑制生长效果且对人体无害的特种涂料。

（1）特点

建筑物的防霉涂料不但要有防霉作用，同时还要具有装饰性，并对人体无害，因此要求涂料具备以下性能：

① 优良的防霉性能，并保持长效性。

② 具有良好装饰性，应具备普通装饰涂料具备的各种功能。

③ 对人畜无害，或有害程度在一定安全范围之内。

（2）应用

主要应用于地下室、卫生间等潮湿的空间，以及食品厂、卷烟厂、酒厂等易产生霉变的内墙墙面。

（3）施工要点

防霉涂料可按普通装修涂料施工方法施工，但其基层处理十分重要，应除去霉斑；如果铲除霉斑后的基层仍有霉菌的残余和污染，可用 7%～10% 磷酸三钠水溶液涂刷 1～2 遍，以达到一定的杀菌效果。

如采用乳胶型涂料，其施工温度在 10℃以上为宜。

第八章　胶粘剂

【学习重点】

了解胶粘剂的种类和特点；

掌握胶粘剂在装饰装修中的构造做法。

胶粘剂是在建筑装饰装修工程中能将两个物体的表面粘结在一起的材料。胶粘剂包括建筑装修结构构件加固、维修等方面使用的结构胶，室内外装修使用的建筑装修胶，用于防水、保温等方面的建筑密封胶，以及用于建材产品制造、铺装、堵漏等方面的其他各种胶粘剂。

第一节 胶粘剂的组成及分类

胶粘剂可将两种以上的材料紧密且牢固地粘连在一起。不同种类的胶粘剂和不同类型的被粘材料会因粘结力的不同获得不同的粘连程度。主要的粘结力包括机械粘结力、物理吸附力、化学键力等。

机械粘结力是靠机械锚固的方式连接材料，主要原理是胶粘剂渗入材料表面后，在凹陷或孔隙中固化，如同嵌入材料内部一般，从而产生粘连。

物理吸附力指的是胶粘剂分子与材料分子之间存在的吸附力。

化学键力则是某些胶粘剂分子会与材料分子之间产生化学反应，从而获得一种可以将两者粘连为一体的力。当机械粘结力、物理吸附力、化学键力等共同作用时，则可获得极大的粘结强度。

1. 胶粘剂的组成

胶粘剂的成分包括粘料、固化剂、增韧剂、稀释剂（含有机溶剂）、填料、偶联剂（增粘剂）和抗老化剂等。根据用途不同还可加入阻燃剂、促进剂、发泡剂、消泡剂、着色剂和防腐剂等。胶粘剂的成分决定了其性能和用途。

2. 胶粘剂的分类

胶粘剂按外观形态可分为溶液型、乳胶型、膏糊型、粉末型、薄膜型和固体型等。

胶粘剂按固化形式可分为溶剂挥发型、化学反应型、热熔型和厌氧型等。

胶粘剂按使用用途可分为建筑构件用的结构胶、建筑装饰装修用的装修胶、密封防漏用的密封胶，以及建筑铺装材料用的特种胶。

第二节 胶粘剂的选用

一、选用原则

1. 考虑被粘材料的种类和性质

被粘材料想获得理想的粘连效果，需根据材料的品种、性能选用不同成分的胶粘剂。例如金属（及合金）表面致密、极性大、强度高、易腐蚀，因此应选用改性酚醛树脂、改性环氧树脂、聚氨酯橡胶、丙烯酸酯类结构胶粘剂，而不可使用酸性较高的胶粘剂；对于膨胀系数较小的材料，如玻璃、陶瓷等，无论与自身粘连或与线膨胀系数悬殊较大的材料粘连，都应选用弹性好且能在室温下固化的胶粘剂；而对于木材、纸张、织物等多孔材料，则应选用水基胶粘剂或乳液胶粘剂，如白乳胶等。

2. 考虑胶粘剂的性能

各类胶粘剂因配方不同，性能也不同，体现在粘结强度、使用温度、收缩率、线膨胀系数、耐水性、耐油性、耐介质性和耐老化性、固化条件、粘度等，选用时须对其各项指标加以考虑。各类胶粘剂的耐热范围见表 8-1 所示。

3. 考虑粘连目的与用途

胶粘剂可发挥多种不同的用途，包括连接、密封、固定、定位、修补、填充、堵漏、嵌缝、防腐、灌注、罩光等。而某一类胶粘剂往往是以其中一方面用途为主导的，因此应视不同情况和需要加以选用。粘连目的与胶粘剂类型见表 8-2 所示。

表 8-1 各类胶粘剂的耐热范围

胶粘剂类型	参考耐热范围
橡胶类	60～80℃
热塑性树脂类	60～120℃
环氧树脂类	80～200℃
酚醛树脂类	200～300℃
有机硅树脂类	300～400℃
无机胶	600～2 600℃

表 8-2 粘连目的与胶粘剂类型

目 的	胶粘剂类型选用
连接	粘连强度高的胶粘剂
密封	密封胶粘剂
填充、灌注、嵌缝等	黏度大、填料多、室温下固化的胶粘剂
固定、装配、定位、修补	室温下快速固化的胶粘剂
罩光	黏度低、透明无色的胶粘剂

4. 考虑粘结件的受力情况

在使用过程中，因受到不同外力的作用，粘结件之间会受到拉伸、剪切、撕裂、剥离等不同程度的破坏。因此，选用胶粘剂，不仅要考虑受力的类型，同时还要考虑受力的大小、方向、频率和时间等多方面因素。

一般情况下，受力不大的粘结件，可选用通用的胶粘剂；受力较大的，要选用结构胶粘剂；长期受力的，应选用热固性胶粘剂。对于受力频率低或静荷载的粘结件，可选用刚性胶粘剂，如环氧树脂类胶粘剂。而对于受力频率高或承受冲击荷载的，则要选用韧性胶粘剂，如酚醛－丁腈胶粘剂或改性环氧树脂胶粘剂。

5. 考虑粘结件的使用环境

粘结件使用环境包括温度、湿度、介质、真空度、辐射及户外老化等因素，在选用胶粘剂时应有针对性地加以选择，才能获得较好的粘连效果。

对于在高温下使用的粘结件，应选用耐高温、抗老化性好的胶粘剂，如有机硅胶粘剂、聚酰亚胺胶粘剂、环氧－酚醛胶粘剂或无机胶粘剂。

对于在低温下使用的粘结件，为避免胶粘剂与被粘物因线膨胀系数的差异而引起胶层脆裂，要选用耐寒胶粘剂或耐超低温胶粘剂，如聚氨酯胶粘剂或环氧－尼龙胶粘剂。

如果胶粘剂在冷热交替的环境下工作，则要求胶粘剂同时具有良好的耐高低温性能，要选用硅橡胶胶粘剂、环氧－酚醛胶粘剂及聚酰亚胺胶粘剂等。

湿度对胶粘剂的粘结强度影响也较大，若湿度过大，水分会渗入胶层界面，导致胶粘剂的强度显著下降，在这种情况下要选用耐水性、耐湿热、抗老化性好的胶粘剂，例如酚醛－丁腈胶粘剂。

6. 考虑工艺上的可能性

不同类型的胶粘剂，其粘结工艺也不同，有的在室温下固化，有的需要加热固化，有的需要加压固化，有的需要加热、加压固化，有的固化时间较长，有的仅几秒即可。因此选用胶粘剂时，还应考虑是否具备其所要求的工艺条件，否则就不能选用。

7. 考虑经济性和环保性

胶粘剂的来源和价格将直接影响生产成本，因此不可忽略。而用于室内装饰装修的胶粘剂，必须符合国家和地方标准中对有害物质限量的指标。

二、使用要点

在施工过程中影响胶粘剂粘结强度的因素包括胶粘剂的性质、被粘物的表面状况、粘结工艺及环境因素等。因此一般采用以下措施以保证其粘结强度：

① 被粘物的表面应保证一定的清洁度、粗糙度和温度。

② 涂刷胶层时应匀薄，有充分的晾置时间，以便于稀释剂的挥发；胶粘剂的固化要完全，同时要保证胶粘剂固化时对压力、温度和时间的要求。

③ 尽可能增大粘结面积，同时保持施工现场中空气的湿度和清洁度。

第三节 装饰装修中常用的胶粘剂

1. 壁纸（墙布）用胶粘剂

用于壁纸、墙布的胶粘剂，主要有聚乙烯醇胶、聚乙烯醇缩甲醛胶（107 胶）、801 胶、聚醋酸乙烯胶（白乳胶）、SG8104 壁纸胶、粉末壁纸胶等。其各自特点及用途见表 8-3 所示。

2. 竹木用胶粘剂

主要用作层压板、胶合板、家具和其他竹木质材料的粘结，有乳液型（白乳胶）和反应固化型两大类，具体见表 8-4 所示。

表 8-3 壁纸（墙布）常用胶粘剂特点及用途

品 名	特 点	用 途
聚乙烯醇胶	水溶液粘度大，成膜性能好，水溶性差	可作纸张（壁纸）、纸盒加工，织物及各种粉刷灰浆中的胶粘剂
聚醋酸乙烯胶（白乳胶）	配制使用方便，可常温固化，固化速度较快，粘结强度较高，粘结层有较好的韧性和耐久性，不易老化	广泛用于粘结纸制品（壁纸）、木材，也可作水泥增强剂、防水涂料
SG8104 壁纸胶	无毒、无味、涂刷方便且节省用量、粘结力强	适用于在水泥砂浆、混凝土、水泥石棉板、石膏板、胶合板等墙面基材上粘贴纸基塑料壁纸
粉末壁纸胶	干燥较快，耐湿性好，初始粘结力优于 107 胶	适用于纸基塑料壁纸的粘贴，除可用于水泥、抹灰、石膏板、木板等墙面外，还可用于油漆及刷底油等的墙面

表 8-4 竹木用胶粘剂类别及用途

型 别	类 别	用 途
乳液型	聚醋酸乙烯类	主要用于木材、纸张等纤维状材料的粘结
	醋酸乙烯共聚物类	主要用于木材与 PVC 塑料地板间的粘结
反应固化型	脲醛树脂类	主要用于竹木材料、层压板、胶合板等的粘结
	酚醛树脂类	主要用于胶合板、层压板、纤维板等的粘结

3. 地板用胶粘剂

用于地板（含木地板和塑料地板等）的胶粘剂，主要有聚醋酸乙烯类、合成橡胶类、聚氨酯类、环氧树脂类胶粘剂，以及其他塑料地板胶粘剂，具体见表 8-5 所示。

4. 瓷砖、石材用胶粘剂

用于瓷砖、石材（大理石）的胶粘剂，主要有 AH-03 大理石胶粘剂、SG8407 胶粘剂、TAM 型通用瓷砖胶粘剂、TAS 型高强度耐水瓷砖胶粘剂、TAG 型瓷砖勾缝剂等，具体见表 8-6 所示。

表 8-5 地板用胶粘剂特点及用途

品名		特点	用途
聚醋酸乙烯类胶粘剂	水性 10 号塑料地板胶粘剂	粘结强度高、无毒、无味、快干、耐油、抗老化、施工安全简便	适于聚氯乙烯地板、木地板与水泥地面之间的粘结
	PAA 胶粘剂	粘结强度高、干燥快、耐热、耐寒、价格低、施工简便	适用于在水泥、菱苦土、木板等地面上粘贴塑料地板
合成橡胶类胶粘剂	8123 聚氯乙烯塑料地板胶粘剂	无毒、无味、不燃、施工简便、初始粘结强度高、防水性能好	适用于硬质、半硬质、软质聚氯乙烯塑料地板在水泥地面上的粘贴，也适用于硬木拼花地板在水泥地面的粘贴
	CX401 胶粘剂	使用简便、固化速度快	适用于金属、橡胶、玻璃、木材、水泥制品、塑料和陶瓷等的粘结，也可用于在水泥地面上粘贴塑料地板和软木板
聚氨酯类胶粘剂	405 胶	粘结力强、耐水、耐油、耐弱酸、耐溶剂	适于对纸、木材、玻璃、金属、塑料等的粘结，可用于要求防水、耐酸碱的工程
环氧树脂类胶粘剂	605 胶	粘结强度高，耐水、耐酸碱及其他有机溶剂	适于对金属、塑料、橡胶和陶瓷等材料的粘结
其他塑料地板胶粘剂	D-1 塑料地板胶粘剂	初期粘度大，使用安全可靠，对水泥、木材、塑料等粘结力强	适用于在水泥地面和木板地面上粘贴塑料地板
	AF-02 塑料地板胶粘剂	初始粘结强度高、防水性能好、施工方便、无毒、不燃	适用于 PVC、石棉填充塑料地板、塑料地毯卷材与水泥地面之间的粘结

表 8-6 瓷砖、石材用胶粘剂特点及用途

品名	特点	用途
AH-03 大理石胶粘剂	粘结强度高、耐水、耐候、使用方便	适用于大理石、花岗石、马赛克、瓷砖等与水泥基层之间的粘结
SG8407 胶粘剂	可改善水泥砂浆的粘结力，并可提高水泥砂浆的防水性	适用于在水泥砂浆、混凝土面上粘贴瓷砖、陶瓷锦砖等
TAM 型通用瓷砖胶粘剂	耐水、耐久性能良好，使用方便、价格低廉	适用于在水泥砂浆、混凝土和石膏板面上粘贴瓷砖、陶瓷锦砖、天然大理石、人造大理石等
TAS 型高强度耐水瓷砖胶粘剂	强度高、耐水、耐候、耐各种化学物质侵蚀	适用于在混凝土、钢铁、玻璃、木材等表面粘贴墙砖、地砖等，多用于厨房、浴室、厕所等场所
TAG 型瓷砖勾缝剂	具有良好的耐水性	可用于游泳池中的瓷砖勾缝

5. 玻璃、有机玻璃专用胶粘剂

这类胶粘剂是一种透明或不透明膏状体，有很浓的醋酸味，不溶于酒精以外的其他溶剂，具有抗冲击、耐水、韧性强等特点。适合粘结玻璃及其制品，也可用于其他需要防水、防潮的地方。产品包括 506 胶粘剂、WH-2 型有机玻璃胶粘剂等，具体见表 8-7 和图 8-3-1 所示。

6. 塑料薄膜胶粘剂

主要用于塑料薄膜片与胶合板、刨花板、纤维板等木制品或聚氨酯泡沫、人造革、纸张之间的粘结。产品有 641 软质聚氯乙烯胶粘剂、BH-415 胶粘剂和 920 胶粘剂等，具体见表 8-8 所示。

表 8-7　玻璃、有机玻璃专用胶粘剂特点及用途

品　名		特　点	用　途
AE 丙烯酸酯胶	AE-01 型	为无色透明黏稠液体，能在室温下快速固化，具有粘结力强、操作简便等特点	适用于有机玻璃、ABS 塑料、丙烯酸酯类共聚物制品的粘结
	AE-02 型		适用于无机玻璃、有机玻璃以及玻璃钢的粘结
聚乙烯醇缩丁醇胶粘剂		粘结力好，耐水、耐潮、耐腐蚀、耐冲击，透明度好，耐老化出色	适用于玻璃的粘结

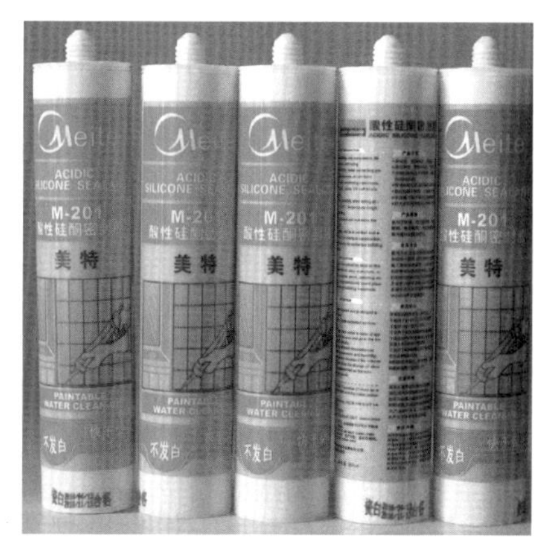

图 8-3-1　胶枪和玻璃胶

表 8-8　塑料薄膜胶粘剂用途

品　名	用　途
641 软质聚氯乙烯胶粘剂	适于粘合聚氯乙烯薄膜、软片等材料，也可用于聚氯乙烯材料的印花印字
BH-415 胶粘剂	主要用于硬质、半硬质、软质膜片与胶合板、刨花板、纤维板等木制品的粘合，也适用于 PVC 膜与纸的粘结，PVC 与聚氨酯泡沫塑料的粘结等
920 胶粘剂	适于聚氯乙烯薄膜、泡沫塑料、硬化 PVC 塑料板、人造革等的粘结

7. 玻璃幕墙胶粘剂

主要包括以下两种：硅酮结构密封胶和硅酮耐候密封胶。其中，硅酮结构密封胶主要连接玻璃与框架，它有严格的时效性，需要做相容性试验和蝴蝶试验，而且必须在恒温、清洁、无尘、通风的注胶间进行操作，注胶后，其养护时间一般在 14 ~ 21 天。硅酮耐候密封胶要在玻璃及其组件安装完毕后及时使用，以保证玻璃幕墙的气密性和水密性，不宜用结构胶取代密封胶。

8. 多用途建筑胶粘剂（表 8–9）

9. 部分胶粘剂（图 8–3–2）

表 8–9 多用途建筑胶粘剂特点及用途

品 名	特 点	用 途
4115 建筑胶粘剂	固体含量高，收缩率低，粘结力强，防水抗冻，无污染，施工方便	广泛用于会议室、商店、学校、工厂及住宅的各种装修顶棚、壁板、地板、门窗、灯座、衣钩、挂镜板的粘贴
6202 建筑胶粘剂	粘结力强，固化收缩小，不流淌，粘合面广，使用简便，安全易清洗	适用于建筑五金件的固定、电器的安装等，当遇不适合打钉的水泥墙面时，宜用此胶粘剂
SG791 建筑轻板胶粘剂	粘结强度高，价格低，使用方便	适于各种无机轻型墙板、顶棚板等的粘结与嵌缝，如纸面石膏板、菱苦土板、炭化石灰板、矿棉吸音板、石膏装饰板等的自身粘结，以及墙体粘结天然大理石、瓷砖等
914 室温快速固化环氧胶粘剂	粘结强度高，耐热、耐水、耐油、耐冲击性能好，固化速度快，使用方便	用于金属、陶瓷、玻璃、木材、胶木等材料的粘结，可用于 60℃条件下使用的金属或某些金属部件小面积快速粘结修复

醋酸乙烯类胶粘剂

4115 建筑胶粘剂

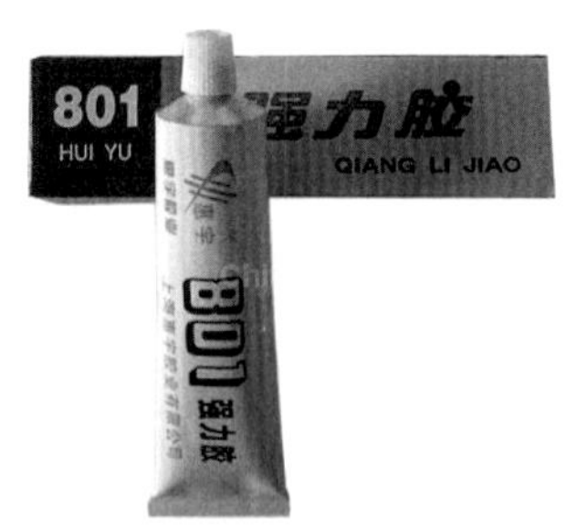

合成橡胶类胶粘剂

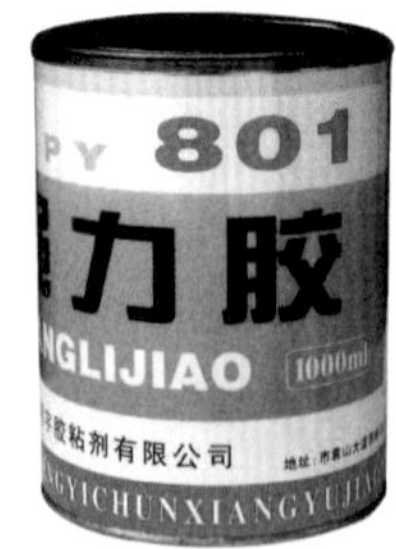

801 强力胶

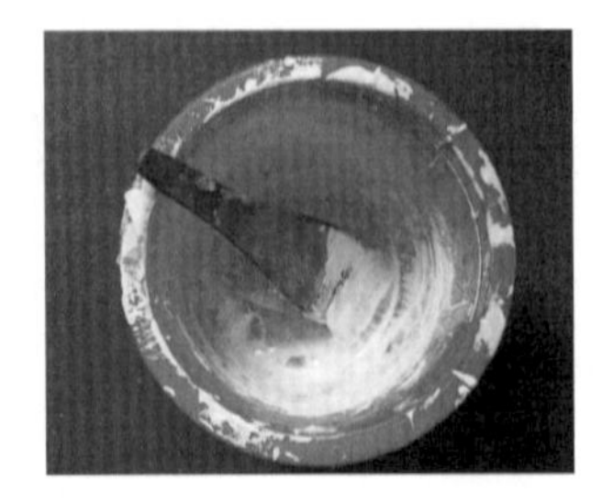
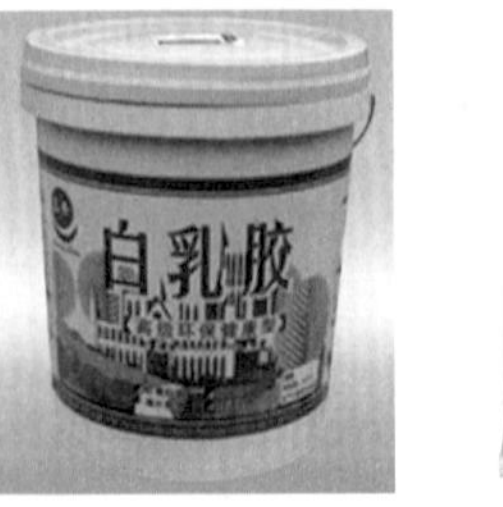

聚醋酸乙烯（白乳胶）

云石胶

AB 胶

图 8–3–2 部分胶粘剂

第九章　无机胶凝材料

【学习重点】

了解无机胶凝材料的基本特性和优缺点；

熟悉无机胶凝材料在装饰装修中的应用及特点；

重点掌握无机胶凝材料在室内空间各界面的基本构造做法。

胶凝材料分为有机胶凝材料和无机胶凝材料。有机胶凝材料是由天然或合成高分子化合物组成的，如沥青、橡胶等；无机胶凝材料是以无机化合物为主要成分，包括石膏、石灰、水泥等。

无机胶凝材料又称矿物胶接材料，即能将散粒材料（如砂和石子）或块状材料（如砖和石块）等粘结成一个整体的材料。其特点是造价低、原材料量广、工艺简单，同时其防火、防水、防潮、隔热、吸音等性能都较好。在现代建筑装饰装修工程中，无机胶凝材料是一种十分重要的材料，其发展很快，产量大，不断出现新产品，众多常见的室内装饰装修制品，如装饰石膏板、膨胀珍珠岩装饰吸音板、矿棉装饰吸音板等都是利用无机胶凝材料加工而成的。

无机胶凝材料按硬化条件的不同可分为气硬性和水硬性两大类。气硬性无机胶凝材料如石灰、石膏、菱苦土、水玻璃等，是在空气中凝结、硬化并产生强度，且可继续发展并保持强度，但只能在地面和干燥环境中使用。水硬性胶凝材料如水泥，既能在空气中硬化，又能在水中硬化，且可继续发展并保持其强度，可用于室内外地上、地下和水中的工程。

第一节 建筑石膏

石膏的主要化学成分为$CaSO_4$，其天然资源有天然二水石膏（$CaSO_4 \cdot 2H_2O$）和天然无水石膏。装饰工程中常用的建筑石膏通常由二水石膏经低温煅烧脱水后成为半水石膏（$CaSO_4 \cdot H_2O$），再将半水石膏磨细后制得。

一、建筑石膏的特点

建筑石膏为气硬性胶凝材料，调水后具有良好的可塑性，凝结硬化快。在室内自然干燥条件下，一周左右完全硬化。硬化产品外形饱满、不收缩不开裂、体积稳定、表面洁白细腻。石膏制品可进行锯、刨、钉等加工。石膏表面密度小、隔热保温性能好、吸热性强，是不燃材料，可阻止火势的蔓延，达到防火的作用。但其因吸水率高，所以耐水性、抗渗性、抗冻性差。

二、建筑石膏的应用

可用于室内抹灰、粉刷、油漆打底，也可做模型、雕塑艺术品，以及用于生产建筑装饰构件、石膏装饰板、人造大理石等。目前已生产的石膏板有纸面石膏板、布面石膏板、装饰石膏板（无纸石膏板）、嵌装式石膏板、纤维石膏板等。

三、石膏制品

1. 纸面石膏板

纸面石膏板是以建筑石膏为主要原料，并加入外加材料制成石膏芯材，双面以特种护面纸结合起来的一种建筑板材，为难燃材料（B1 级）。纸面石膏板可分普通纸面石膏板、防水纸面石膏板、耐火纸面石膏板和装饰吸声纸面石膏板等。前两者主要用作顶棚的基层，其表面还需再做饰面处理，一般是涂刷乳胶漆。

（1）特点

质轻、隔声、隔热、耐火、抗震性好，板材体积大、表面平整、安装简便，是目前使用最广泛的顶棚板材（图 9-1-1）。其表面须做饰面处理，如抹灰并涂乳胶漆、裱糊壁纸等。

图 9-1-1 纸面石膏板外观

（2）常用尺寸规格（mm）

1 220×2 440×9.5、1 220×2 440×10、1 220×2 440×12 等。

（3）应用

纸面石膏板可用作隔断、顶棚等部位的罩面材料（图 9-1-2）。潮湿环境中可使用防水纸面石膏板；有防火要求的环境中则可使用耐火纸面石膏板。

图 9-1-2 纸面石膏板吊顶构造效果

2. 布面石膏板

布面石膏板的表面是经高温处理过的化纤布，耐酸碱，持久不烂，可有效保护石膏板，延长使用寿命。与传统纸面石膏板相比，布面石膏板还具有柔韧性好、抗折强度高、接缝不易开裂、表面附着力强等优点。

（1）特点

强度高、重量轻，品种规格多，质量稳定可靠，便于再加工，可满足建筑防火、隔声、保温、隔热、抗震等要求，且施工速度快，不受环境温度影响，装饰效果好。适用于一般防火要求的各种工业、民用建筑。

（2）常用尺寸规格（mm）

1 200×2 400×8、1 200×2 400×9.5、1 200×2 400×12、1 200×3 000×12。

（3）施工工艺

布面石膏板隔墙不裂缝施工方法：

① 分别在地面或楼板上标记出对应的横龙骨（U 型龙骨）外侧定位线，注意预留布面石膏板的厚度。

② 用适当固定件将横龙骨固定在地面或楼板上。

③ 从墙的一端以 400 mm 间距将竖龙骨（C 型龙骨）插入横龙骨内，并将两端固定。

④ 将 38 主龙骨插入竖龙骨开口内，然后把开口处的支撑卡复位，固定 38 主龙骨。

⑤ 用石膏板专用螺丝离板边 10～15 mm，以 150 mm 的间距从布面石膏板的一端依次固定，石膏板接缝留在龙骨上，注意预留板与板之间 3～5 mm 接缝宽度。

⑥ 板与板之间的接缝，用堡斯德专用胶填平，填平后立即用抗裂接缝带将缝盖住。

（注：抗裂接缝带的纸面粘贴在布面石膏板上）

布面石膏板吊顶不裂缝施工方法：

① 按照吊顶高度严格执行石膏板吊顶规范要求，预先安装好吊顶龙骨。

② 布面石膏板接缝一定要在两龙骨之间，接缝处背面用 100～200 mm 宽的布面石膏板细条以白乳胶粘贴，正面用自攻螺钉沿板边将布面石膏板细条相互固定。

③ 布面石膏板安装前先将板材就位，然后用镀锌自攻螺钉将板材与覆面龙骨固定（用专用工具“自攻枪”），自攻螺钉间距不得大于 200 mm，距石膏板边应为 10～15 mm。板材的安装必须是无重力安装，在外力的支撑下，先用自攻螺钉固定石膏板的中心部分，再固定边部，在石膏板尚未固定之前，不得撤出支撑力。

④ 板与板之间的接缝，用堡斯德专用胶填平，填平后立即用抗裂接缝带将缝盖住。

（注：抗裂接缝带的纸面粘贴在布面石膏板上）

3. 装饰石膏板

装饰石膏板是以建筑石膏为主要原料，掺入适量的增强纤维材料、胶粘剂、改性剂等辅料，用水搅拌成均匀的料浆，经成型、干燥而成的不带护面纸或布的石膏板材。

装饰石膏板具有质轻、隔声、防火等特点，

普通石膏板（穿孔板）

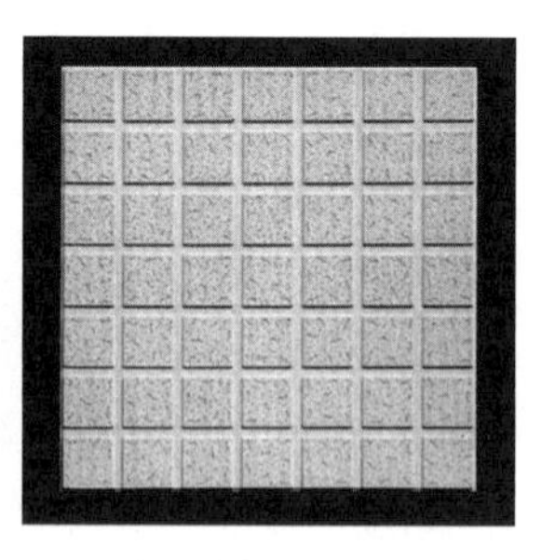
防潮石膏板（浮雕板）

图 9-1-3

有一定强度，可进行锯、刨、钉、粘等加工，易于安装，是理想的顶棚和墙面装饰材料。

装饰石膏板分为普通板和防潮板两种，均有平板、穿孔板和浮雕板等形式（图 9-1-3）。

一般为正方形，棱边断面形式有直角和倒角两种。常见尺寸规格（mm）有 500×500×9.5、600×600×12 等。

4. 嵌装式石膏板

嵌装式石膏板是以建筑石膏为主要原料，掺入适量的纤维增强材料和外加剂，加水制成料浆，并经浇注成型后干燥而成的不带护面纸的板材。嵌装式石膏板的形状为正方形，它的背面四边加厚，棱边断面形式有直角和倒角两种；性质和外观与装饰石膏板相同，区别在于其在安装时只需嵌固在龙骨上，不再需要另行固定。由于板材的企口相互吻合，故龙骨不外露。使用嵌装式石膏板需选用与之配套的龙骨。嵌装式石膏板有装饰板和吸声板两类。装饰板的正面有平面和浮雕面等（图 9-1-4），吸声板的正面有不定数量的穿孔洞。

常见尺寸规格有：600 mm×600 mm，边厚大于 28 mm；500 mm×500 mm，边厚大于 25 mm。

图 9-1-4　嵌装式石膏板

5. 石膏艺术制品

石膏艺术制品是以优质石膏为原料，加入纤维增强材料等添加剂，加水制成料浆后，经注模、成型硬化、干燥而制得的产品。品种有石膏浮雕艺术线条、灯圈、花饰、壁炉、罗马柱等（图 9-1-5）。

6. 纤维石膏板（石膏纤维板、无纸石膏板）

纤维石膏板是以石膏为基材，加入有机或无机纤维增强材料，经打浆、铺装、脱水、成型、烘干后制成的一种无面纸纤维石膏板。它具有质轻、耐火、隔声、韧性高等性能，有一定强度，可进行锯、钉、刨、粘等加工。其用途与纸面石膏板相同（图 9-1-6）。

7. 纤维增强石膏压力板（AP 板）

纤维增强石膏压力板是以天然硬石膏（无水石膏）为基料，加入防水剂、激发剂，以混合纤维增强，经成型压制而成的轻型建筑薄板。该板具有硬度高、平整度好、抗变形能力强等特点，可用于室内隔墙、顶棚和墙体饰面等（图 9-1-7）。

8. 预铸式玻璃纤维增强石膏成型品（GRG 制品）

GRG 制品是采用高密度 Alpha 石膏粉、增强玻璃纤维，以及一些微量环保添加剂制成的预铸式新型装饰材料。材质表面光洁、细腻，白度达到 90% 以上，并且可以和各种涂料及饰面材料良好地粘结，形成极佳的装饰效果，环保、安全，不含任何有害物质。可制成各种平面板、功能性产品及艺术造型（图 9-1-8）。

图 9-1-5 石膏艺术制品

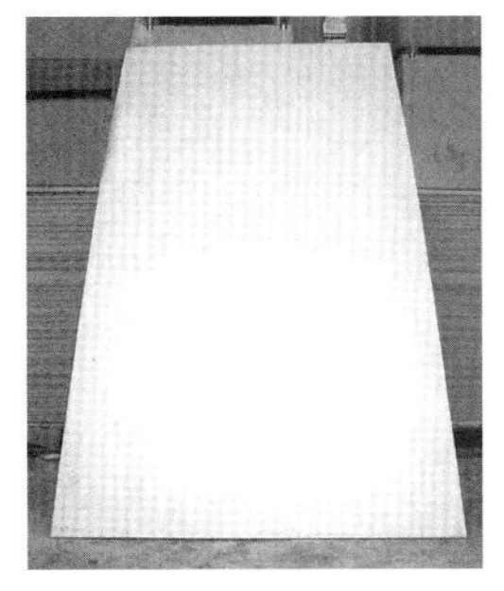
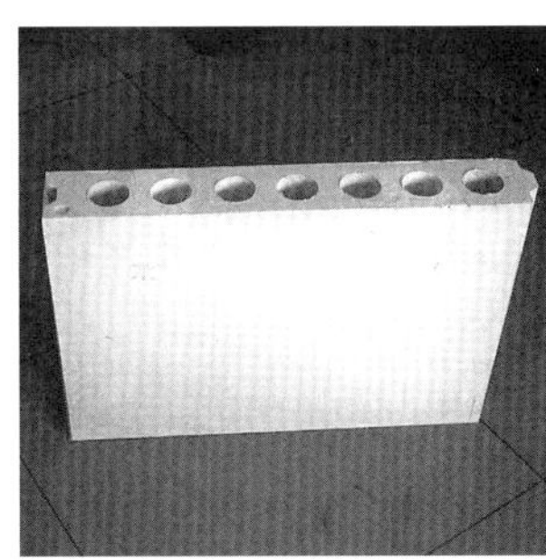
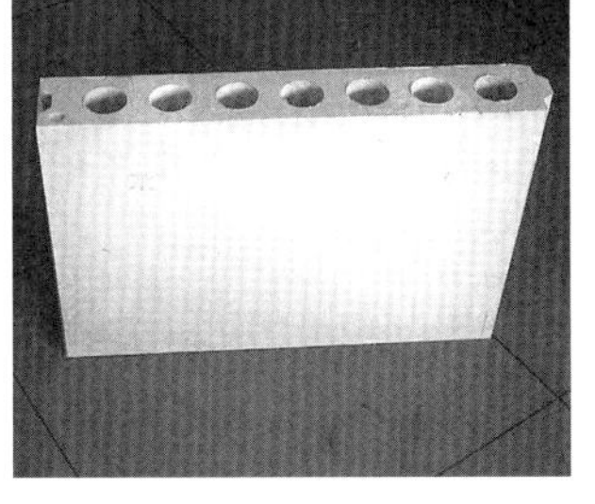

图 9-1-6 纤维石膏板

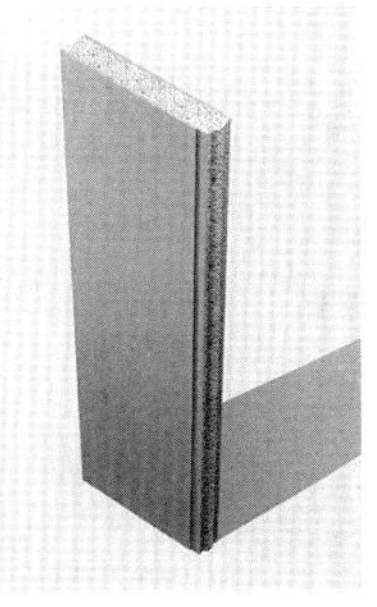

图 9-1-7 纤维增强石膏压力板

图 9-1-8 GRG 板弧形吊顶效果

（1）特点

① 可任意塑形：GRG 制品可以制成单曲面、双曲面、三维覆面等各种几何形状，并可加工镂空花纹、浮雕图案等。

② 强度高、质量轻：GRG 制品的弯曲强度达到 20～25 MPa（ASTMD790-2002 测试方式）。拉伸强度达到 8～15 MPa（ASTMD256-2002 测试方式），且 6～8 mm 厚的标准板重量仅为 6～9 kg/m^2。在满足大板块吊顶分割需求的同时，能减轻主体重量及构件负荷。

③ 不变形、不开裂：主材石膏热膨胀系数低、干湿收缩率小，使 GRG 制品不受环境冷、热、干、湿影响，性能稳定不变形。独特布纤加工工艺使产品不龟裂，使用寿命长。

④ 声学反射性能良好：GRG 板具有良好的声波反射性能。经同济大学声学研究所测试，30 mm 单片重量 48 kg 的 GRG 板，声学反射系数 R ≥ 0.97，符合专业声学反射要求，适用于大剧院、音乐厅等场所。

⑤ 不燃：属于 A1 级防火材料。在 120℃高温下存放 72 小时不变形。当火灾发生时，它除了能阻燃外，本身还可以释放相当于自身重量的 10%～15% 的水分，可大幅度降低着火面温

度，降低火灾损失。可对室内环境的湿度进行调节。

（2）应用

主要应用在公共建筑中，可作为能抵抗高的冲击而具有稳定性的吊顶。此外，由于GRG材料良好的防水性能和声学性能，尤其适用于需频繁地清洁洗涤和声音传输的地方，如学校、医院和音乐厅、剧院等场所。

（3）GRG制品的接缝处理

① GRG制品之间的接缝背面采用螺母（对销）固定、捂绑方式固定。

② GRG制品之间的接缝表面用GRG专用补缝粉以及工业绷带进行补平、批顺。

9. 装饰绝热、吸音板

1）膨胀珍珠岩装饰吸音板

这种吸音板是以建筑石膏为主要原料，加入膨胀珍珠岩、缓凝剂、防水剂等辅料制成的板材。因膨胀珍珠岩具有改善板材声热的性能，所以有吸音效果（图9-1-9）。

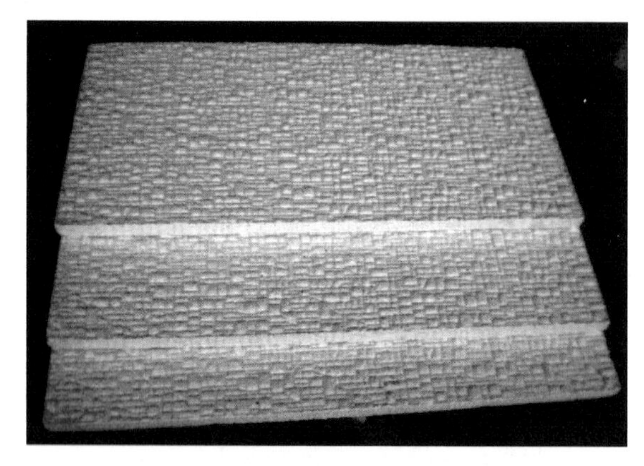

图9-1-9 膨胀珍珠岩装饰吸音板外观

（1）特点

膨胀珍珠岩装饰吸音板，具有质轻、隔音、吸音、防火等优点。因其表面以聚酯树脂进行处理，故具有防水性，可用于外墙装饰。装饰板的主要物理力学性能为：容重0.98 g/cm^3，抗弯强度9.3 MPa，表面硬度HB34，含水率2.4%，导热系数0.17 W/（m·K）。

（2）常用尺寸规格（mm）

600×300×20、600×600×20、600×1 200×20。

（3）生产工艺

生产的前一段与一般石膏板材相类似，脱模成基材后，再用聚酯树脂进行表面处理，处理方法与一般不饱和聚酯树脂的涂饰工艺相同。

压制工序是比较特殊的工序，也是基材生产的关键，压力的大小、初压时间的迟早、保压时间的长短，直接关系到产品的质量。一般压力控制在8 MPa左右，初压与恒压时间视材料的凝结情况而定。

2）矿棉装饰吸音板

这种吸音板以矿棉为主要基材，加入胶粘剂、防水剂、增强剂等辅料加工而成（图9-1-10）。基材加工完成后，根据需要进行表面加工，制成装饰板，包括盲孔型、沟槽型、印刷型、浮雕型等四种类型。

（1）特点

矿棉装饰吸音板具有吸音、防火、隔热的综合性能，可制成有各种色彩的图案与有立体感的表面，是一种高级室内装饰材料。

（2）常用尺寸规格（mm）

600×600×（8～15）、600×300×（8～15）、600×1 200×（8～18）。

（3）生产工艺

生产分两步进行，先将各种原料混合加工成基材板，再进行装饰加工。

① 基材板的加工：将一定量的矿棉放入容器中加水搅拌，使棉与渣球分离，渣球沉于底部，捞出矿棉，再洗涤一次后，去除水分并称量。有时矿棉也用造粒机分解成粒状棉后再使用。将粘结剂、防水剂等添加剂按配比混合搅拌成料浆，成型在长网抄取机上进行，料浆经滤水、真空吸水、挤压成有一定厚度的毛坯，切割后烘干即成矿棉基材板。

② 装饰加工：盲孔型板的加工——用半成品经滚轧轧出大小形状不同的不透孔，增加吸音效果，再进行板边精加工，着色，烘干即为成品。

沟槽型板的加工——盲孔型板经专门的铣削机分别加工出纵横两个方向的沟槽，或铣出圆形，着色，烘干即成。

印刷型板的加工——半成品通过印刷机上的模板，涂上预先配好的涂料，印出各种花纹图案，在花纹上也可撒上细砂，再经烘干而成。

浮雕型板的加工——半成品着色后，通过装有浮雕型板的压力机压出各种花纹，然后再经切割开榫制成。浮雕型板是专业厂制造的，加工费用高。

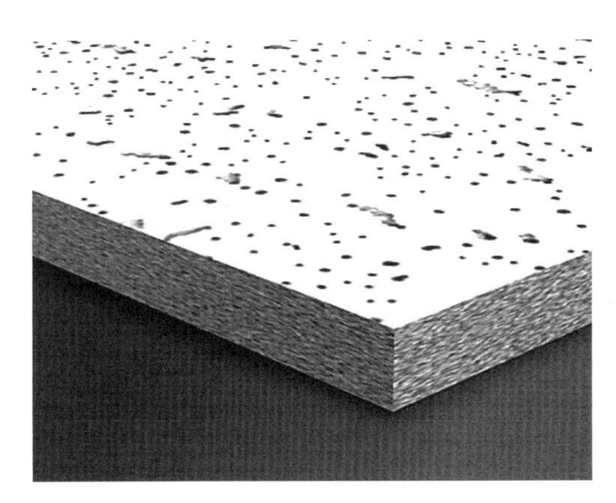

图 9-1-10　矿棉装饰吸音板外观

3）穿孔石膏板

穿孔石膏板（图 9-1-11）主要用于建筑装饰吸音。

石膏板本身并不具有良好的吸声性能，但穿孔并安装成带有一定后空腔的吊顶或贴面墙后，则可形成“亥姆霍兹共振”吸声结构。石膏板上的小孔与石膏板自身及原建筑结构的面层形成了共振腔体，声音与穿孔石膏板发生作用后，圆孔处的空气柱产生强烈的共振，空气分子与石膏板孔壁剧烈摩擦，从而大量地消耗声音能量，进行吸声，这是穿孔石膏板“亥姆霍兹共振”吸声的基本原理。

这种纸面穿孔石膏板广泛地应用于会议室、影剧院等需要吸声降噪的建筑空间中。

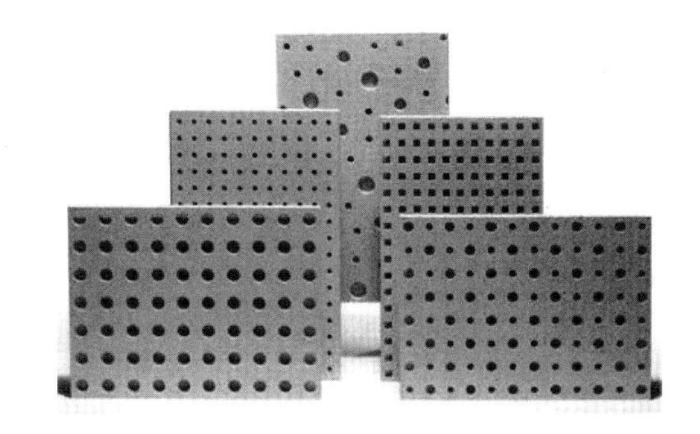

图 9-1-11　穿孔石膏板

第二节　水泥

水泥是一种在建筑装饰装修中广泛应用的水硬性胶凝材料。

一、分类

按性能和用途可分为通用水泥：指用于一般建筑工程的水泥，如硅酸盐水泥、矿渣硅酸盐水泥等；专用水泥：指适用于专门用途的水泥，如道路水泥、大坝水泥、砌筑水泥等；特种水泥：指具有某种特别性能的水泥，如快硬硅酸盐水泥、膨胀水泥、高铝水泥、白水泥、磷酸水泥、硫酸铝水泥等。

1. 硅酸盐水泥

由硅酸盐热料加 0 ~ 5% 石灰石或粒状高炉矿渣及适量石膏磨细制成的水硬性胶凝材料称为硅酸盐水泥。

水泥加水后成为塑性的水泥浆，即水化；随着反应的进行，水泥浆逐渐变稠失去可塑性，但尚无强度，这一过程称为凝结；随后产生明显强度并逐渐发展成坚硬的水泥石，即硬化。水泥的水化、凝结和硬化，除与水泥矿物组成有关，还与水泥的细度，搅拌的用水量、温度、湿度、养护时间及石膏掺量等有关。

在制造时通常会在硅酸盐水泥中加入一定的混合材料，调整水泥强度，扩大其使用范围，从而增加水泥的品种，提高产量，降低成本。

2. 白水泥

白水泥为装饰水泥，是白色硅酸盐水泥，性能与硅酸盐水泥基本相同，但其氧化铁含量很低，故呈白色。根据国际规定，其必须满足 MgO 和 SO_3 含量及细度、凝结时间、安定性要求。白水泥常用于建筑装饰，可配置成彩色砂浆、各种饰面板、人造大理石、仿天然石等。

二、水泥制品

1. 纤维水泥平板

纤维水泥平板是以矿物纤维、纤维素、纤维分散剂和水泥为主要原料，经抄坯、成型、养护而成的薄型建筑平板，具有加工性能好，表面易装饰，可喷涂等特点。品种有不燃平板、埃特墙板和防火板等，可用于建筑物内外墙板、天花板、家具、门扇及需要防火的部位。

2. 无机纤维增强平板（TK 板）

无机纤维增强平板是以低碱水泥、中碱玻璃纤维和短石棉为主要原料，经抄制、成型、硬化而成的薄型平板，具有抗冲击性好、加工方便等优点。可用于隔墙板、吊顶和墙裙板等。

3. 纤维水泥加压板（FC 加压板）

纤维水泥加压板是以各种纤维和水泥为主要原料，经抄取成型、加压蒸养而成的高强度薄板（图 9-2-1），具有密度大、表面光洁、强度高的特点。可用于内墙板、卫生间墙板、吊顶板、楼梯和免拆型混凝土模板等。

图 9-2-1 纤维水泥加压板（FC 加压板）

4. 水泥木丝板（万利板）

水泥木丝板是以木材下脚料经机械刨切成木丝，加入水泥、水玻璃等辅料，经成型、干燥、养护等一系列工艺后制成的板材（图 9-2-2），具有吸声、保温、隔热的性能，性能及用途与水泥刨花板相似，但其骨架为木丝，故强度与吸声性能更好。

5. 硅酸钙板

硅酸钙板是以粉煤灰、电石泥等工业废料为主制成的建筑用板材（图 9-2-3），常用品种有纤维增强板和轻质吊顶板两种。纤维增强硅酸钙板是以粉煤灰、电石泥为主，用矿物纤维和少量其他纤维增强材料制成的轻质板材。这种板材纤维分布均匀、排布有序、密实性好，具有防火隔热、防潮防霉等性能，可以任意涂饰、印刷花纹、粘贴各种贴面材料，可以用常规工具锯、刨、钉、钻，用于吊顶、隔墙板、墙裙板等，适合地下工程等潮湿环境使用。

轻质硅酸钙吊顶板是在硅酸钙板材原料中掺入轻质骨料制成的轻质高强吊顶板材，其容重为 400 ~ 800 kg/m^3。轻质硅酸钙吊顶板质轻、高强、耐水防潮、声学及热学性能优良，可用于礼堂、影剧院、餐厅、会议室吊顶及内墙面。

图 9-2-2 水泥木丝板外观

硅酸钙板

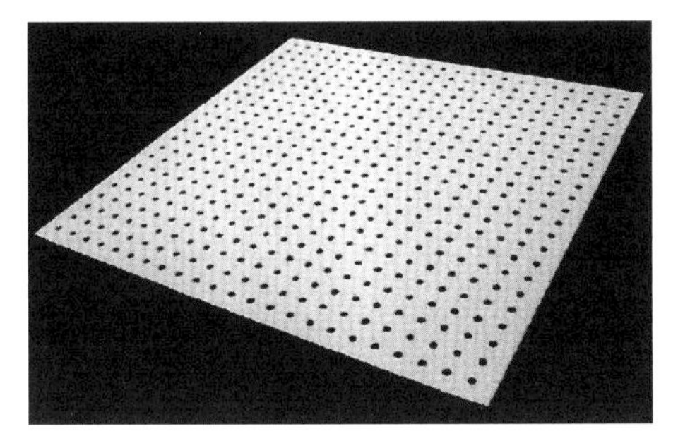

硅酸钙板（穿孔吸音板）

图 9-2-3

6. 无机装饰板

无机装饰板（图 9-2-4）是选用 100% 无石棉的无机硅酸钙板作为基材，表面涂覆高性能氟碳涂层、聚酯涂层或者陶瓷无机涂层，经过特殊的优化处理，使其表面具有极强的耐候性。该板材具有卓越的防火性、耐久性、耐水性、耐化学药品性，有耐磨、易清洁、外观亮丽、色彩丰富、清新时尚等优点。主要应用于工业建筑和民用建筑的室内、室外装饰，适用于机场、隧道、地铁、车站、医院、洁净厂房、商场、学校、写字楼和实验室等。

图 9-2-4　无机装饰板

7. 美岩板

美岩板又称美岩水泥板（图 9-2-5），是由波特兰水泥、植物纤维及胶化物（97：2.3：0.7）逐层高温高压压制而成，整体板材韧性较强且纹路较均匀，在切割和二次加工时不易破碎和爆边，且运输包装完好，便于存放。

美岩板具有质轻、保温隔热、防火性好、绿色环保、便于施工等优点，广泛应用于内墙、外墙、吊顶、地板等。

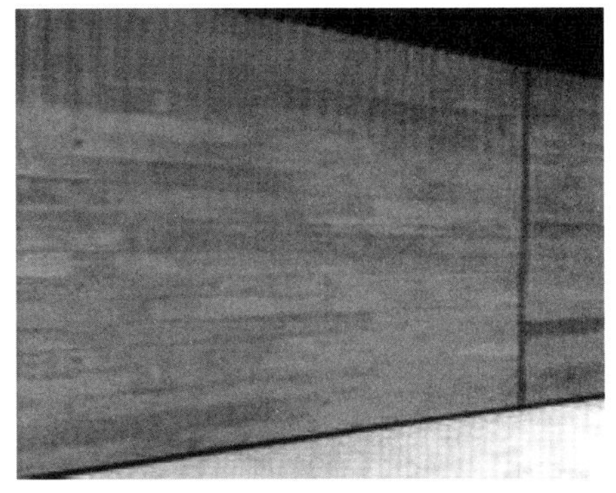

图 9-2-5　美岩板

8. GRC 造型板

GRC 是英文 Glass-fibre Reinforced Concrete 的缩写，中文名称是玻璃纤维增强水泥（图 9-2-6），是一种以耐碱玻璃纤维为增强材料、水泥砂浆为基底材料的纤维水泥复合材料，也是一种通过造型、肌理与色彩表达设计师想象力的材料。

（1）材料组成

① 水泥：通常用于 GRC 耐碱玻璃纤维中的水泥主要有快硬硫铝酸盐水泥、低碱度硫铝酸盐水泥、普通硅酸盐水泥、白色硅酸盐水泥。

② 纤维：GRC 材料中使用的纤维必须是耐碱玻璃纤维，种类包括耐碱玻璃纤维无捻粗纱、耐碱玻璃纤维短切纱、耐碱玻璃纤维网格布。欧美国家要求 GRC 中使用的玻璃纤维的氧化锆含量不低于 16.5%，中国要求在使用普通硅酸盐水泥时玻璃纤维中的氧化锆含量不低于 16.5%。

③ 聚合物：通常添加的聚合物为丙乳，即丙烯酸酯共聚乳液。

④ 外加剂：通常可选择性地加入高效减水剂、塑化剂、缓凝剂、早强剂、防冻剂、防锈剂等外加剂。

⑤ 其他材料：可以选择性地添加一些火山灰质活性材料，有利于提升 GRC 制品的综合性能，例如强度、抗渗性、耐久性等。

（2）应用

① GRC 建筑细部装饰构件，简称 GRC 建筑细部。

② GRC 幕墙板，或称 GRC 外墙挂板。

③ GRC 园林景观制品，如 GRC 雕塑、GRC 假山、GRC 小品、GRC 花钵等。

④ GRC 轻质隔墙板、GRC 保温板、通风管道、永久性管状芯模、永久性模板、工业建筑屋面构件、声屏障、自承载式地板、灌溉渠道等。

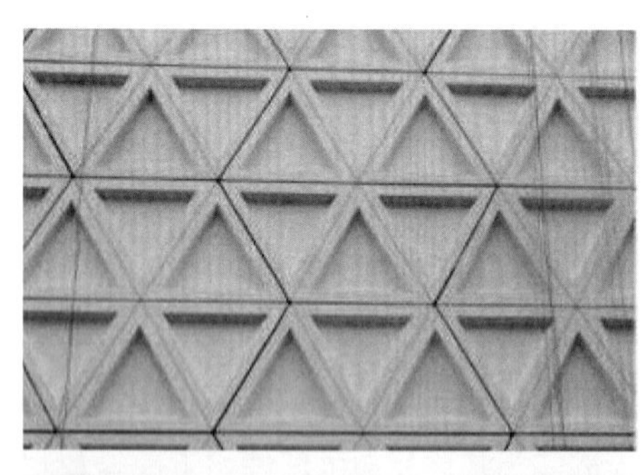

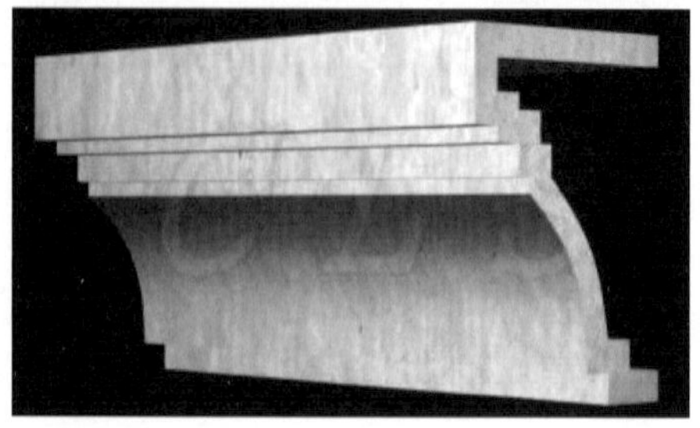

图 9-2-6 GRC 造型板

第三节 建筑砂浆

建筑砂浆是由胶凝材料、细骨料和水按一定比例配制而成的建筑材料。按胶凝材料可分为石灰砂浆、水泥砂浆、混合砂浆，按用途可分为砌筑砂浆、抹面砂浆、特种砂浆。

抹面砂浆包括普通抹面砂浆、防水砂浆、装饰砂浆。

1. 普通抹面砂浆

普通抹面砂浆用来涂抹建筑物表面，起到一定的保护作用，提高表面耐久性，通常分两层或三层进行施工，各层要求不同。

（1）底层抹灰

主要起与基层粘结作用，不同基层底层抹灰不同。砖墙的底层抹灰多用石灰砂浆，有防水要求的抹灰多用水泥砂浆，板条墙、顶棚的底层抹灰用麻刀石灰砂浆，混凝土墙、梁、柱、顶板等底层抹灰多用混合砂浆。

（2）中层抹灰

主要是为了找平，多用混合砂浆或石灰砂浆。

（3）面层抹灰

主要起装饰作用，多用细砂配制的混合砂浆、麻刀石灰砂浆或纸筋石灰砂浆。

在容易碰撞或需要防潮湿部位面层抹灰应采用水泥砂浆，如墙裙、地面、窗台及水井等处可用 1：2.5（水泥：砂）水泥砂浆。

2. 防水砂浆

具有防水抗渗作用，可在水泥砂浆中掺入防水剂，提高砂浆抗渗性。常用防水剂有氯化物金属盐类防水剂、硅酸钠类防水剂及金属皂类防水剂。

3. 装饰砂浆

主要用于墙面喷涂、弹涂或墙面抹灰装饰。品种包括彩色砂浆、石粒类装饰砂浆和聚合物水泥砂浆等。具有质感鲜明、颜色丰富、施工简便和造价低等优点，适用于二级或二级以下建筑物的墙面装饰。

1）彩色砂浆

以水泥砂浆、石灰砂浆或混合砂浆直接掺入颜料配制而成，也可以用彩色水泥和细砂直接配制。

2）石粒类装饰砂浆

可以在水泥砂浆的基层上，抹出水泥石粒砂浆面层作为装饰表层，主要用于建筑外墙装饰。这种装饰层主要靠装饰砂浆中的骨料石粒的色彩和质感表现装饰效果。骨料石粒通常是以天然的大理石、花岗石、白云石和方解石等石材经机械破碎加工而成，具有色泽明亮、质感丰富和耐久性好等优点。装饰层主要有水刷石、干粘石、剁假石、水磨石、机喷石、机喷石屑和机喷砂等。

3）聚合物水泥砂浆

聚合物水泥砂浆是在普通水泥砂浆中掺入适量的有机聚合物，改善原砂浆粘结力的一类砂浆。可作为装饰抹灰砂浆，也可以用于表层的喷涂、滚涂和弹涂。

当前装饰工程中掺入的有机聚合物主要有以下两种：

① 聚醋酸乙烯乳液。聚醋酸乙烯乳液是一种白色的水溶性胶状体，由主要成分醋酸乙烯、乙烯醇和其他外掺剂，经高压聚合而成，以适当的比例将其掺入砂浆内，可使砂浆的粘结力大大提高，同时增强砂浆的韧性和弹性，有效地防止装饰面层开裂、粉酥和脱落等现象的发生。这种有机聚合物在操作性能和饰面层的耐久性等方面，都优于过去长期使用的聚乙烯醇缩甲醛胶（107 胶），但其价格较高。

② 甲基硅酸钠。甲基硅酸钠是一种无色透明的水溶液，是一种有机分散剂。建筑物外墙喷涂或弹涂装饰砂浆时，在砂浆中掺入适量的甲基硅酸钠，可以提高砂浆的操作性能，并可以提高饰面层的防水、防风化和抗污染的能力。

4. 干粉砂浆

干粉砂浆是近年来最新品种，将各种类型和强度等级的砂浆预先配制加水搅拌即可使用。

普通干粉砂浆分三类：DM 干粉砌筑砂浆，DP 干粉抹面砂浆，DS 干粉地面砂浆。

第四节 石膏板的构造

在无机胶凝材料中，石膏板的构造运用最为广泛，石膏板的构造主要是顶棚和隔墙两部分。

一、石膏板顶棚的构造做法

顶棚一般由预埋件及吊杆、基层、面层三个基本部分构成。如图 9-4-1 所示。

1. 顶棚的预埋件和吊杆

顶棚的预埋件是屋面板或楼板与吊杆之间的连接件，主要起连接固定、承受拉力的作用。

顶棚的吊杆主要用于传递顶棚的荷载，即将顶棚的荷载通过吊杆传递到屋面板或楼板等部位。吊杆可采用钢筋、型钢、镀锌铁丝等材料。用于一般顶棚的钢筋直径应不小于 6 mm，其间距在 900 ~ 1 200 mm 左右。吊杆与龙骨之间可采用螺栓连接。型钢吊杆用于重型顶棚或整体刚度要求很高的顶棚。另外，金属吊杆和预埋件都必须做防锈处理（图 9-4-2）。

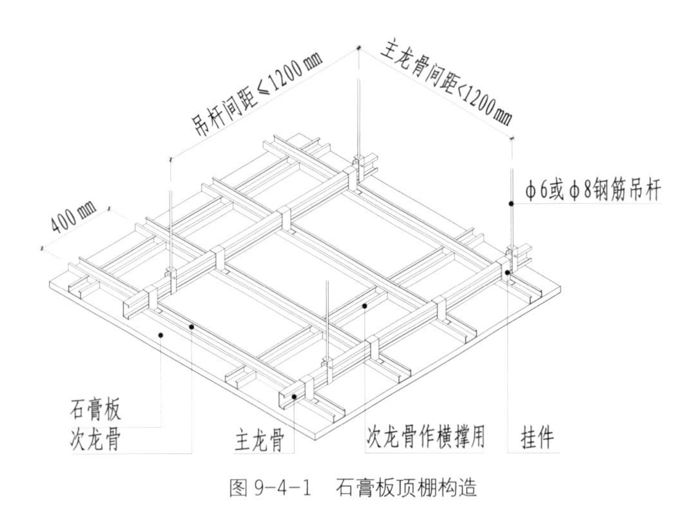

图 9-4-1 石膏板顶棚构造

图 9-4-2 轻钢龙骨做防锈处理后进行安装

2. 顶棚的基层

顶棚的基层即骨架层，是一个包括主龙骨、次龙骨（或称主格栅、次格栅、覆面龙骨）的网格骨架体系，其作用主要是形成找平、稳固的结构连接层，确保面层铺设安装，承接面层荷载，并将其荷载通过吊杆传递给屋面板或楼板。

当顶棚需要承受较大荷载或悬吊点间距较大，或者有其他特殊情况时，应采用角钢、槽钢、工字钢等普通型钢做顶棚的二次结构层。当吊杆长度大于 1.5 m 时，应设置反支撑，当吊杆与设备相遇时，应调整并增设吊杆。

在顶棚的基层设计中，需要考虑设备安装、检修上人的空间。上人的顶棚除须能承受足够荷载外，还应设有检修走道（又称马道）和上人孔。

石膏板上安装灯具时需注意：灯具需吊挂在现有或附加的主次龙骨上，重型灯具、消防水管和有振动的电扇、风道及其他重型设备等需直接吊挂在结构顶板上，不得与吊顶相连，严禁安装在顶棚龙骨上。

二、石膏板隔墙的工艺流程和做法

（1）石膏板隔墙的工艺流程

隔墙放线 → 安装门窗洞口边框 → 安装沿顶龙骨和沿地龙骨 → 竖龙骨分档 → 安装竖龙骨 → 安装横向卡档龙骨 → 安装石膏罩面板 → 接缝做法 → 面层施工

（2）具体做法

① 放线。根据施工图，在已做好的地面或地枕带上，放出隔墙位置线、门窗洞口边框线和顶龙骨位置边线。

② 安装门窗洞口边框。放线后按设计，先将隔墙的门窗洞口边框安装完毕。

③ 安装沿顶龙骨和沿地龙骨。按已放好的隔墙位置线，安装沿顶龙骨和沿地龙骨。

④ 竖龙骨分档。根据隔墙门窗洞口边框位置，在安装沿顶、沿地龙骨后，按罩面板的规格 900 mm 或 1 200 mm 确定板宽，竖龙骨分档规格尺寸为 450 mm，不足模数的分档应避开门窗洞口边框第一块罩面板位置，使破边石膏罩面板不在靠边框处。

⑤ 安装竖龙骨。按分档位置安装竖龙骨，竖龙骨上下两端插入沿顶龙骨及沿地龙骨，调整垂直及定位准确后，用抽心铆钉固定；靠墙、柱边龙骨用射钉或木螺丝与墙、柱固定。

⑥ 安装横向卡档龙骨。根据设计要求，隔墙高度大于 3 m 时应加横向卡档龙骨，采用抽心铆钉或螺栓固定。

⑦ 安装石膏罩面板。检查龙骨安装质量、门窗洞口边框是否符合设计及构造要求，龙骨间距是否符合石膏板宽度的规格。

安装一侧的石膏板，从门口处开始，无门框洞的墙体由墙的一端开始；石膏板一般用自攻螺钉固定，板边钉距为 200 mm，板中钉距为 300 mm，螺钉距石膏板边缘不得小于 10 mm，也不得大于 16 mm；自攻螺钉固定时，石膏板必须与龙骨紧靠。

安装墙体内电管、电盒和电箱设备。

安装墙体内防火、隔声、防潮填充材料。

⑧ 接缝做法。纸面石膏板接缝做法有三种，即平缝、凹缝和压条缝。可按以下程序处理：

刮嵌缝腻子：刮嵌缝腻子前先将接缝内浮土清除干净，用小刮刀把腻子嵌入板缝，填实，与板面持平。

粘贴拉结带：待嵌缝腻子凝固即可粘贴拉结材料，先在接缝上薄刮一层稠度较稀的胶状腻子，厚度为 1 mm，宽度为拉结带宽，随即粘贴拉结带，用中刮刀从上而下向一个方向刮平压实，赶出腻子与拉结带之间的气泡。

刮中层腻子：拉结带粘贴后，立即在上面再刮一层比拉结带宽 80 mm 左右、厚度约 1 mm 的中层腻子，使拉结带埋入这层腻子中。

找平腻子：用大刮刀将腻子填满楔形槽，与板抹平。

根据设计要求，将石膏板墙面做成墙体饰面。

第十章　装饰装修织物与卷材

【学习重点】

了解各类装饰装修织物与卷材的基本特点、品种及常见规格；

熟悉主要织物与卷材在装饰装修中的应用；

重点掌握墙布、地毯、窗帘在装饰装修中的基本构造做法。

织物与卷材是室内装饰装修中的重要材料之一，主要包括壁纸、地毯、窗帘等，它们用途不同，质地、性能以及制造方法等也各不相同，但都具有色彩丰富、质地柔软、富有弹性等特点，不仅为室内空间创造舒适的环境，同时还能烘托气氛，起到锦上添花的效果。

第一节　装饰装修织物与卷材制品

一、壁纸（墙布）

壁纸（墙布）通常是由两层复合而成，底层为基层，表面为面层，基层材料有全塑、纸基和布基（玻璃布和无纺布），面层材料有聚乙烯、聚氯乙烯和纸面。壁纸（墙布）是室内装饰装修中使用最为广泛的材料之一（图 10-1-1）。壁纸（墙布）不仅图案多样、色彩丰富、装饰性极强，还具有遮盖、吸声、隔热、防霉、防臭、屏蔽、防潮、防静电、防火等多种功能。随着工艺的不断发展，现代室内装修工程中所使用的壁纸（墙布）易清洗、寿命长、施工方便，且能仿真其他墙面材料的质感，品种更加多样化。

（一）壁纸

壁纸是以纸为基层，表面覆盖不同材料，经特殊处理合成的。壁纸主要是通过胶粘剂贴于墙面或顶棚上。

常见壁纸包括以下五类：

1. 复合纸质壁纸

基层和面层都是纸。

2. 纤维壁纸

以纸为基层，表面复合丝、棉、麻、毛等纤维。

3. 天然材料面壁纸

基层是纸，表面有木、麻、树叶、芦苇、软木等材质。

4. 金属壁纸

基层是纸，面层涂布金属膜。

5. 塑料壁纸

这是目前使用非常广泛的一种壁纸，采用具有一定性能的塑料原纸，在其表面再进行印花、涂布等工艺制作而成。包括非发泡塑料壁纸、发泡塑料壁纸、耐水塑料壁纸、防霉塑料壁纸、防火塑料壁纸、防结露塑料壁纸、芳香塑料壁纸、彩砂塑料壁纸、屏蔽塑料壁纸、镭射壁纸等。

壁纸与饰品的风格一致

壁纸与织物的风格一致

图 10-1-1

产品的主要规格如下——

窄幅小卷：幅宽 530 ~ 600 mm，长 10 ~ 12 m，每卷 5 ~ 6 m^2。

中幅中卷：幅宽 760 ~ 900 mm，长 25 ~ 50 m，每卷 25 ~ 50 m^2。

宽幅大卷：幅宽 920 ~ 2 000 mm，长 50 m，每卷 49 ~ 50 m^2。

（二）墙布

墙布是以天然纤维或人造纤维织成的布为基层，面层涂以树脂并印刷各种图案和色彩的装饰材料。

1. 玻璃纤维印花墙布

是用玻璃纤维或人造纤维织成的布为基层，表面涂以耐磨树脂，再印刷各种色彩及图案而制成的墙布。特点是不褪色、防火性好、耐潮、可擦洗，但涂层磨损后易有玻璃纤维散出而刺到皮肤。

2. 无纺墙布

以棉、麻、涤纶、腈纶等纤维，经无纺处理成为基层，表面涂以树脂，印刷图案。特点是表面光洁、有弹性、不易折断和老化、防潮可洗擦、不褪色、有一定的透气性。

3. 棉纺装饰墙布

是以纯棉为基层，经处理后涂层、印花。特点是强度大、静电小、无毒、吸音、透气，但表面易起毛。

4. 珍珠鱼皮

这种皮质主要来源于泰国、马来西亚以及印度尼西亚的苏门答腊和加里曼丹的珍珠鱼。珍珠鱼又称珍珠马甲鱼、珍珠哥拉美或马赛克哥拉美。

珍珠鱼鳞片比较特别，因石灰质沉积在鳞片上，外观由中央向外突起成半球状，形似珍珠，用手抚之有玉米棒的感觉，十分奇特炫目，又称珍珠鳞（图 10-1-2）。但这种优质皮料的品质也是它难以加工的原因，极致硬度和弹性柔软度的组合需要极大的耐心和技巧才能生产出无瑕疵的产品。

5. 羊皮纸

传统羊皮纸是由皮革制成的薄型材料（图 10-1-3），皮革通常为山羊皮，最好的羊皮纸称作犊皮纸。羊皮纸是羊皮在木框架上张拉到极致，用刀削薄，干燥而成的片状物。与植物纤维交缠而成的纸有根本的差异，也与鞣制工艺制成

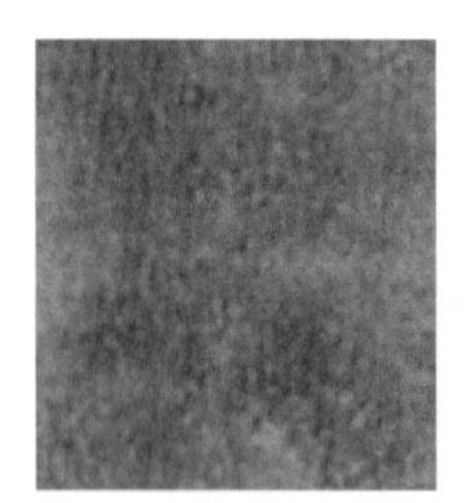

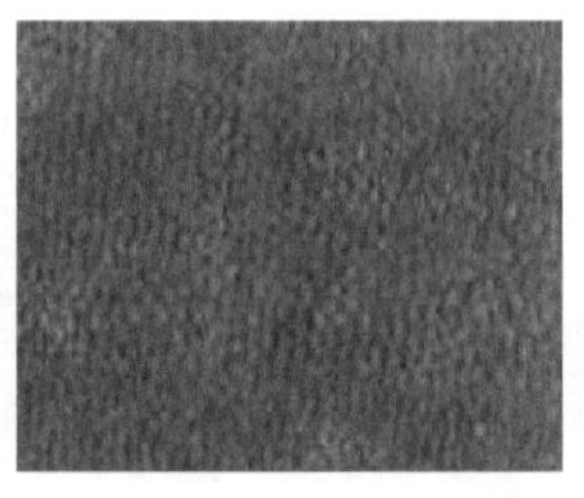
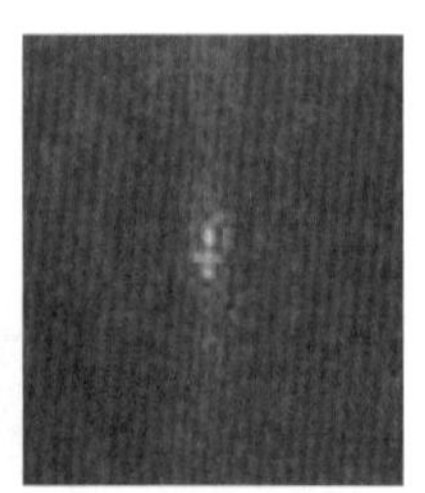

图 10-1-2 珍珠鱼皮

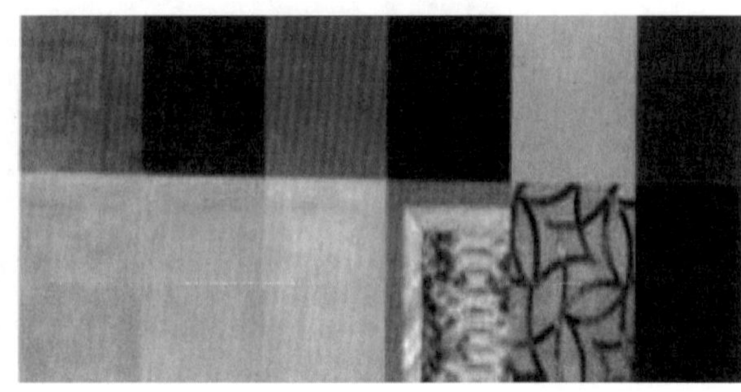

图 10-1-3 羊皮纸

的皮革制品有所差异。为了使羊皮纸更美观，工匠用特殊的染色方式，将石灰、面粉、蛋清和牛奶混合的薄糊料抹到皮革上，使其光滑和变白。但羊皮纸并不总是白色的，也有淡紫色、靛色、绿色、红色和桃色等各种颜色。现在常见的是用化学木浆和破布浆制成的工业羊皮纸。

（三）工艺流程及施工要点

（1）工艺流程（10-1-4）

清扫基层、填补缝隙 → 石膏板面接缝处贴接缝带、补腻子、砂纸打磨 → 满刮腻子、磨平 → 涂刷防潮剂 → 涂刷底胶 → 墙面弹线 → 壁纸浸水 → 壁纸裁纸、刷胶 → 上墙裱贴（拼缝、搭接、对花）→ 赶压胶粘剂气泡 → 擦净胶水 → 修整。

（2）施工要点

① 基层必须清理干净、平整、光滑。

② 为防止壁纸、墙布受潮脱落，可涂刷一层防潮涂料。防潮涂料应涂刷均匀，且不宜太厚。

③ 画垂直线和水平线，以保证壁纸、墙布横平竖直。

④ 塑料壁纸遇水或胶水会膨胀，因此要先用水润纸，使塑料壁纸充分膨胀。玻璃纤维基材的壁纸、墙布等遇水无伸缩，无须润纸。复合纸质壁纸和纺织纤维壁纸也不宜润纸。

⑤ 粘贴后，赶压壁纸胶粘剂，不留有气泡，挤出的胶及时揩干净。

二、卷材

（一）地毯

地毯有纯毛地毯和化纤地毯两大类。纯毛地毯多以羊毛为原料（图 10-1-5），按加工方法分为手织纯毛地毯和机织纯毛地毯两种。

图 10-1-5　纯毛地毯

1. 处理墙面

2. 涂刷底胶

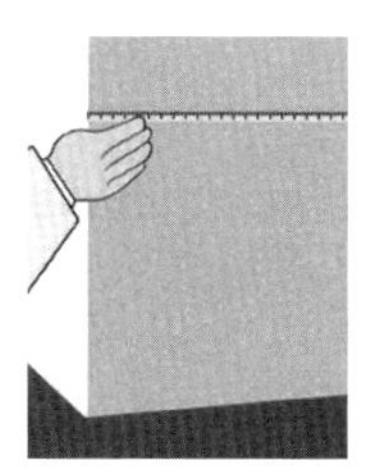

3. 测量尺寸

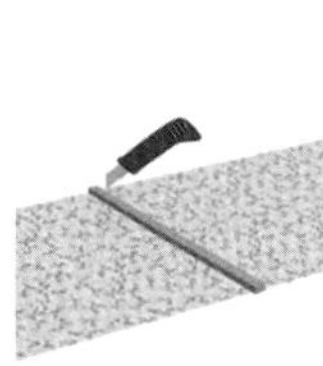

4. 依照尺寸裁剪壁纸

5. 按比例配制胶水

6. 涂刷胶水到壁纸背面

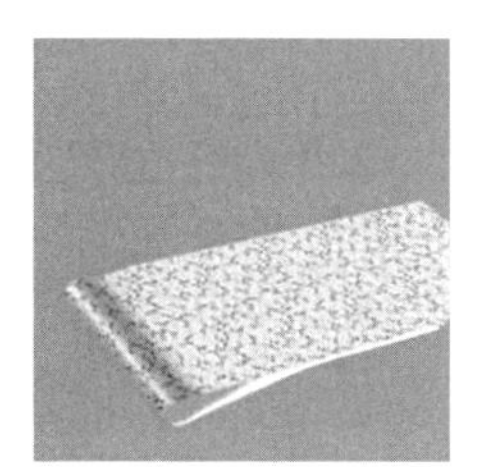

7. 相互折叠，放置 3 分钟左右

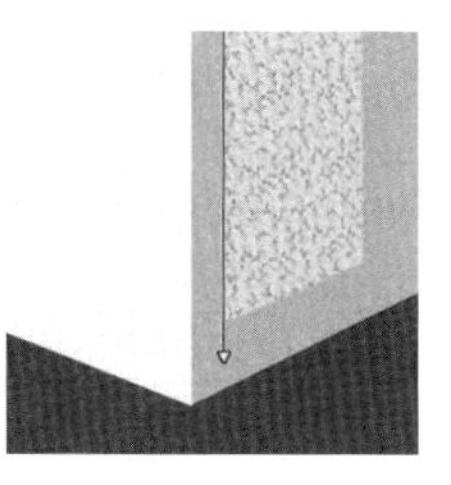

8. 贴第一幅壁纸要垂直

9. 轻轻刮平，赶出气泡

10. 正确对花

11. 裁除余料

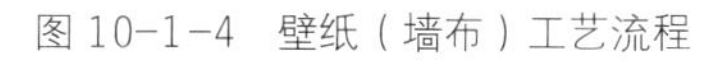

图 10-1-4　壁纸（墙布）工艺流程

1. 手织纯毛地毯

手织纯毛地毯是我国传统手工艺品，其图案优美、色泽鲜艳、质地厚实、踏感柔软舒适，经久耐用，富丽堂皇，但价格昂贵，是一种高档的铺地装饰材料。手织纯毛地毯按不同使用要求可分为不同级别，具体见表 10-1 所示。

手织纯毛地毯按纹别可分 70 道（90 道）抽纹地毯、90 道拉纹地毯、20 道抽绞纹地毯等。地毯的裁绒厚度常用英制表示，一般有 5/8″、4/8″、3/8″ 等。

2. 机织纯毛地毯

机织纯毛地毯具有表面平整、富有弹性、脚感柔软、耐磨耐用等特点，与手织纯毛地毯性能基本相近，但价格较低。与化纤地毯相比，则回弹性、抗静电性、抗老化性、耐燃性等均较优。因此它是中档地面装饰材料。

机织纯毛地毯的品种及规格见表 10-2 所示。

3. 化纤地毯

化纤地毯以化学纤维为主要原料制成。与纯毛地毯相比，具有质轻、耐磨、色彩鲜艳、更富弹性、铺设简便等优点（图 10-1-6 至图 10-1-8），而且价格比较低廉。化纤地毯所用化纤原料有锦纶、腈纶、涤纶、丙纶等，不同材料有不同特点，具体见表 10-3 所示。

化纤地毯的表面结构有多种形式，均各有特点，具体见表 10-4 所示。

表 10-1 手织纯毛地毯的级别

级 别	用 途
轻度家用级	宜铺设于不常使用的房间
中度家用或轻度专业使用级	宜铺设于卧室和餐室
一般家用或中度专业使用级	适用于会客室、起居室等走动频繁的地方
重度家用或一般专业使用级	适用于易产生重度磨损的场所
重度专业使用级	价格昂贵，适用于高档场所
豪华级	用于需要制造豪华、气派氛围的场所

表 10-2 机织纯毛地毯的品种及规格

品 种	毛纱股数	厚度（mm）	规格（m）
A 型机织纯毛地毯	3 股	5.3	宽 5.5 以下，长度不限
B 型机织纯毛地毯	2 股	5.3	宽 5.5 以下，长度不限
机织纯毛麻背地毯	2 股	6.36	宽 3.1 以下，长度不限
机织纯毛楼梯道地毯	3 股	6.36	宽 3.1 以下，长度不限
机织纯毛提花美术地毯	4 股	6.36	1.22×1.83，1.83×2.74，2.74×3.66
A 型机织纯毛阻燃地毯	3 股	5.3	宽 5.5 以上，长度不限
B 型机织纯毛阻燃地毯	2 股	4.24	宽 5.5 以上，长度不限

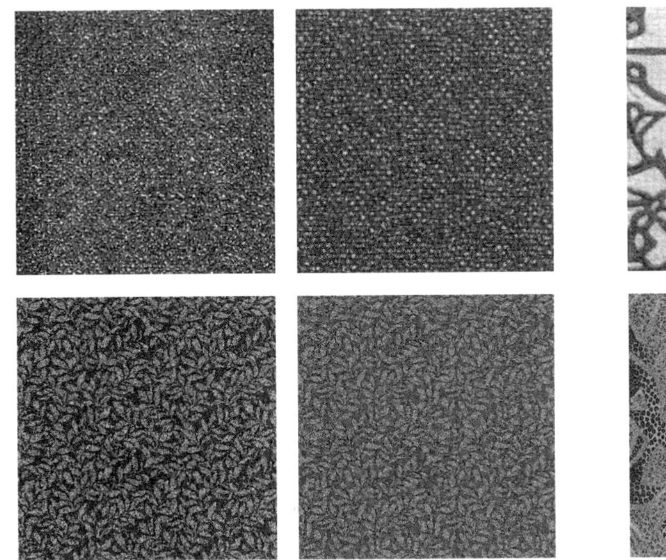

图 10-1-6　普通单色化纤地毯

图 10-1-7　普通花色化纤地毯

图 10-1-8　化纤地毯铺装效果

表 10-3　化纤原料特点

化纤名称	特　点
锦纶纤维	宜铺设于不常使用的房间，弹性恢复率优于其他合成纤维，适于制作高圈地毯
腈纶纤维	蓬松性好，染色性好，毛型感强，但弹性、耐磨性不如锦纶
涤纶纤维	具有良好的手感和外观，强度高、耐磨性好。因涤纶纤维染色较困难，使用量在下降
丙纶纤维	有 BCF 长丝、短纤维、膜裂纤维及复合纤维等，纤维的强度高，耐磨性好，化学稳定性好，比重轻，价格便宜，但弹性较差，不易染色

表 10-4 化纤地毯的表面形式及其特点

地毯形式	外 形	特 点
平面毛圈绒头		毛圈绒头高度一致，未经剪割，表面平滑，结实耐用
多层绒头高低针		毛圈绒头高度不一致，表面起伏有致，富有浮雕感
割绒（剪毛）		把毛圈顶部剪去，毛圈即成两个绒束，表面给人以优雅纯净、一片连绵之感
长毛绒		绒头纱线较为紧密，用料严格，有色光效应，使色泽变化多端，或浓或淡，或明或暗
起绒（粗绒）		数根绒紧密相集，产生小结块效应，地毯十分结实，适于踩踏频繁的场所使用
簇绒	第一层垫底布 乳胶层 第二层垫底布	毛圈插入第一层垫底布（背衬）后，随即用浓乳胶将其固定，然后粘上第二层垫底布（背衬），使毛圈固紧

（二）卷材地板

1. 塑料地板

塑料地板是以合成树脂为原料，加入其他填料和助剂加工而成的地面装饰材料。

塑料地板按外形可分为块状地板和卷材地板。块状地板主要由聚氯乙烯为原料，经多道工艺加工而成，也称聚氯乙烯地板块。近年来我国引进国外技术生产出含石英砂质的半硬塑料地板，具有更好的耐磨性能。块状地板便于运输和铺贴，价格低廉，耐烟头灼烧，耐污染，损坏后易于调换。主要尺寸规格（mm）有300×300×1.5、400×400×2。

卷材地板属于软质塑料，有带弹性基材和无基材两种。带弹性基材的 PVC 卷材地板不仅富有弹性、脚感舒适，且有保温隔音性能。规格有宽 1 800 mm、2 000 mm，长 20 m、30 m，厚1.5 mm、2.0 mm。

卷材地板的拼接：房间楼地面的宽度往往大于卷材的幅宽，需对卷材地板进行拼接加宽。拼接时，必须注意将图案花纹对整拼齐；拼接处采用地板胶粘结牢固，或用双面胶带弥合接缝，并与基层粘牢。

塑料地板按功能分则有弹性地板、抗静电地板、体育场地塑胶地板等。

（1）特点

塑料地板具有质轻、耐磨、防滑、耐腐、弹性好、耐水、易清洁、更换方便、自熄等特点，可制成各种花色，规格多样，可选择余地较大，价格低廉、施工方便。因此，塑料地板是较理想的地面铺装材料，它既可用于住宅，也可用于医院、办公室等公共空间（图 10-1-9）。

图 10-1-9 仿木纹塑料地板室内铺设效果

（2）施工要点

塑料地板的铺贴要求室内地面基层应干燥平整、清洁、无沙砾等。根据不同的使用要求，可选择粘结固定铺贴式、临时固定铺设式，以及活动浮铺式等不同做法。

① 粘结固定铺贴式：对于有长期使用要求的地面卷材铺贴，可采用满涂胶粘剂的方法进行粘结。

② 临时固定铺设式：对于有搬迁可能的，铺设地面卷材，可采用双面胶带将卷材背面的四边粘贴于基层上，注意防止翘角翘边等情况的发生。

③ 活动浮铺式：对于室内较小空间的地面，亦可不做任何粘贴固定，可利用家具陈设等压住卷材边角部位，同样能够发挥卷材的使用特长和装饰作用。

2. 橡胶地板

天然橡胶是指人工培育的橡胶树采下来的橡胶。橡胶地板是以天然橡胶、合成橡胶和其他成分的高分子材料所制成的地板。其中，丁苯、高苯、顺丁橡胶为合成橡胶，是石油的副产品。

橡胶地板具有环保、防滑、阻燃、防水、耐磨、吸音的特性，并且具有抗静电、耐腐蚀、易清洁，以及脚感舒适等优良性能。

橡胶地板适用于机场大厅、体育场馆、写字楼、学校教室、各种会议室、接待室等空间的铺装（图 10-1-10、图 10-1-11）。

图 10-1-10 铺贴在机场大厅的橡胶地板

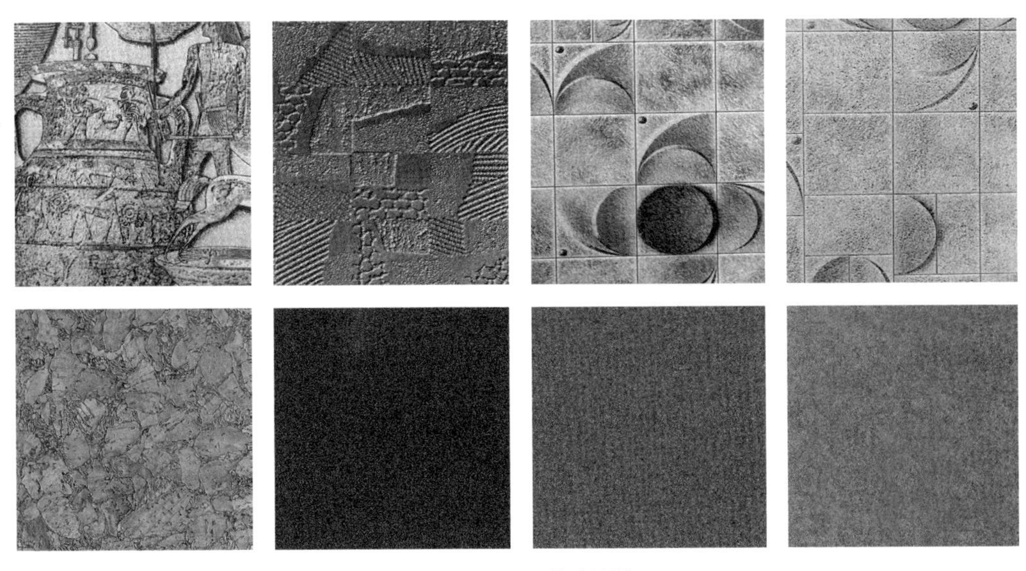

图 10-1-11 橡胶地板

施工工艺：

① 清理地面，清除地面浮尘；

② 定位铺设基准线；

③ 铺拉接地导网（铜箔）；

④ 涂刷导电胶；

⑤ 铺贴 PVC 地板；

⑥ 滚压 PVC 地板；

⑦ 开 4 mm 宽焊接槽；

⑧ 焊接地板缝隙；

⑨ 静电接地。

3. 亚麻地板

亚麻地板是弹性地材的一种，它的成分为：亚麻籽油、石灰石、软木、木粉、天然树脂、黄麻。环保是亚麻地板最突出的优点，另外，亚麻地板具有良好的抗压性能和耐污性，可以抗烟头灼伤，可以修复，并具有良好的导热性能，能够抑制细菌生长，永久抗静电，装饰性强。亚麻地板目前以卷材为主，是单一的同质透心结构。

产品规格：长为 15 000 ~ 30 000 mm，宽为 1 200 ~ 2 000 mm，厚度为 2 ~ 4 mm。

亚麻地板常用于办公楼、酒店、会议室、会所、休闲场所等空间的地面铺装（图 10-1-12）。

施工工艺：

① 基层处理：对地面有凹凸的应进行重点打磨，其表面凹凸差不应大于 2 mm；然后将平整过的地面自然风干或用加热方式使其快速风干，使整个地面含水率不超过 3%；最后再用扫帚将地面及各个角落清扫干净。

② 测量及剪裁：核对图纸和实地的尺寸，妥善安置焊线和拼花的布局，最终确定剪裁的尺寸。

③ 地板铺装：施工之前，地板等材料需预放 24 小时以上，并按照箭头指示方向摆放。卷材要按生产流水编号施工。铺装时注意接缝，其缝隙宽度宜与一张普通复印纸厚度相当。涂刷专业胶，铺贴地板，地板铺装完成后，进行赶气和赶压。地板铺装后，不得有翘边、起泡、起鼓以及缝隙过大的情况出现。

④ 焊接：焊接工序一般都是在胶水凝固后进行，一般是第二天进行，并使用开缝机开缝。为使焊接牢固，开缝深度不得超过地板厚度。焊接时须清除凹槽内的灰尘和碎料。开口处不应超过 3.5 mm。

4. 石塑地板

石塑地板规范名称是 PVC 片材地板（图 10-1-13），是一种高品质、高技术含量的新型地面装饰材料，又称为石塑地砖。采用天然的大理石粉构成高密度、高纤维网状结构的坚实基层，表面覆以超强耐磨的高分子 PVC 耐磨层，经上百道工序加工而成。

石塑地板具有明显的优点：

① 由于石塑地板主要原料是天然大理石粉，不含任何放射性元素，是绿色环保的新型地面装饰材料。

② 石塑地板厚度仅为 2 ~ 3 mm，每平方米重量为 2 ~ 3 kg，是普通地面材料的 10%，对于减轻楼梯承重和节约空间，有着很大的优势。

图 10-1-12 亚麻地板铺装效果

图 10-1-13 石塑地板

③ 石塑地板表面有一层特殊的经高科技加工的透明耐磨层，耐磨转数达 300 000 转，具有超强的耐磨性。

④ 石塑地板还具有防火阻燃、防水防潮、吸音防噪、超强防滑、高弹性和超强抗冲击性、耐酸碱腐蚀、导热保暖等优势。

因此，石塑地板适用于人流量大的医院、学校、商场、写字楼、车站等场所。

5. PVC 地板

PVC 地板（图 10-1-14）是当今非常流行的一种新型轻质地面装饰材料，也称为轻质地材，是以聚氯乙烯及其共聚树脂为主要原料，加入填料、增塑剂、稳定剂、着色剂等辅料，在片状连续基材上，经涂覆工艺或经压延、挤出或挤压工艺生产而成。

图 10-1-14 PVC 地板

PVC 地板有特别多的花色品种，如：地毯纹、石材纹、木地板纹、草地纹等，纹路逼真美观，色彩丰富绚丽，裁剪拼接简单方便，可充分发挥自己的创意和想象，完全可满足设计师和客户的个性化需求。

其结构致密的表层和高弹发泡剂垫层经无缝处理后，承托力强，玻璃器皿掉到地上不易碎裂，保证脚感舒适度接近于地毯。

PVC 地板采用热熔焊接处理，形成无缝连接，避免了地砖缝多和容易受污染的弊病，具有防潮防尘、清洁卫生的效果。

这一类型地板一般只有 2 ~ 3 mm 厚度，每平方米重量仅 2 ~ 3 kg。PVC 地板表面有一层特殊的经高科技加工的透明耐磨层，超强耐磨、抗冲击、不变形、可重复使用，使用寿命一般为 20 ~ 30 年。

PVC 地板安装施工比较快捷，不用水泥砂浆，24 小时后就可使用。而且易清洁，免维修，不怕水、油污、酸、碱等物质的侵蚀。已广泛使用在医院、学校、办公楼、超市、商场、住宅等各种场所。

三、窗帘

窗帘有棉、毛、绒、丝、麻、化纤等多种面料，其中有不透光的厚重面料，也有透光或半透光的轻薄面料。而使用特殊的纱线进行富有层次的织造，可使面料更柔顺并且富有弹性。

1. 悬垂平拉式窗帘

这是最普遍最常用的窗帘，它的外观富有有节奏的折纹以及沉稳的悬垂感。其结构简单，制作方便，有单幅、双幅两种。单幅窗帘适用于面积较小的窗户，用料尺寸为：宽度为窗口宽度的两倍左右；长度可超过窗台一段距离。双幅窗帘一般适用于较大面积的窗户，其用料尺寸为：总宽度可取窗口宽度的两倍，或者与窗口所在的墙面同宽（图 10-1-15）。

窗帘一般可与窗楣和帘衬配套使用。窗楣用与帘面相同布料制成，并可用打皱方法做成各种形状，如扇形、半圆形、水波纹形等。帘衬一般用半透明的纱或不透明罩光布制成。

2. 掀帘侧拉式窗帘

这种窗帘是将帘掀向一侧或两侧后在中间系一个装饰带或蝴蝶结固定起来，使帘的边缘形成两段优美的弧线。这种窗帘适用于较宽大的窗户。

3. 折叠紧拉式窗帘

这是类似于百叶窗的悬挂方法，开启时逐段折叠推高，自下而上地收拢。这种窗帘可根据需要的采光或遮阳程度确定开闭位置，一般适用于推拉式窗户。当窗帘全放下时，有保持波浪折纹的，也有完全平展垂下的。窗帘用料一般为厚重的织物面料（图 10-1-16）。

4. 百叶式窗帘

它有水平叶片式和垂直叶片式两种类型，特点是借改变帘面条形叶片的角度来调节室内的采光与通风。叶片的材质有的用麻类织物，也有的采用铝、塑料、竹、木等非织物，其现代感强，适应性广，无论是公共空间还是居室均可采用，尤其适用于办公空间（图 10-1-17）。

5. 卷筒式窗帘

这种窗帘遮蔽功能较强，开闭自如，占用空间小。根据需要可用不透明的窗帘，也可用半透明或印有花纹的织物帘布，还有的使用人造革等非织物帘布。一般用于有特殊开间需要的空间或较小的房间（图 10-1-18）。

第二节 装饰装修织物与卷材构造

一、贴壁纸（墙布）的方法

准备裱糊的壁纸（墙布），其背面预先刷一遍清水，再刷一遍胶粘剂。有的壁纸（墙布）背面已带胶粘剂，可不必再刷。为使壁纸（墙布）与墙面更好地粘结，裱糊基层的同时刷一遍胶粘剂，壁纸即可裱糊。

裱糊壁纸（墙布）时可采取纸面对折上墙。接缝为对缝和搭缝两种形式，一般墙面采用对缝，阴、阳角处采用搭缝处理。

裱糊壁纸（墙布）时幅面要垂直，先对花、对纹、拼缝，然后用薄钢片刮板由上而下赶压，由拼缝开始，向外向下顺序赶平、压实，将多余的胶粘剂挤出纸边。挤出的胶粘剂要及时用湿毛巾（软布）抹净，以保持整洁。

图 10-1-15 悬垂平拉式窗帘

图 10-1-17 铝质的百叶式窗帘

图 10-1-16 折叠紧拉式窗帘

图 10-1-18 卷筒式窗帘

二、地毯的铺设方法

地毯的铺设方法，有活动式和固定式两类。

1. 活动式铺设

是指将地毯浮搁在基层上的方法，其铺设简单，更换容易，适用于装饰性的工艺地毯、小方块地毯，在人活动不频繁的部位以及有其他附带固定办法的场合使用。

2. 固定式铺设

为保证地毯展平后不因外力而变形，多数情况下需加以固定。固定的方法有两种，一是用挂毯条固定；二是粘结固定。

用挂毯条固定，一般要在地毯下加设垫层，垫层有海绵垫和杂毛毡垫两种。常用的挂毯条由铝合金制成，它既可用来固定地毯，又可用于地毯与不同材质地面相接处，起收口作用。成品铝合金挂毯条及地毯配件，如图10-2-1 所示。

自制的简易倒刺板可代替成品挂毯条，制作方法是在五合板上平行地钉上两排钉子，钉子要与板面成75° 角。如图10-2-2 所示。

地毯的铺设有两种方法，一种是满铺，另一种是局部铺，两种铺设方法的做法稍有不同。满铺地毯的固定可用挂毯条，这时应沿墙体四周边缘地毯接缝、地面高低转折处布置挂毯条，并固定在水泥地面上。满铺地毯也可用粘结方法固定，这时需要有密实的基层，常用的做法是在绒毛的背部粘上一层 2 mm 厚的胶材，如橡胶、塑胶等。

局部铺设地毯的固定一般有两种做法，一是粘贴法，即将地毯的四周用胶粘剂与地面粘结；另一种是将地毯的四周用钢钉与地面固定。如图10-2-3 所示。

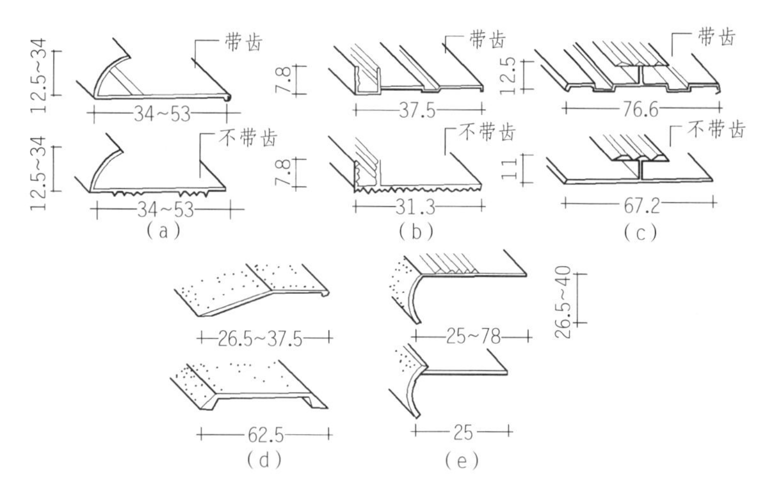

(a) 挂毯条；(b) 端头挂毯条；(c) 接缝挂毯条；(d) 门槛压条；(e) 楼梯防滑条

图 10-2-1　成品铝合金地毯条配件（mm）

图 10-2-2　地板倒刺板

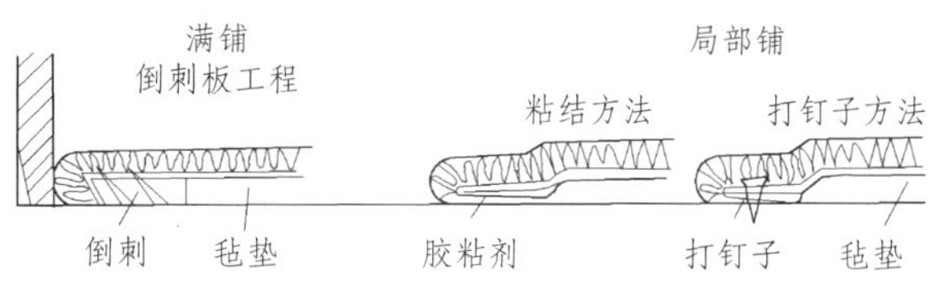

图 10-2-3　地毯铺设方法

第十一章　新型装饰装修材料

【学习重点】

掌握玻纤板、冈蒂斯（Gadis）装饰板、岩棉吸音材料、隔声保温毡和室内吸声材料的性能和特点。

新型装饰装修材料与传统的装修装饰材料在性质、特征上有一定的区别，但是在构造做法上基本没有特殊的要求。

1. 玻纤板

玻纤板（FR-4）又称玻璃纤维隔热板、玻璃纤维合成板等（图 11-1-1），由玻璃纤维材料和高耐热性的复合材料合成，不含对人体有害的石棉成分，具有较高的机械性能和介电性能，有良好的加工性。

玻纤板的隔热性使之成为一种优良的热绝缘材料，广泛用于建筑和工业领域的保温、隔热、隔冷。

玻纤板还具有良好的吸音性和吸湿性，而且抗压强度较高，因此，在提倡节能环保的现代装饰中发挥着其独特的作用。

图 11-1-1 玻纤板

2. 冈蒂斯（Gadis）装饰板

冈蒂斯（Gadis）装饰板（图 11-1-2）是由多种无机材料经高温高压制成的，面层采用特殊工艺涂覆高性能涂层，色彩丰富，质感多样，展现多种装饰效果，是一种新型的装饰材料。

冈蒂斯装饰板表面涂层有氟碳涂层、陶瓷涂层、高级树脂涂层等。表面的质感有木纹、石纹、浮雕、橘纹等。

冈蒂斯装饰板不含石棉或其他有害物质，且具有耐候、防火、防水、防霉、抗风、抗紫外线、抗渗漏、抗冲击、耐磨、耐腐蚀、耐刻划的特性。

图 11-1-2 冈蒂斯装饰板

3. 岩棉吸音材料

岩棉吸音材料装饰吊顶和墙面，能创造优美舒适的空间。这种材料易于安装且持久耐用，降音降噪，还能阻挡火灾蔓延（图 11-1-3）。

图 11-1-3 岩棉吸音墙板

岩棉吸音材料专注于满足室内环境和设计要求，具有优越性能，超强声学控制B级、防火等级A1、防潮性能100%（相对湿度）、反光度72%，适用于大型室内空间的吊顶及墙面装饰。

4. 隔声保温毡

随着人民生活水平的不断提高和对居住环境的要求越来越高，简单的房屋设计已经不能满足人们的需求。建筑隔声设计已经成为现代建筑必不可少的内容。调查结果表明，引起住户不满的建筑噪声大部分为分户楼板撞击声，而小孩蹦跳和室内脚步声等楼板撞击声是最大的问题。新型隔声保温毡是满足隔音要求的重要材料之一，可以在一定程度上缓解建筑噪声问题。

1）地面隔声保温毡

不同于传统的电子交联发泡聚乙烯材料，新型地面隔声保温毡由电子交联发泡聚乙烯与特殊聚酯纤维复合而成，得益于专有微小均匀发泡技术，新型地面隔声保温毡有封闭式微孔结构，即使在长期荷载的情形下，隔声毡也不会发生因气泡破裂和损坏而导致隔声效果降低的问题。根据使用要求的不同，地面隔声保温毡具有多种规格（图11-1-4），具体参数见表11-1。

图11-1-4　8 mm/13 mm地面隔声保温毡

2）墙面隔声保温毡

新型墙面隔声保温毡是由回收聚酯纤维经热粘合制成的。此隔声毡具有优异的吸声和隔热性能，产品无毒，对环境友好，无限寿命（图11-1-5）。具体参数见表11-2。

新型墙面隔声保温毡是一种多功能的产品。墙体隔声的构想是使墙壁中空，无明显的声桥，从而提供更好的空气声隔声（大于50 dB）。推荐用于区域的划分或不同住宅单元之间。

表11-1　新型地面隔声保温毡规格参数

厚度（mm）	撞击声改善量（dB）	动态刚性（MN/m^3）	热阻（m^2K/W）	备　注
2	16	—	0.054	直接用于地板下
5	25	21	0.168	不同的保温效果
8	34	11	0.234	
13	34	9	0.376	

图11-1-5　墙面隔声保温毡

表 11-2　墙面隔声保温毡参数	
厚度	约 40 mm
导热系数	Λ=0.039 W/（m·K）
热阻	Rt=1.026 m^2K/W（40 mm 规格）
空气声隔声能力	Rw＞50 dB（标准砖砌成的无明显声桥的空心墙）

5. 室内吸声材料

新型室内吸声材料由特殊回收聚酯纤维材料制成，由于特殊的纤维工艺，可确保显著的吸音性能（图 11-1-6）。该吸音材料具有分层密度的技术特点，完全无毒、环保、无限寿命，可定制不同表面效果。具体参数见表 11-3。

新型室内吸声材料是用于室内吸收声音的产品，可安装于需要吸收声音，避免产生混响的房间，如餐厅、教室、会议室等。安装方便，使用魔术贴、挂架、特殊胶粘剂等即可安装。

图 11-1-6　室内吸声材料

表 11-3　室内吸声材料参数	
厚度	约 45 mm
吸声系数	NRC=0.65，吸声系数等级：C 级 - 高吸收性
尺寸	70 cm×100 cm
面层	可定制印刷任何图案

下编

装饰装修构造图例

装饰装修构造设计概要

一、装饰装修构造的基本要求

装饰装修构造是指在装饰装修设计中用详图来表达具体做法的方案。装饰装修构造设计是装饰装修设计的重要组成部分，是完善装饰工程质量、保证结构安全的重要措施。由于装饰装修对象、部位、材料的不同，必然会有多种不同的装饰装修构造方案；即使同一对象、同一部位、同一材料，也可以有不同的构造方法。然而无论装饰装修构造怎样变化，均应符合以下基本要求：

1. 安全可靠、牢固耐用

为达到装饰构造安全可靠、牢固耐用的要求，应做到如下几点：

① 被装饰装修对象（或称装饰基层）要有足够的强度和平整度，并便于施工连接。

② 装饰连接材料的各种性能要适合被装饰装修的对象。

③ 不同的装饰装修对象应选择不同的装饰装修构造方案。

④ 当装饰构件给主体结构增加较大荷载或者削弱部分结构载体时，必须经过严密的计算后再确定构造方案。

2. 体现美感

装饰装修构造的外表形态是体现装饰装修风格的重要因素，它对室内装饰装修设计的视觉效果影响很大。因此在装饰装修构造设计中，不仅要考虑构造的连接方法，还要充分考虑装饰装修构造的美感特征。

设计中必须做到：

① 构造外表形态的尺度和体量在被装饰装修的空间中是适宜的。

② 构造外表形态所呈现的风格与整体形态的风格相一致。

③ 构造的表面色彩与质感应成为整体色彩与质感设计的一部分，并为装饰装修的整体设计增加美感。

3. 合理选材、降低造价

在不影响装饰装修工程质量的前提下降低造价，要在构造设计中考虑：

① 选择几种不同的装饰装修材料进行价格比较，在不影响安全和不明显影响装饰装修效果的情况下，尽量选用价格偏低的材料。

② 尽量为装饰装修施工就地、就近组织材料提供方便。

4. 方便施工及维修

装饰装修构造方法应力求制作简便，装配化构造要便于工厂化生产，同时便于各专业之间协调配合。装饰装修构造设计还必须认真考虑布置在装饰装修内部的各种管线所需的空间及预留进出口的位置、大小，以方便检修。

二、装饰装修构造的基本类型与做法

装饰装修构造的形式繁多，但按基本特征可分为两大类：一是饰面构造（或称覆盖式构造），它是通过覆盖物在建筑构件的表面起保护与美化作用的构造形式；二是配件构造（或称装配式构造），是通过组装构成各种制品或装饰构件，使之既有使用功能又有装饰作用的构造形式。

装饰装修构造的做法可归纳为装配法、粘贴法、现制法、综合法四种，这些方法的采用应视材料的性质和建筑结构等具体情况而定。无论装饰材料有多丰富，也无论装饰内容有多复杂，只要能熟练掌握这四种方法，就能得心应手地设计出各种合理的装饰装修构造方案。

1. 装配法

装配法是装饰装修面层与被装饰构件之间，通过五金件等进行柔性或刚性连接的方式，饰面多是可拆卸的。适用于这种方法的材料有铝合金扣板、压型钢板、异型塑料板、石膏板、矿棉板以及部分石材饰面和木材饰面等。如做成不可拆卸的结构，可用钉接或锚接的方法进行装配。在成品装饰装修工程中采用装配式构造法，是值得提倡的一种构造形式。

2. 粘贴法

粘贴法是将预制的具有一定面层装饰效果的成品或半成品材料，用适合的胶粘剂附加于被装饰的构件之上，适用于这一方法的主要有壁纸（墙布）、面砖、马赛克以及部分石材饰面等。

3. 现制法

现制法是在施工现场制作，具有成型面层效果的整体式的装饰装修做法。但在装饰装修施工中，使用现制法的构造做法已经减少，并逐步被淘汰。

4. 综合法

综合法是将两种以上的构造做法结合在一起使用。这种做法在选择连接材料和运用施工技术方面没有固定的方式，需灵活运用。综合法在装饰装修工程中是非常实用、十分普遍的，随着新型装饰装修材料的不断推出，这类方法在工程中的地位将更加突出。

（注：本编图例中尺寸单位为 mm）

第十二章　地面装饰装修构造图

地面是人直接接触最多的部位，要求有足够的强度和耐磨、防滑、抗腐蚀等性能，有些场合还需符合隔音、保温、阻燃等要求。为此，地面装饰装修应在综合考虑诸多环境因素的前提下，根据材料的物理性能以及它的质感和色彩正确选择。

地面饰面材料主要有天然石材（包括大理石、花岗石）、预制水磨石、陶瓷锦砖、地砖、木质板材、塑料、橡胶、地毯等。本部分主要介绍天然石材、地砖、木材装饰装修构造的有关问题。石材饰面装饰装修构造做法是，先进行基层处理，再做好找平层厚度的控制及砂浆的选择，然后进行面层的铺贴。地砖饰面的做法与石材饰面的做法相似，但需注意的是，铺贴时须在地砖背面刮一层素水泥膏，然后粘贴。

石材、地砖地面装饰装修构造需注意以下几点：

① 大理石的耐磨性相对较差，因此应尽量少用于地面。

② 石材、地砖块面的大小，应根据空间情况确定，公共建筑一般采用600 mm×600 mm的石材、地砖，大空间可采用800 mm×800 mm、1 000 mm×1 000 mm或更大的石材、地砖；住宅建筑一般可采用600 mm×600 mm、800 mm×800 mm或更小的石材、地砖。

③ 地砖围边的宽度应依据空间大小而定，一般取150～200 mm，大空间可取300 mm以上，甚至可做双道围边。

④ 构造中还应同时考虑不同材质间的过渡和变形缝的处理等。

第一节 石材地面构造

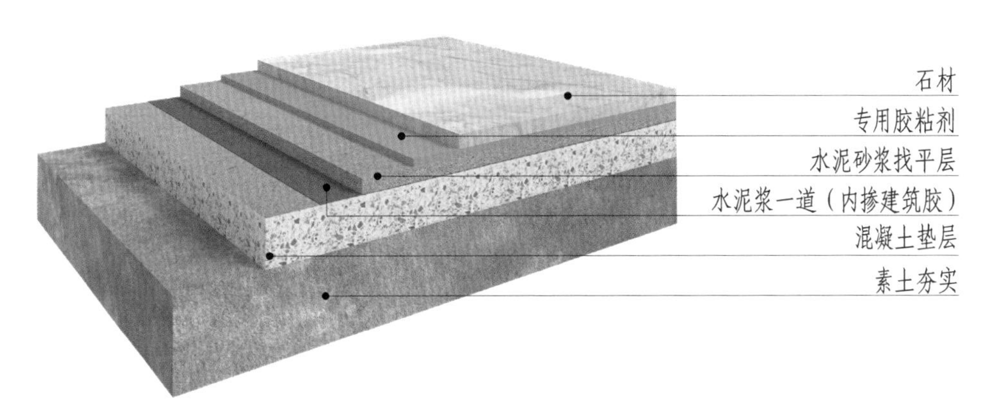

图 12-1-1 素土夯实基层石材地面三维图

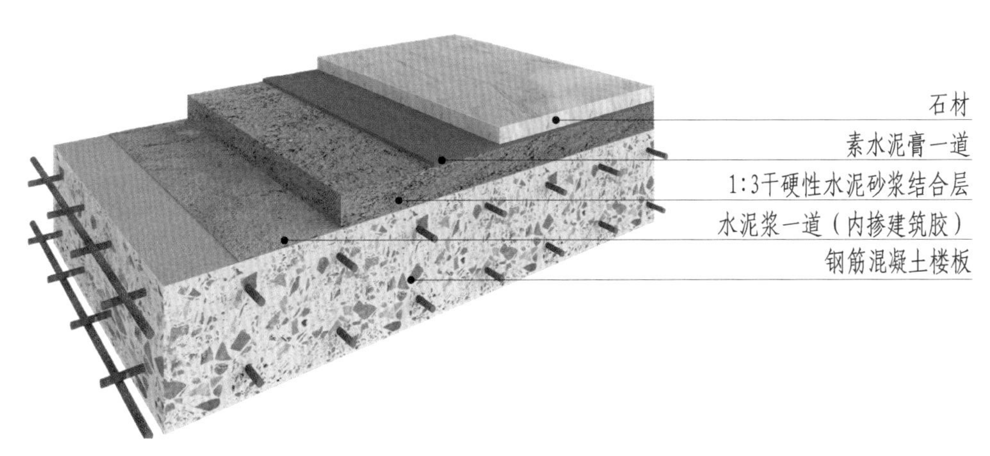

图 12-1-2 钢筋混凝土基层石材地面三维图

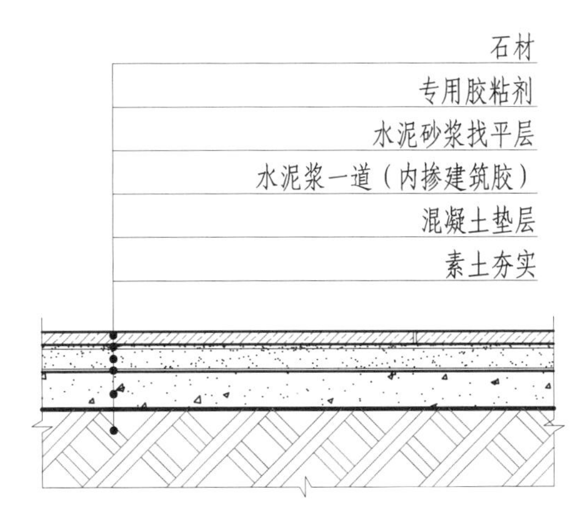

图 12-1-3 素土夯实基层石材地面构造节点图

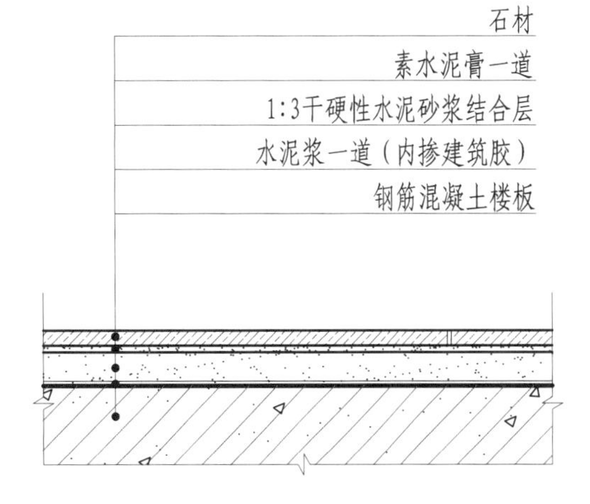

图 12-1-4 钢筋混凝土基层石材地面构造节点图

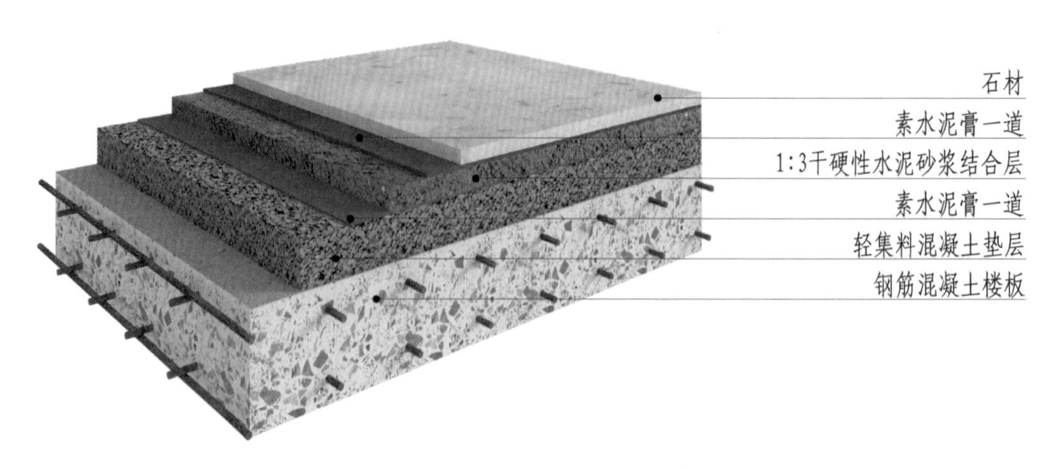

图 12-1-5 轻集料垫层石材地面（一）三维图

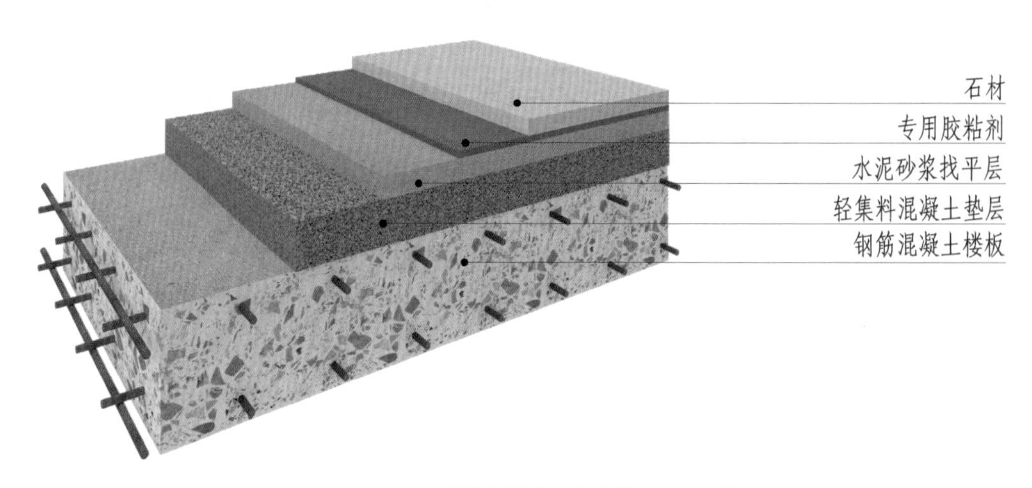

图 12-1-6 轻集料垫层石材地面（二）三维图

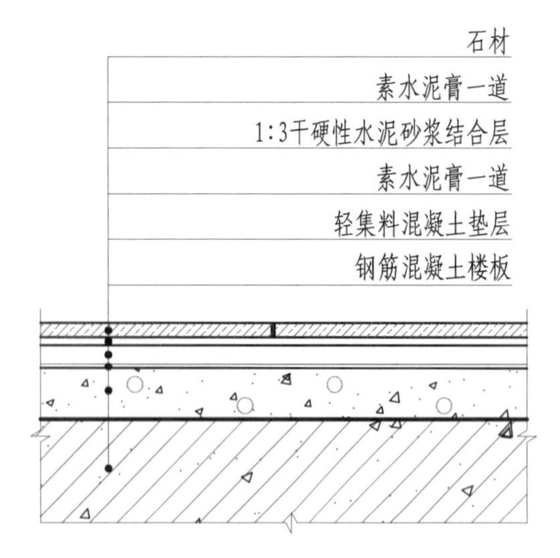

图 12-1-7 轻集料垫层石材地面（一）构造节点图

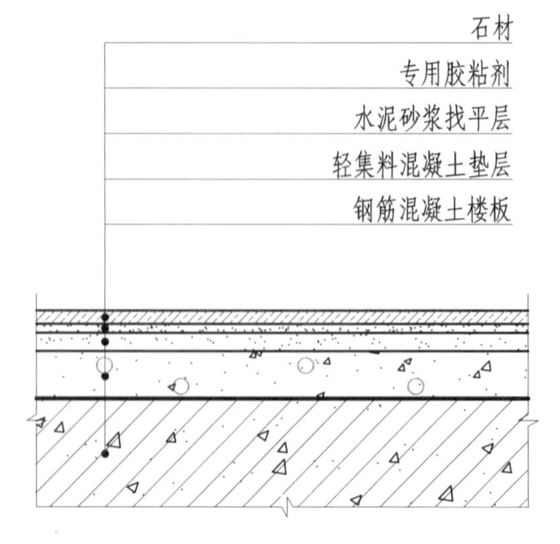

图 12-1-8 轻集料垫层石材地面（二）构造节点图

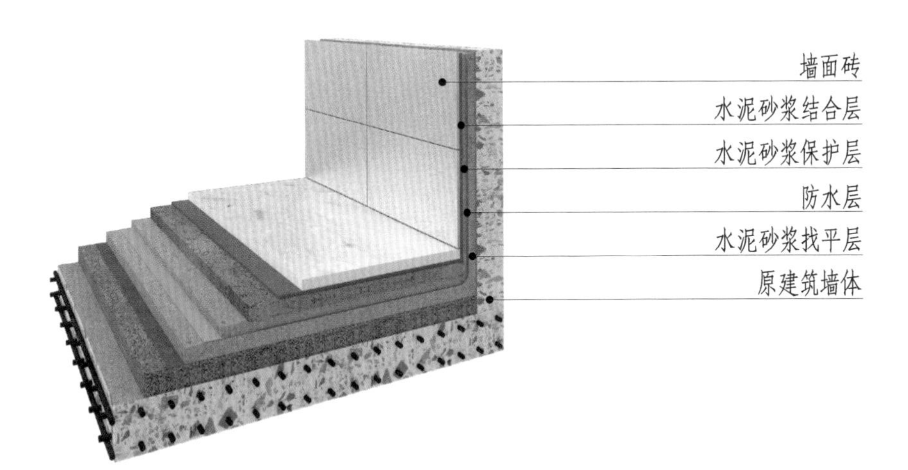

图 12-1-9　墙面与石材地面交接三维图方向一（有防水）

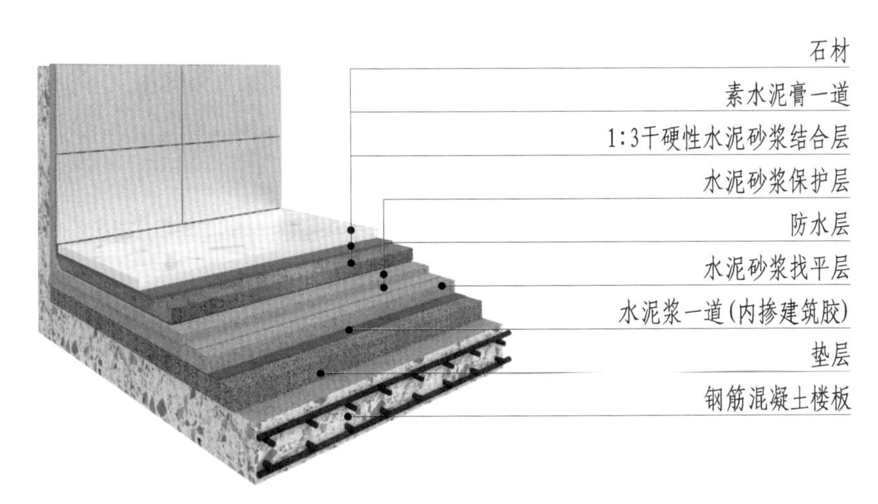

图 12-1-10　墙面与石材地面交接三维图方向二（有防水）

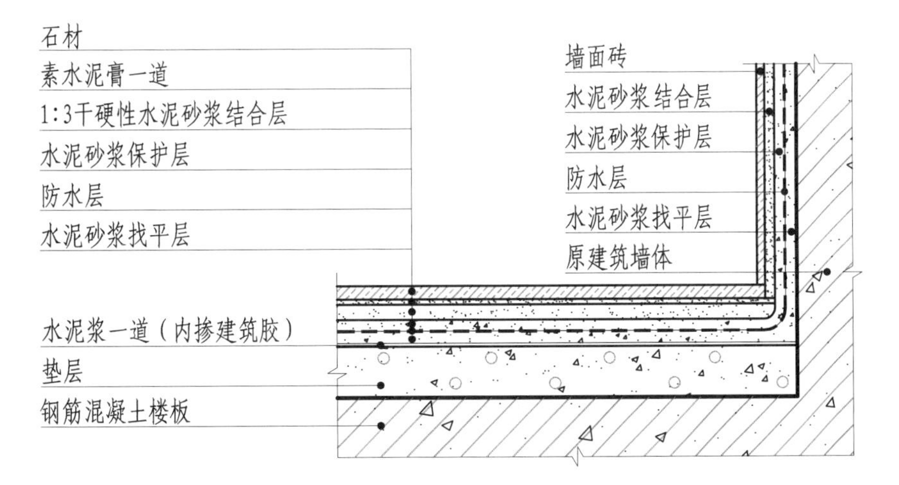

图 12-1-11　墙面与石材地面交接构造节点图（有防水）

第二节 地砖地面构造

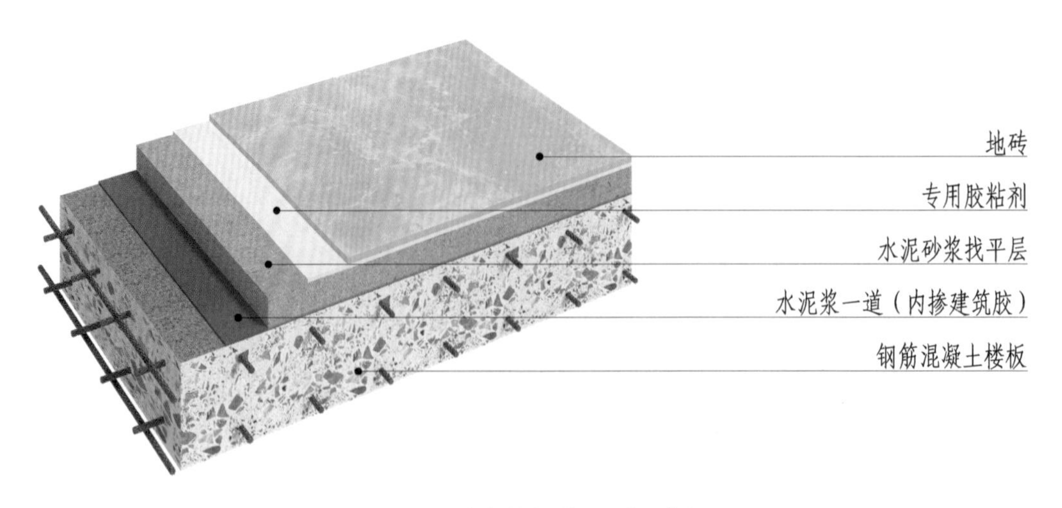

图 12-2-1 地砖地面三维图（基层薄）

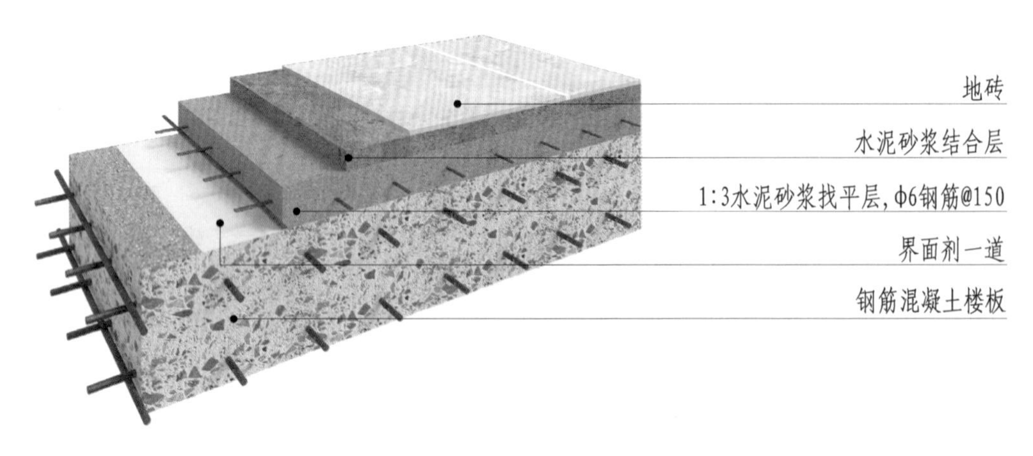

图 12-2-2 地砖地面三维图（基层厚）

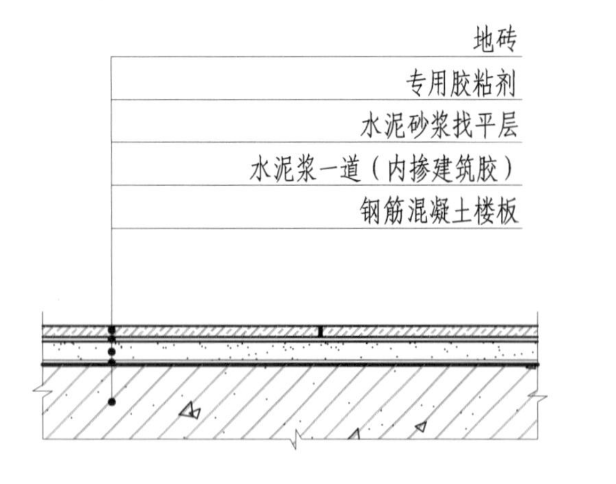

图 12-2-3 地砖地面构造节点图（基层薄）

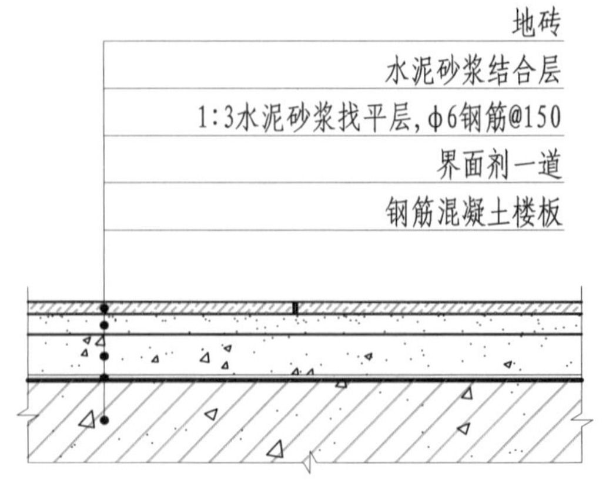

图 12-2-4 地砖地面构造节点图（基层厚）

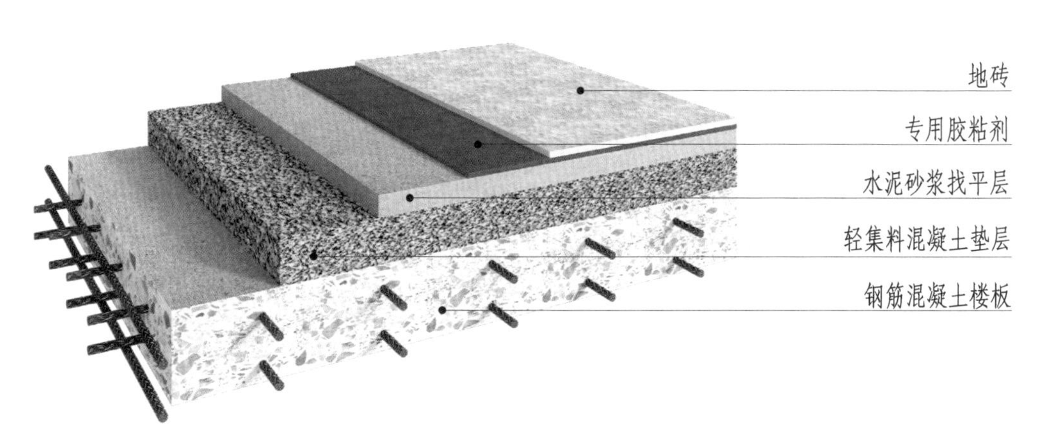

图 12-2-5　轻集料垫层地砖地面三维图（专用胶粘剂）

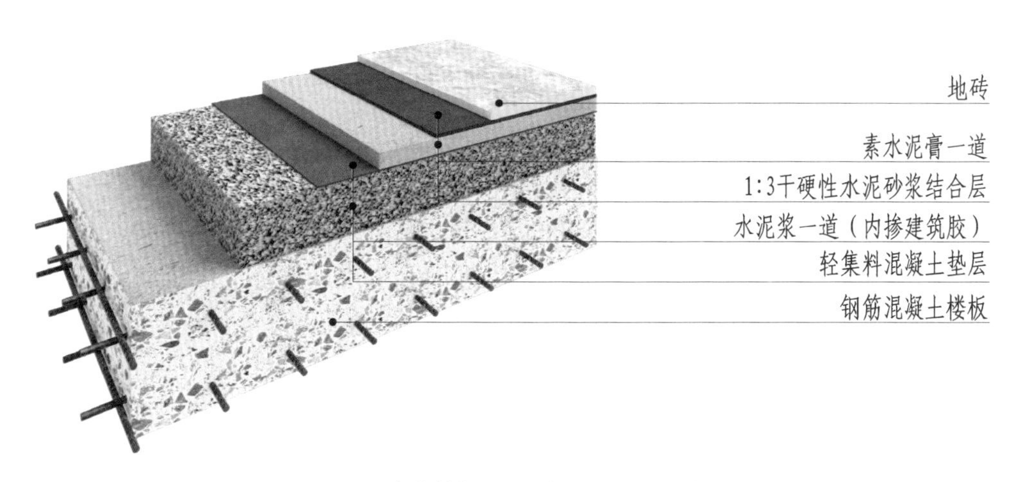

图 12-2-6　轻集料垫层地砖地面三维图（素水泥膏）

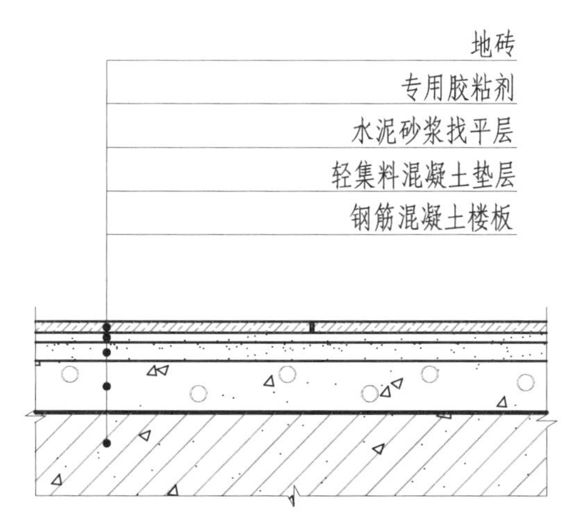

图 12-2-7　轻集料垫层地砖地面构造节点图（专用胶粘剂）

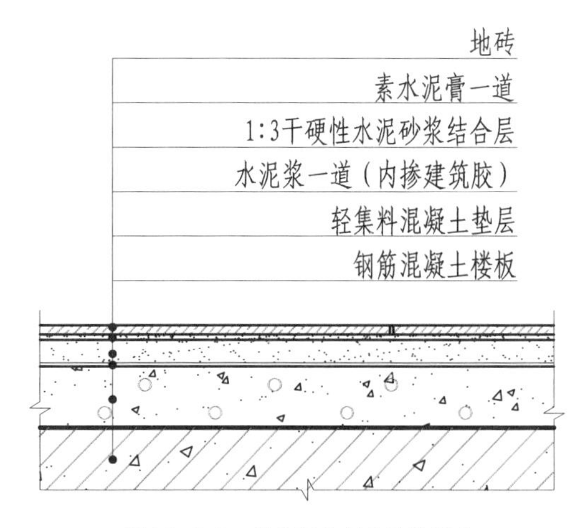

图 12-2-8　轻集料垫层地砖地面构造节点图（素水泥膏）

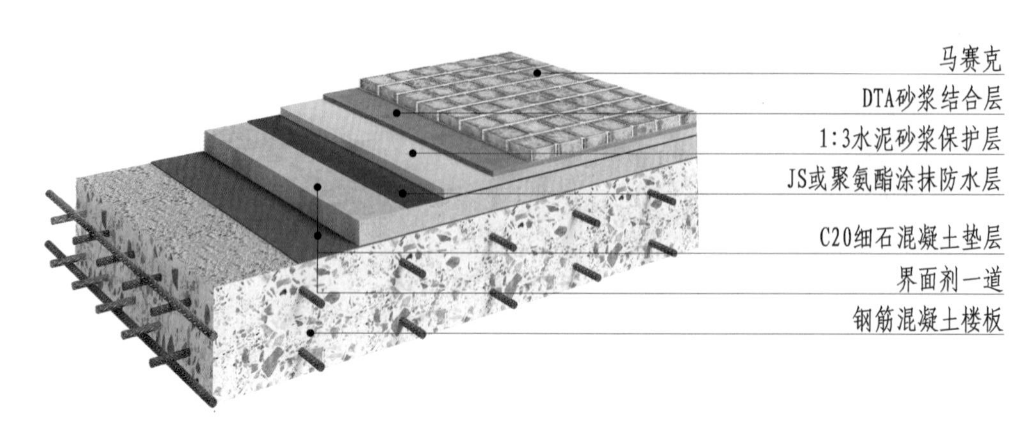

图 12-2-9 马赛克地面三维图（砂浆粘结层）

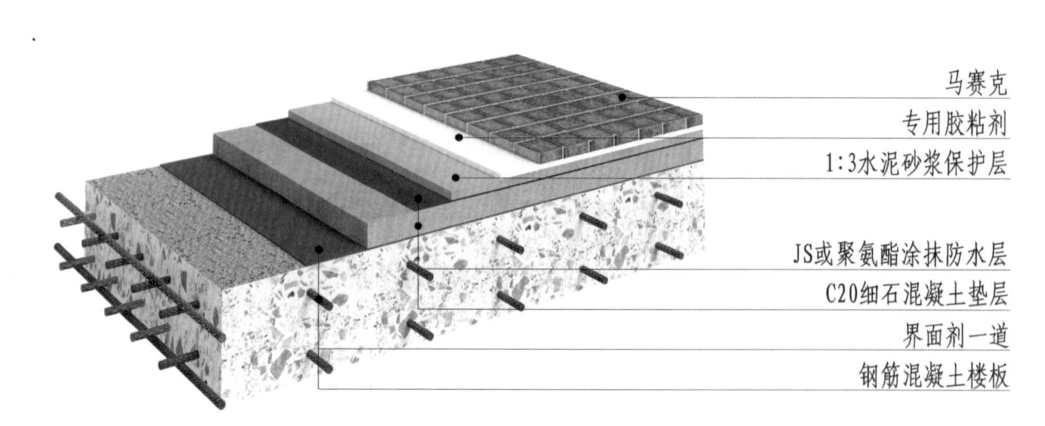

图 12-2-10 马赛克地面三维图（专用胶粘剂）

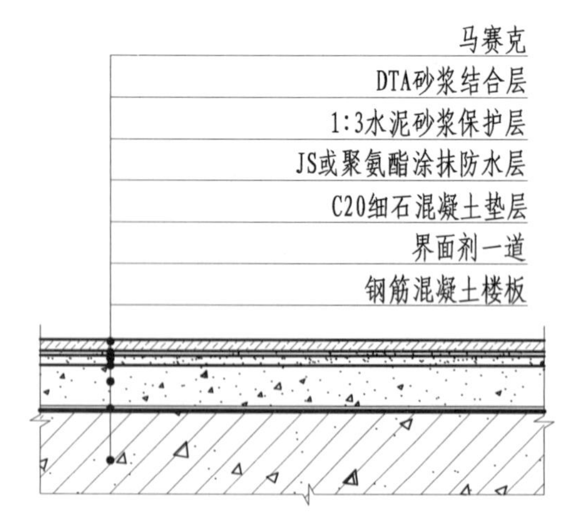

图 12-2-11 马赛克地面构造节点图（砂浆结合层）

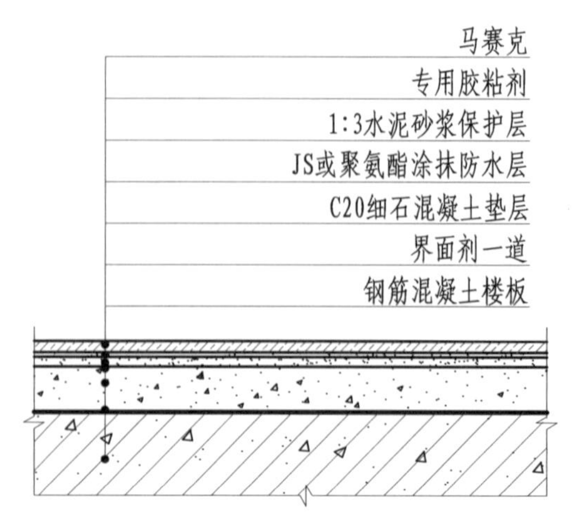

图 12-2-12 马赛克地面构造节点图（专用胶粘剂）

第三节 水磨石地面构造

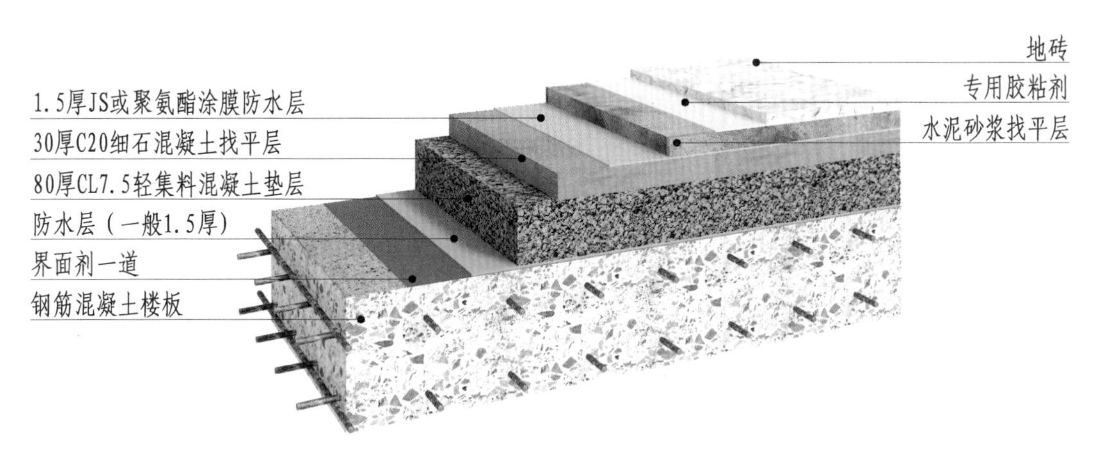

图 12-3-1 地砖地面三维图（厨房地面）

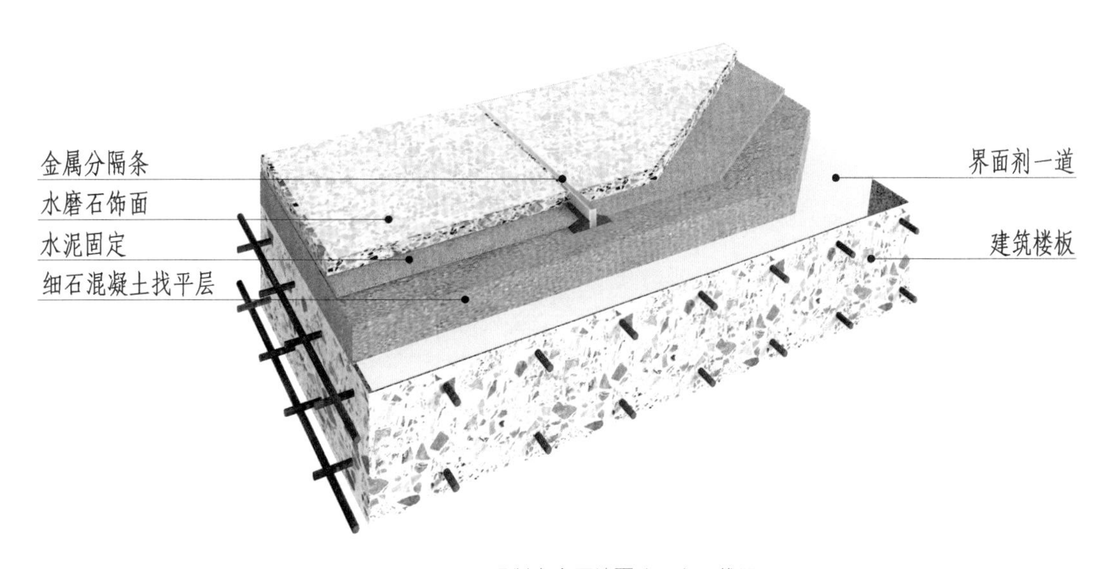

图 12-3-2 现制水磨石地面（一）三维图

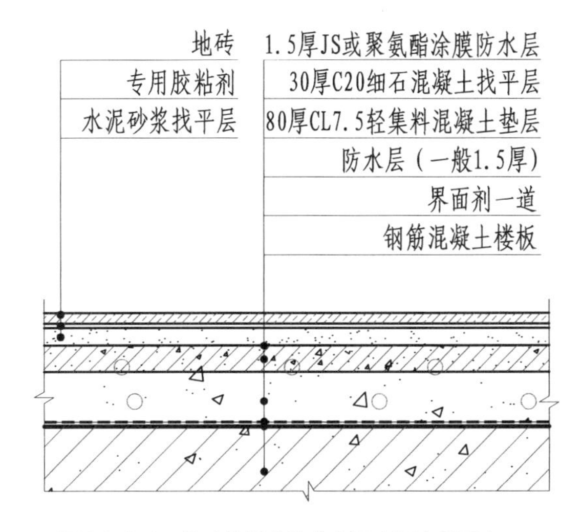

图 12-3-3 地砖地面构造节点图（厨房地面）

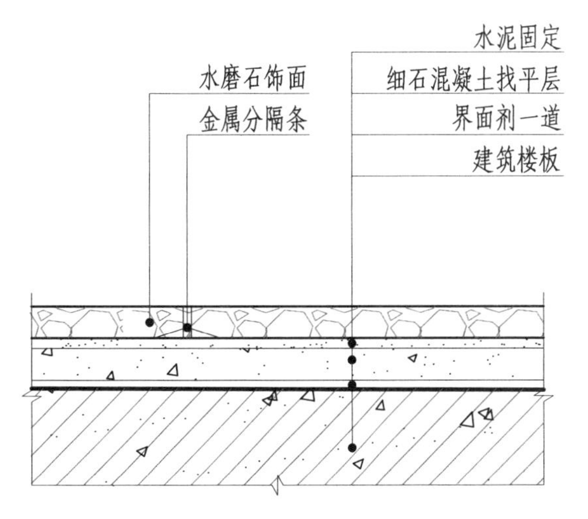

图 12-3-4 现制水磨石地面（一）构造节点图

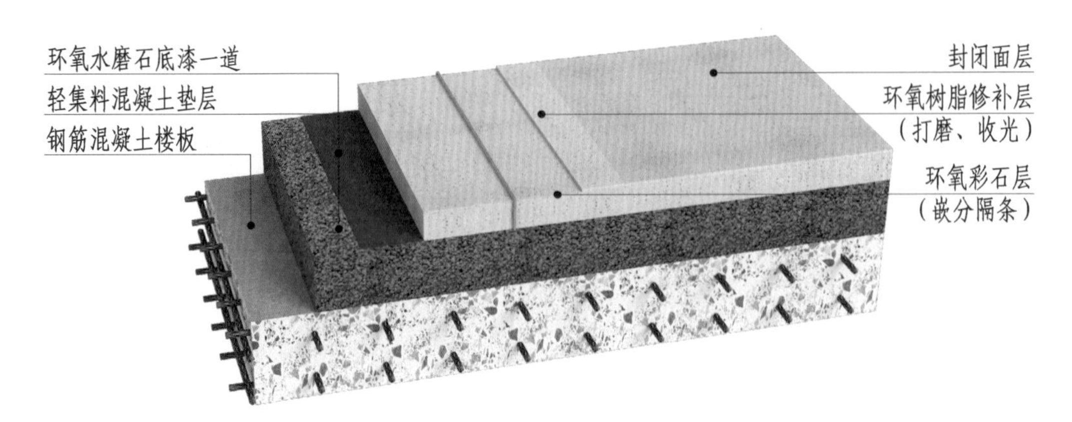

图 12-3-5 现制水磨石地面（二）三维图

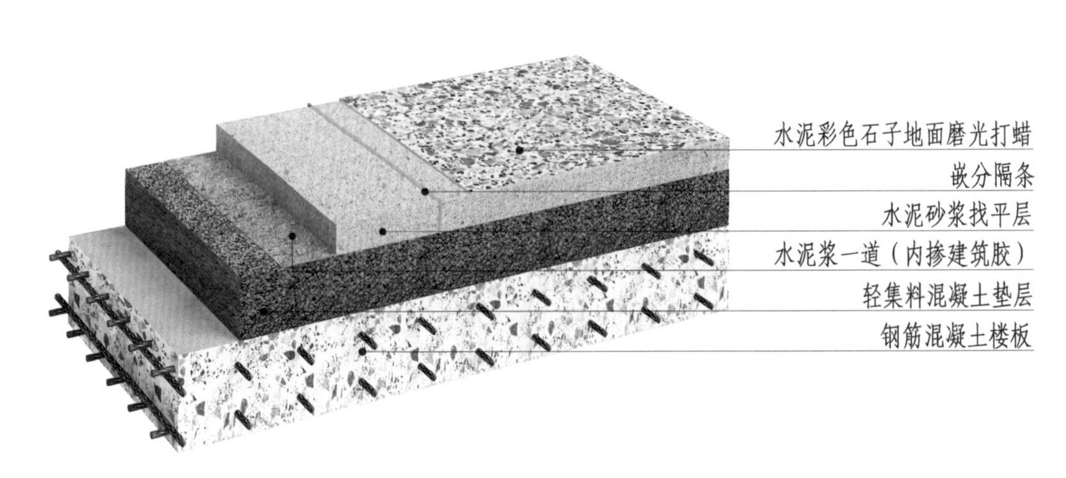

图 12-3-6 现制水磨石地面（三）三维图

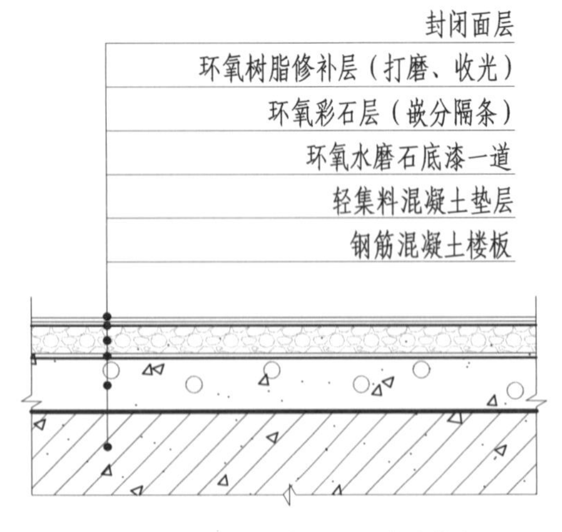

图 12-3-7 现制水磨石地面（二）构造节点图

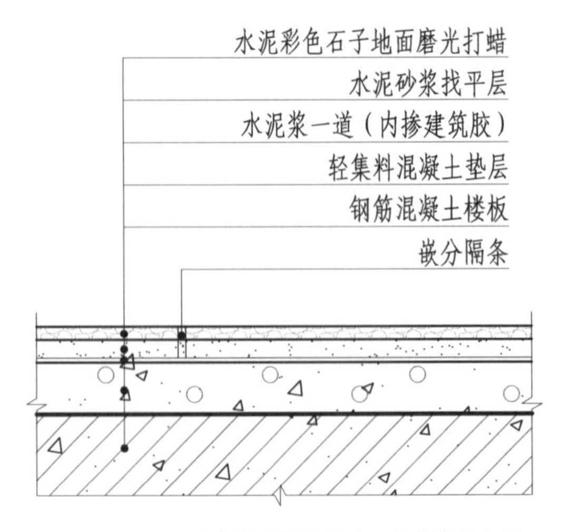

图 12-3-8 现制水磨石地面（三）构造节点图

第四节　地板地面构造

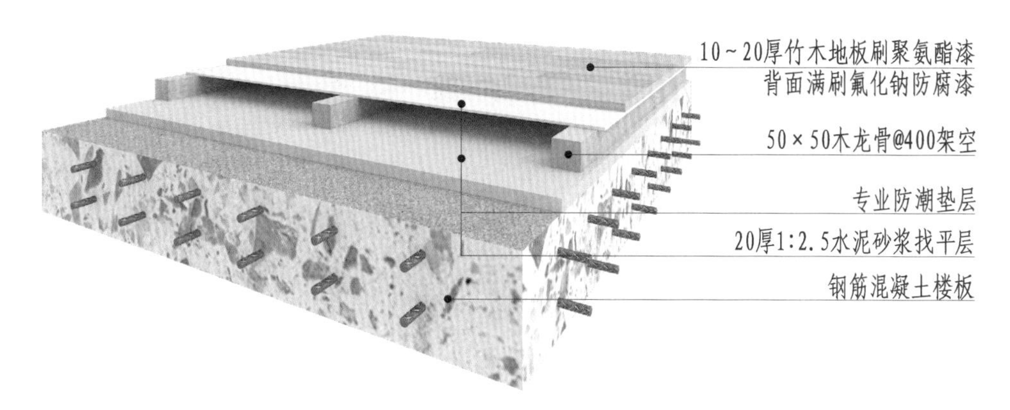

图 12-4-1　架空竹木地板地面三维图

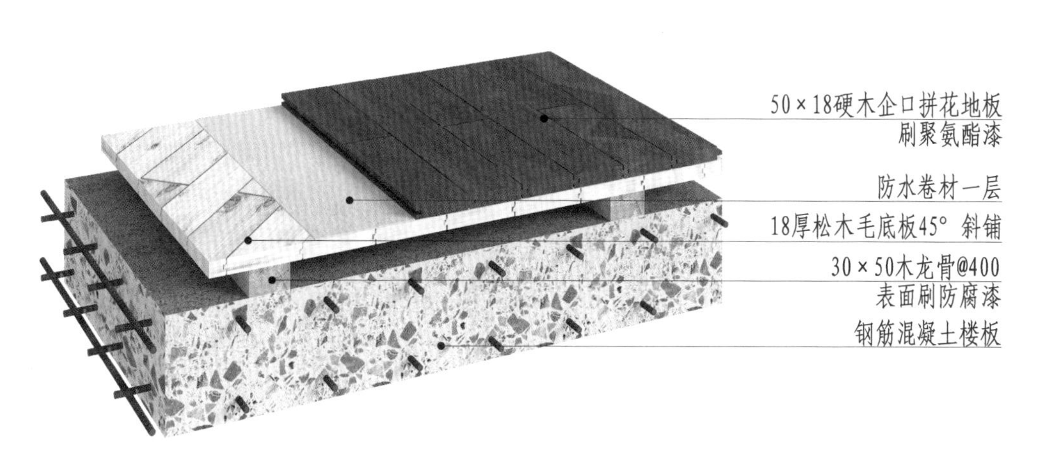

图 12-4-2　架空双层硬木地板地面三维图

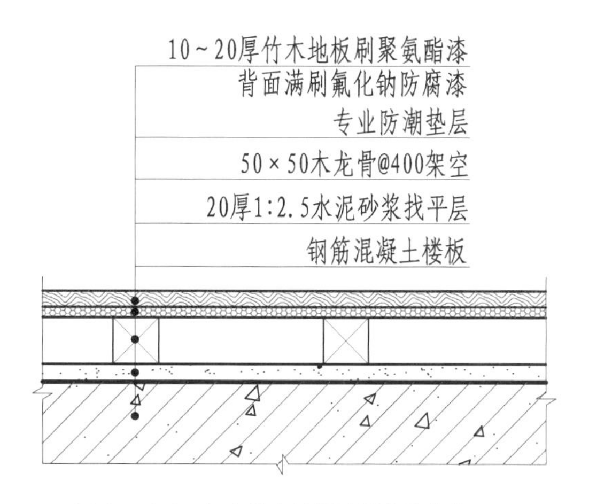

图 12-4-3　架空竹木地板地面构造节点图

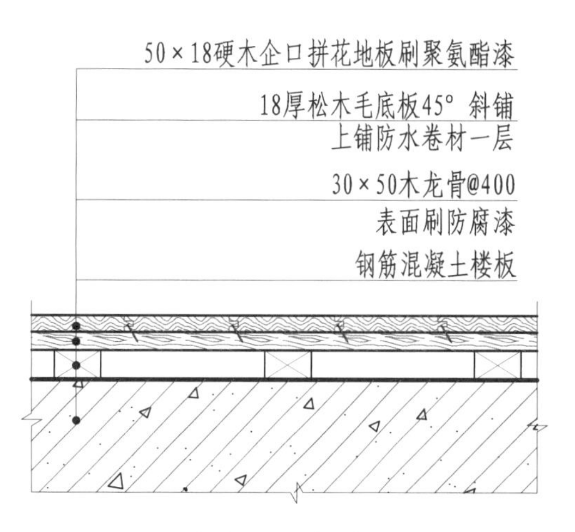

图 12-4-4　架空双层硬木地板地面构造节点图

200 nm厚聚酯漆或聚氨酯漆
100×25长条松木地板或
100×18长条硬木企口地板
30×50木龙骨@400
表面刷防腐漆
钢筋混凝土楼板

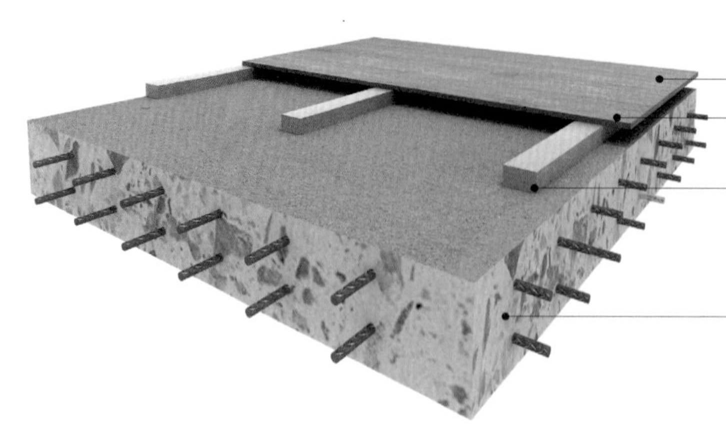

图 12-4-5 架空单层硬木地板地面三维图

100×25长条松木地板或
100×18长条硬木企口地板
40厚C20细石混凝土随打随抹光
水泥浆一道（内掺建筑胶）
钢筋混凝土楼板

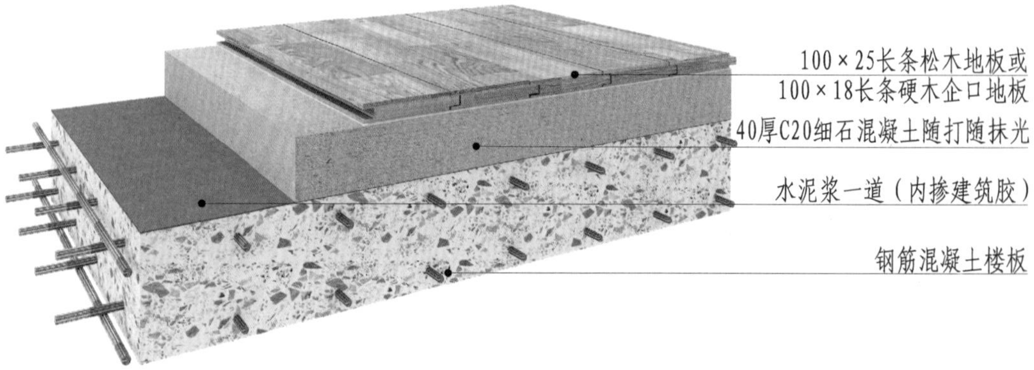

图 12-4-6 平铺单层硬木地板地面三维图

200 nm厚聚酯漆或聚氨酯漆
100×25长条松木地板或
100×18长条硬木企口地板
30×50木龙骨@400
表面刷防腐漆
钢筋混凝土楼板

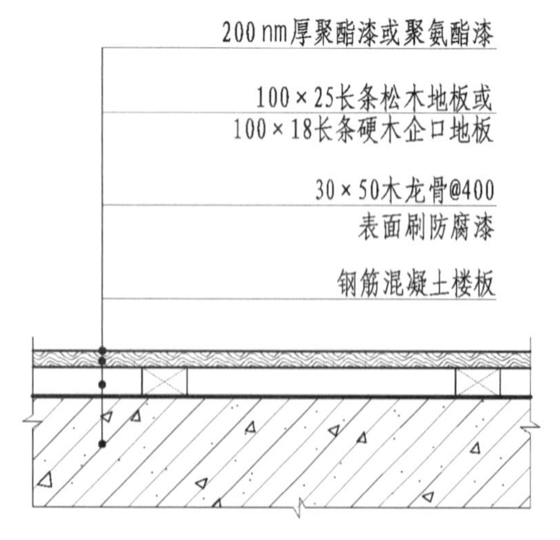

图 12-4-7 架空单层硬木地板地面构造节点图

100×25长条松木地板或
100×18长条硬木企口地板
40厚C20细石混凝土随打随抹光
水泥浆一道（内掺建筑胶）
钢筋混凝土楼板

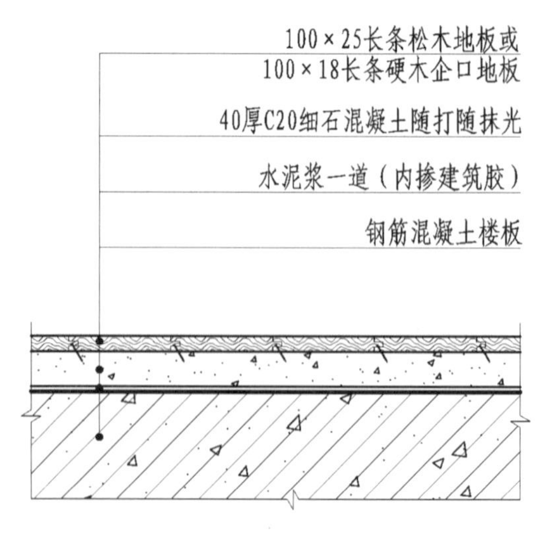

图 12-4-8 平铺单层硬木地板地面构造节点图

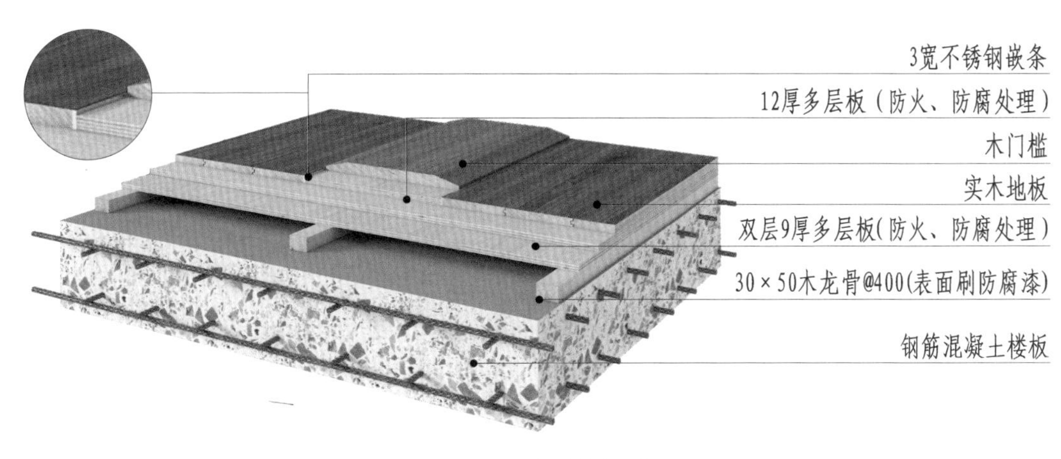

图 12-4-9　木门槛地面三维图

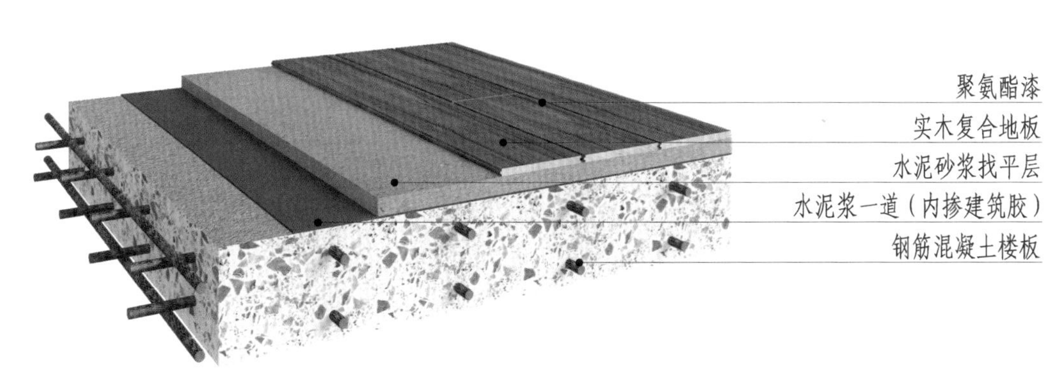

图 12-4-10　平铺实木复合地板地面三维图

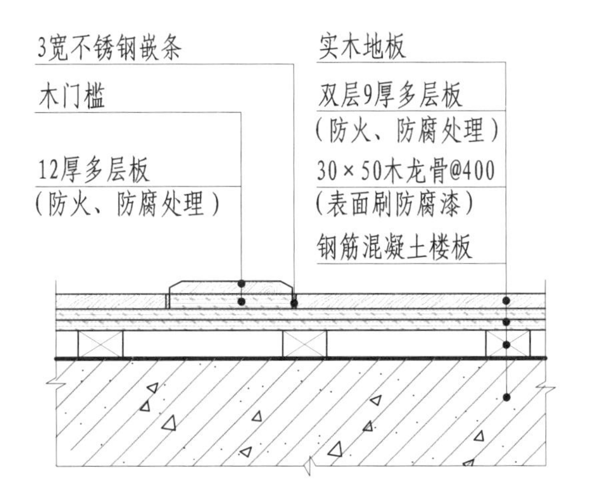

图 12-4-11　木门槛地面构造节点图

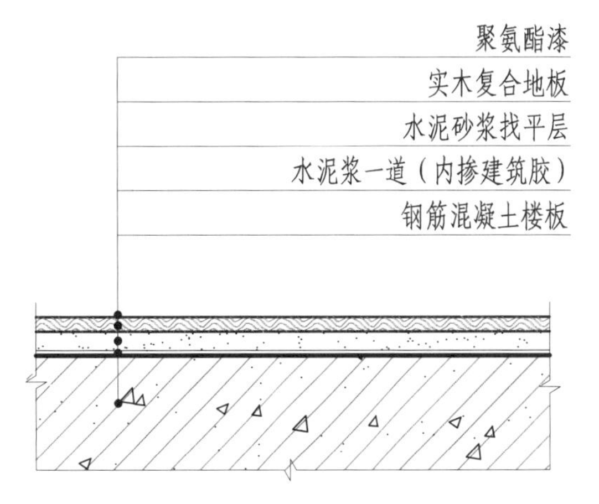

图 12-4-12　平铺实木复合地板地面构造节点图

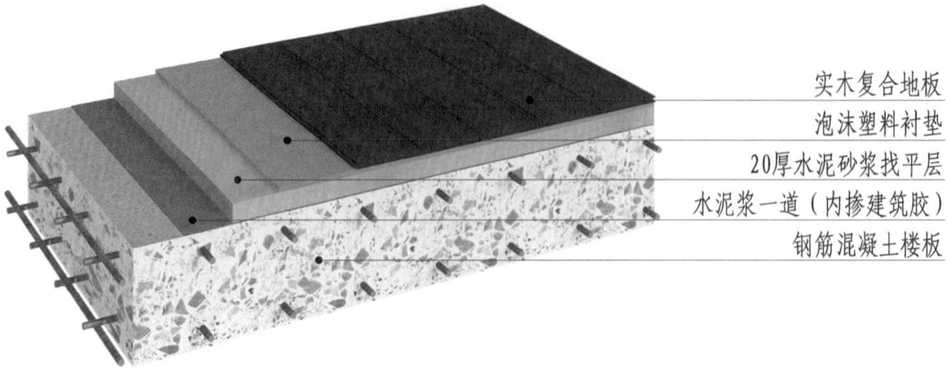

实木复合地板
泡沫塑料衬垫
20厚水泥砂浆找平层
水泥浆一道（内掺建筑胶）
钢筋混凝土楼板

图 12-4-13 平铺实木复合地板地面三维图（泡沫塑料衬垫）

强化地板
挤塑聚苯板
20厚1：2.5水泥砂浆找平层
钢筋混凝土楼板

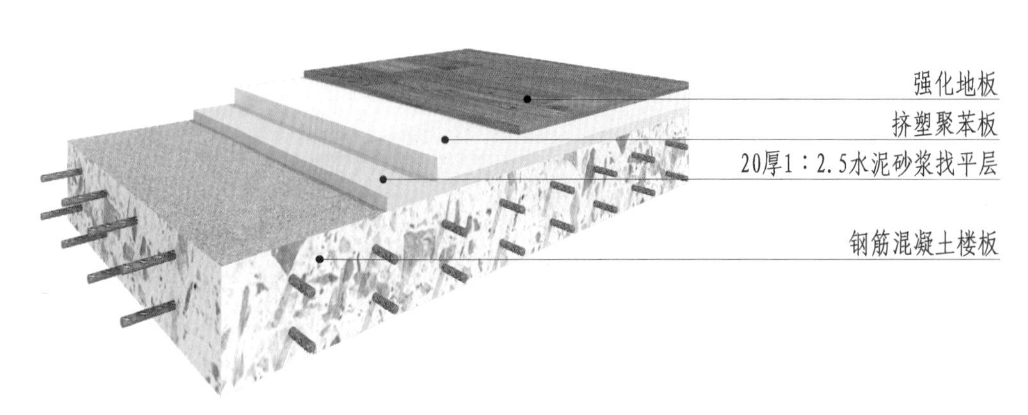

图 12-4-14 平铺强化地板地面三维图（挤塑聚苯板）

实木复合地板
泡沫塑料衬垫
20厚水泥砂浆找平层
水泥浆一道（内掺建筑胶）
钢筋混凝土楼板

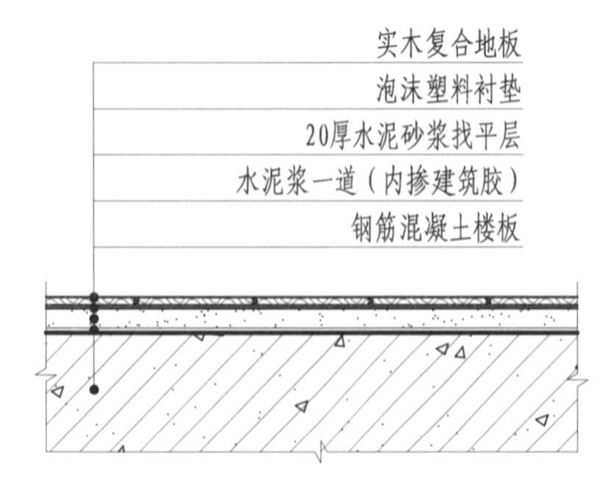

图 12-4-15 平铺实木复合地板地面构造节点图（泡沫塑料衬垫）

强化地板
挤塑聚苯板
20厚1：2.5水泥砂浆找平层
钢筋混凝土楼板

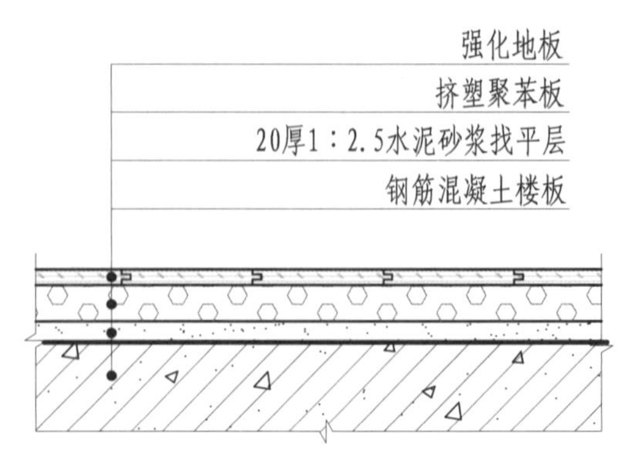

图 12-4-16 平铺强化地板地面构造节点图（挤塑聚苯板）

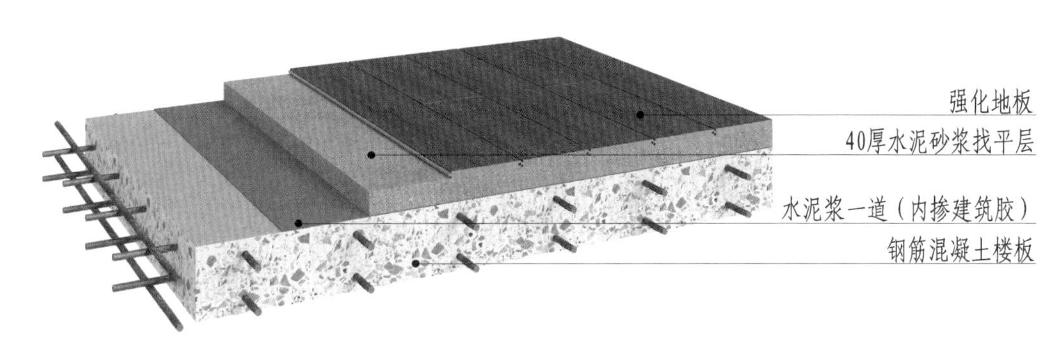

图 12-4-17 平铺强化地板地面三维图（水泥砂浆找平）

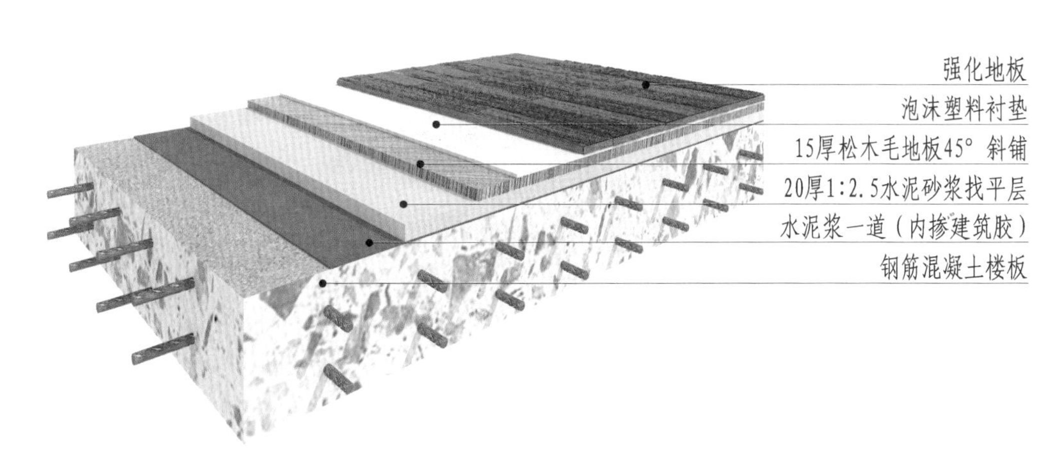

图 12-4-18 平铺强化地板地面三维图（松木毛地板）

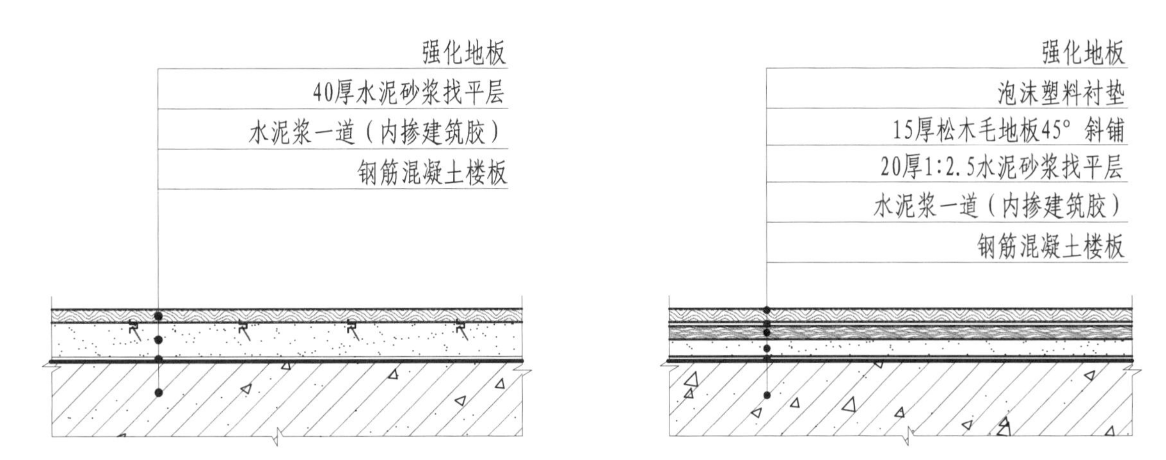

图 12-4-19 平铺强化地板地面构造节点图（水泥砂浆找平） 图 12-4-20 平铺强化地板地面构造节点图（松木毛地板）

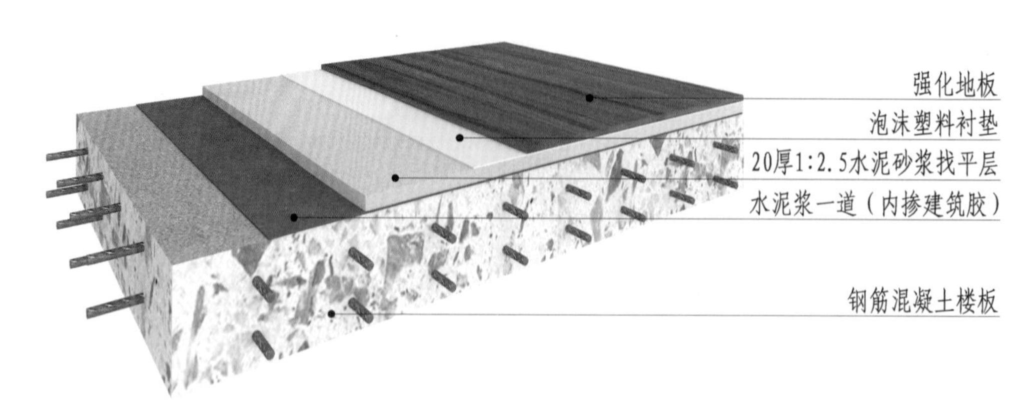

图 12-4-21 平铺强化地板地面三维图（泡沫塑料衬垫）

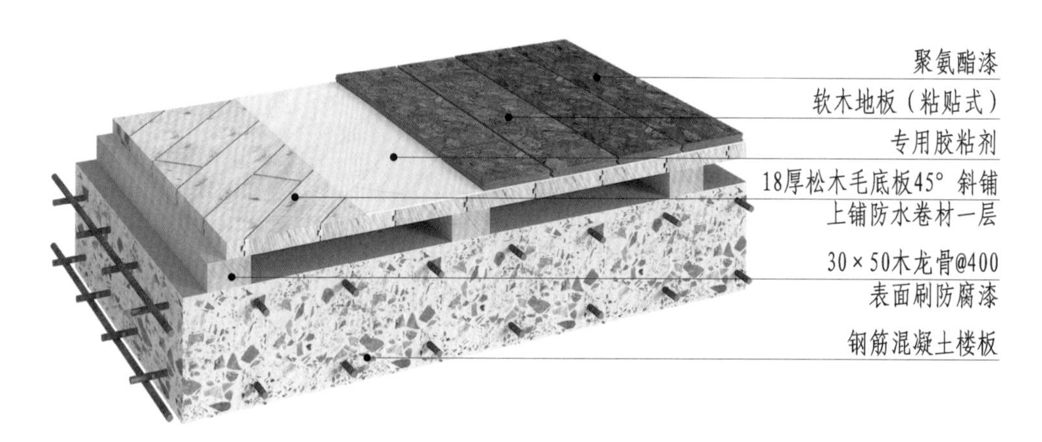

图 12-4-22 架空软木地板地面三维图

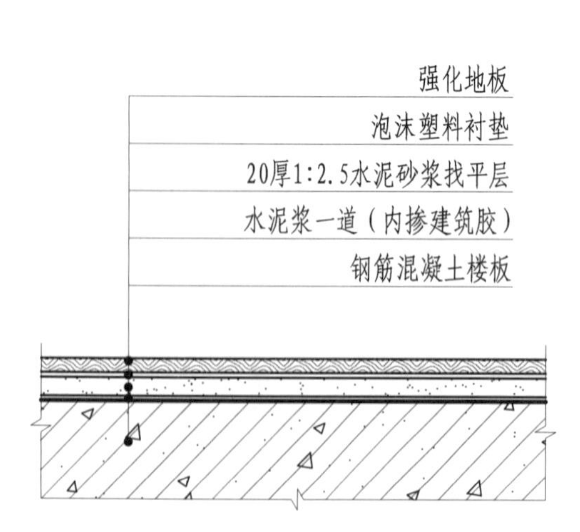

图 12-4-23 平铺强化地板地面构造节点图（泡沫塑料衬垫）

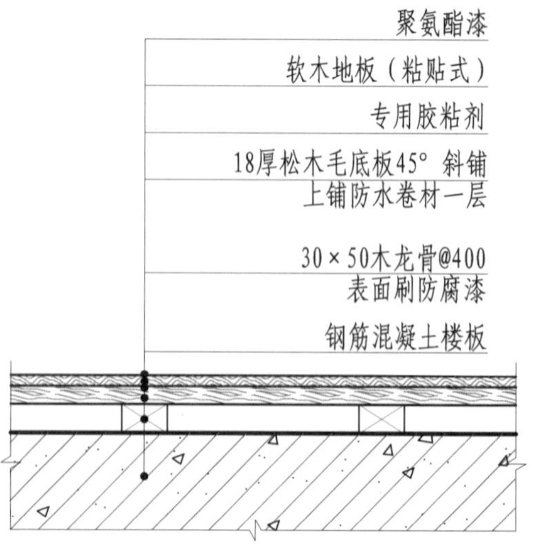

图 12-4-24 架空软木地板地面构造节点图

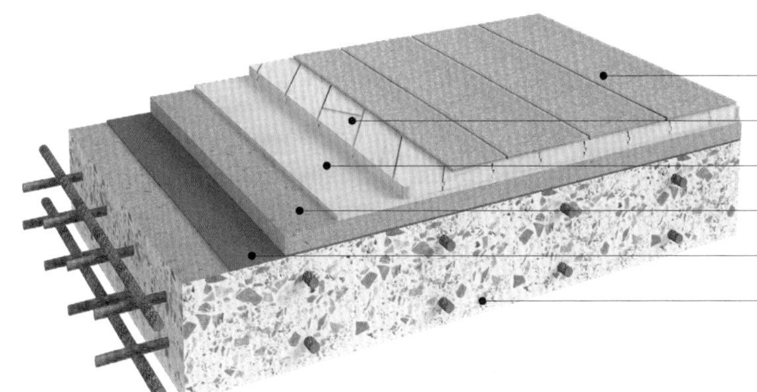

图 12-4-25　平铺软木地板地面三维图（松木毛地板）

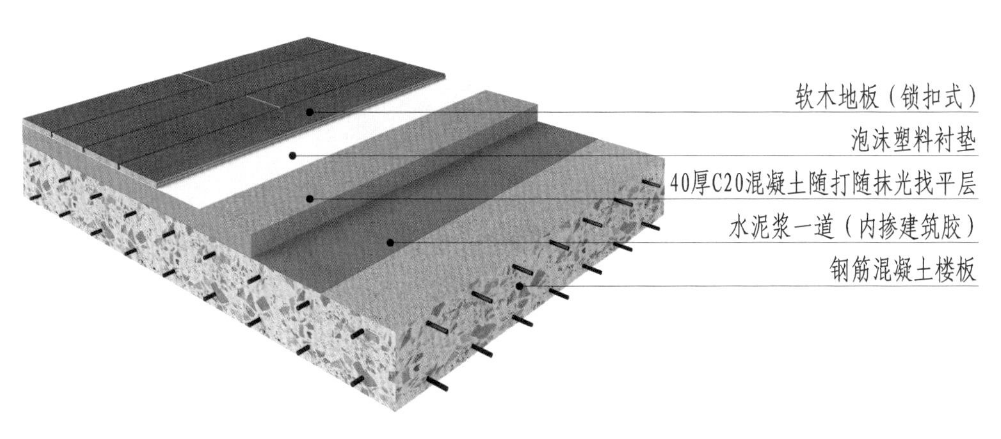

图 12-4-26　平铺软木地板地面三维图

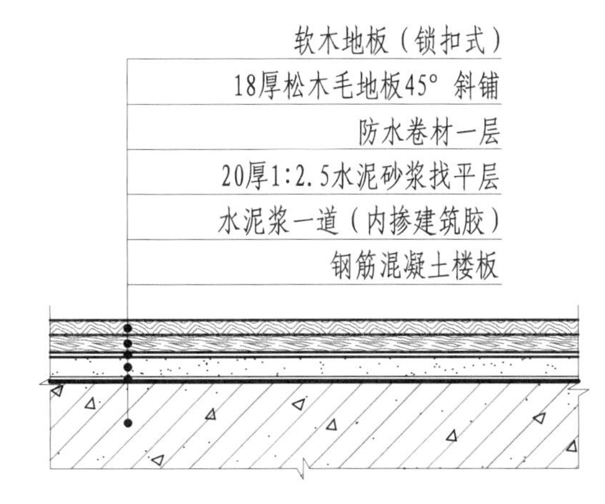

图 12-4-27　平铺软木地板地面构造节点图（松木毛地板）

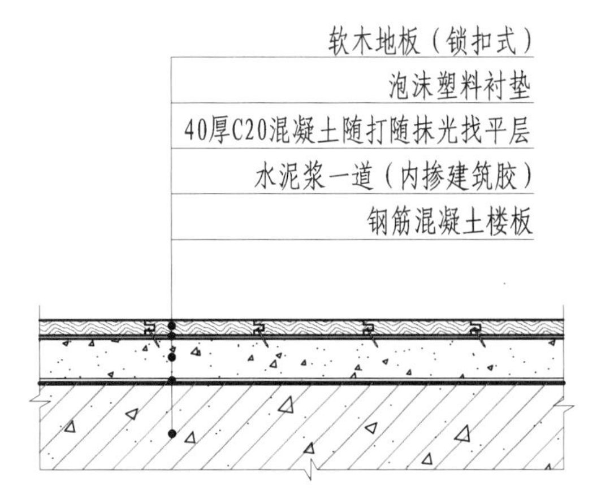

图 12-4-28　平铺软木地板地面构造节点图

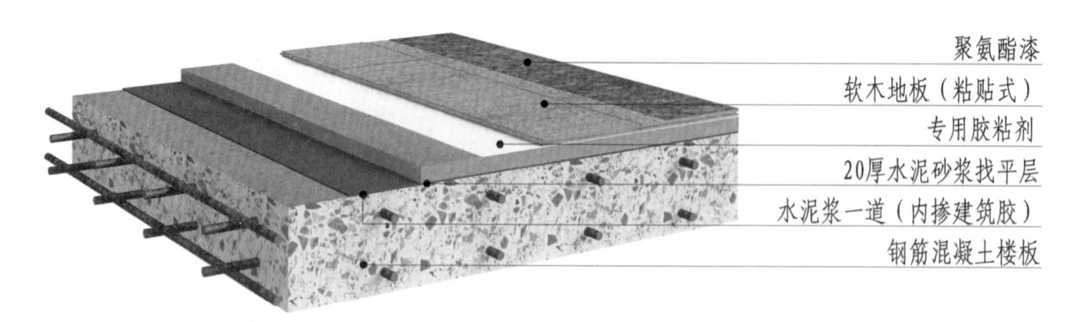

图 12-4-29 平铺软木地板地面三维图（粘贴式）

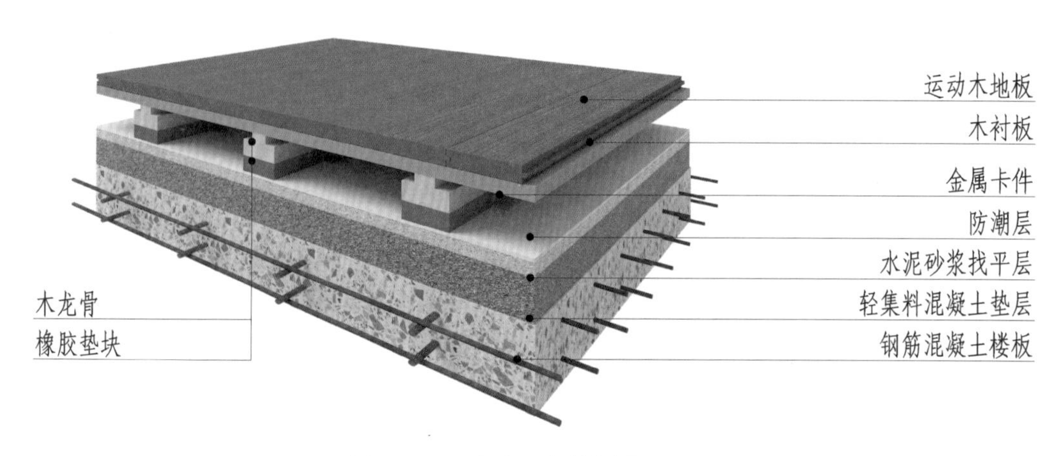

图 12-4-30 架空运动地板地面三维图

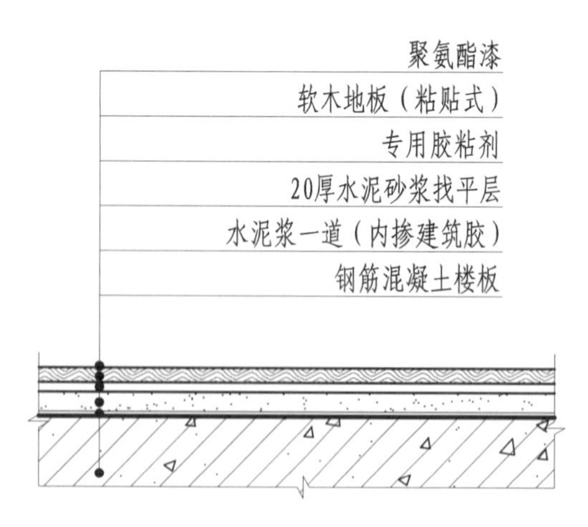

图 12-4-31 平铺软木地板地面构造节点图（粘贴式）

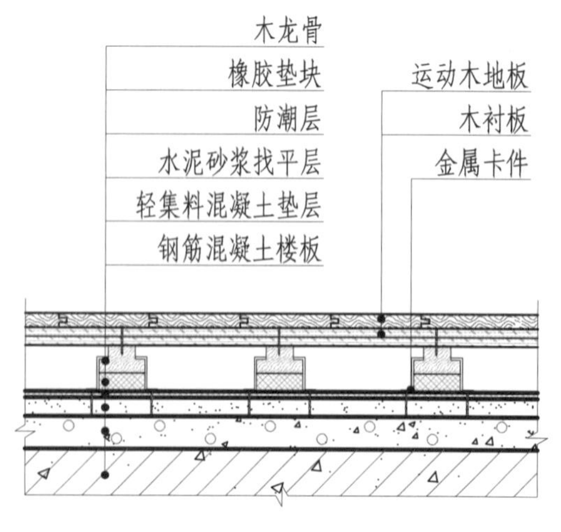

图 12-4-32 架空运动地板地面构造节点图

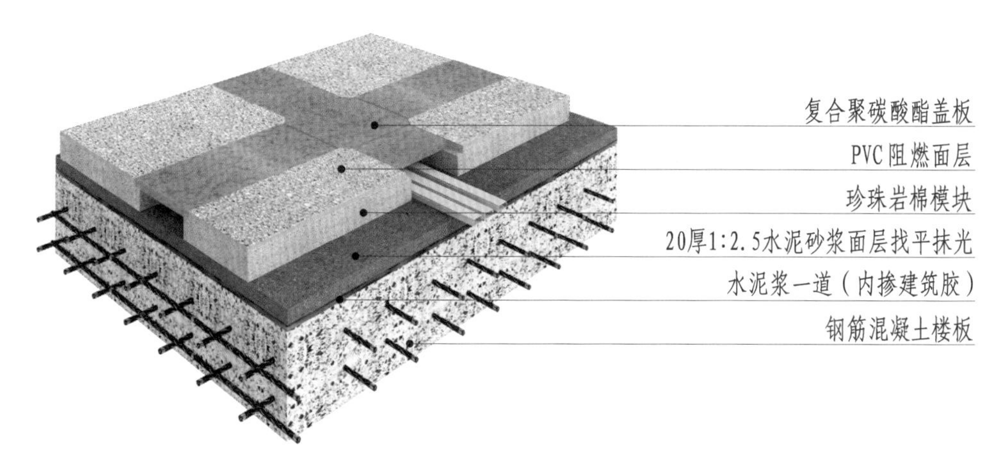

图 12-4-33 平铺网络地板地面三维图

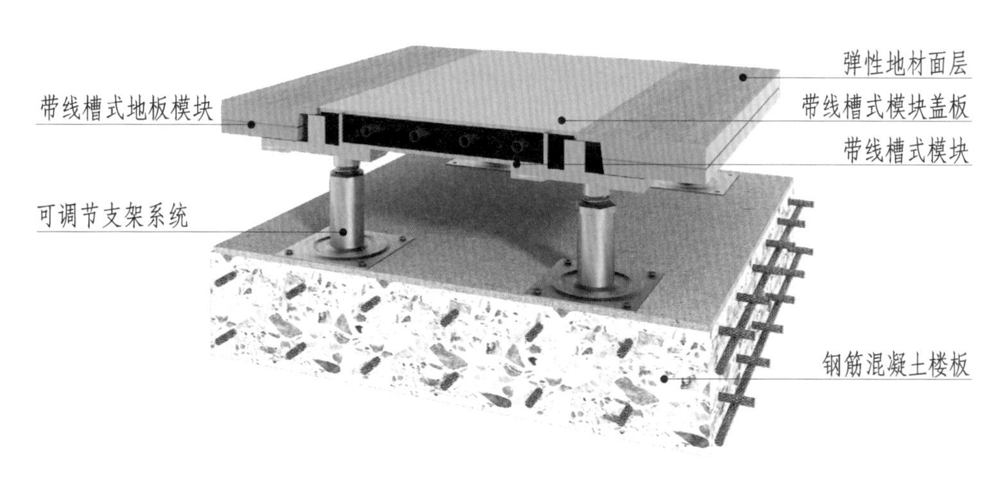

图 12-4-34 架空网络地板地面三维图

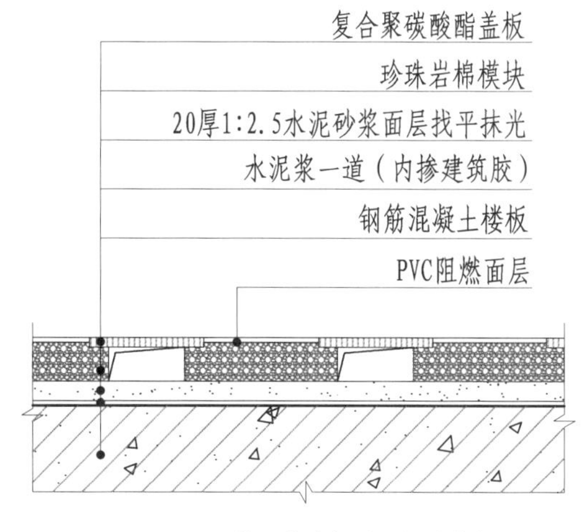

图 12-4-35 平铺网络地板地面构造节点图

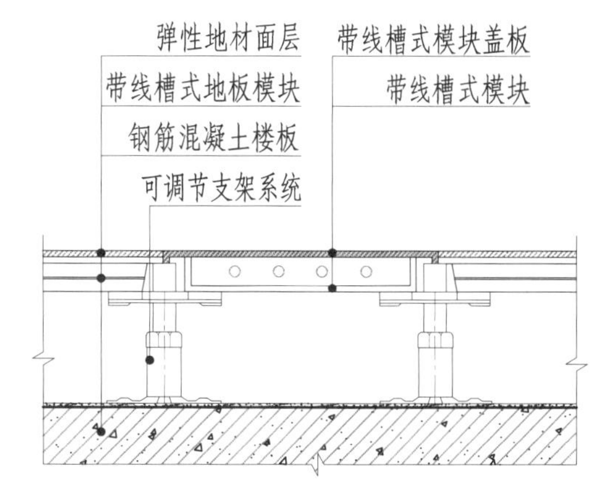

图 12-4-36 架空网络地板地面构造节点图

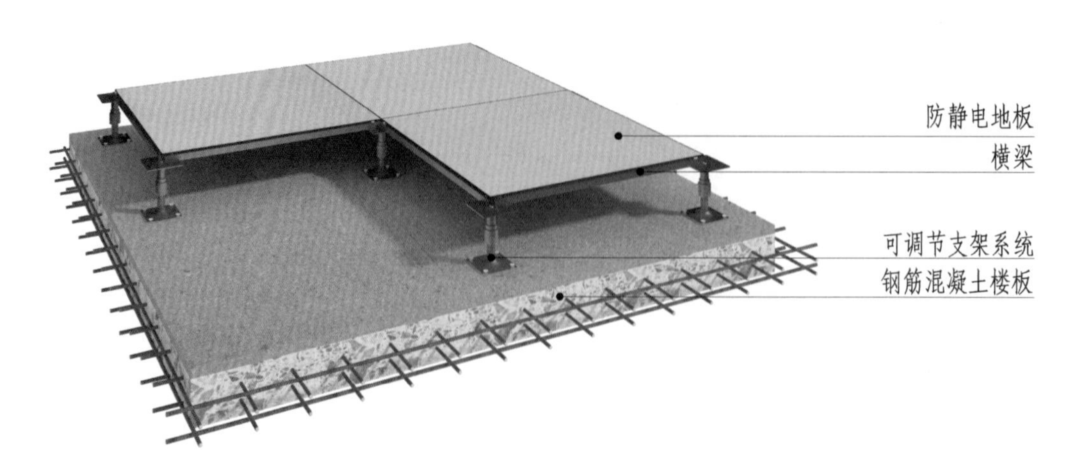

图 12-4-37 架空防静电地板地面（一）三维图

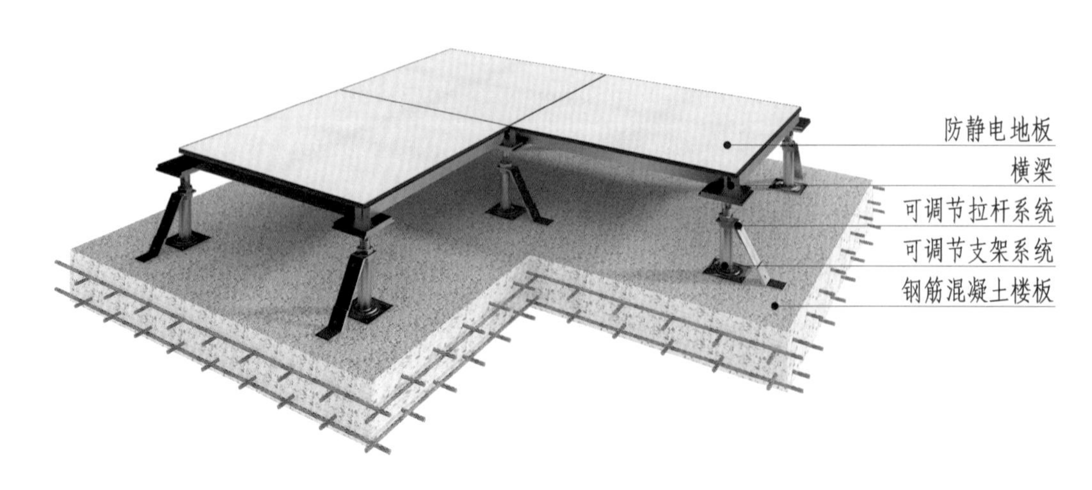

图 12-4-38 架空防静电地板地面（二）三维图（可调节拉杆）

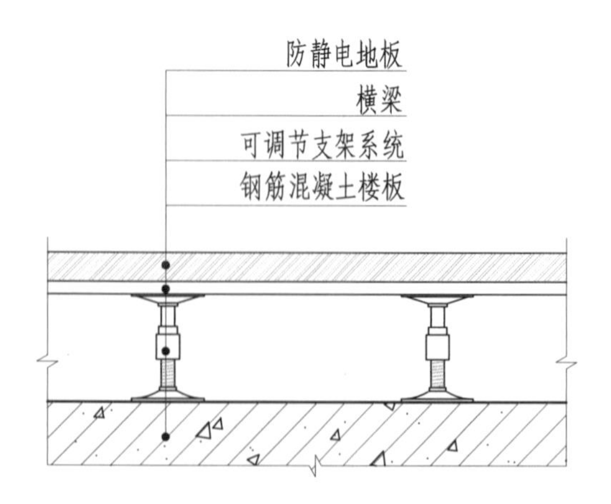

图 12-4-39 架空防静电地板地面（一）
构造节点图

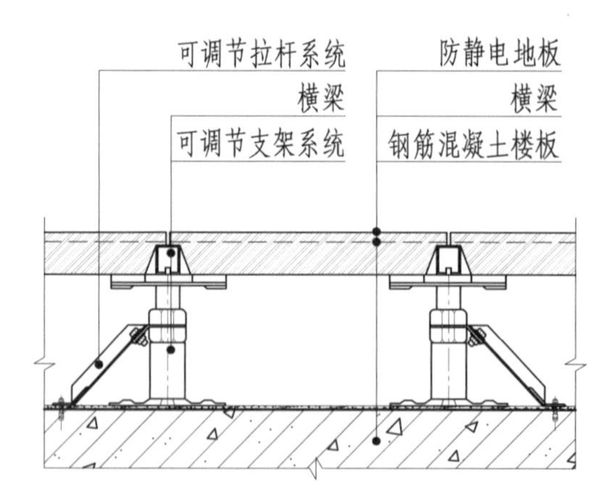

图 12-4-40 架空防静电地板地面（二）
构造节点图（可调节拉杆）

第五节　地毯地面构造

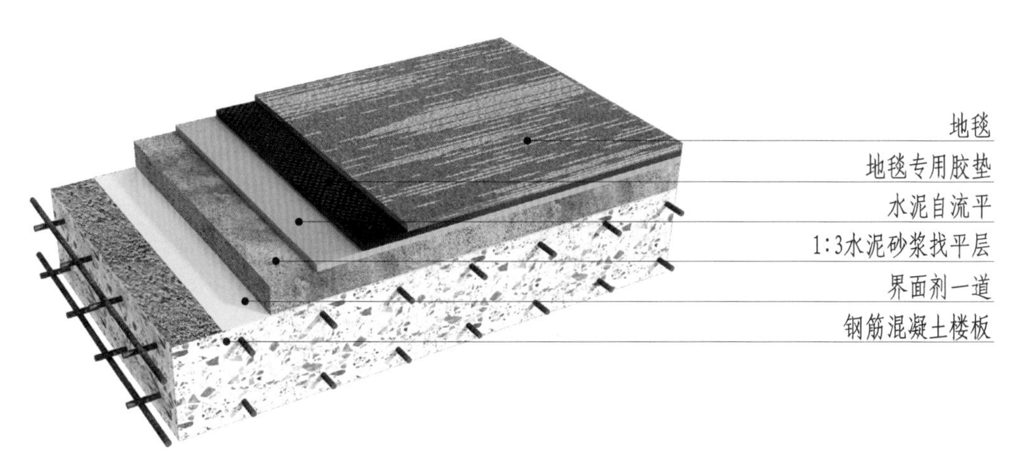

图 12-5-1　混凝土基层地毯地面三维图

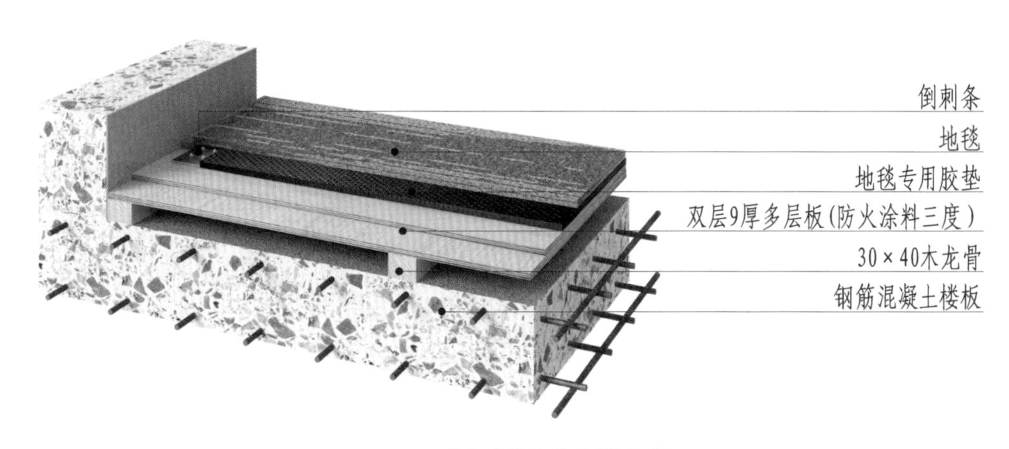

图 12-5-2　木龙骨基层地毯地面三维图

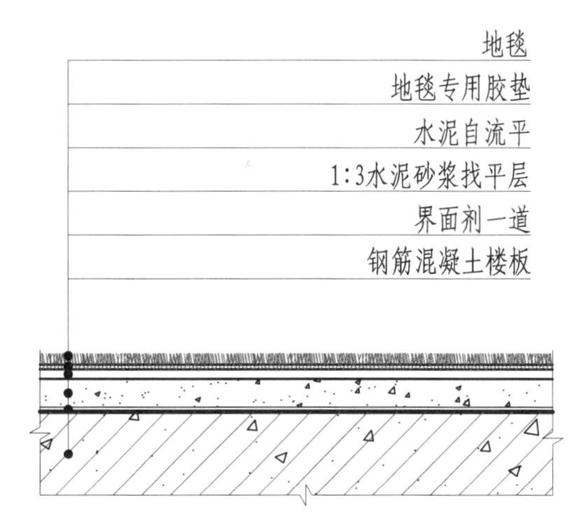

图 12-5-3　混凝土基层地毯地面构造节点图

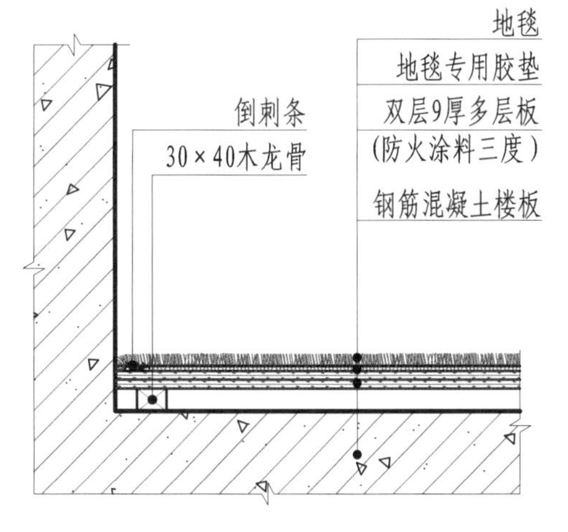

图 12-5-4　木龙骨基层地毯地面构造节点图

第六节 塑胶地板地面构造

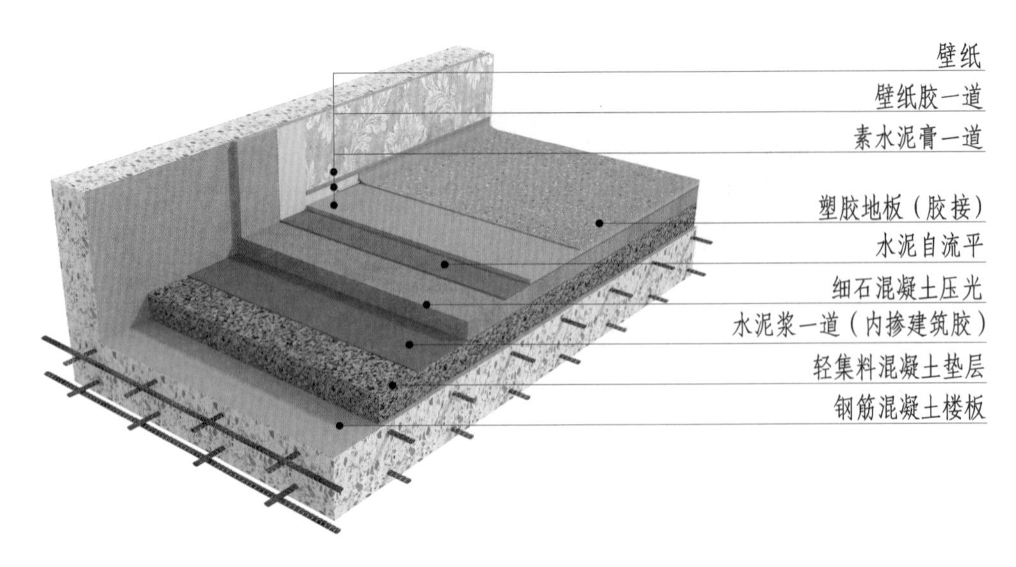

图 12-6-1 塑胶地板地面（一）三维图

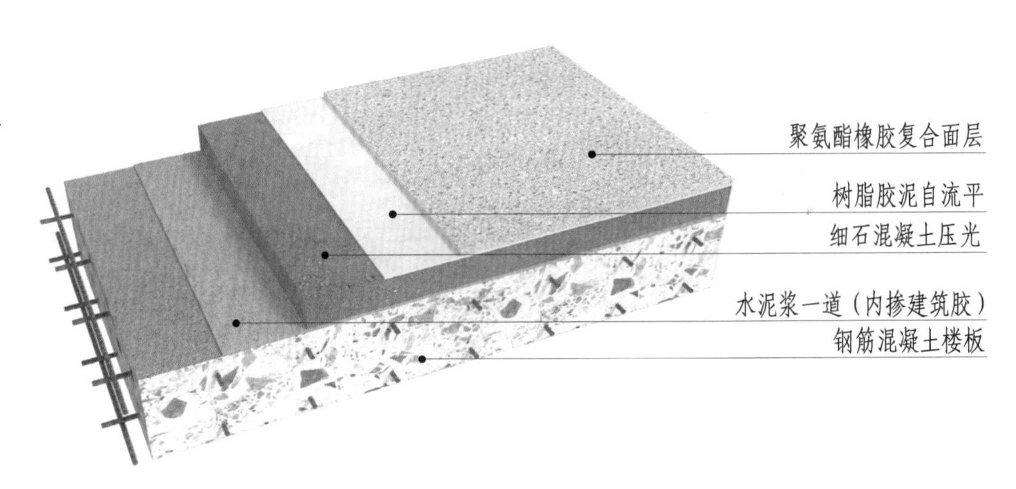

图 12-6-2 塑胶地板地面（二）三维图

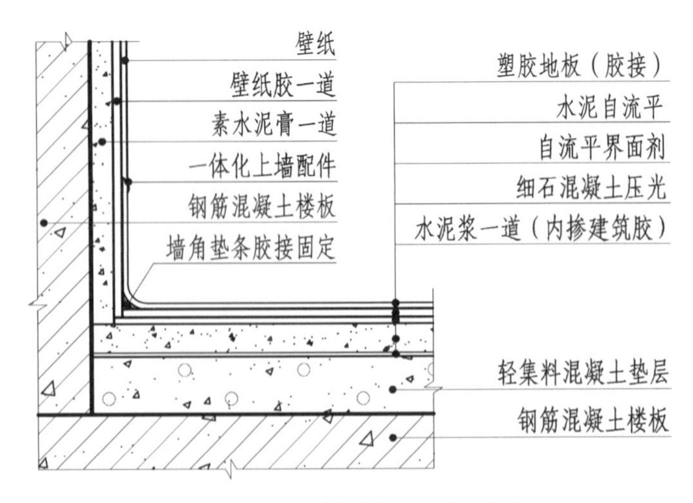

图 12-6-3 塑胶地板地面（一）构造节点图

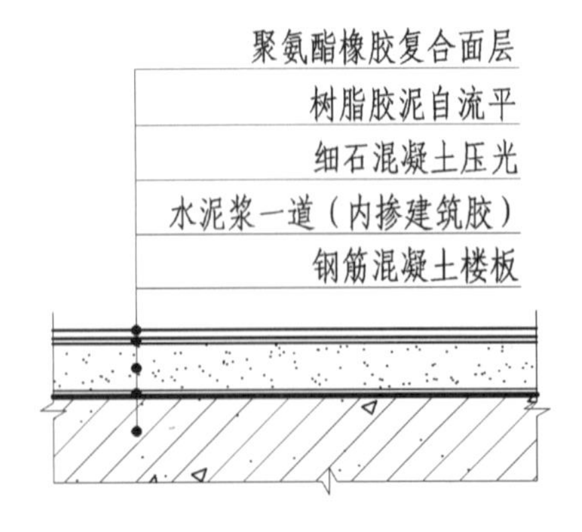

图 12-6-4 塑胶地板地面（二）构造节点图

第七节 自流平地面构造

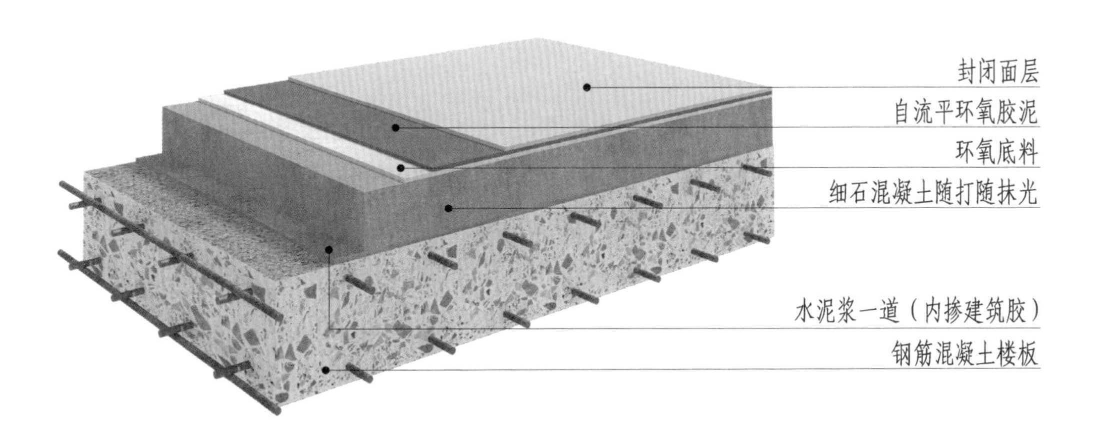

图 12-7-1 环氧自流平地面三维图

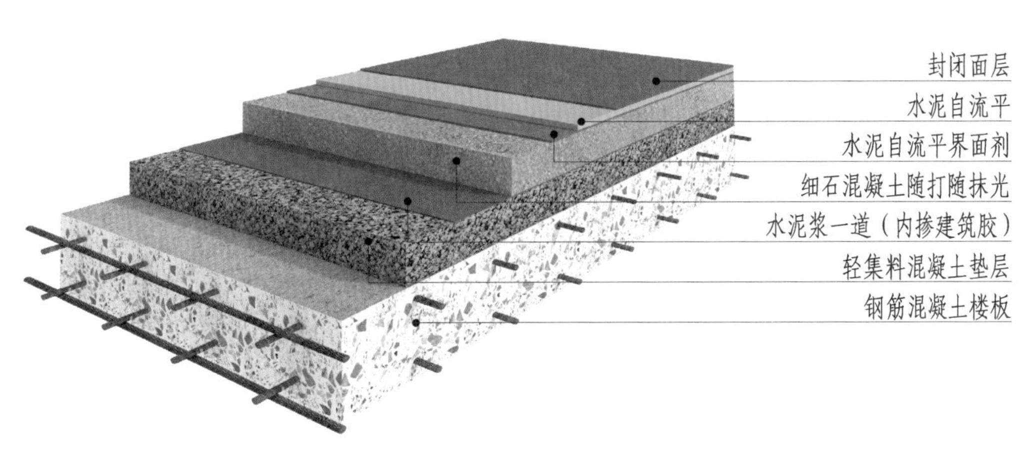

图 12-7-2 水泥自流平地面三维图

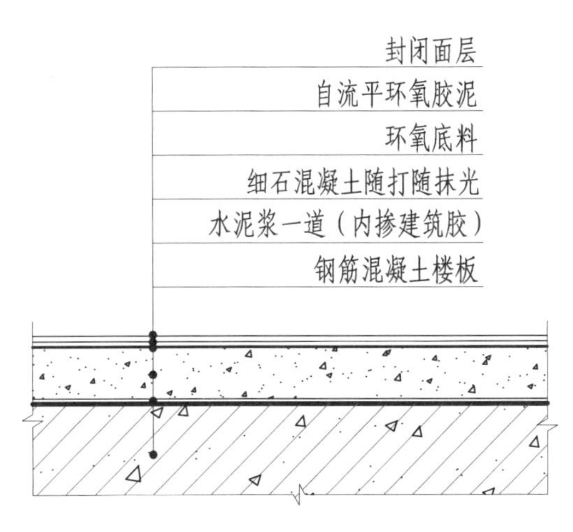

图 12-7-3 环氧自流平地面构造节点图

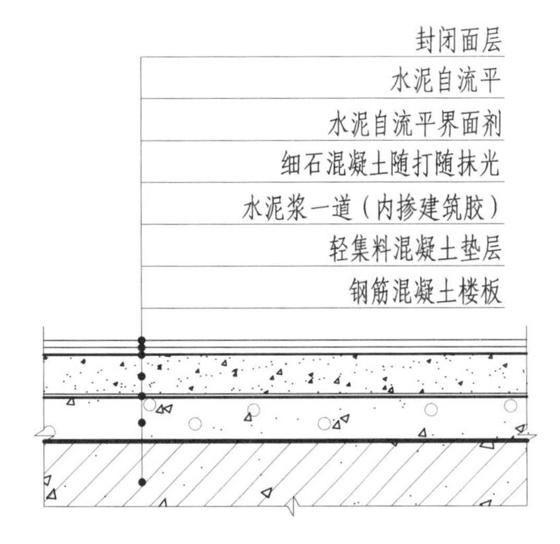

图 12-7-4 水泥自流平地面构造节点图

第八节 玻璃地面构造

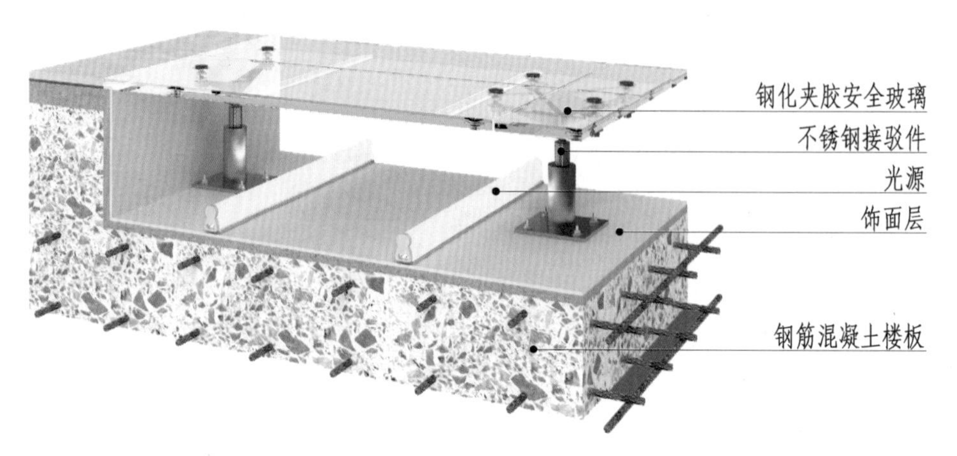

图 12-8-1 玻璃地面三维图（暗藏灯带）

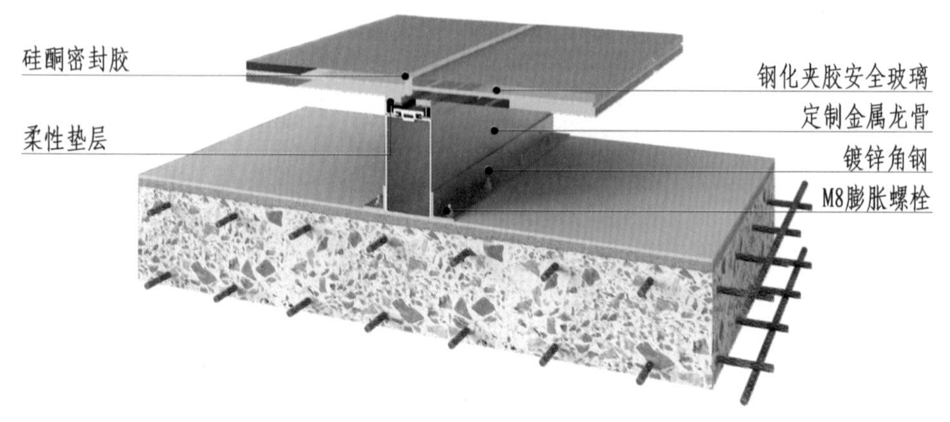

图 12-8-2 玻璃地面三维图

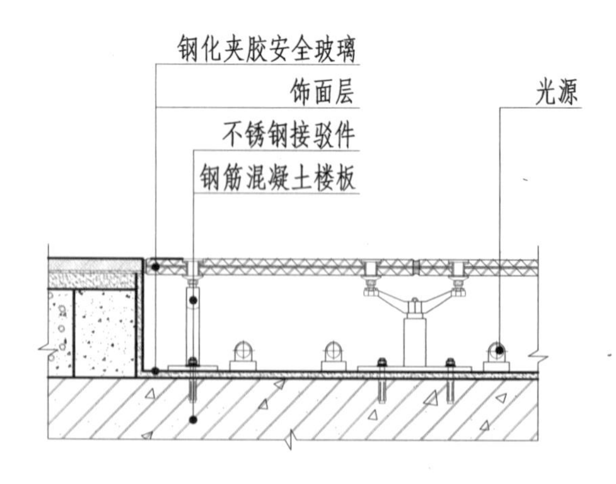

图 12-8-3 玻璃地面构造节点图（暗藏灯带）

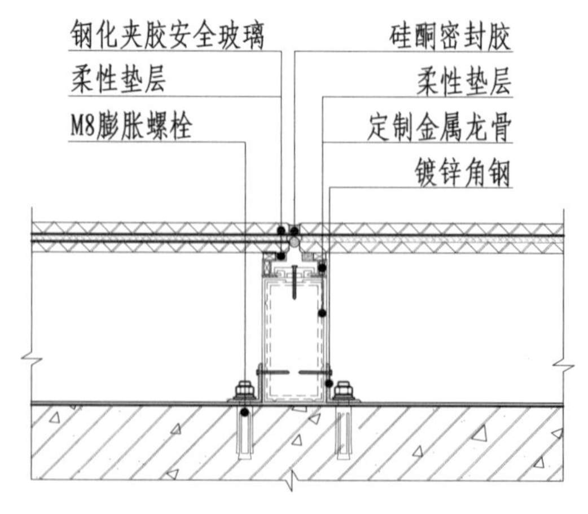

图 12-8-4 玻璃地面构造节点图

第九节　地暖地面构造

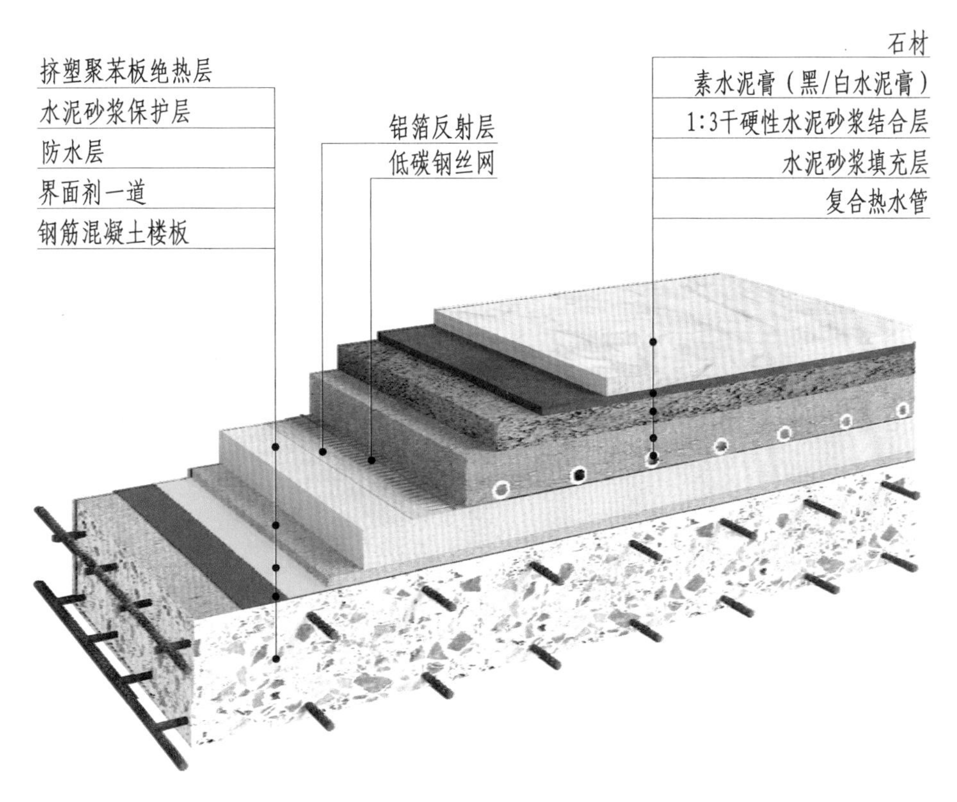

图 12-9-1　石材水暖地面三维图

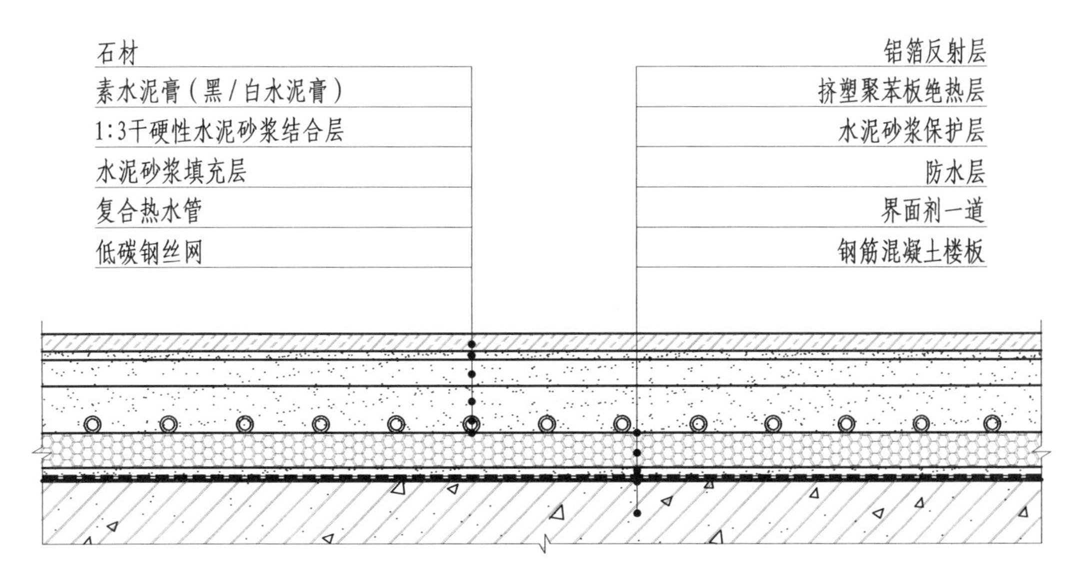

图 12-9-2　石材水暖地面构造节点图

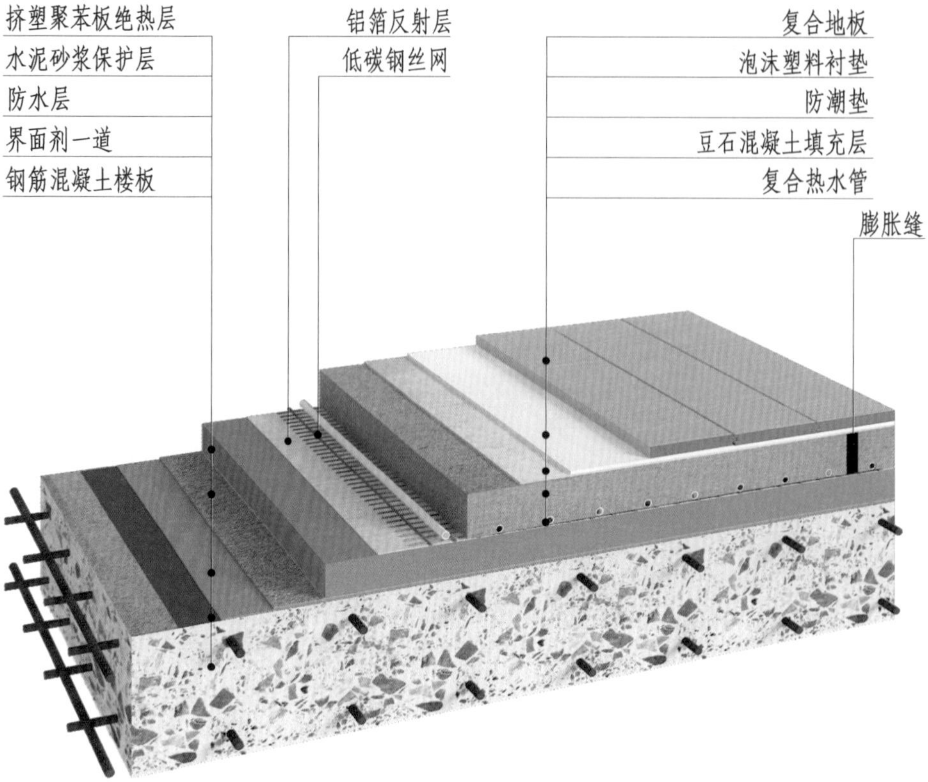

挤塑聚苯板绝热层
水泥砂浆保护层
防水层
界面剂一道
钢筋混凝土楼板
铝箔反射层
低碳钢丝网
复合地板
泡沫塑料衬垫
防潮垫
豆石混凝土填充层
复合热水管
膨胀缝

图 12-9-3　复合地板水暖地面三维图（挤塑聚苯板绝热层）

膨胀缝
复合地板
泡沫塑料衬垫
防潮垫
豆石混凝土填充层
复合热水管
低碳钢丝网
铝箔反射层
挤塑聚苯板绝热层
水泥砂浆保护层
防水层
界面剂一道
钢筋混凝土楼板

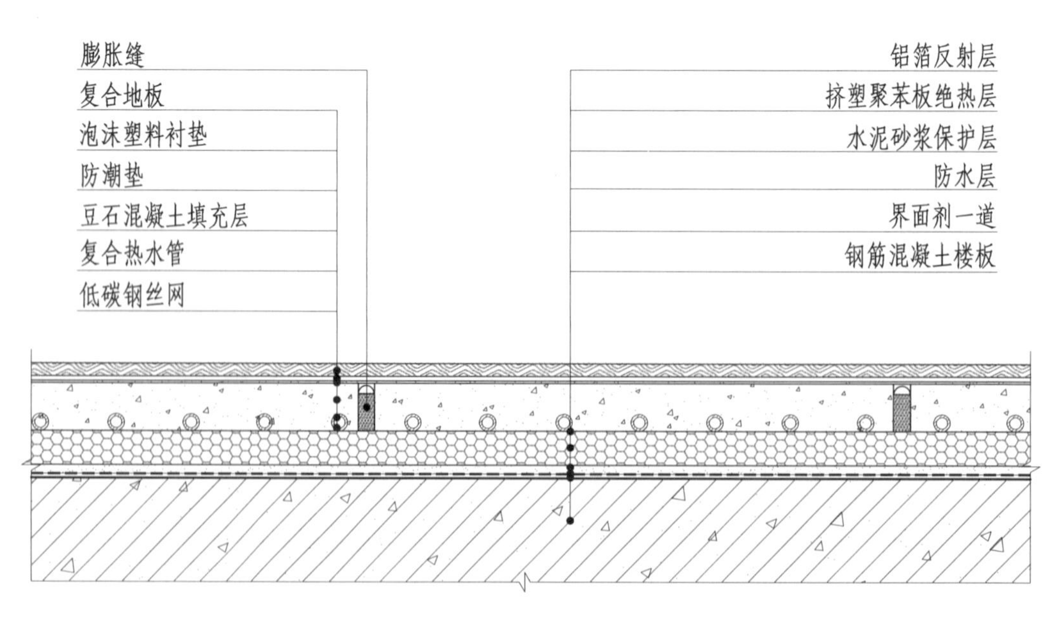

图 12-9-4　复合地板水暖地面构造节点图（挤塑聚苯板绝热层）

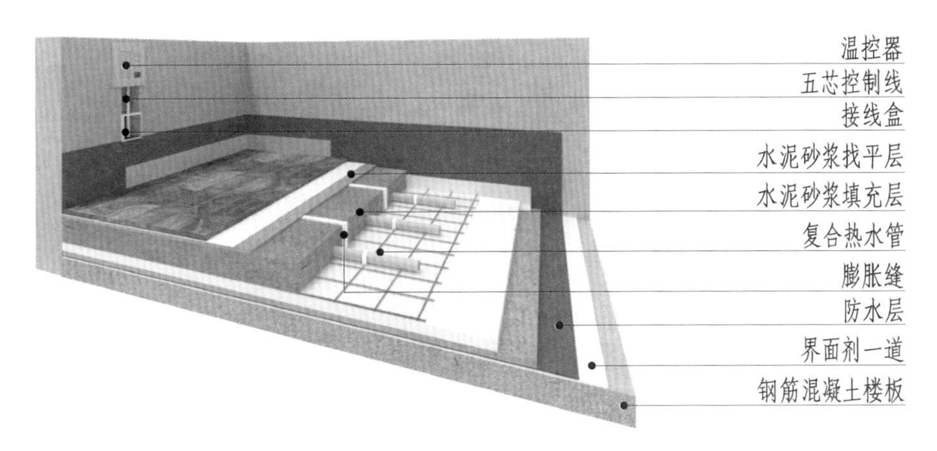

图 12-9-5 复合地板水暖地面三维图（发泡水泥绝热层）方向一

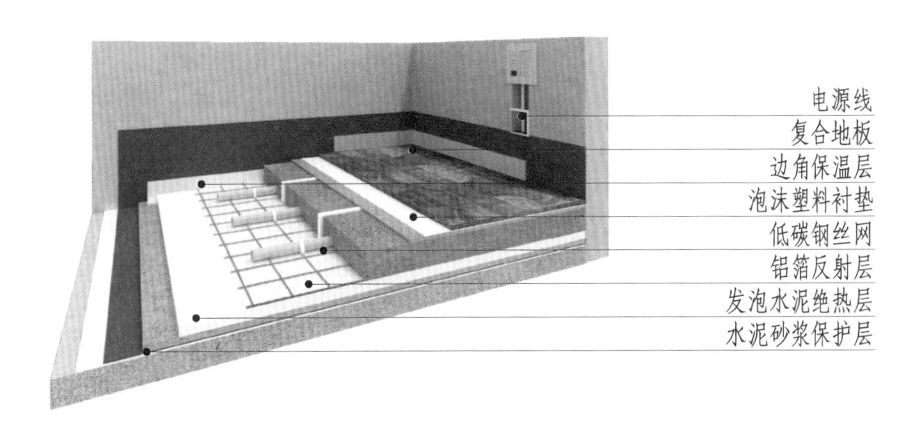

图 12-9-6 复合地板水暖地面三维图（发泡水泥绝热层）方向二

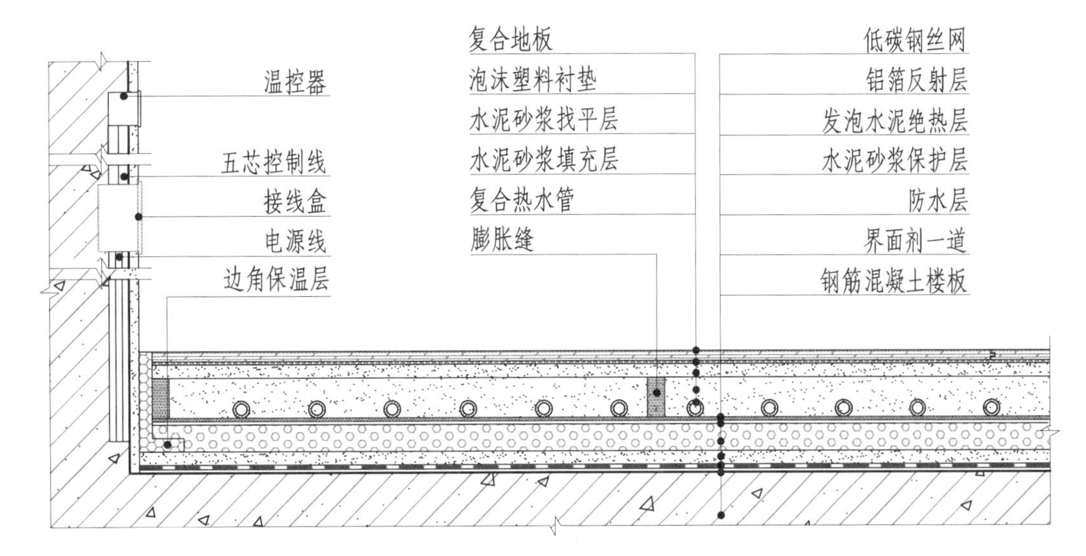

图 12-9-7 复合地板水暖地面构造节点图（发泡水泥绝热层）

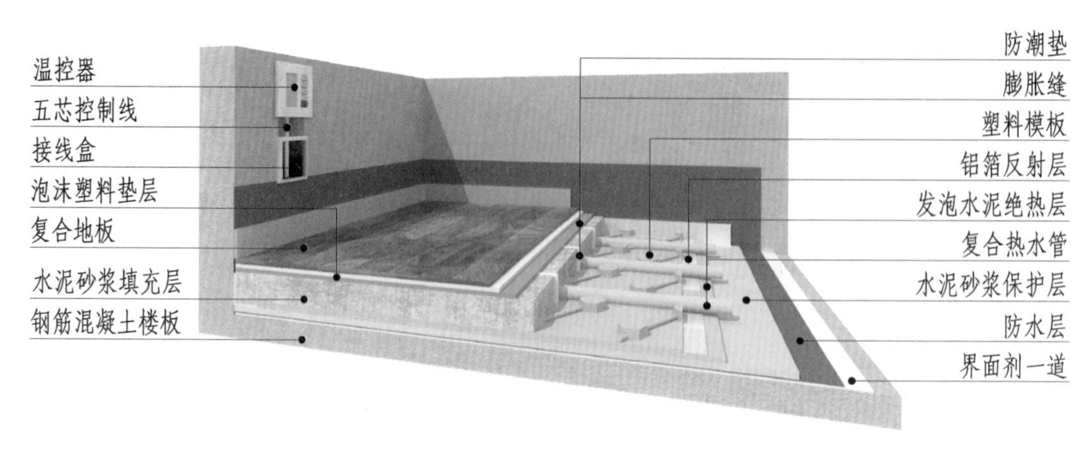

图 12-9-8 复合地板水暖地面三维图（塑料模板）方向一

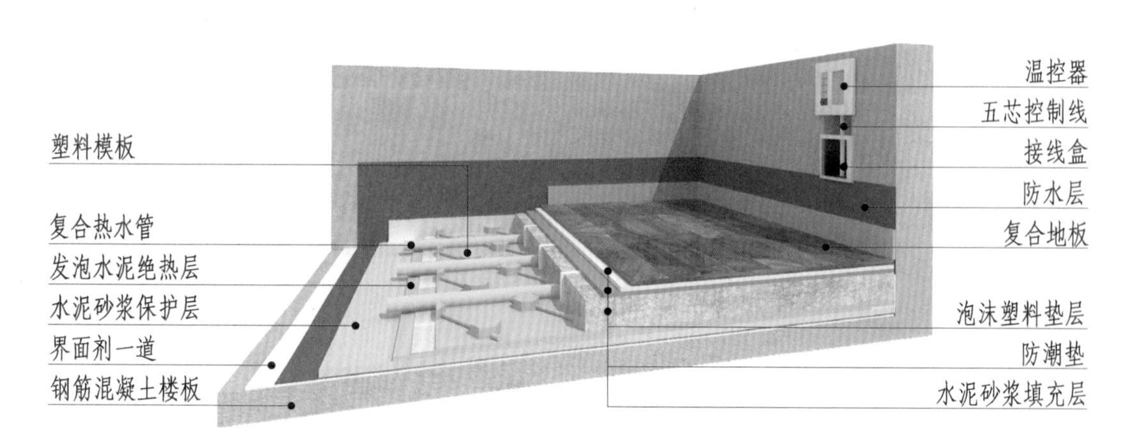

图 12-9-9 复合地板水暖地面三维图（塑料模板）方向二

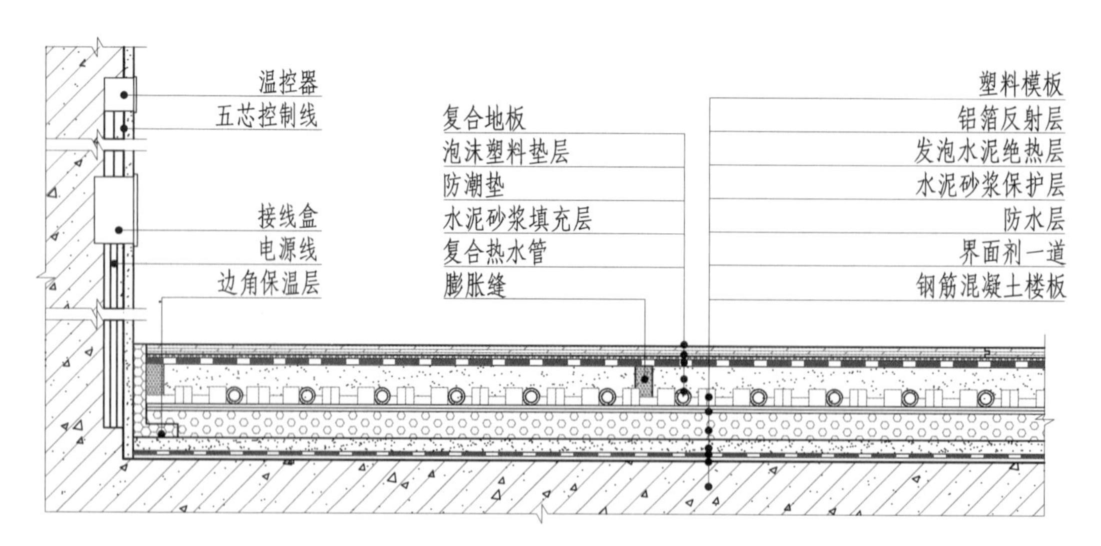

图 12-9-10 复合地板水暖地面构造节点图（塑料模板）

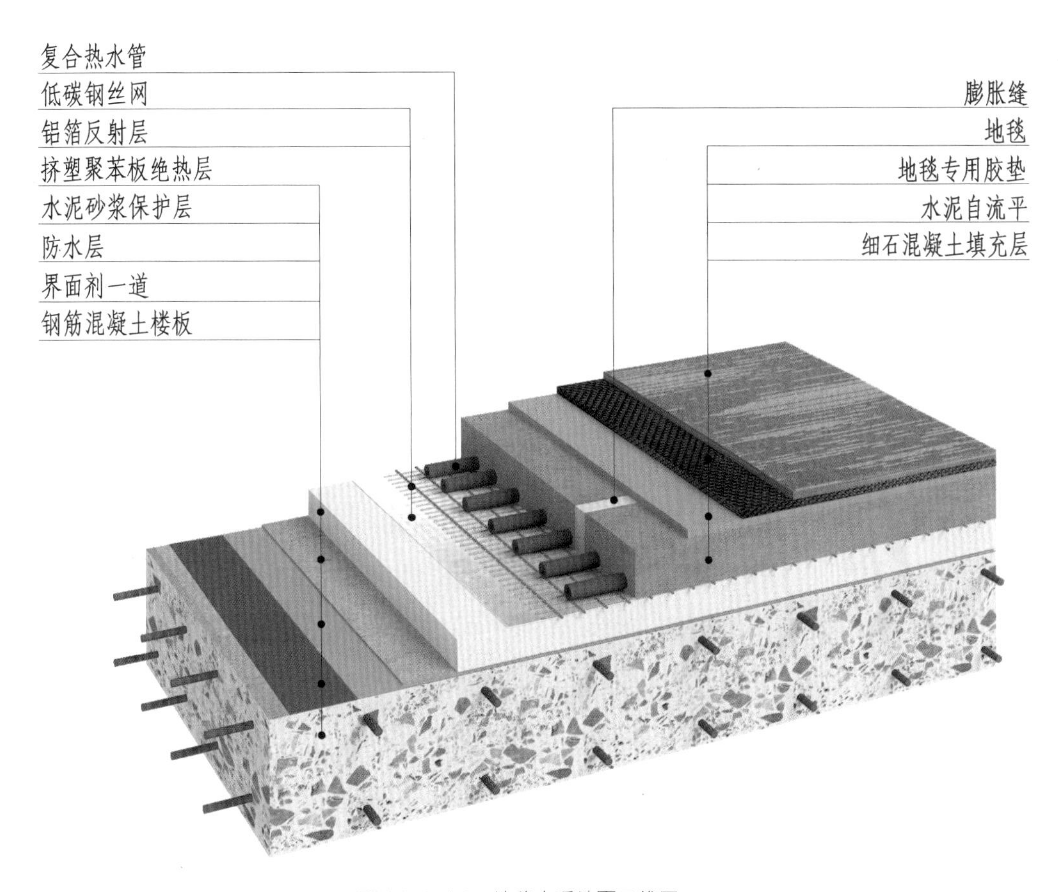

图 12-9-11 地毯水暖地面三维图

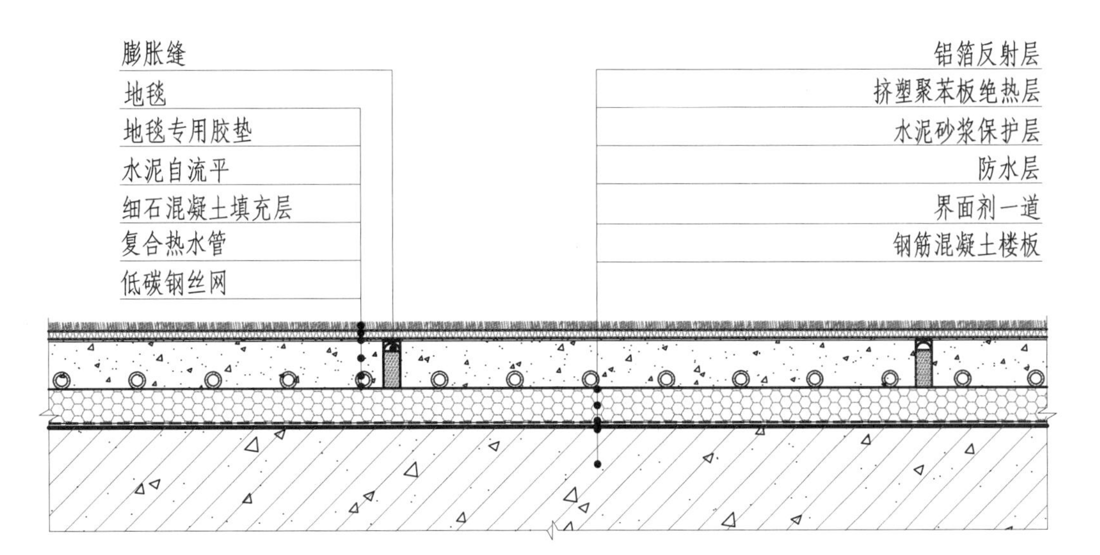

图 12-9-12 地毯水暖地面构造节点图

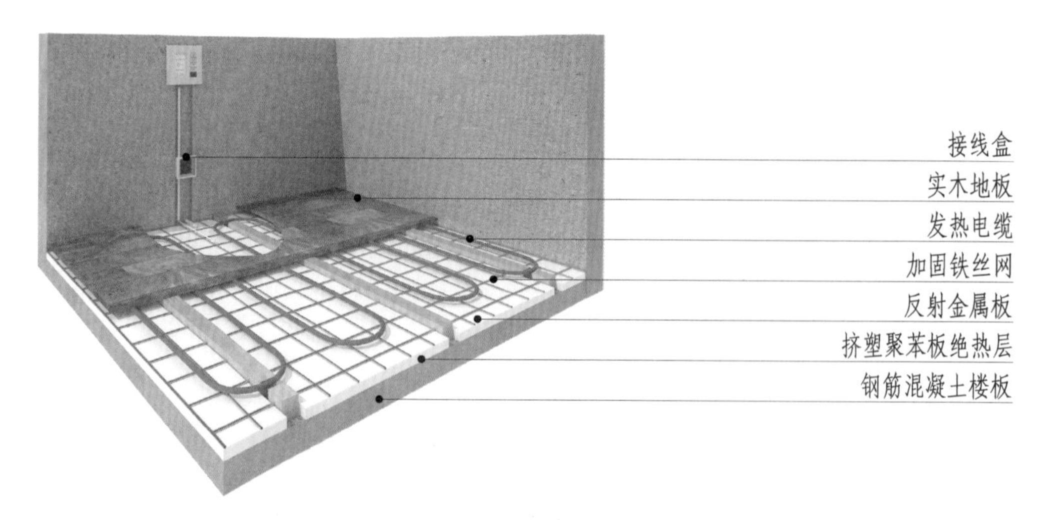

图 12-9-13 实木地板电暖地面三维图方向一

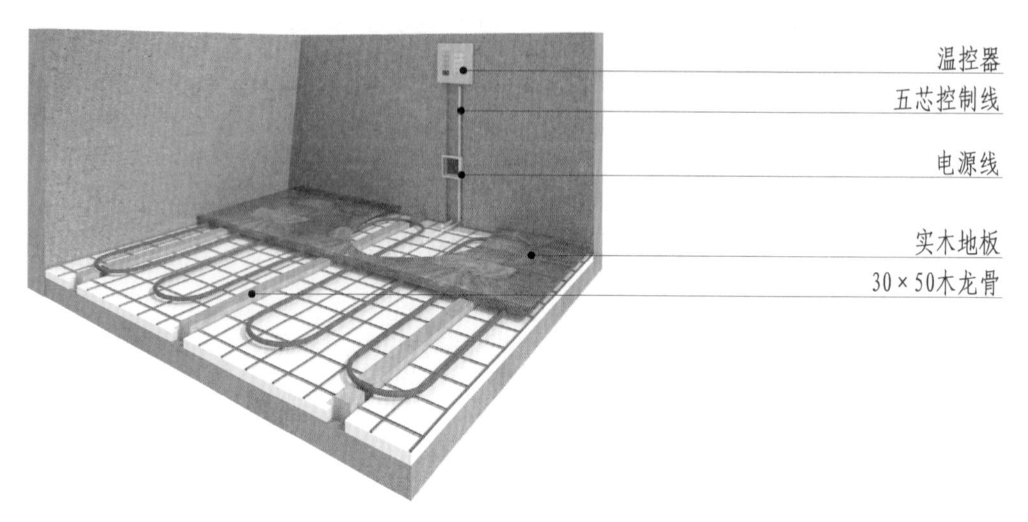

图 12-9-14 实木地板电暖地面三维图方向二

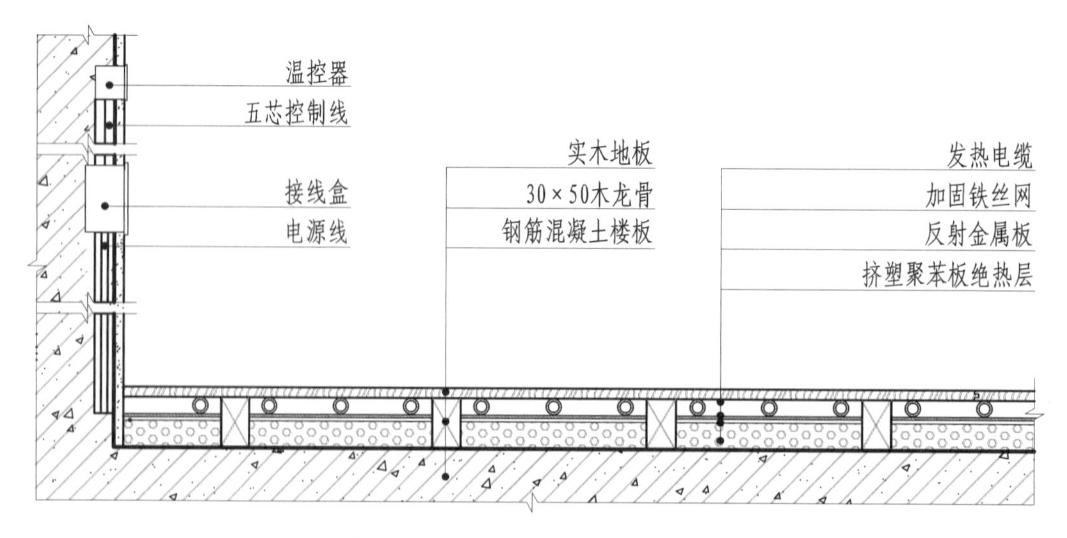

图 12-9-15 实木地板电暖地面构造节点图

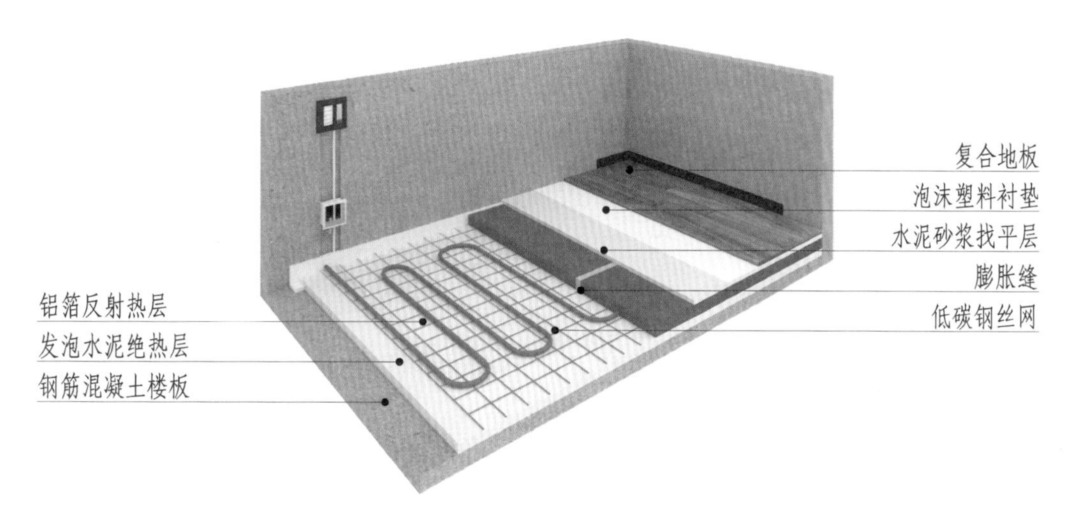

图 12-9-16 复合地板电暖地面三维图方向一

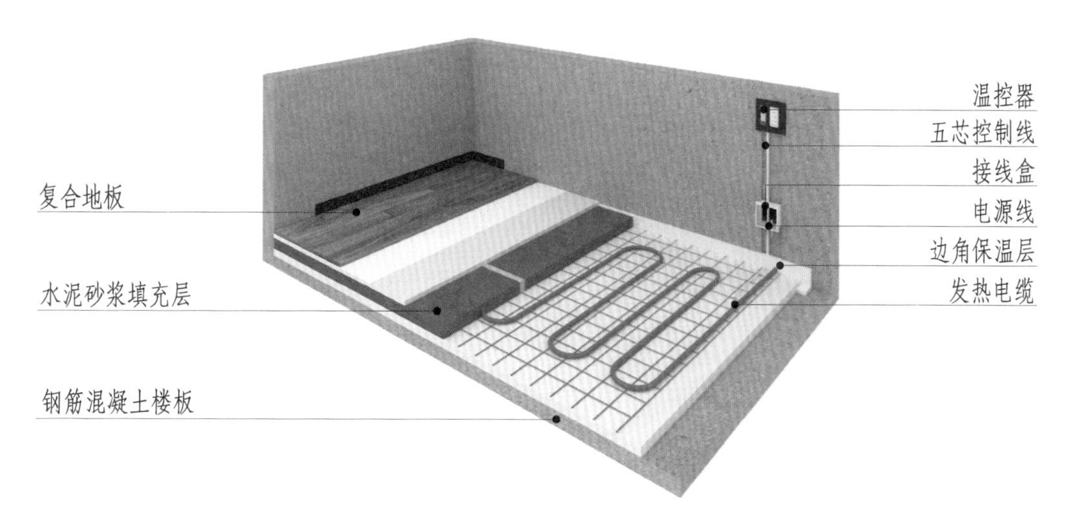

图 12-9-17 复合地板电暖地面三维图方向二

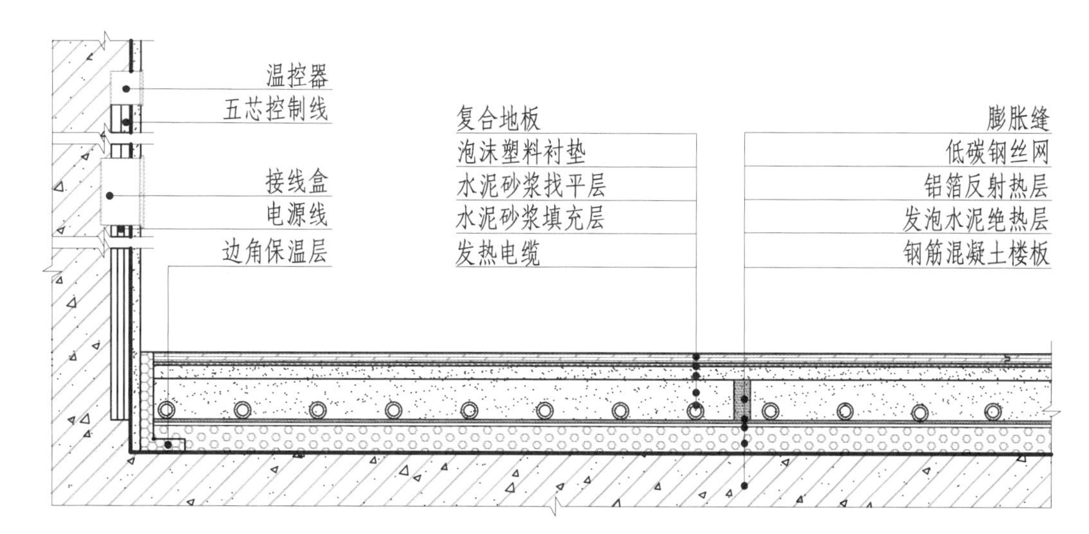

图 12-9-18 复合地板电暖地面构造节点图

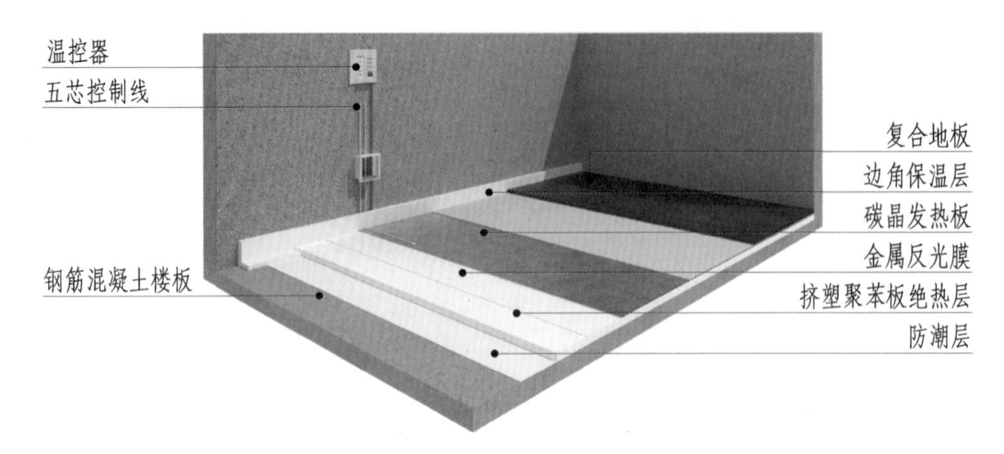

图 12-9-19 复合地板碳晶电暖地面三维图方向一

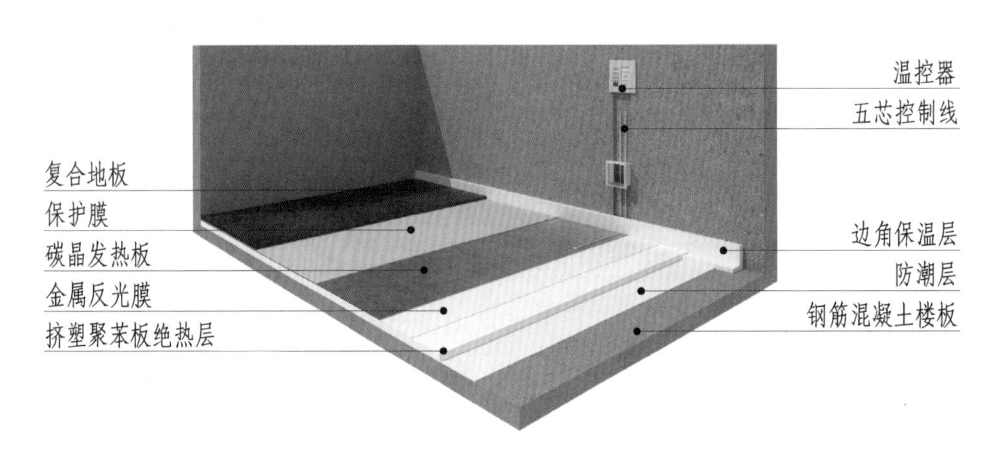

图 12-9-20 复合地板碳晶电暖地面三维图方向二

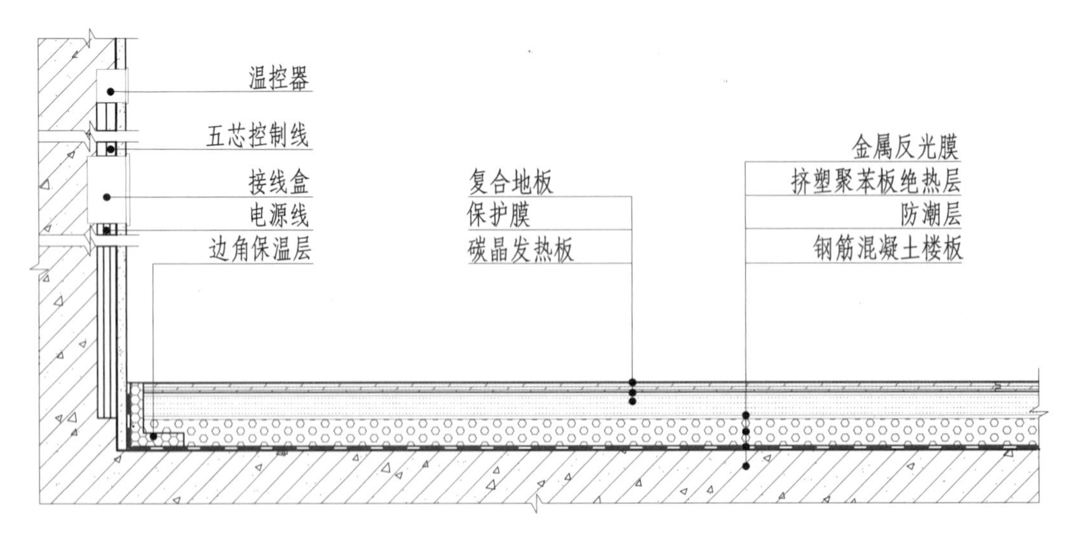

图 12-9-21 复合地板碳晶电暖地面构造节点图

第十节　地砖与不同材料交接构造

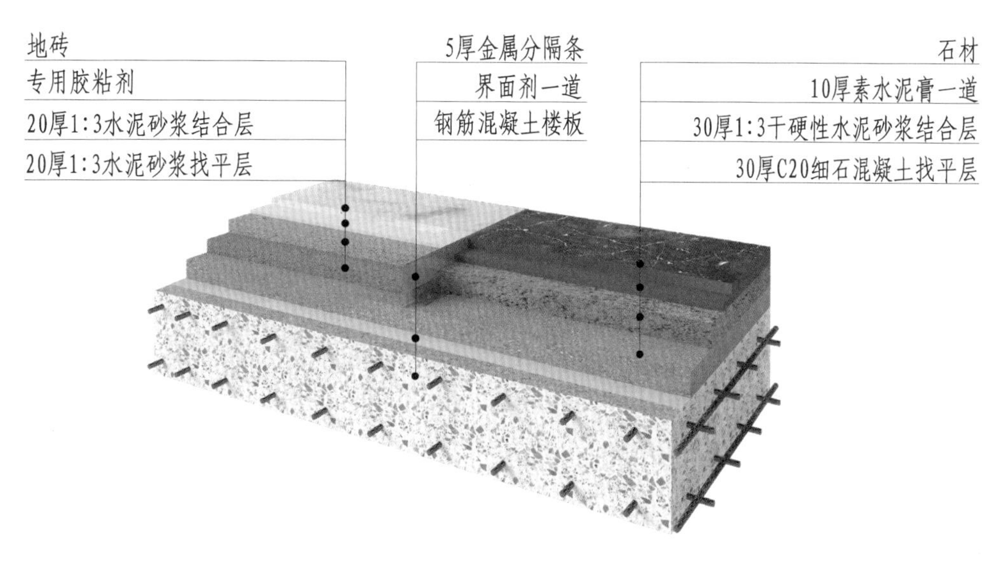

图 12-10-1　石材与地砖交接地面三维图方向一

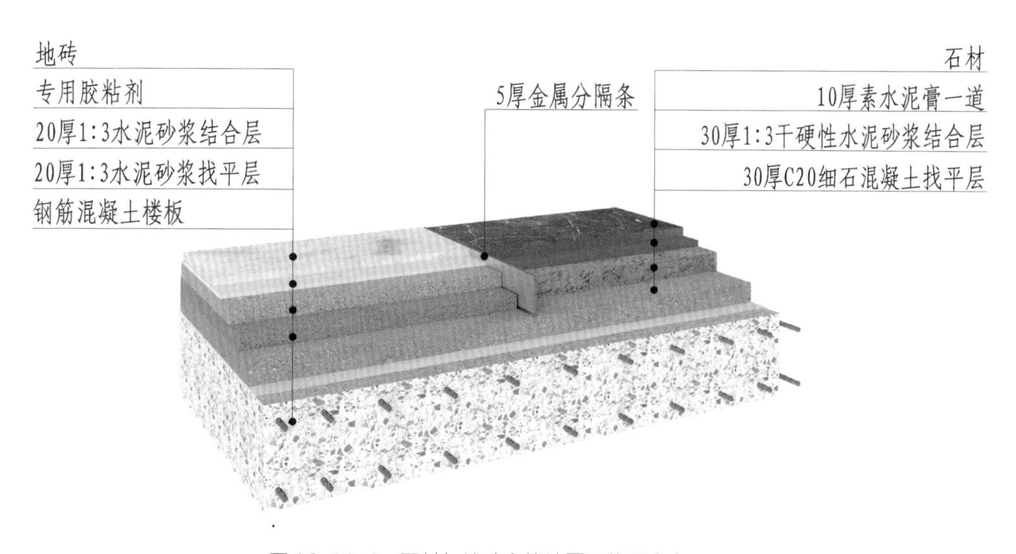

图 12-10-2　石材与地砖交接地面三维图方向二

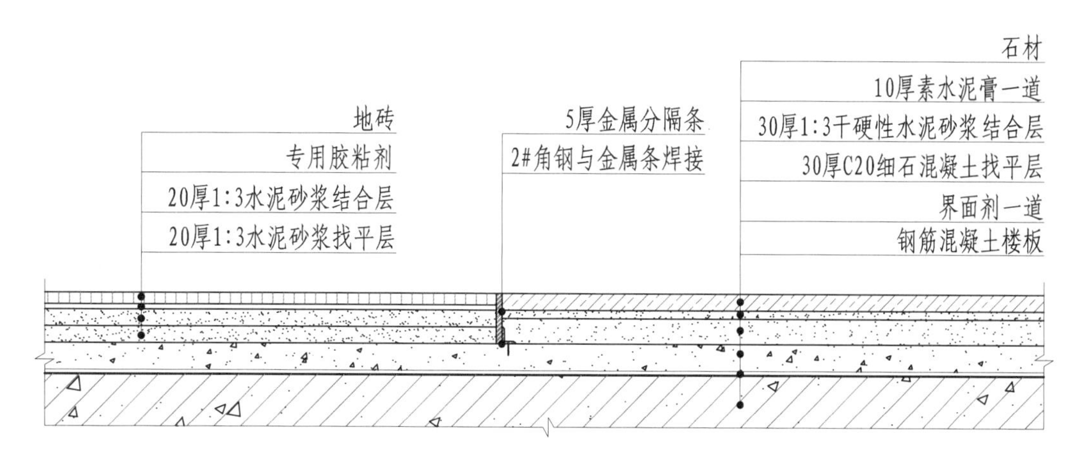

图 12-10-3　石材与地砖交接地面构造节点图

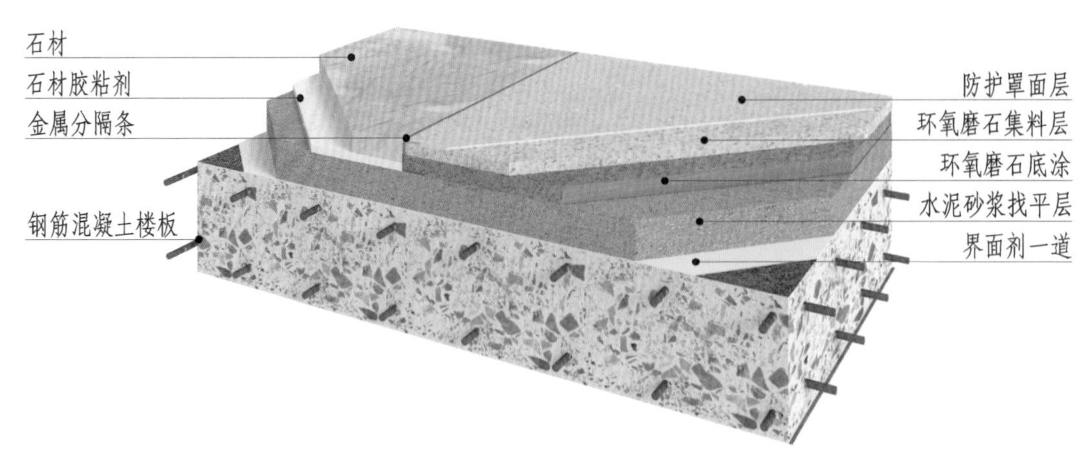

图 12-10-4 石材与水磨石交接地面三维图

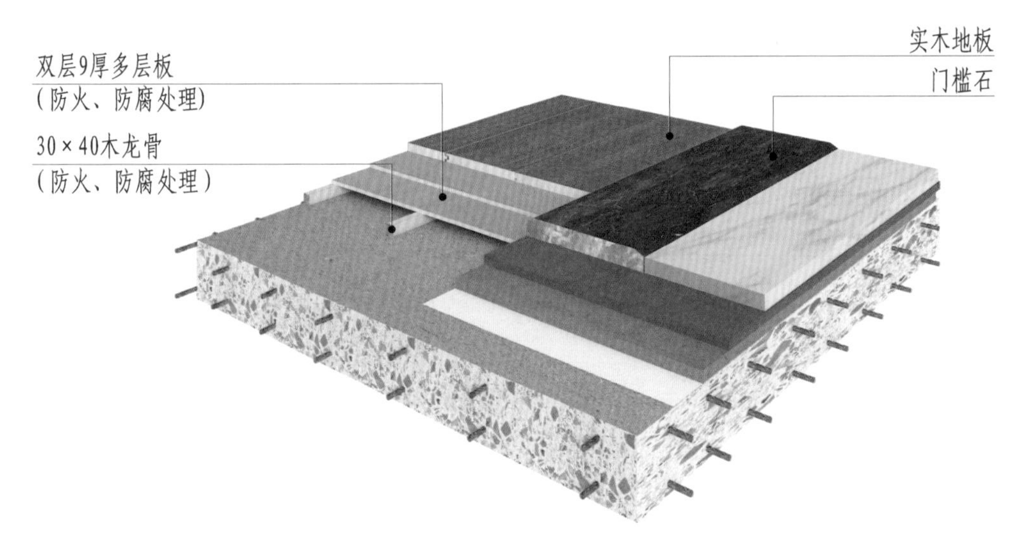

图 12-10-5 石材与木地板交接地面三维图（门槛石过渡）

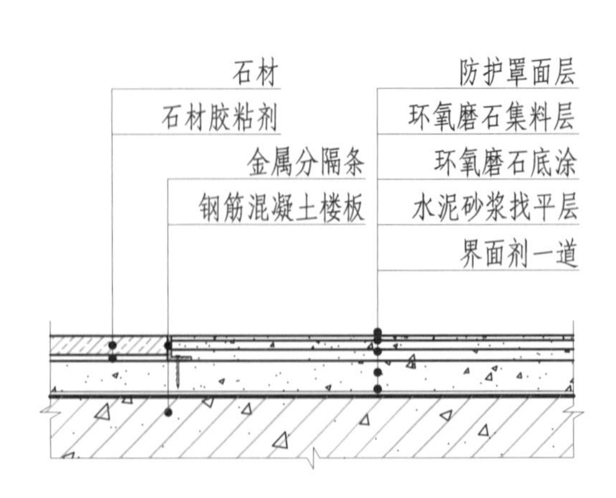

图 12-10-6 石材与水磨石交接地面构造节点图

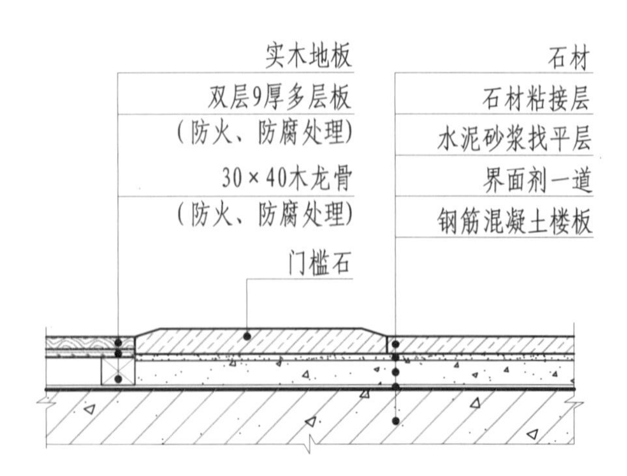

图 12-10-7 石材与木地板交接地面构造节点图（门槛石过渡）

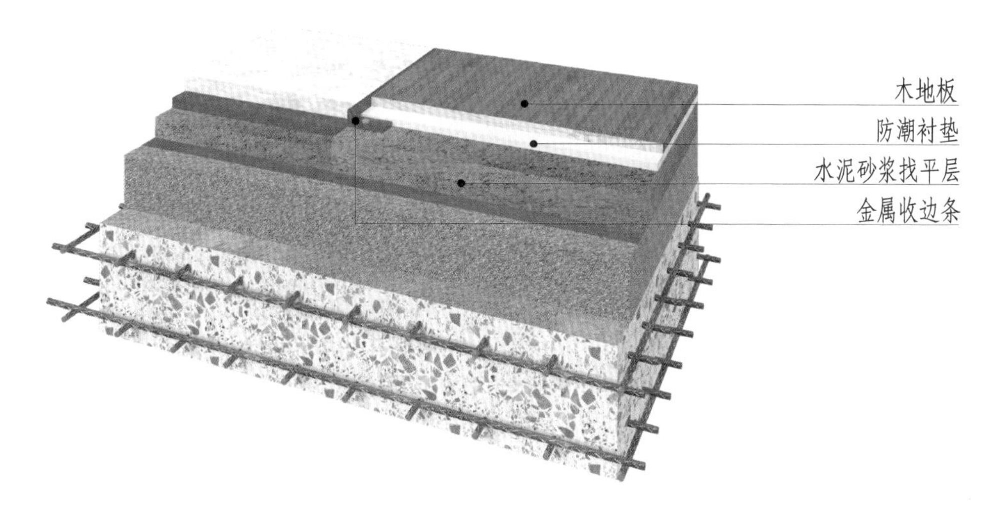

图 12-10-8 石材与木地板交接地面三维图（L 型收边条）方向一

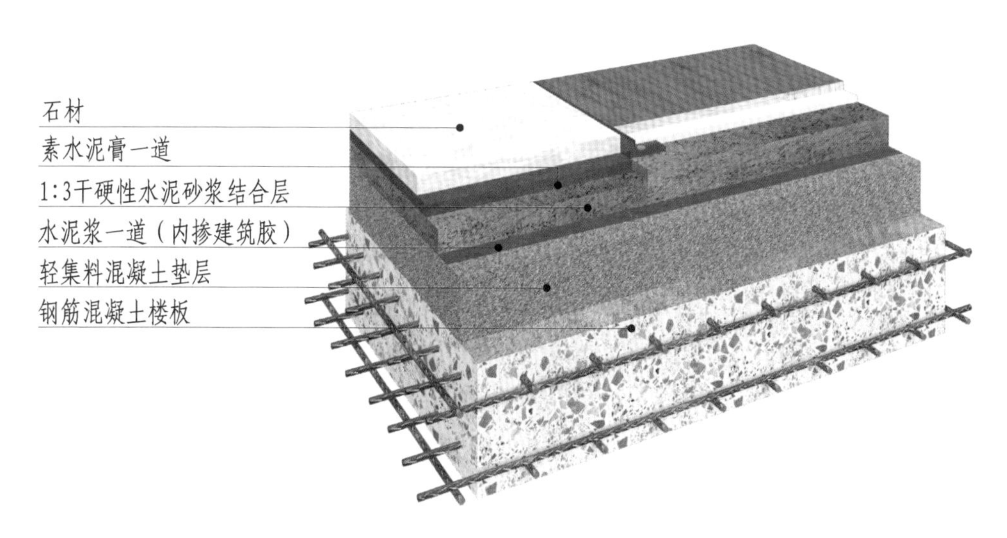

图 12-10-9 石材与木地板交接地面三维图（L 型收边条）方向二

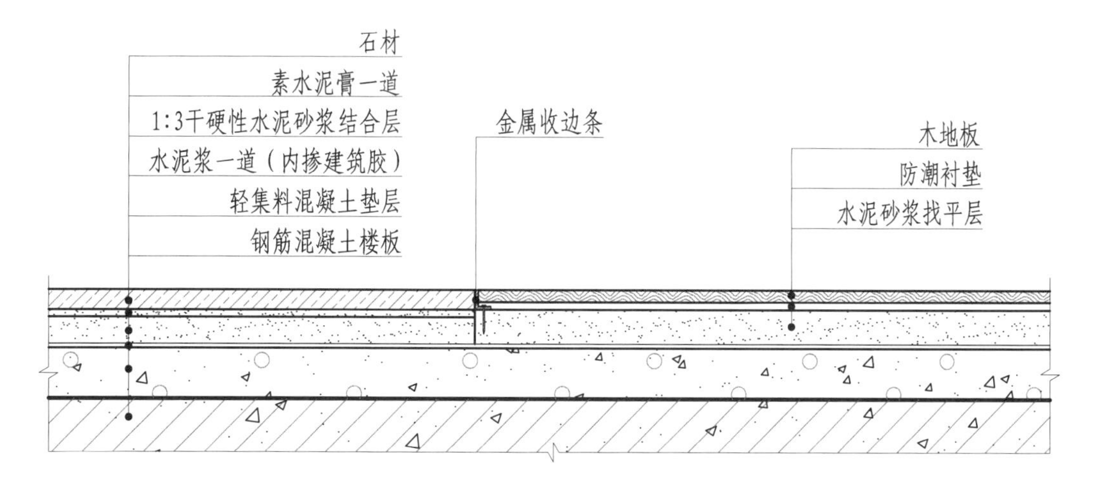

图 12-10-10 石材与木地板交接地面构造节点图（L 型收边条）

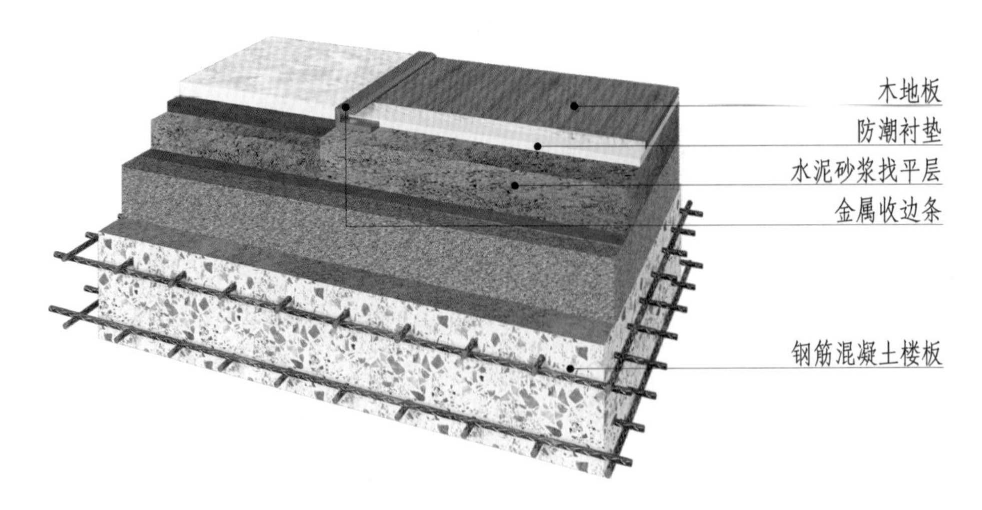

图 12-10-11 石材与木地板交接地面三维图（U 型收边条）方向一

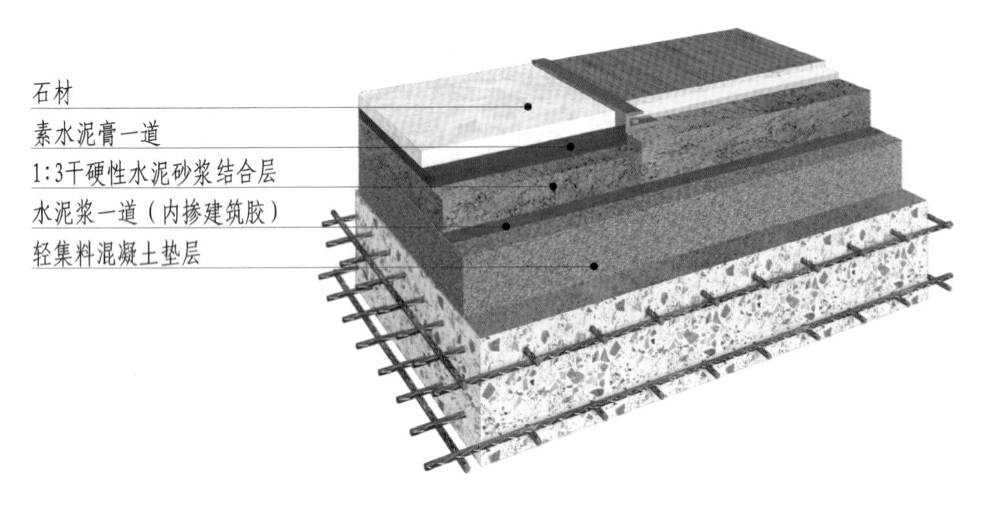

图 12-10-12 石材与木地板交接地面三维图（U 型收边条）方向二

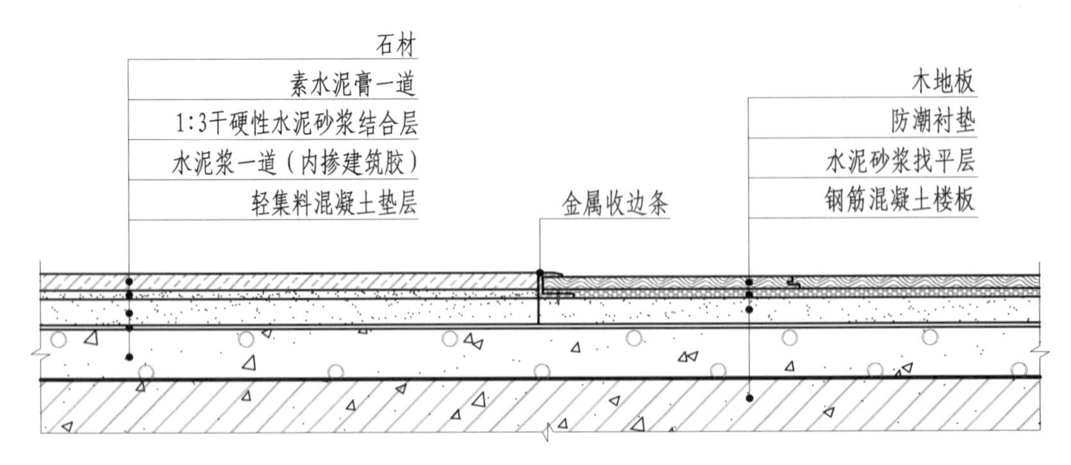

图 12-10-13 石材与木地板交接地面构造节点图（U 型收边条）

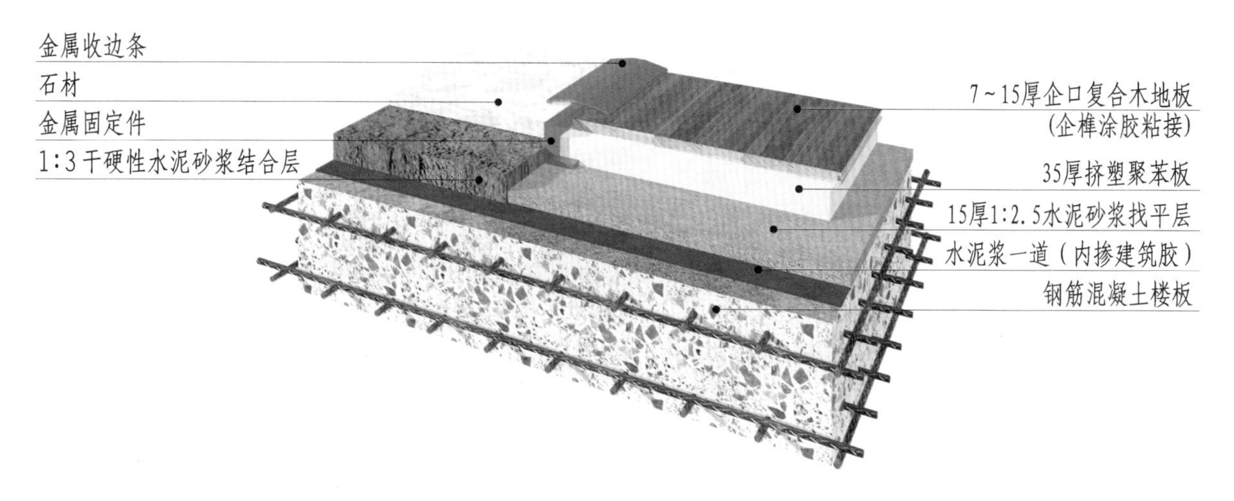

图 12-10-14　石材与木地板交接地面三维图（T 型收边条）

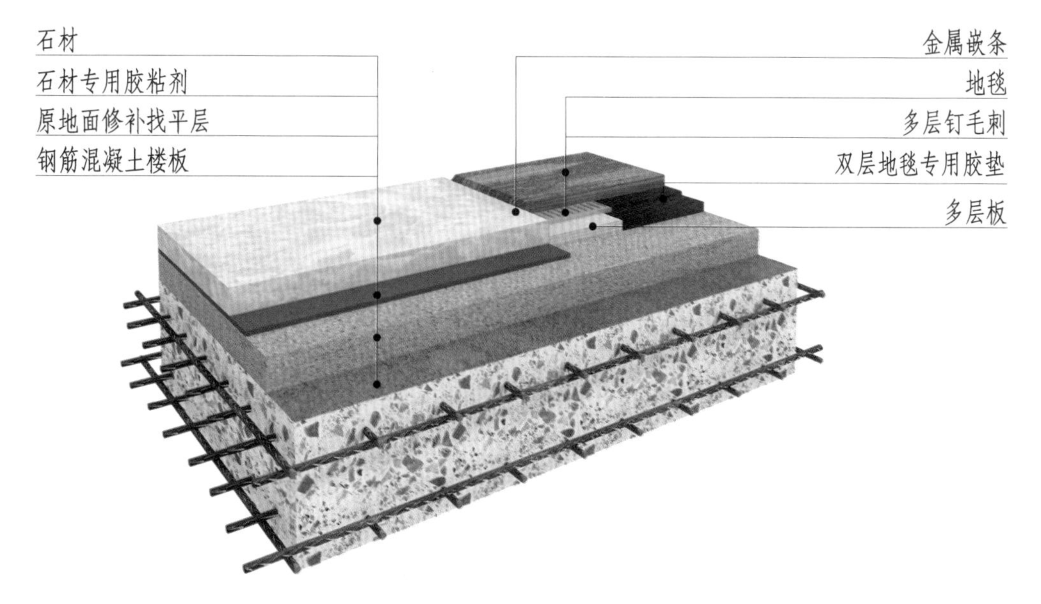

图 12-10-15　石材与地毯交接地面三维图（L 型收边条）

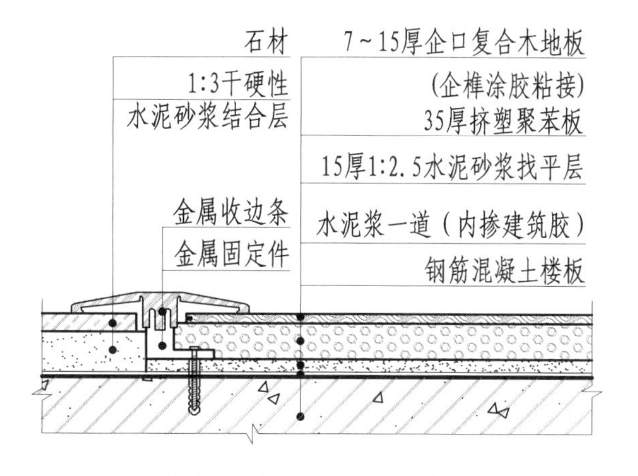

图 12-10-16　石材与木地板交接地面构造节点图（T 型收边条）

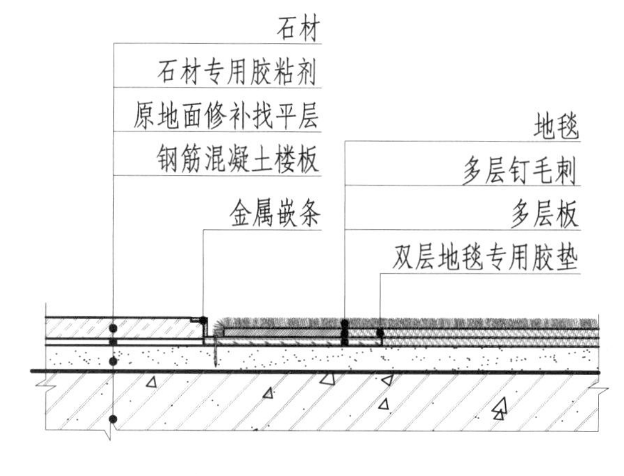

图 12-10-17　石材与地毯交接地面构造节点图（L 型收边条）

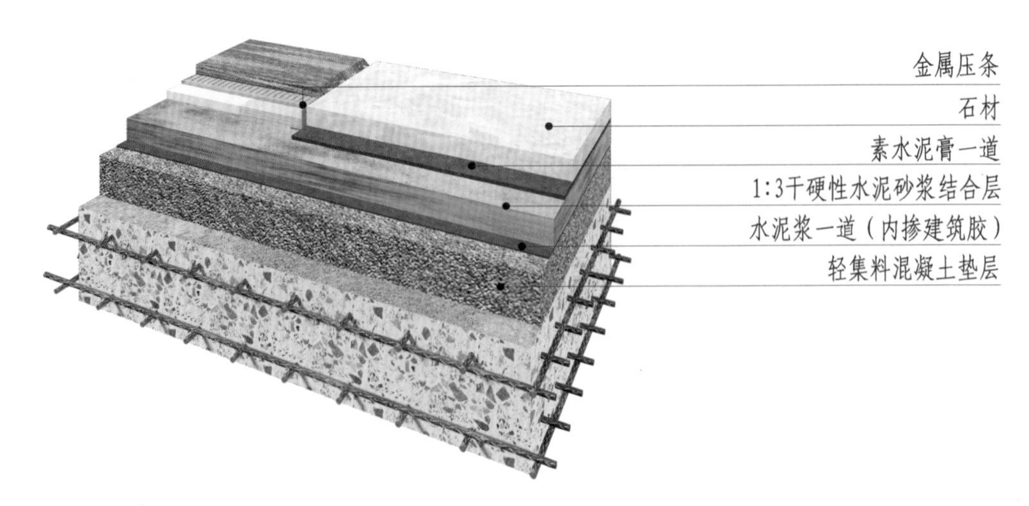

图 12-10-18 石材与地毯交接地面三维图（L 型收边条 + 倒刺条）方向一

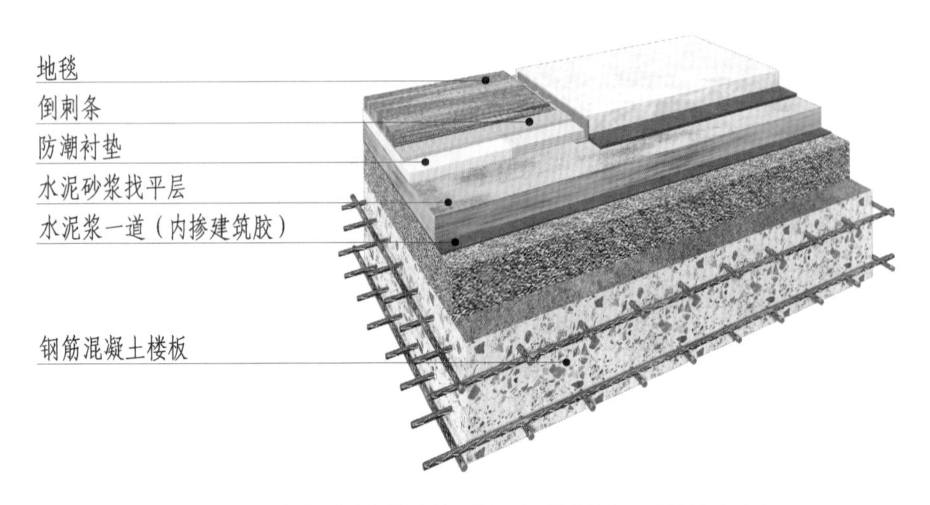

图 12-10-19 石材与地毯交接地面三维图（L 型收边条 + 倒刺条）方向二

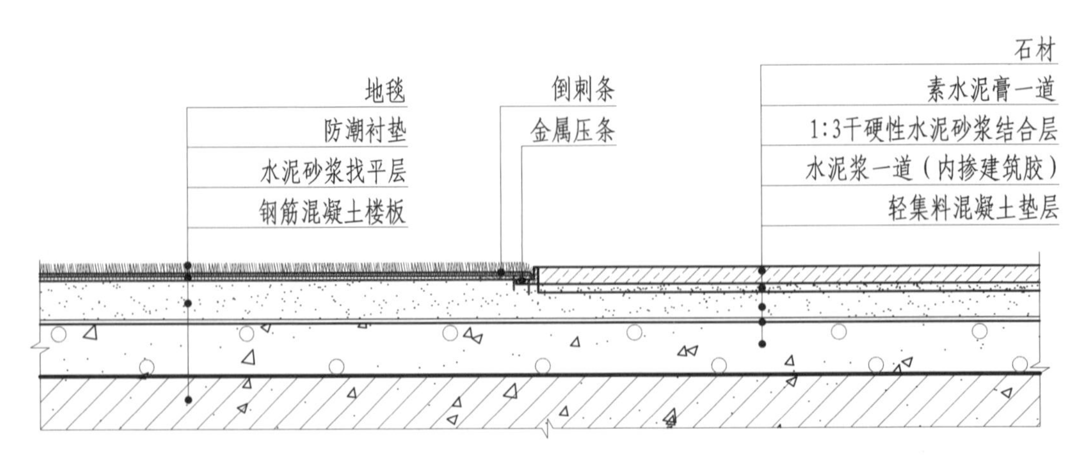

图 12-10-20 石材与地毯交接地面构造节点图（L 型收边条 + 倒刺条）

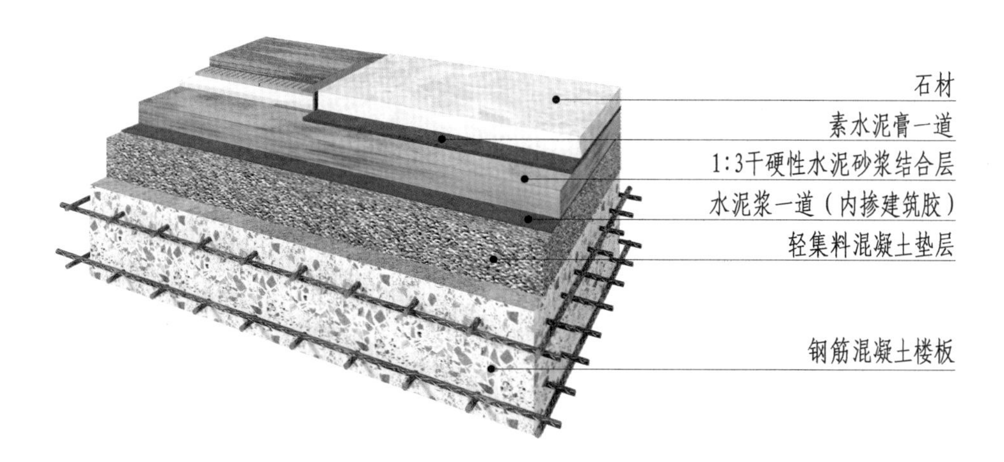

图 12-10-21 石材与地毯交接地面三维图（U 型倒刺条盖地毯）方向一

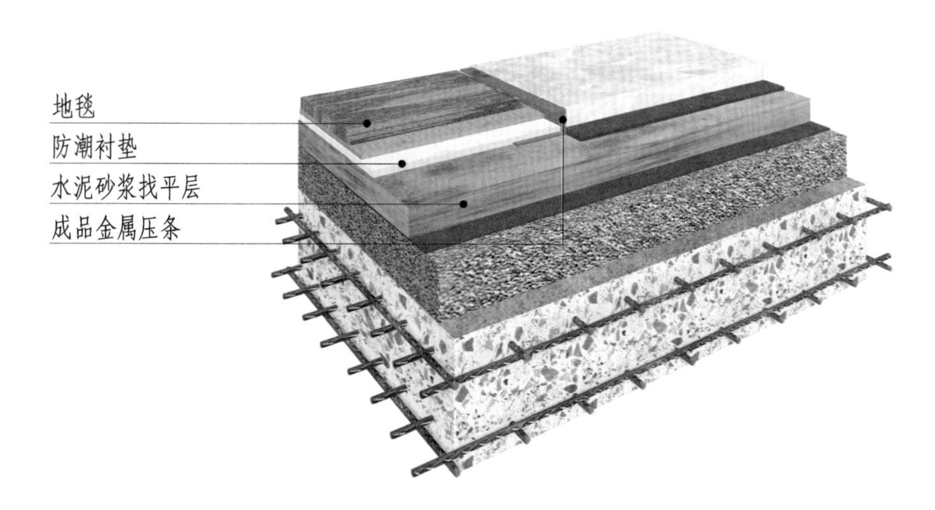

图 12-10-22 石材与地毯交接地面三维图（U 型倒刺条盖地毯）方向二

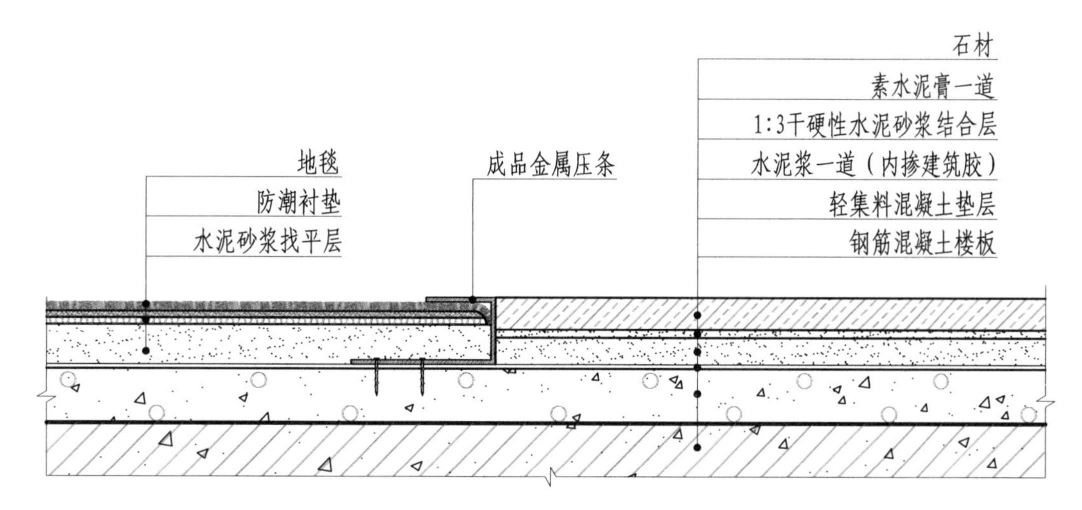

图 12-10-23 石材与地毯交接地面构造节点图（U 型倒刺条盖地毯）

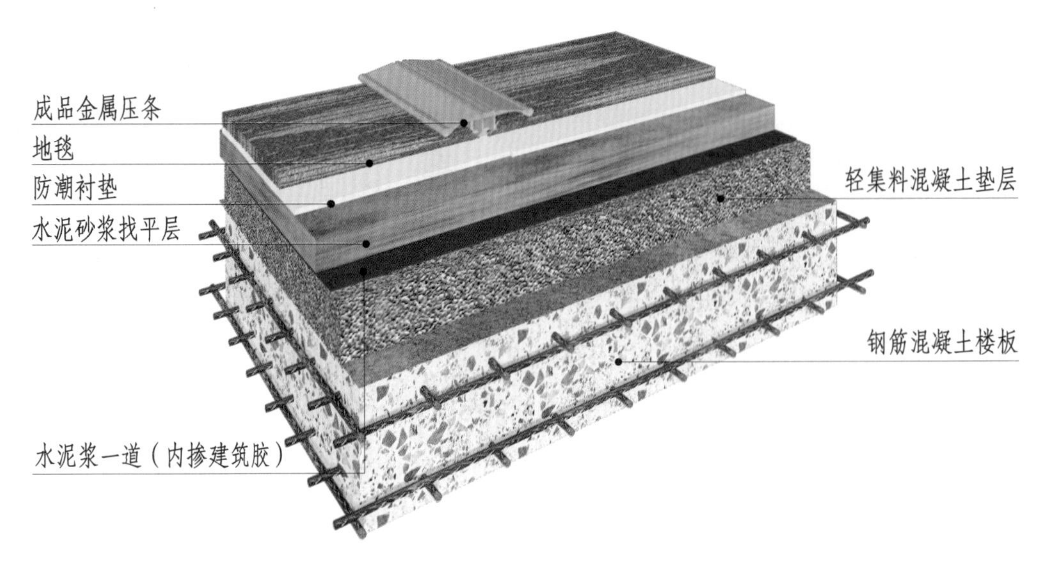

图 12-10-24 地毯与地毯交接地面三维图

图 12-10-25 石材与除尘地垫交接地面三维图

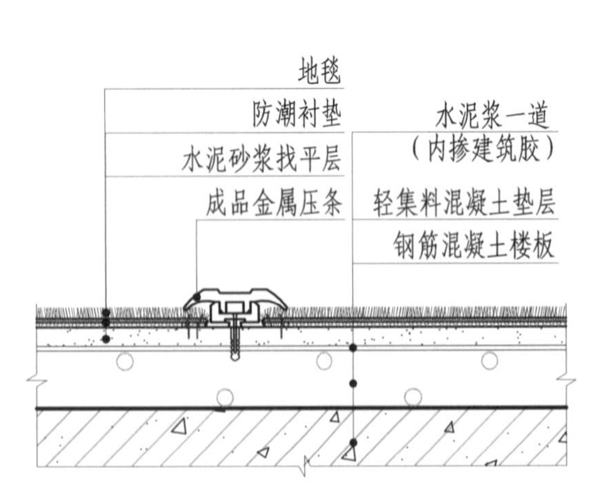

图 12-10-26 地毯与地毯交接处节点图

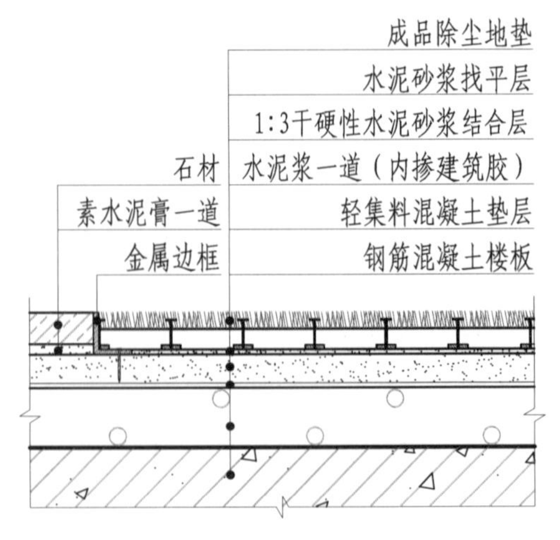

图 12-10-27 石材与除尘地垫交接处节点图

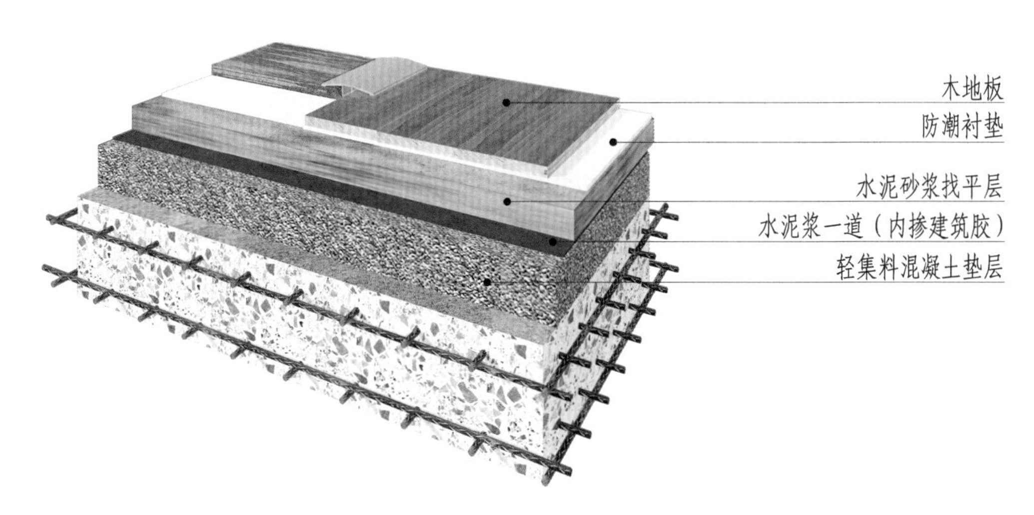

图 12-10-28　地毯与木地板交接地面三维图（成品金属压条）方向一

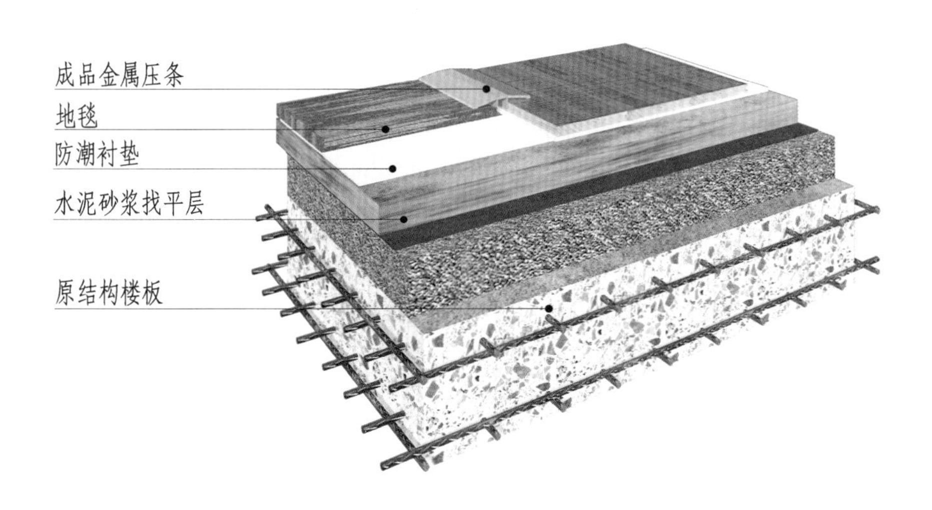

图 12-10-29　地毯与木地板交接地面三维图（成品金属压条）方向二

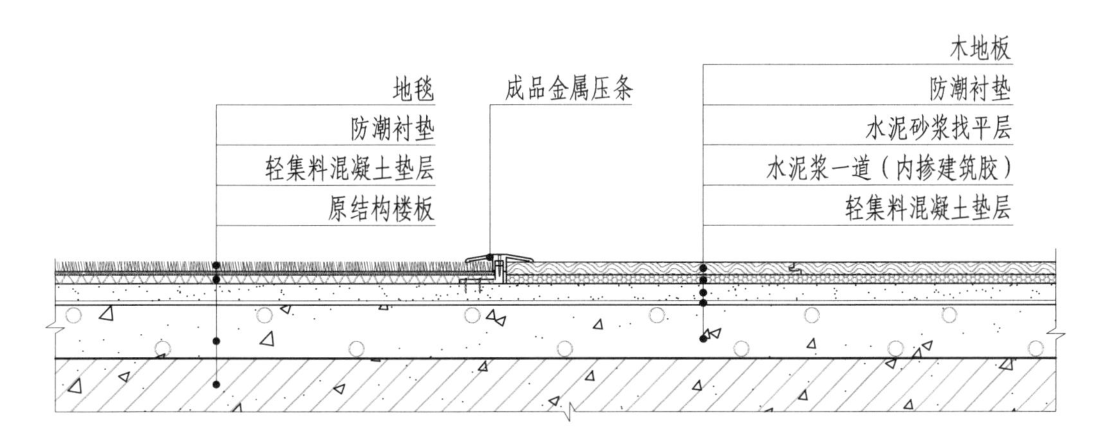

图 12-10-30　地毯与木地板交接地面构造节点图（成品金属压条）

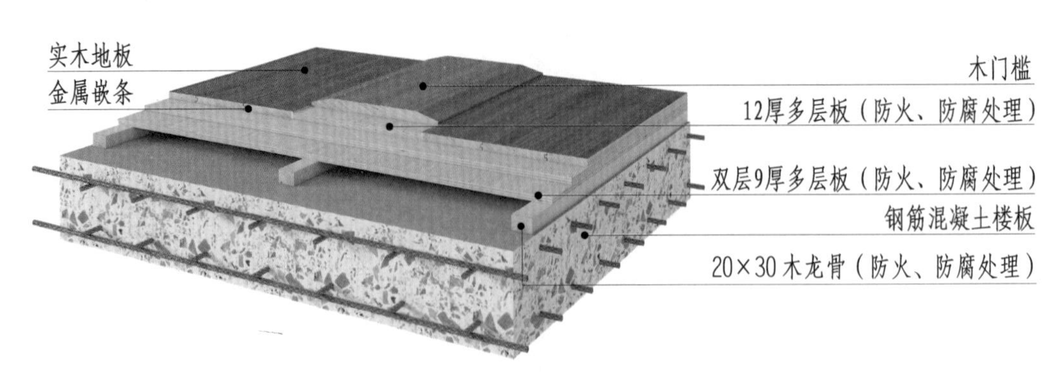

图 12-10-31 木地板与木地板交接地面三维图

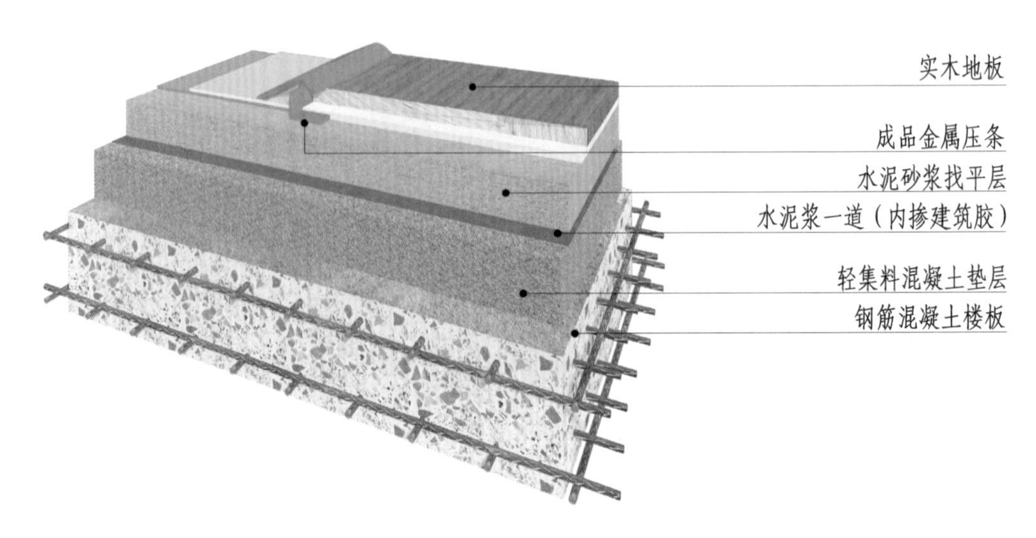

图 12-10-32 木地板与塑胶地板交接地面三维图

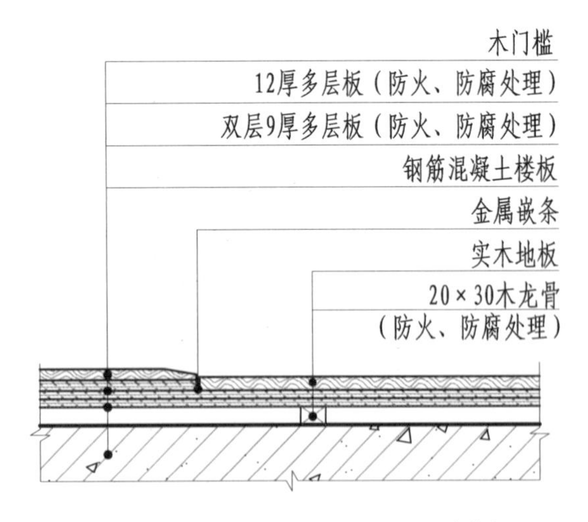

图 12-10-33 木地板与木地板交接地面构造节点图

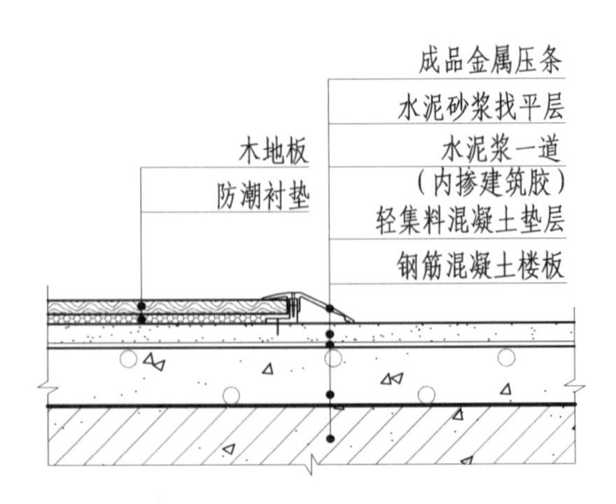

图 12-10-34 木地板与塑胶地板交接地面构造节点图

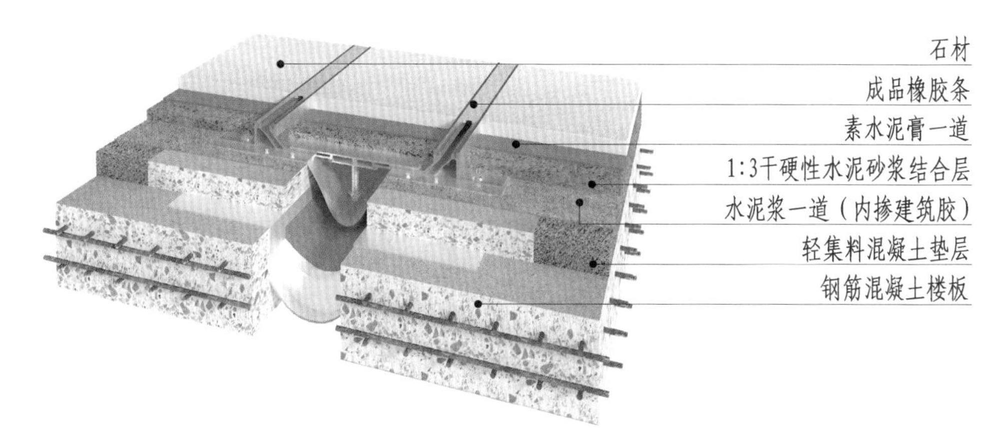

图 12-10-35　地面伸缩缝（一）三维图方向一

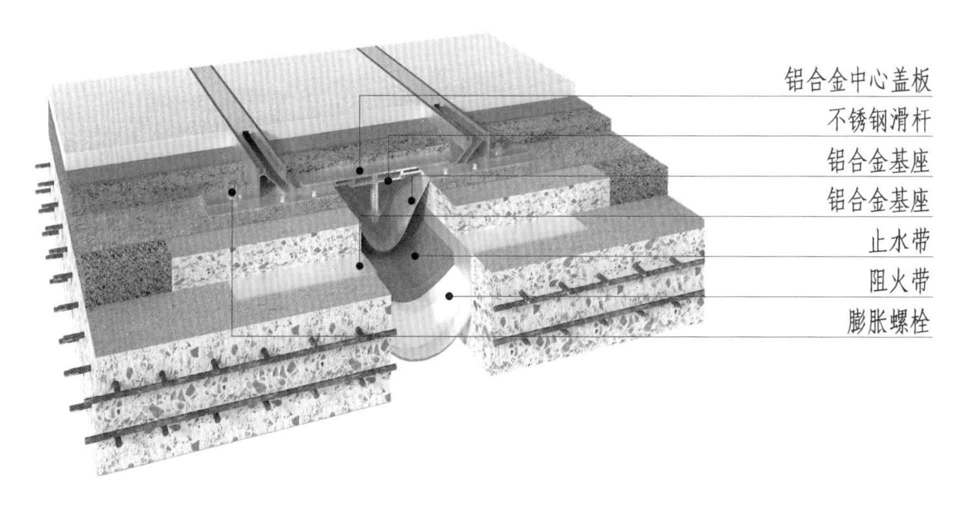

图 12-10-36　地面伸缩缝（一）三维图方向二

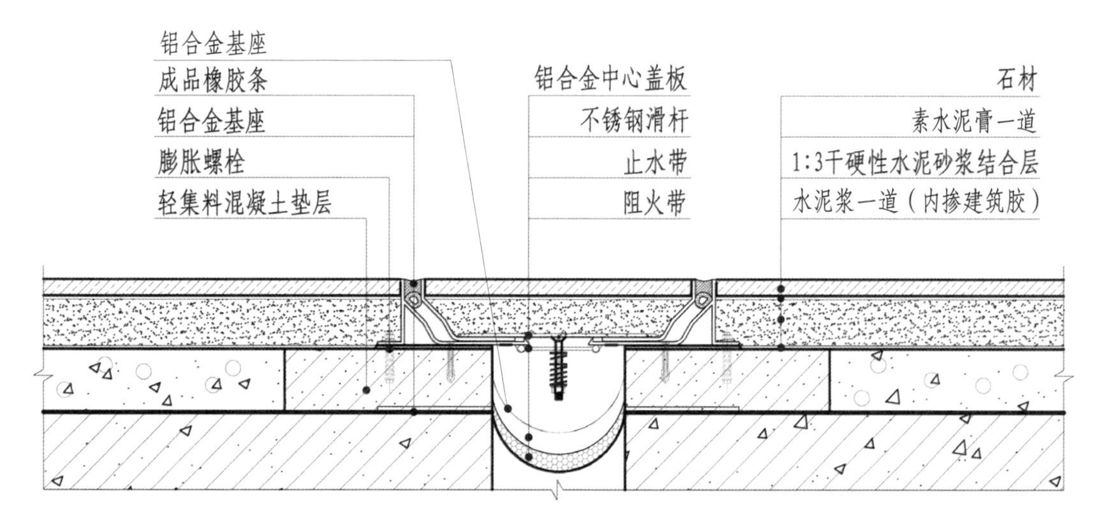

图 12-10-37　地面伸缩缝（一）构造节点图

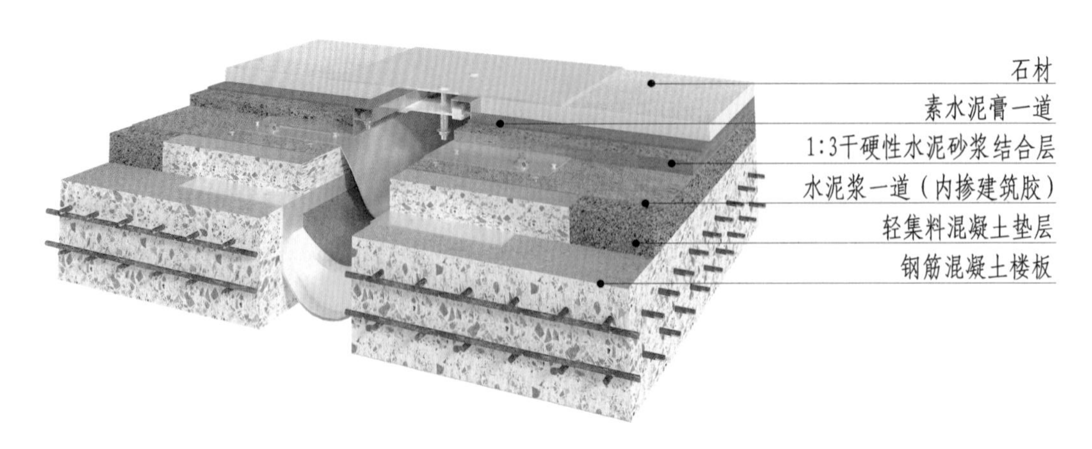

图 12-10-38 地面伸缩缝（二）三维图方向一

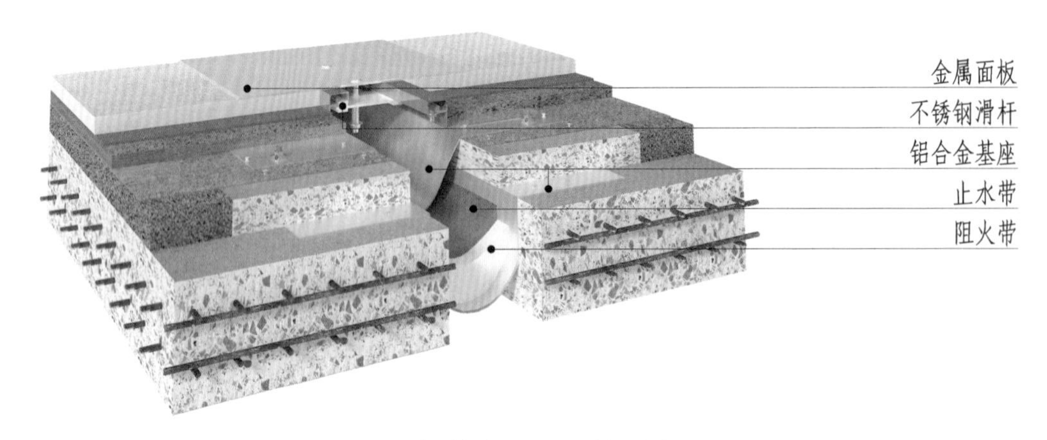

图 12-10-39 地面伸缩缝（二）三维图方向二

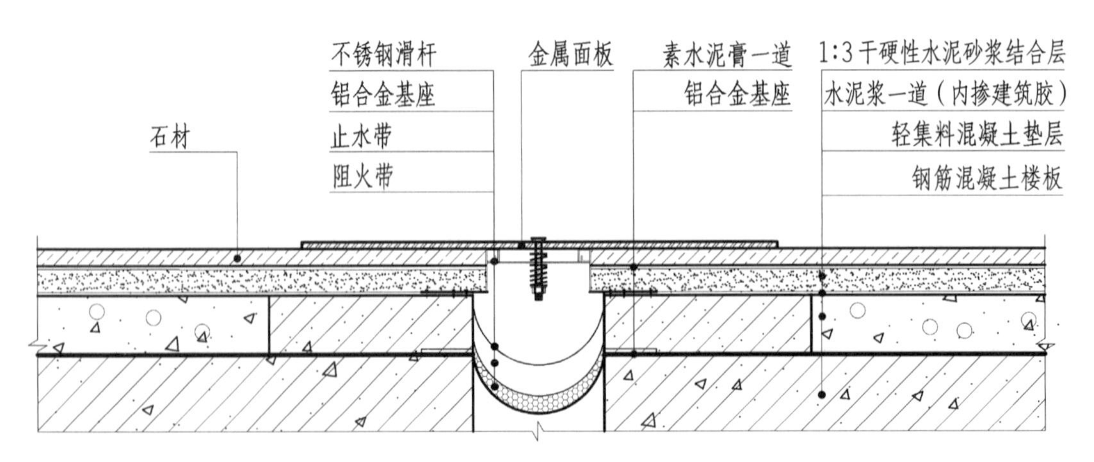

图 12-10-40 地面伸缩缝（二）构造节点图

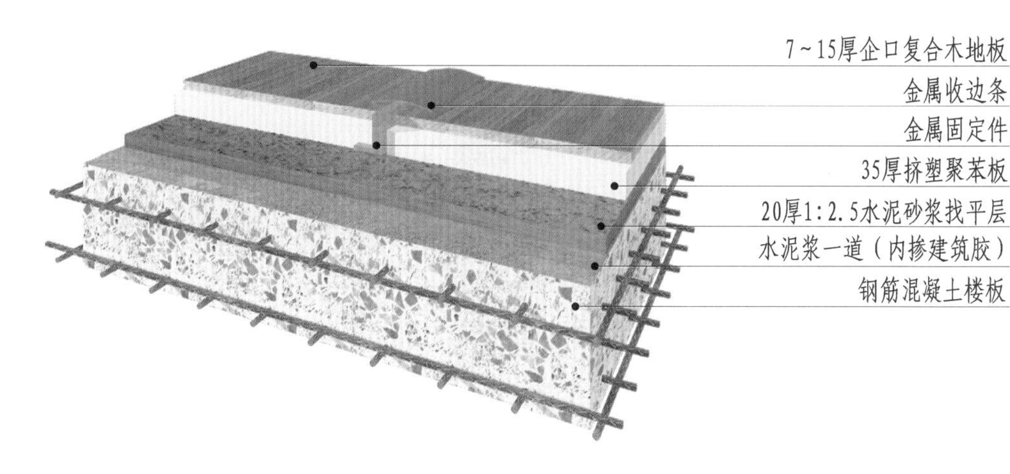

图 12-10-41　地面伸缩缝（三）三维图

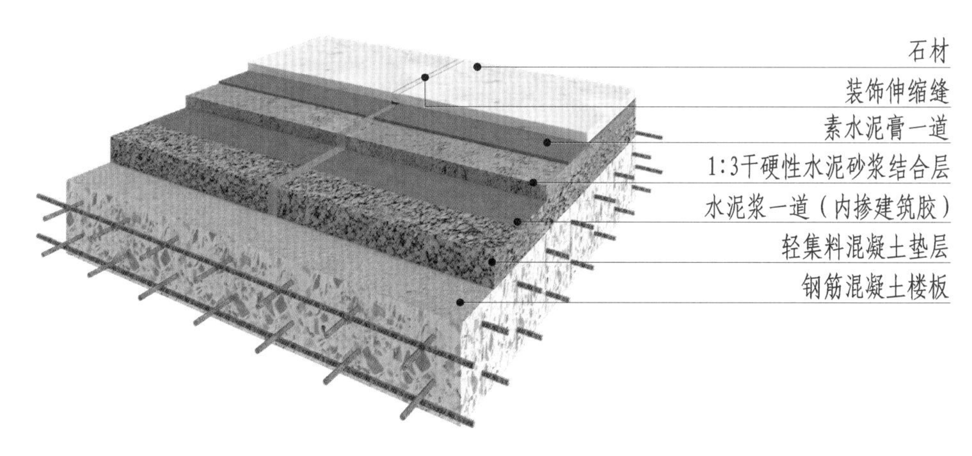

图 12-10-42　地面伸缩缝（四）三维图（石材地面）

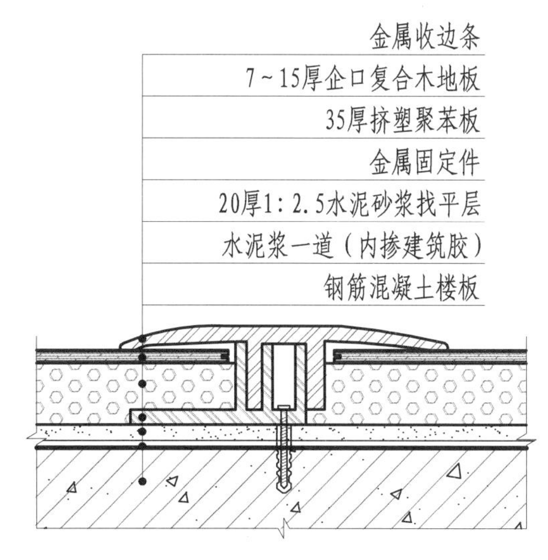

图 12-10-43　地面伸缩缝（三）构造节点图

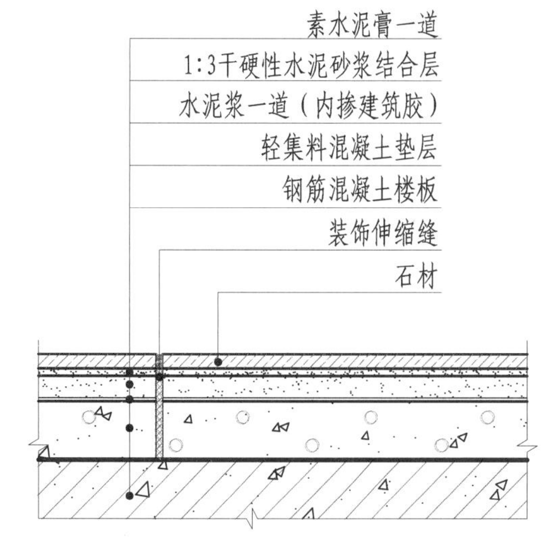

图 12-10-44　地面伸缩缝（四）构造节点图（石材地面）

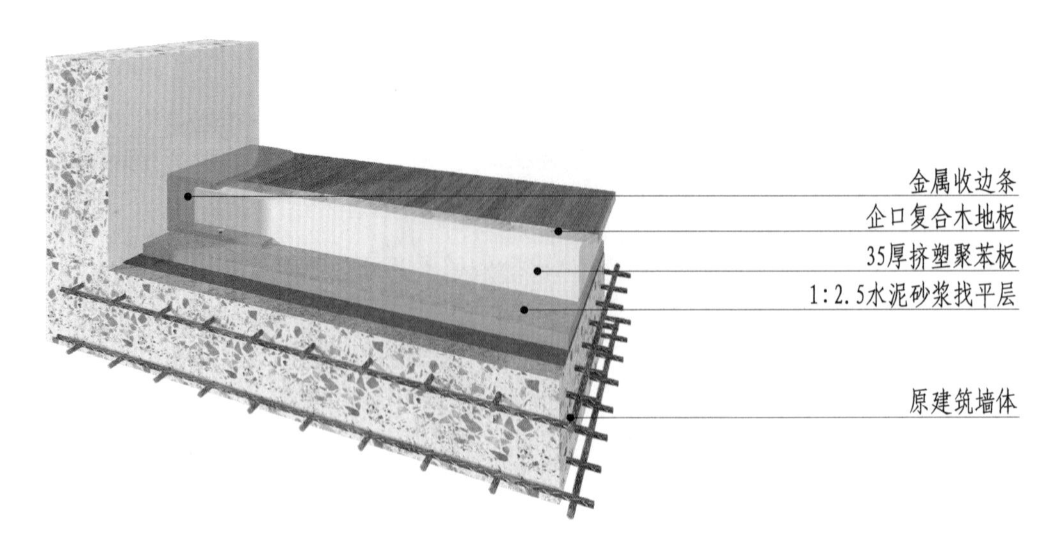

图 12-10-45 复合地板地面伸缩缝（一）三维图

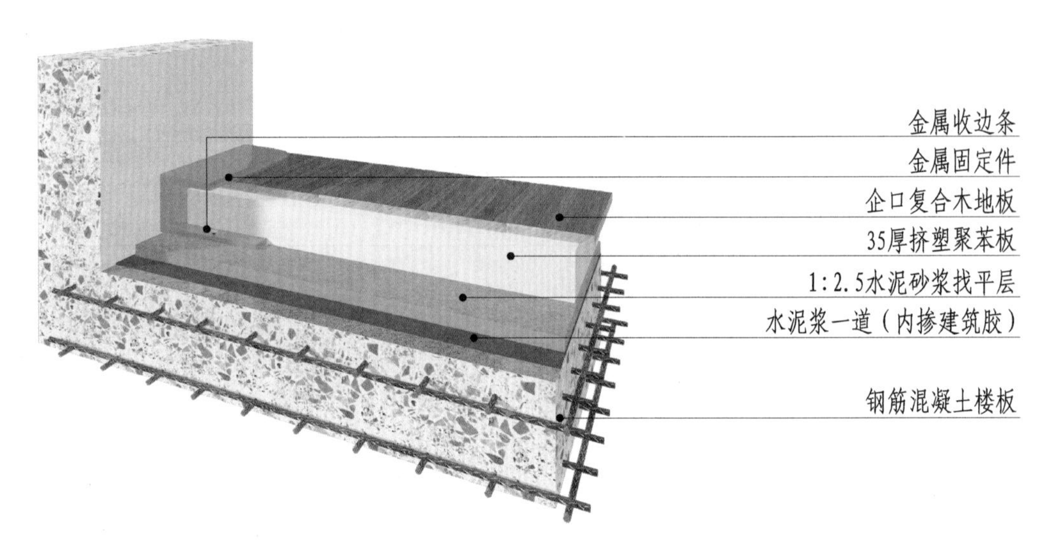

图 12-10-46 复合地板地面伸缩缝（二）三维图

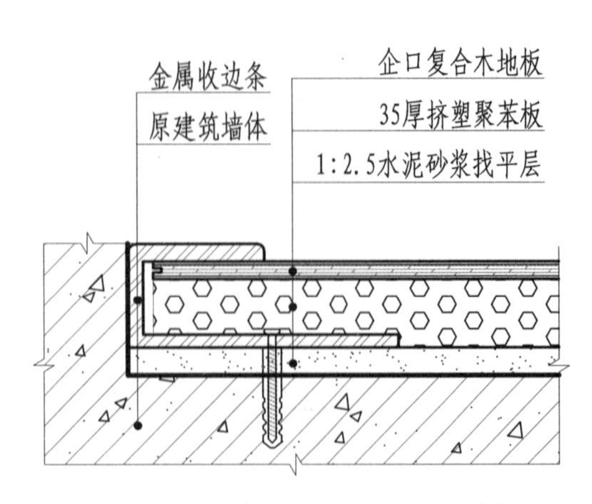

图 12-10-47 复合地板地面伸缩缝（一）构造节点图

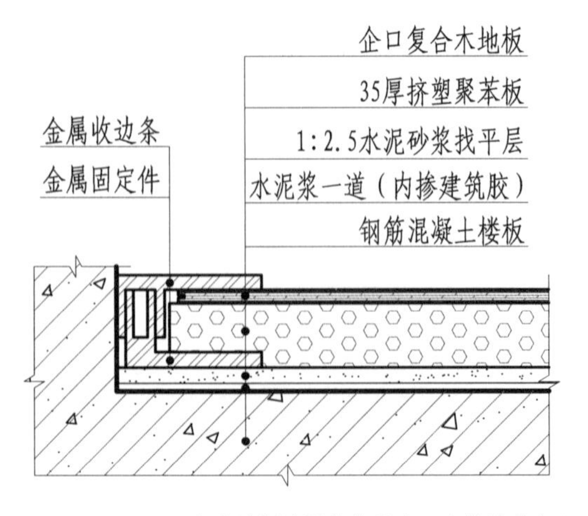

图 12-10-48 复合地板地面伸缩缝（二）构造节点图

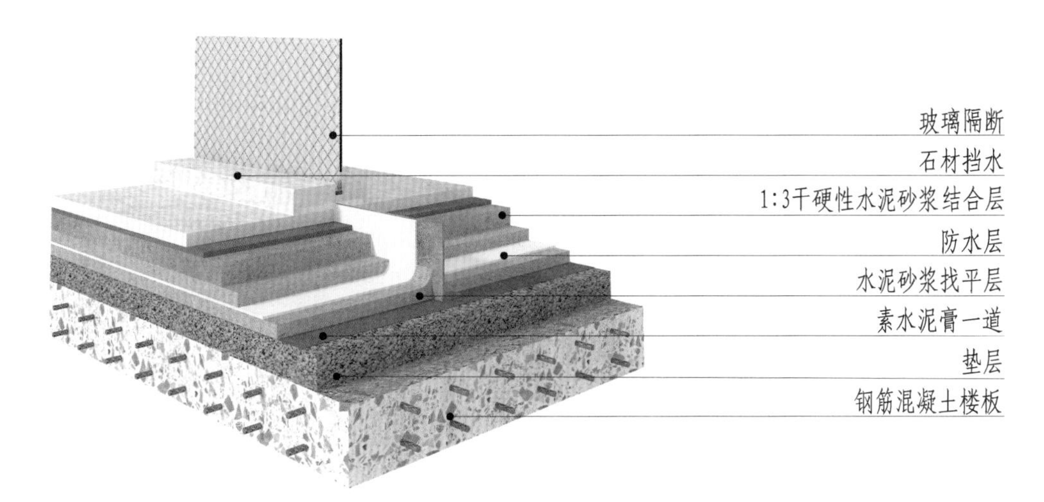

图 12-10-49　卫生间淋浴隔断石材挡水槛地面（一）三维图方向一

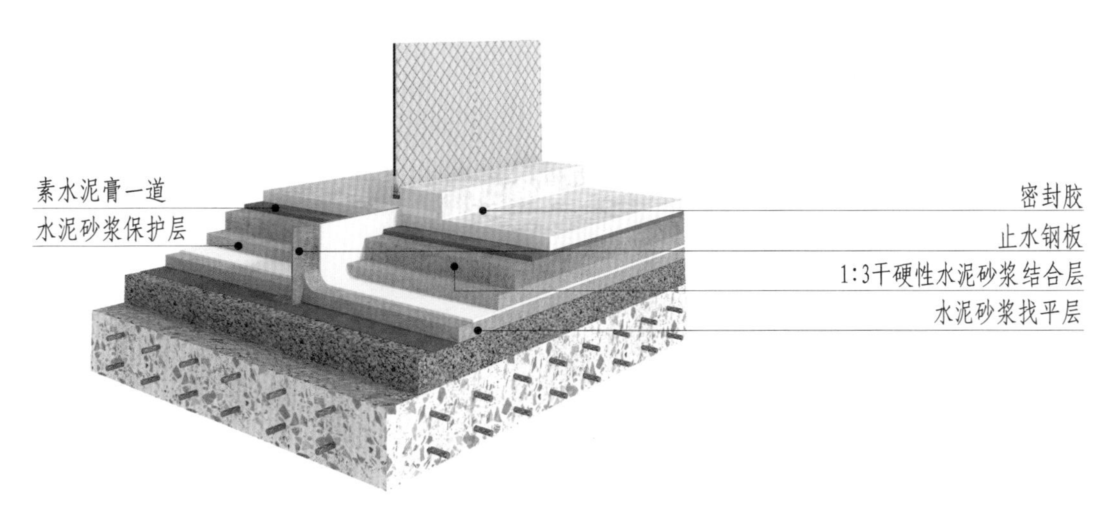

图 12-10-50　卫生间淋浴隔断石材挡水槛地面（一）三维图方向二

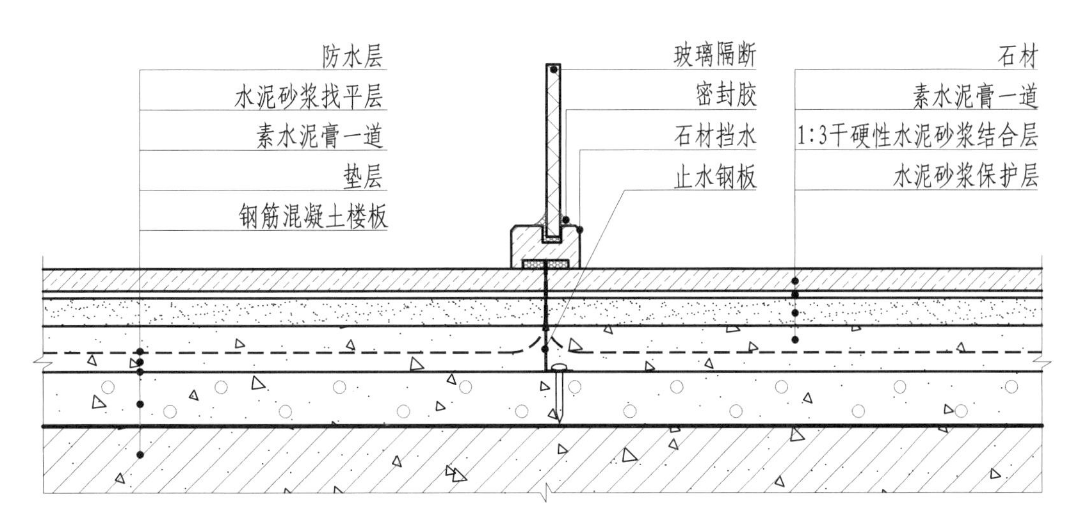

图 12-10-51　卫生间淋浴隔断石材挡水槛地面（一）构造节点图

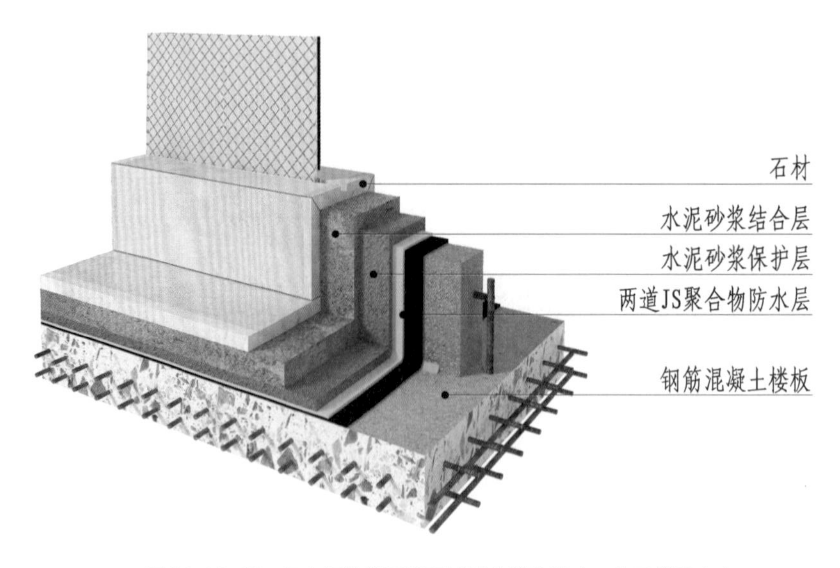

图 12-10-52 卫生间淋浴隔断石材挡水槛地面（二）三维图方向一

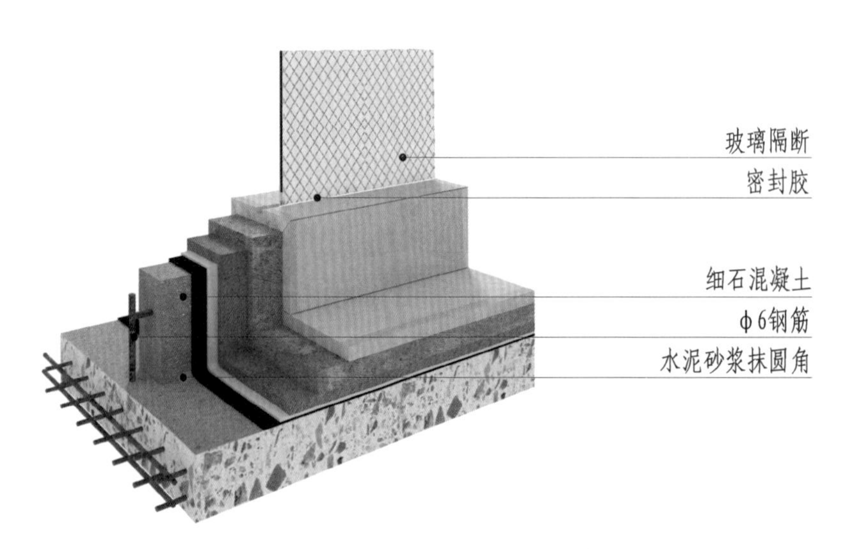

图 12-10-53 卫生间淋浴隔断石材挡水槛地面（二）三维图方向二

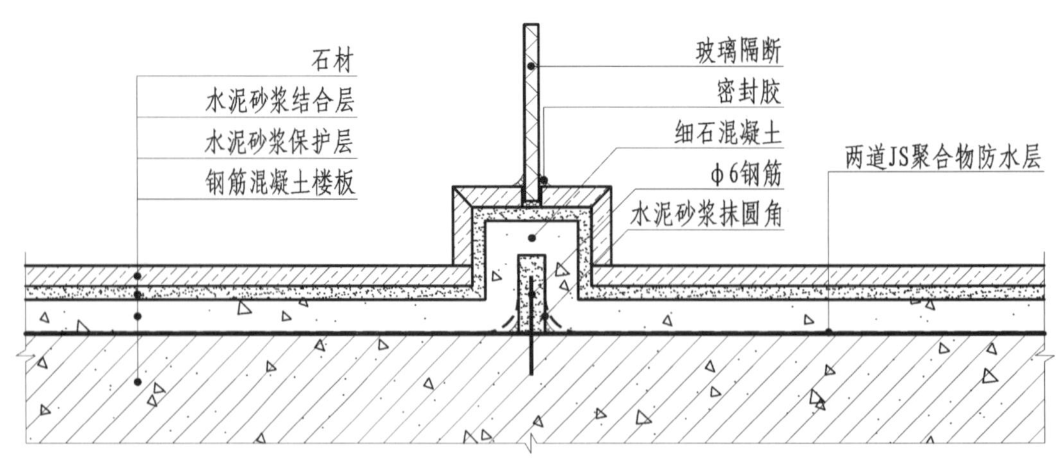

图 12-10-54 卫生间淋浴隔断石材挡水槛地面（二）构造节点图

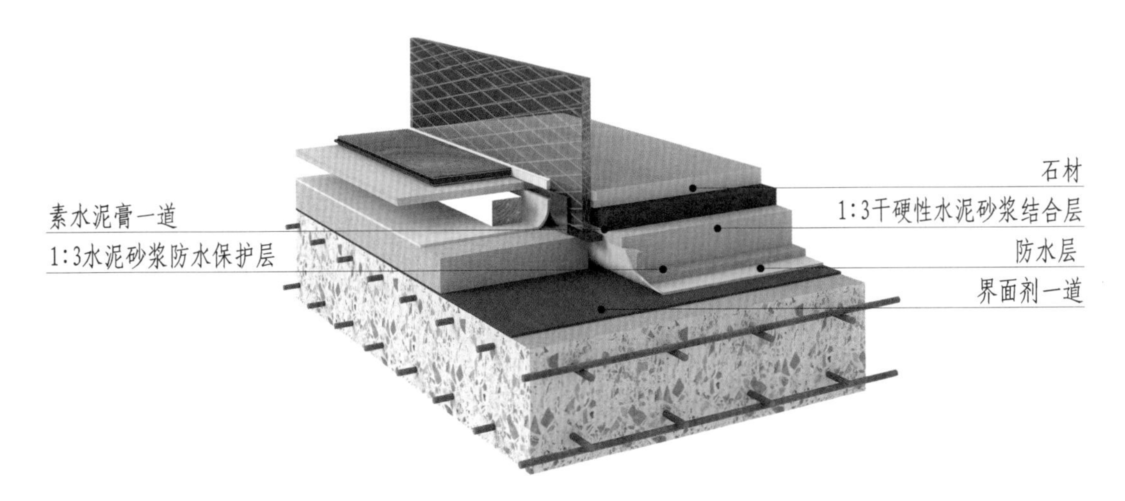

图 12-10-55　卫生间石材地面与玻璃隔墙交接地面三维图方向一

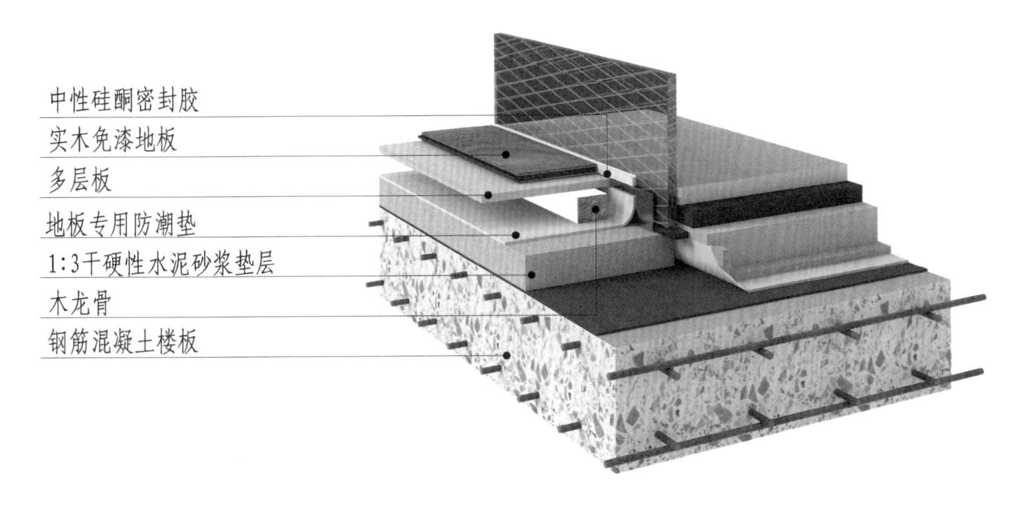

图 12-10-56　卫生间石材地面与玻璃隔墙交接地面三维图方向二

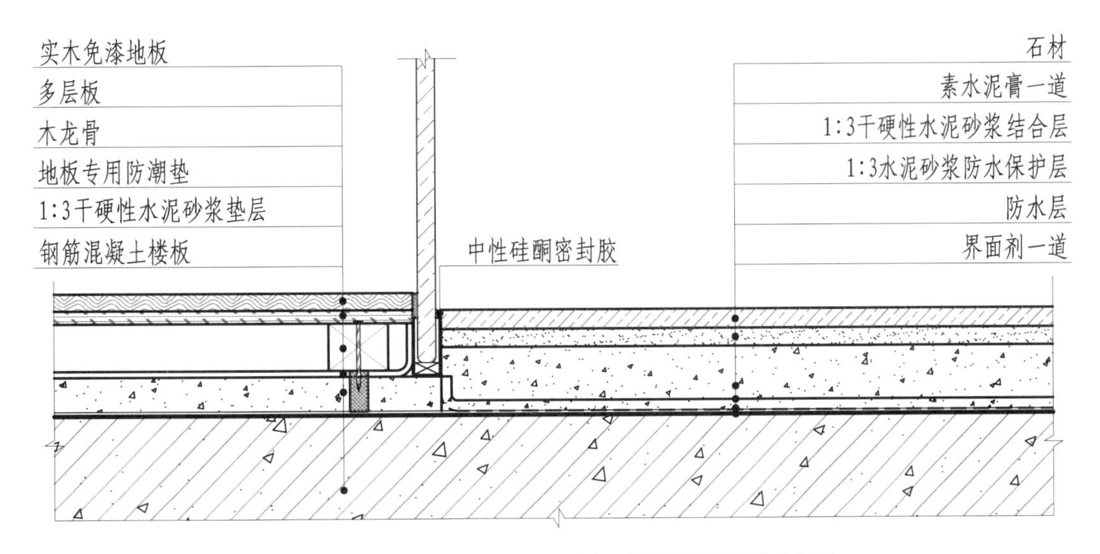

图 12-10-57　卫生间石材地面与玻璃隔墙交接地面构造节点图

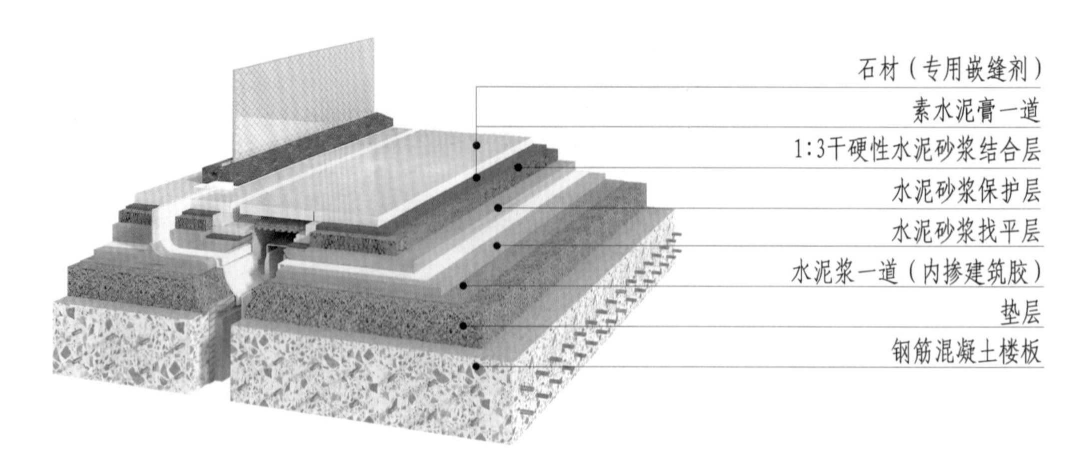

图 12-10-58 卫生间石材地面导水槽与玻璃隔墙交接地面三维图方向一

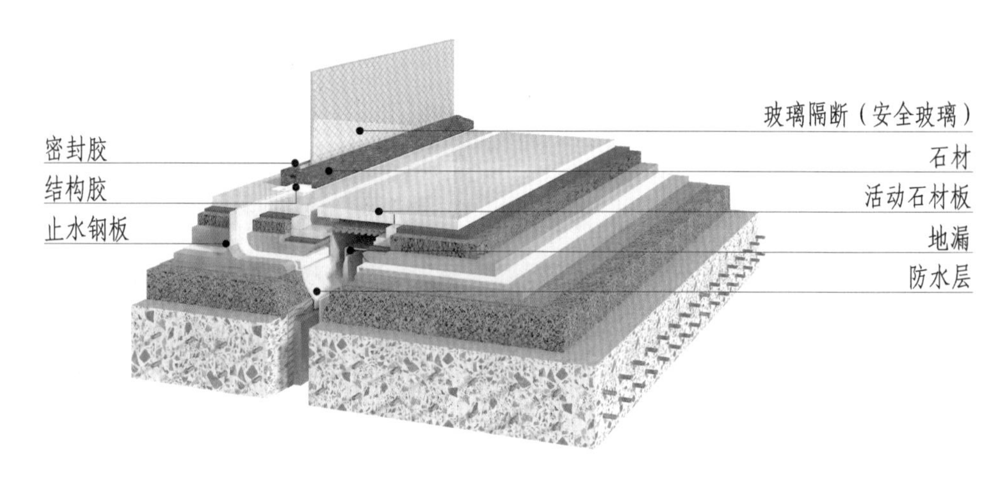

图 12-10-59 卫生间石材地面导水槽与玻璃隔墙交接地面三维图方向二

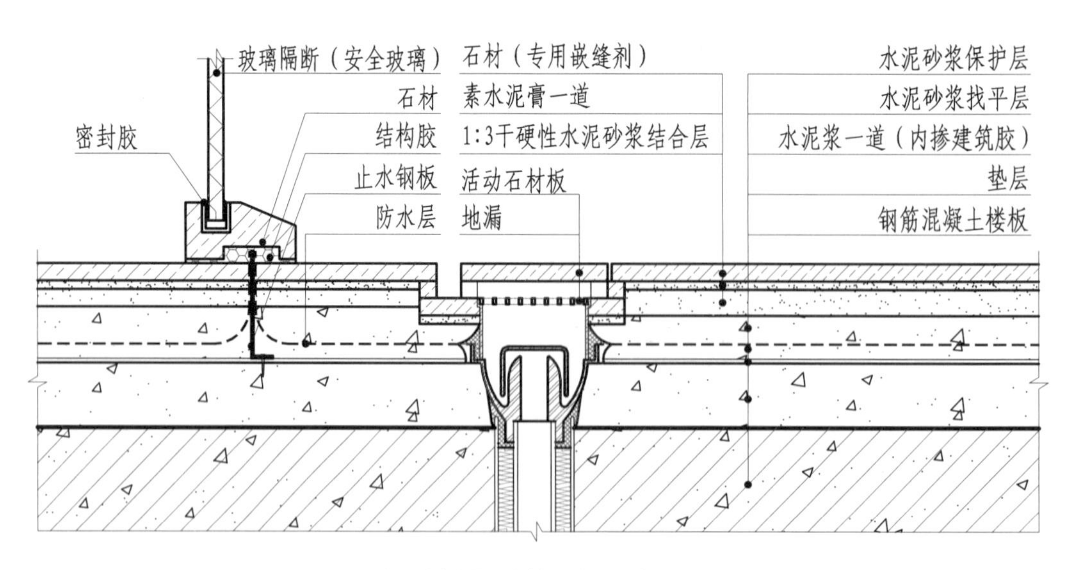

图 12-10-60 卫生间石材地面导水槽与玻璃隔墙交接地面构造节点图

第十一节　楼梯踏步交接构造

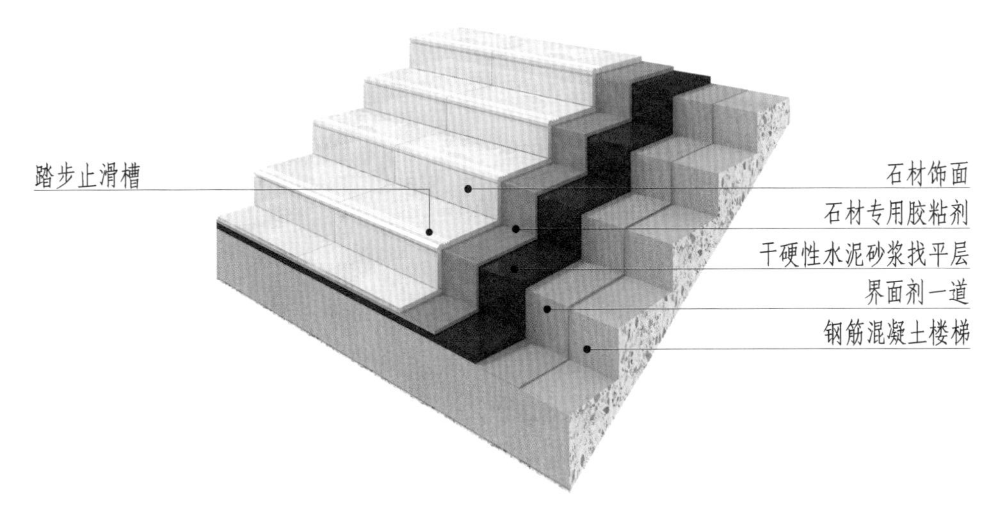

图 12-11-1　混凝土楼梯石材地面三维图

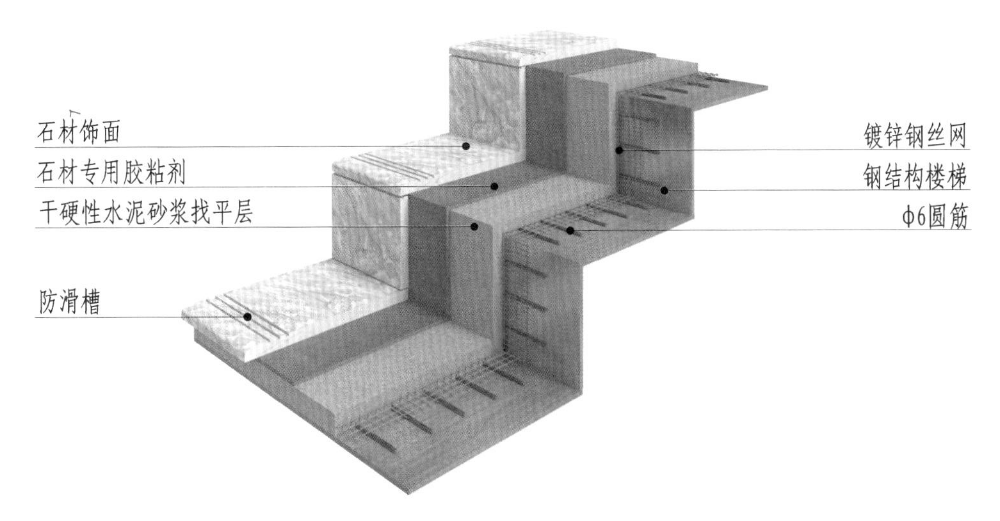

图 12-11-2　钢结构楼梯石材地面三维图

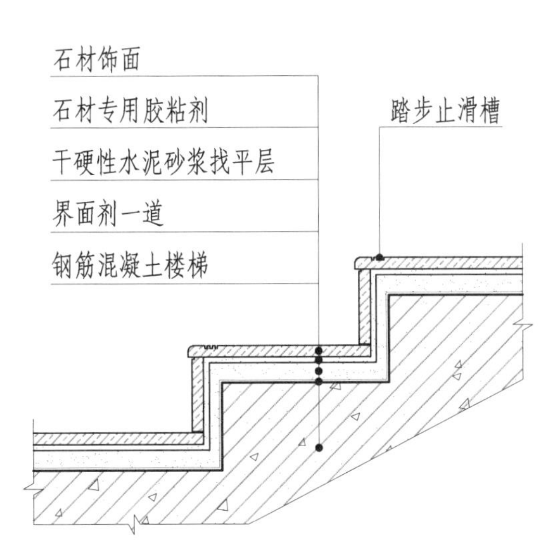

图 12-11-3　混凝土楼梯石材地面构造节点图

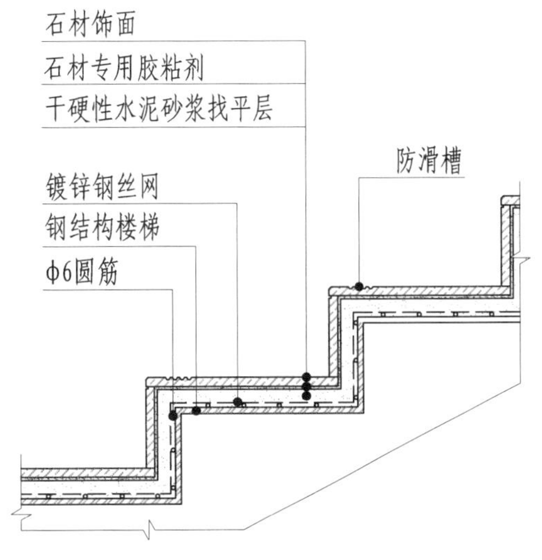

图 12-11-4　钢结构楼梯石材地面构造节点图

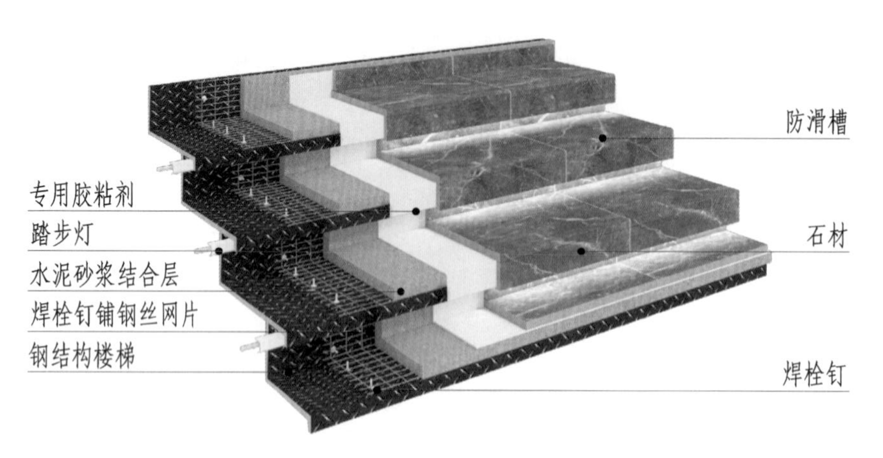

图 12-11-5 钢结构楼梯石材地面三维图（暗藏灯带）

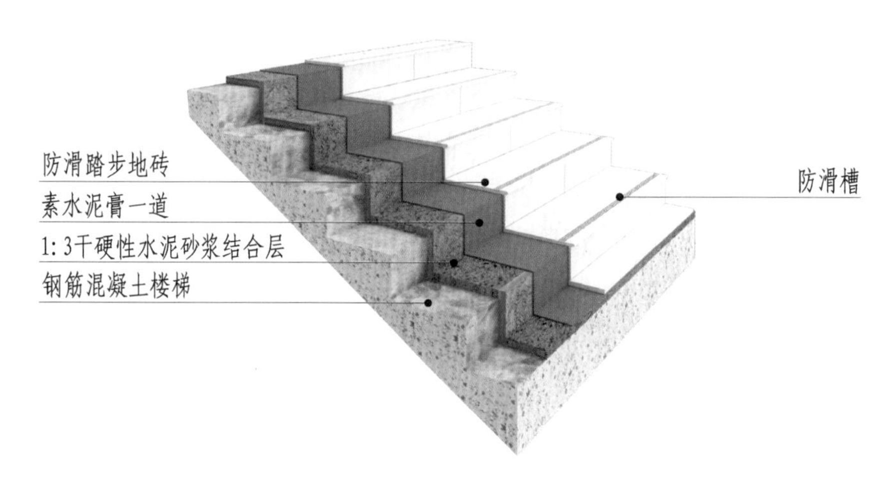

图 12-11-6 混凝土楼梯地砖地面三维图

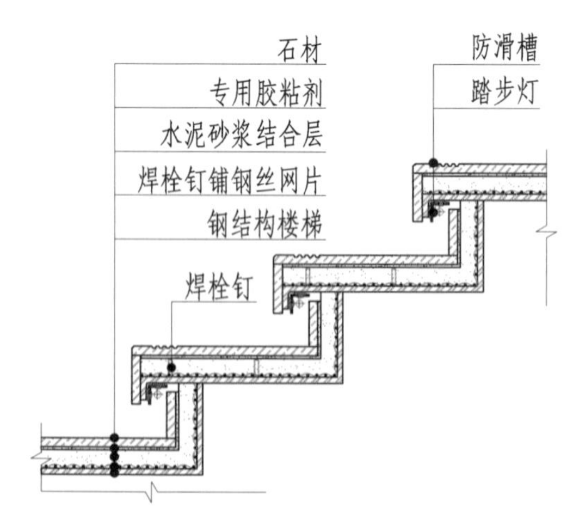

图 12-11-7 钢结构楼梯石材地面构造节点图（暗藏灯带）

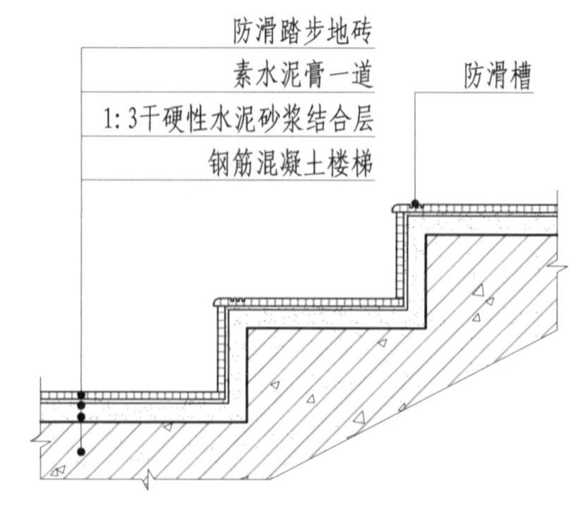

图 12-11-8 混凝土楼梯地砖地面构造节点图

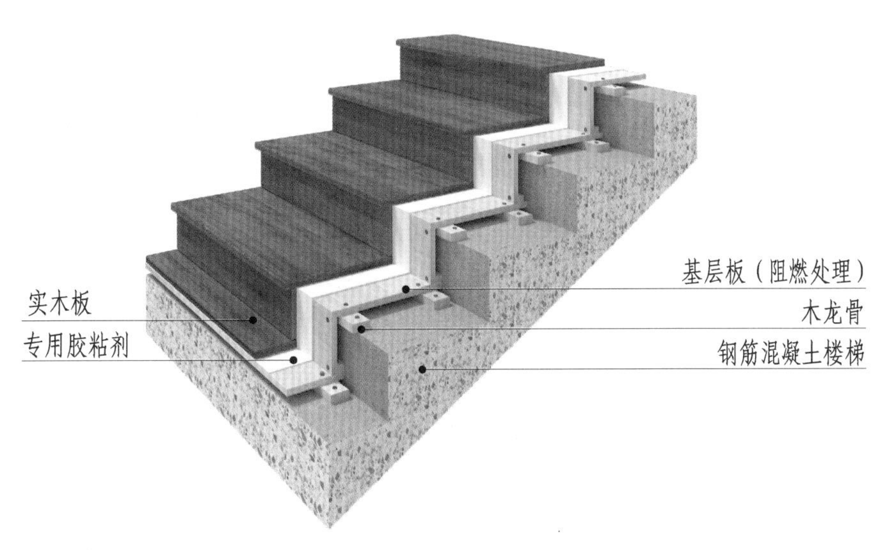

图 12-11-9　混凝土楼梯实木地面三维图

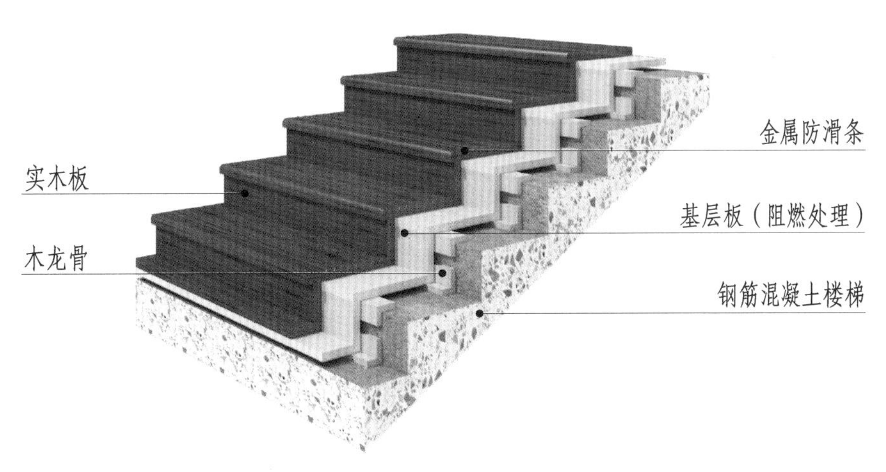

图 12-11-10　混凝土楼梯实木地面三维图（嵌防滑条）

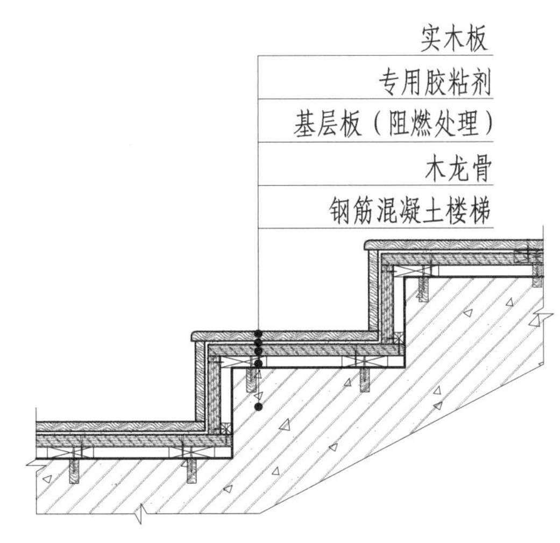

图 12-11-11　混凝土楼梯实木地面构造节点图

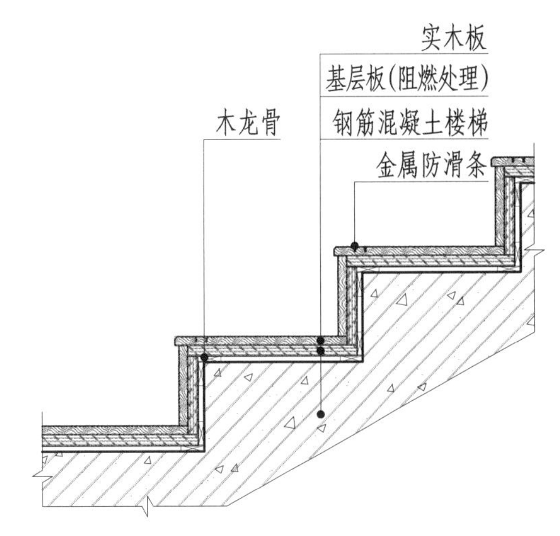

图 12-11-12　混凝土楼梯实木地面构造节点图（嵌防滑条）

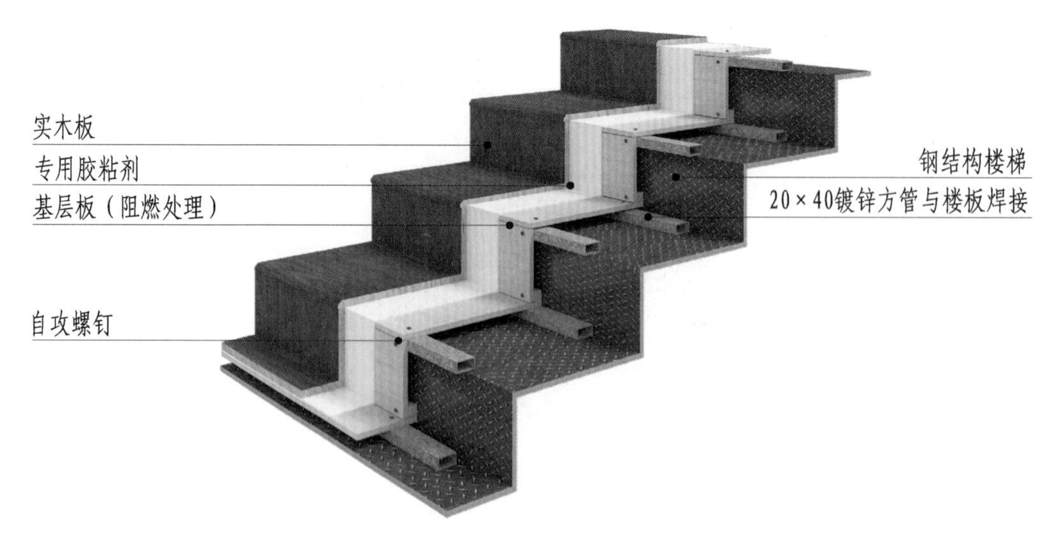

图 12-11-13 钢结构楼梯实木地面三维图

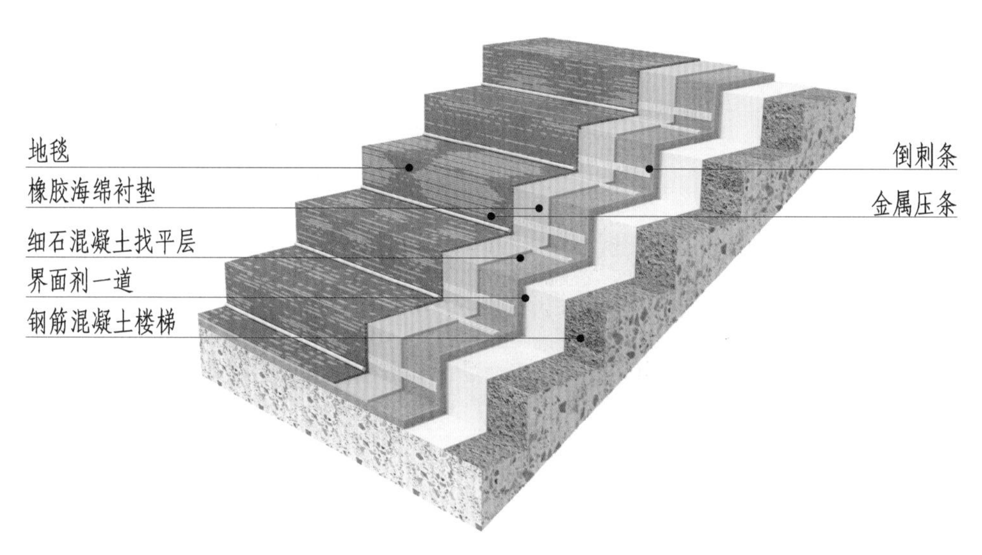

图 12-11-14 混凝土楼梯地毯地面三维图

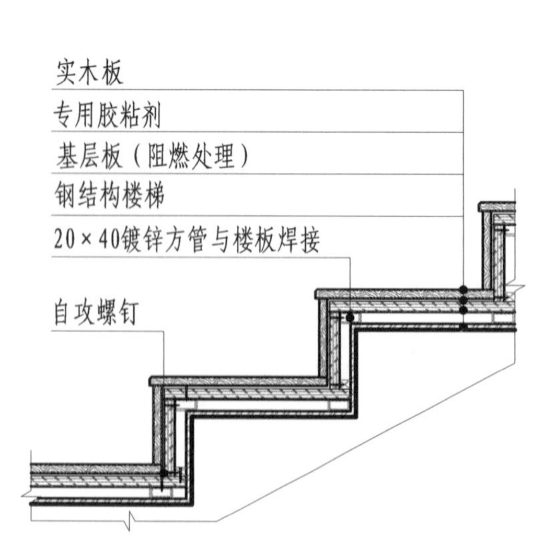

图 12-11-15 钢结构楼梯实木地面构造节点图

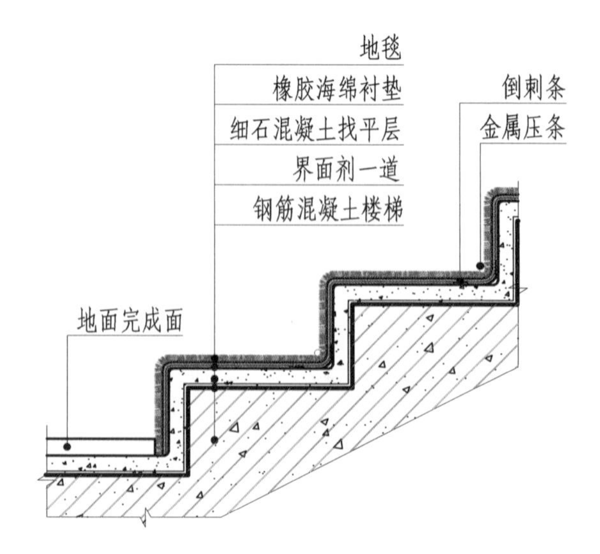

图 12-11-16 混凝土楼梯地毯地面构造节点图

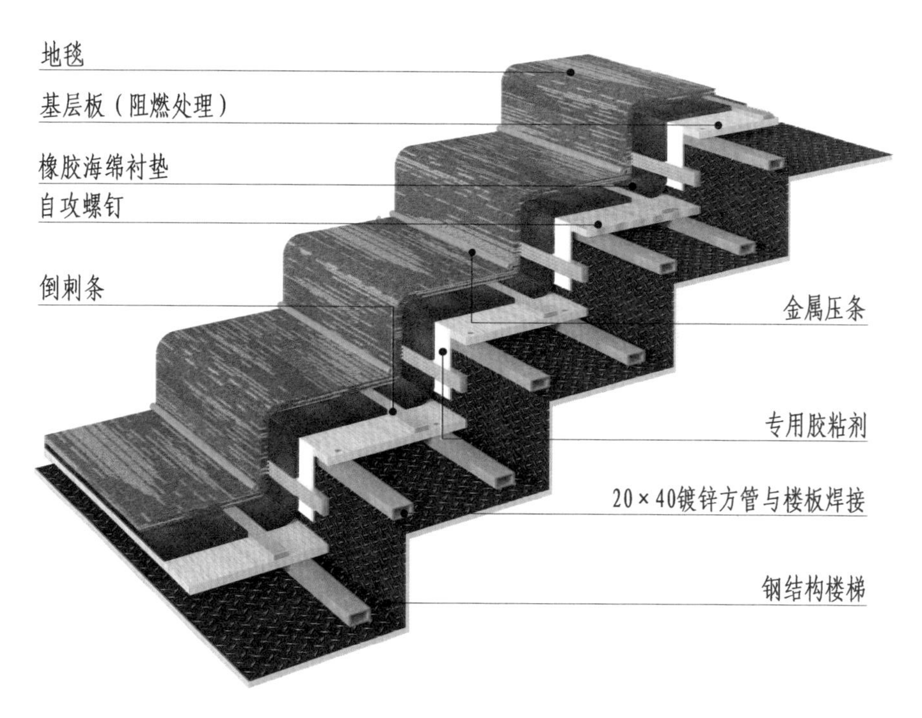

图 12-11-17　钢结构楼梯地毯地面三维图

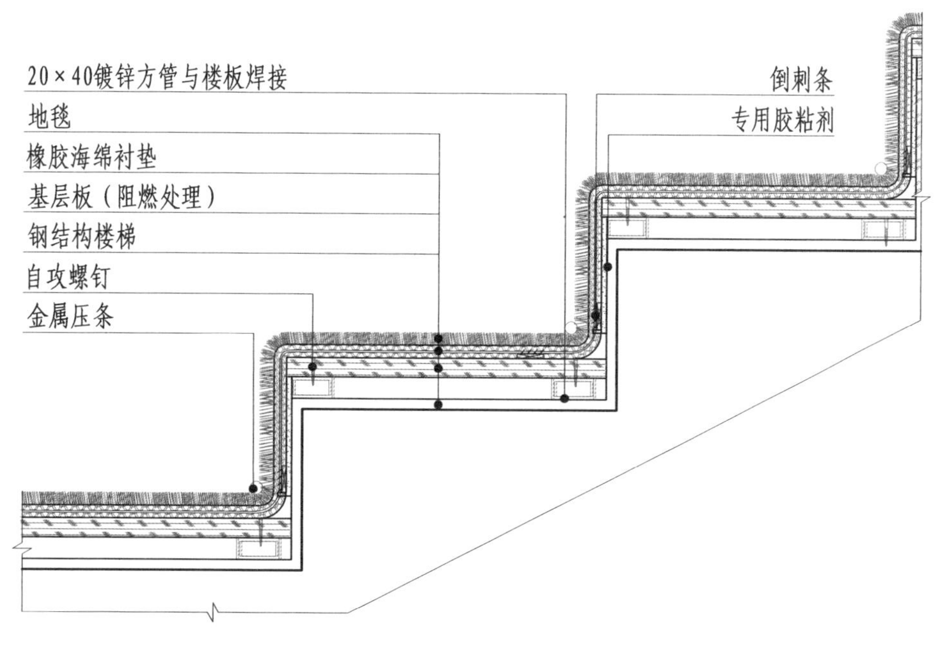

图 12-11-18　钢结构楼梯地毯地面构造节点图

第十三章 顶棚装饰装修构造图

顶棚也称天花、天棚或吊顶，在室内占有较大的面积，顶棚的装饰装修对于整个空间的装修效果有相当大的影响，同时对于改善室内物理环境（光照、隔热、防火、音响效果等）也有显著的作用。

顶棚装饰装修构造要根据功能要求、外观形式、饰面材料等选择。

顶棚装饰装修的基本构造包括吊杆、龙骨和面层三部分。吊杆通常用圆钢制作，截面一般应不小于 ф6 mm。钢龙骨由薄壁镀锌钢带制成，有 38、50、60 三个系列，可分别用于不同的盒子；铝合金龙骨由型材制成，分为轻型、中型、重型三个系列。顶棚面层采用纸面石膏板、不燃板、铝合金板、塑料扣板等。

顶棚装饰的类型：

① 按装饰面层与基层的关系分，有直接式顶棚和悬吊式顶棚；

② 按饰面材料与龙骨的关系分，有活动装配式顶棚和固定式顶棚；

③ 按外观分，有平面式顶棚、井格式顶棚、分层式顶棚、架构式顶棚和发光顶棚；

④ 按装饰面材分，主要有石膏板顶棚、矿棉板顶棚、金属板顶棚、木质顶棚和玻璃顶棚；

⑤ 按承载能力分有上人式顶棚和不上人式顶棚。上人式顶棚要求有较大的强度与适当的内部空间，主龙骨要能承受 80 ~ 100 kg 的荷载，顶棚上部的空间高度应为 0.9 ~ 1.5 m。同时需预留检修孔，设具有足够强度的检修道。不上人式顶棚上部空间的高度相对较低，龙骨的荷载力亦可适当降低。

第一节　轻钢龙骨石膏板顶棚构造

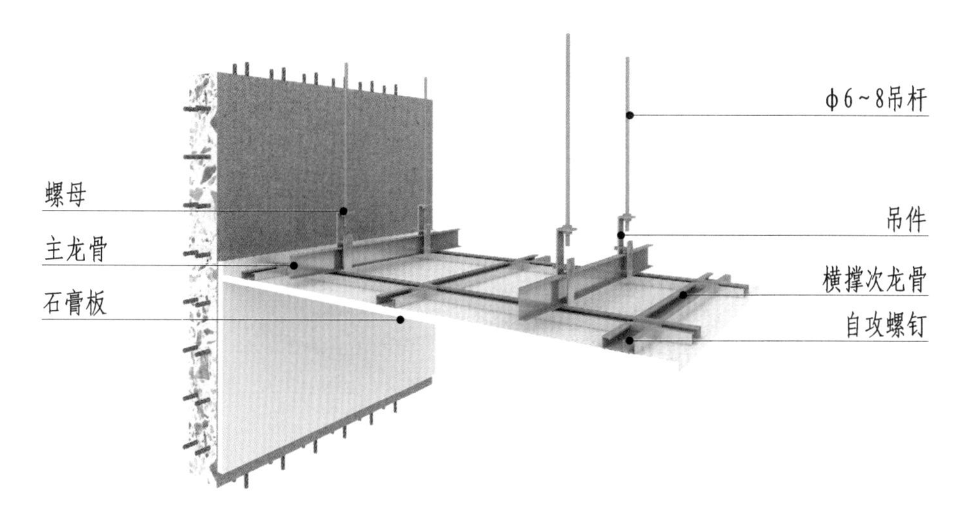

图 13-1-1　U 型、C 型轻钢龙骨顶棚三维图（双层骨架）

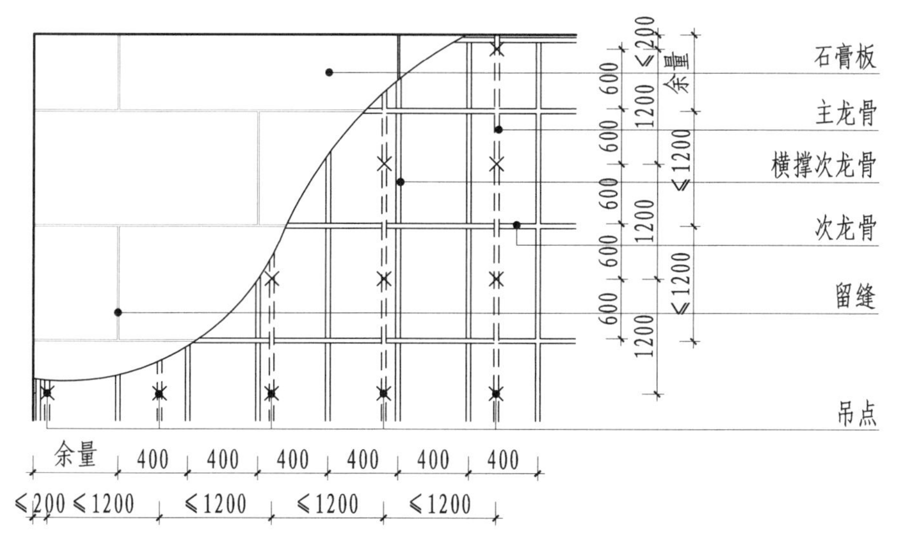

图 13-1-2　U 型、C 型轻钢龙骨顶棚平面图（双层骨架）

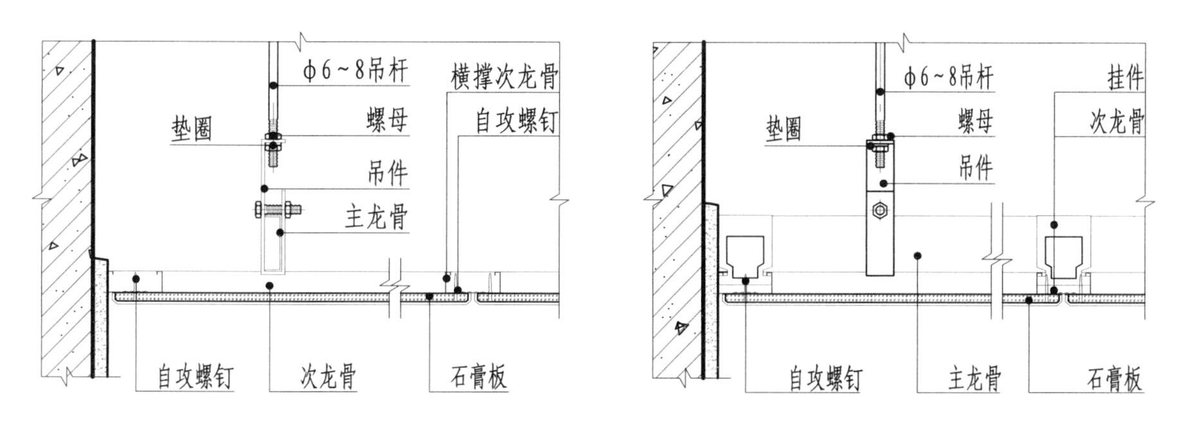

图 13-1-3　U 型、C 型轻钢龙骨顶棚构造节点图（双层骨架）

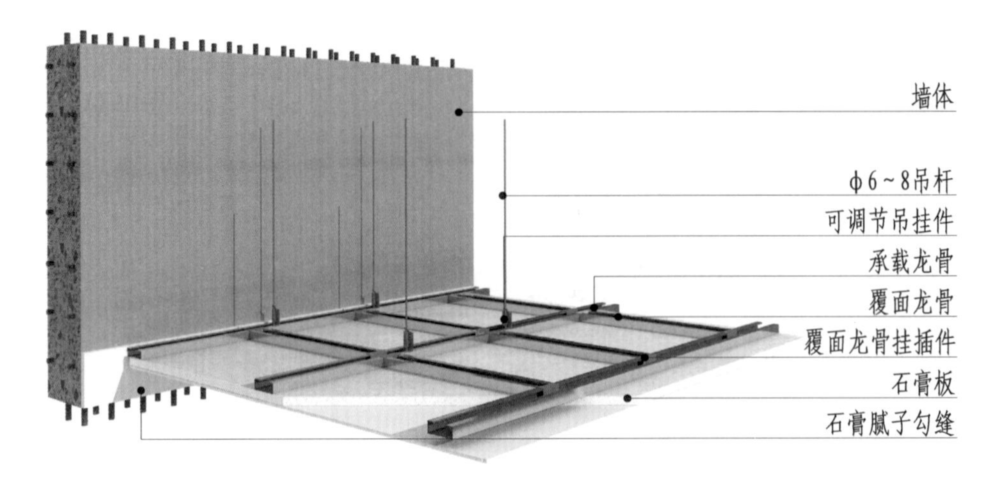

图 13-1-4 U 型、C 型轻钢龙骨顶棚三维图（单层骨架）

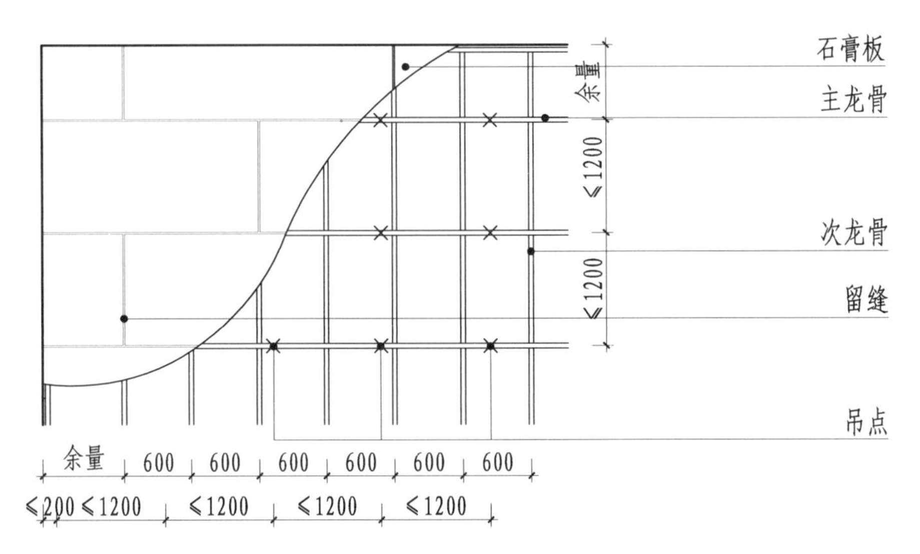

图 13-1-5 U 型、C 型轻钢龙骨顶棚平面图（单层骨架）

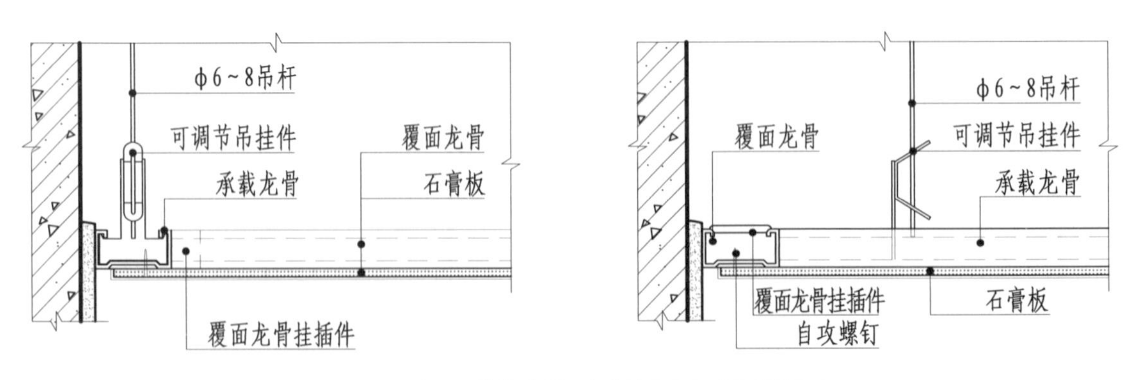

图 13-1-6 U 型、C 型轻钢龙骨顶棚构造节点图（单层骨架）

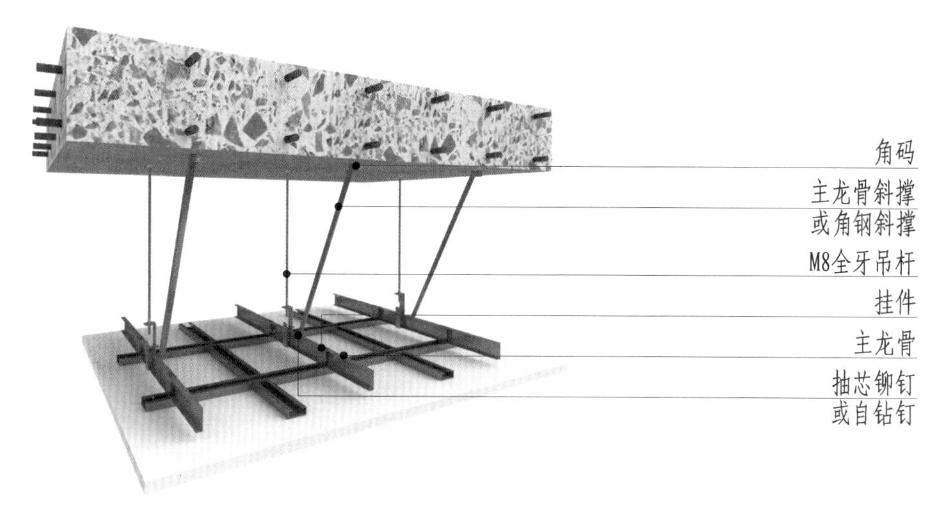

图 13-1-7　顶棚反向支撑三维图

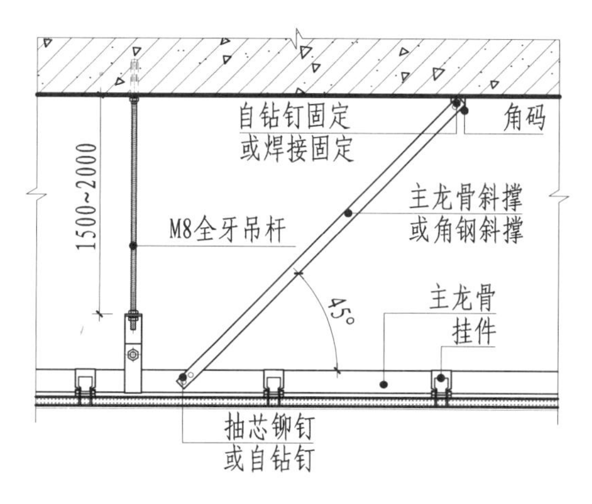

图 13-1-8　顶棚反向支撑构造节点图（一）

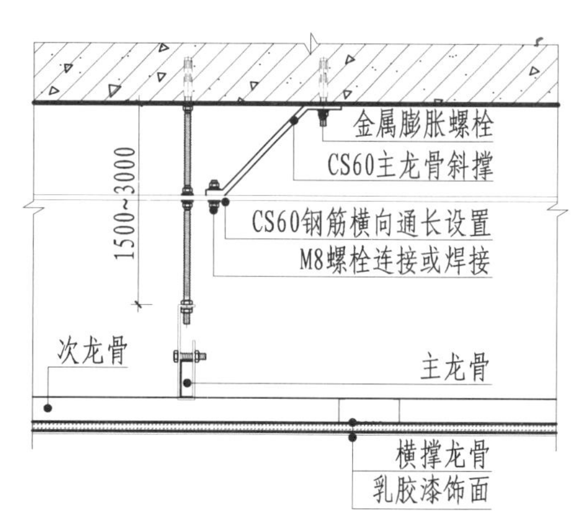

图 13-1-9　顶棚反向支撑构造节点图（二）

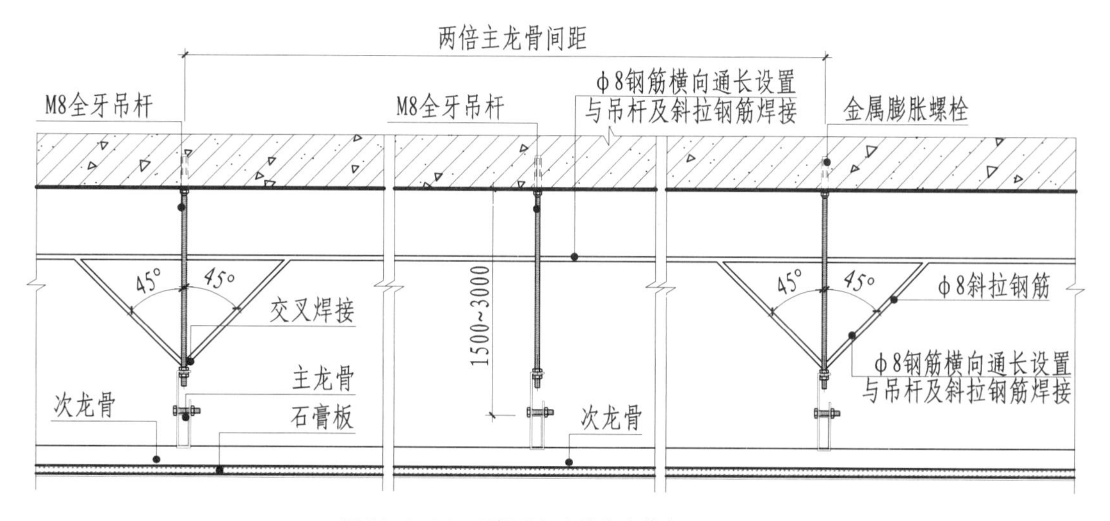

图 13-1-10　顶棚反向支撑构造节点图（三）

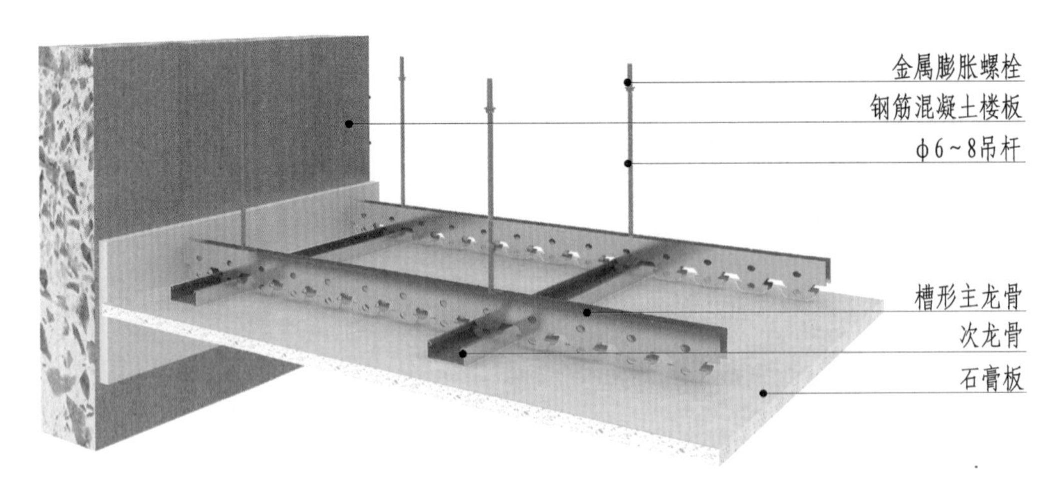

图 13-1-11 卡式承载龙骨顶棚三维图

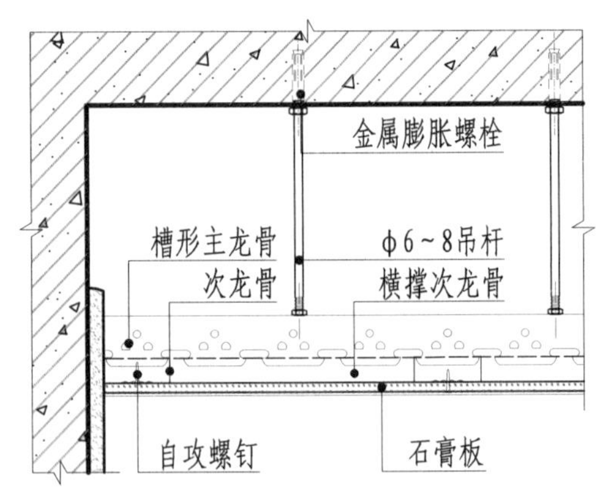

图 13-1-12 卡式承载龙骨顶棚构造节点图（一）

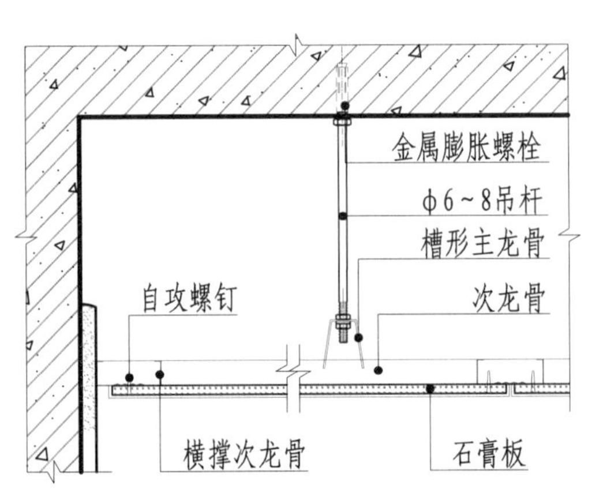

图 13-1-13 卡式承载龙骨顶棚构造节点图（二）

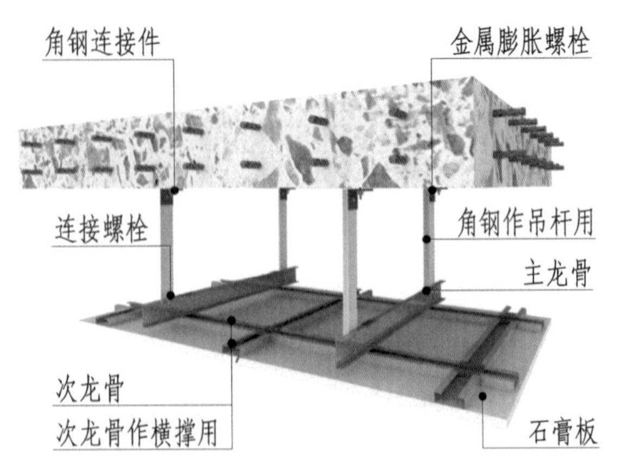

图 13-1-14 扁钢龙骨顶棚三维图

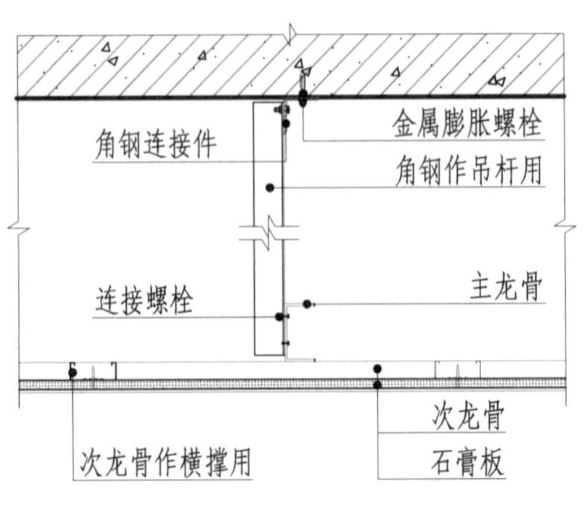

图 13-1-15 扁钢龙骨顶棚构造节点图

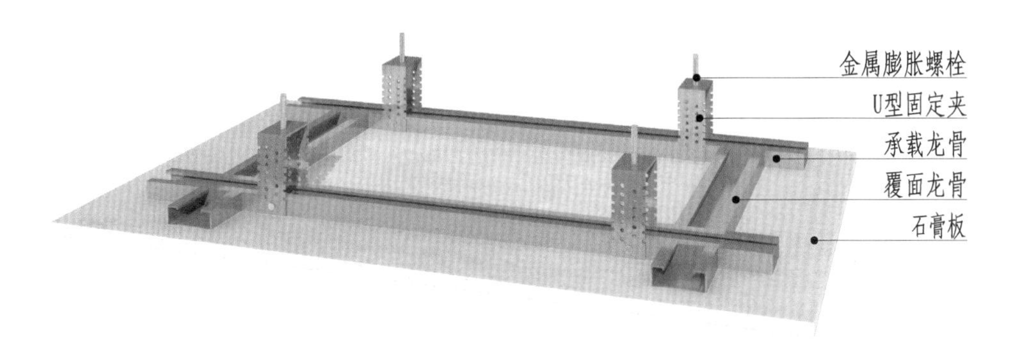

图 13-1-16　U 型固定夹顶棚三维图

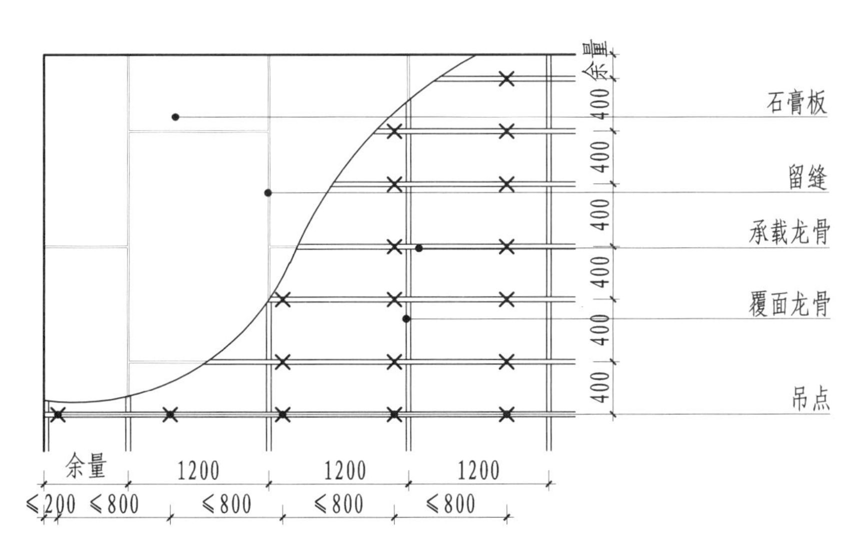

图 13-1-17　U 型固定夹顶棚平面图

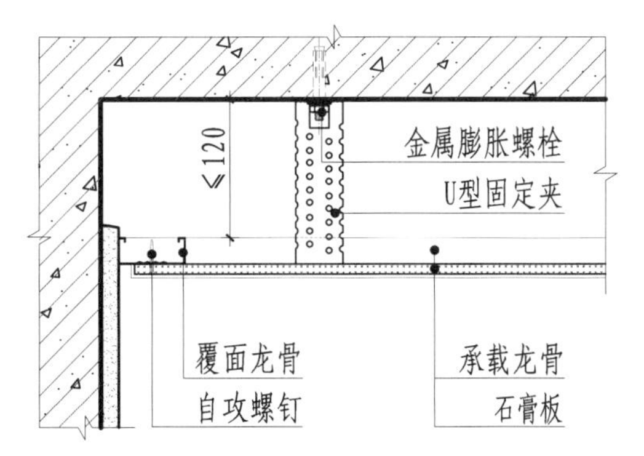

图 13-1-18　U 型固定夹顶棚构造节点图（一）

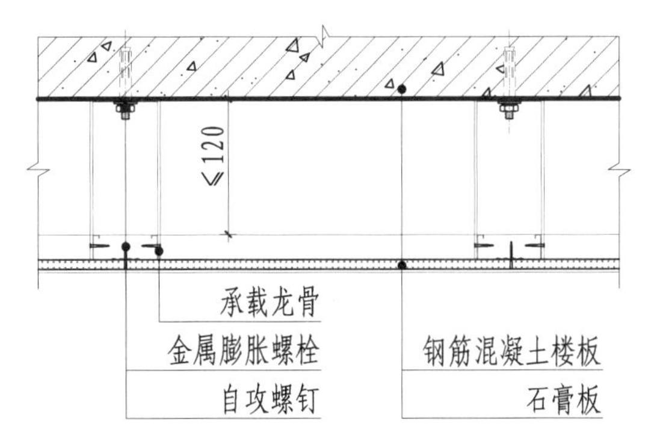

图 13-1-19　U 型固定夹顶棚构造节点图（二）

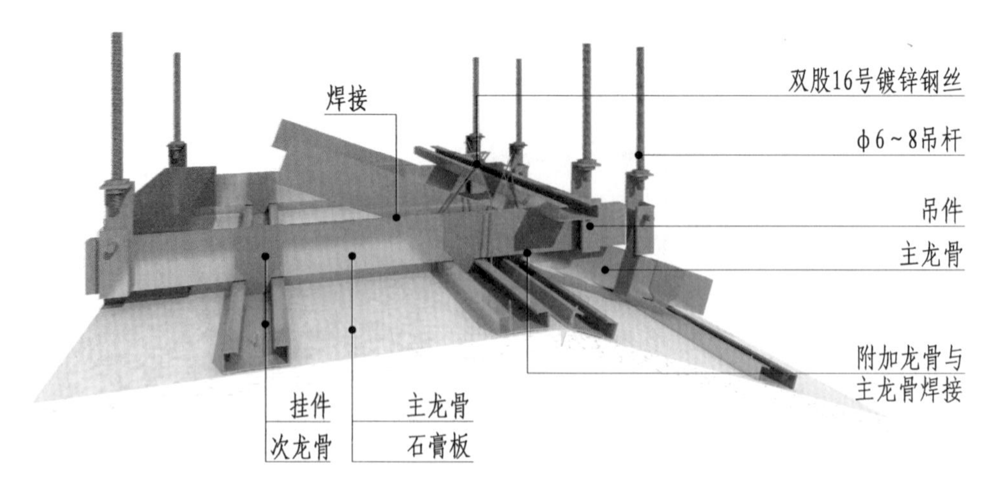

图 13-1-20 折线型顶棚（一）三维图

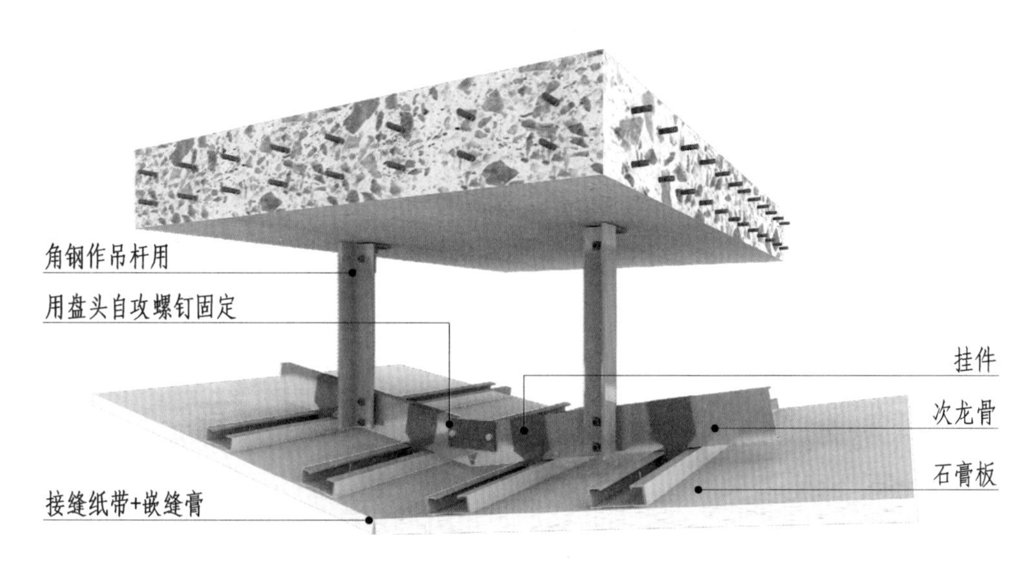

图 13-1-21 折线型顶棚（二）三维图

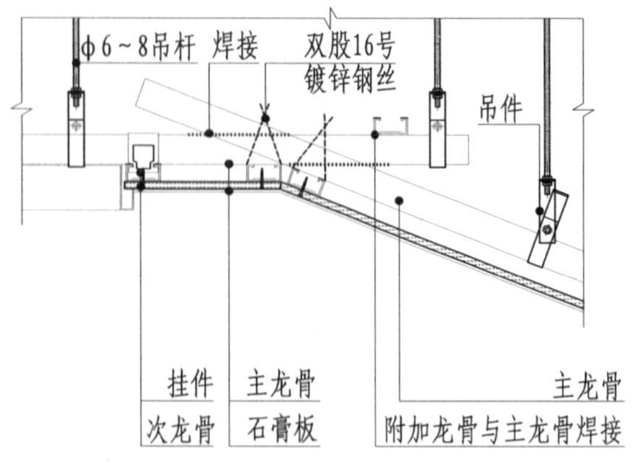

图 13-1-22 折线型顶棚（一）构造节点图

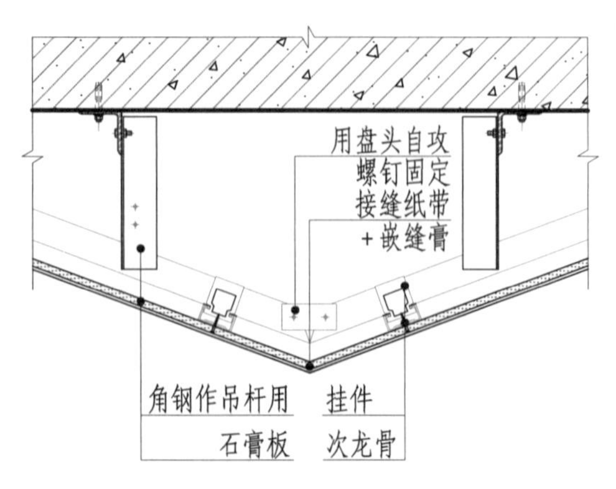

图 13-1-23 折线型顶棚（二）剖面节点图

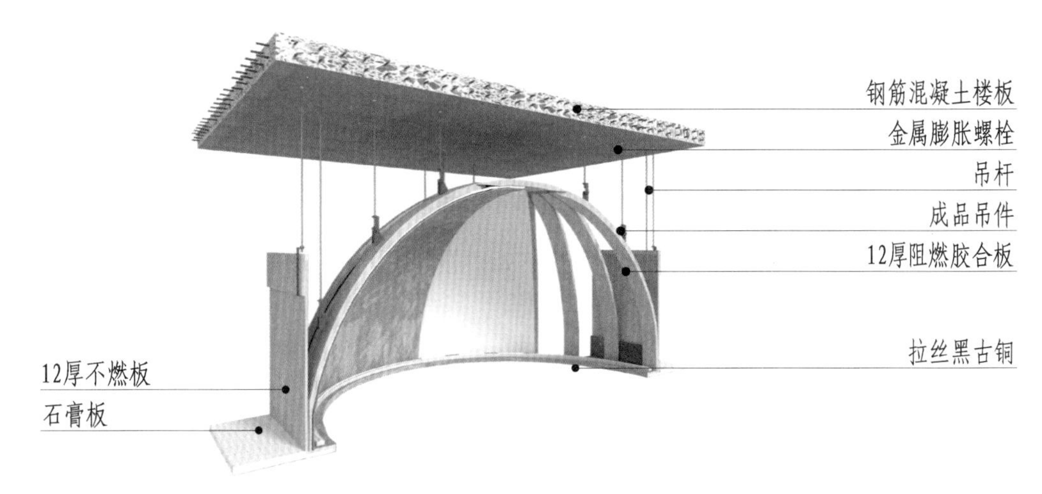

图 13-1-24 穹顶顶棚三维图方向一

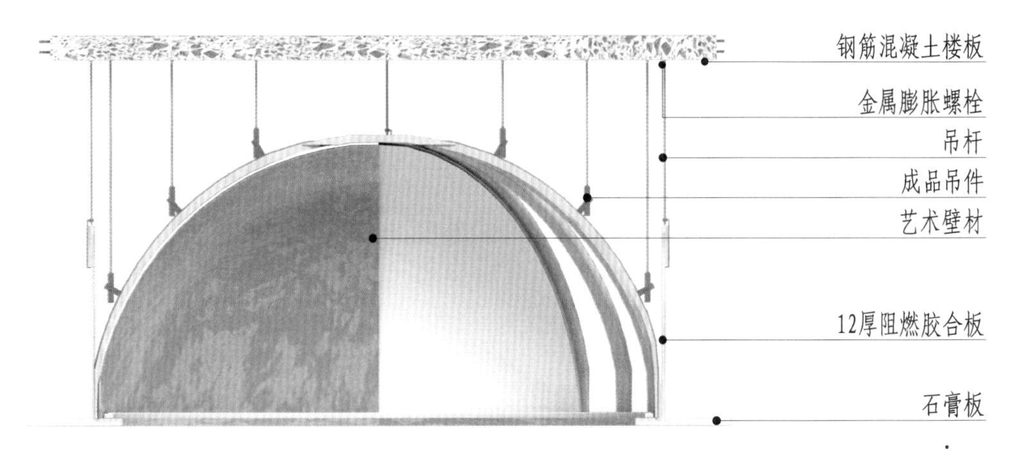

图 13-1-25 穹顶顶棚三维图方向二

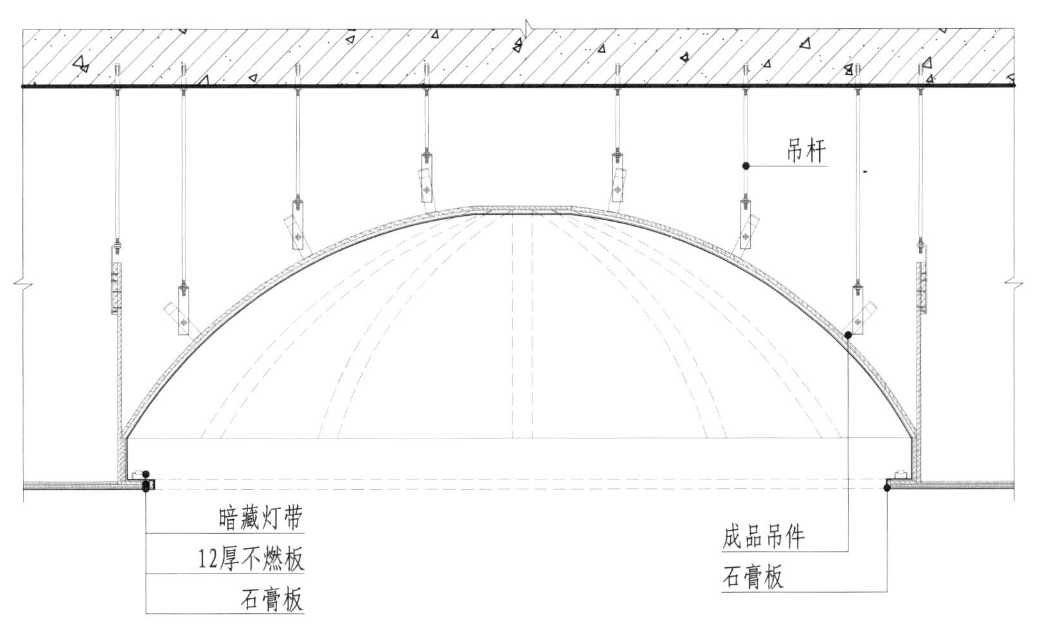

图 13-1-26 穹顶顶棚构造节点图

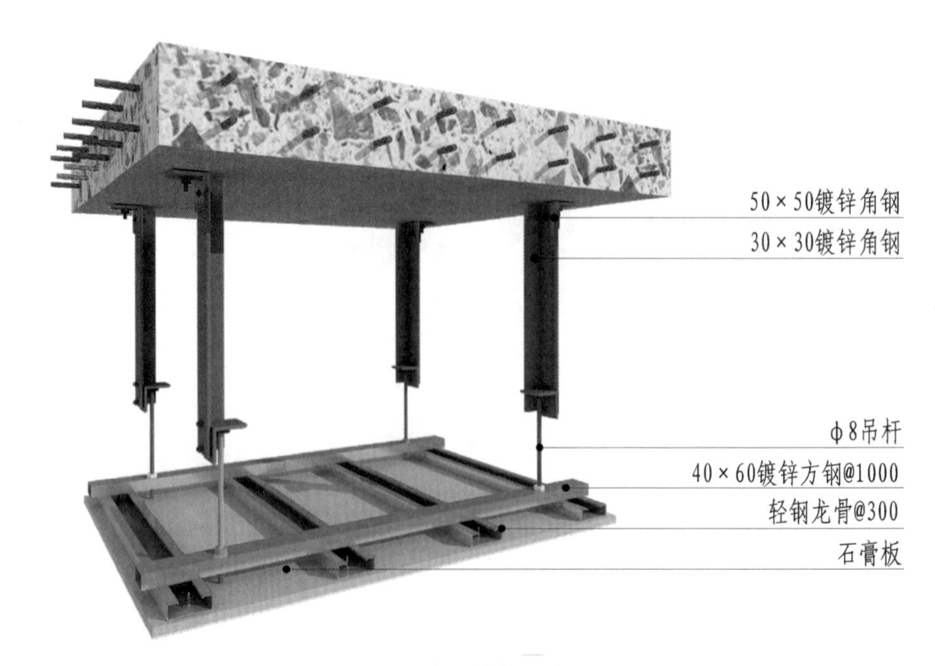

图 13-1-27 钢架构转换层顶棚三维图

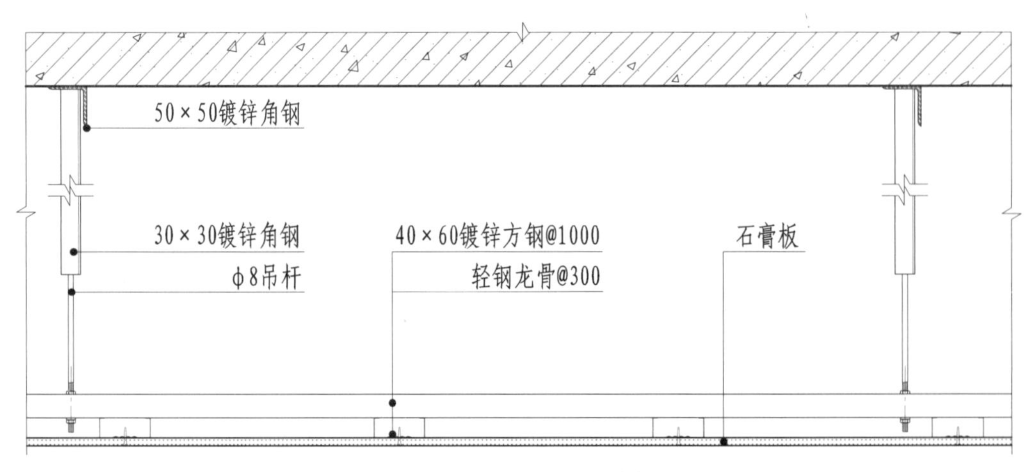

图 13-1-28 钢架构转换层顶棚构造节点图（一）

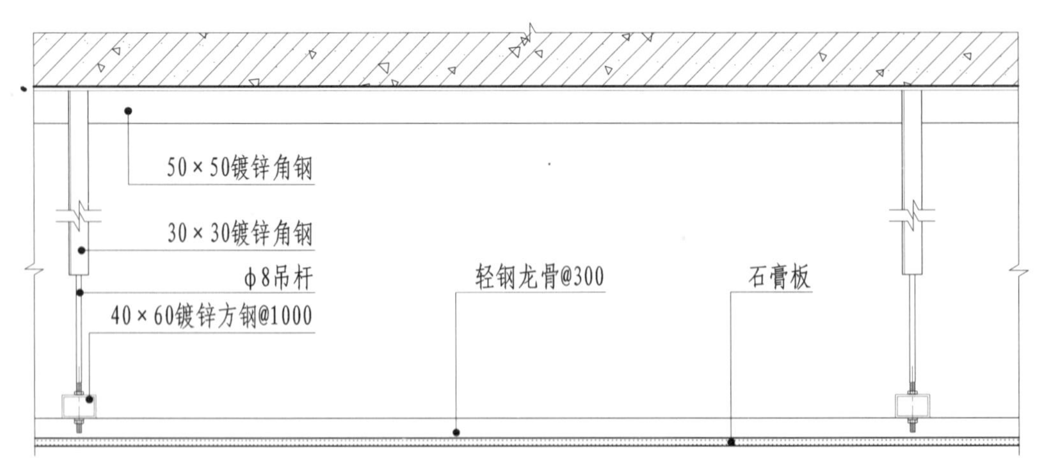

图 13-1-29 钢架构转换层顶棚构造节点图（二）

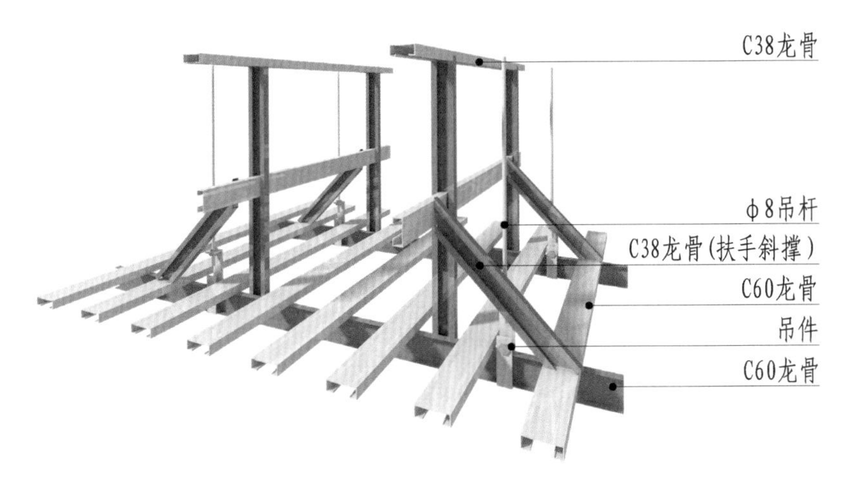

图 13-1-30　轻钢龙骨马道顶棚三维图

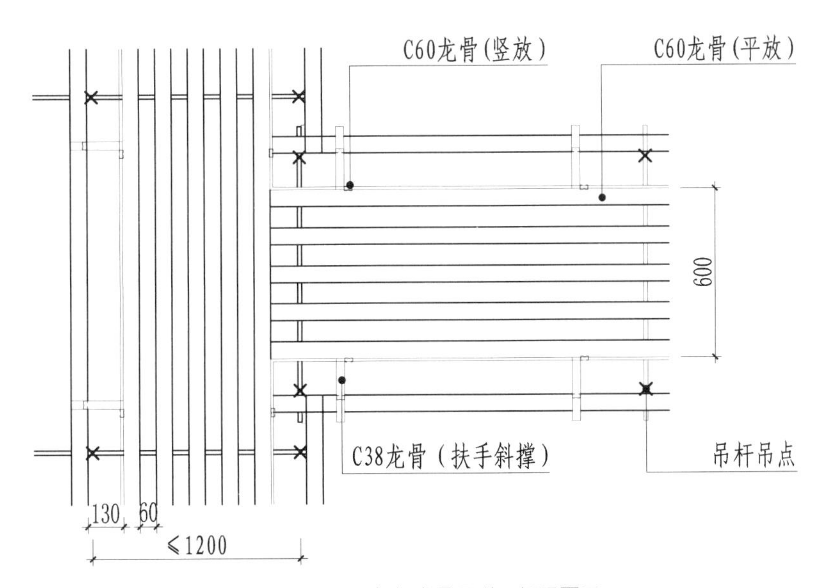

图 13-1-31　轻钢龙骨马道顶棚平面图

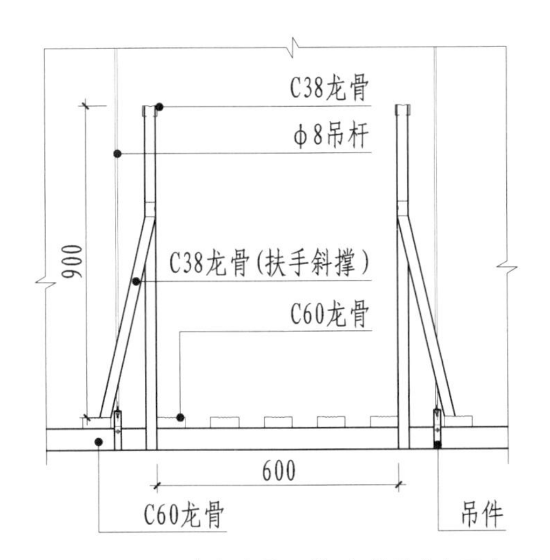

图 13-1-32　轻钢龙骨马道顶棚构造节点图（一）

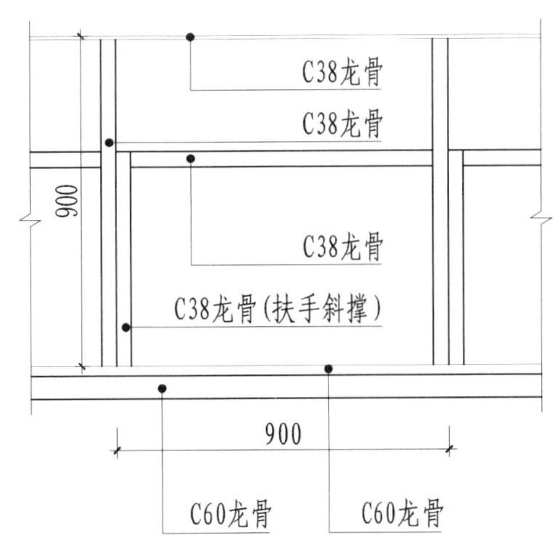

图 13-1-33　轻钢龙骨马道顶棚构造节点图（二）

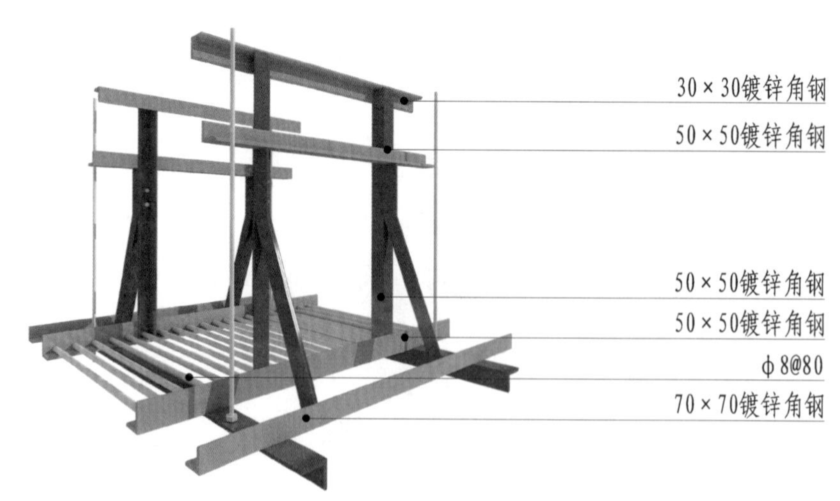

图 13-1-34 角钢马道顶棚三维图

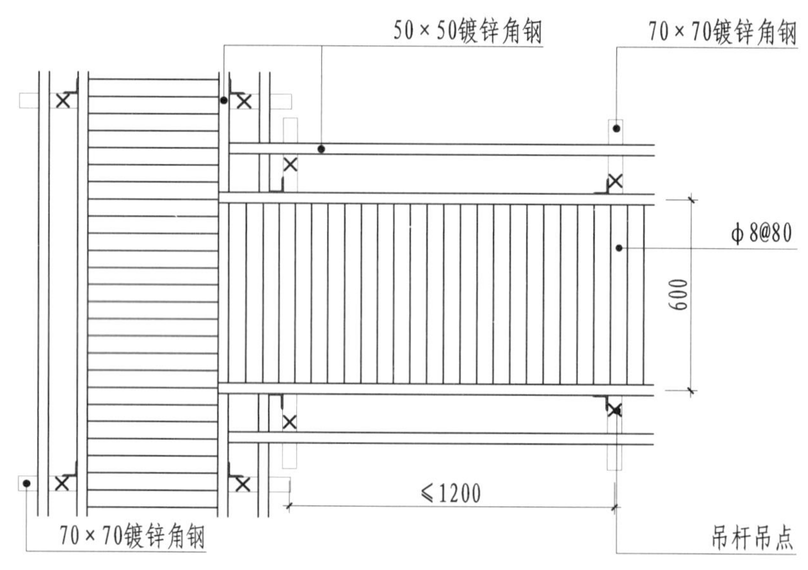

图 13-1-35 角钢马道顶棚平面图

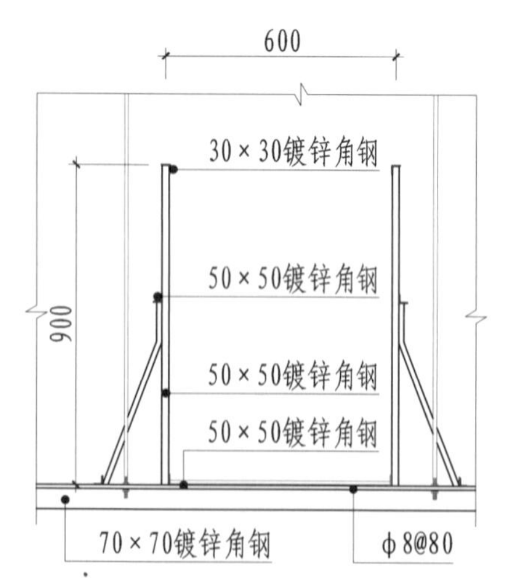

图 13-1-36 角钢马道顶棚构造节点图（一）

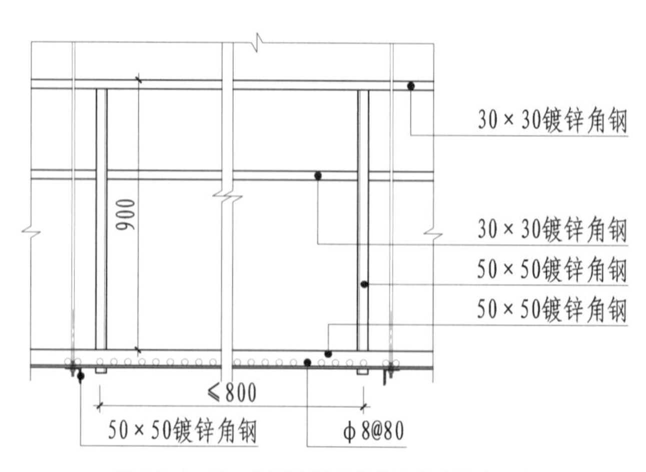

图 13-1-37 角钢马道顶棚构造节点图（二）

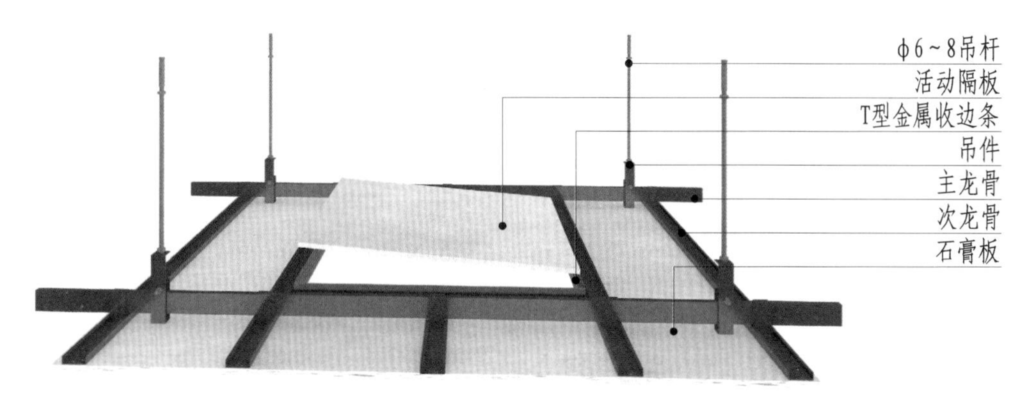

图 13-1-38　不上人顶棚三维图方向一

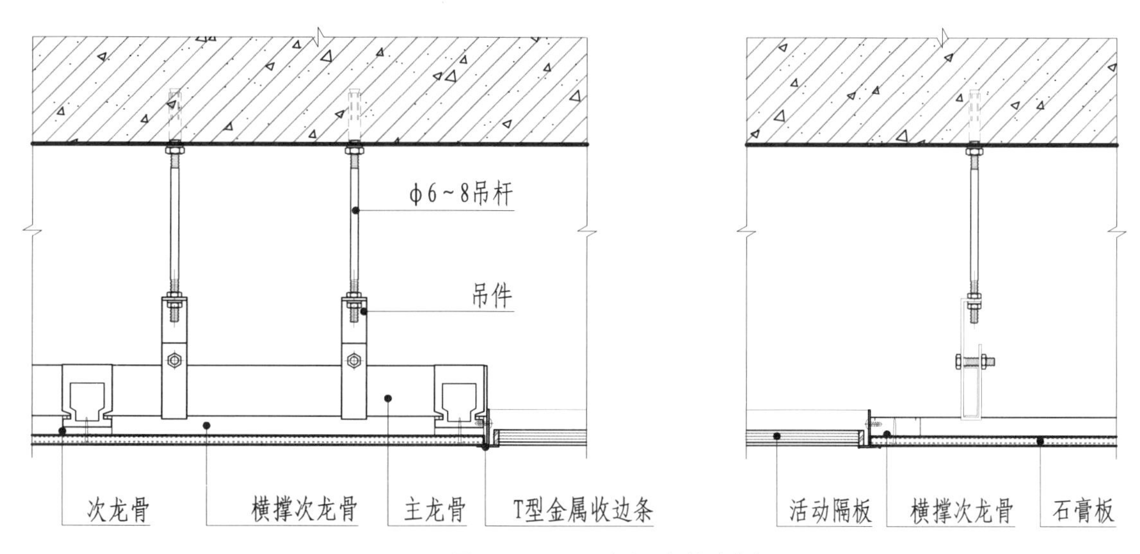

图 13-1-39　不上人顶棚构造节点图

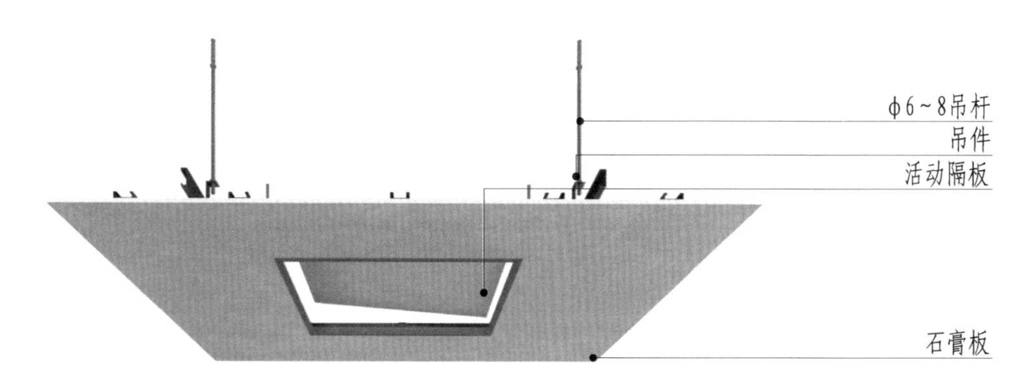

图 13-1-40　不上人顶棚三维图方向二

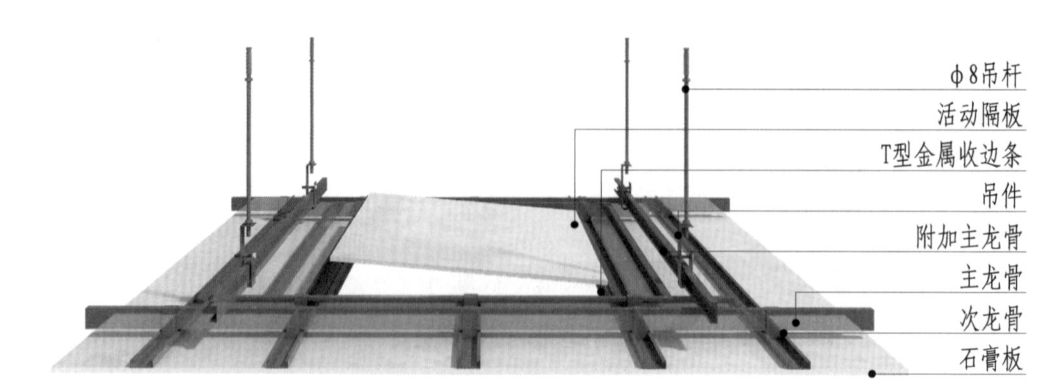

图 13-1-41 上人顶棚三维图方向一

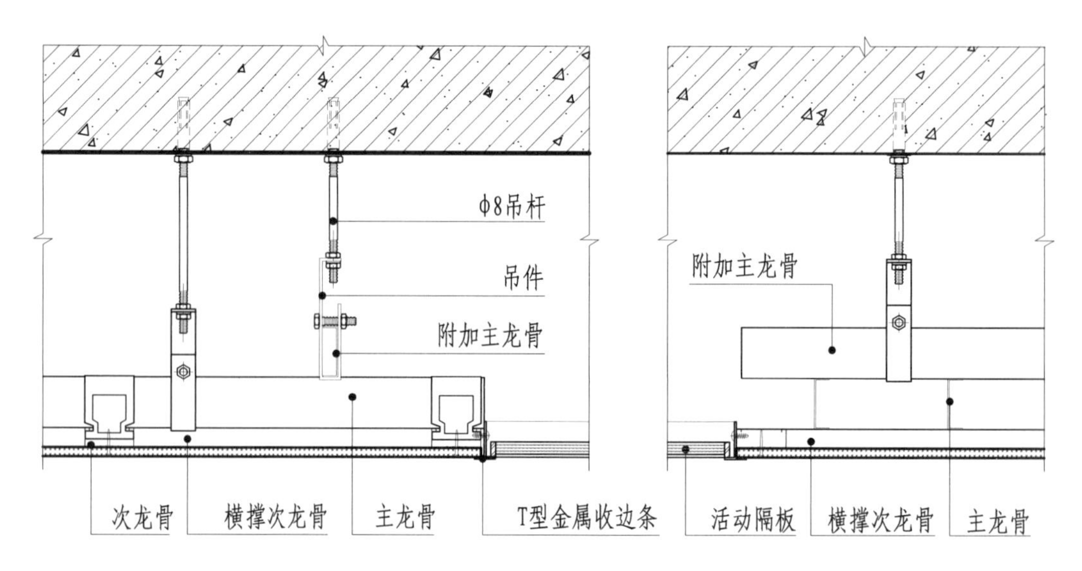

图 13-1-42 上人顶棚构造节点图

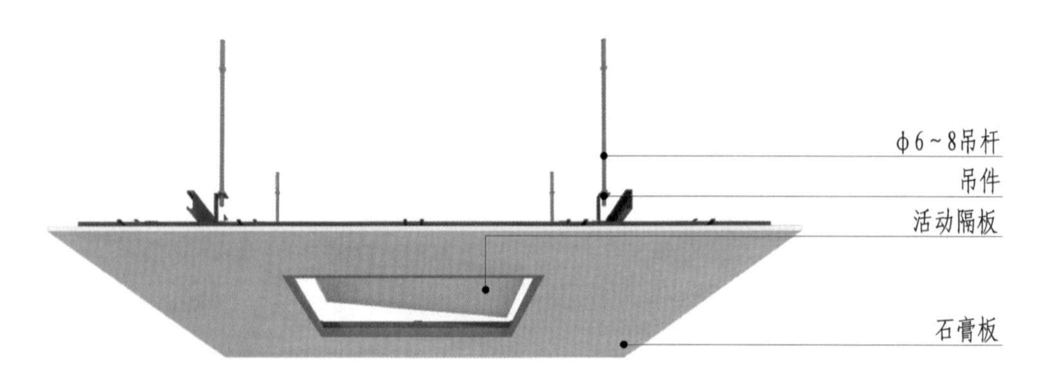

图 13-1-43 上人顶棚三维图方向二

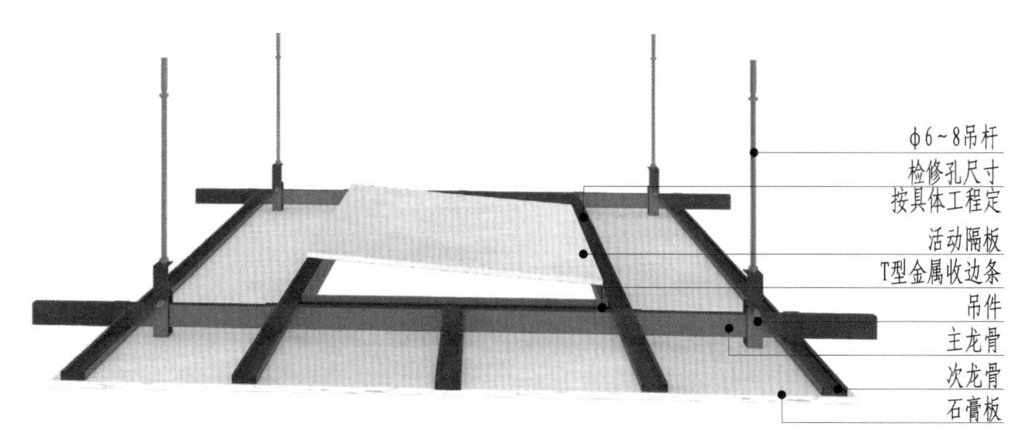

图 13-1-44　不上人顶棚检修口三维图

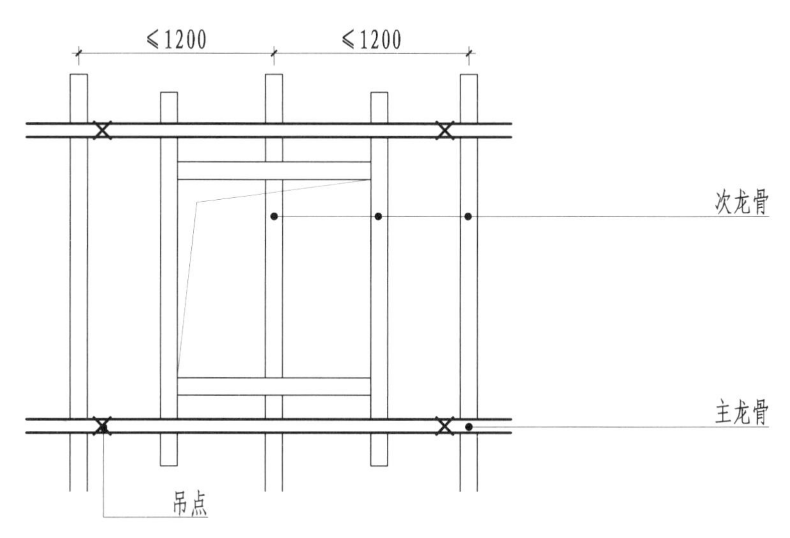

图 13-1-45　不上人顶棚检修口平面图

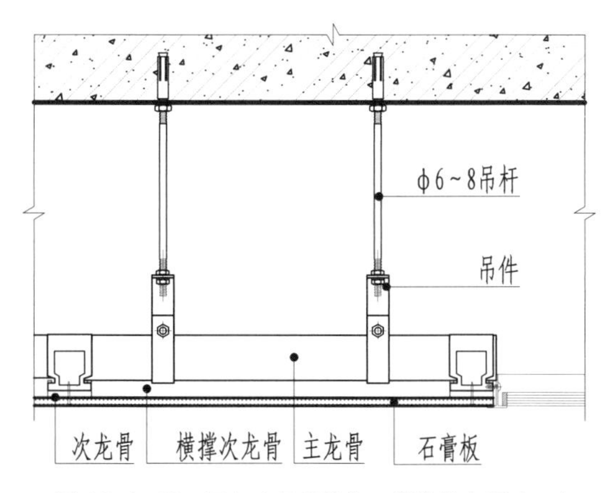

图 13-1-46　不上人顶棚检修口构造节点图（一）

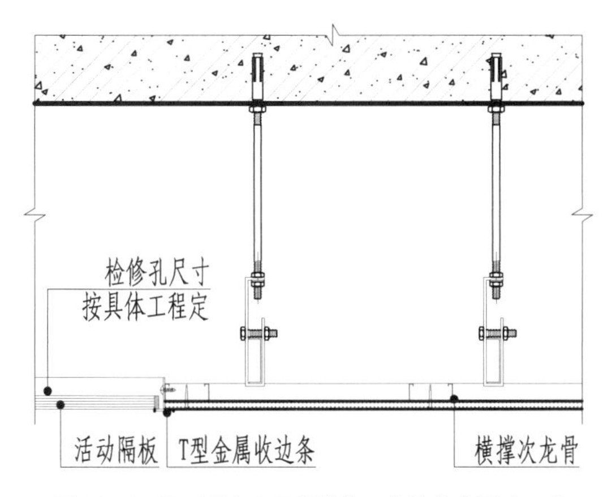

图 13-1-47　不上人顶棚检修口构造节点图（二）

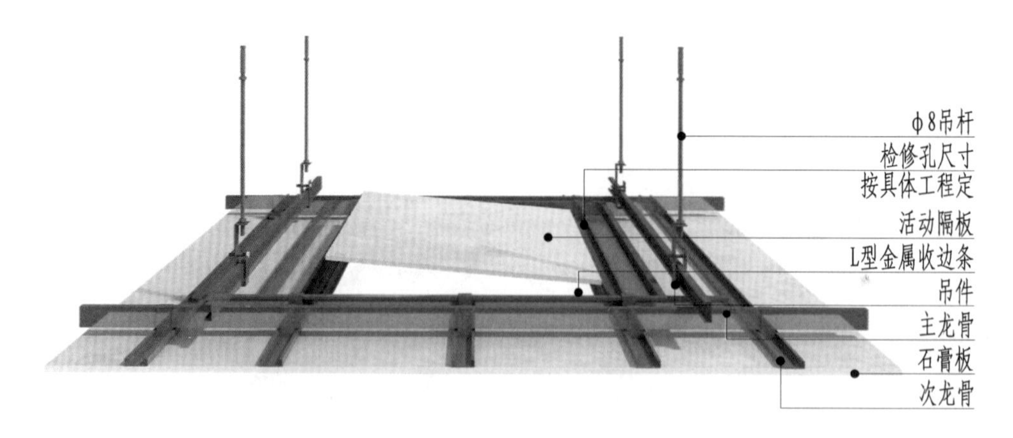

图 13-1-48 上人顶棚检修口三维图

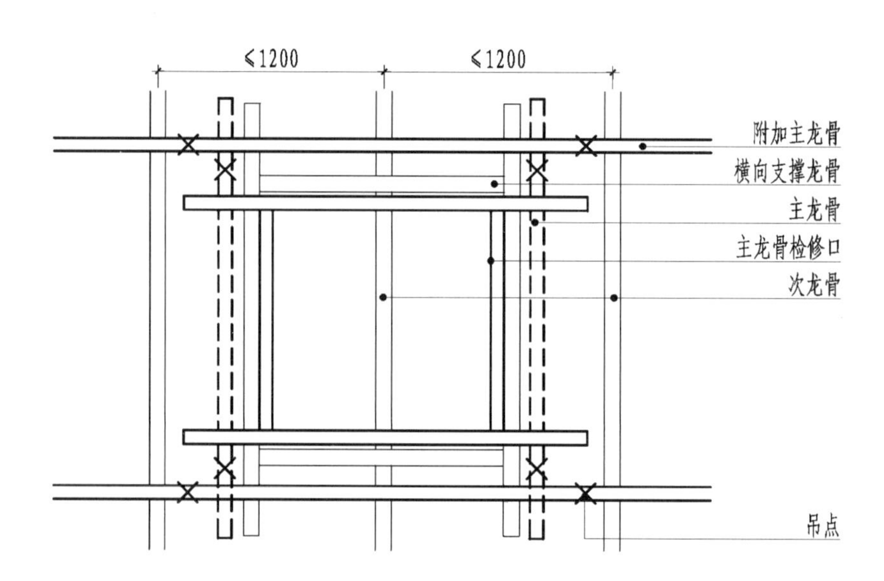

图 13-1-49 上人顶棚检修口平面图

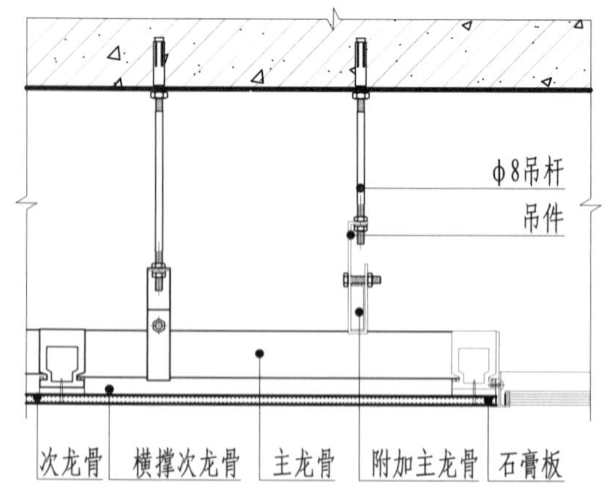

图 13-1-50 上人顶棚检修口构造节点图（一）

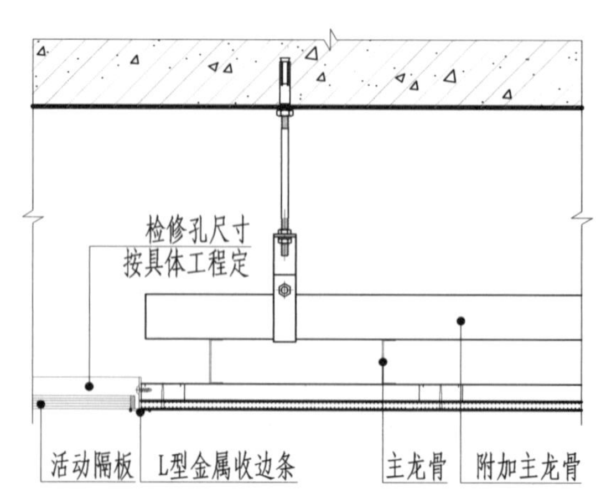

图 13-1-51 上人顶棚检修口构造节点图（二）

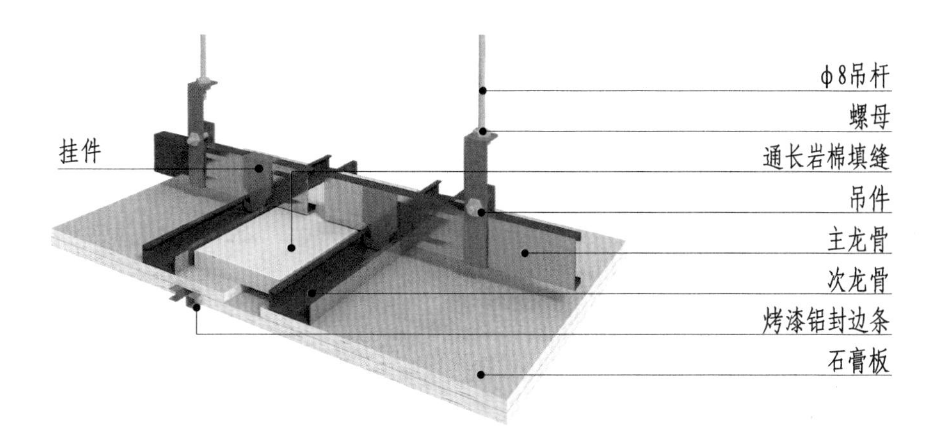

图 13-1-52 双层石膏板顶棚伸缩缝三维图（伸缩缝垂直于主龙骨）

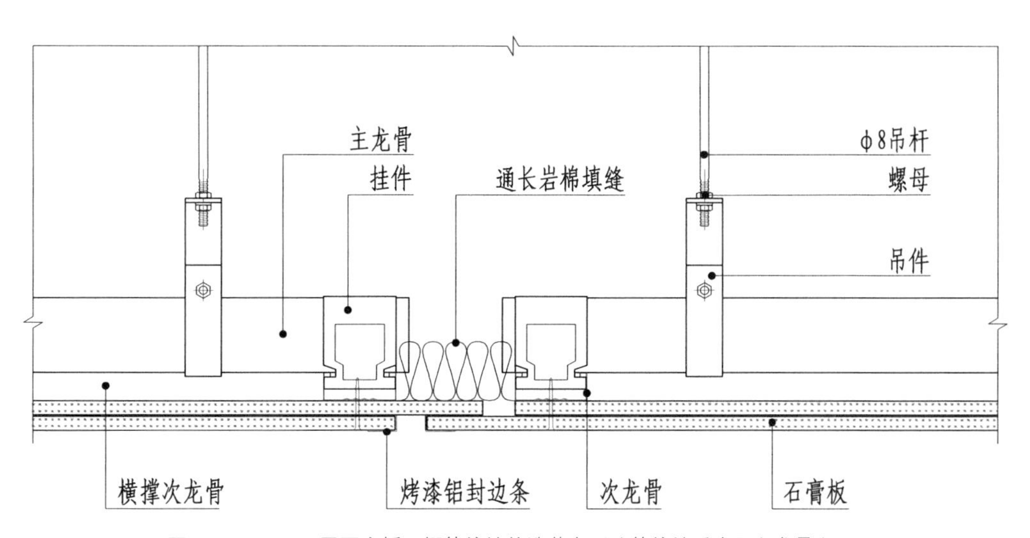

图 13-1-53 双层石膏板顶棚伸缩缝构造节点图（伸缩缝垂直于主龙骨）

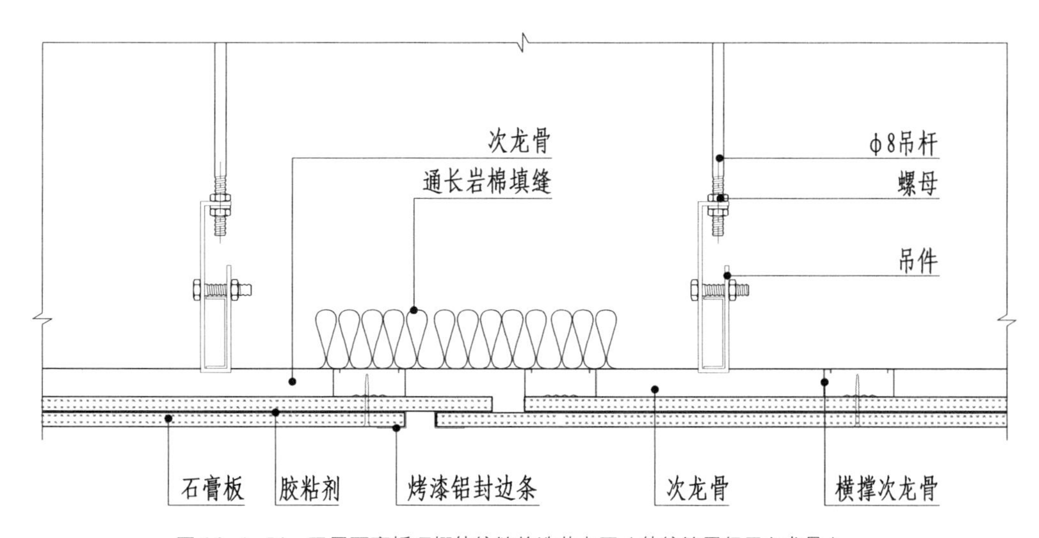

图 13-1-54 双层石膏板顶棚伸缩缝构造节点图（伸缩缝平行于主龙骨）

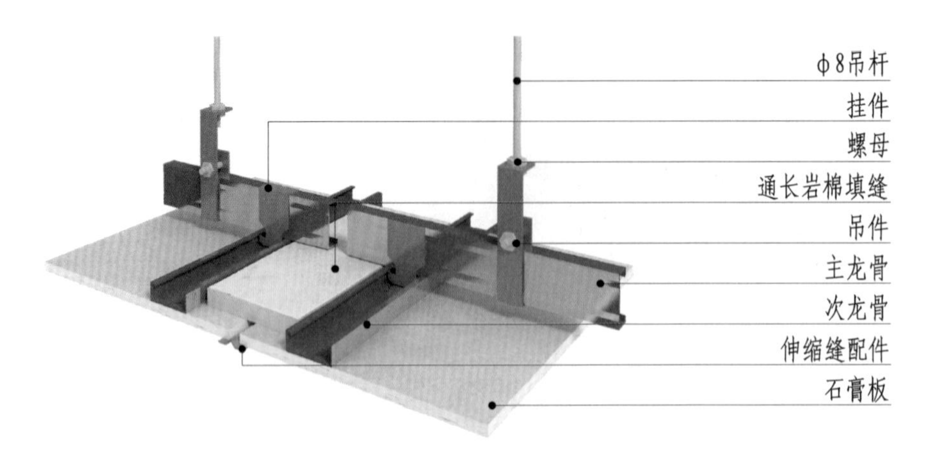

图 13-1-55 单层石膏板顶棚伸缩缝三维图（伸缩缝垂直于主龙骨）

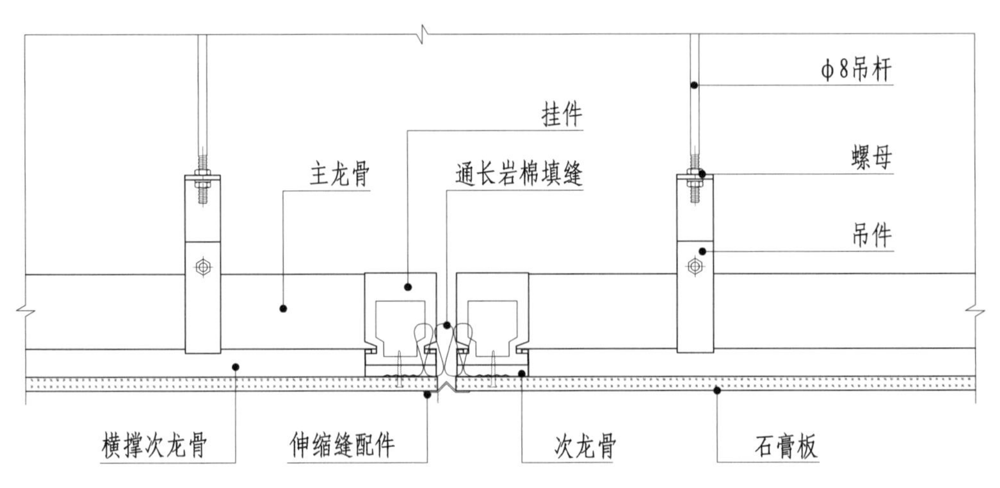

图 13-1-56 单层石膏板顶棚伸缩缝构造节点图（伸缩缝垂直于主龙骨）

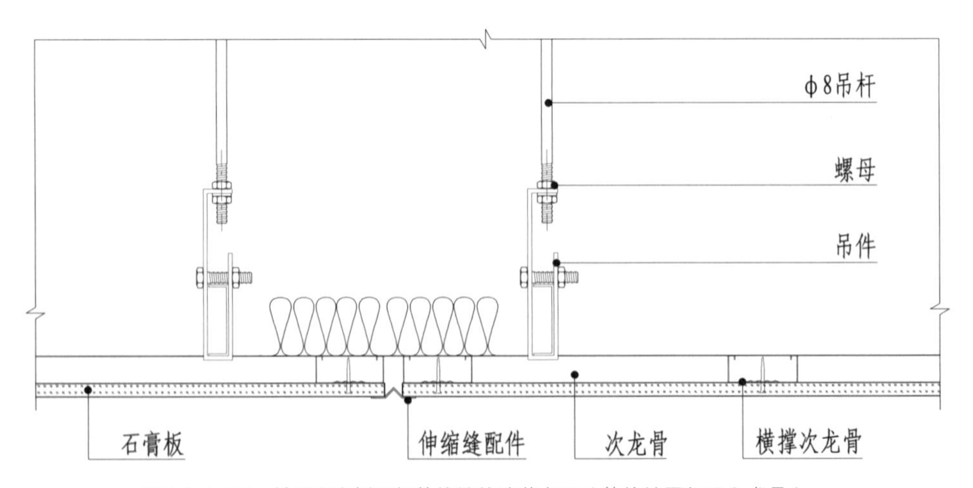

图 13-1-57 单层石膏板顶棚伸缩缝构造节点图（伸缩缝平行于主龙骨）

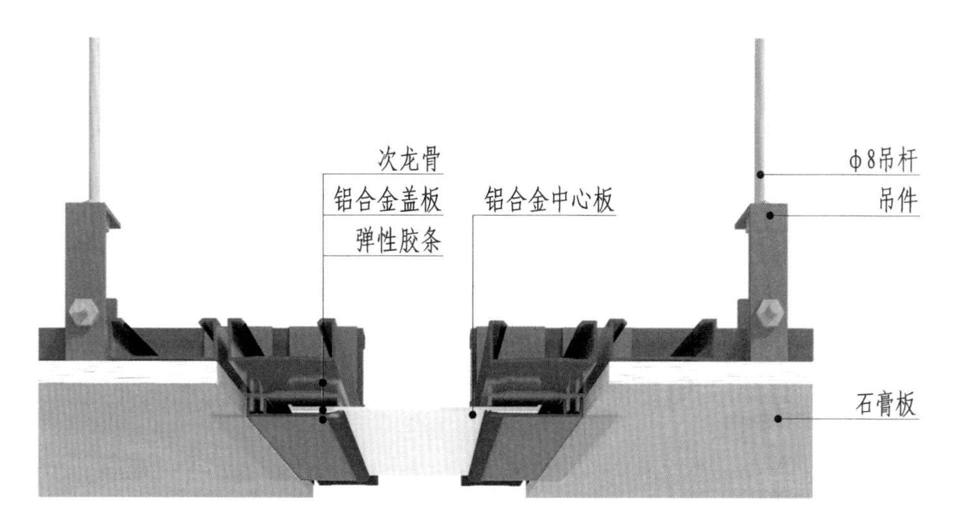

图 13-1-58　顶棚伸缩缝（一）三维图

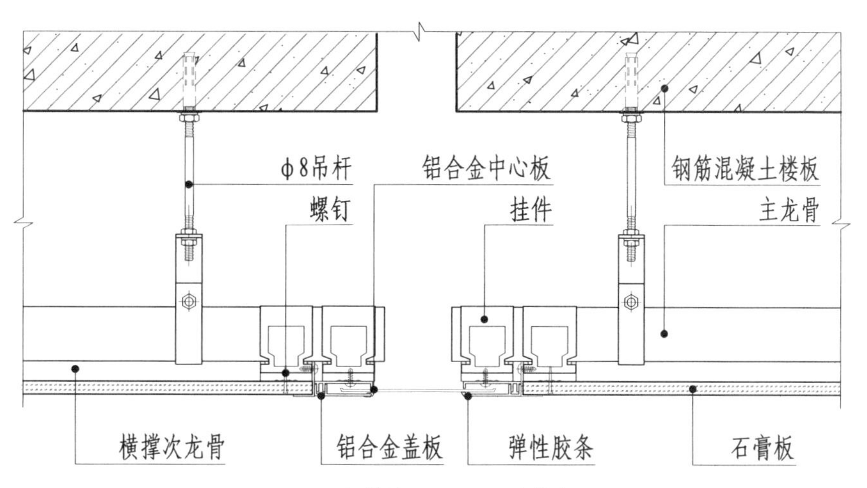

图 13-1-59　顶棚伸缩缝（一）构造节点图（一）

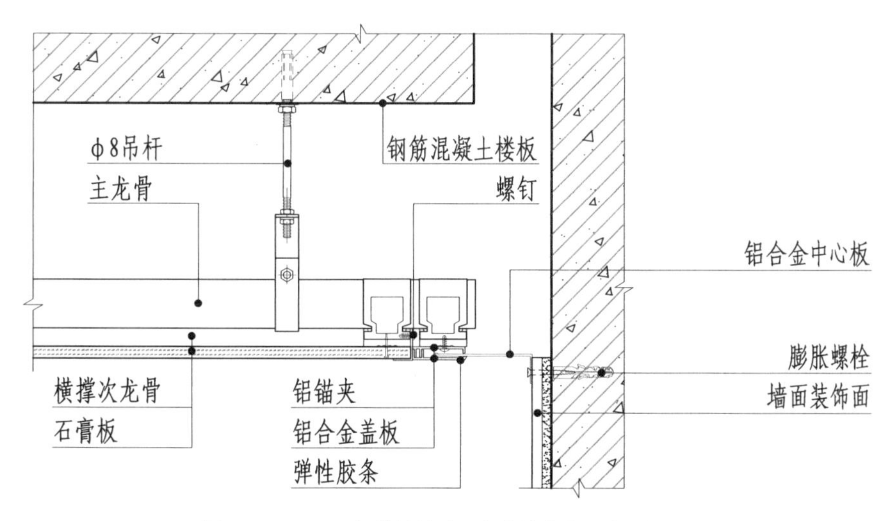

图 13-1-60　顶棚伸缩缝（一）构造节点图（二）

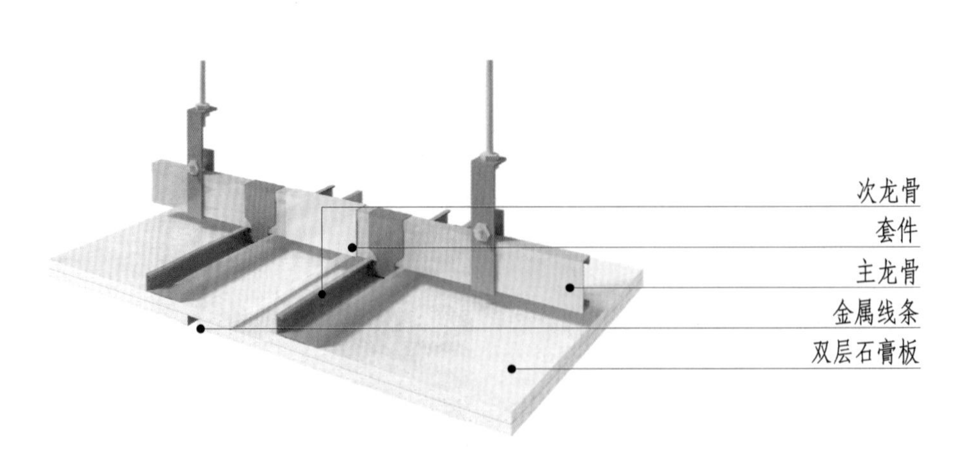

图 13-1-61 顶棚伸缩缝（二）三维图

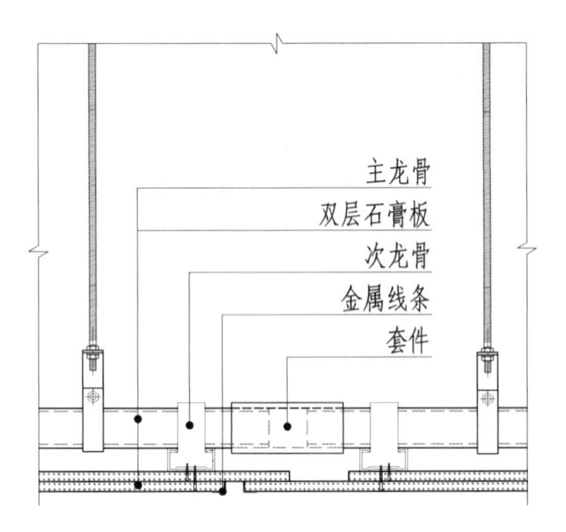

图 13-1-62 顶棚伸缩缝（二）构造节点图

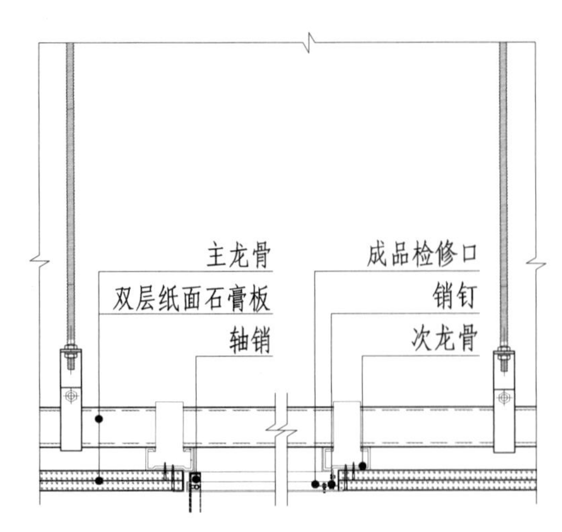

图 13-1-63 顶棚成品检修口构造节点图

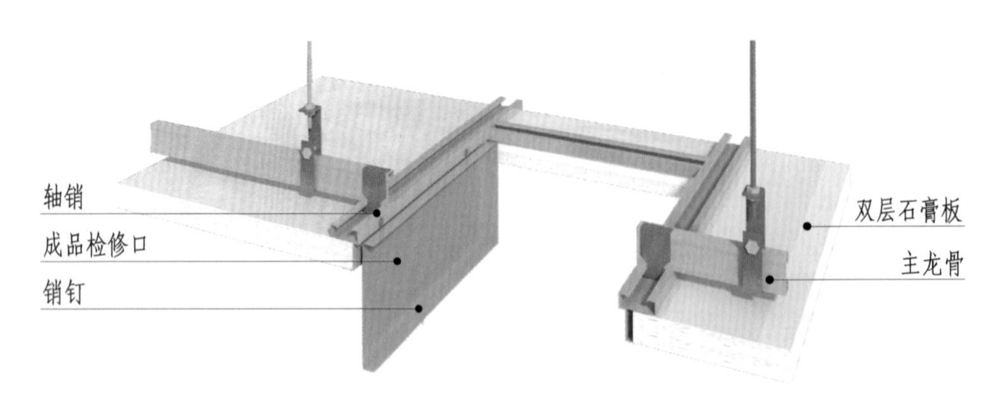

图 13-1-64 顶棚成品检修口三维图

第二节　矿棉吸声板顶棚构造

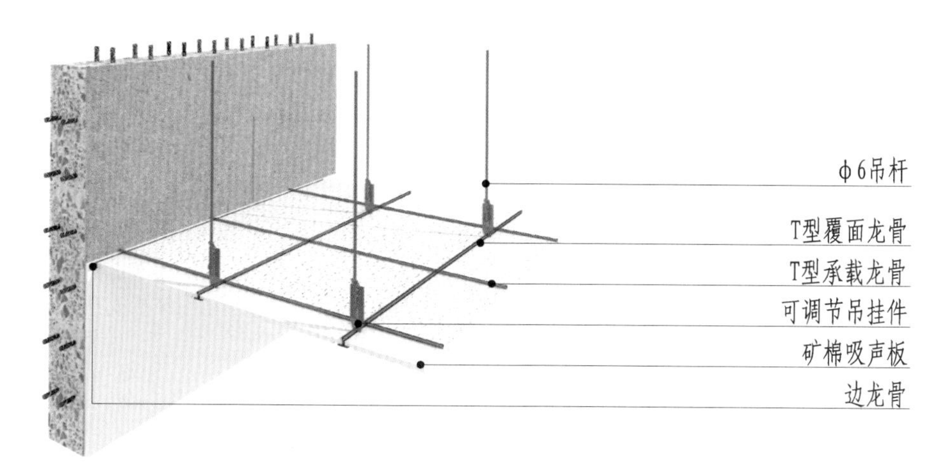

图 13-2-1　T 型单层骨架顶棚三维图

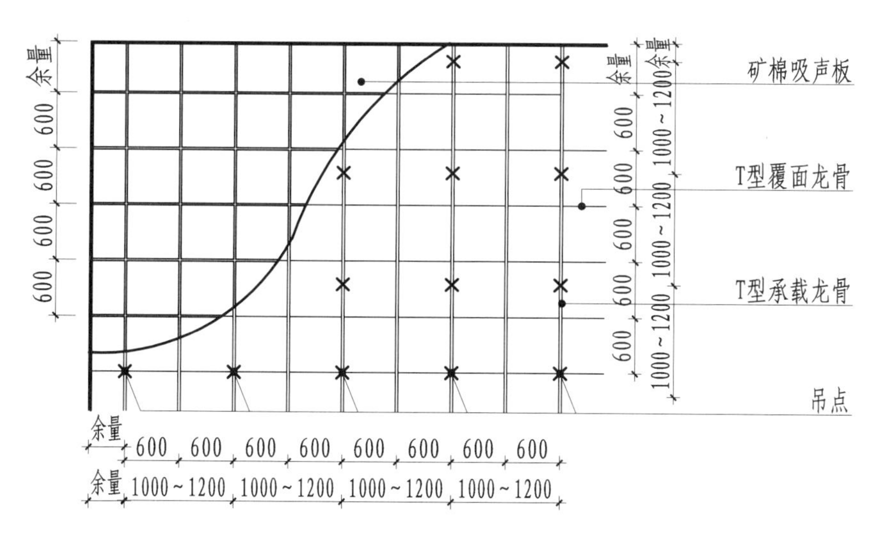

图 13-2-2　T 型单层骨架顶棚平面图

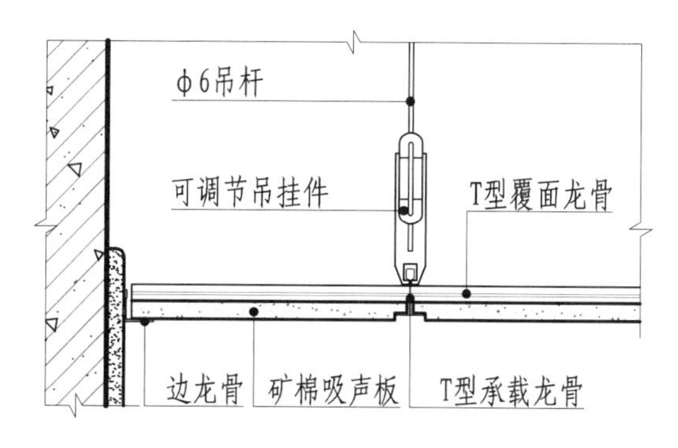

图 13-2-3　T 型单层骨架顶棚构造节点图（一）

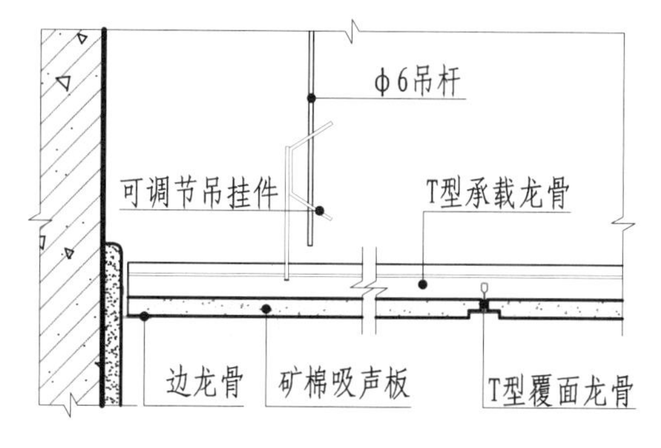

图 13-2-4　T 型单层骨架顶棚构造节点图（二）

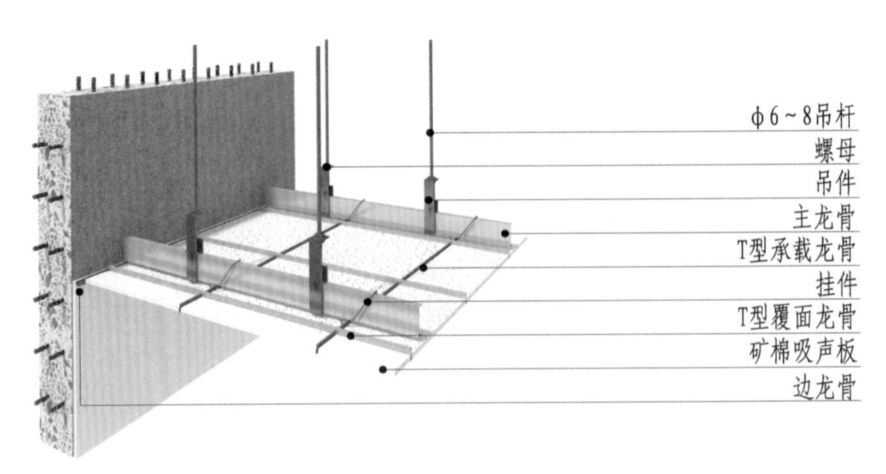

图 13-2-5 T 型双层骨架顶棚三维图

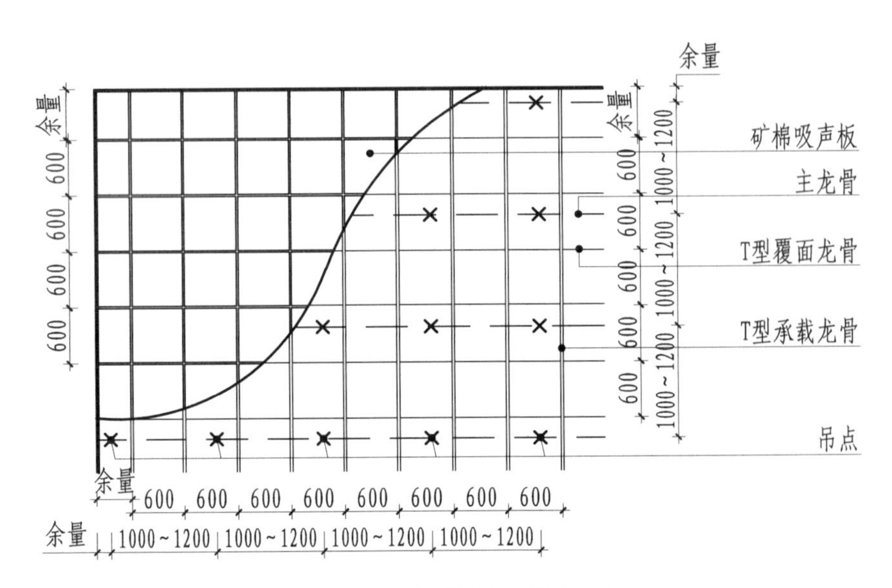

图 13-2-6 T 型双层骨架顶棚平面图

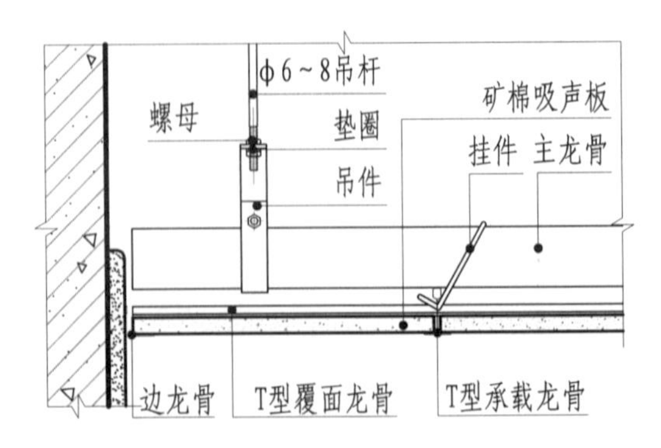

图 13-2-7 T 型双层骨架顶棚构造节点图（一）

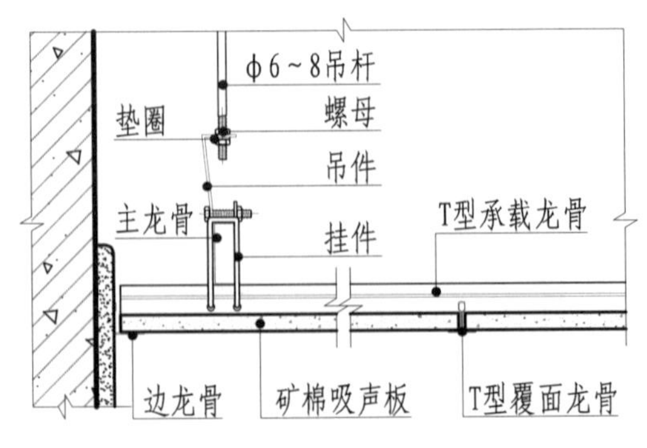

图 13-2-8 T 型双层骨架顶棚构造节点图（二）

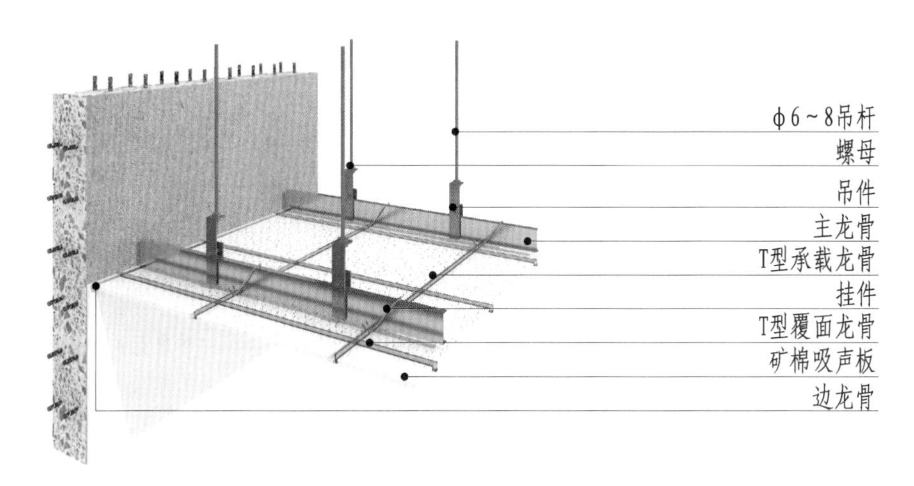

图 13-2-9 暗架式矿棉板顶棚三维图方向一

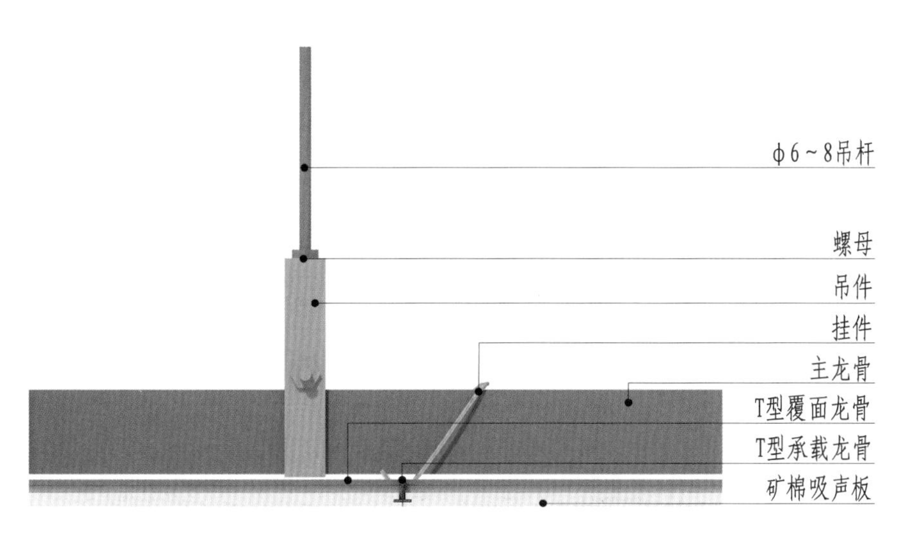

图 13-2-10 暗架式矿棉板顶棚三维图方向二

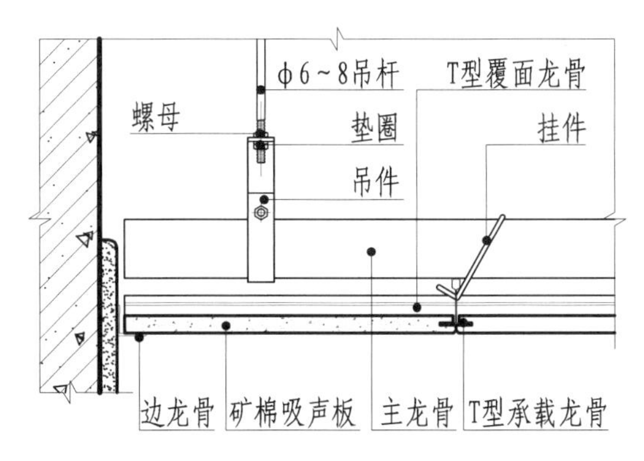

图 13-2-11 暗架式矿棉板顶棚构造节点图（一）

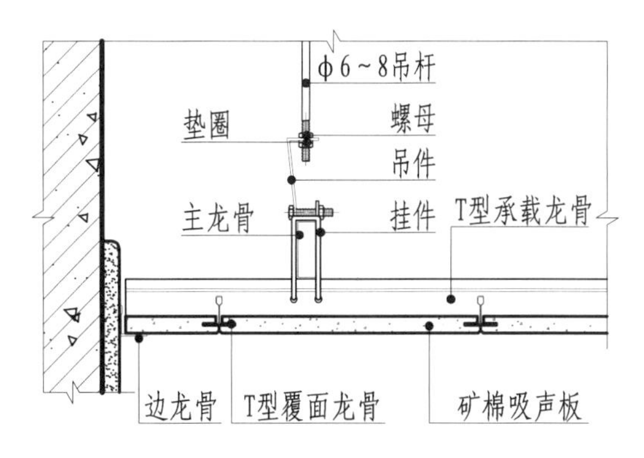

图 13-2-12 暗架式矿棉板顶棚构造节点图（二）

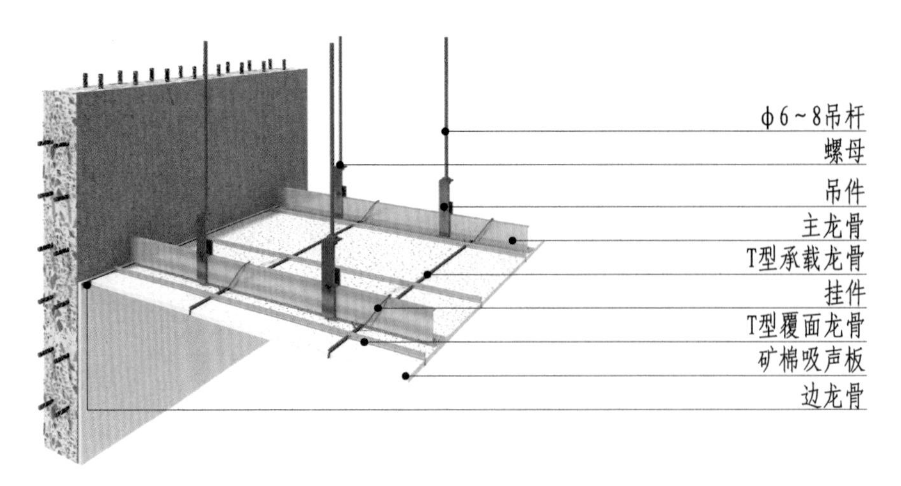

图 13-2-13 明架式矿棉板顶棚三维图方向一

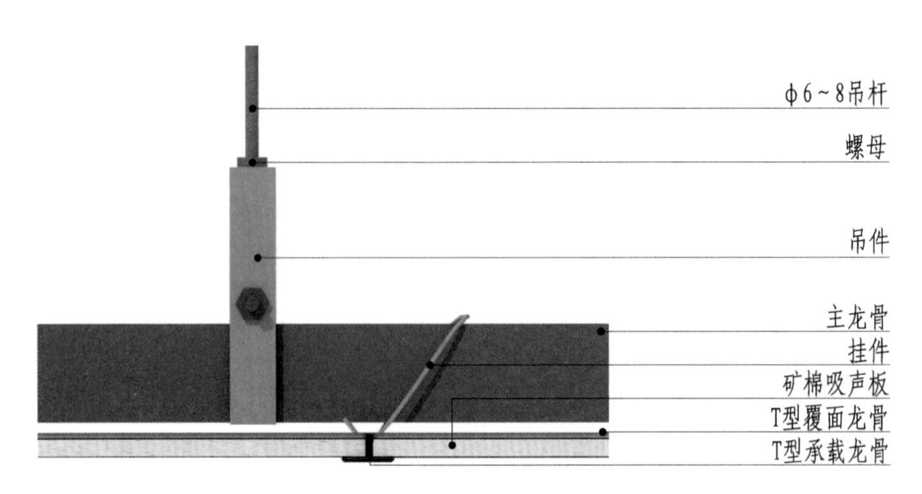

图 13-2-14 明架式矿棉板顶棚三维图方向二

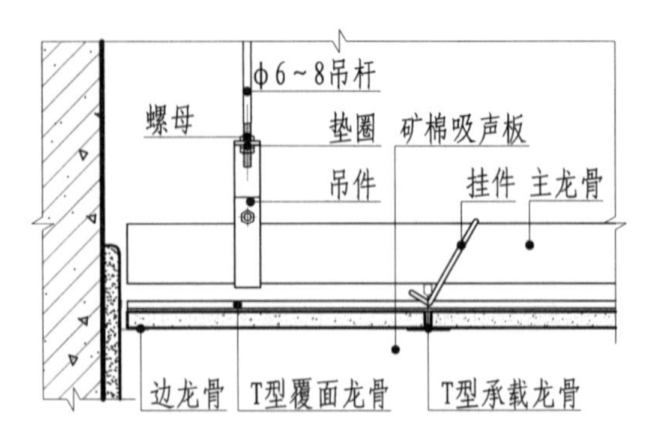

图 13-2-15 明架式矿棉板顶棚构造节点图（一）

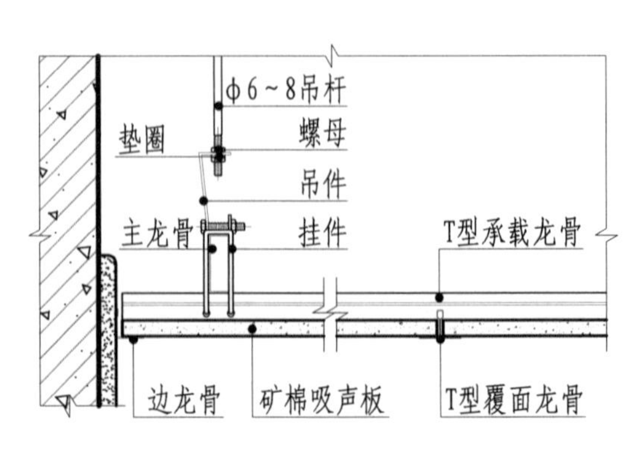

图 13-2-16 明架式矿棉板顶棚构造节点图（二）

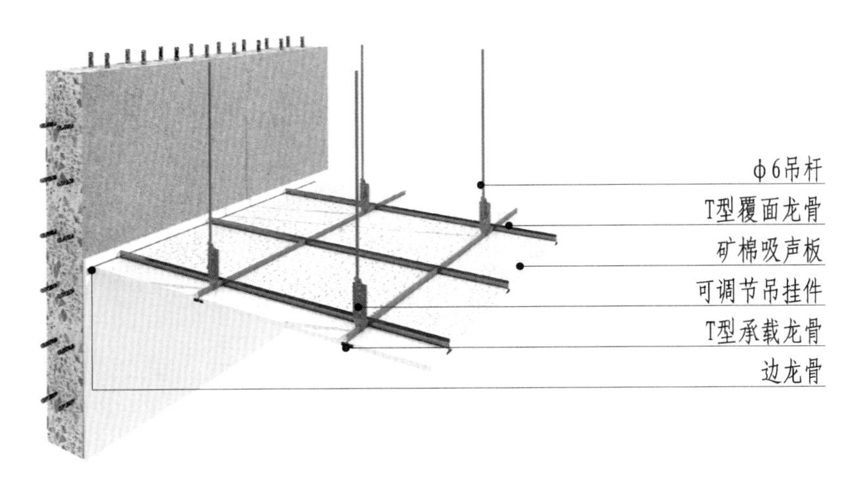

图 13-2-17　半明架式矿棉板顶棚三维图方向一

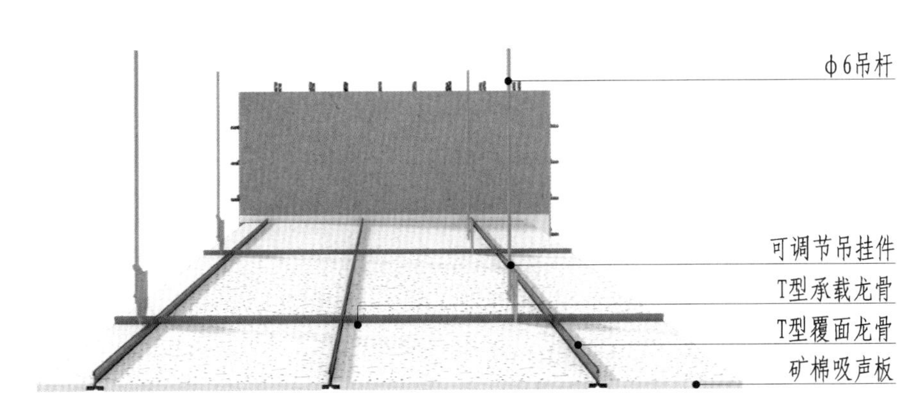

图 13-2-18　半明架式矿棉板顶棚三维图方向二

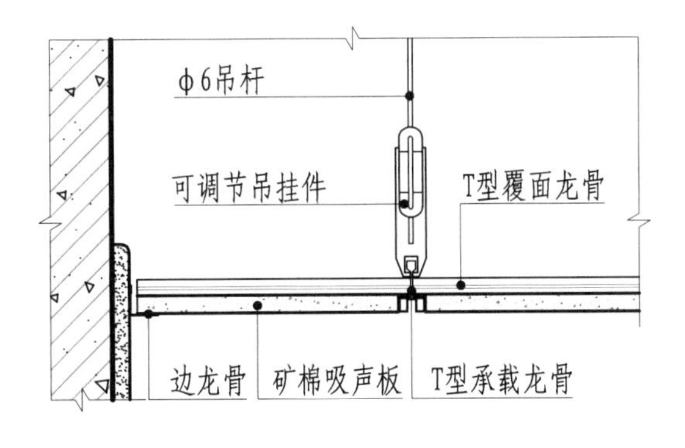

图 13-2-19　半明架式矿棉板顶棚构造节点图（一）

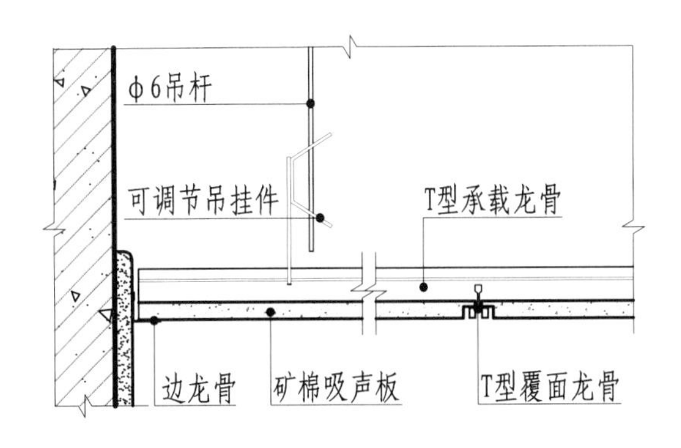

图 13-2-20　半明架式矿棉板顶棚构造节点图（二）

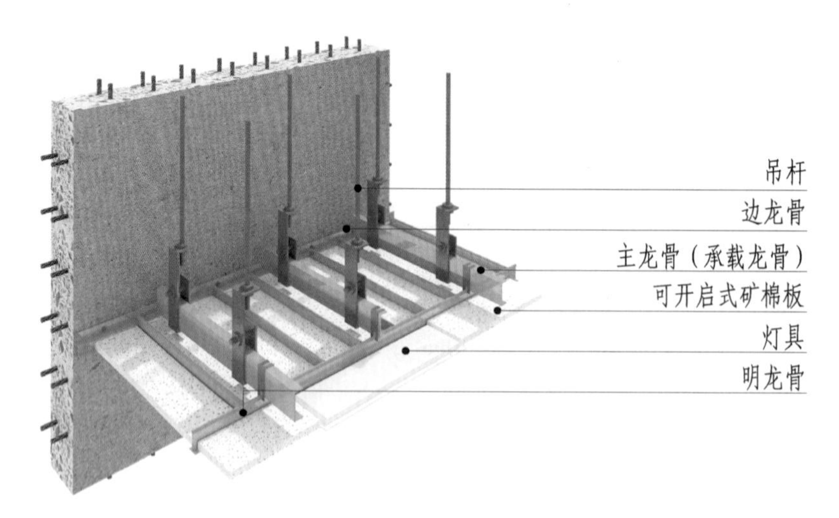

图 13-2-21 暗明龙骨结合矿棉板顶棚三维图

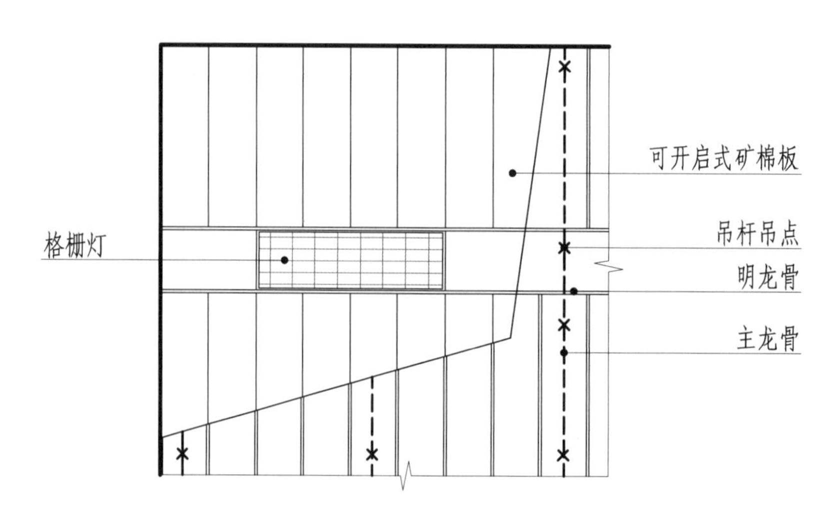

图 13-2-22 暗明龙骨结合矿棉板顶棚平面图

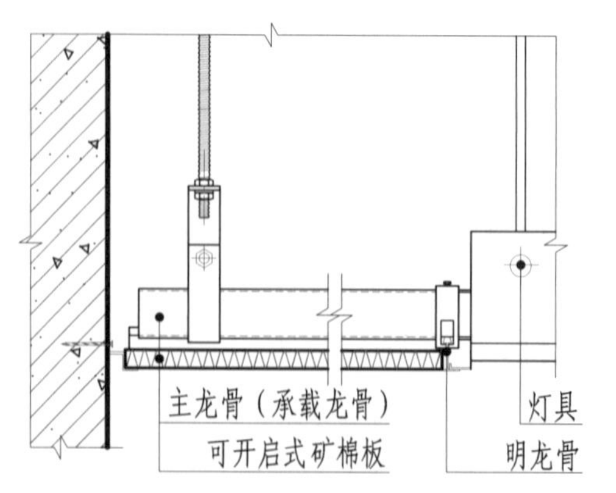

图 13-2-23 暗明龙骨结合矿棉板顶棚构造节点图（一）

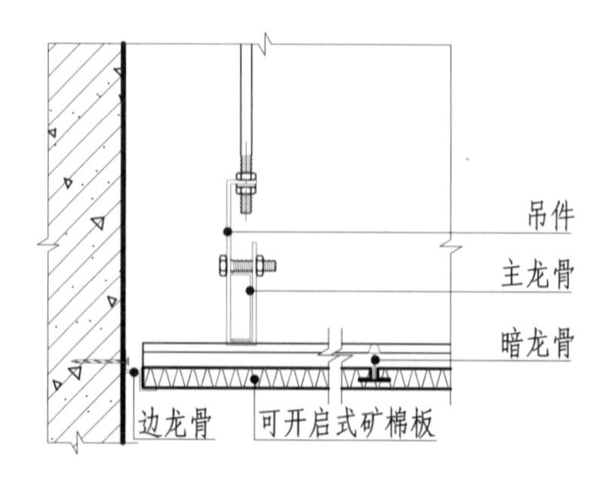

图 13-2-24 暗明龙骨结合矿棉板顶棚构造节点图（二）

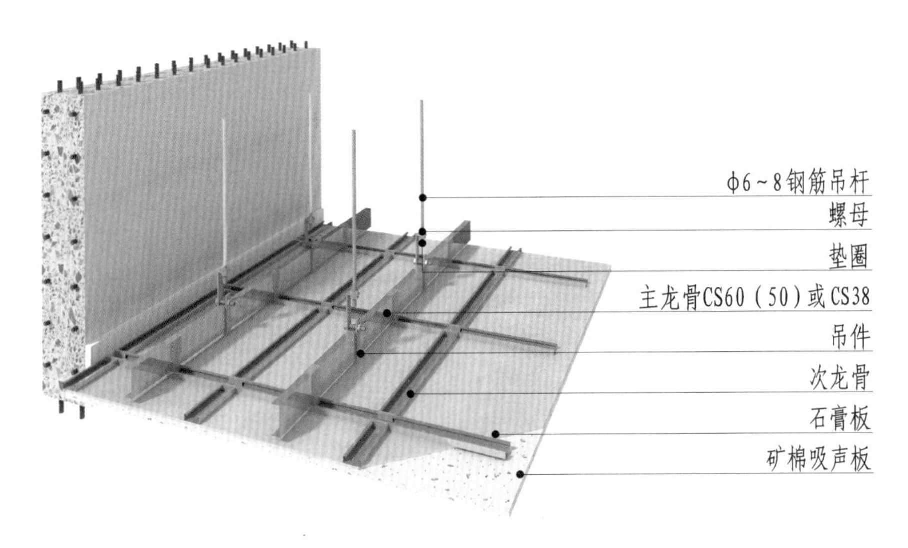

图 13-2-25　复合粘贴矿棉板顶棚三维图

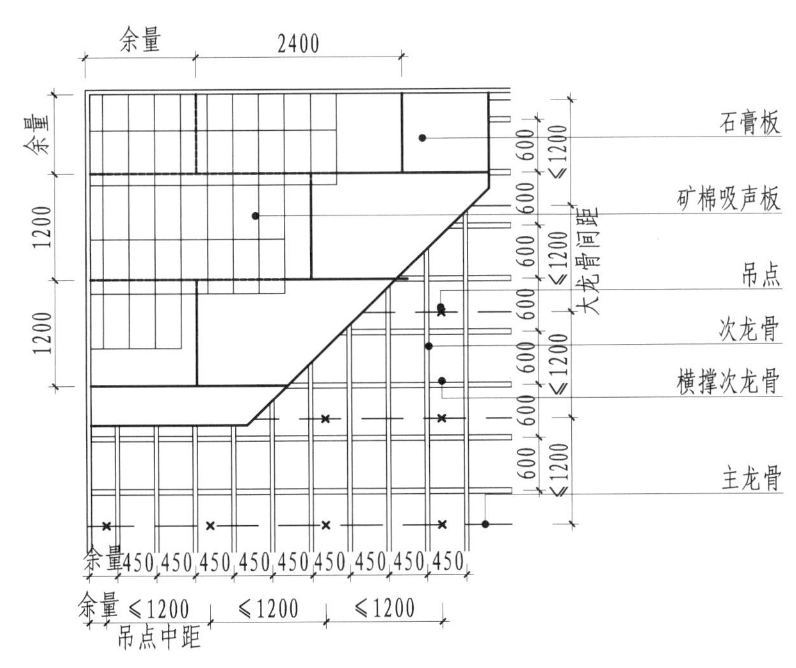

图 13-2-26　复合粘贴矿棉板顶棚平面图

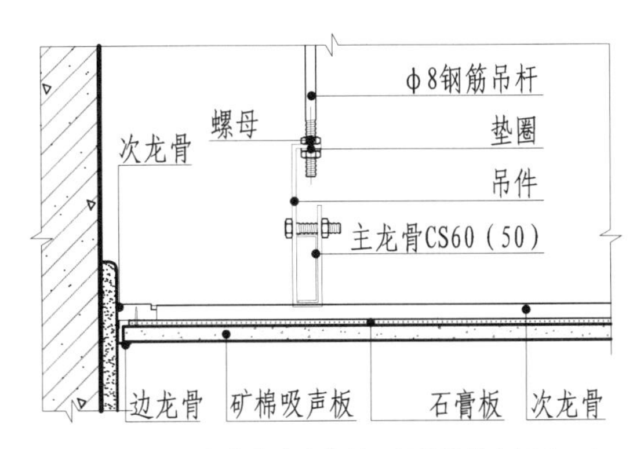

图 13-2-27　复合粘贴矿棉板顶棚构造节点图（一）

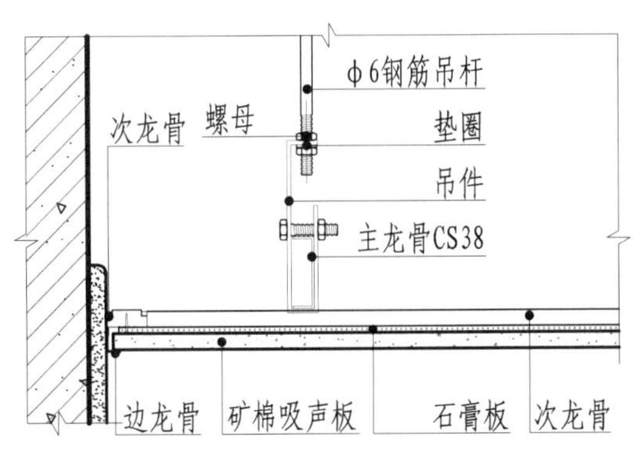

图 13-2-28　复合粘贴矿棉板顶棚构造节点图（二）

第三节 金属板（网）顶棚构造

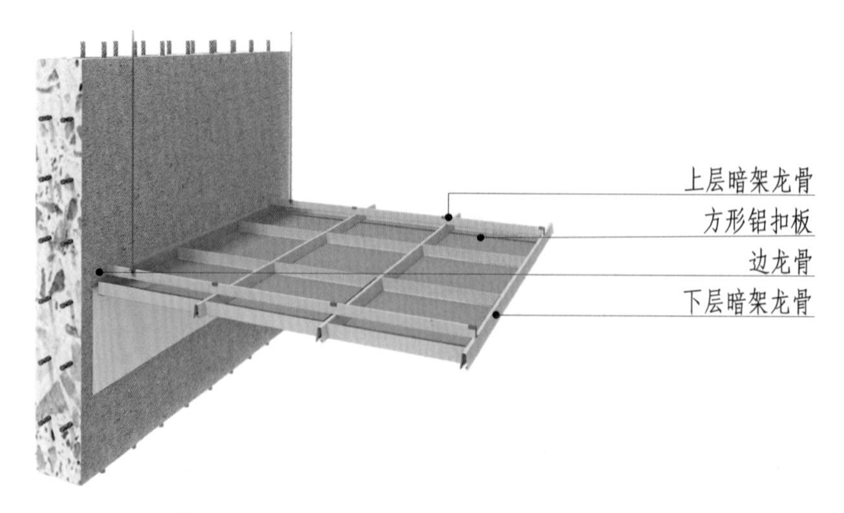

图 13-3-1 方形铝扣板顶棚三维图（一）

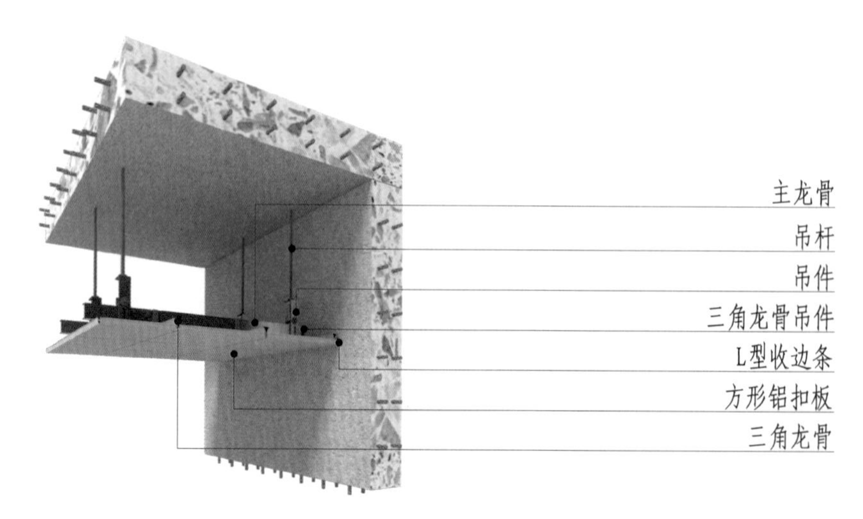

图 13-3-2 方形铝扣板顶棚三维图（二）

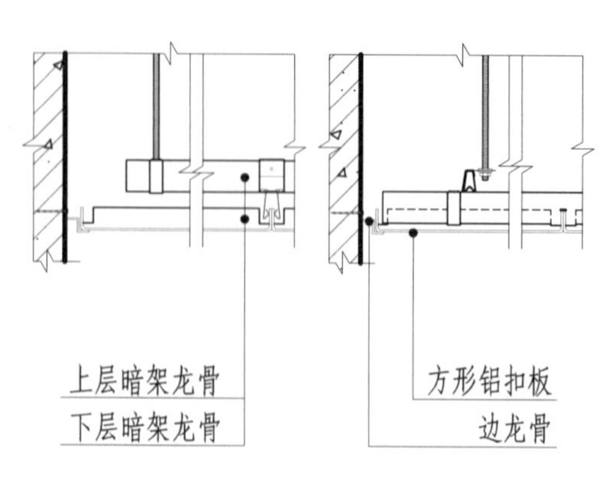

图 13-3-3 方形铝扣板顶棚构造节点图（一）

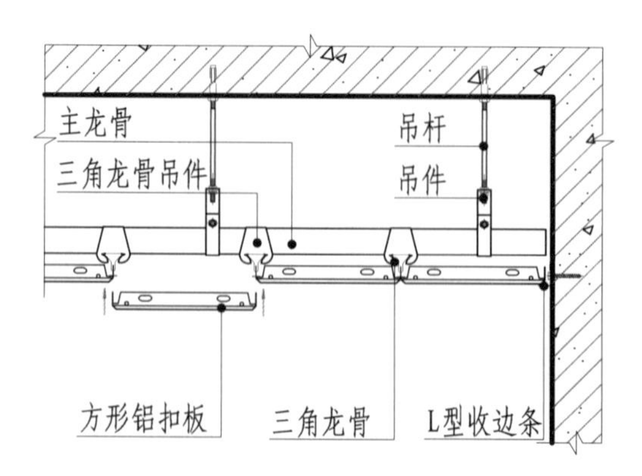

图 13-3-4 方形铝扣板顶棚构造节点图（二）

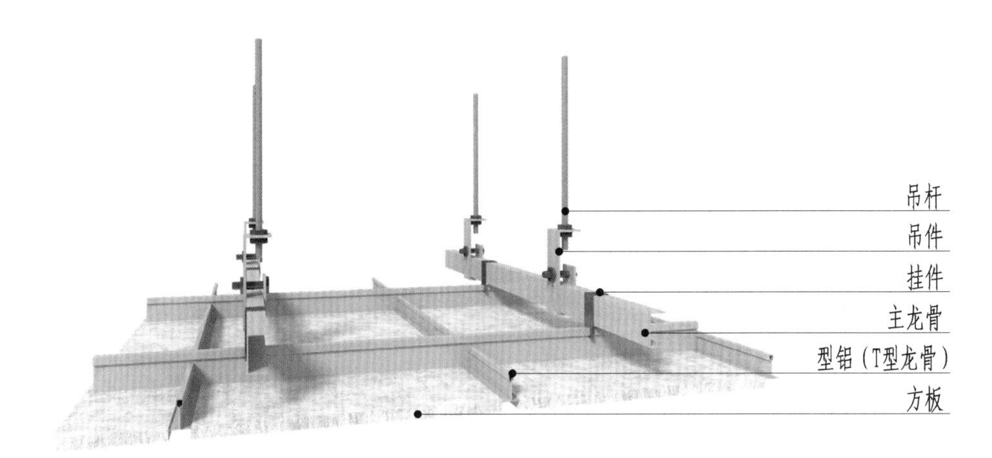

图 13-3-5　明架方形铝扣板顶棚三维图

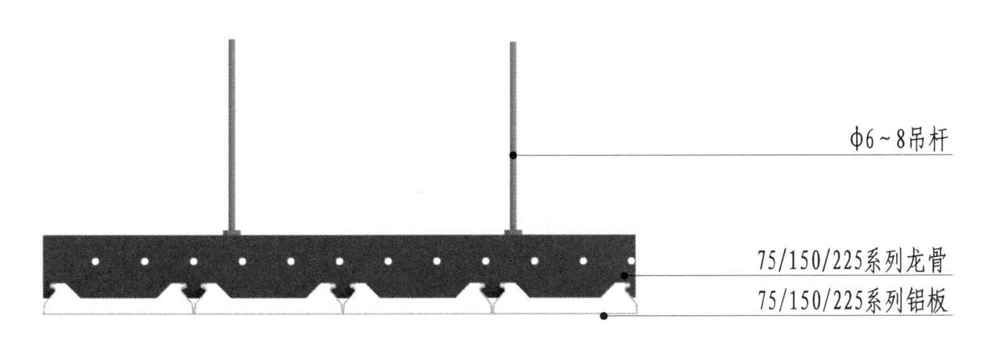

图 13-3-6　条形铝扣板顶棚（一）三维图

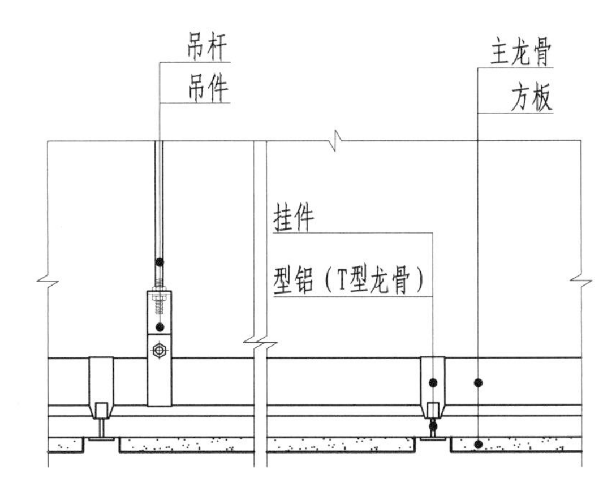

图 13-3-7　明架方形铝扣板顶棚构造节点图

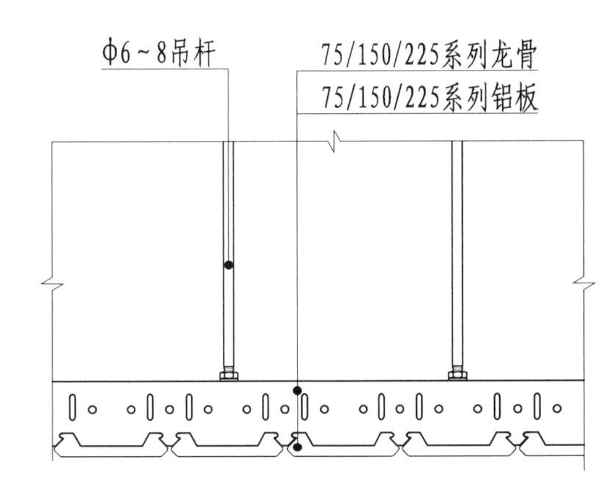

图 13-3-8　条形铝扣板顶棚（一）构造节点图

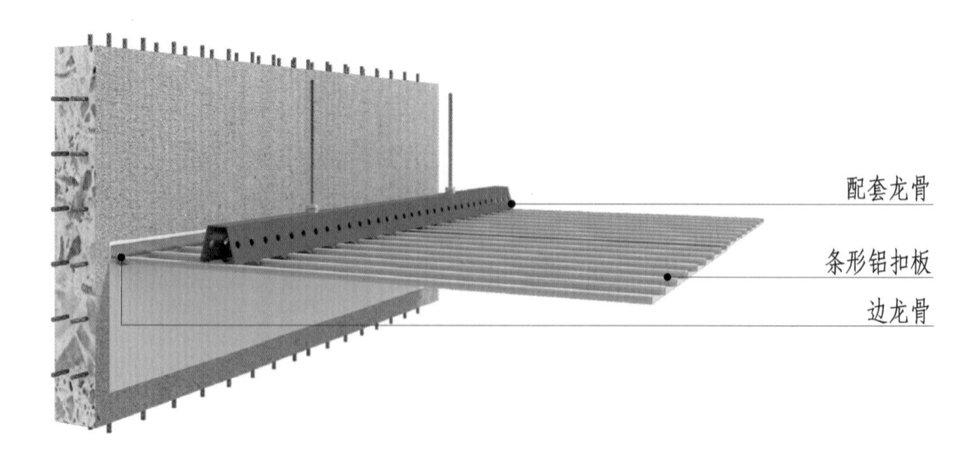

图 13-3-9 条形铝扣板顶棚（二）三维图

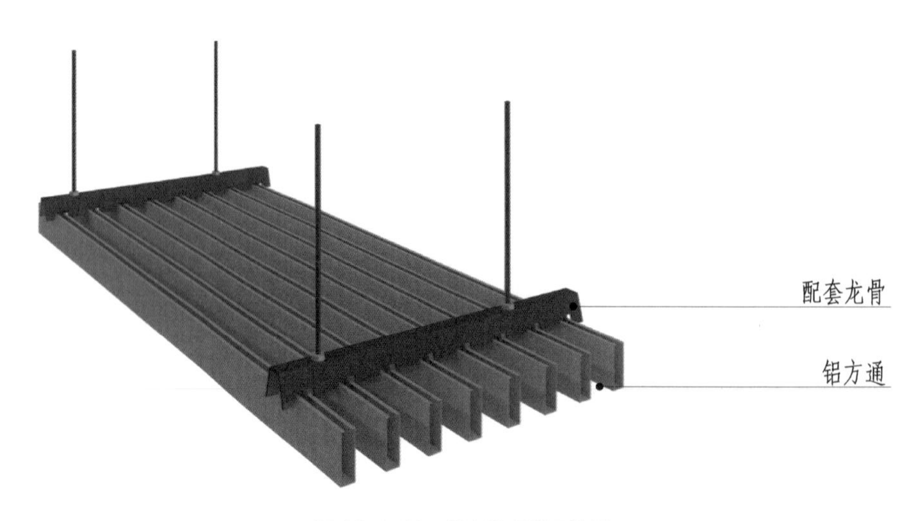

图 13-3-10 铝方通顶棚三维图

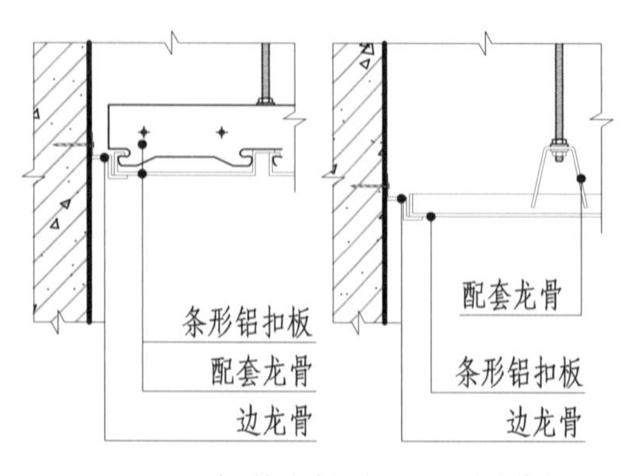

图 13-3-11 条形铝扣板顶棚（二）构造节点图

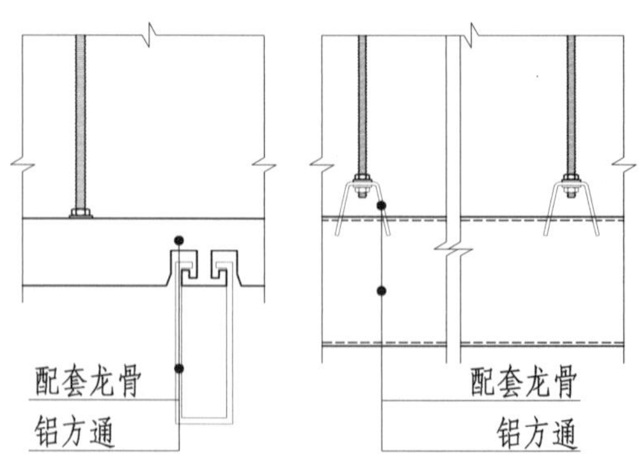

图 13-3-12 铝方通顶棚构造节点图

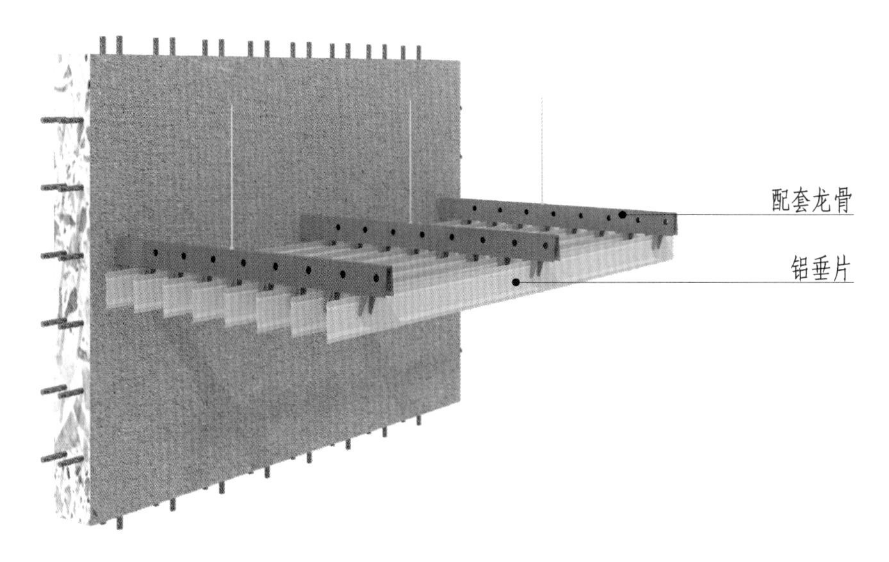

图 13-3-13　铝垂片顶棚三维图

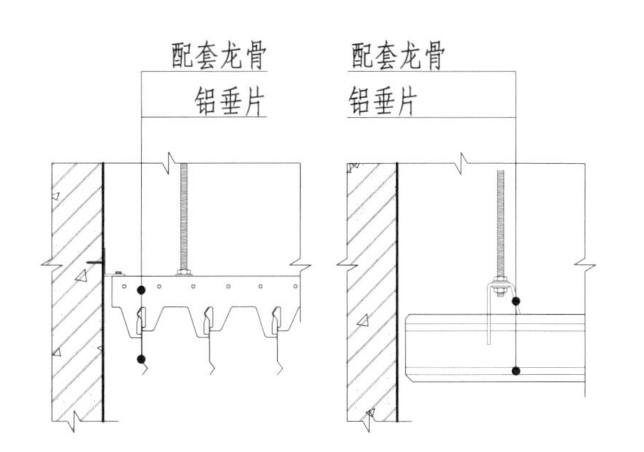

图 13-3-14　铝垂片顶棚构造节点图

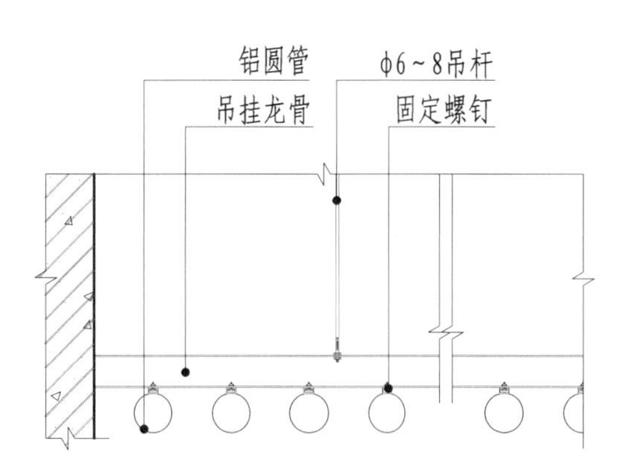

图 13-3-15　铝圆管顶棚构造节点图

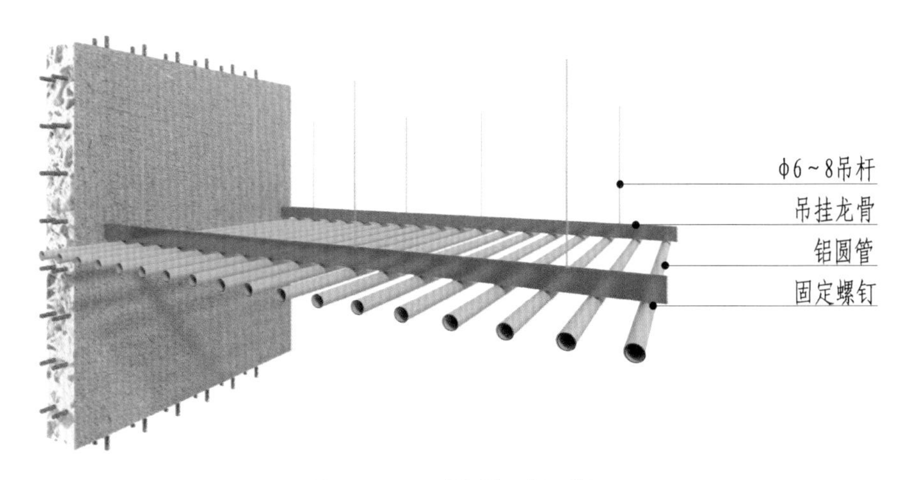

图 13-3-16　铝圆管顶棚三维图

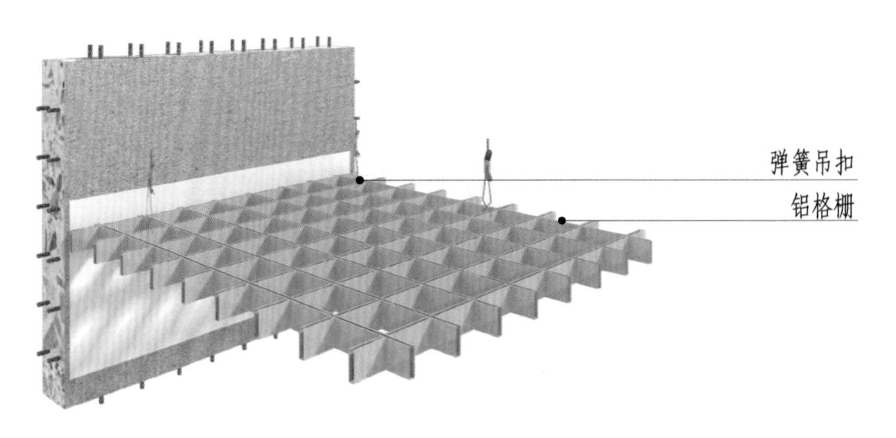

图 13-3-17 铝格栅顶棚三维图

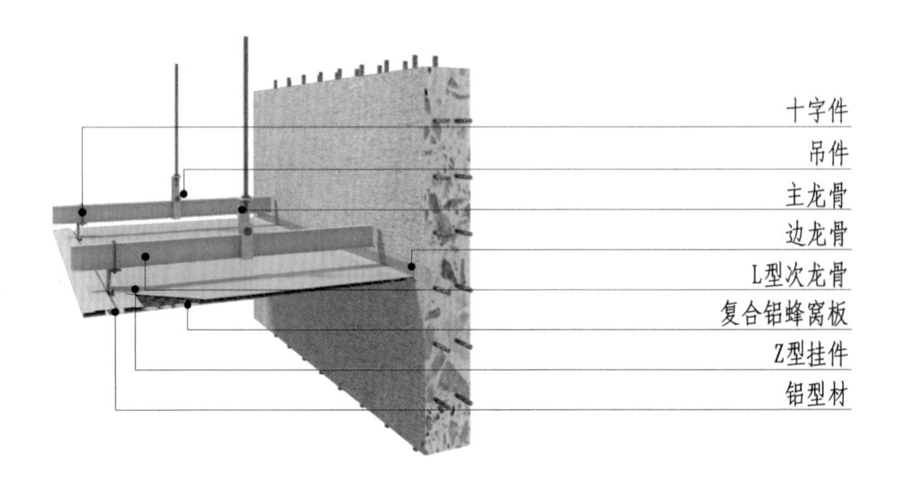

图 13-3-18 复合铝蜂窝板顶棚三维图

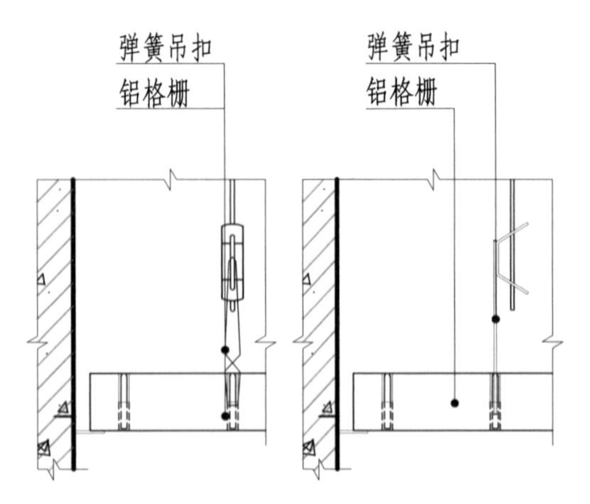

图 13-3-19 铝格栅顶棚构造节点图

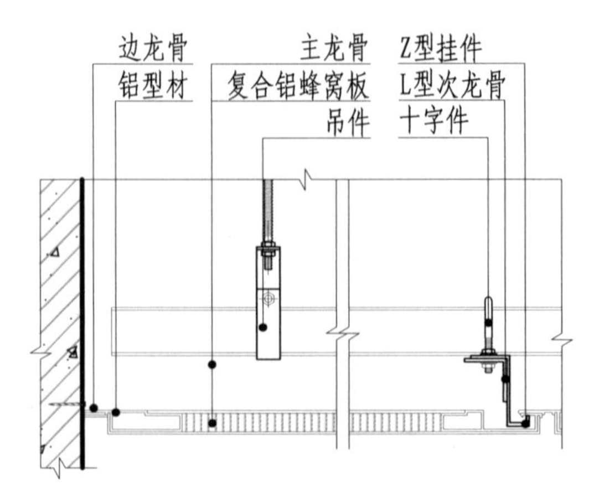

图 13-3-20 复合铝蜂窝板顶棚构造节点图

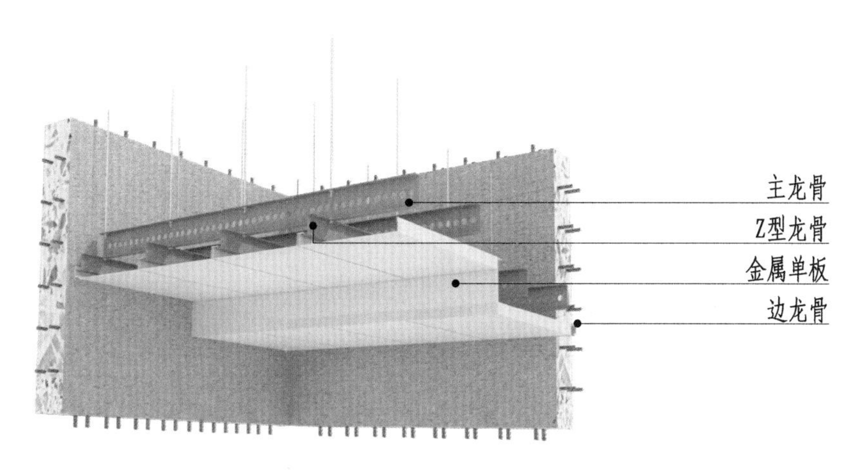

图 13-3-21　金属单板顶棚三维图

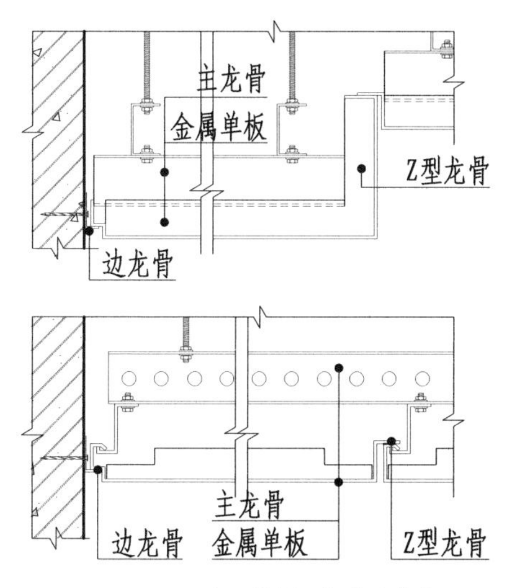

图 13-3-22　金属单板顶棚构造节点图

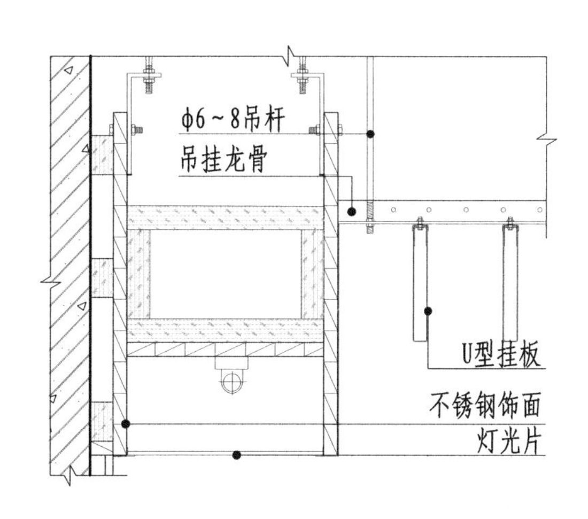

图 13-3-23　U 型挂板与灯箱顶棚交接构造节点图

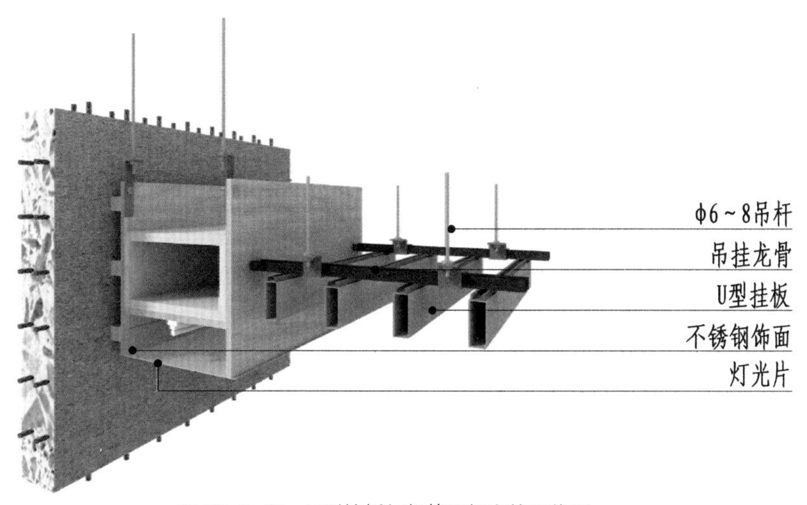

图 13-3-24　U 型挂板与灯箱顶棚交接三维图

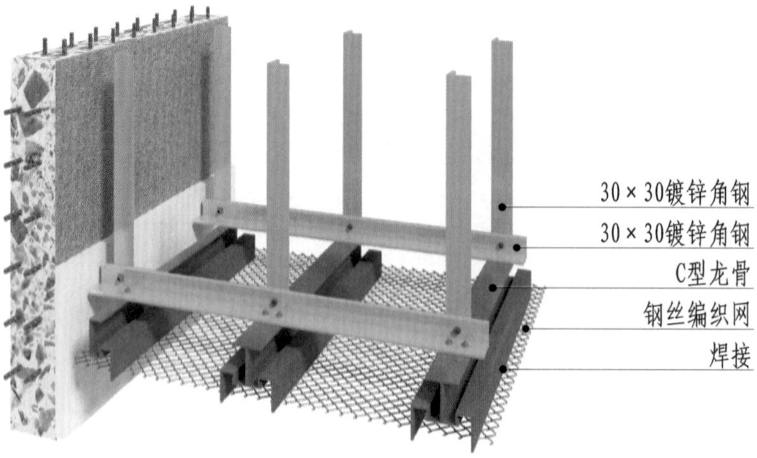

图 13-3-25 暗龙骨金属网顶棚三维图

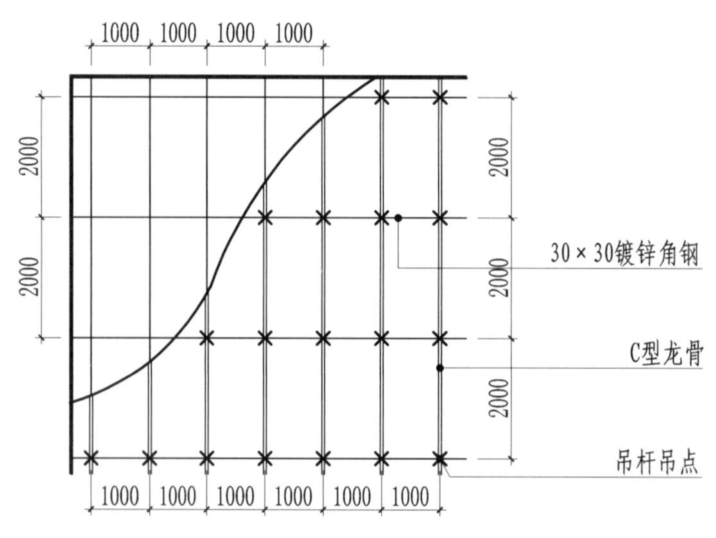

图 13-3-26 暗龙骨金属网顶棚平面图

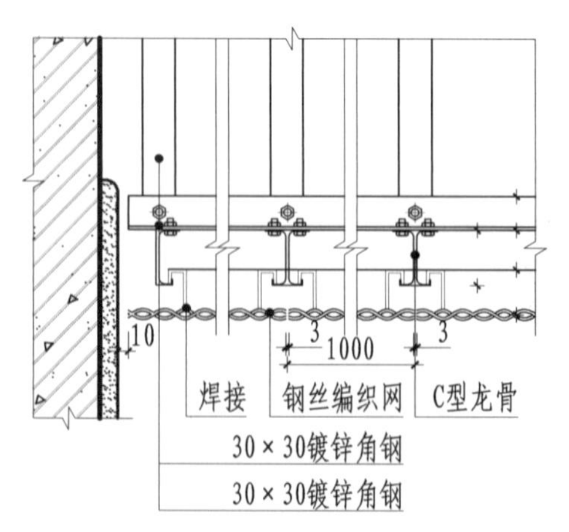

图 13-3-27 暗龙骨金属网顶棚构造节点图（一）

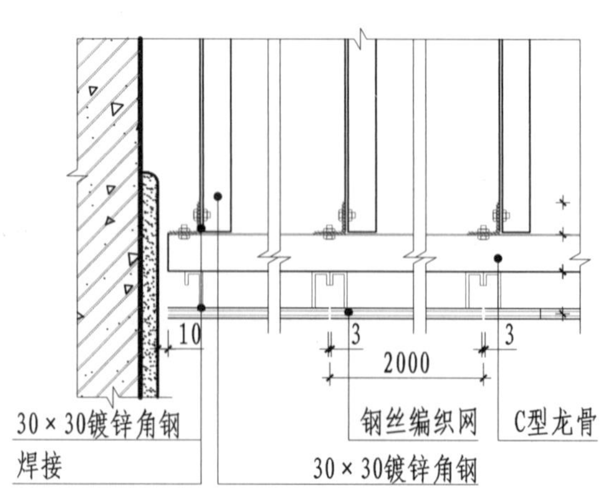

图 13-3-28 暗龙骨金属网顶棚构造节点图（二）

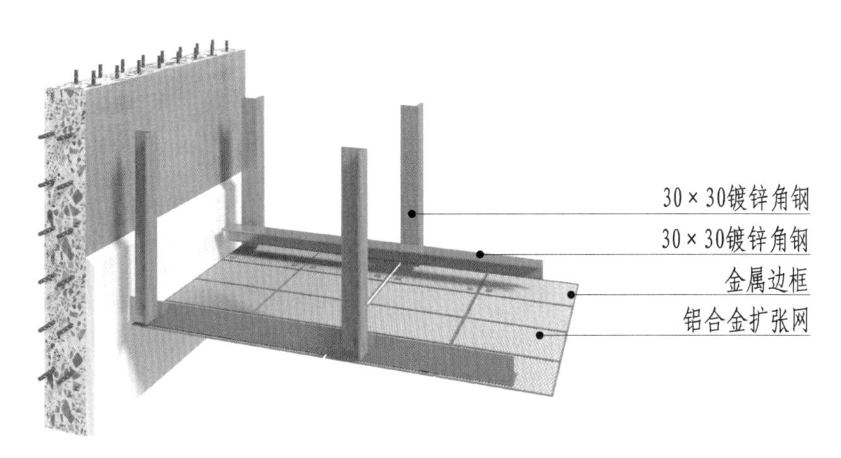

图 13-3-29 明龙骨金属网顶棚三维图

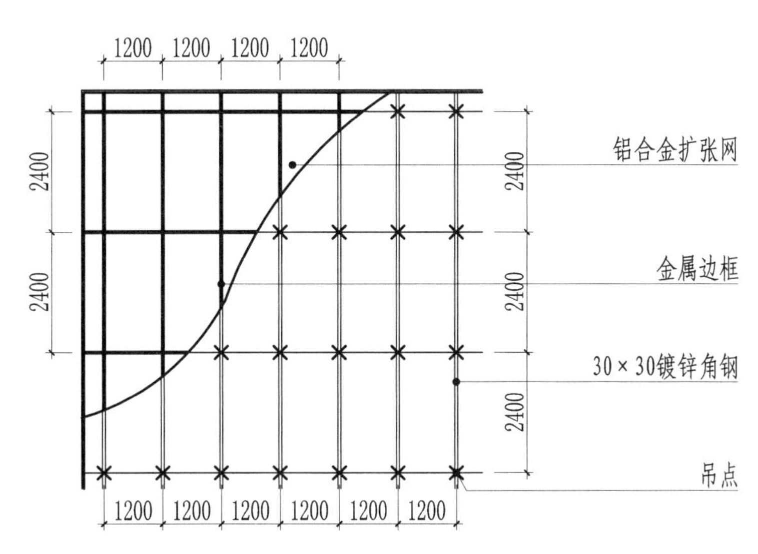

图 13-3-30 明龙骨金属网顶棚平面图

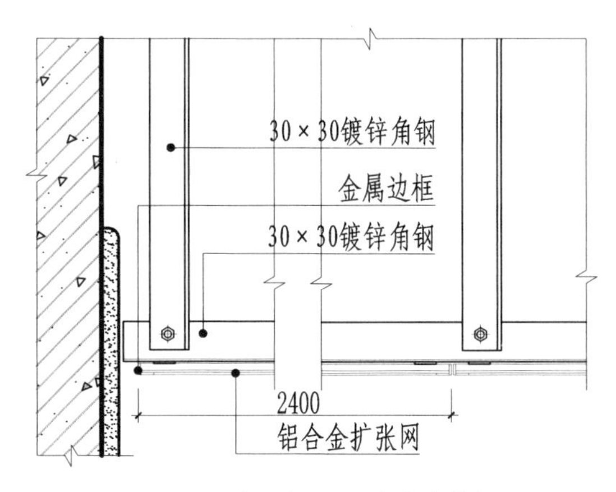

图 13-3-31 明龙骨金属网顶棚构造节点图（一）

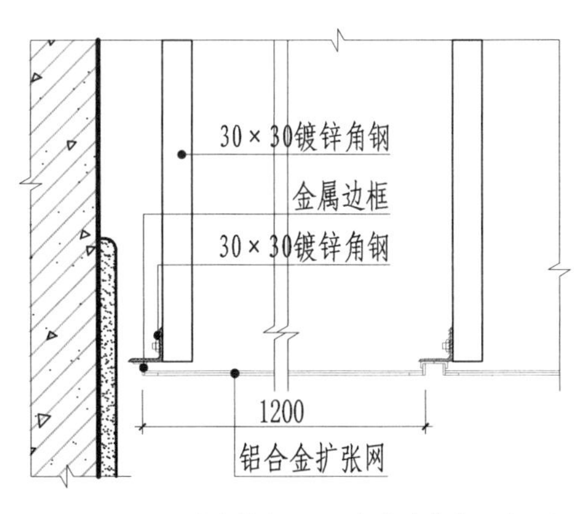

图 13-3-32 明龙骨金属网顶棚构造节点图（二）

第四节 木饰面板顶棚吊顶构造

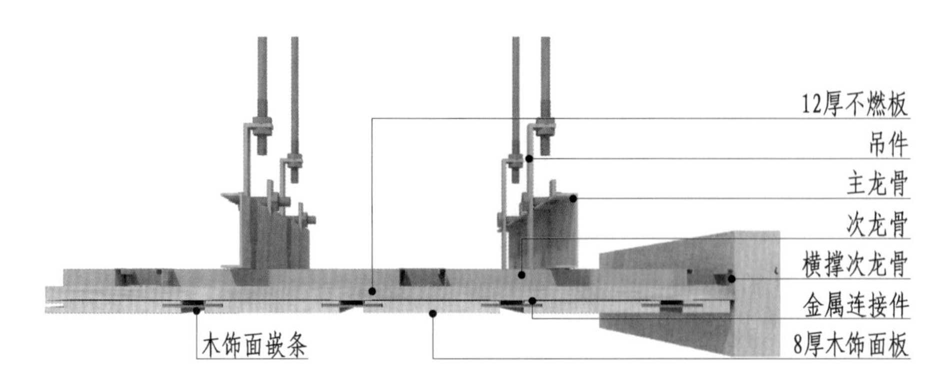

图 13-4-1 木饰面板顶棚三维图

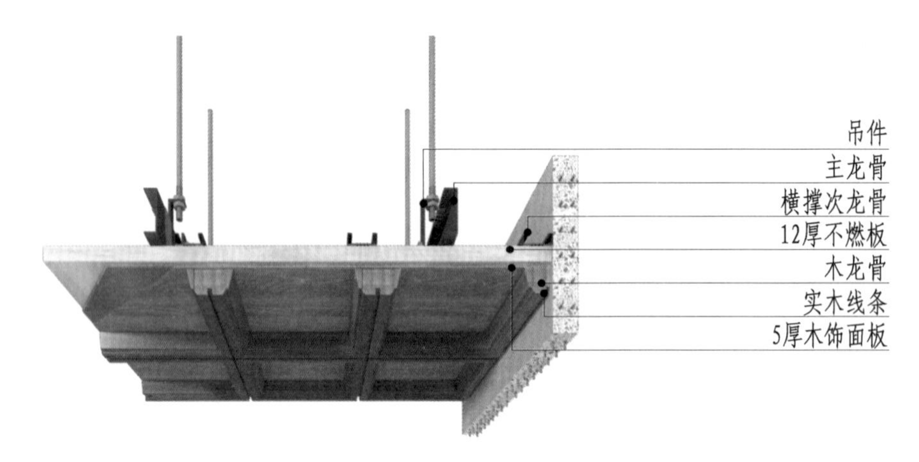

图 13-4-2 分隔木镶板顶棚（一）三维图

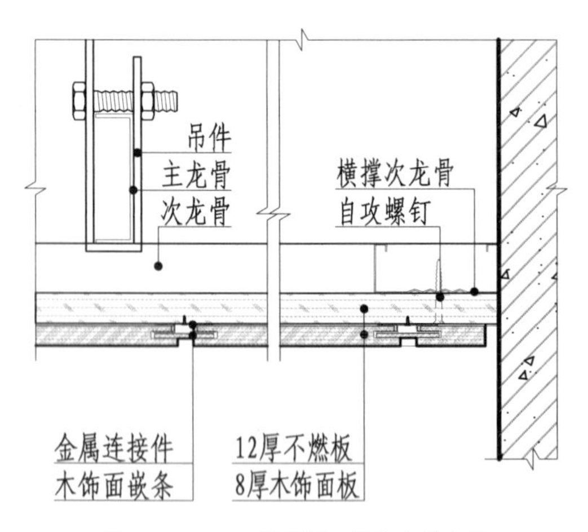

图 13-4-3 木饰面板顶棚构造节点图

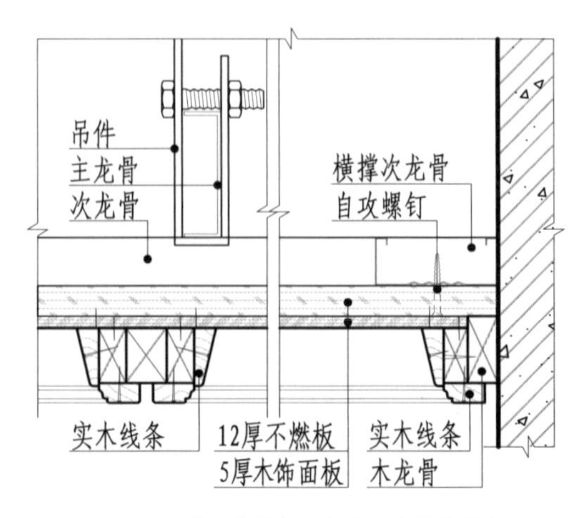

图 13-4-4 分隔木镶板顶棚（一）构造节点图

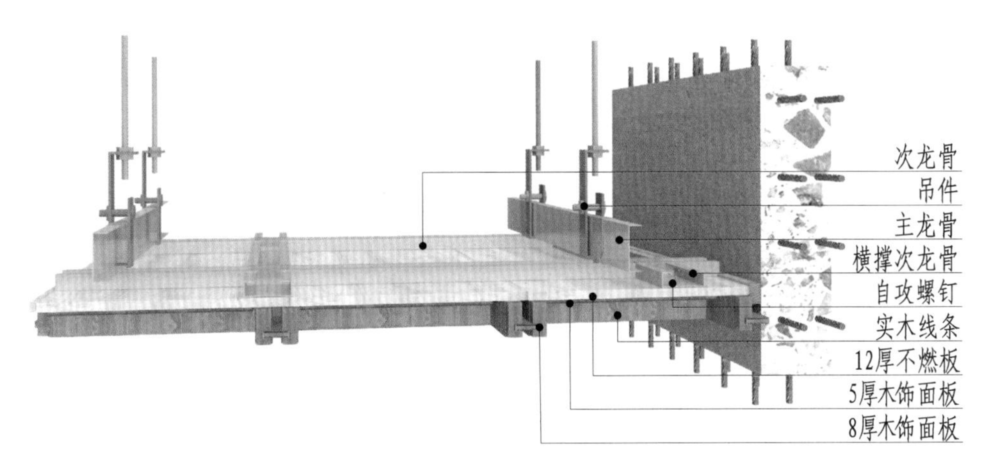

图 13-4-5　分隔木镶板顶棚（二）三维图

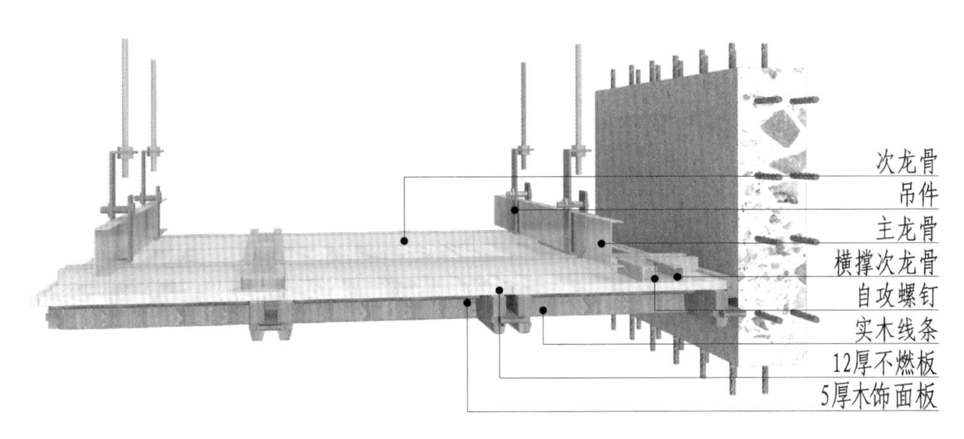

图 13-4-6　分隔木镶板顶棚（三）三维图

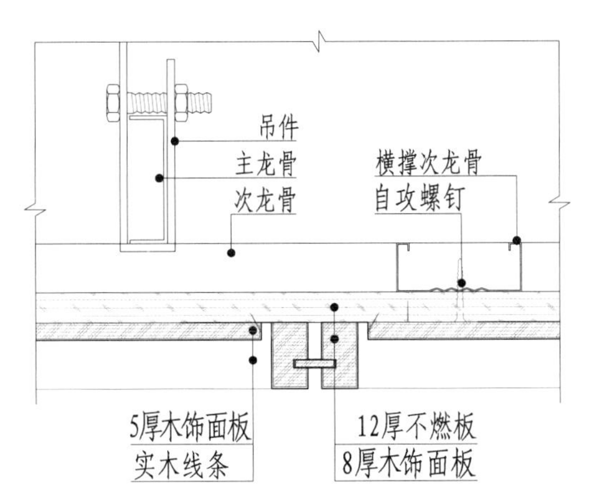

图 13-4-7　分隔木镶板顶棚（二）构造节点图

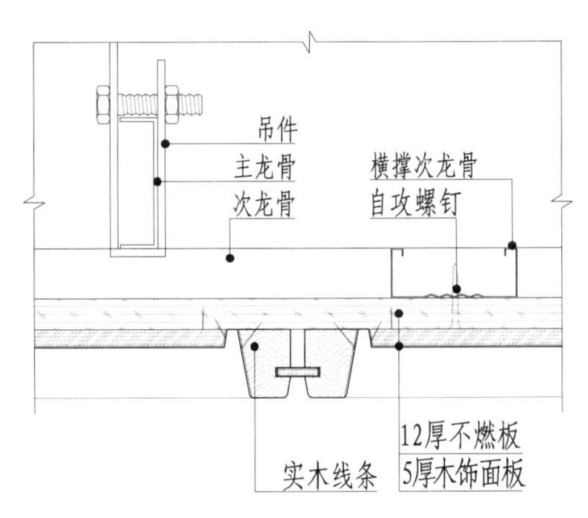

图 13-4-8　分隔木镶板顶棚（三）构造节点图

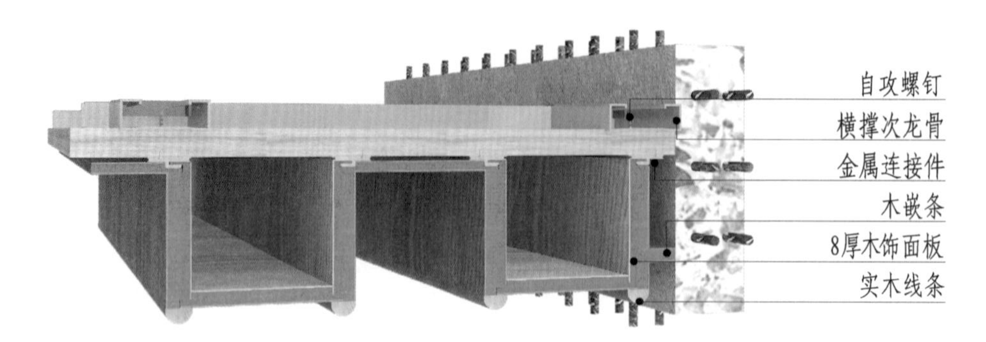

图 13-4-9 木制假梁顶棚（一）三维图

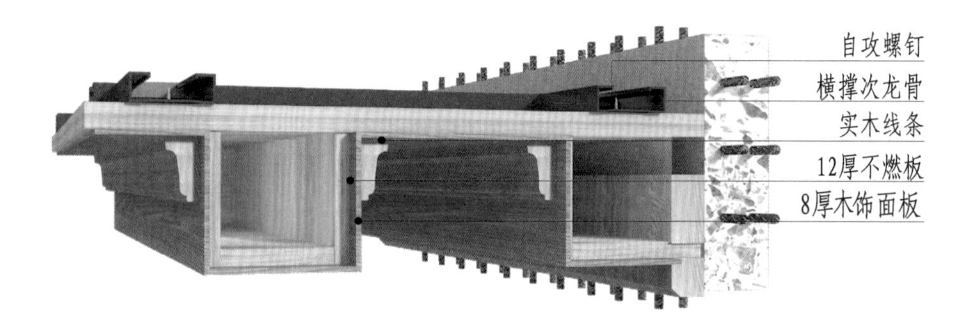

图 13-4-10 木制假梁顶棚（二）三维图

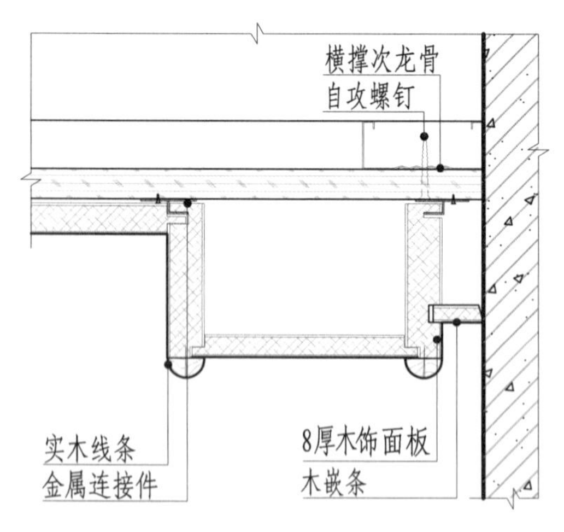

图 13-4-11 木制假梁顶棚（一）构造节点图

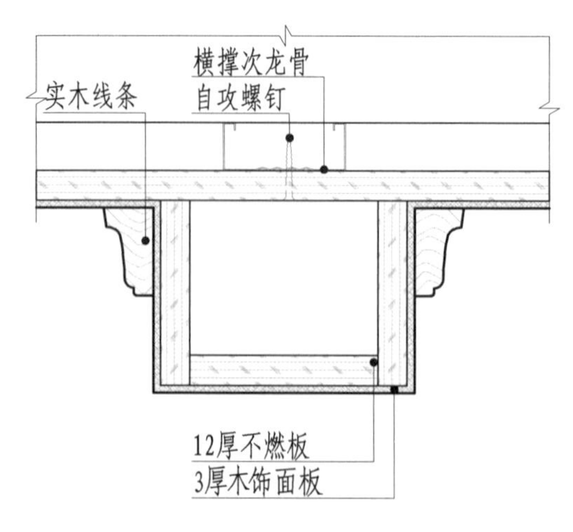

图 13-4-12 木制假梁顶棚（二）构造节点图

第五节　透光材料顶棚构造

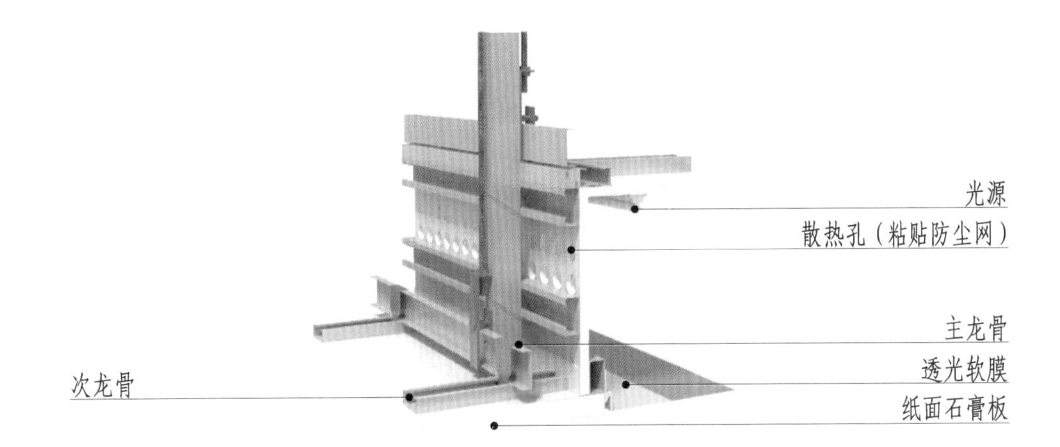

图 13-5-1　软膜天花顶棚三维图（固定式）

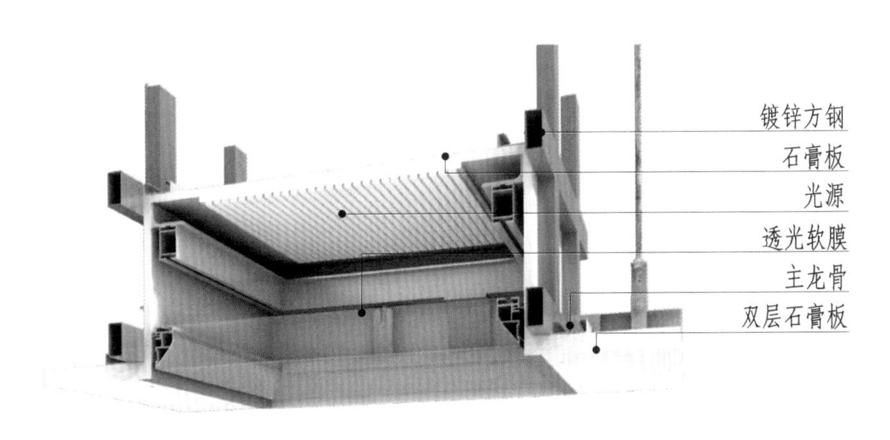

图 13-5-2　软膜天花顶棚三维图（可开式）

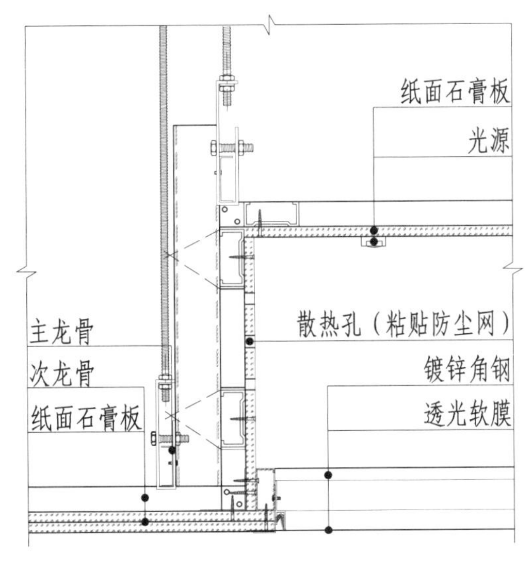

图 13-5-3　软膜天花顶棚构造节点图（固定式）

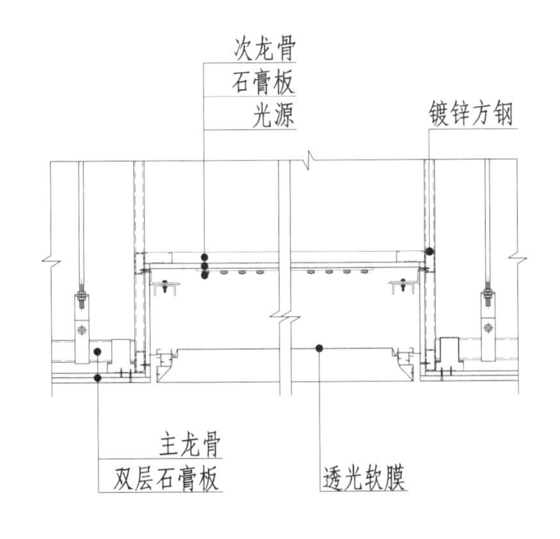

图 13-5-4　软膜天花顶棚构造节点图（可开式）

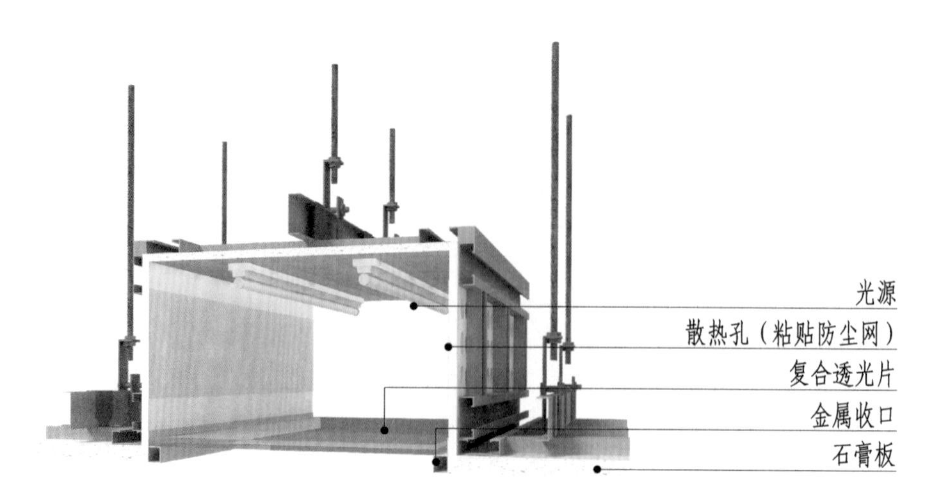

图 13-5-5 复合透光片顶棚三维图

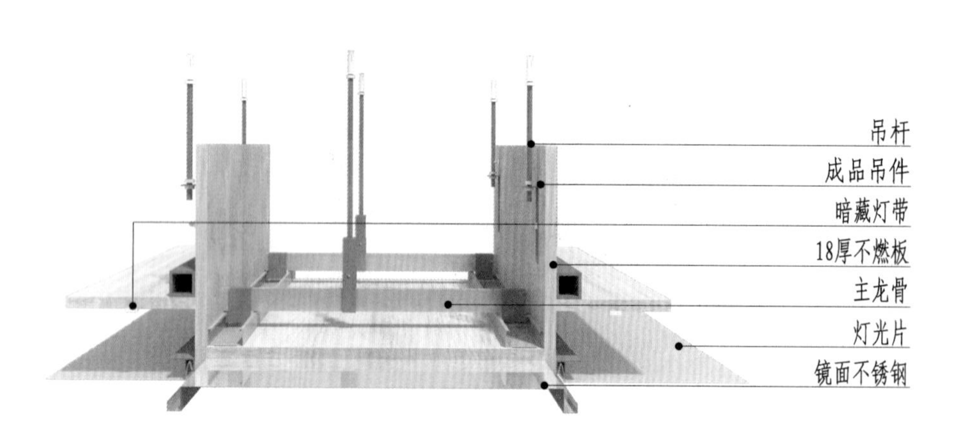

图 13-5-6 透光膜顶棚三维图

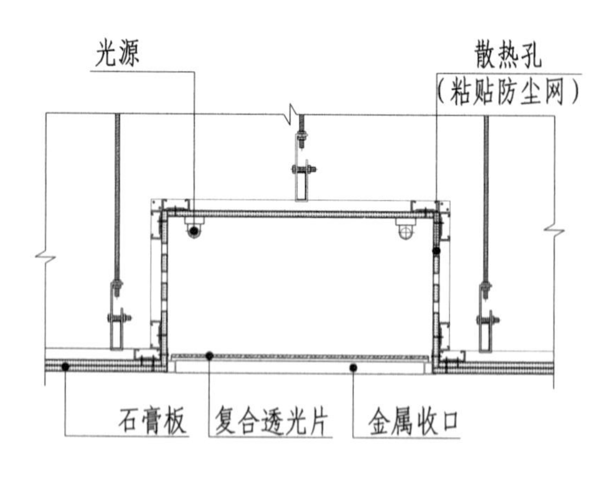

图 13-5-7 复合透光片顶棚构造节点图

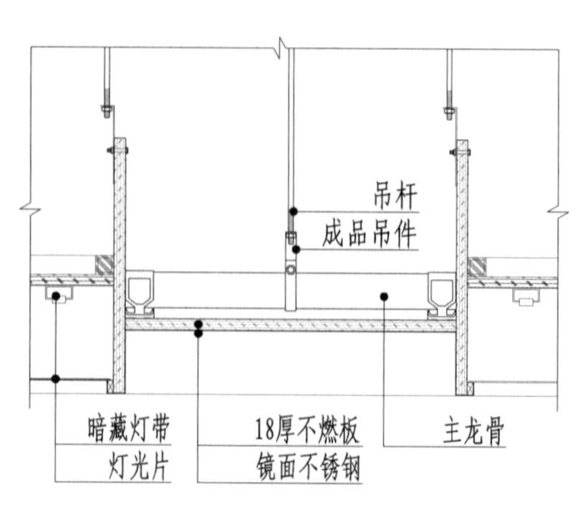

图 13-5-8 透光膜顶棚构造节点图

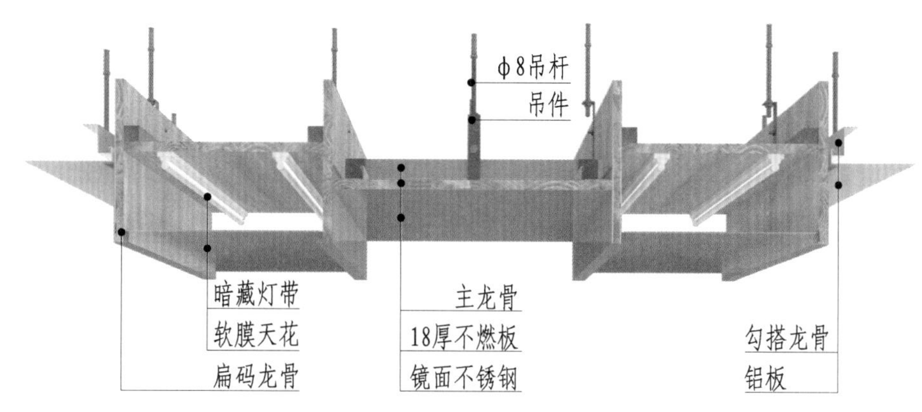

图 13-5-9　透光板与铝板顶棚交接三维图

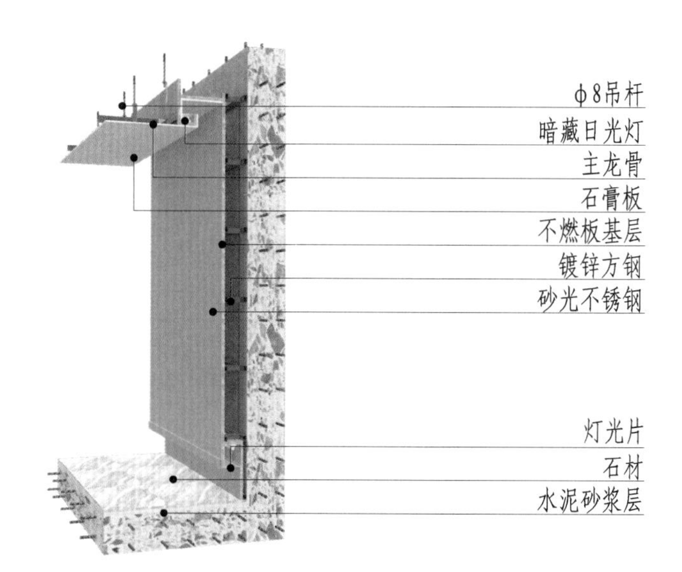

图 13-5-10　透光板与石膏板顶棚交接三维图

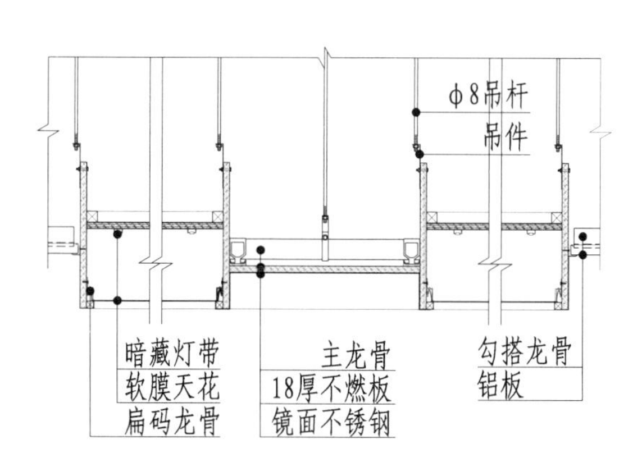

图 13-5-11　透光板与铝板顶棚交接构造节点图

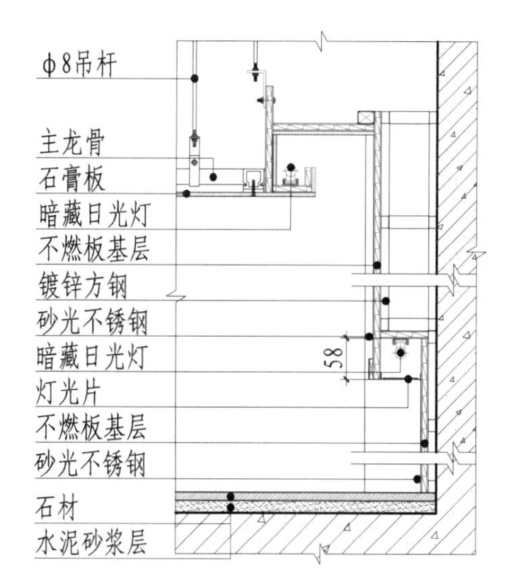

图 13-5-12　透光板与石膏板顶棚交接构造节点图

第六节 GRG 造型板顶棚构造

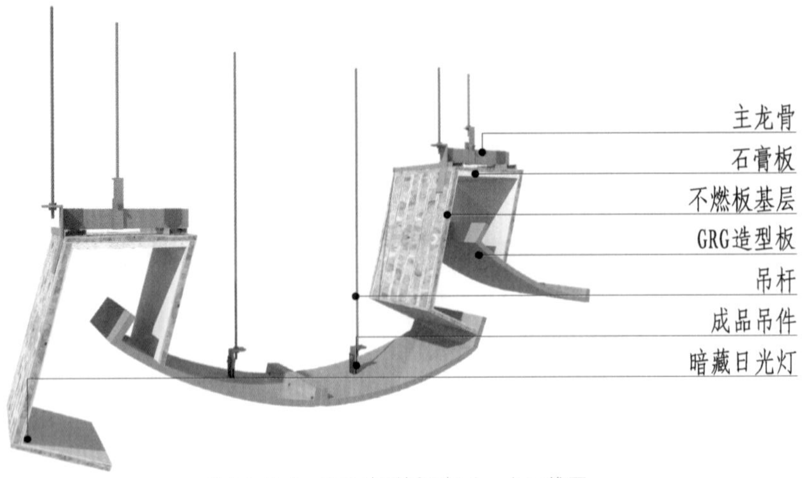

图 13-6-1 GRG 造型板顶棚（一）三维图

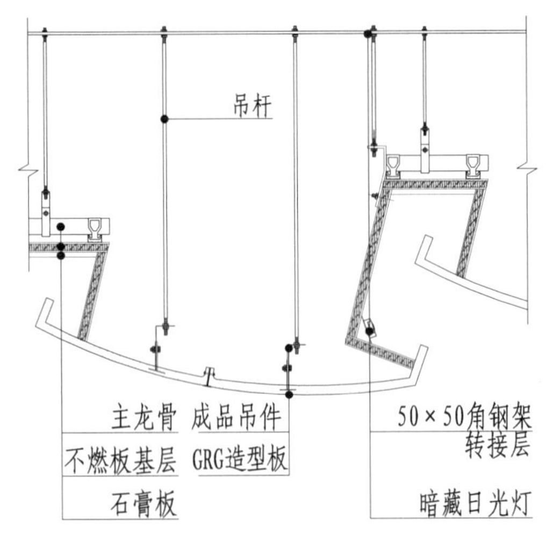

图 13-6-2 GRG 造型板顶棚（一）构造节点图

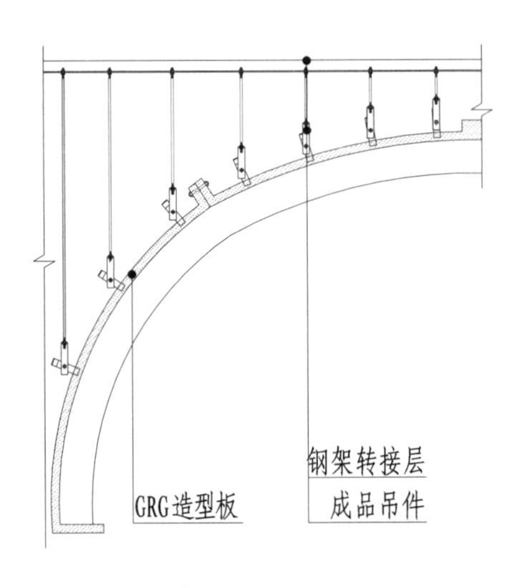

图 13-6-3 GRG 造型板顶棚（二）构造节点图

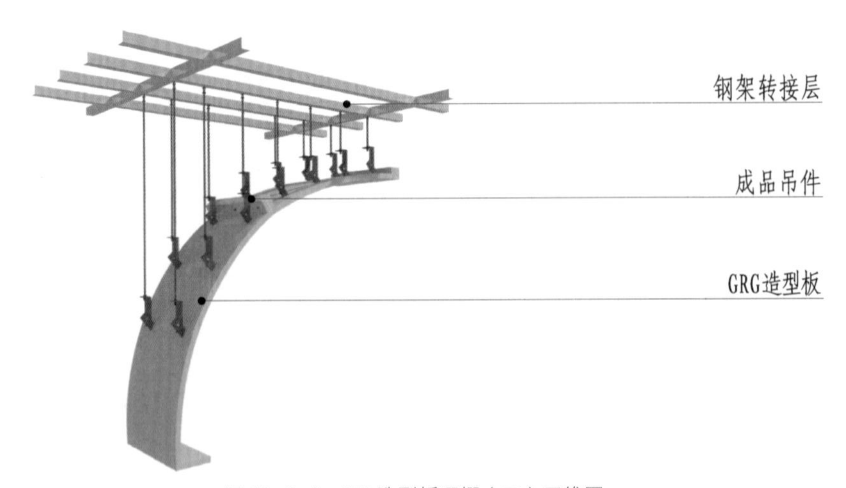

图 13-6-4 GRG 造型板顶棚（二）三维图

第七节　顶棚窗帘盒、灯具、空调风口处的构造

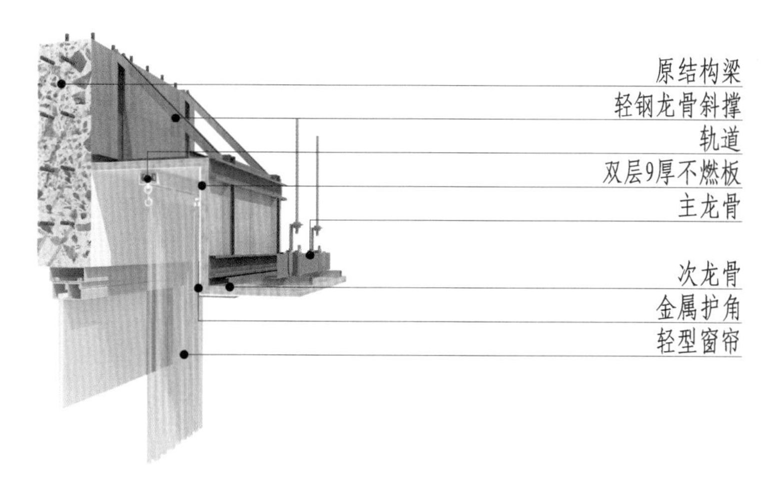

图 13-7-1　暗藏式窗帘盒顶棚三维图（轻型窗帘）

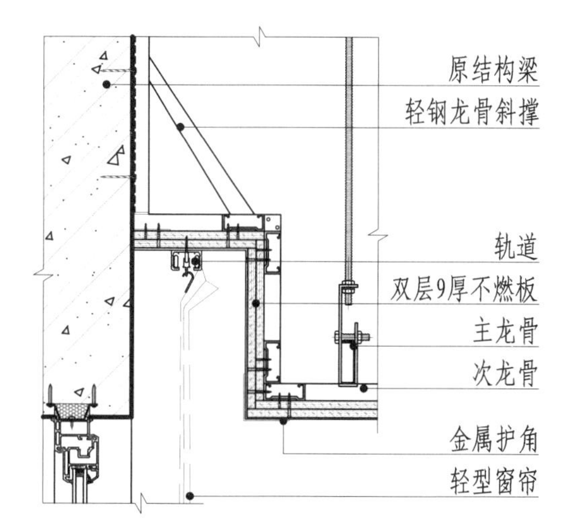

图 13-7-2　暗藏式窗帘盒顶棚构造节点图（轻型窗帘）

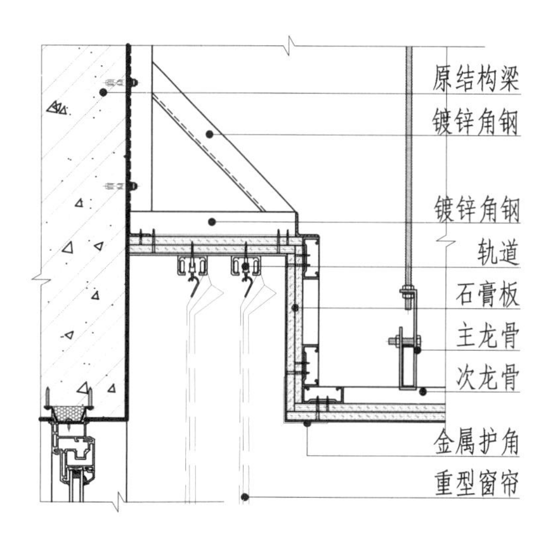

图 13-7-3　暗藏式窗帘盒顶棚构造节点图（重型窗帘）

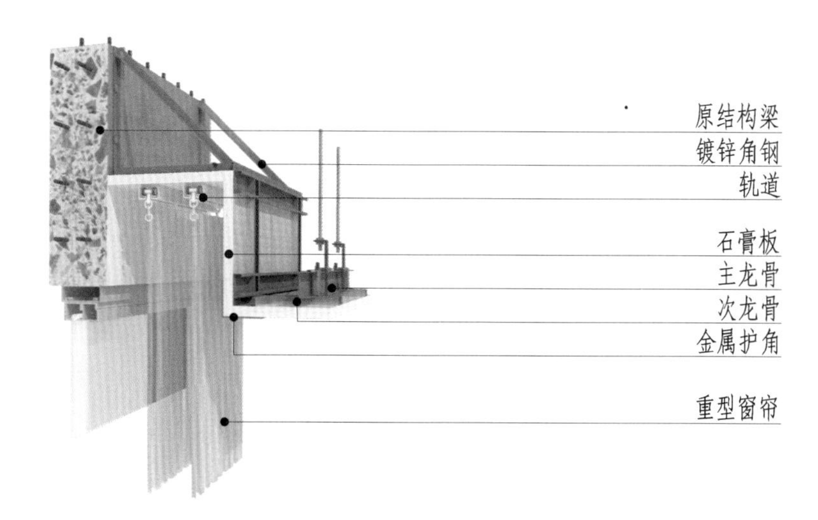

图 13-7-4　暗藏式窗帘盒顶棚三维图（重型窗帘）

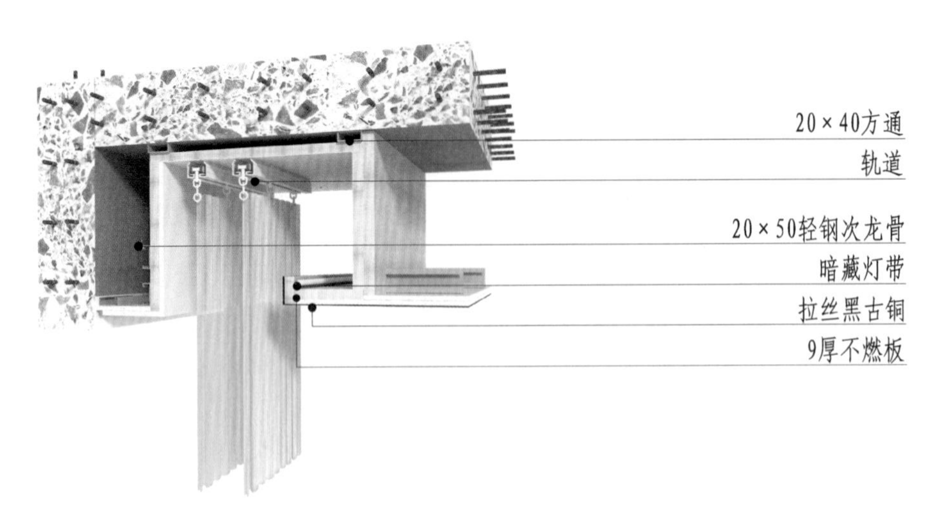

图 13-7-5 暗藏式窗帘盒顶棚三维图

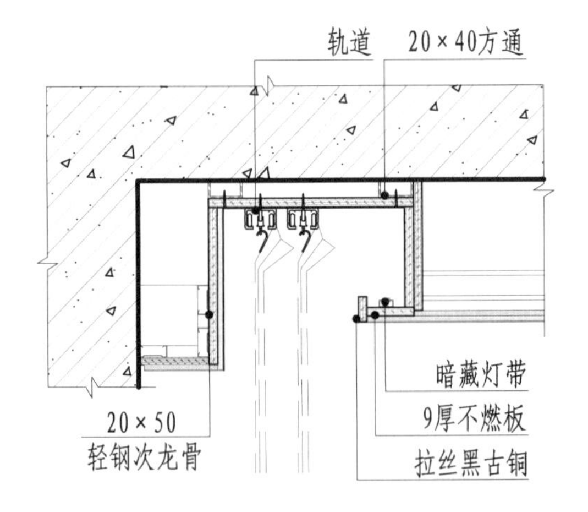

图 13-7-6 暗藏式窗帘盒顶棚构造节点图

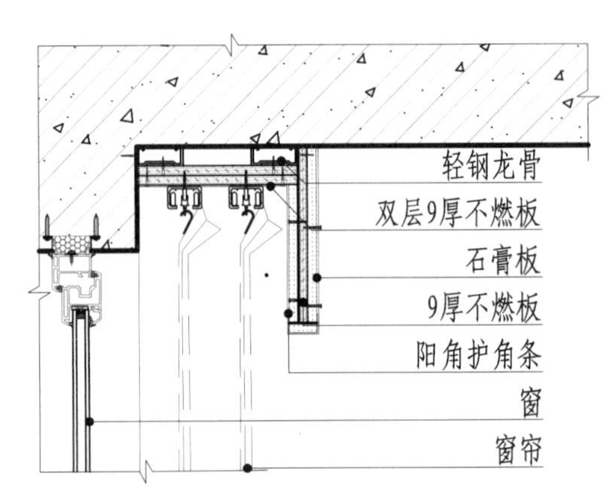

图 13-7-7 明装式窗帘盒顶棚构造节点图

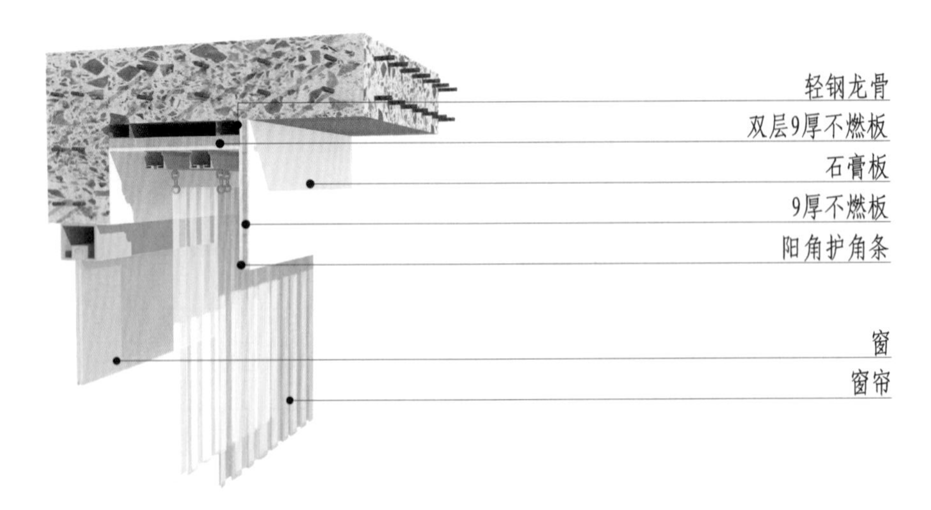

图 13-7-8 明装式窗帘盒顶棚三维图

第八节　顶棚装饰装修中不同种材质的交接构造

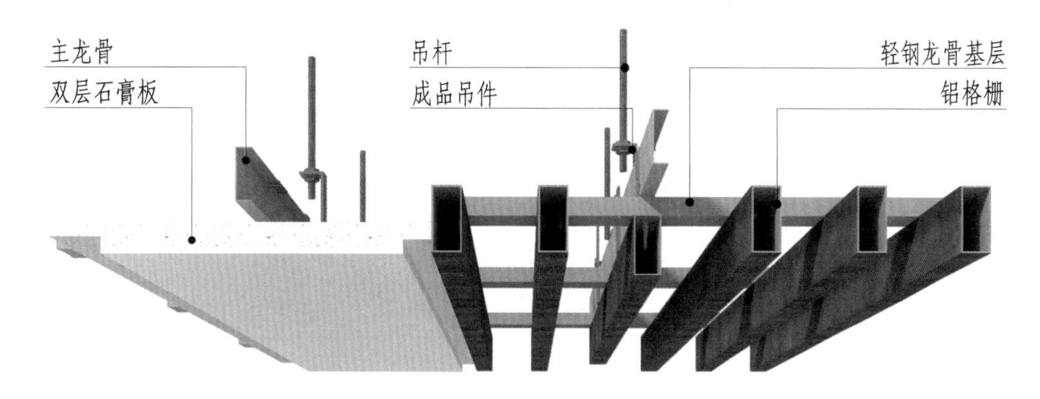

图 13-8-1　铝格栅与石膏板顶棚交接（一）三维图

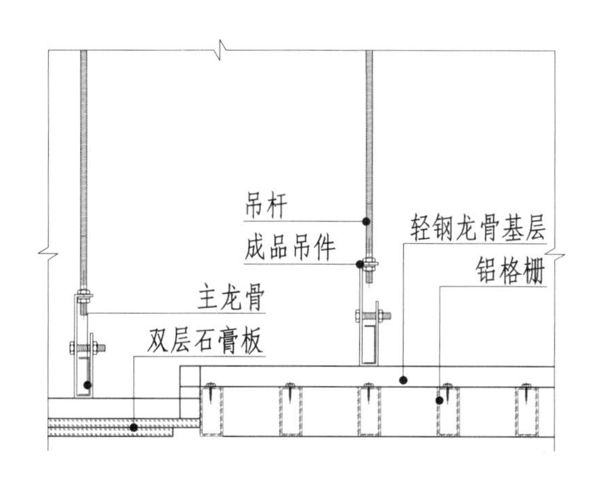

图 13-8-2　铝格栅与石膏板顶棚交接（一）构造节点图

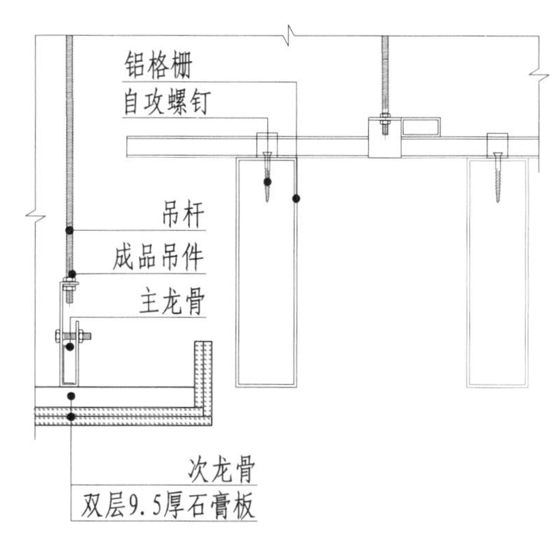

图 13-8-3　铝格栅与石膏板顶棚交接（二）构造节点图

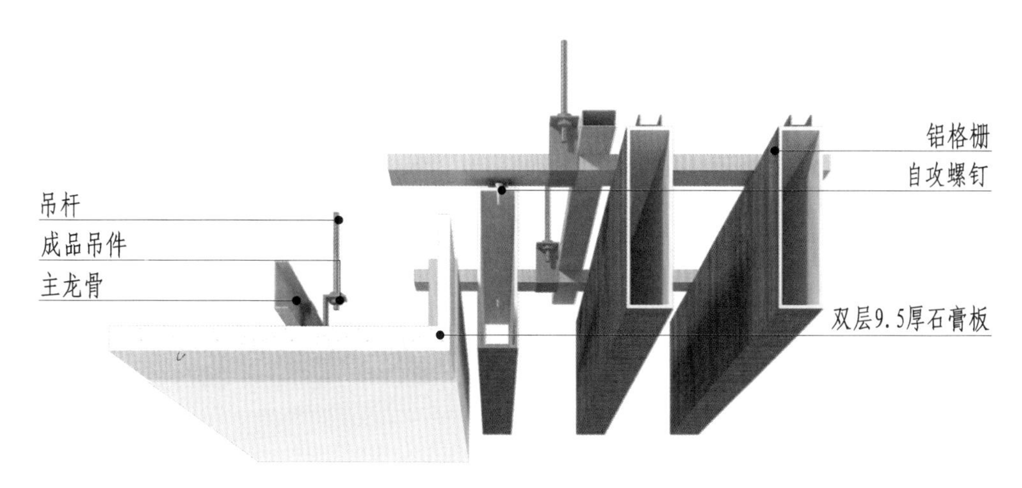

图 13-8-4　铝格栅与石膏板顶棚交接（二）三维图

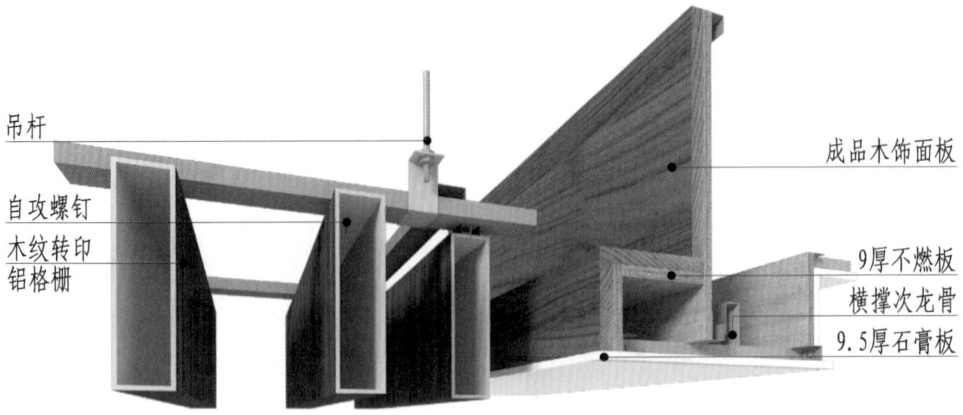

吊杆
自攻螺钉
木纹转印
铝格栅
成品木饰面板
9厚不燃板
横撑次龙骨
9.5厚石膏板

图 13-8-5 铝格栅与木饰面板顶棚交接三维图

自攻螺钉
木纹转印
铝格栅
吊杆
成品吊件
主龙骨
成品木饰面板
横撑次龙骨
9厚不燃板
9.5厚石膏板

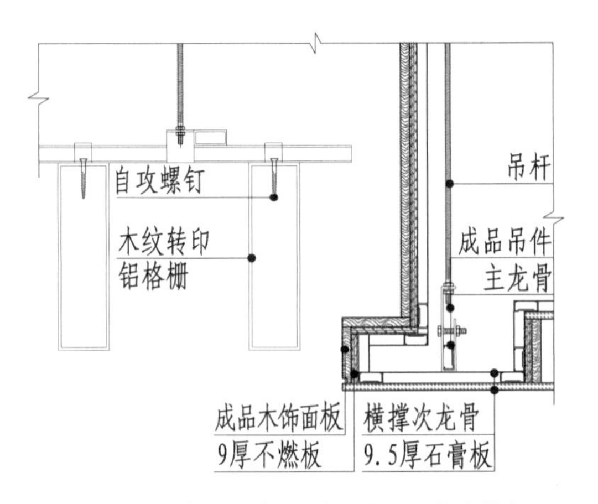

图 13-8-6 铝格栅与木饰面板顶棚交接构造节点图

吊杆
成品吊件
主龙骨
双层9.5厚石膏板
9厚不燃板
成品木饰面板

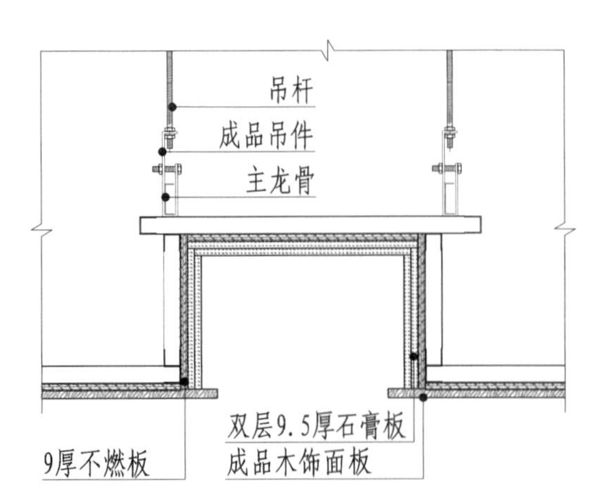

图 13-8-7 石膏板与木饰面板顶棚交接构造节点图

双层9.5厚石膏板
吊杆
成品吊件
主龙骨
9厚不燃板
成品木饰面板

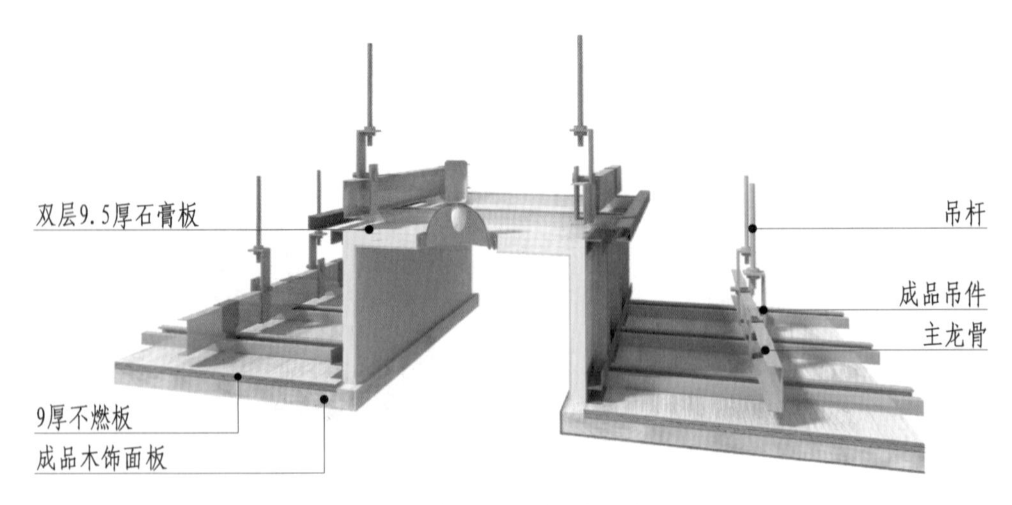

图 13-8-8 石膏板与木饰面板顶棚交接三维图

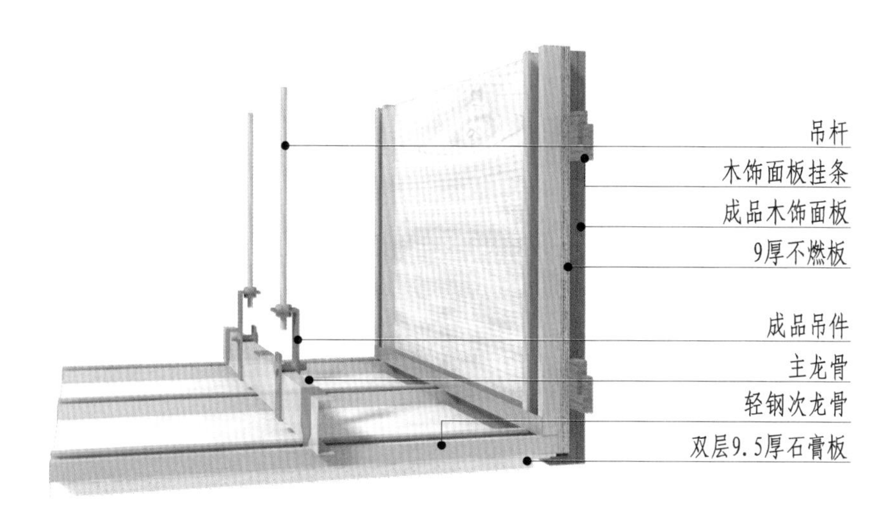

图 13-8-9　石膏板与不锈钢折板顶棚交接（一）三维图

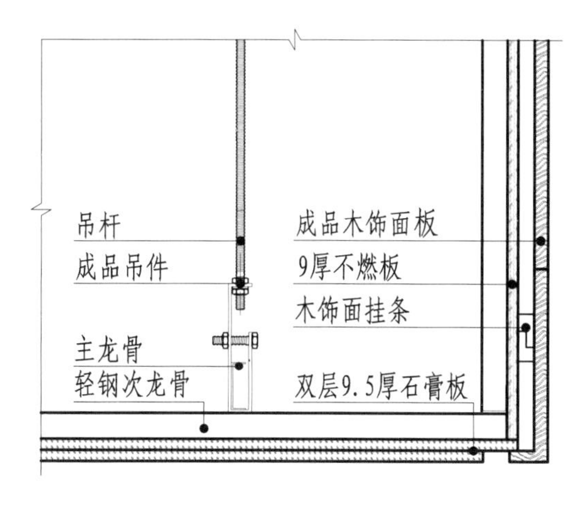

图 13-8-10　石膏板与不锈钢折板顶棚交接（一）构造节点图

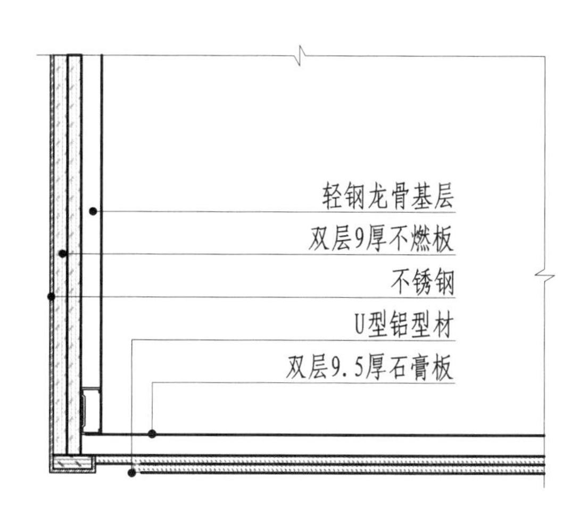

图 13-8-11　石膏板与不锈钢折板顶棚交接（二）构造节点图

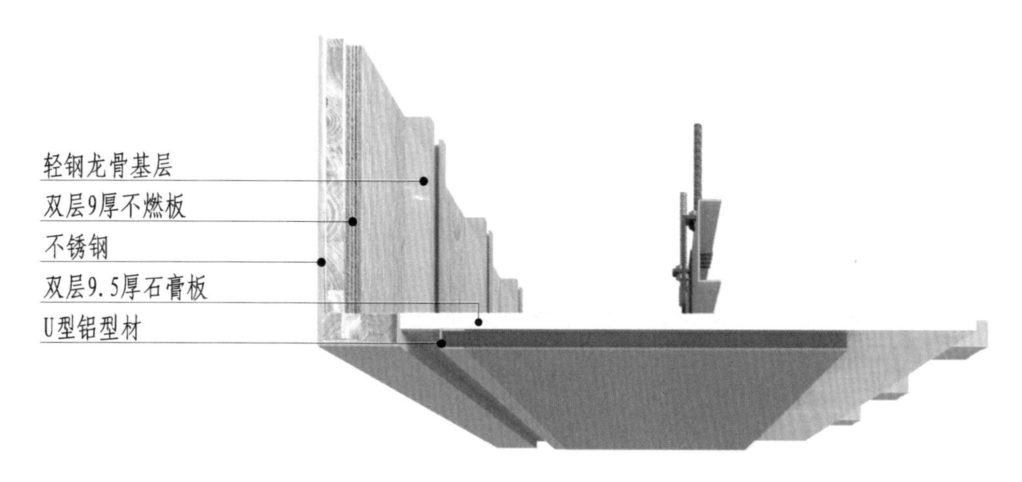

图 13-8-12　石膏板与不锈钢折板顶棚交接（二）三维图

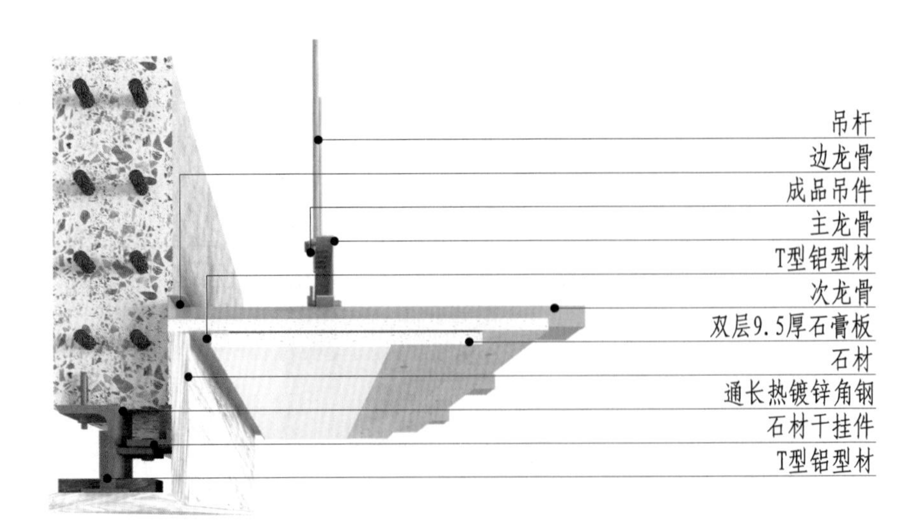

图 13-8-13 石膏板与石材顶棚交接三维图

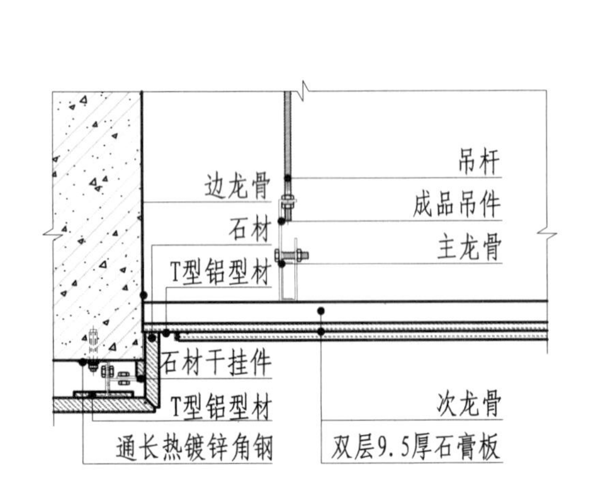

图 13-8-14 石膏板与石材顶棚交接构造节点图

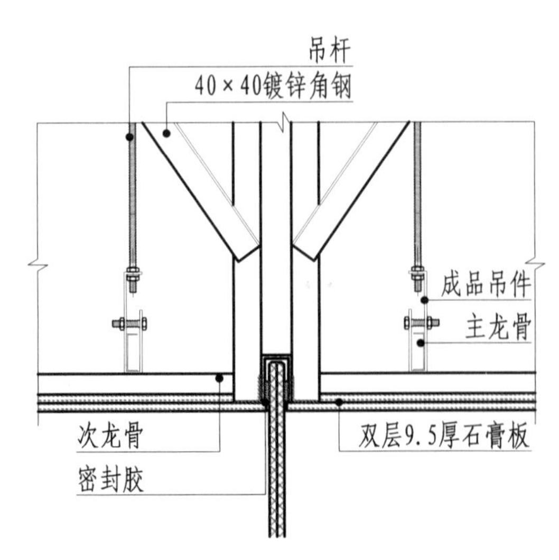

图 13-8-15 玻璃隔断与石膏板顶棚交接构造节点图

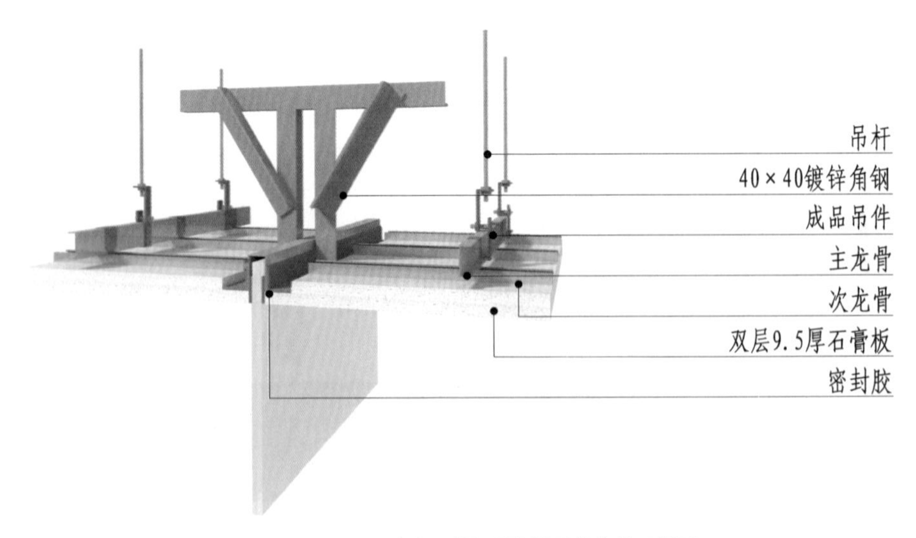

图 13-8-16 玻璃隔断与石膏板顶棚交接三维图

第十四章　墙面与柱面装饰装修构造图

墙面是室内空间中的垂直界面，墙面的装饰装修是室内设计中非常重要的内容。墙面装饰装修除对室内起美化作用外，还有保护墙体、保证室内使用等功能，如防潮、防污、防撞击和声光反射、吸声、保温、隔热等。

墙面装饰装修的基本构造包括底层、中间层、饰面层三部分。

底层是通过对墙体表面找平，以保证与饰面层连接牢固。

砖质墙体，一般采用水泥或 1：1：6 水泥石灰混合砂浆刮糙处理，厚度一般控制在 10 mm 左右，当抹灰总厚度大于或等于 35 mm 时，应采取加强措施。

轻质砌块墙体，一般采用建筑胶满涂墙面，以封闭砌块表面空隙，然后做底层抹灰。

混凝土墙体，因其表面光滑甚至有脱模的油迹残留，必须做一定的处理，以保证抹灰有一定的粘结力。常用的处理方法有除油垢、凿毛、甩浆、划纹等。

中间层是底层与饰面层连接的中介，除使连接牢固可靠外，经过适当处理还可以起到防潮、防腐、保温、隔热以及通风等作用。

饰面层的作用是满足装饰与其他使用功能的要求。饰面材料可采用各类块材、抹灰、卷材、饰面板、油漆涂料等。

墙面装饰在多数情况下是两种以上的材料混合使用。墙面装饰的做法因饰面层材料而异。墙纸、墙布采用直接粘贴法。板材和软包面层是通过竖向金属龙骨与墙体连接的，金属龙骨间距应为 400 ~ 600 mm。石材和瓷砖饰面的构造做法，基本是用加胶的水泥砂浆与墙体连接。石材饰面由于其重量较大，有时需要采用另外一些方法，如灌挂固定法和干挂法等。金属板材饰面有铝合金、不锈钢、钛合金、铜合金、铝塑板等，其中最常用的是铝合金板，其构造做法与木质板材的构造基层处理基本相似，所不同的是龙骨，除用木材外还可以用型钢。镜面玻璃饰面的构造做法主要用于墙体防潮层上，木龙骨上铺胶合板或者纤维板钉做一层防潮处理，然后在其上固定镜面玻璃。壁龛的做法与装饰墙面的做法基本相同。

墙面装饰装修构造设计还需注意以下几点：

① 装饰装修的重点要放在人的视线平视的部位；

② 装饰装修分块尺寸应结合材料的规格；

③ 板材的选择要符合切割的模数；

④ 几种不同材料互相组合在一起时，应考虑到组合后的视觉效果；

⑤ 装饰块面的尺度，既要服从于视觉感受，也要适合室内空间的大小；

⑥ 墙面装饰装修的阴角线尺寸应视空间大小而定；

⑦ 设计中应同时考虑墙体变形缝的装饰构造。

第一节 轻钢龙骨石膏板隔墙构造

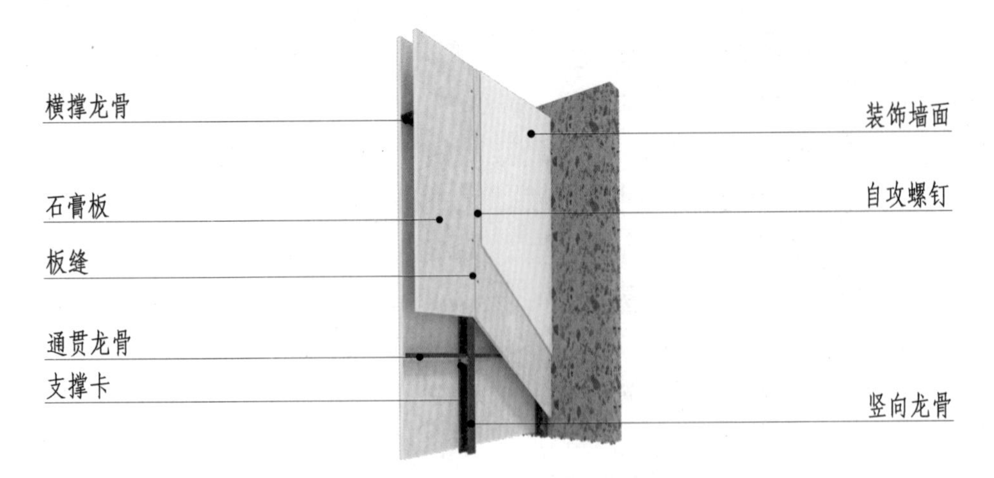

图 14-1-1 单层石膏板隔墙墙面三维图

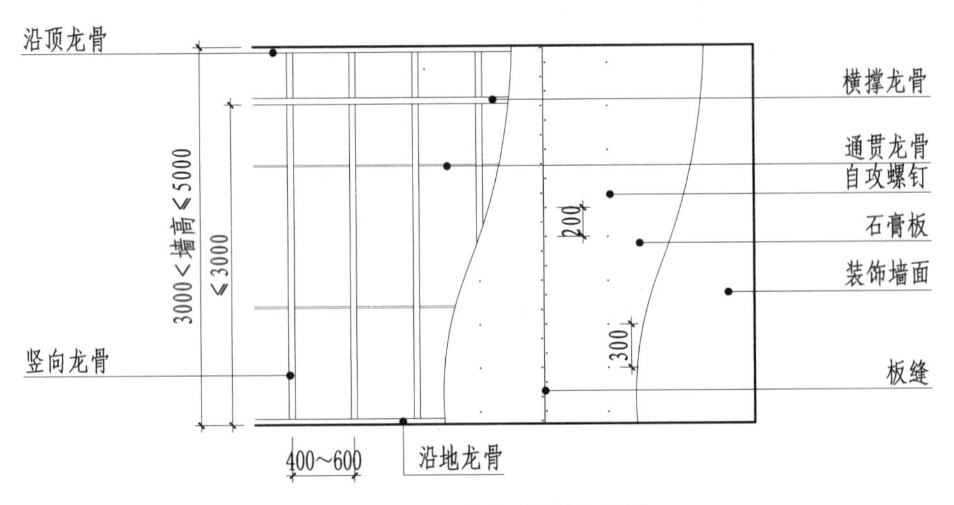

图 14-1-2 单层石膏板隔墙墙面立面图

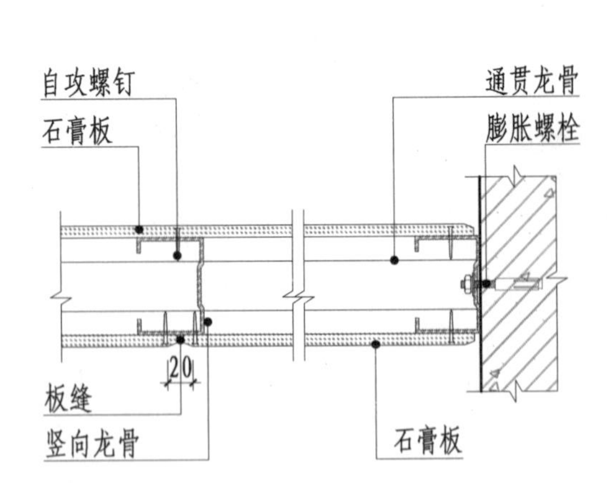

图 14-1-3 单层石膏板隔墙墙面构造节点图（一）

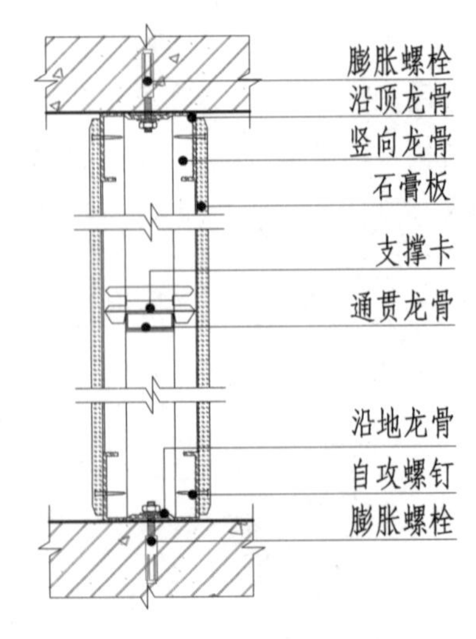

图 14-1-4 单层石膏板隔墙墙面构造节点图（二）

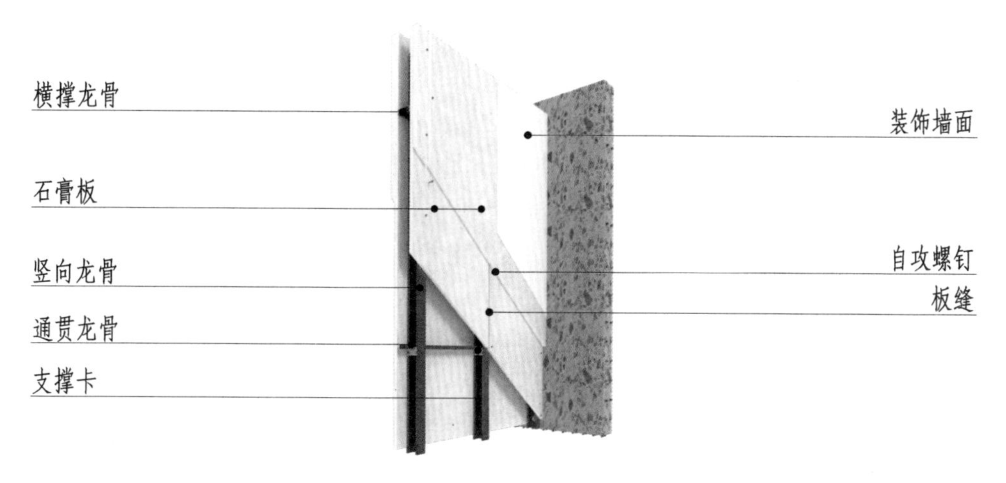

图 14-1-5　双层石膏板隔墙墙面三维图

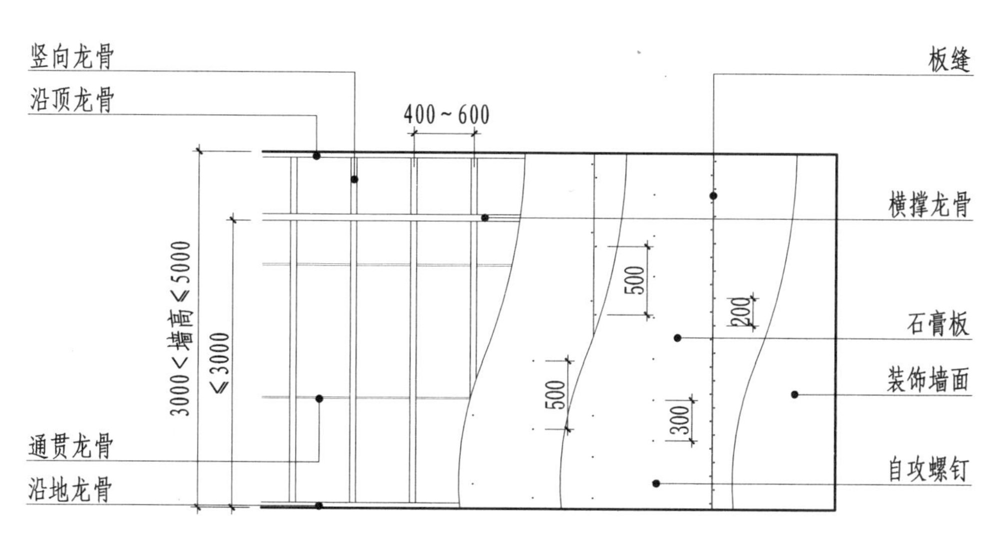

图 14-1-6　双层石膏板隔墙墙面立面图

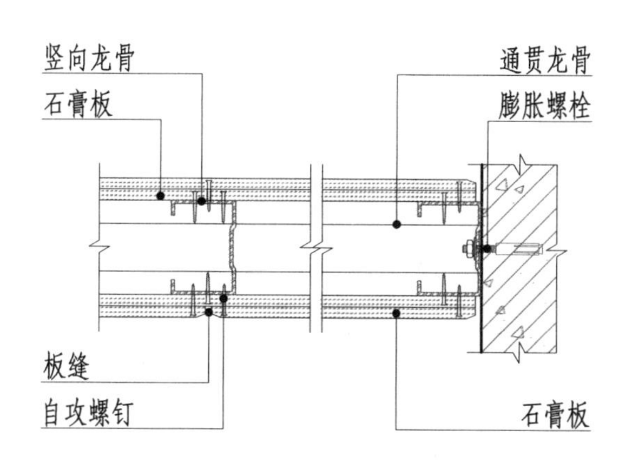

图 14-1-7　双层石膏板隔墙墙面构造节点图（一）

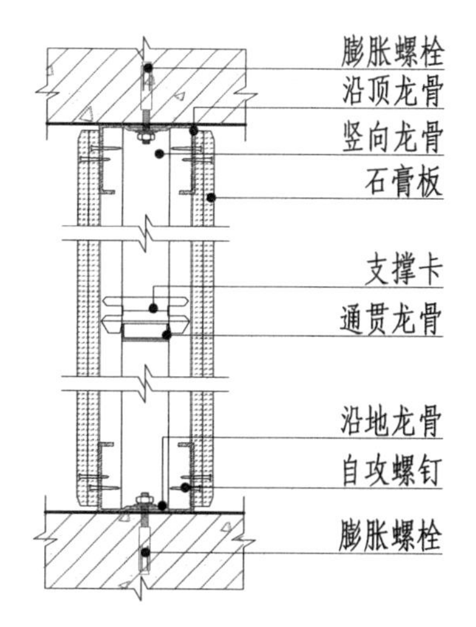

图 14-1-8　双层石膏板隔墙墙面构造节点图（二）

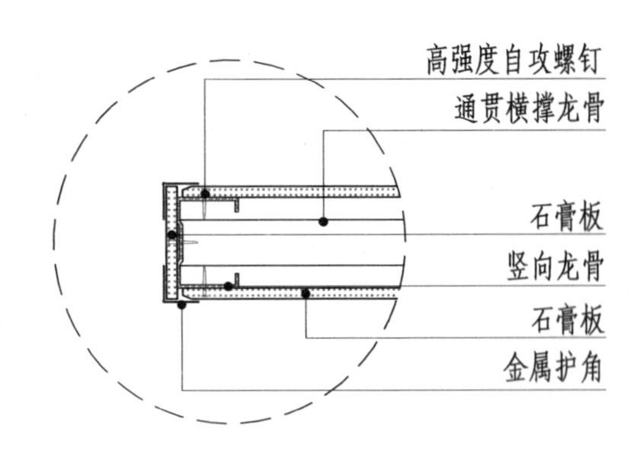

图 14-1-9 轻钢龙骨隔墙交接（一）构造节点图（墙端头）

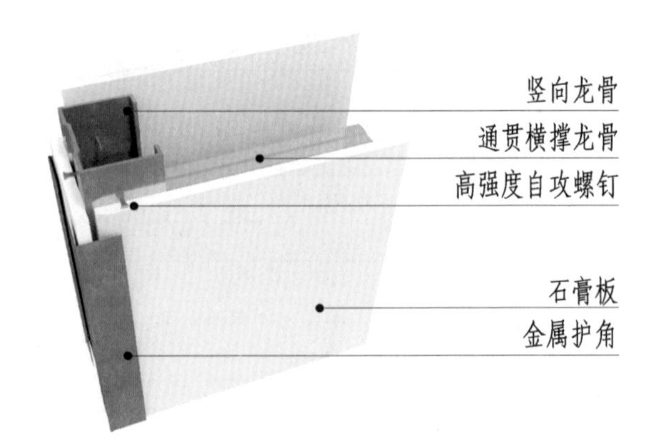

图 14-1-10 轻钢龙骨隔墙交接（一）三维图（墙端头）

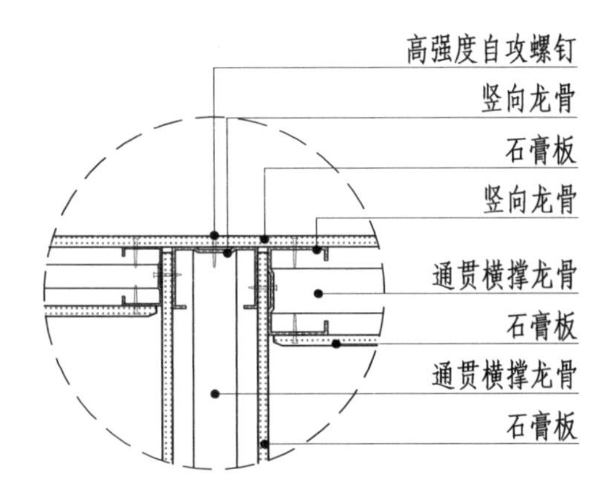

图 14-1-11 轻钢龙骨隔墙交接（二）构造节点图（不同厚度隔墙）

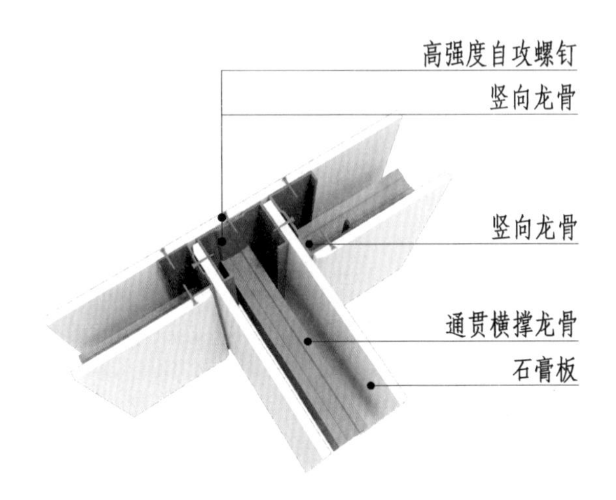

图 14-1-12 轻钢龙骨隔墙交接（二）三维图（不同厚度隔墙）

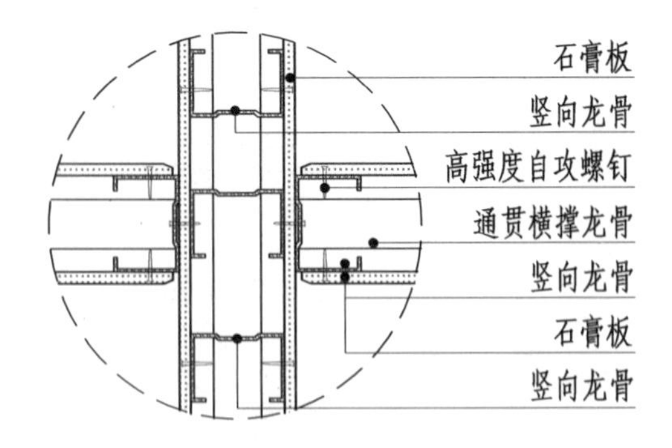

图 14-1-13 轻钢龙骨隔墙交接（三）构造节点图（墙面十字交接）

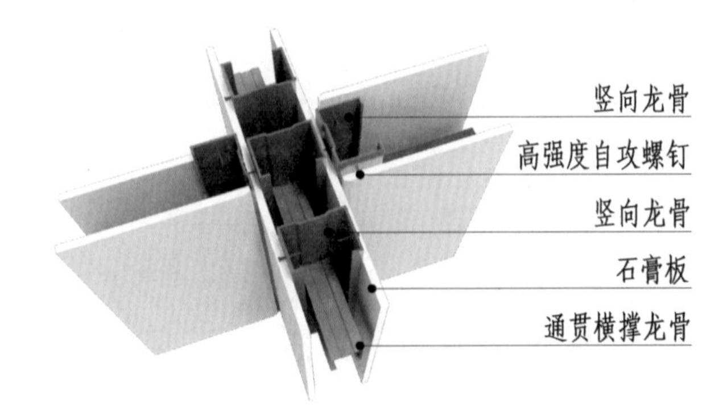

图 14-1-14 轻钢龙骨隔墙交接（三）三维图（墙面十字交接）

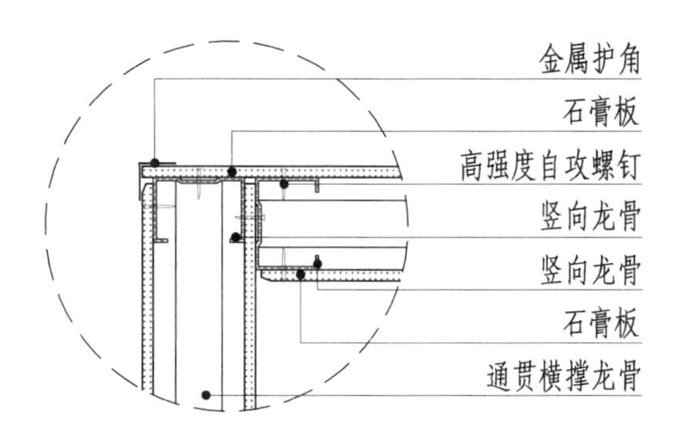

图 14-1-15　轻钢龙骨隔墙交接（四）构造节点图（墙面墙角交接）

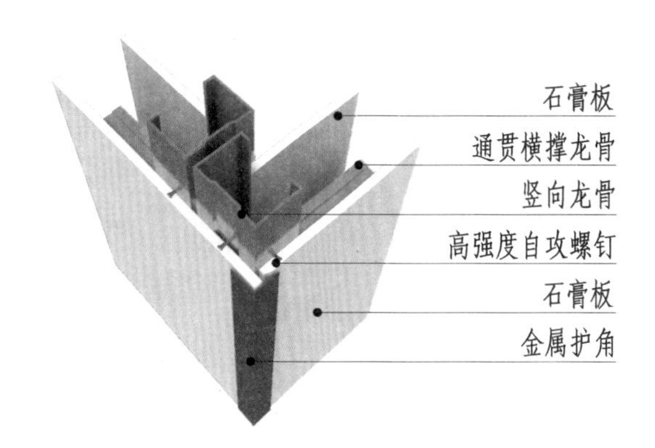

图 14-1-16　轻钢龙骨隔墙交接（四）三维图（墙面墙角交接）

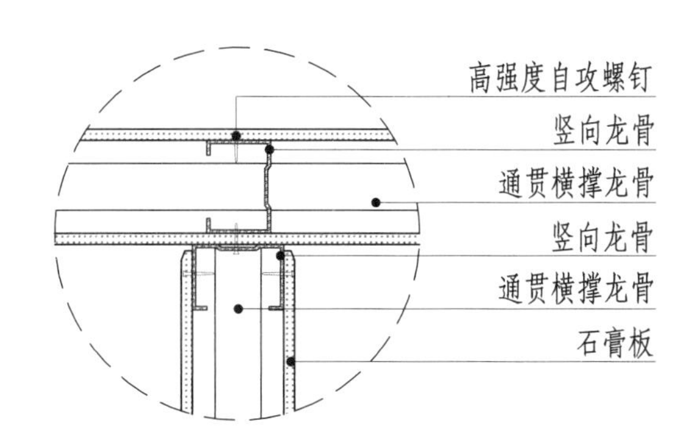

图 14-1-17　轻钢龙骨隔墙交接（五）构造节点图（墙面丁字交接）

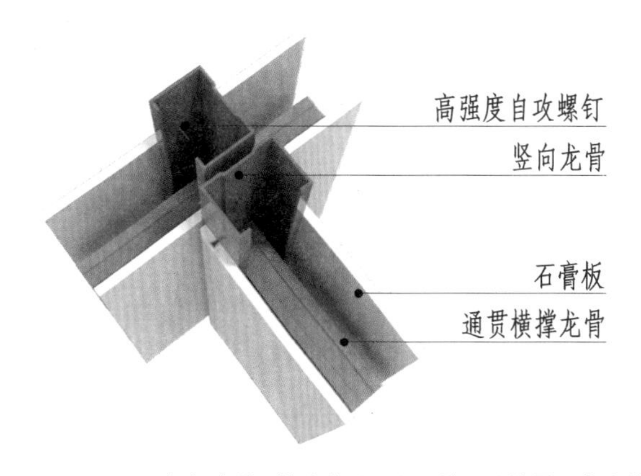

图 14-1-18　轻钢龙骨隔墙交接（五）三维图（墙面丁字交接）

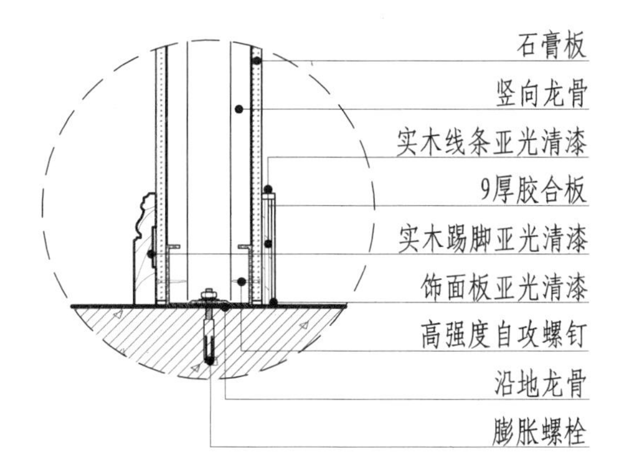

图 14-1-19　轻钢龙骨隔墙交接（六）构造节点图（隔墙与地面交接）

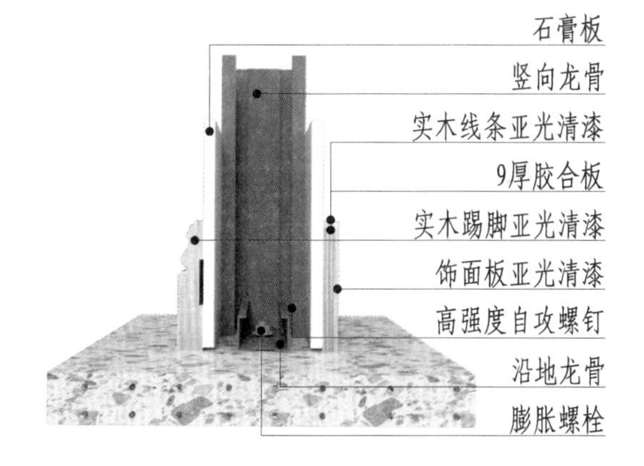

图 14-1-20　轻钢龙骨隔墙交接（六）三维图（隔墙与地面交接）

第二节 玻璃隔墙构造

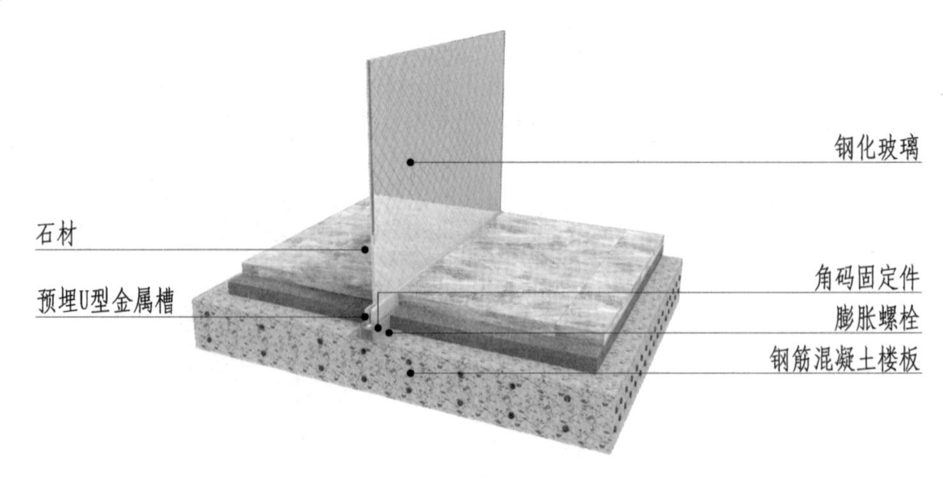

图 14-2-1 玻璃隔墙（一）三维图

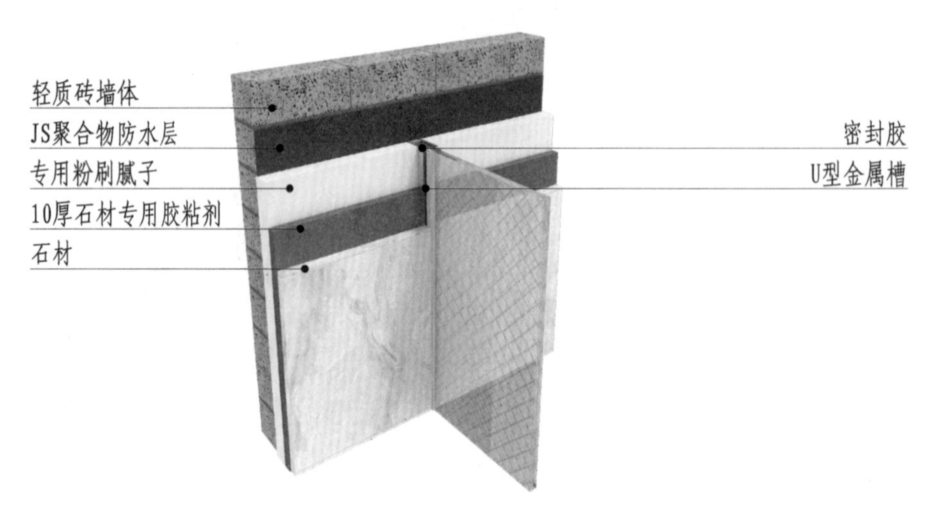

图 14-2-2 玻璃隔墙（二）三维图

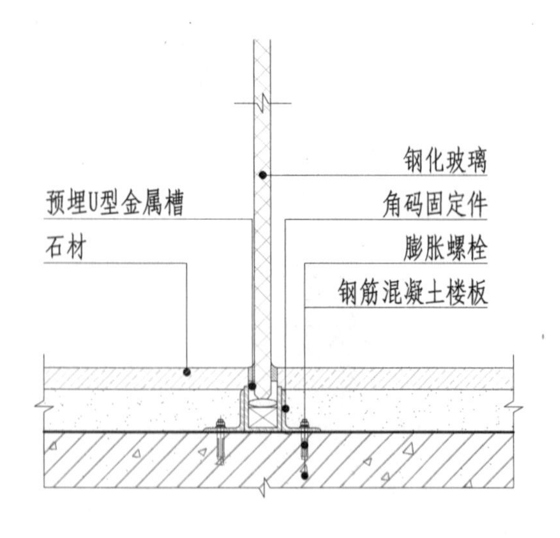

图 14-2-3 玻璃隔墙（一）竖向构造节点图

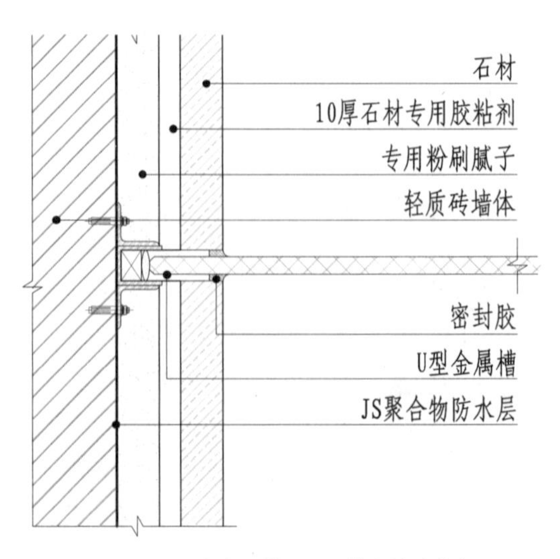

图 14-2-4 玻璃隔墙（二）横向构造节点图

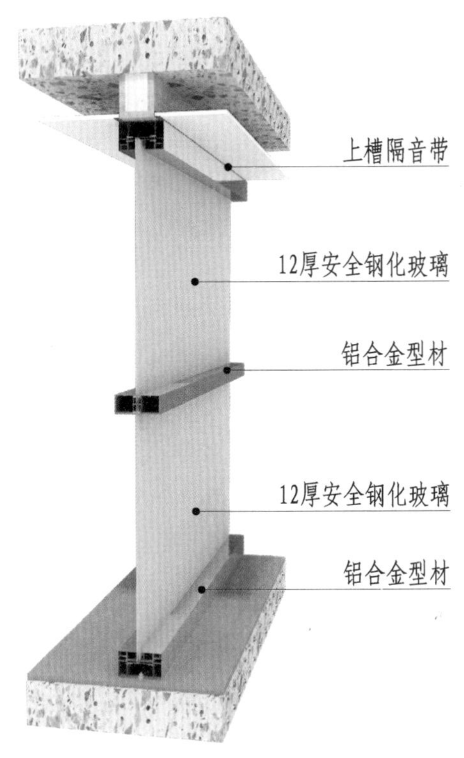

图 14-2-5　玻璃隔墙（三）三维图

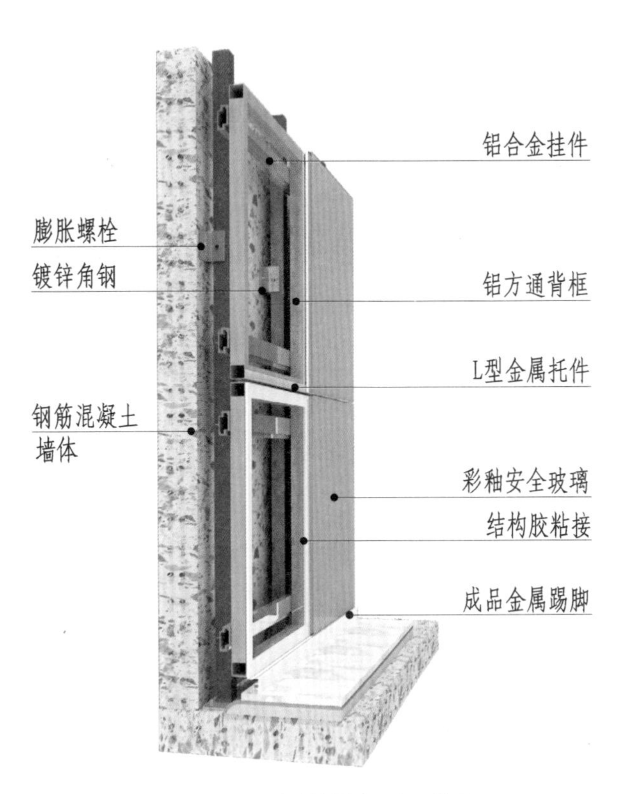

图 14-2-6　玻璃墙面（四）三维图

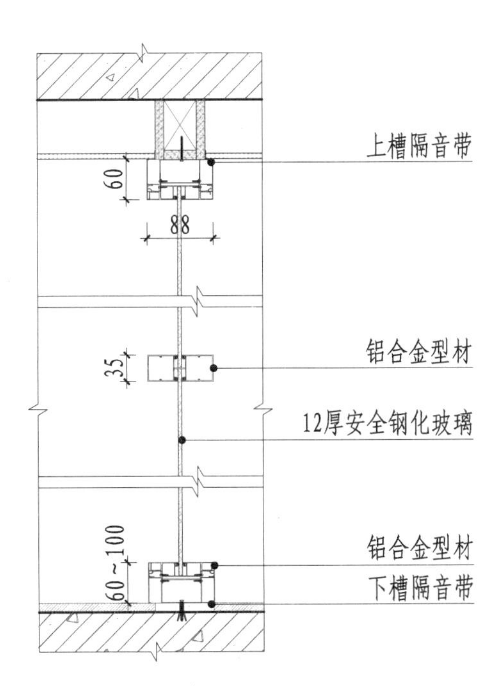

图 14-2-7　玻璃隔墙（三）构造节点图

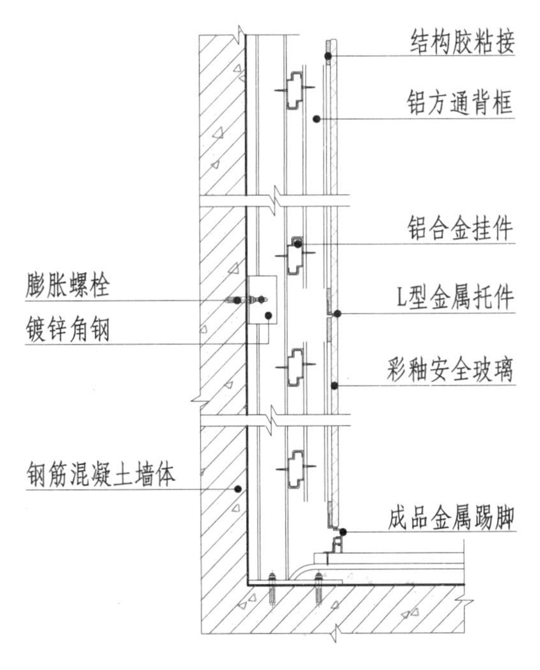

图 14-2-8　玻璃墙面（四）构造节点图

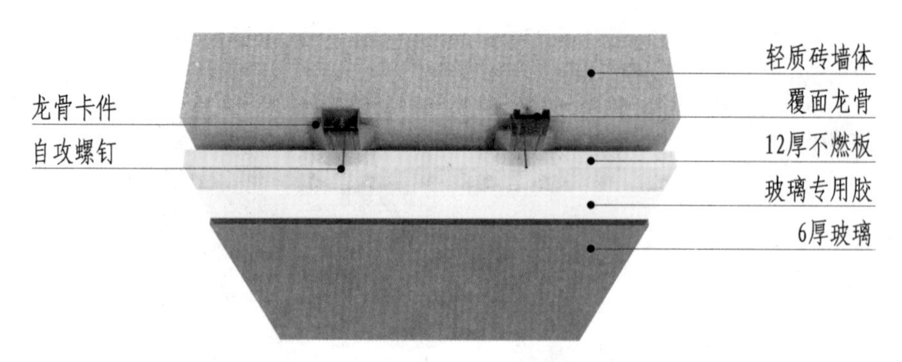

图 14-2-9 玻璃墙面（五）三维图

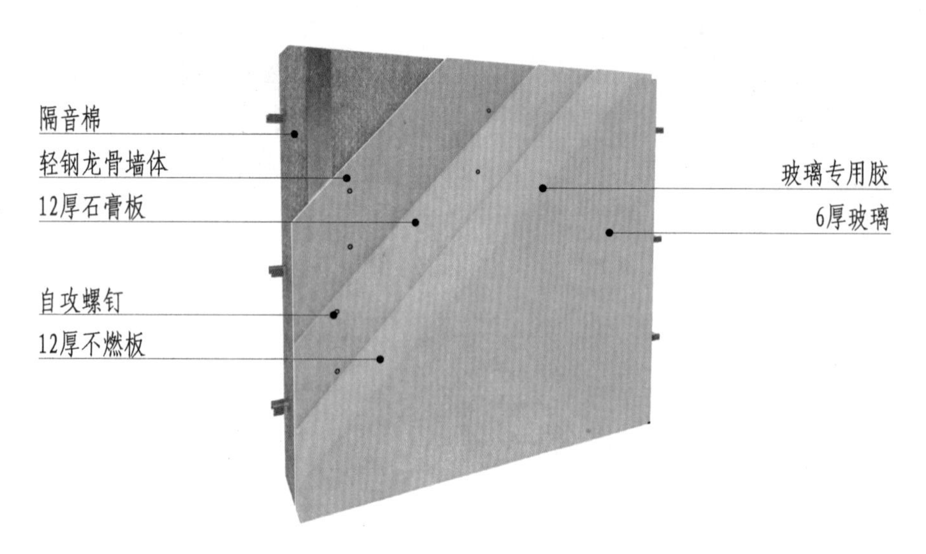

图 14-2-10 玻璃墙面（六）三维图

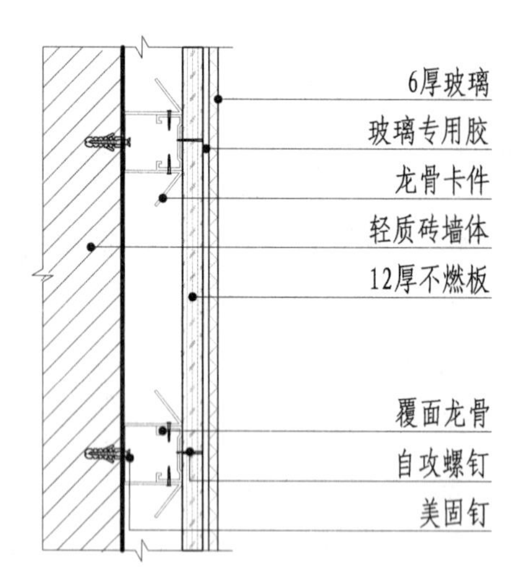

图 14-2-11 玻璃墙面（五）构造节点图

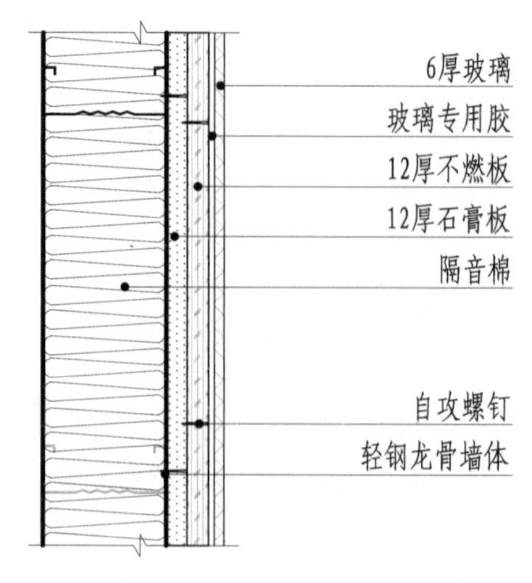

图 14-2-12 玻璃墙面（六）构造节点图

第三节 墙砖墙面构造

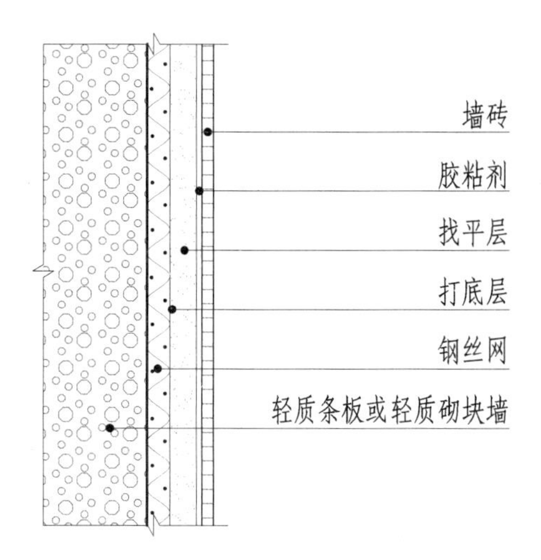

图 14-3-1 墙砖墙面（一）构造节点图

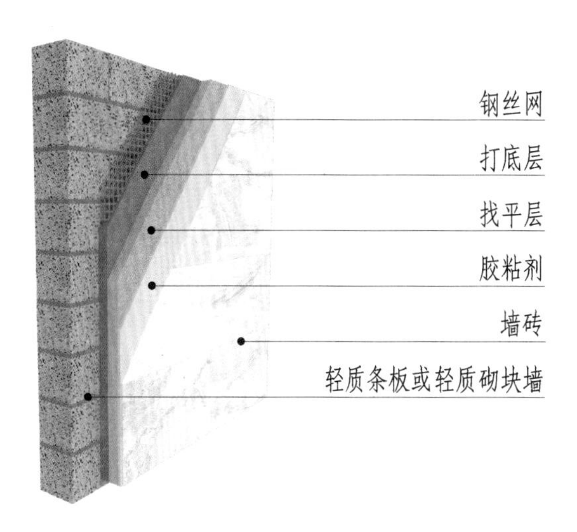

图 14-3-2 墙砖墙面（一）三维图

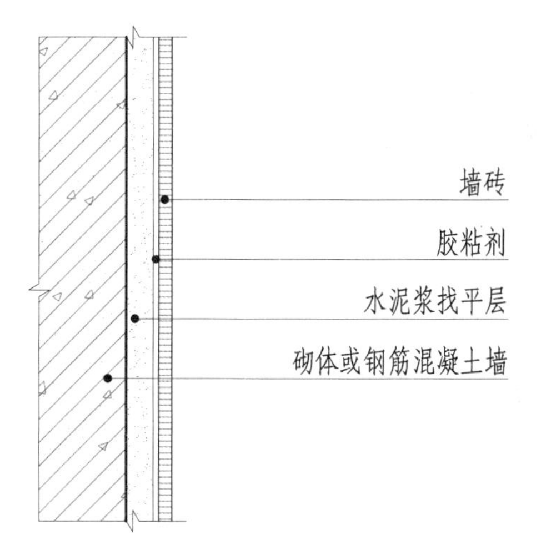

图 14-3-3 墙砖墙面（二）构造节点图

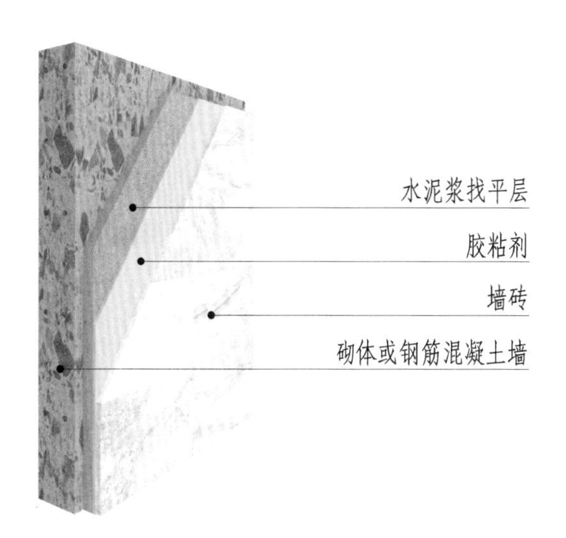

图 14-3-4 墙砖墙面（二）三维图

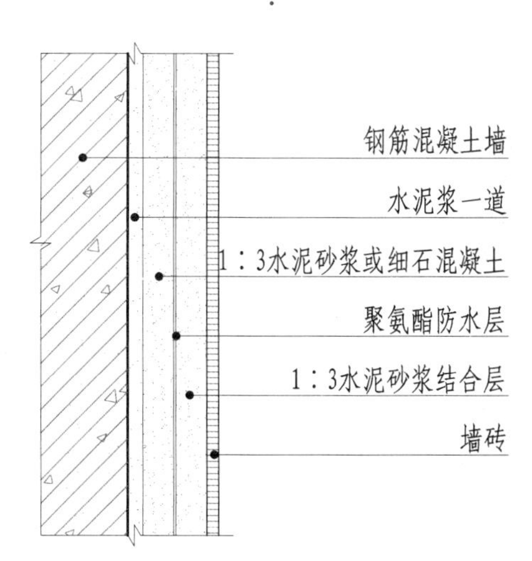

图 14-3-5 墙砖墙面（三）构造节点图

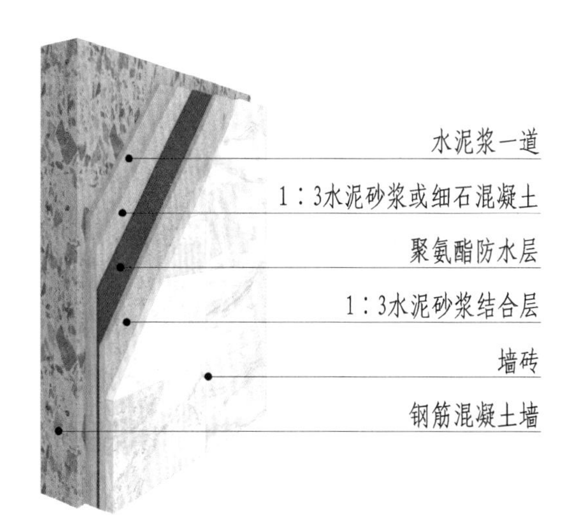

图 14-3-6 墙砖墙面（三）三维图

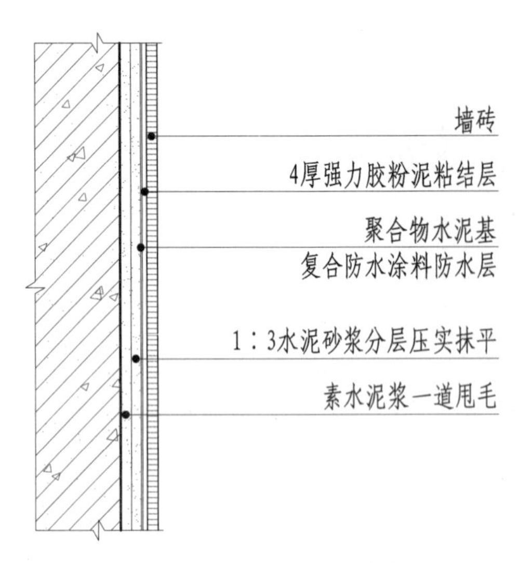

图 14-3-7 墙砖墙面（四）构造节点图

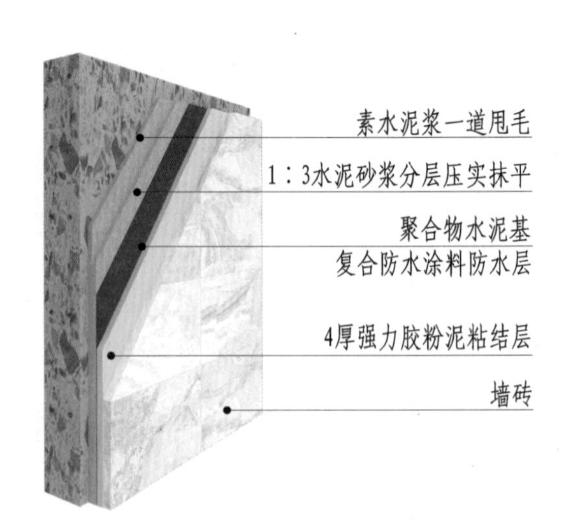

图 14-3-8 墙砖墙面（四）三维图

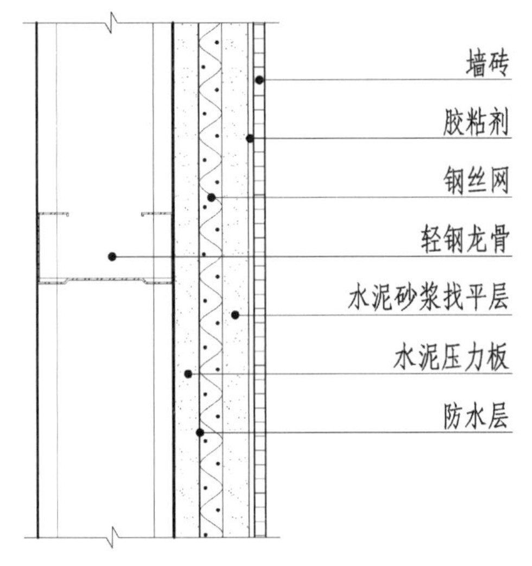

图 14-3-9 墙砖墙面（五）构造节点图

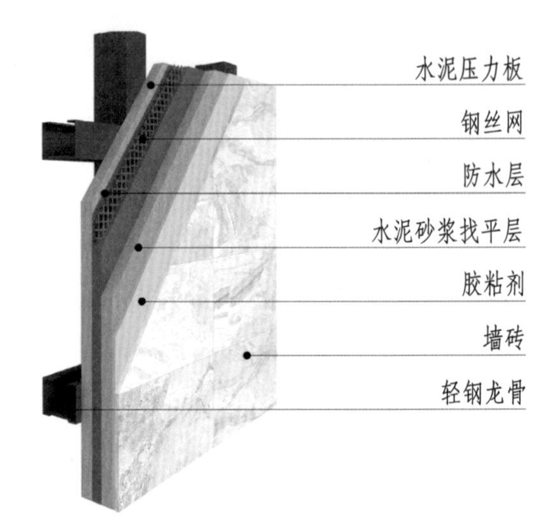

图 14-3-10 墙砖墙面（五）三维图

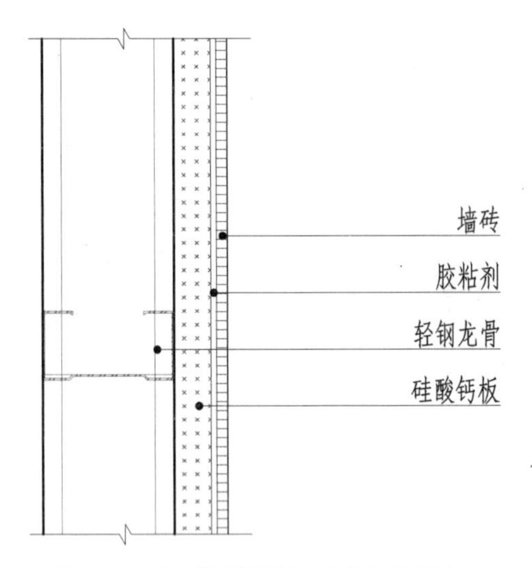

图 14-3-11 墙砖墙面（六）构造节点图

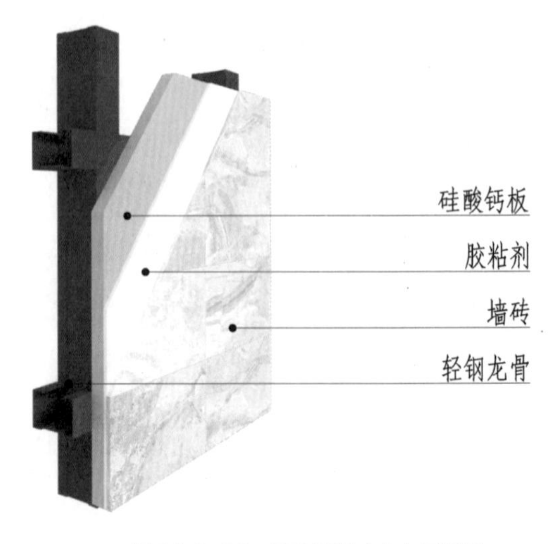

图 14-3-12 墙砖墙面（六）三维图

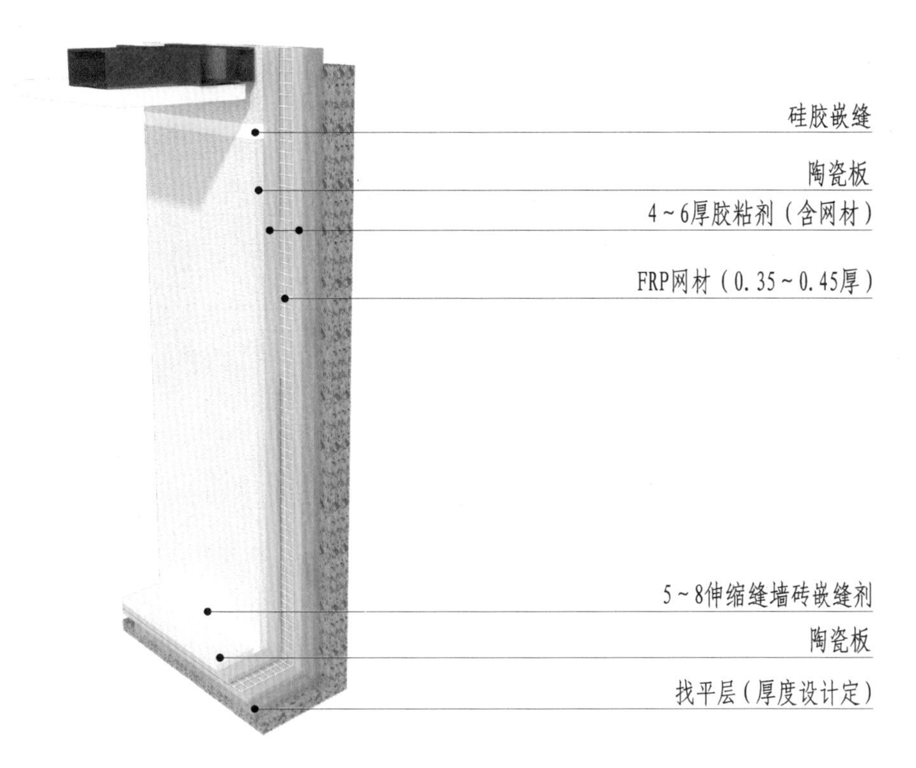

图 14-3-13　墙砖墙面（七）三维图

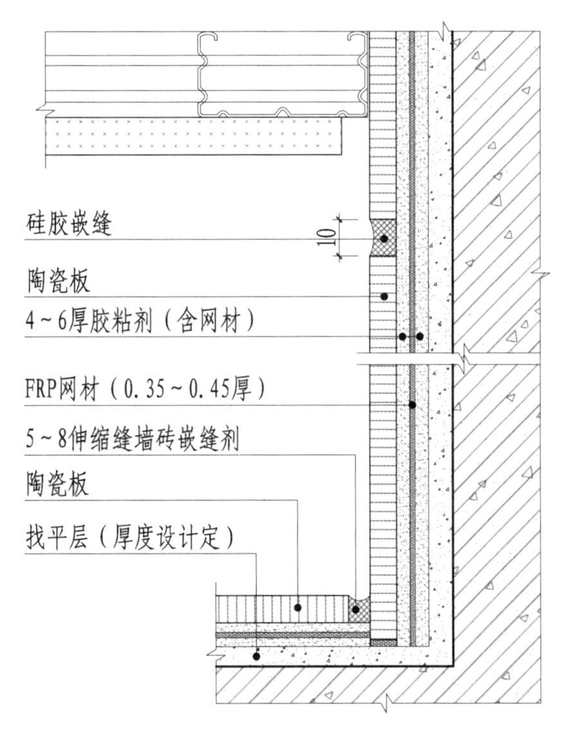

图 14-3-14　墙砖墙面（七）构造节点图

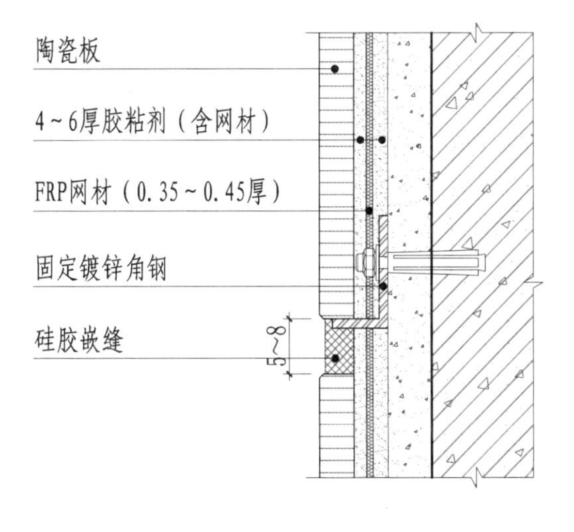

图 14-3-15　粘接高度超过 3 m 处理方式

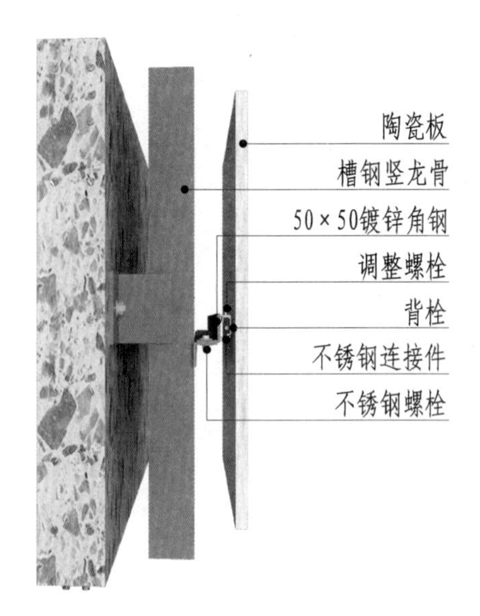

图 14-3-16 墙砖干挂墙面三维图（通风式背栓）

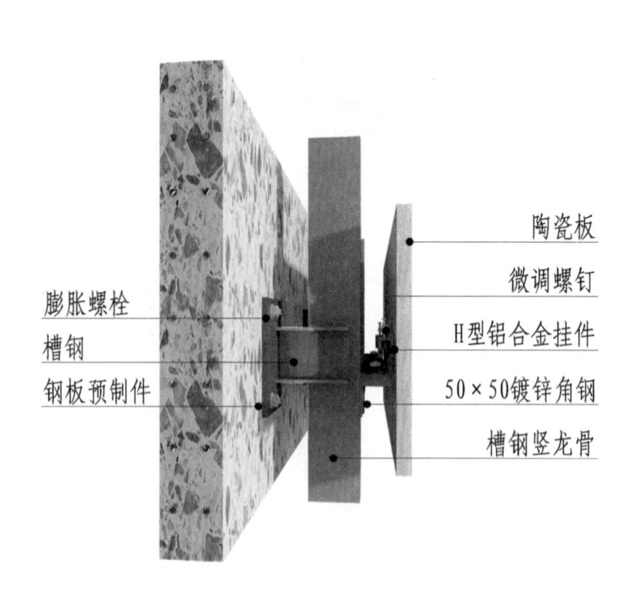

图 14-3-17 墙砖干挂墙面三维图（全龙骨）

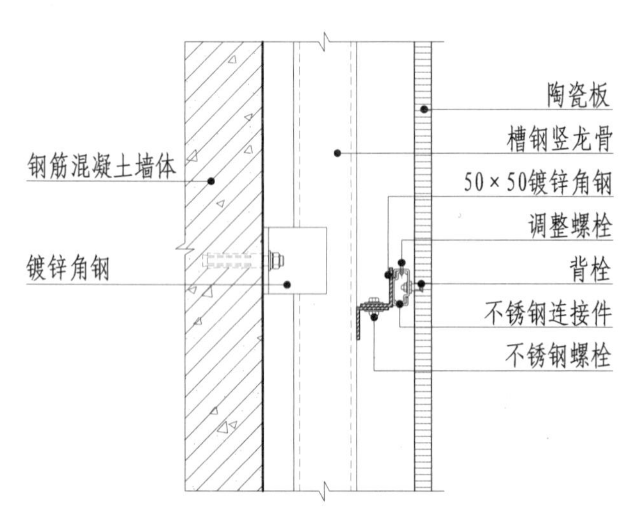

图 14-3-18 墙砖干挂墙面竖向构造节点图（通风式背栓）

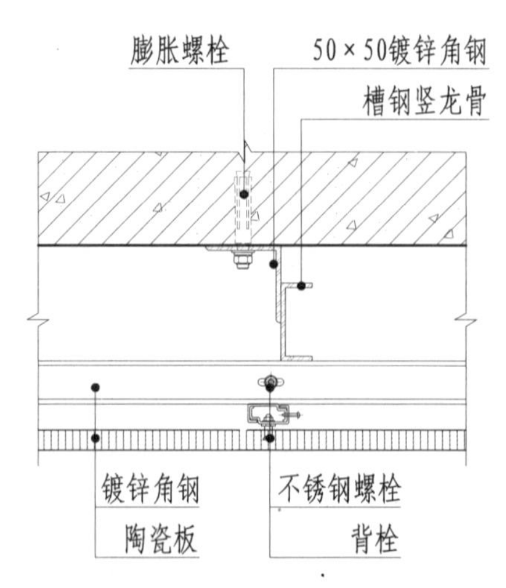

图 14-3-19 墙砖干挂墙面横向构造节点图（通风式背栓）

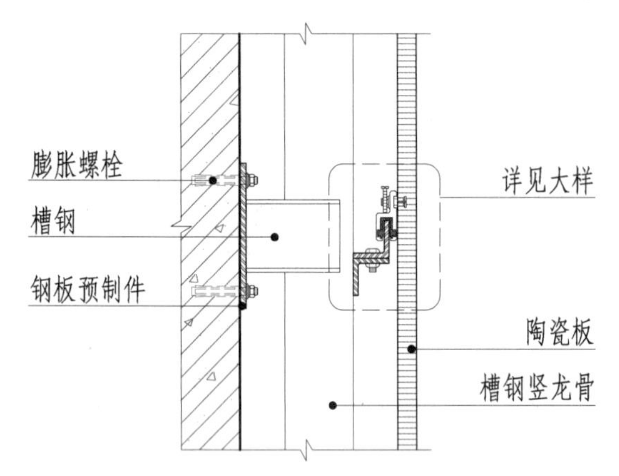

图 14-3-20 墙砖干挂墙面竖向构造节点图（全龙骨）

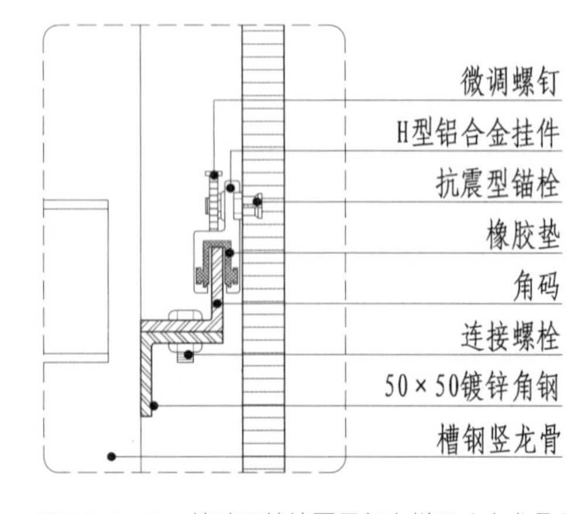

图 14-3-21 墙砖干挂墙面局部大样图（全龙骨）

第四节　石材墙面构造

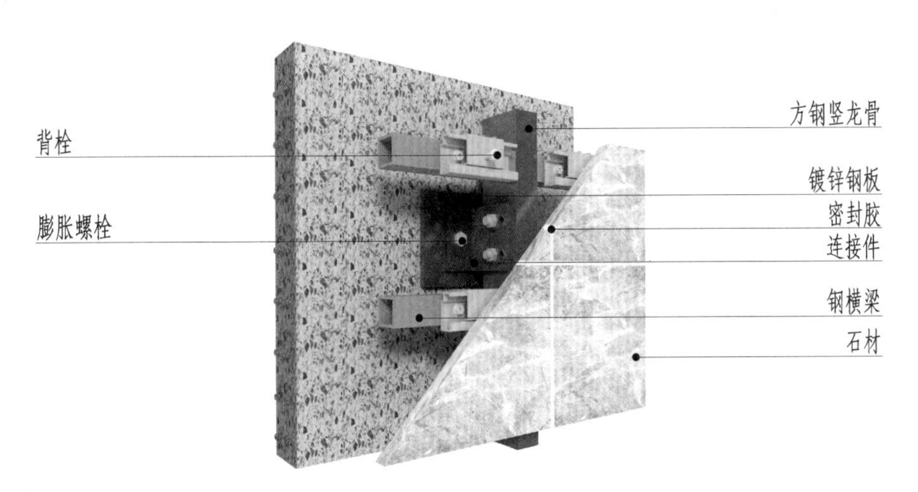

图 14-4-1　石材干挂墙面三维图（背栓式）方向一

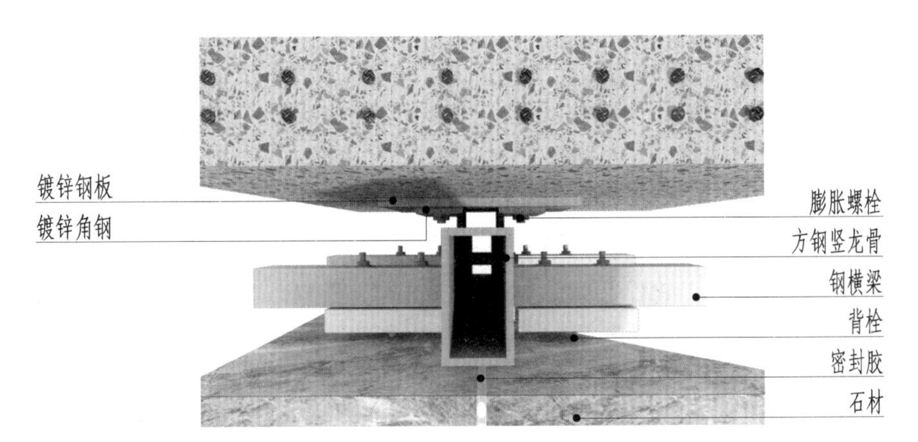

图 14-4-2　石材干挂墙面三维图（背栓式）方向二

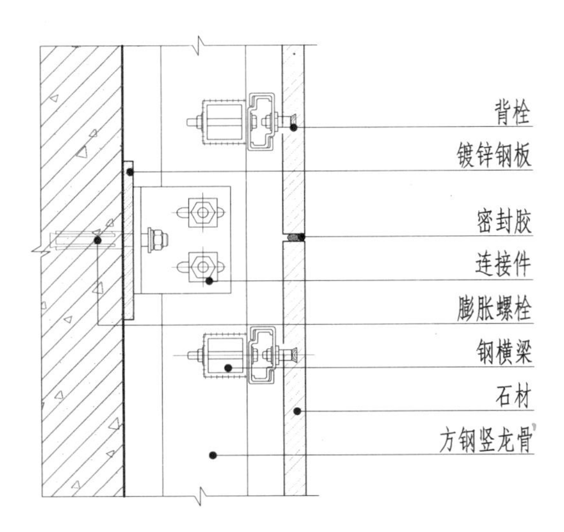

图 14-4-3　石材干挂墙面竖向构造节点图（背栓式）

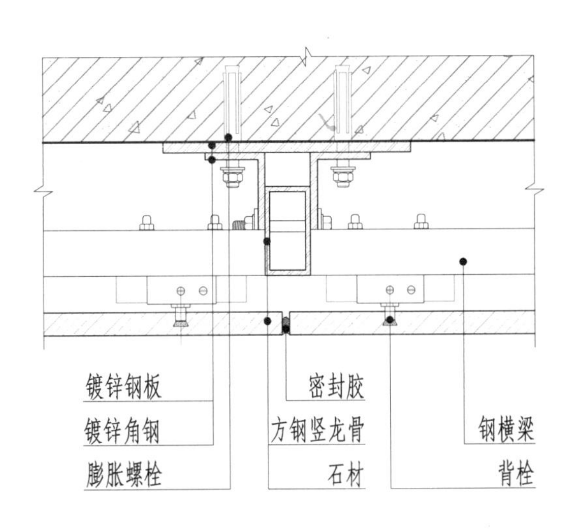

图 14-4-4　石材干挂墙面横向构造节点图（背栓式）

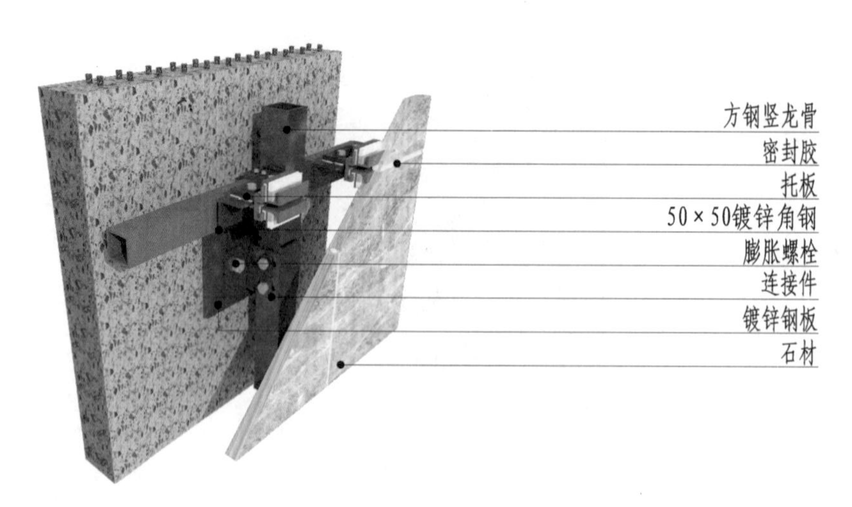

图 14-4-5 石材干挂墙面三维图（元件式）方向一

图 14-4-6 石材干挂墙面三维图（元件式）方向二

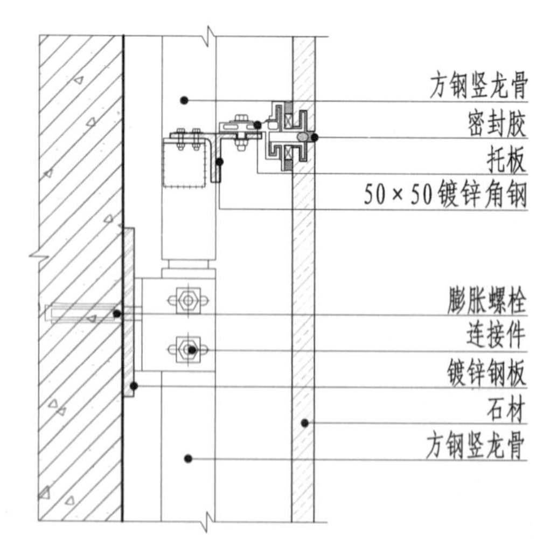

图 14-4-7 石材干挂墙面竖向构造节点图（元件式）

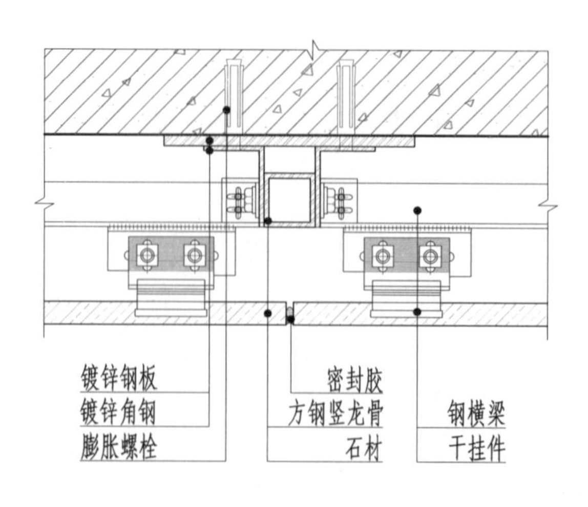

图 14-4-8 石材干挂墙面横向构造节点图（元件式）

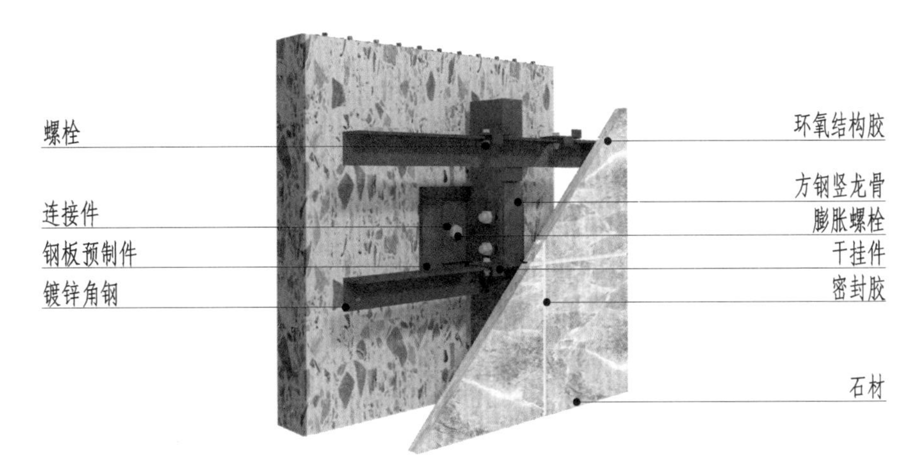

图 14-4-9　石材干挂墙面三维图（短槽式）方向一

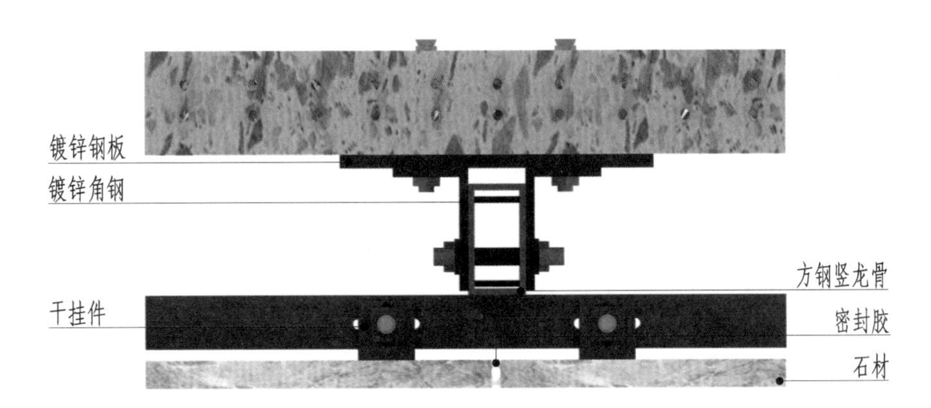

图 14-4-10　石材干挂墙面三维图（短槽式）方向二

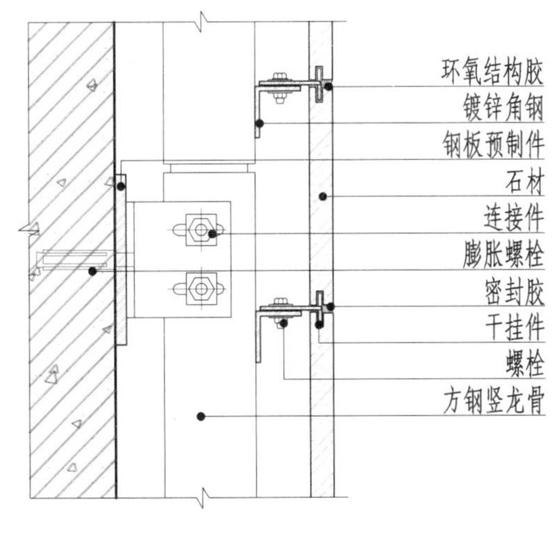

图 14-4-11　石材干挂墙面竖向构造节点图（短槽式）

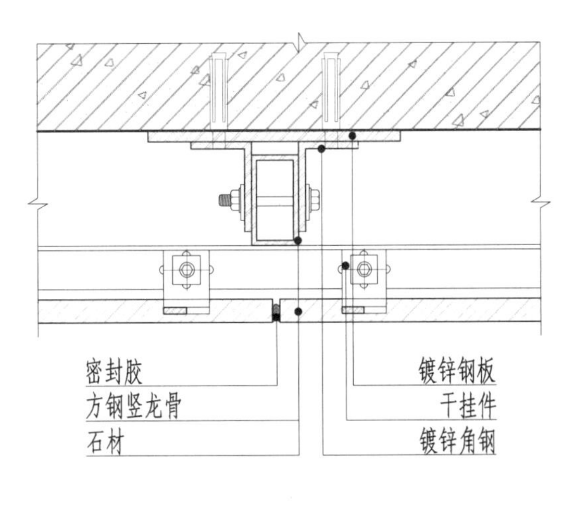

图 14-4-12　石材干挂墙面横向构造节点图（短槽式）

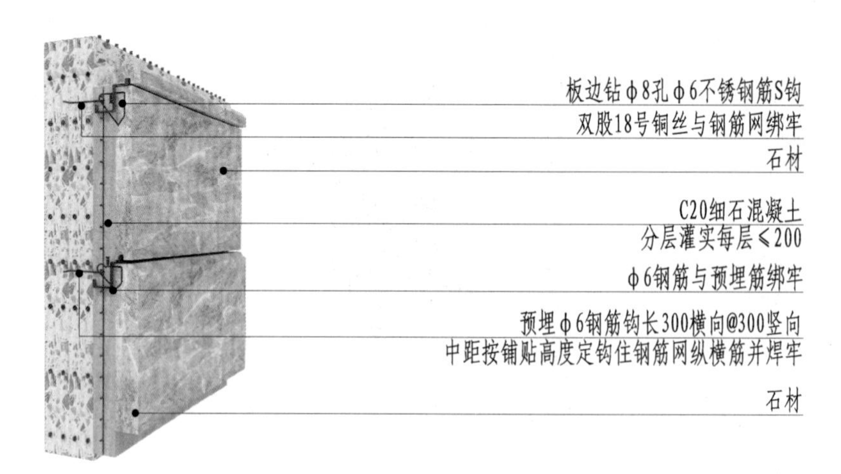

图 14-4-13 墙面石材湿贴三维图方向一

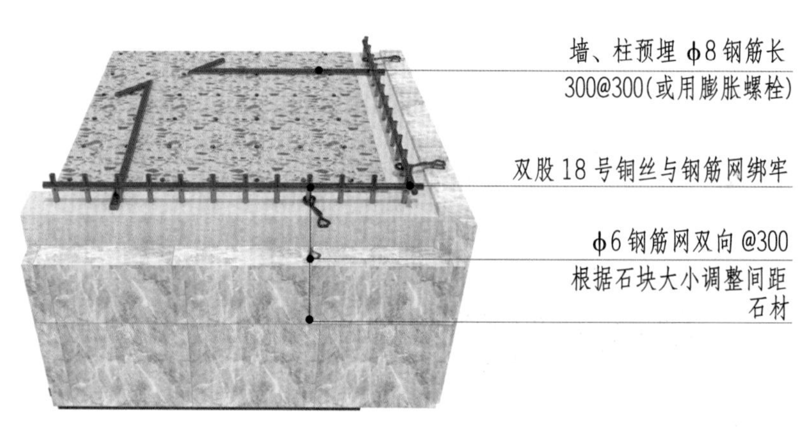

图 14-4-14 墙面石材湿贴三维图方向二

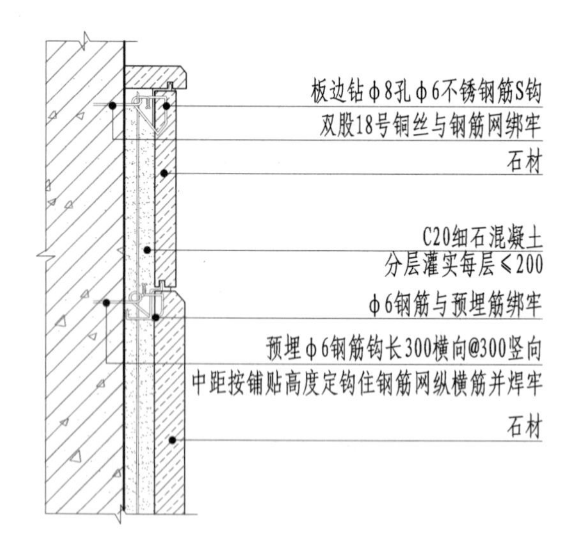

图 14-4-15 墙面石材湿贴构造节点图方向一

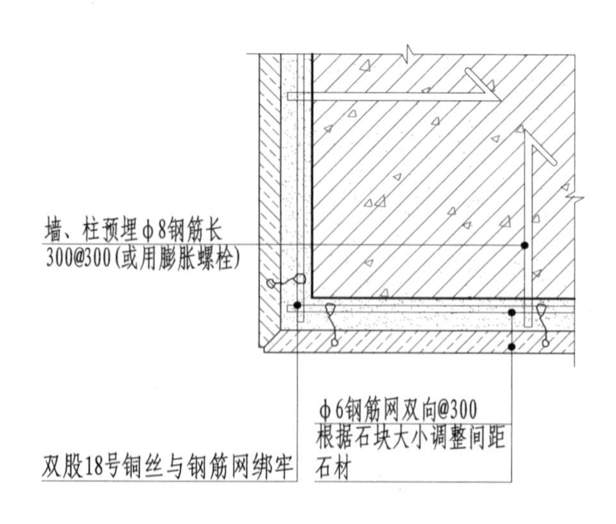

图 14-4-16 墙面石材湿贴构造节点图方向二

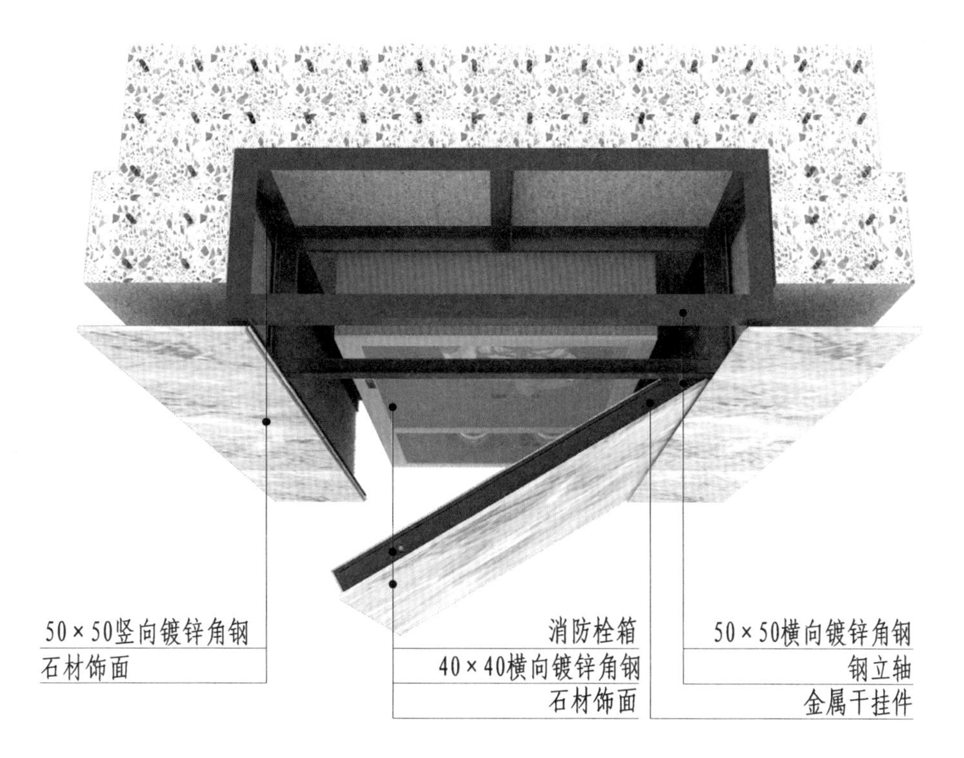

图 14-4-17　墙面石材与消防栓箱交接三维图

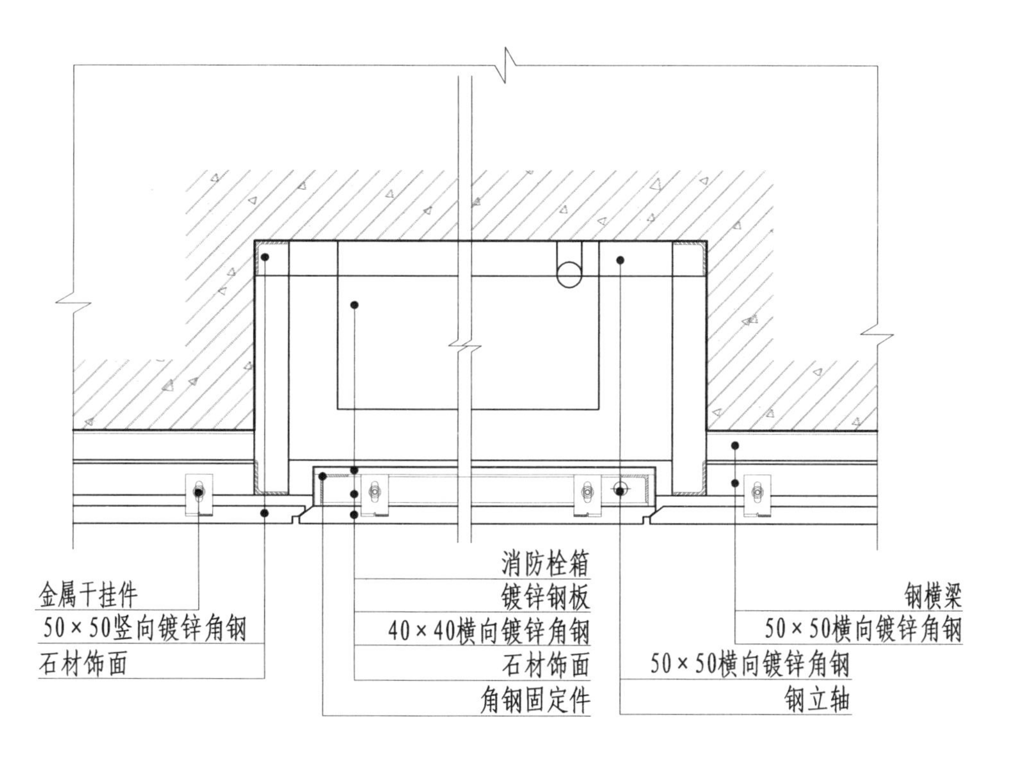

图 14-4-18　墙面石材与消防栓箱交接构造节点图

第五节 木饰面板墙面构造

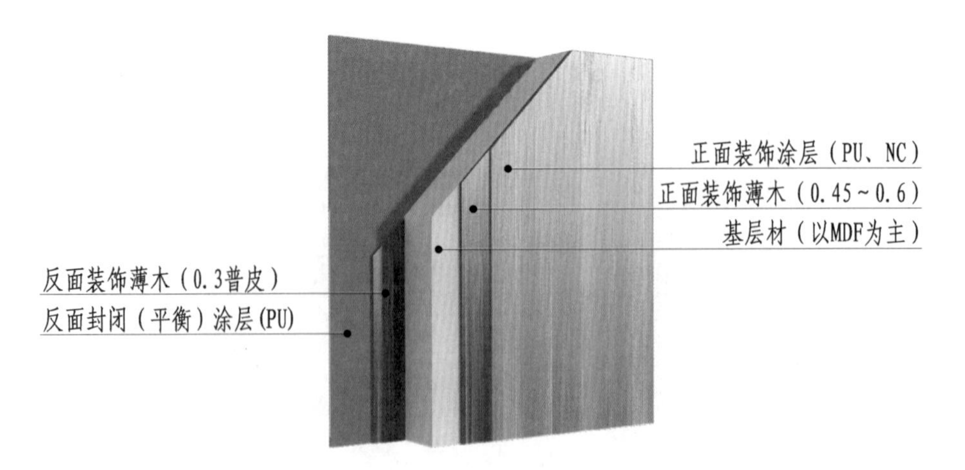

图 14-5-1 薄木饰面板内部构造三维图

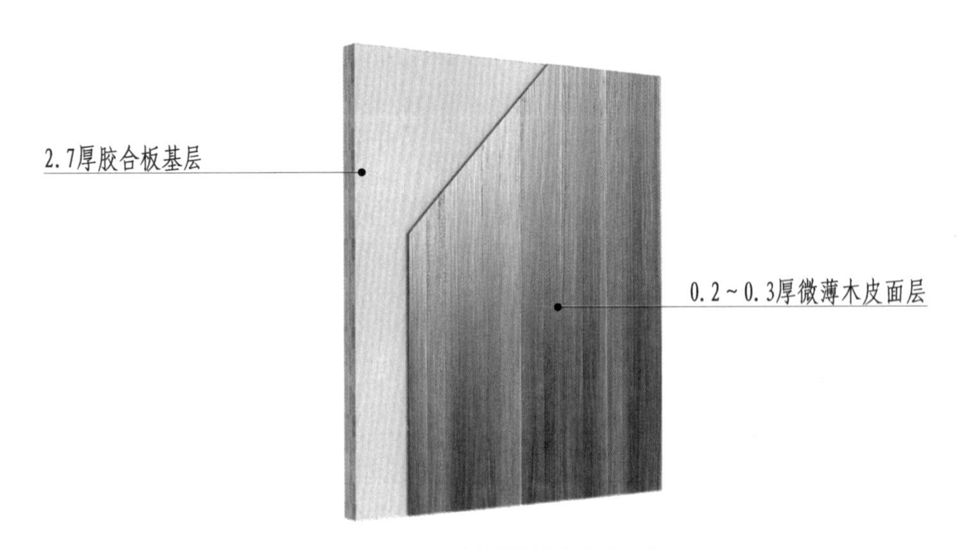

图 14-5-2 3厚木饰面板内部构造三维图

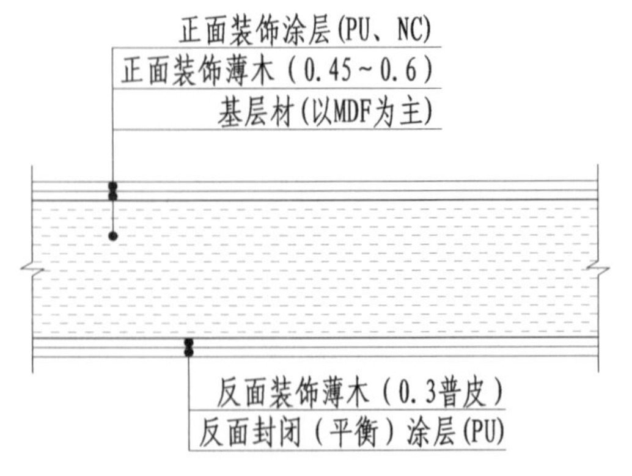

图 14-5-3 薄木饰面板内部构造节点图

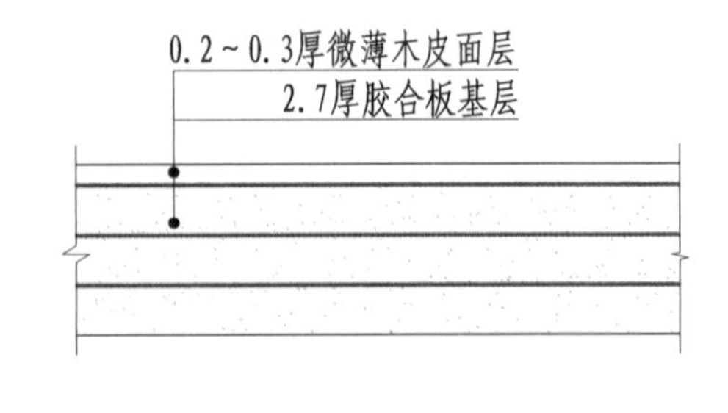

图 14-5-4 3厚木饰面板内部构造节点图

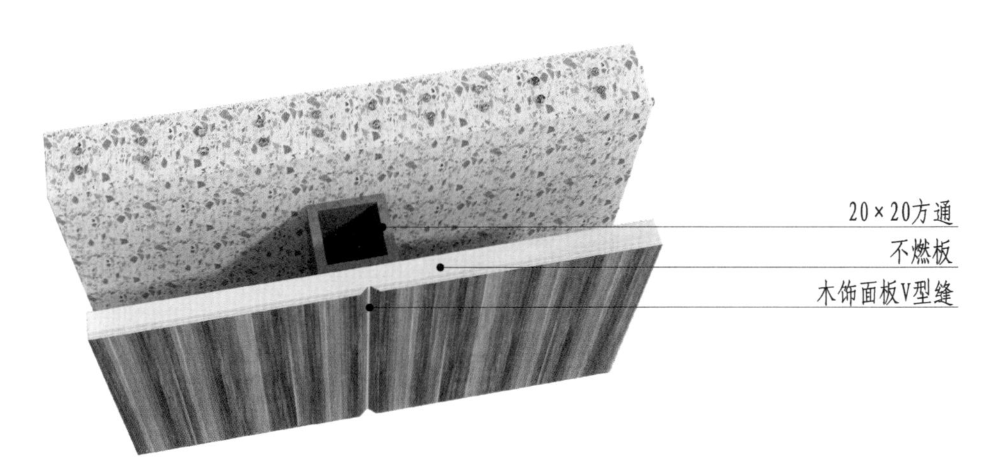

图 14-5-5 木饰面板拼接墙面（一）三维图（V 型缝）

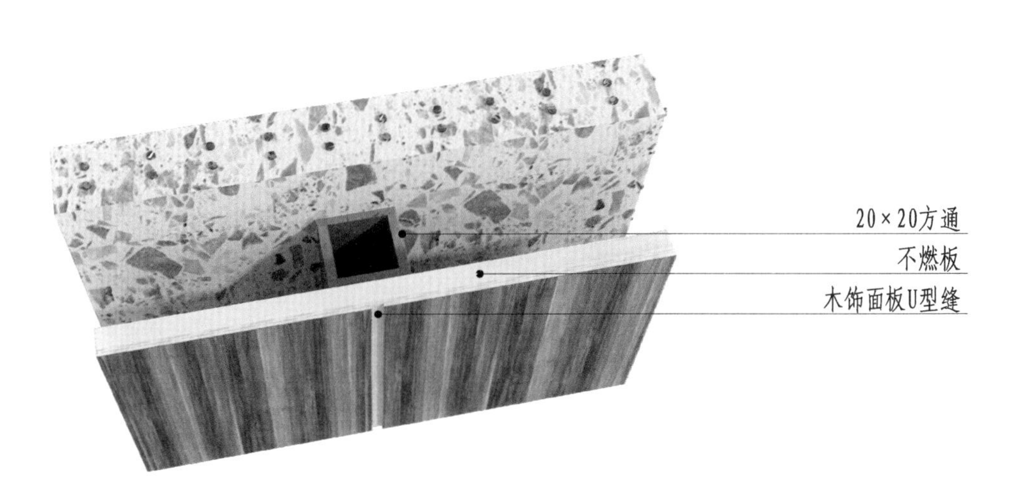

图 14-5-6 木饰面板拼接墙面（二）三维图（U 型缝）

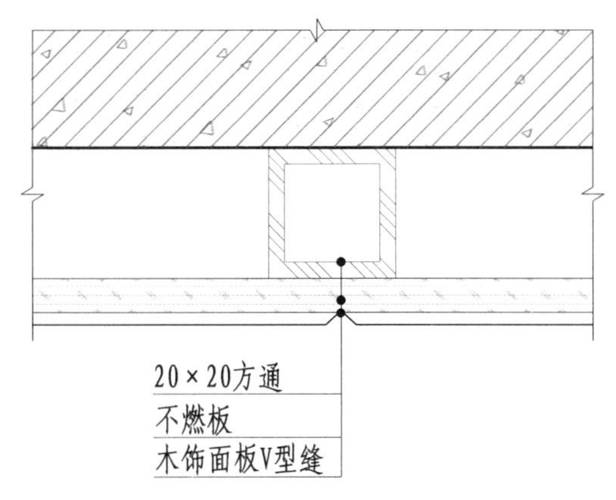

图 14-5-7 木饰面板拼接墙面（一）构造节点图（V 型缝）

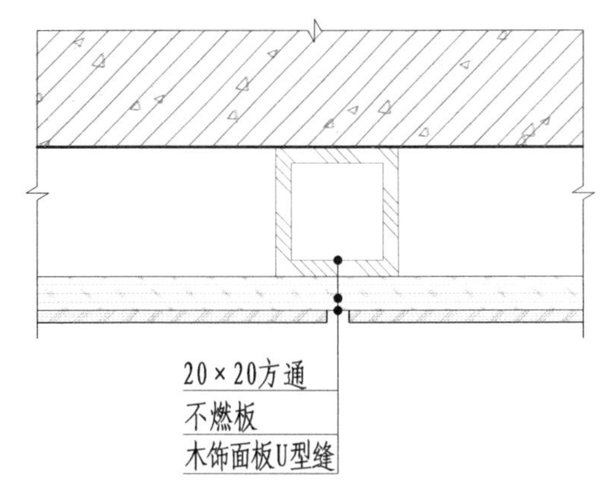

图 14-5-8 木饰面板拼接墙面（二）构造节点图（U 型缝）

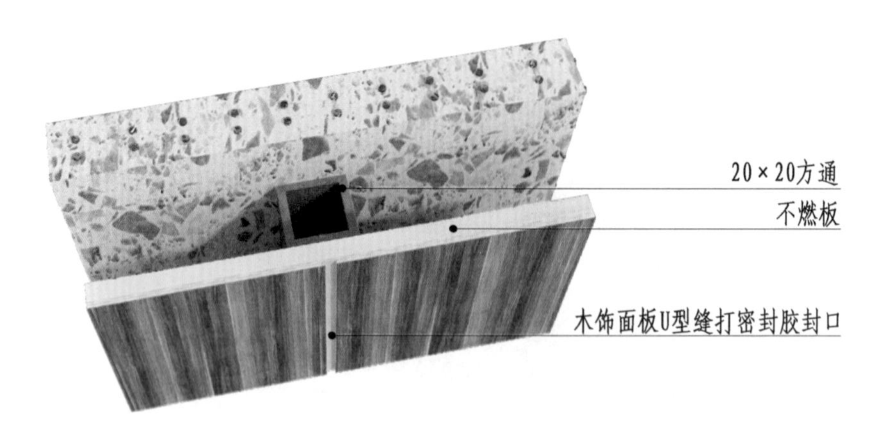

图 14-5-9 木饰面板拼接墙面（三）三维图（U 型缝）

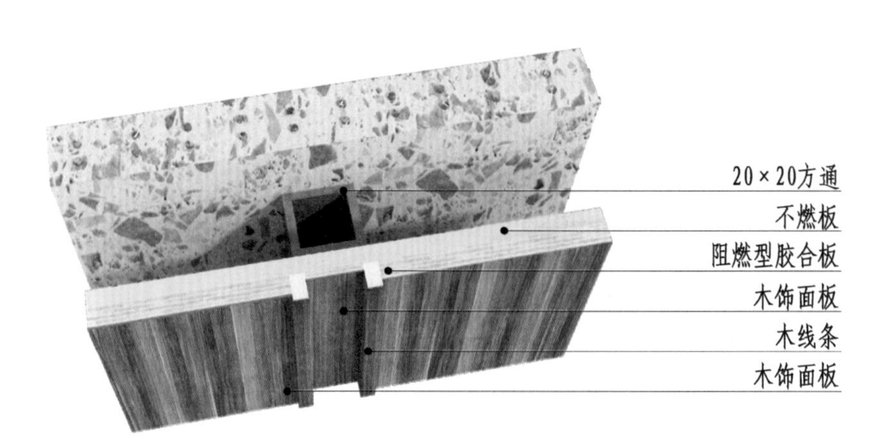

图 14-5-10 木饰面板拼接墙面（四）三维图

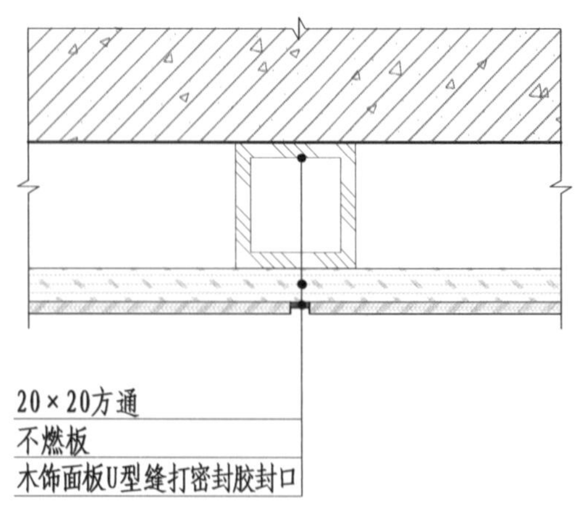

图 14-5-11 木饰面板拼接墙面（三）构造节点图（U 型缝）

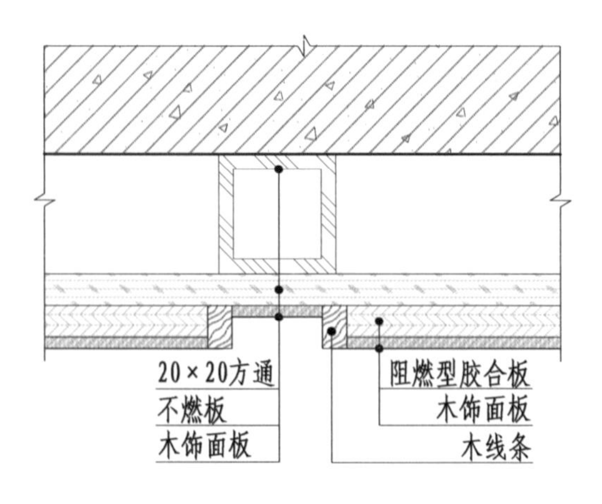

图 14-5-12 木饰面板拼接墙面（四）构造节点图

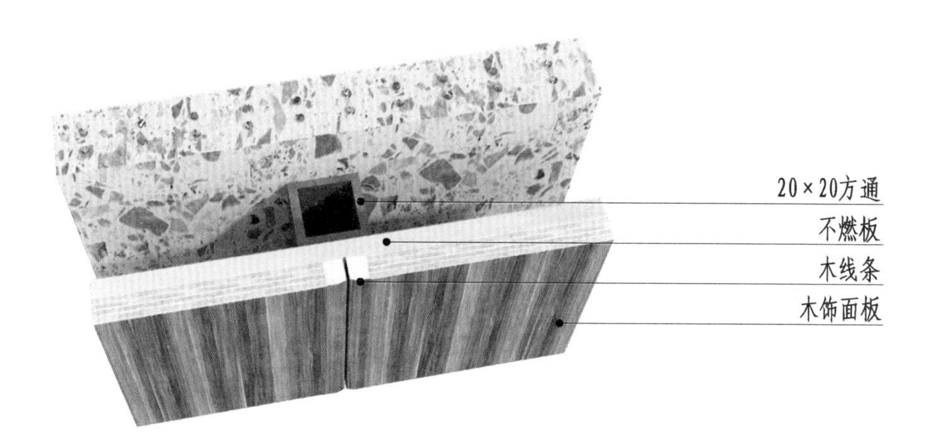

图 14-5-13　木饰面板拼接墙面（五）三维图

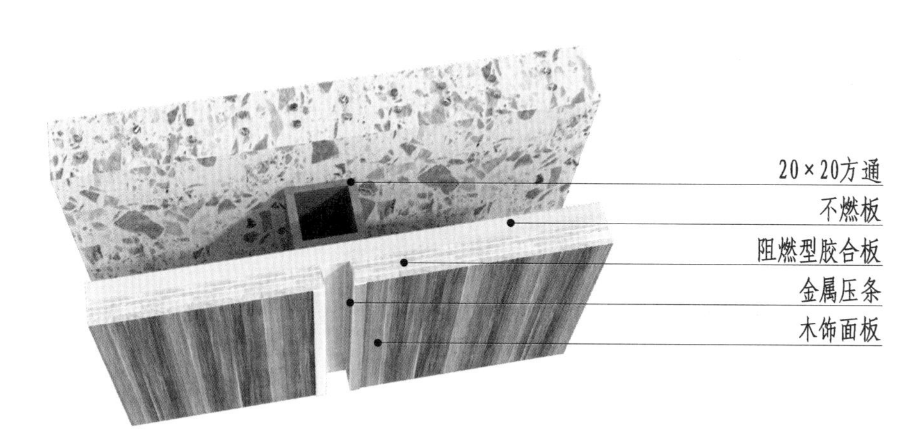

图 14-5-14　木饰面板拼接墙面（六）三维图

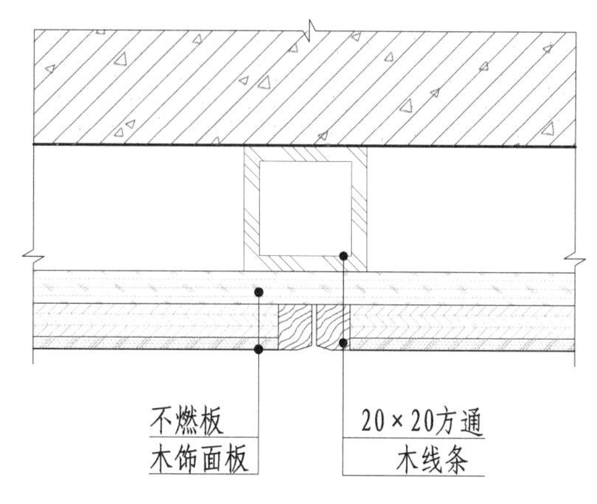

图 14-5-15　木饰面板拼接墙面（五）构造节点图

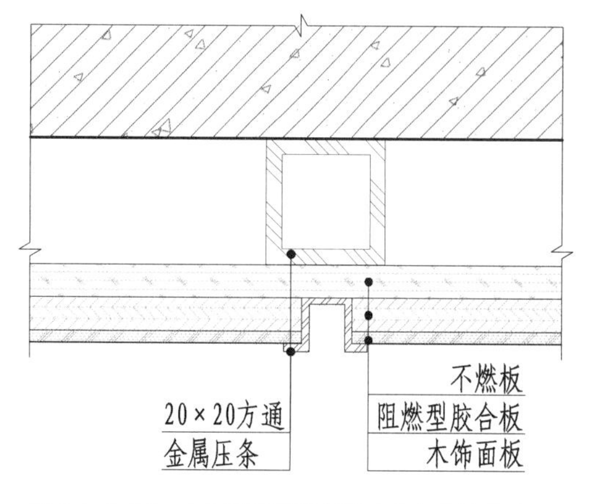

图 14-5-16　木饰面板拼接墙面（六）构造节点图

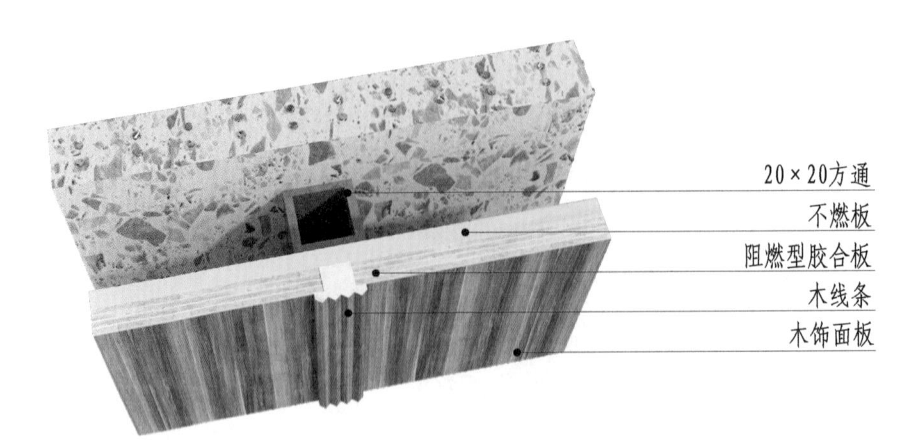

图 14-5-17 木饰面板拼接墙面（七）三维图

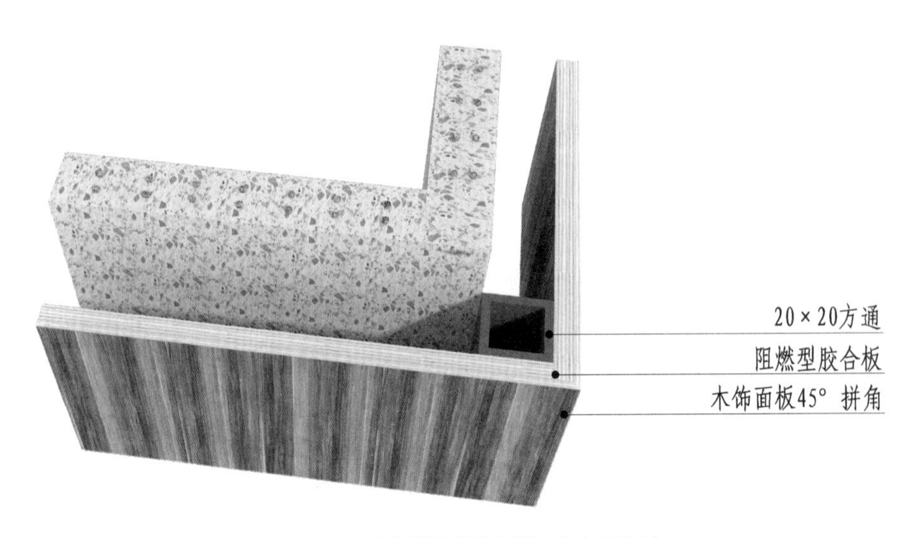

图 14-5-18 木饰面板拼接墙面（八）三维图

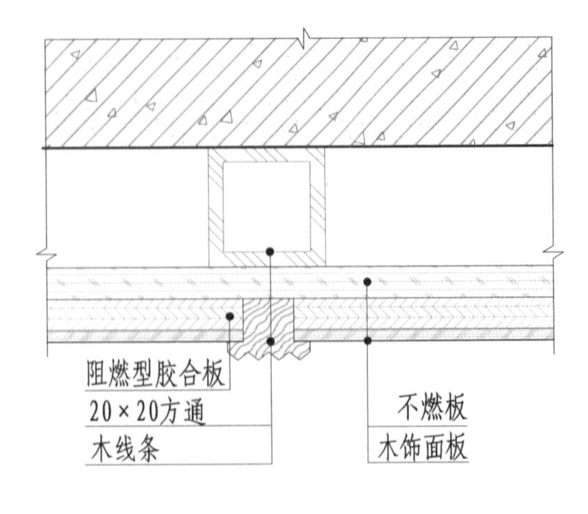

图 14-5-19 木饰面板拼接墙面（七）构造节点图

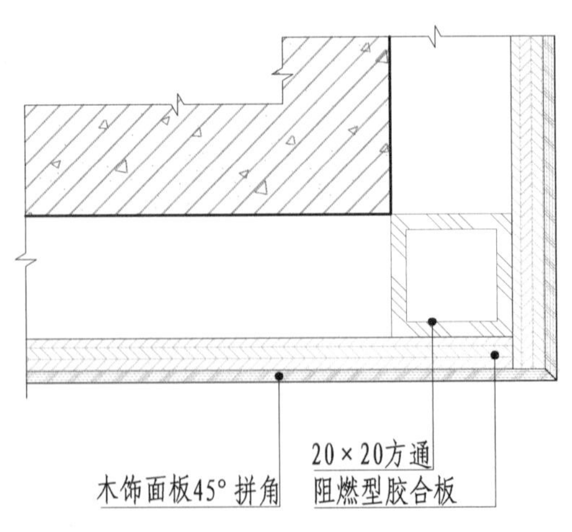

图 14-5-20 木饰面板拼接墙面（八）构造节点图

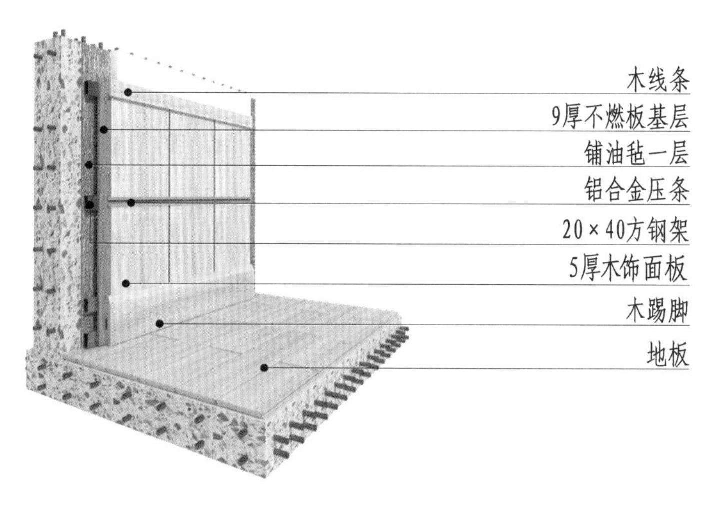

图 14-5-21 木墙裙墙面（一）三维图

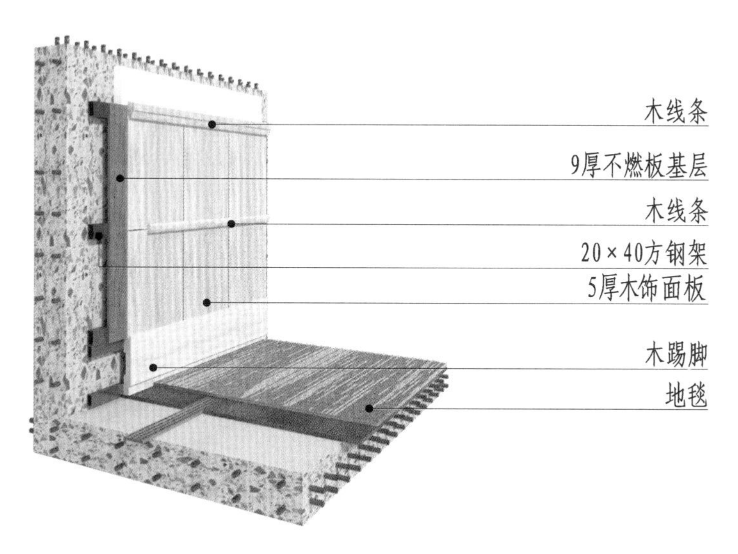

图 14-5-22 木墙裙墙面（二）三维图

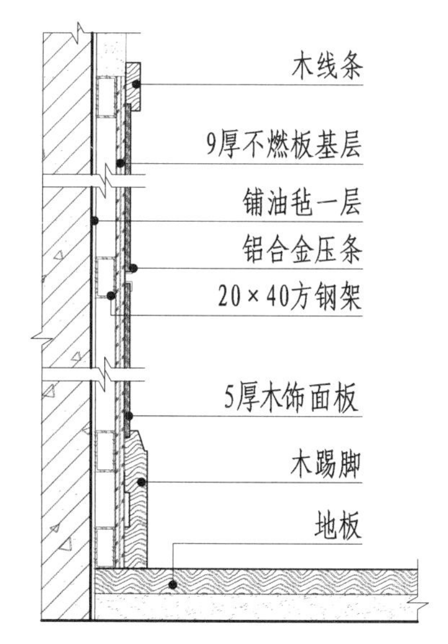

图 14-5-23 木墙裙墙面（一）构造节点图

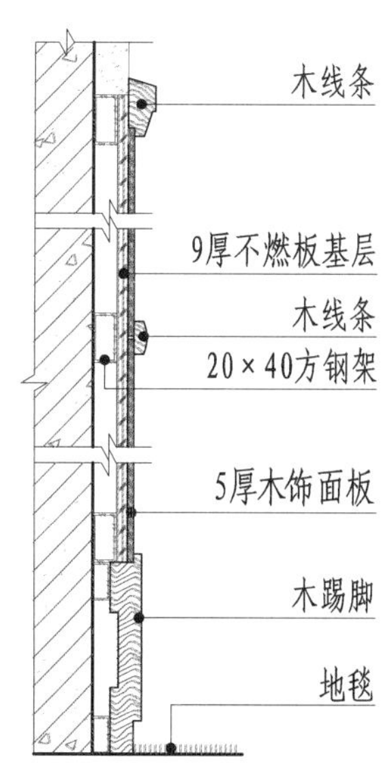

图 14-5-24 木墙裙墙面（二）构造节点图

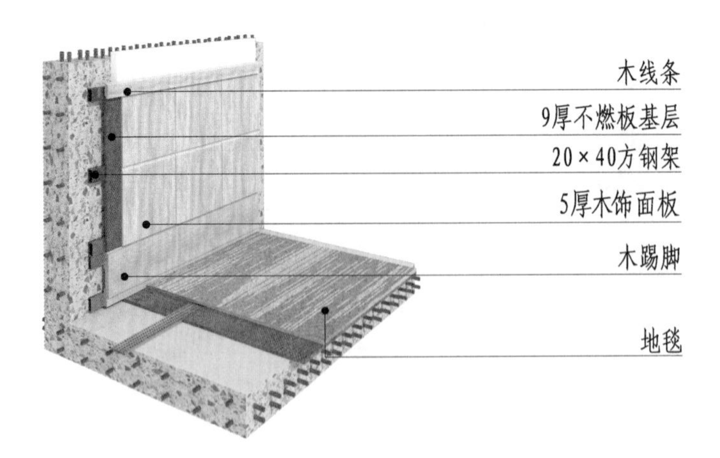

图 14-5-25 木墙裙墙面（三）三维图

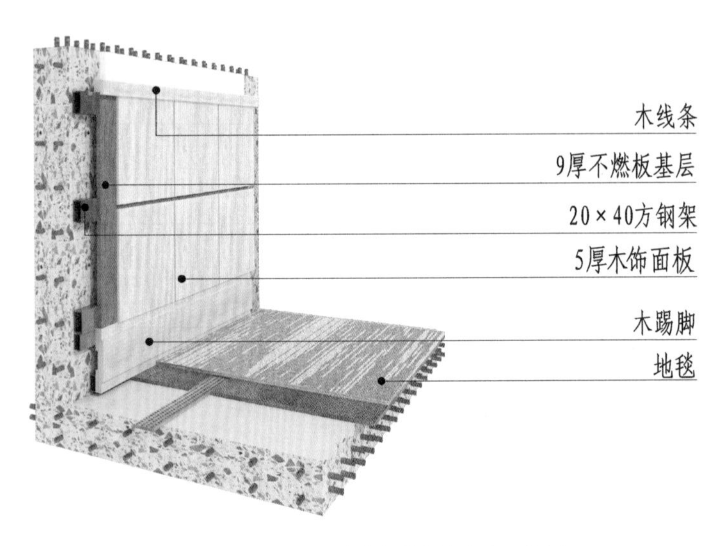

图 14-5-26 木墙裙墙面（四）三维图

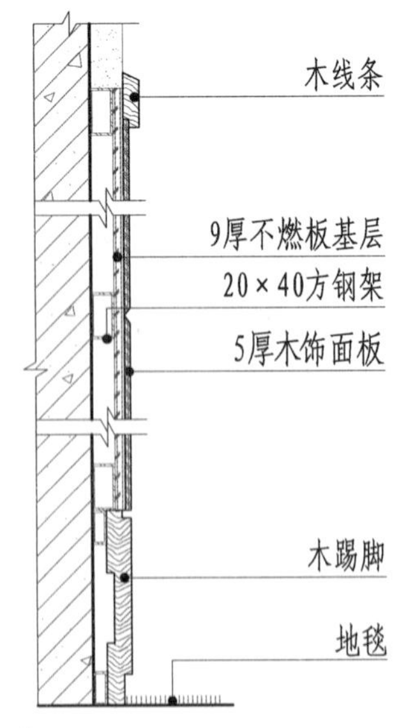

图 14-5-27 木墙裙墙面（三）构造节点图

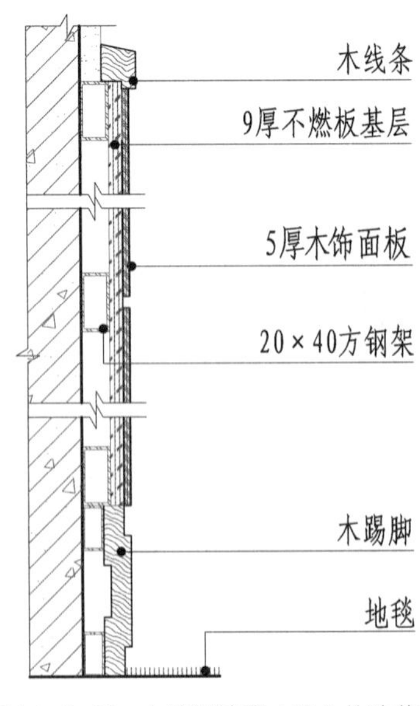

图 14-5-28 木墙裙墙面（四）构造节点图

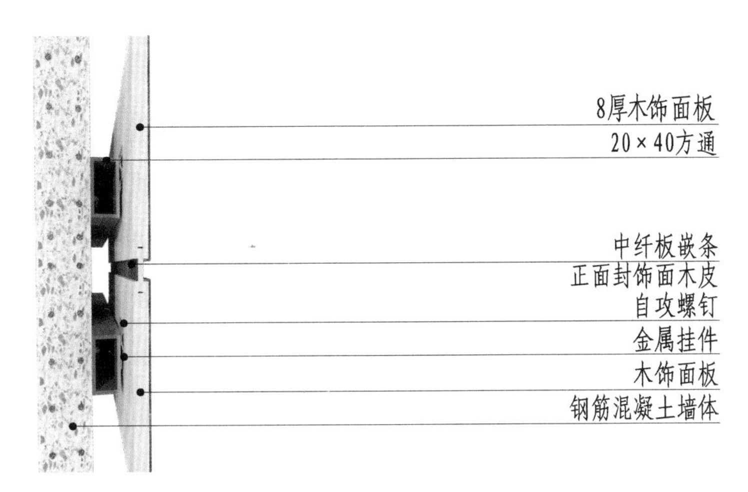

图 14-5-29 木饰面板悬挂式墙面（一）三维图

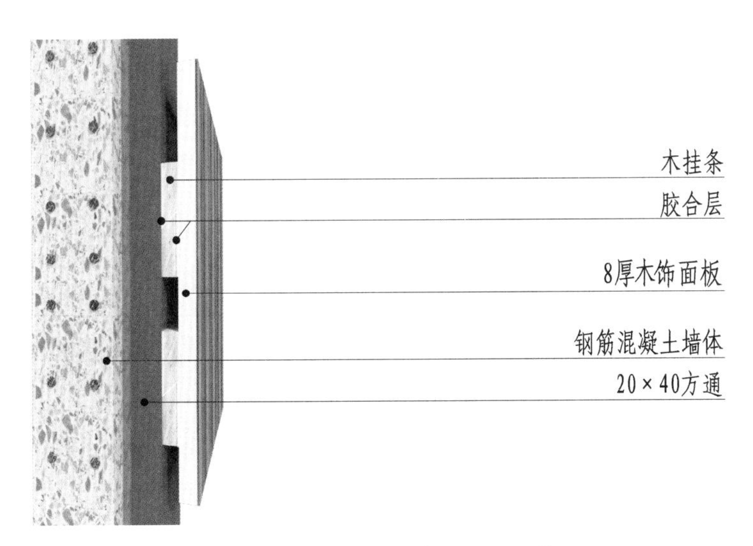

图 14-5-30 木饰面板悬挂式墙面（二）三维图

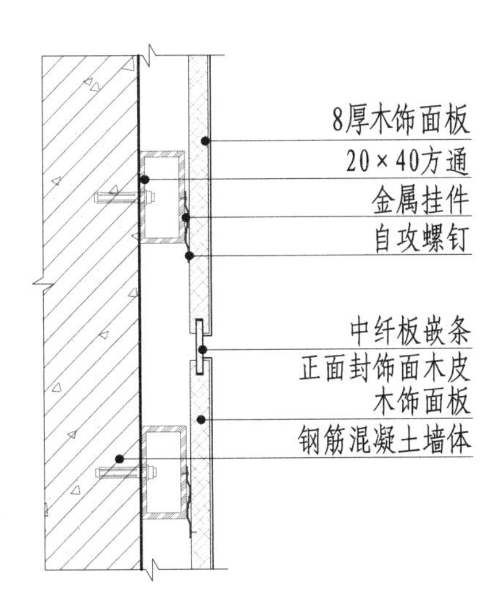

图 14-5-31 木饰面板悬挂式墙面（一）构造节点图

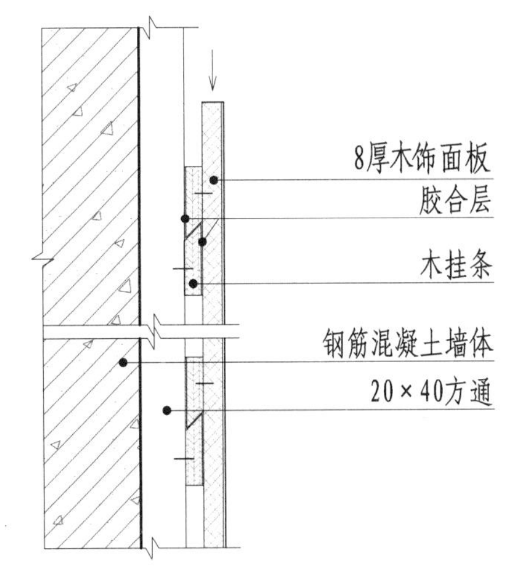

图 14-5-32 木饰面板悬挂式墙面（二）构造节点图

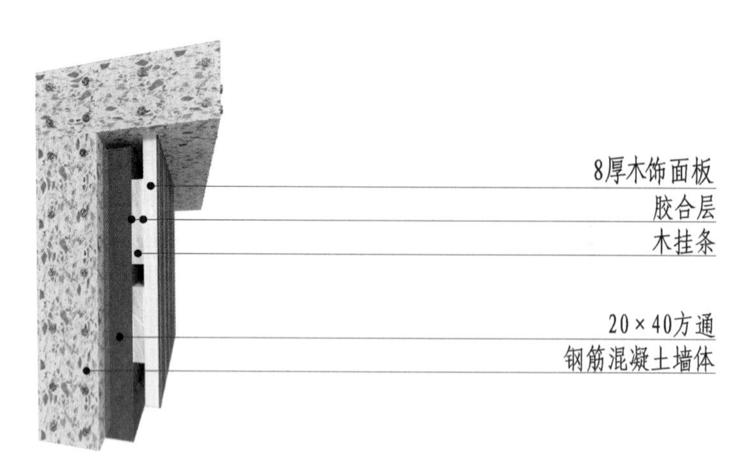

图 14-5-33 木饰面板倒挂式墙面（一）三维图

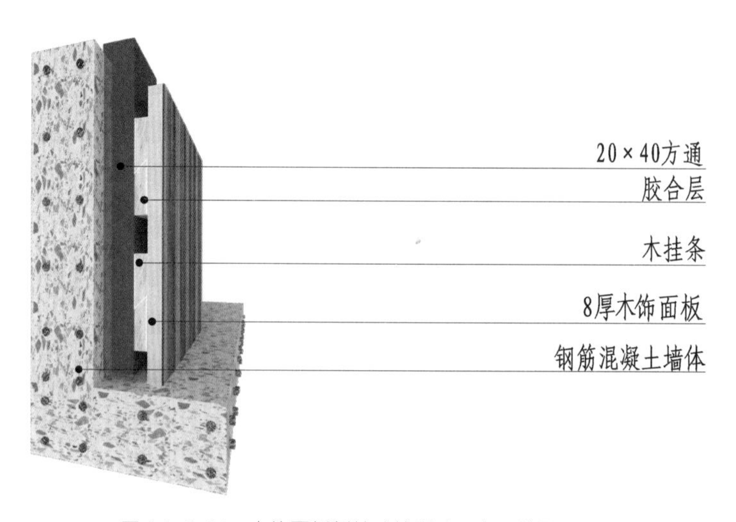

图 14-5-34 木饰面板倒挂式墙面（二）三维图

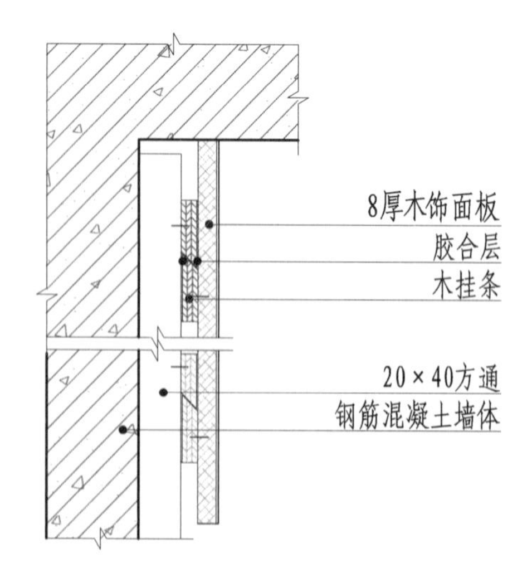

图 14-5-35 木饰面板倒挂式墙面（一）构造节点图

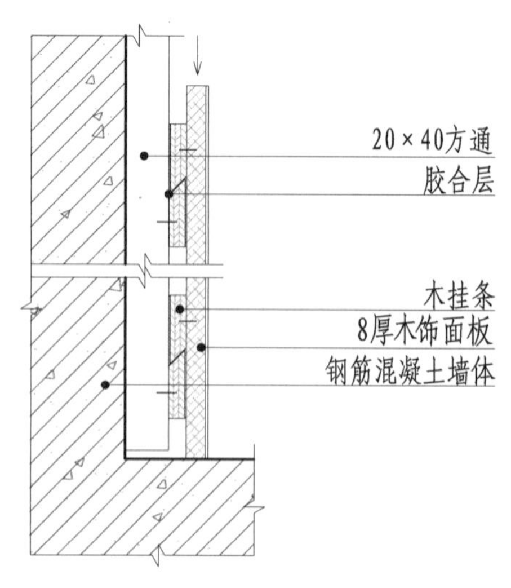

图 14-5-36 木饰面板倒挂式墙面（二）构造节点图

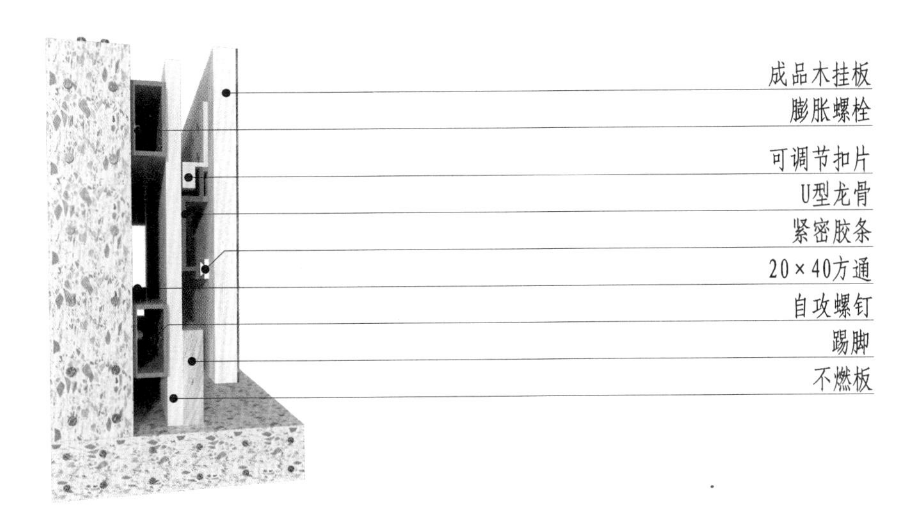

图 14-5-37　木饰面板墙面三维图

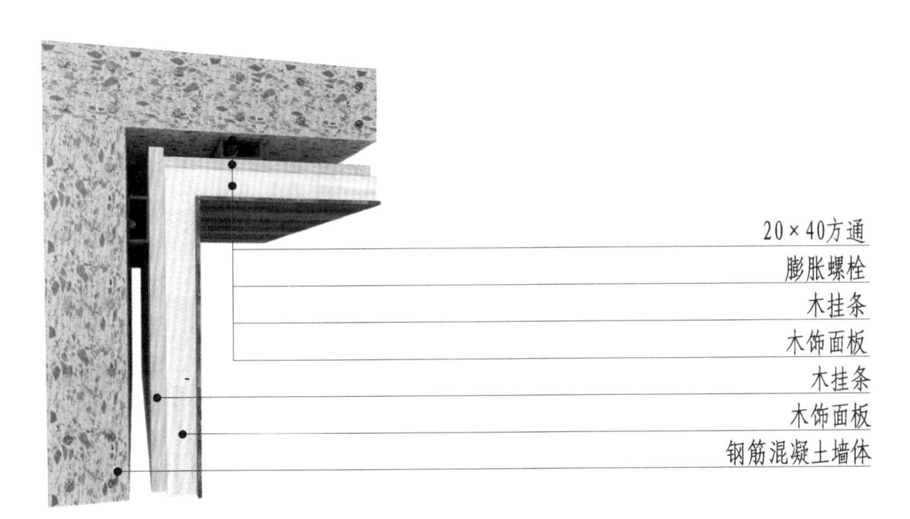

图 14-5-38　阴角干挂木饰面板墙面三维图

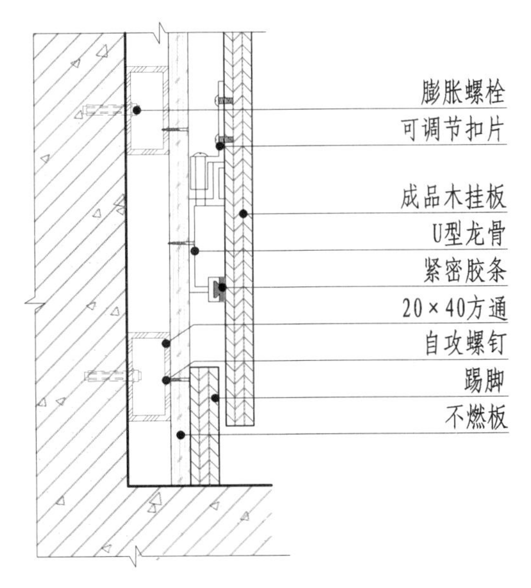

图 14-5-39　木饰面板墙面构造节点图

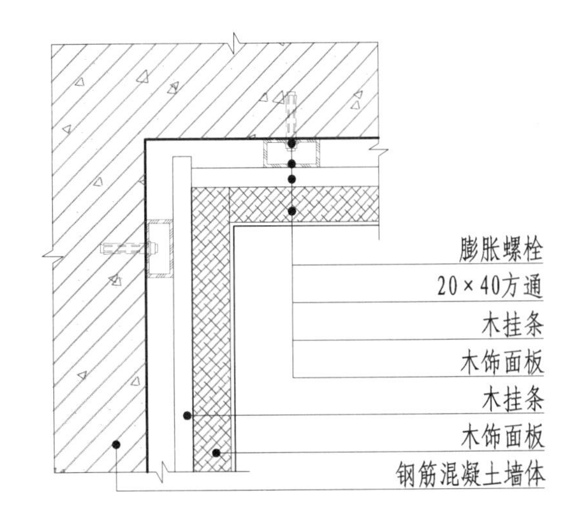

图 14-5-40　阴角干挂木饰面板墙面构造节点图

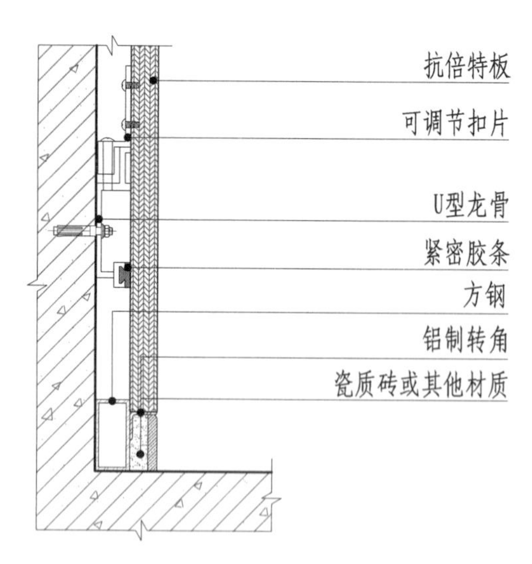

图 14-5-41　抗倍特板干挂墙面（一）构造节点图

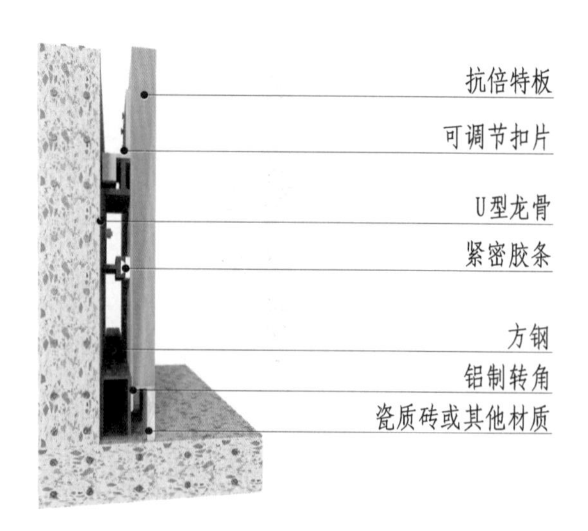

图 14-5-42　抗倍特板干挂墙面（一）三维图

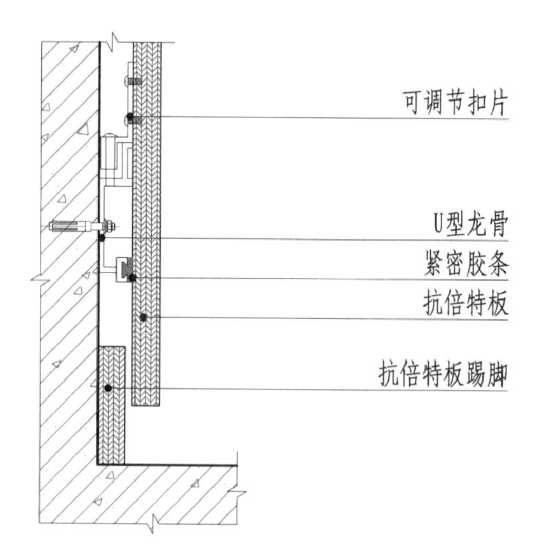

图 14-5-43　抗倍特板干挂墙面（二）构造节点图

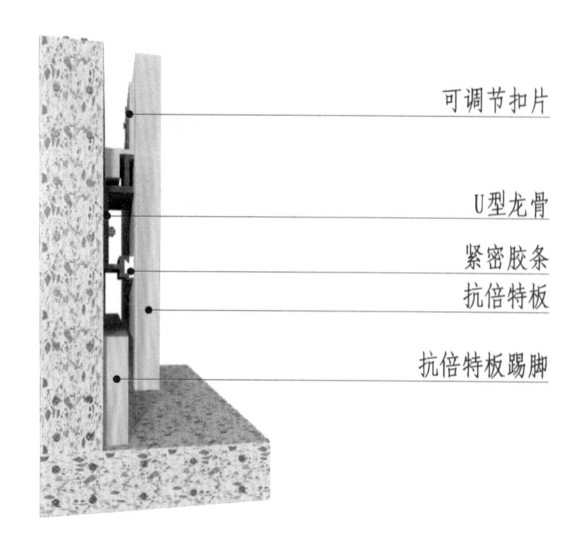

图 14-5-44　抗倍特板干挂墙面（二）三维图

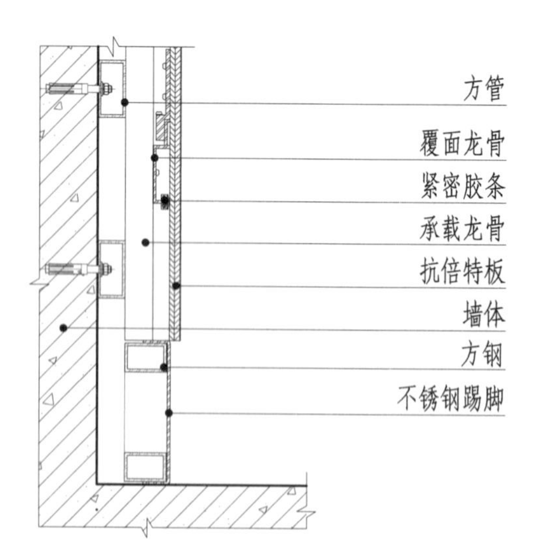

图 14-5-45　抗倍特板干挂墙面（三）构造节点图

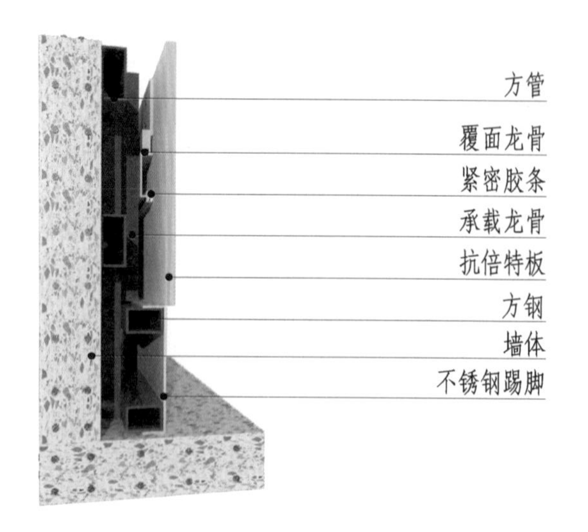

图 14-5-46　抗倍特板干挂墙面（三）三维图

第六节 软包、硬包墙面构造

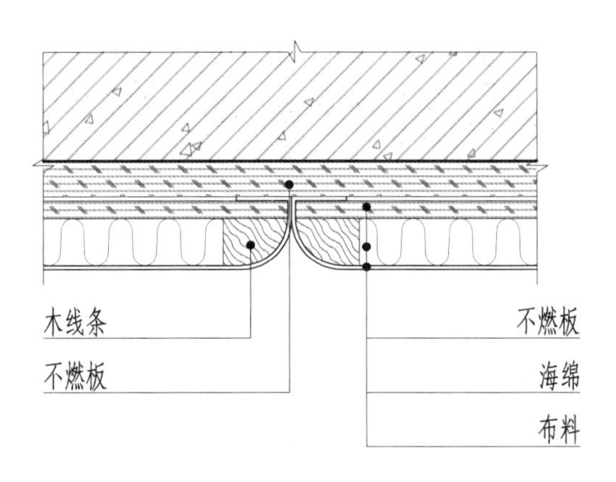

图 14-6-1 软包墙面（一）构造节点图

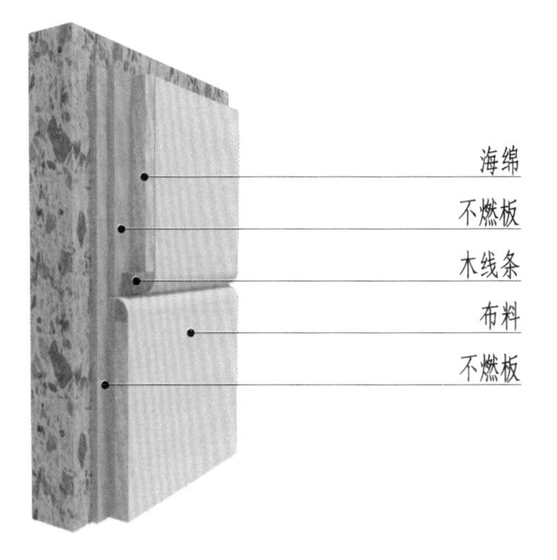

图 14-6-2 软包墙面（一）三维图

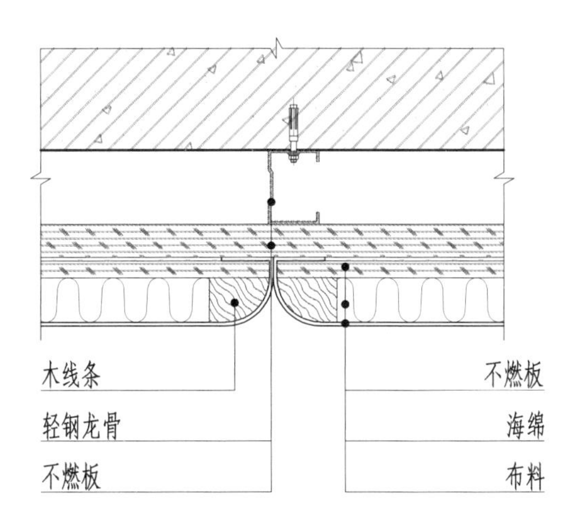

图 14-6-3 软包墙面（二）构造节点图

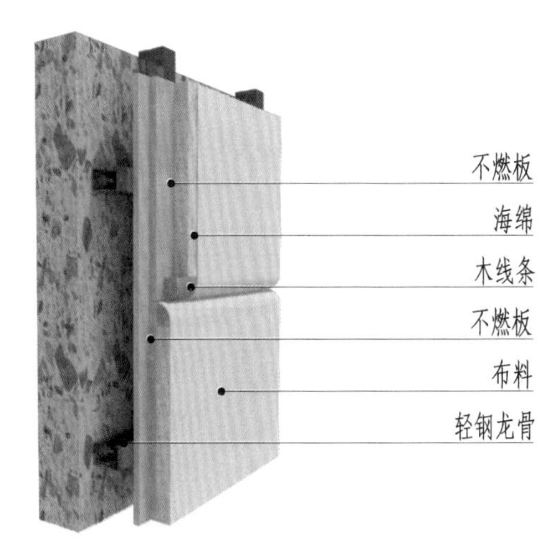

图 14-6-4 软包墙面（二）三维图

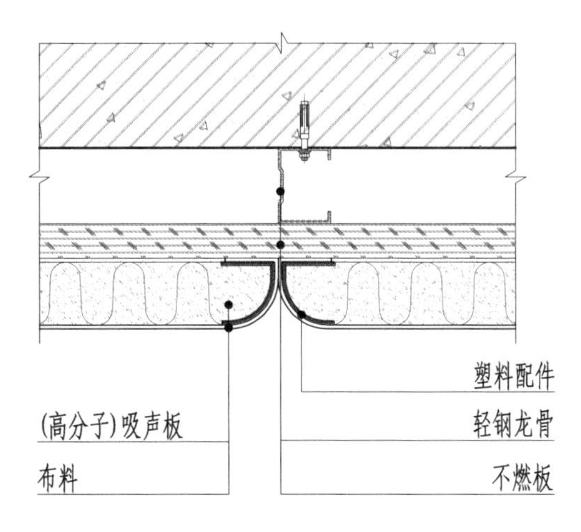

图 14-6-5 软包墙面（三）构造节点图

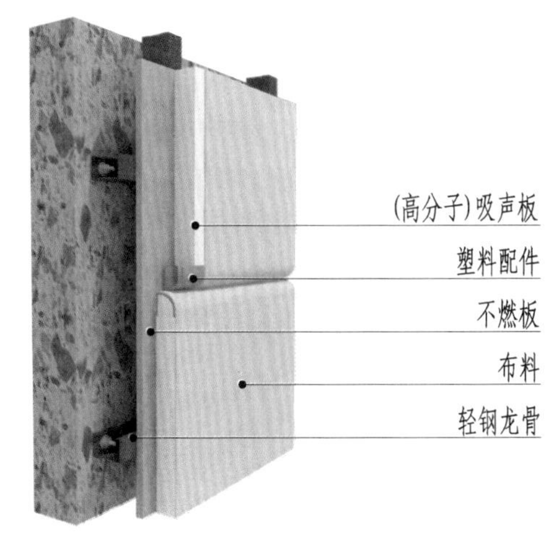

图 14-6-6 软包墙面（三）三维图

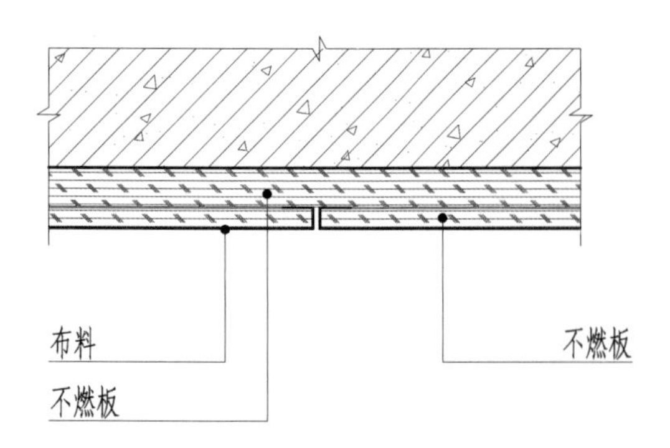

图 14-6-7 硬包墙面（一）构造节点图

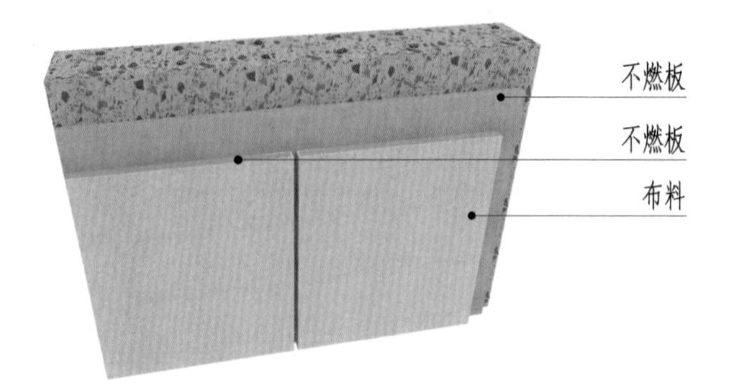

图 14-6-8 硬包墙面（一）三维图

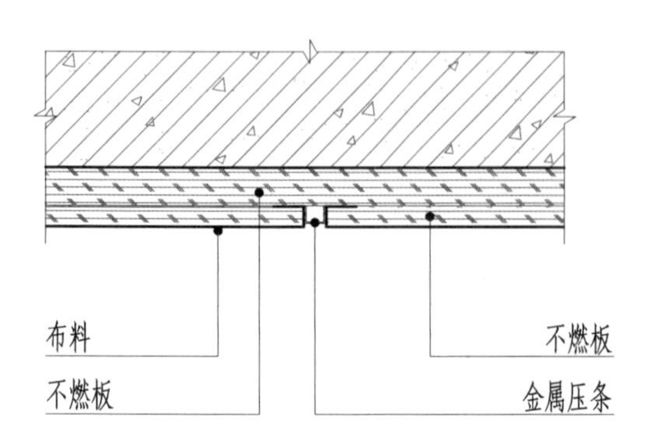

图 14-6-9 硬包墙面（二）构造节点图

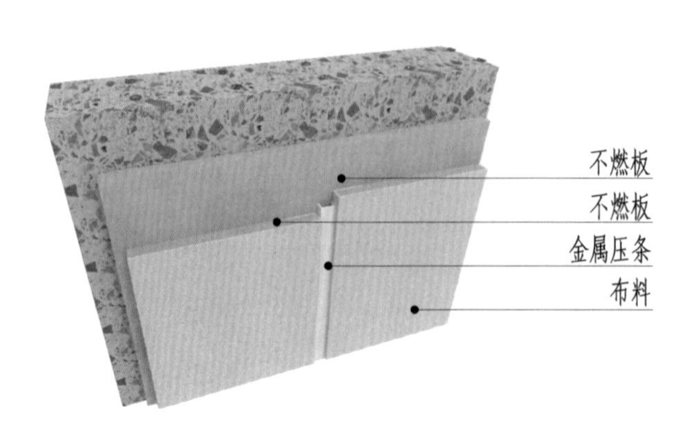

图 14-6-10 硬包墙面（二）三维图

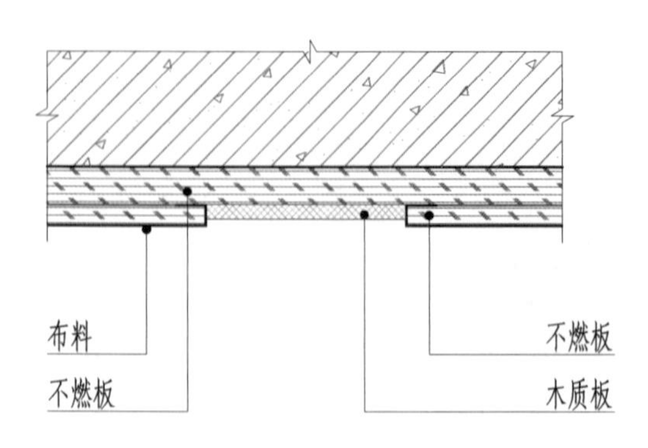

图 14-6-11 硬包墙面（三）构造节点图

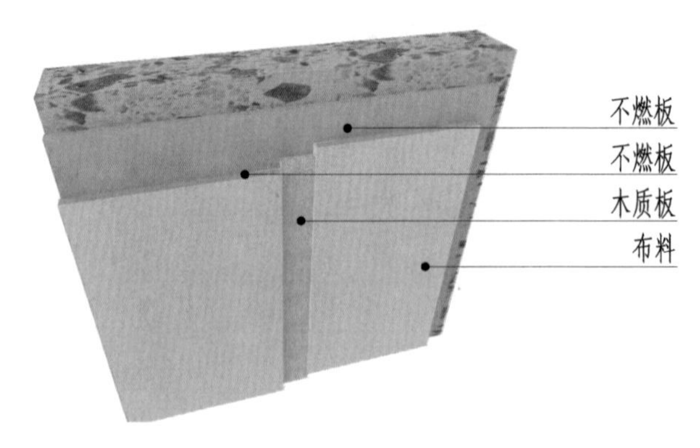

图 14-6-12 硬包墙面（三）三维图

第七节　壁纸、墙布墙面构造

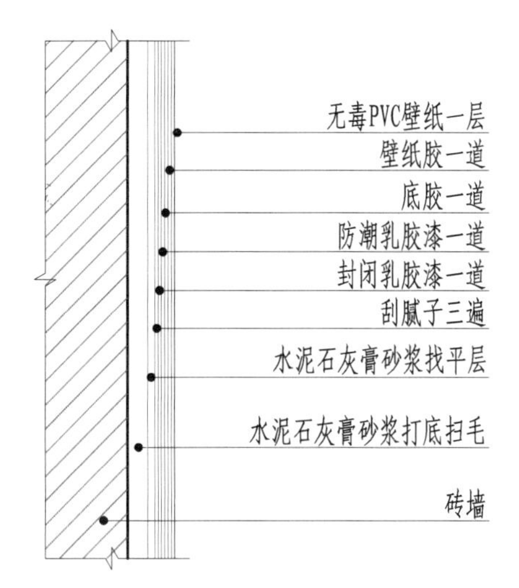

图 14-7-1　壁纸墙面（一）构造节点图（砖墙基层）

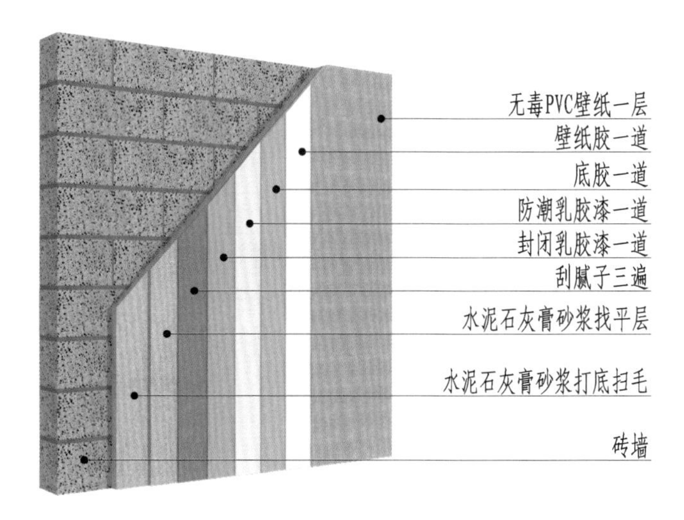

图 14-7-2　壁纸墙面（一）三维图（砖墙基层）

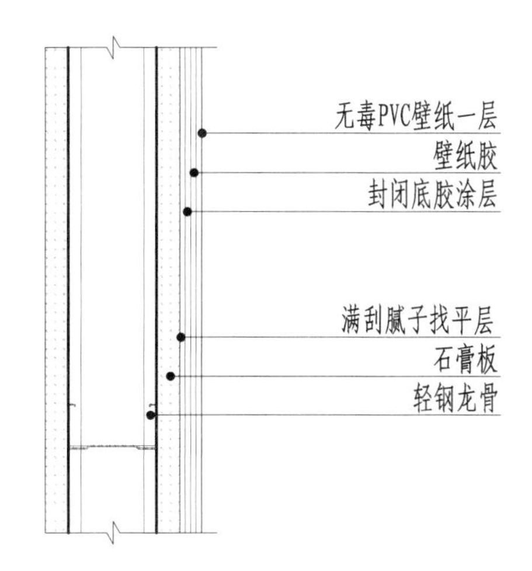

图 14-7-3　壁纸墙面（二）构造节点图（石膏板基层）

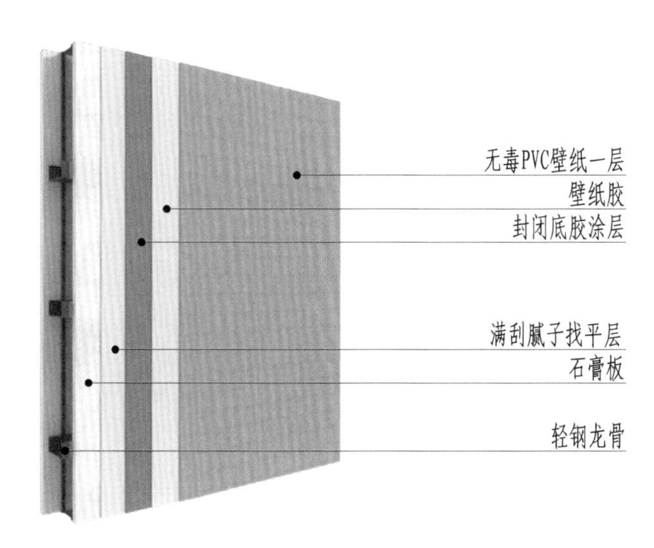

图 14-7-4　壁纸墙面（二）三维图（石膏板基层）

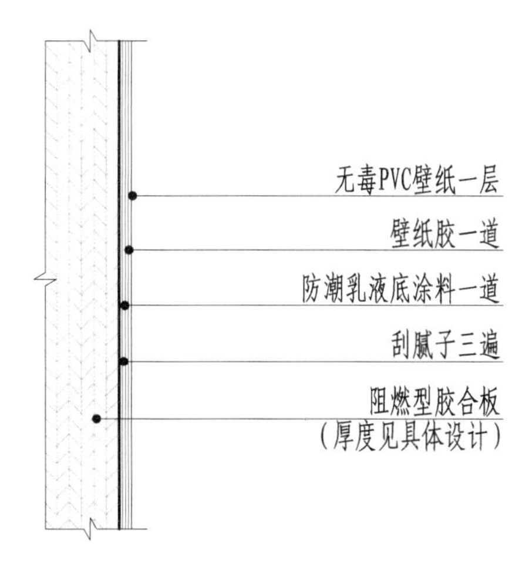

图 14-7-5　壁纸墙面（三）构造节点图（阻燃型胶合板基层）

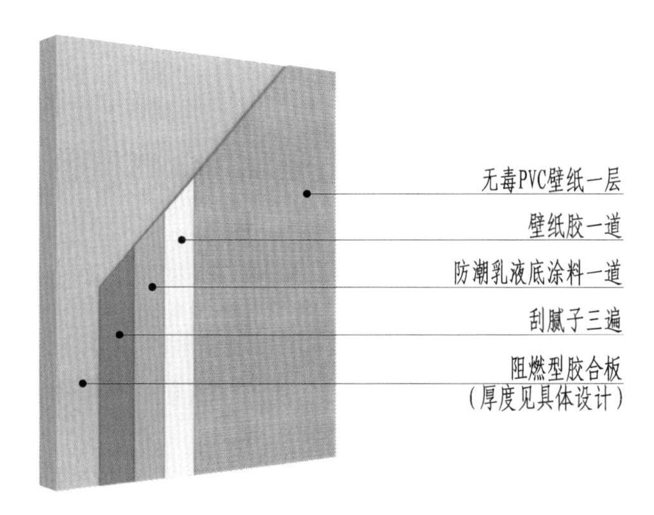

图 14-7-6　壁纸墙面（三）三维图（阻燃型胶合板基层）

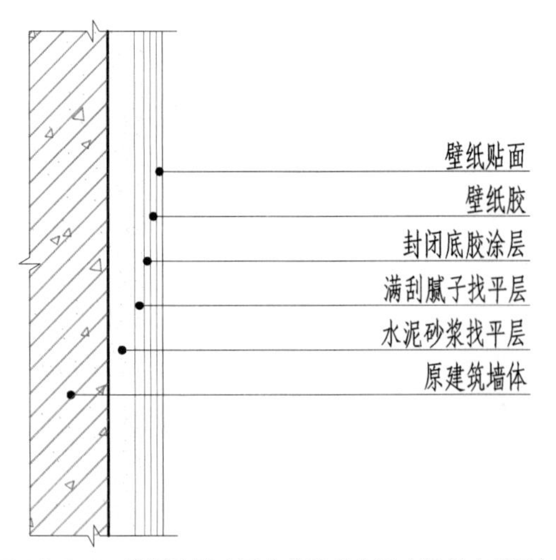

图 14-7-7 壁纸墙面（四）构造节点图（混凝土基层）

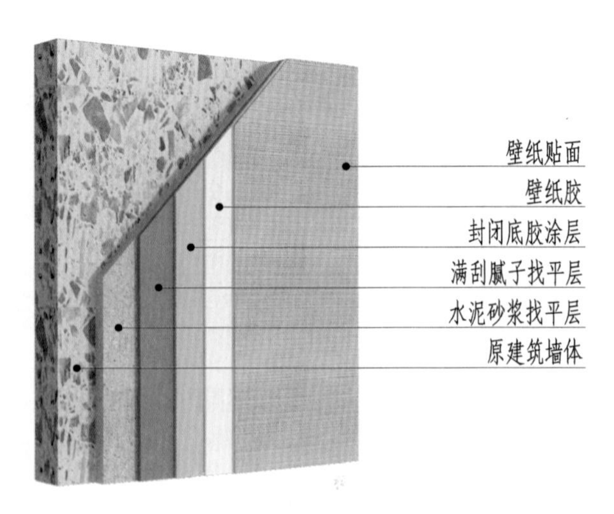

图 14-7-8 壁纸墙面（四）三维图（混凝土基层）

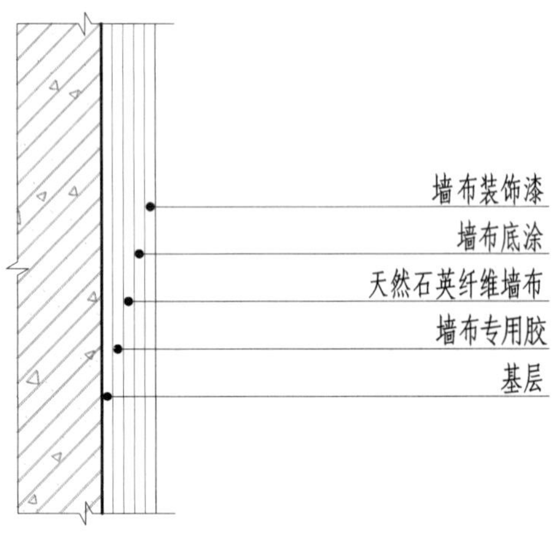

图 14-7-9 墙布墙面构造节点图

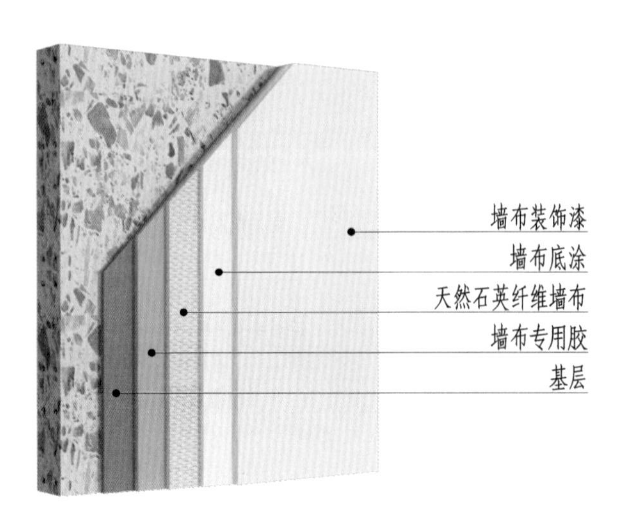

图 14-7-10 墙布墙面三维图

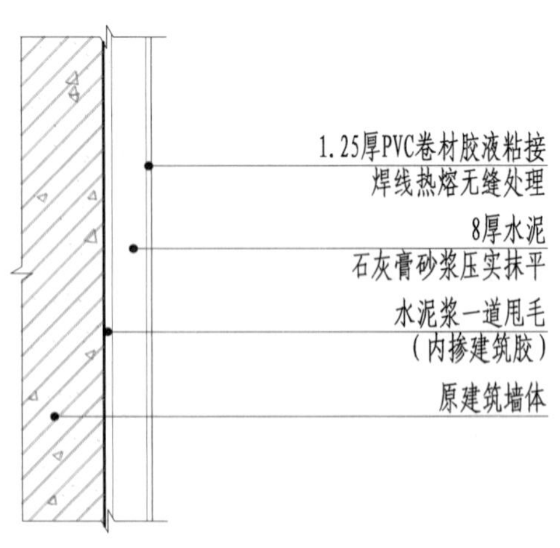

图 14-7-11 PVC 卷材墙面构造节点图

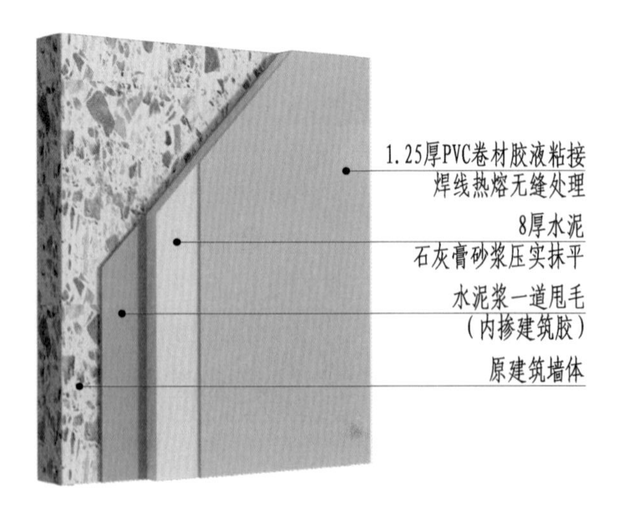

图 14-7-12 PVC 卷材墙面三维图

第八节　金属材料墙面构造

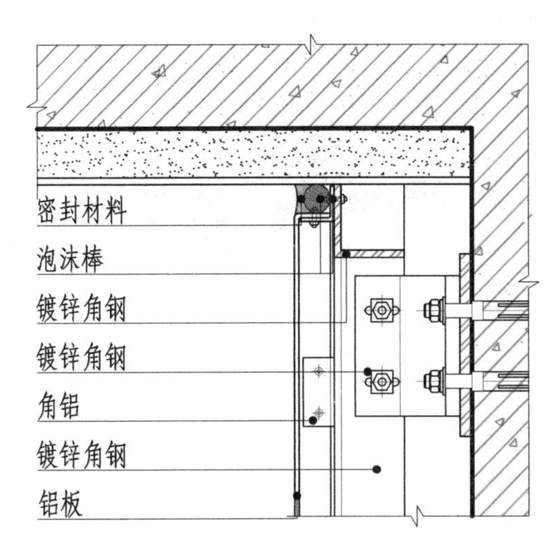

图 14-8-1　铝及铝塑板墙面（一）构造节点图

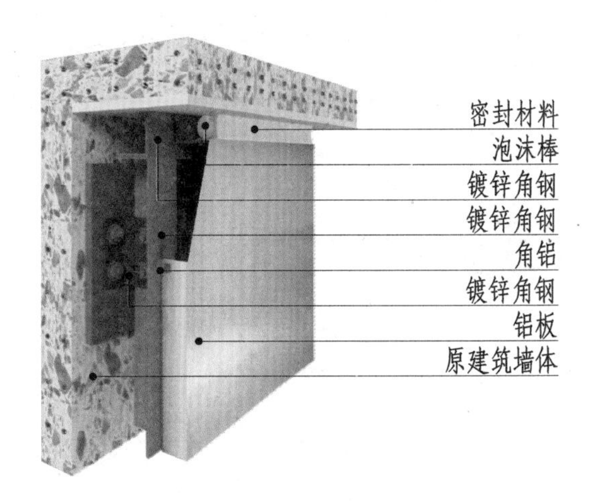

图 14-8-2　铝及铝塑板墙面（一）三维图

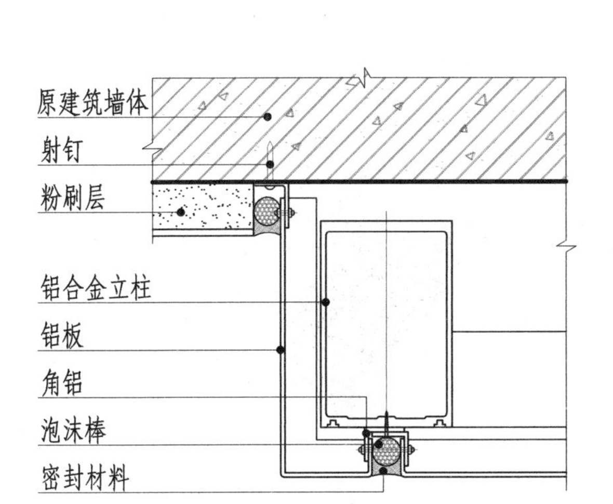

图 14-8-3　铝及铝塑板墙面（二）构造节点图

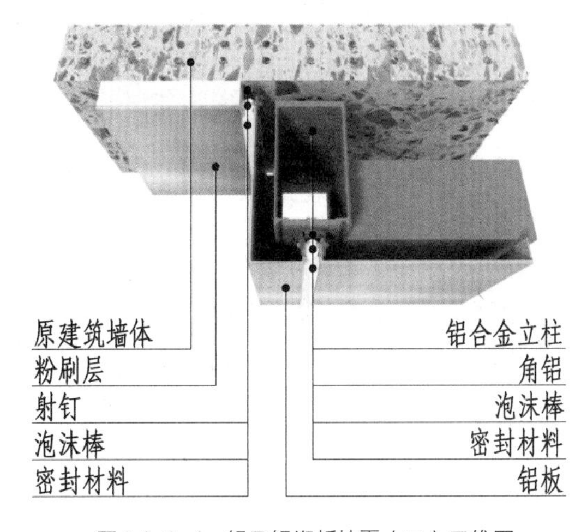

图 14-8-4　铝及铝塑板墙面（二）三维图

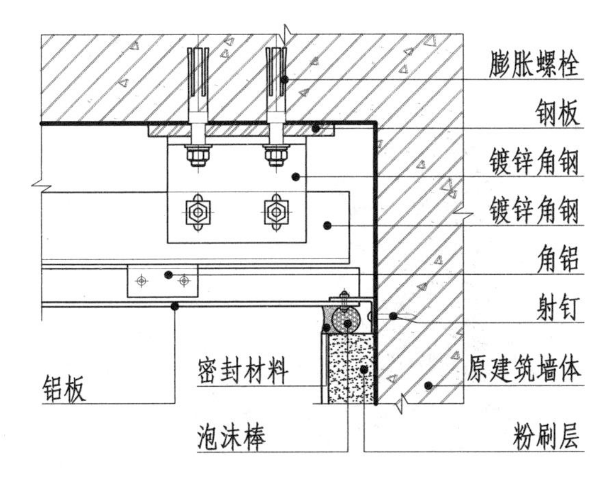

图 14-8-5　铝及铝塑板墙面（三）构造节点图

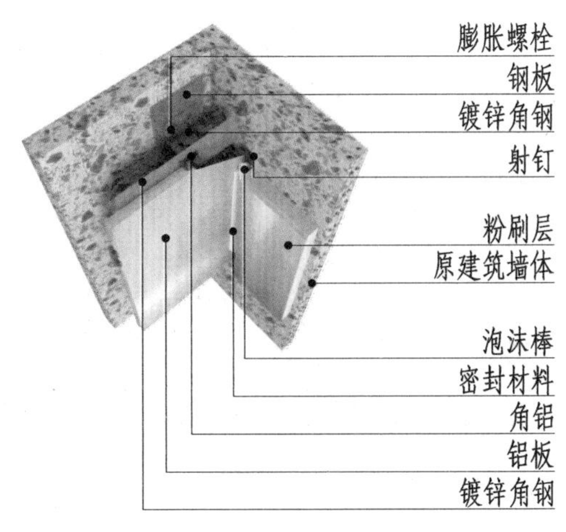

图 14-8-6　铝及铝塑板墙面（三）三维图

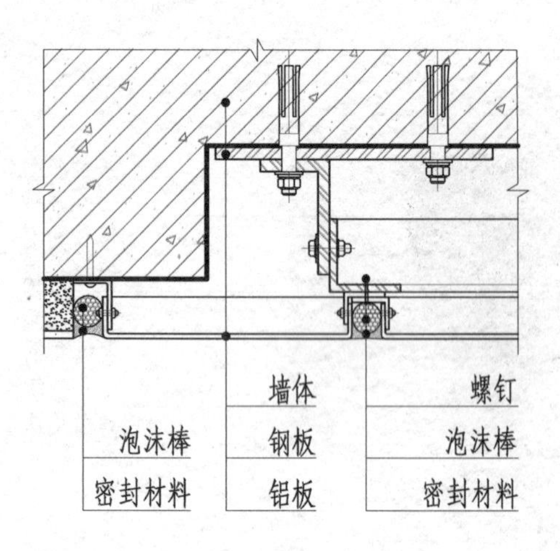

图 14-8-7 铝及铝塑板墙面（四）构造节点图

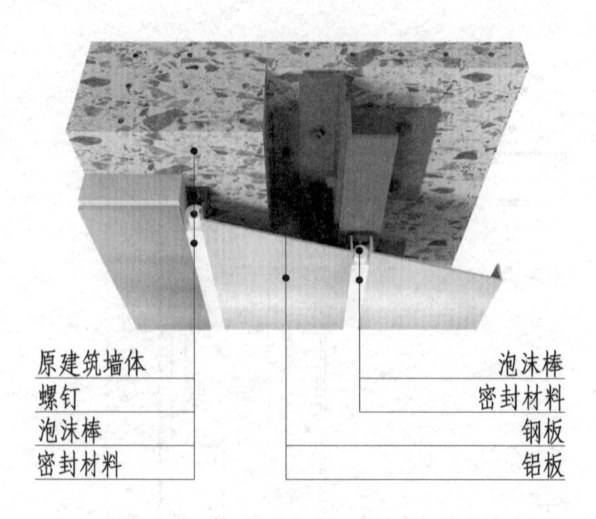

图 14-8-8 铝及铝塑板墙面（四）三维图

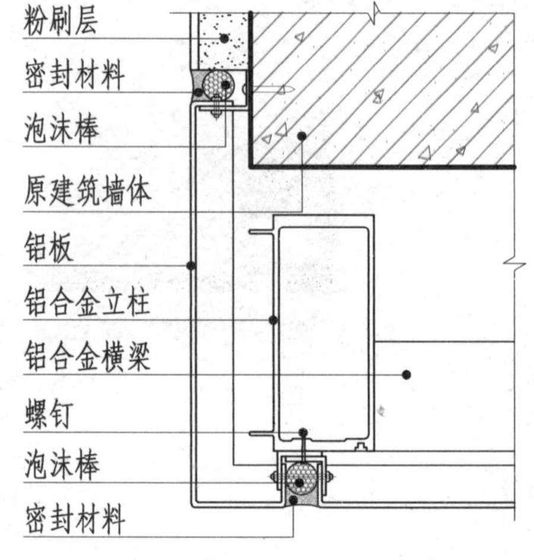

图 14-8-9 铝及铝塑板墙面（五）构造节点图

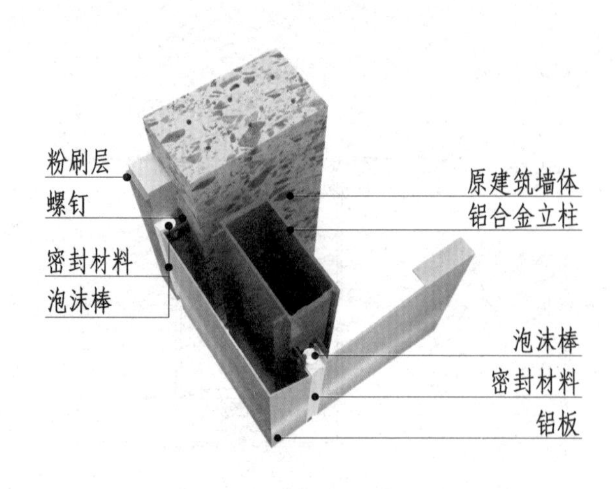

图 14-8-10 铝及铝塑板墙面（五）三维图

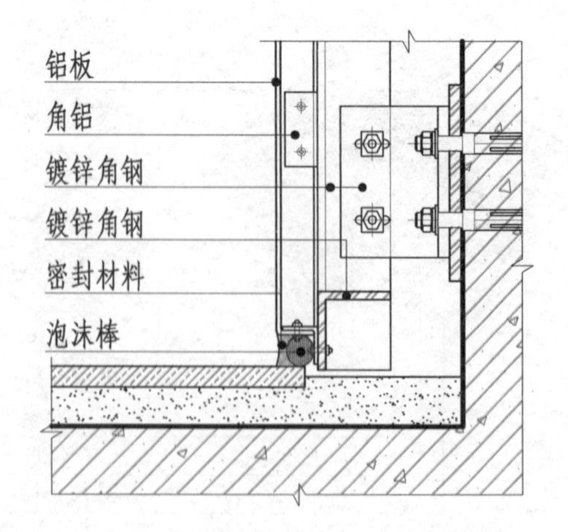

图 14-8-11 铝及铝塑板墙面（六）构造节点图

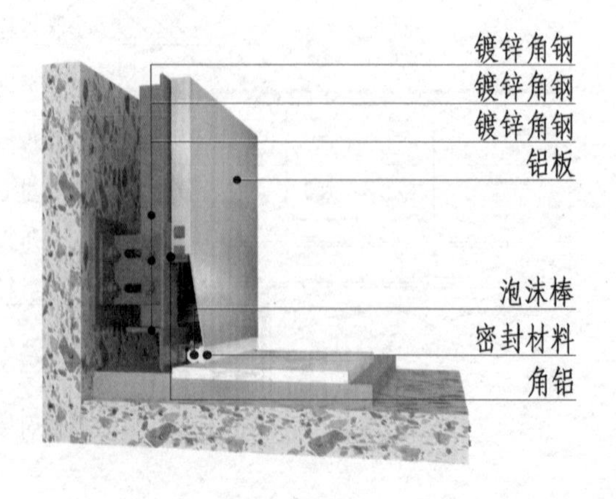

图 14-8-12 铝及铝塑板墙面（六）三维图

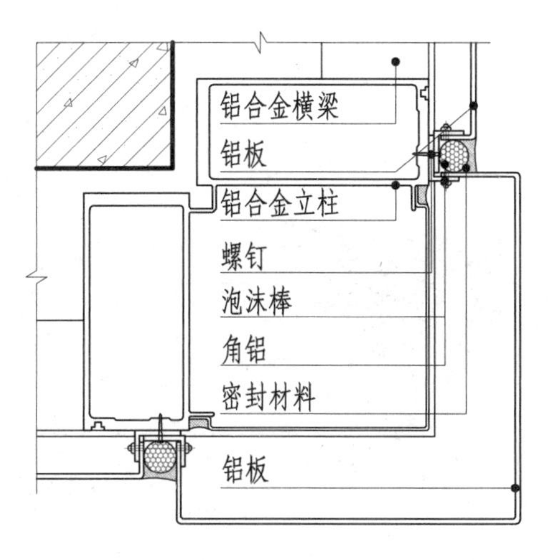

图 14-8-13　铝板墙面阳角（一）构造节点图

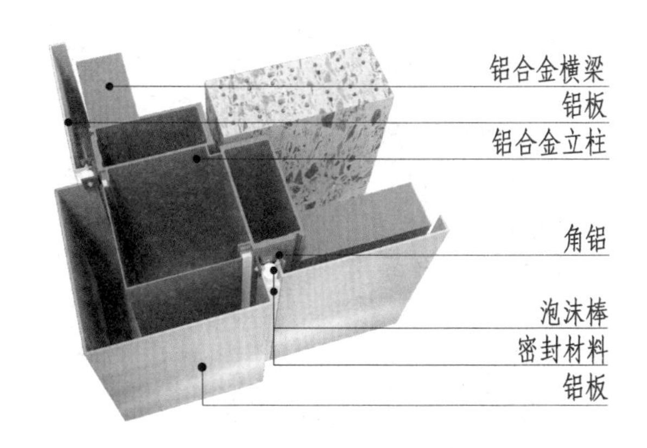

图 14-8-14　铝板墙面阳角（一）三维图

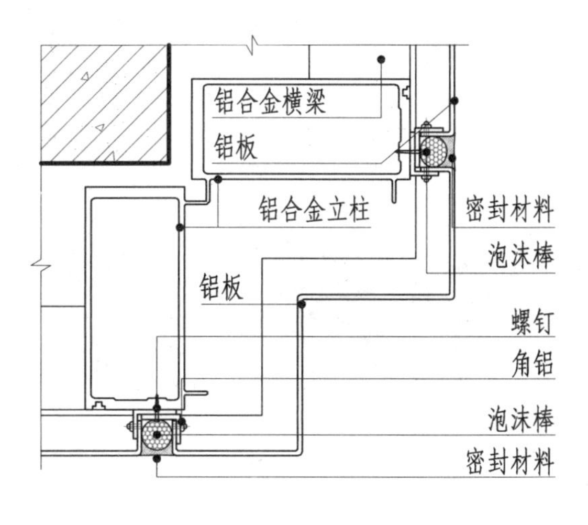

图 14-8-15　铝板墙面阳角（二）构造节点图

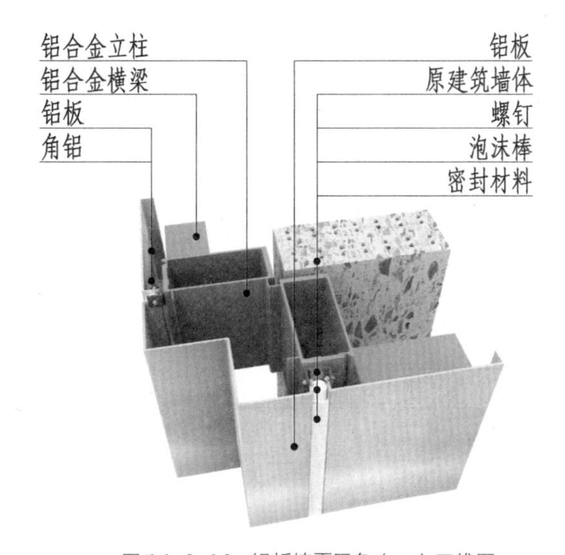

图 14-8-16　铝板墙面阳角（二）三维图

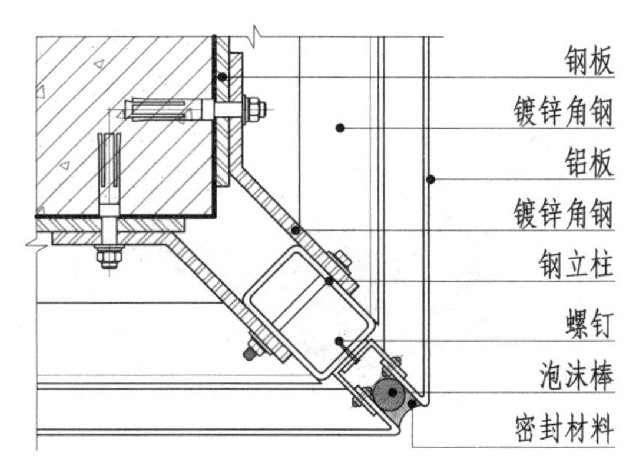

图 14-8-17　铝板墙面阳角（三）构造节点图

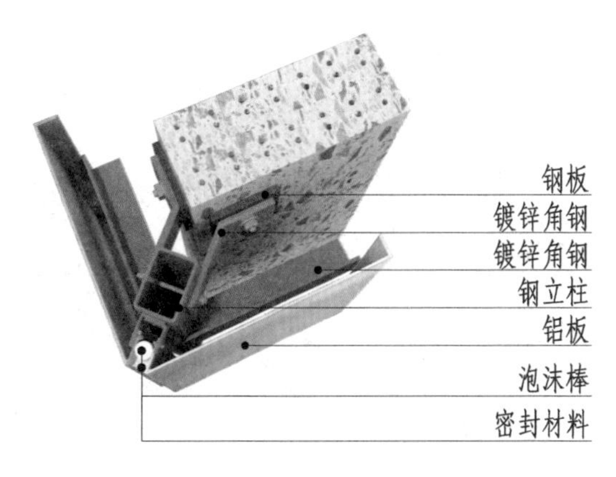

图 14-8-18　铝板墙面阳角（三）三维图

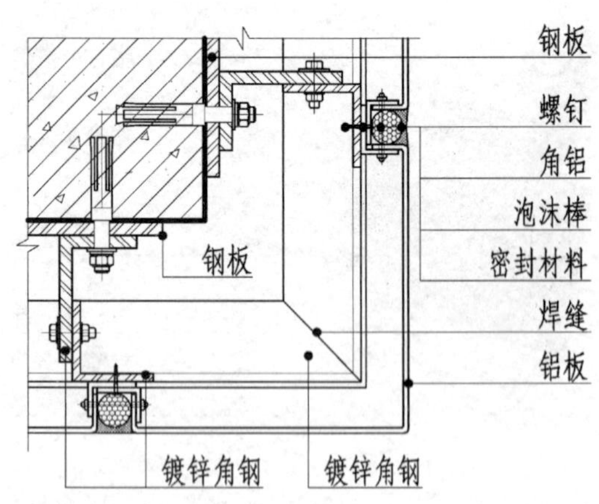

图 14-8-19 铝板墙面阳角（四）构造节点图

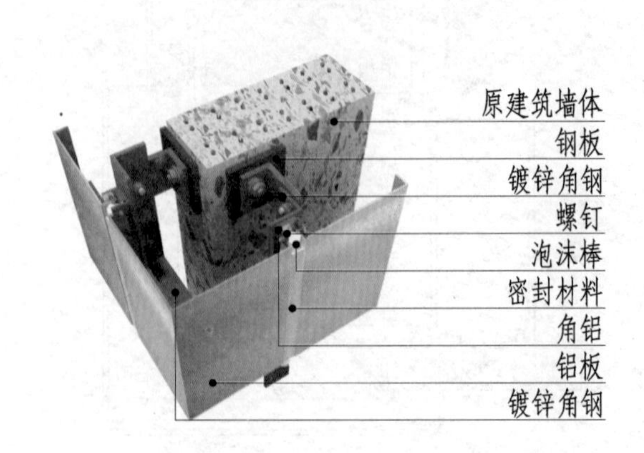

图 14-8-20 铝板墙面阳角（四）三维图

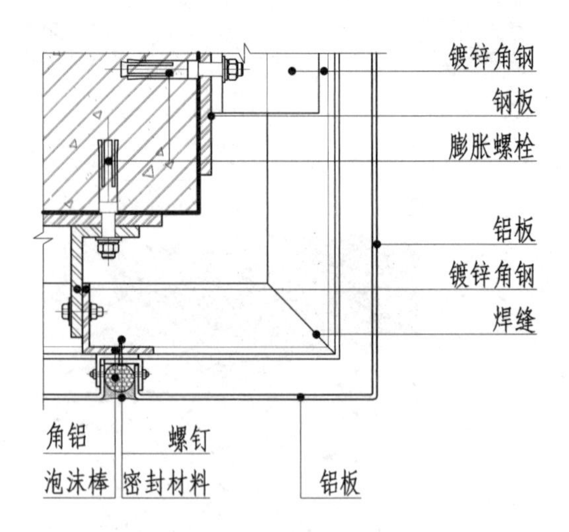

图 14-8-21 铝板墙面阳角（五）构造节点图

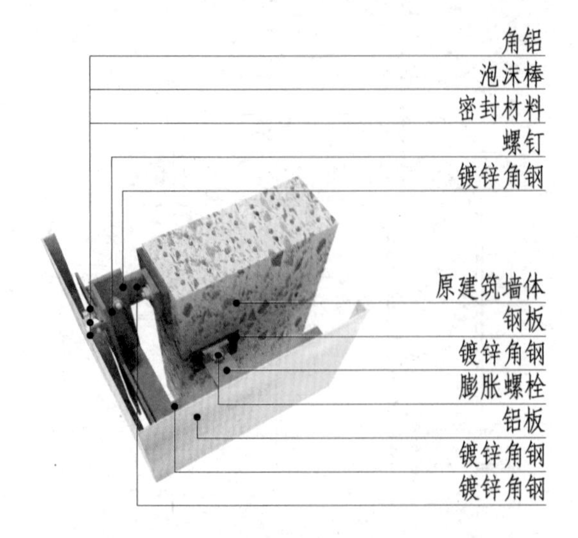

图 14-8-22 铝板墙面阳角（五）三维图

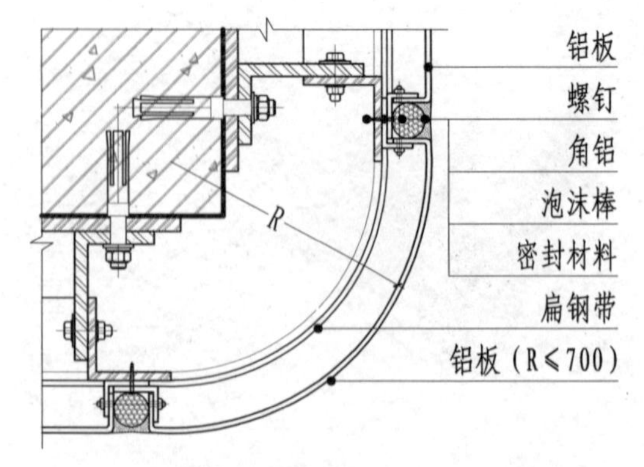

图 14-8-23 铝板墙面阳角（六）构造节点图

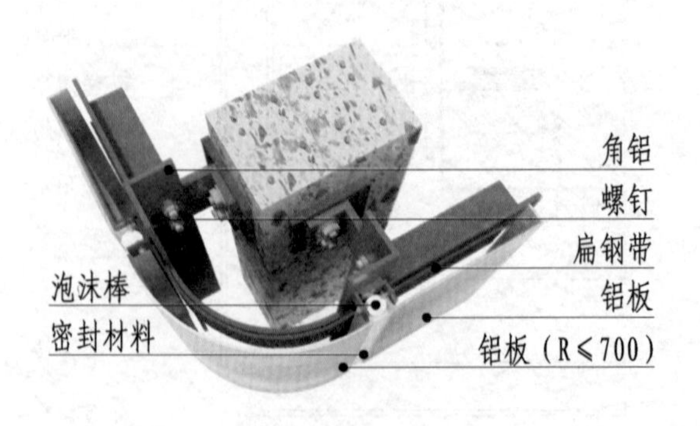

图 14-8-24 铝板墙面阳角（六）三维图

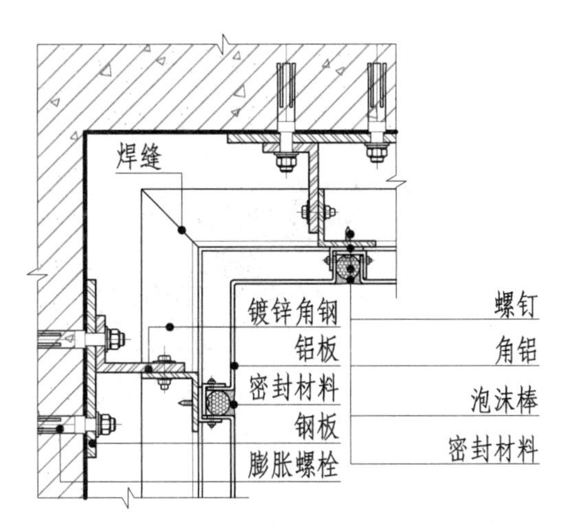

图 14-8-25　铝板墙面阴角（一）构造节点图

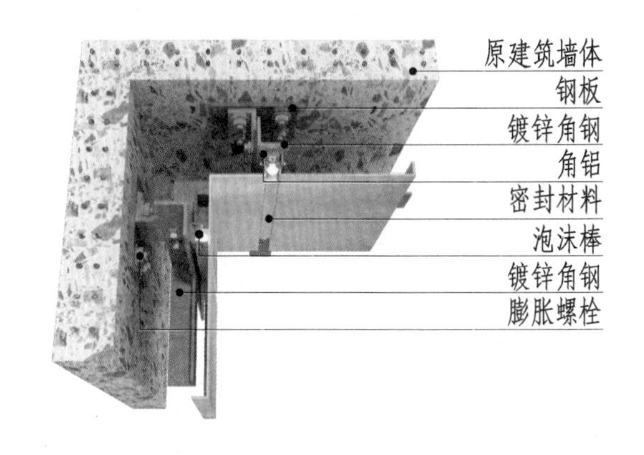

图 14-8-26　铝板墙面阴角（一）三维图

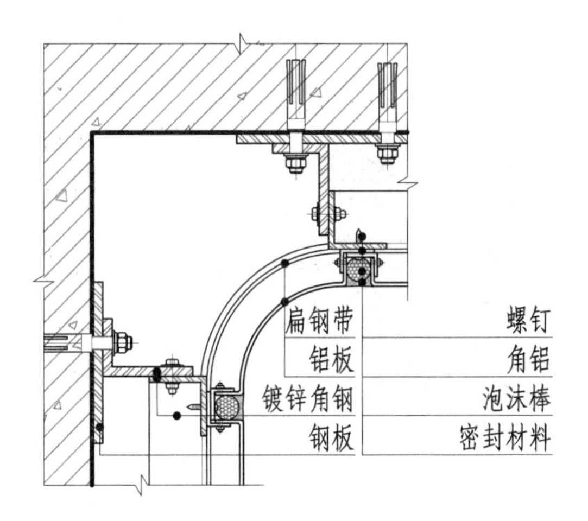

图 14-8-27　铝板墙面阴角（二）构造节点图

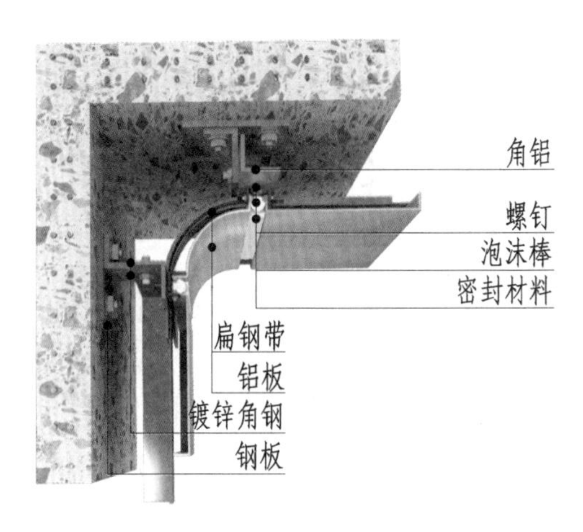

图 14-8-28　铝板墙面阴角（二）三维图

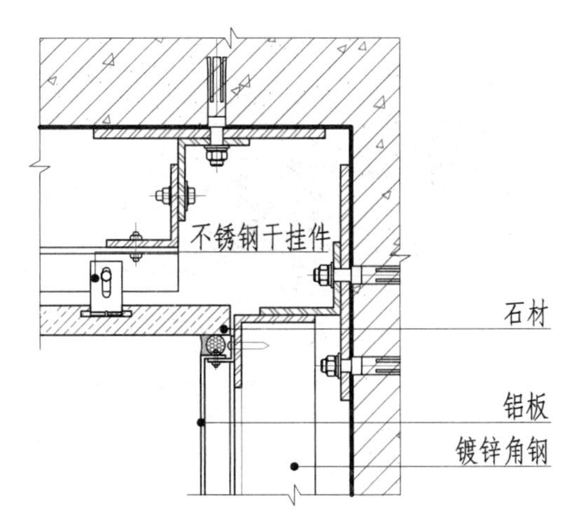

图 14-8-29　铝板墙面阴角（三）构造节点图

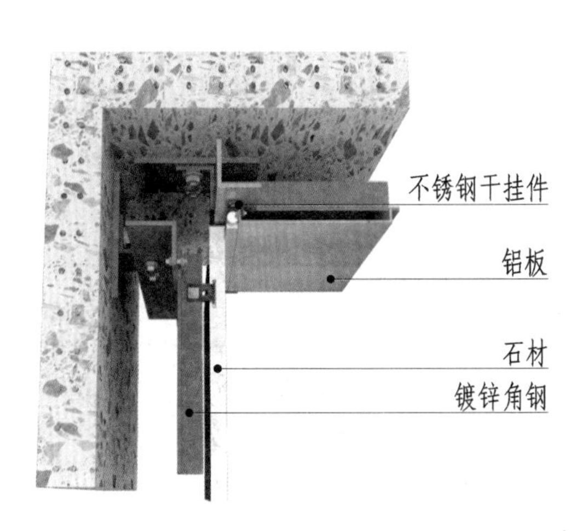

图 14-8-30　铝板墙面阴角（三）三维图

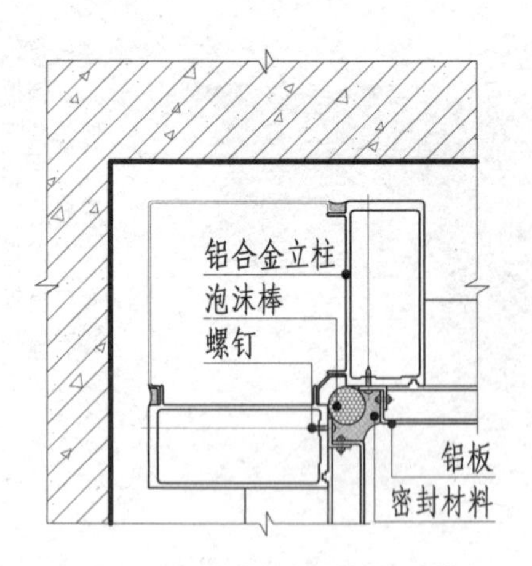

图 14-8-31 铝板墙面阴角（四）构造节点图

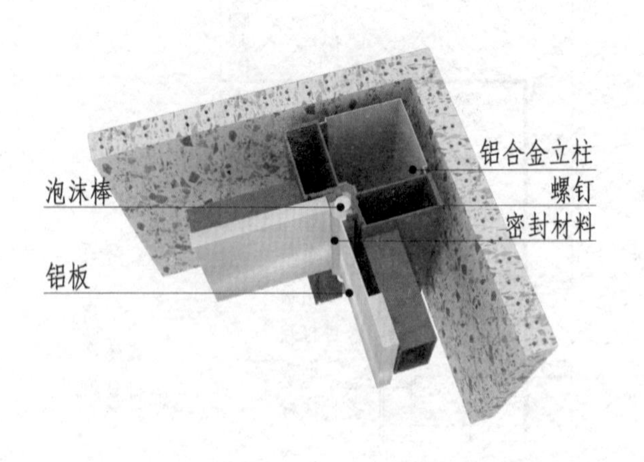

图 14-8-32 铝板墙面阴角（四）三维图

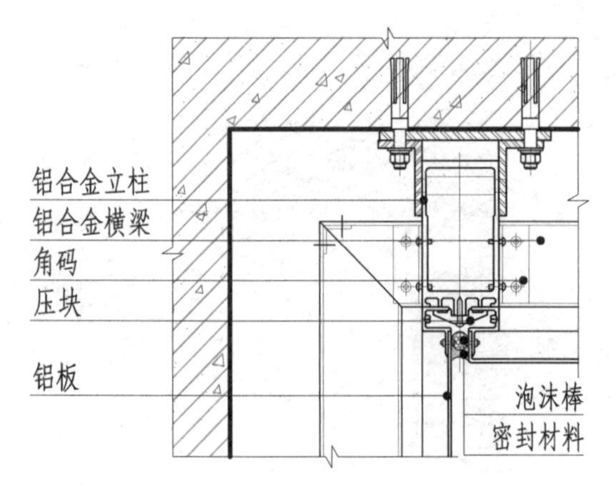

图 14-8-33 铝板墙面阴角（五）构造节点图

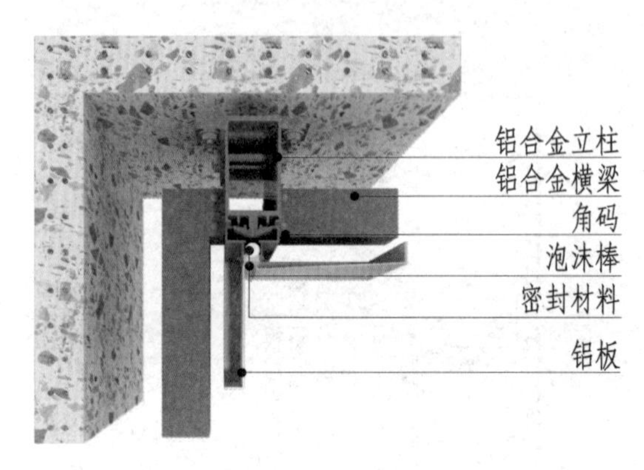

图 14-8-34 铝板墙面阴角（五）三维图

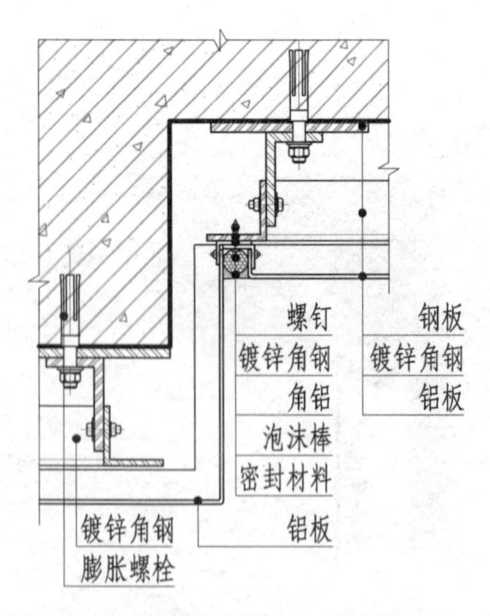

图 14-8-35 铝板墙面阴角（六）构造节点图

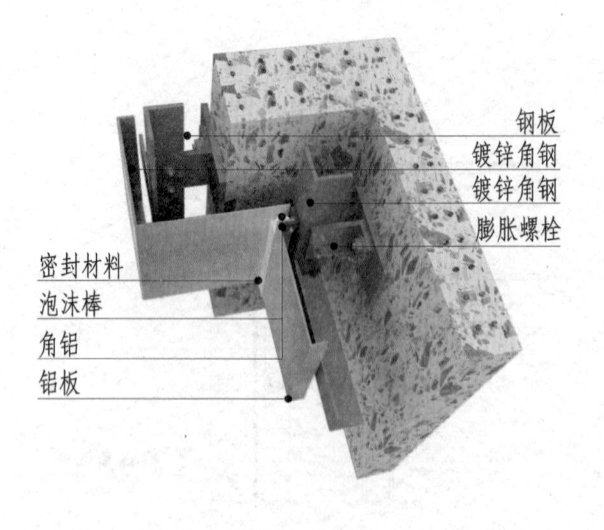

图 14-8-36 铝板墙面阴角（六）三维图

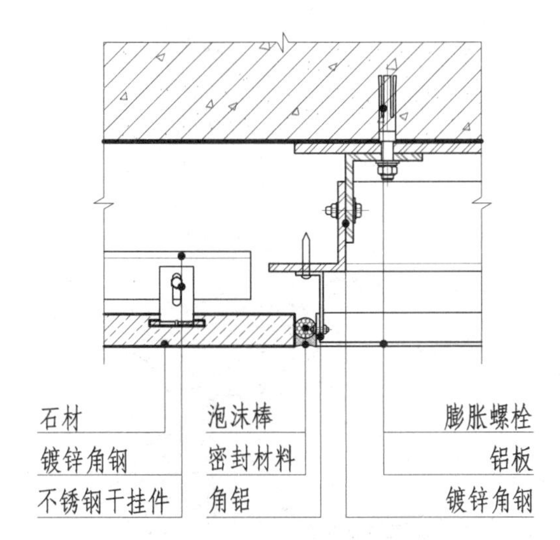

图 14-8-37　铝板与石材交接墙面（一）构造节点图

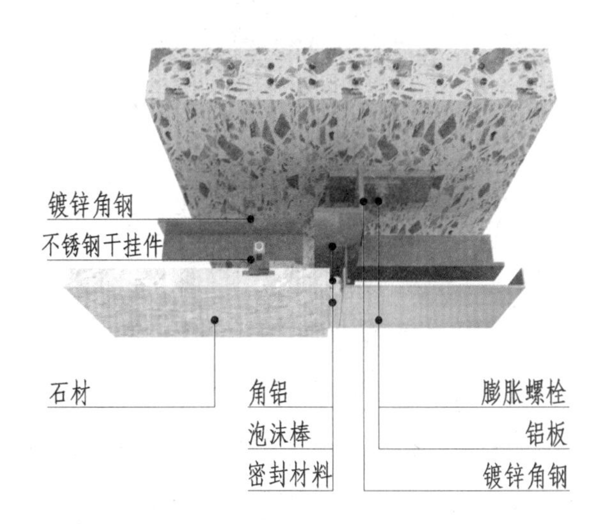

图 14-8-38　铝板与石材交接墙面（一）三维图

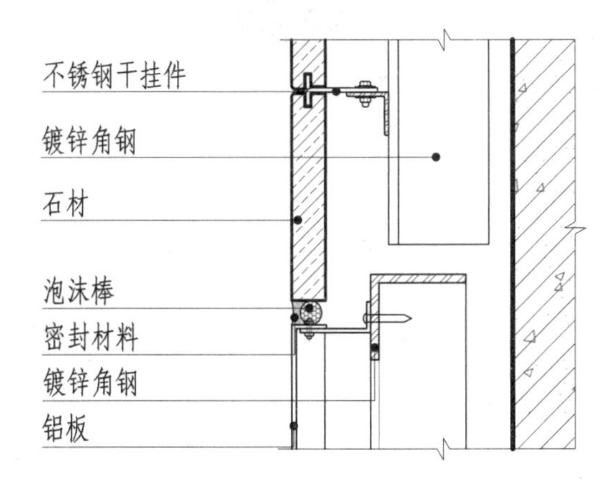

图 14-8-39　铝板与石材交接墙面（二）构造节点图

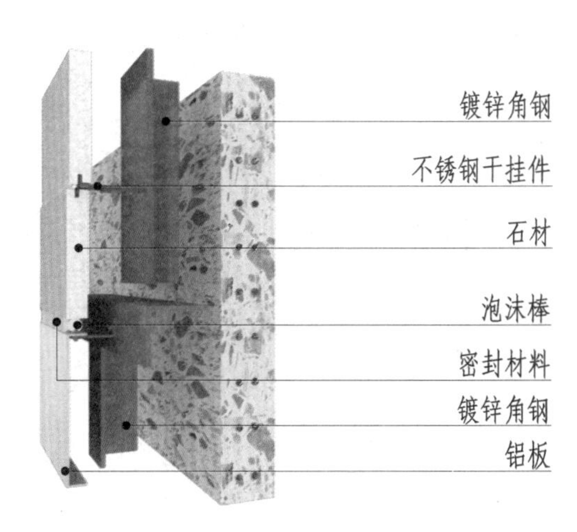

图 14-8-40　铝板与石材交接墙面（二）三维图

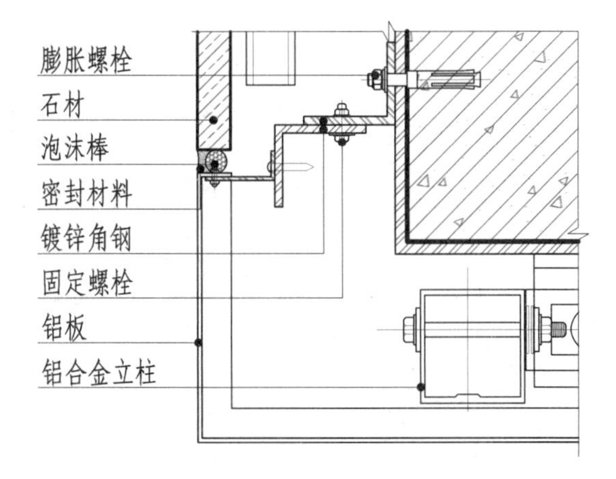

图 14-8-41　铝板与石材交接墙面（三）构造节点图

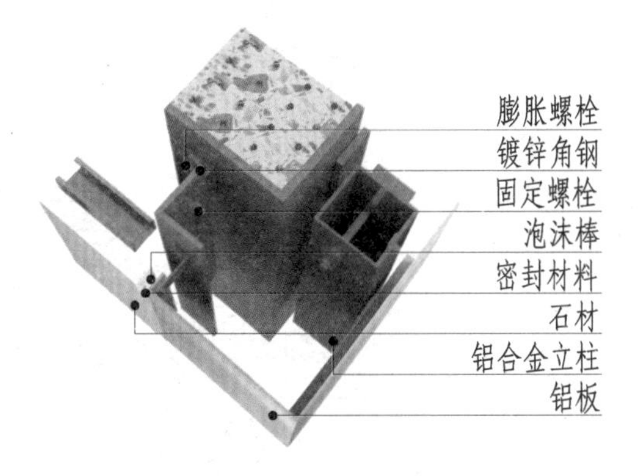

图 14-8-42　铝板与石材交接墙面（三）三维图

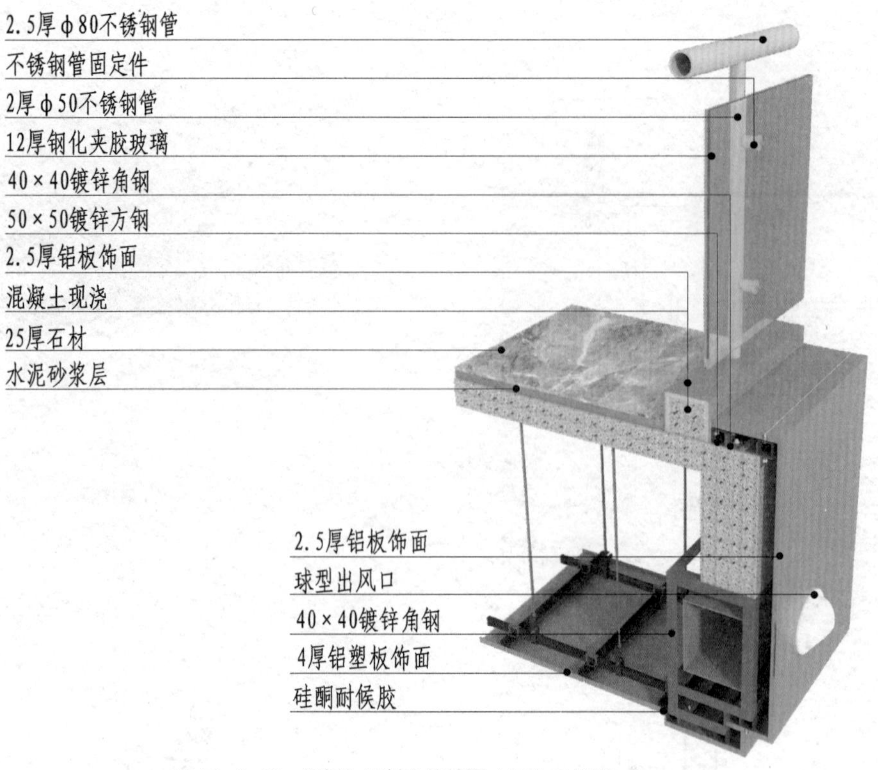

图 14-8-43 铝板与石材交接墙面（四）三维图

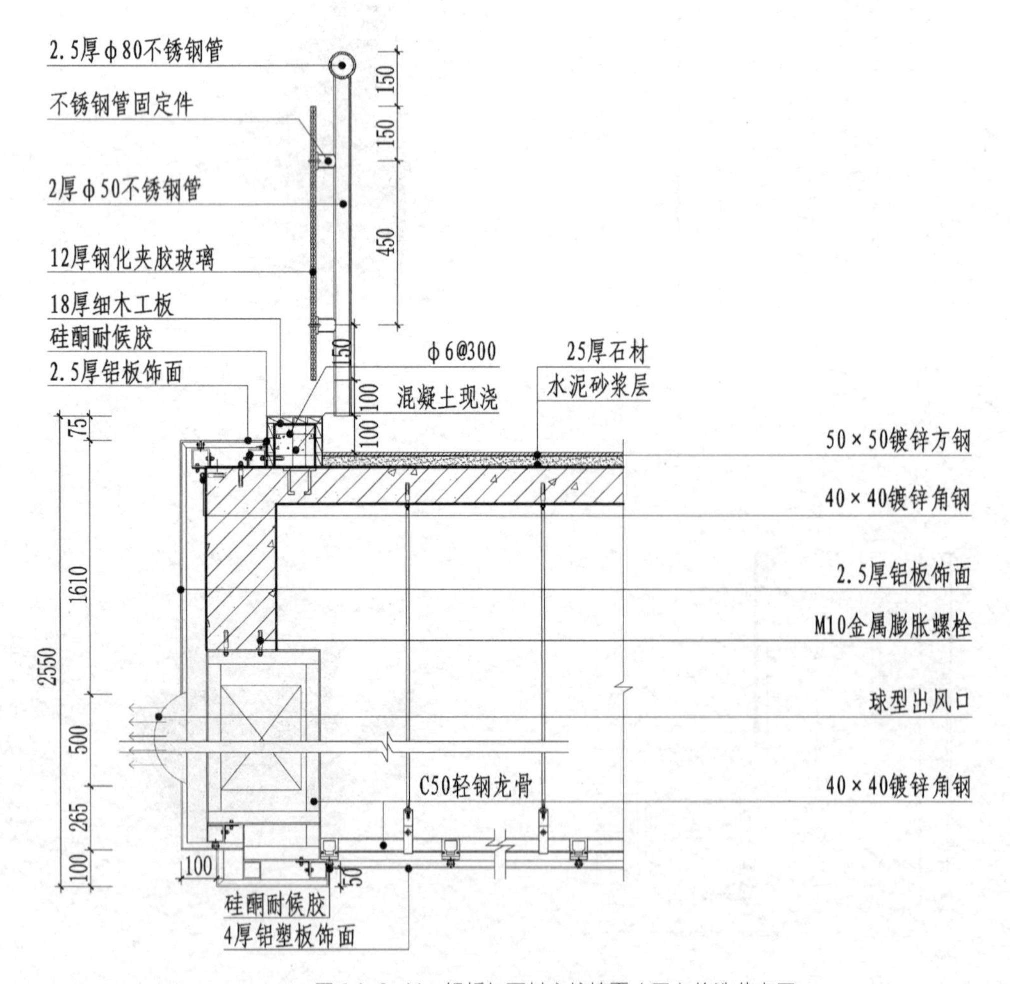

图 14-8-44 铝板与石材交接墙面（四）构造节点图

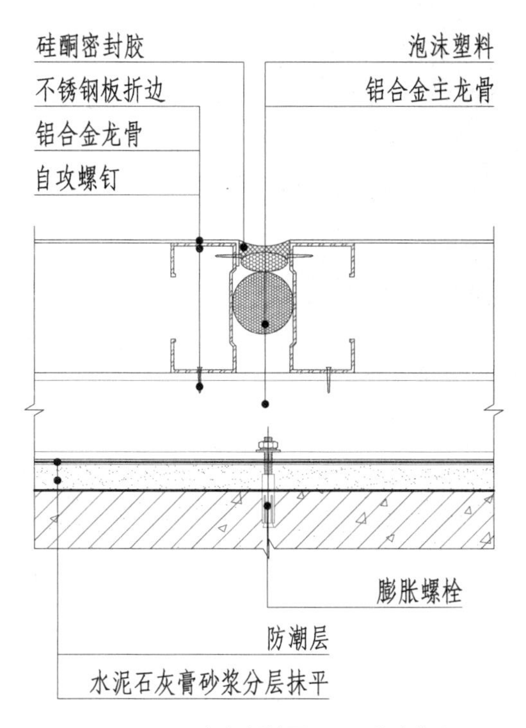

图 14-8-45 不锈钢板墙面（一）构造节点图

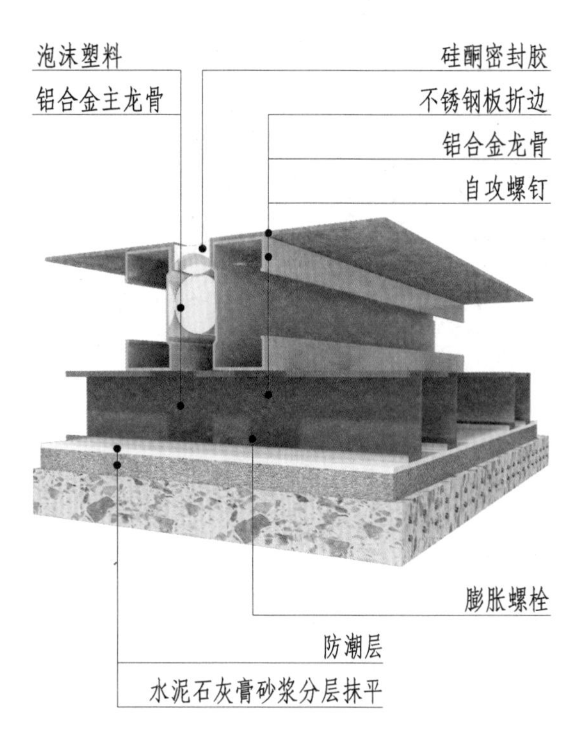

图 14-8-46 不锈钢板墙面（一）三维图

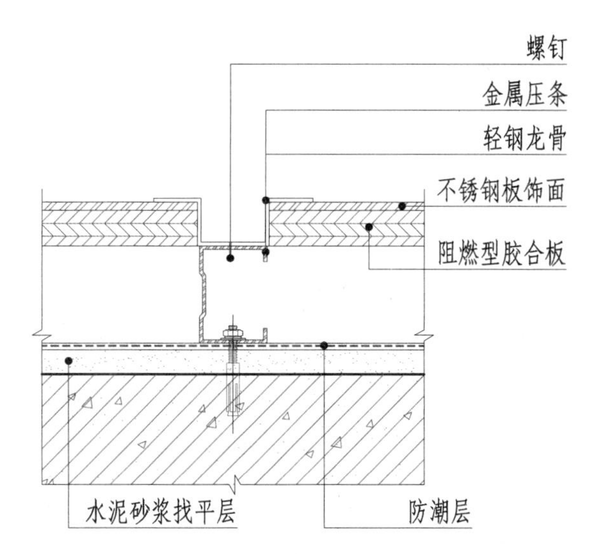

图 14-8-47 不锈钢板墙面（二）构造节点图

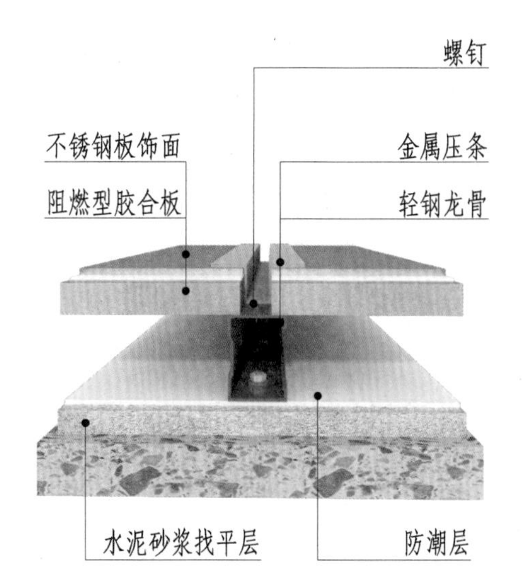

图 14-8-48 不锈钢板墙面（二）三维图

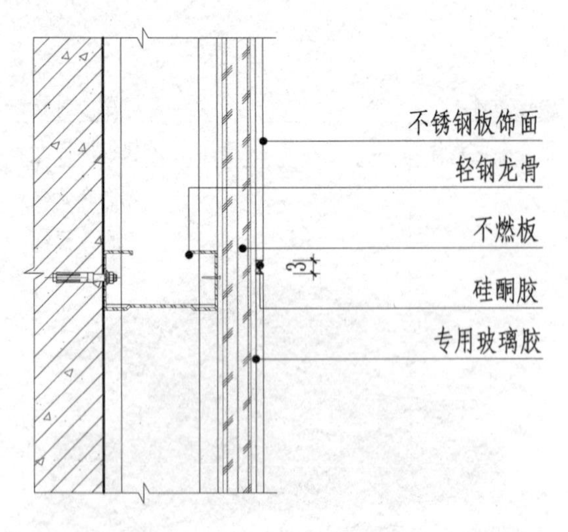

图 14-8-49 不锈钢板墙面（三）构造节点图

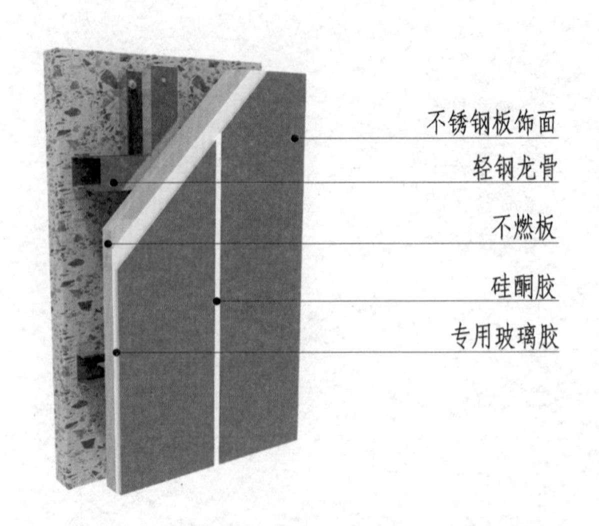

图 14-8-50 不锈钢板墙面（三）三维图

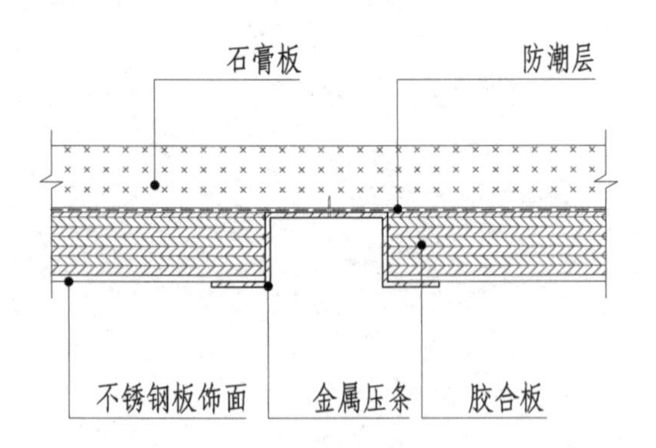

图 14-8-51 不锈钢板墙面（四）构造节点图

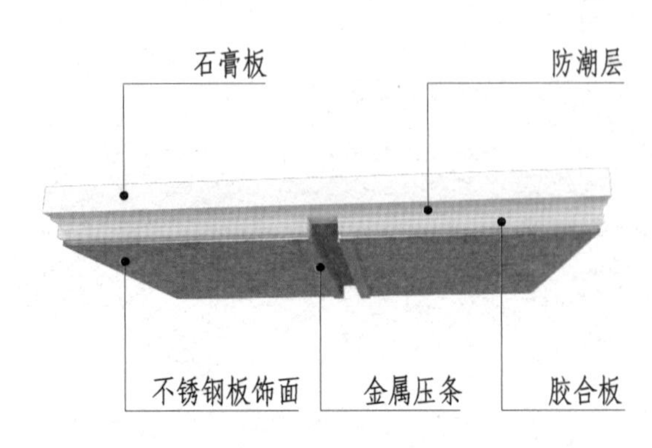

图 14-8-52 不锈钢板墙面（四）三维图

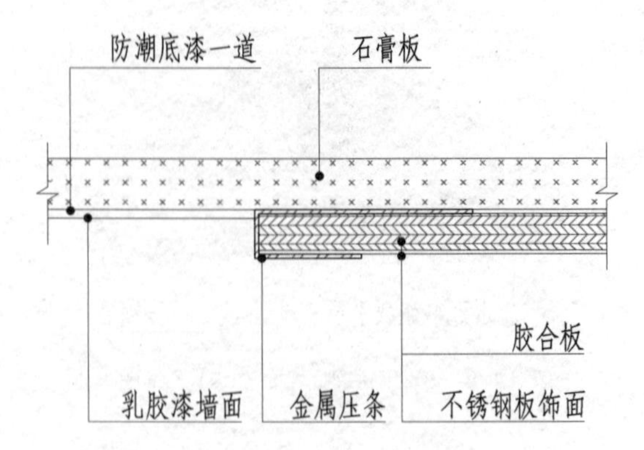

图 14-8-53 不锈钢板墙面（五）构造节点图

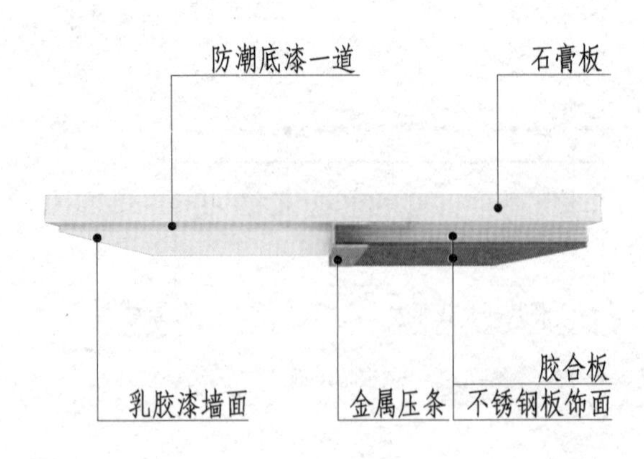

图 14-8-54 不锈钢板墙面（五）三维图

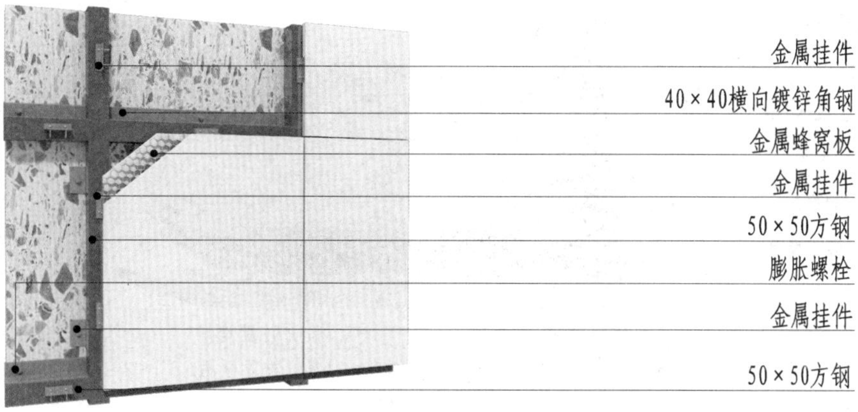

金属挂件
40×40横向镀锌角钢
金属蜂窝板
金属挂件
50×50方钢
膨胀螺栓
金属挂件
50×50方钢

图 14-8-55　金属蜂窝板墙面（一）三维图

40×40横向镀锌角钢
金属压条
金属蜂窝板
50×50方钢
膨胀螺栓
金属挂件
50×50方钢

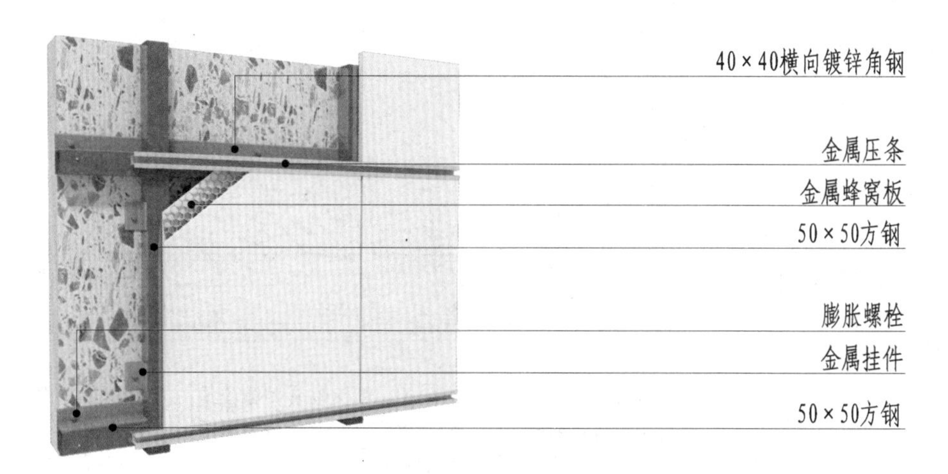

图 14-8-56　金属蜂窝板墙面（二）三维图

40×40横向镀锌角钢
金属挂件
金属挂件
金属蜂窝板
50×50方钢
金属挂件
膨胀螺栓
50×50方钢

图 14-8-57　金属蜂窝板墙面（一）构造节点图

40×40横向镀锌角钢
金属压条
金属蜂窝板
50×50方钢
金属挂件
膨胀螺栓
50×50方钢

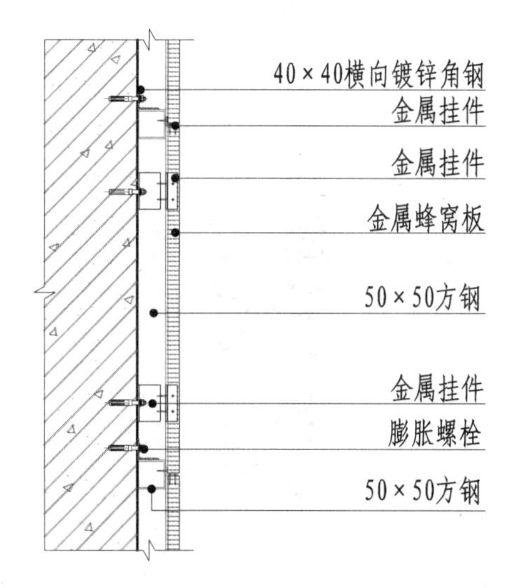

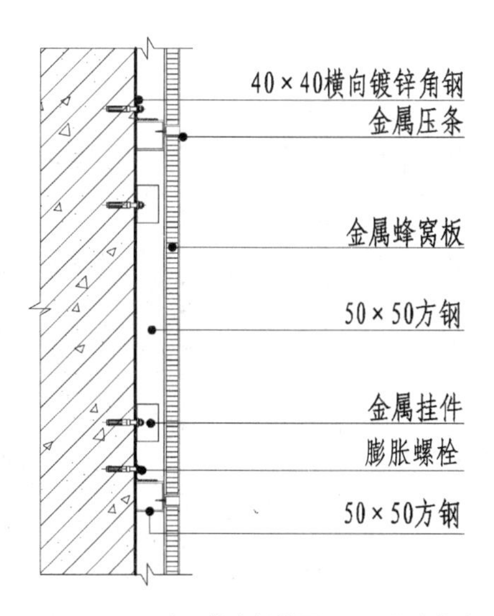

图 14-8-58　金属蜂窝板墙面（二）构造节点图

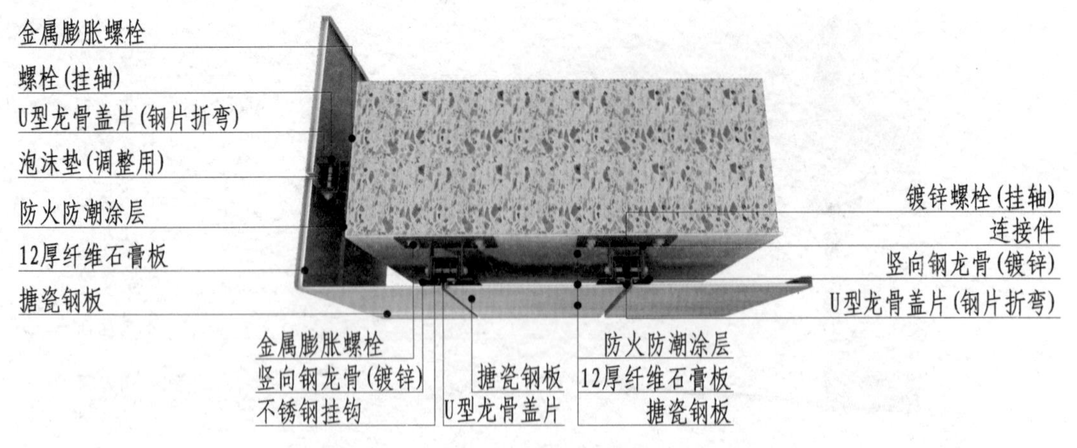

图 14-8-59 搪瓷钢板干挂墙体（背栓式）三维图

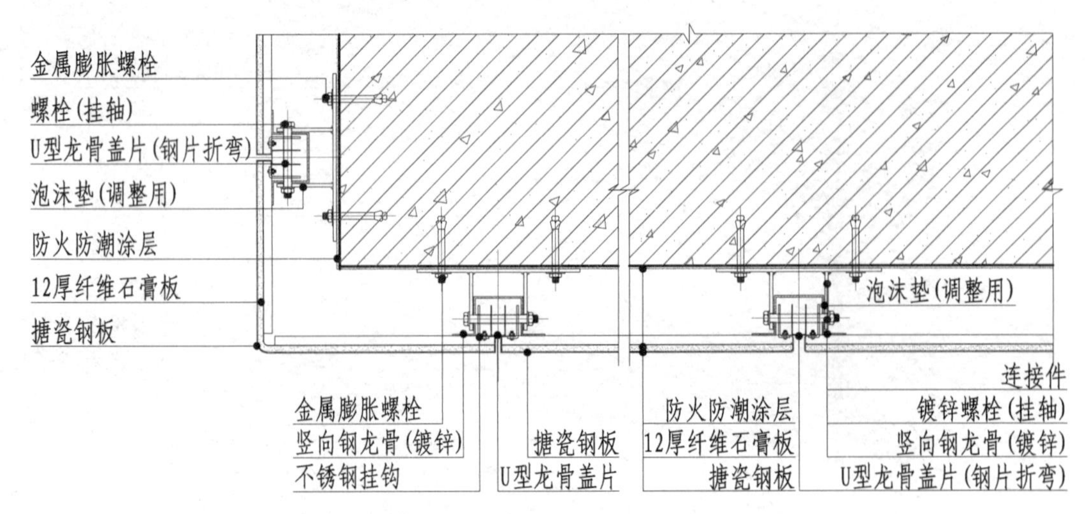

图 14-8-60 搪瓷钢板干挂墙体（背栓式）横剖构造节点图

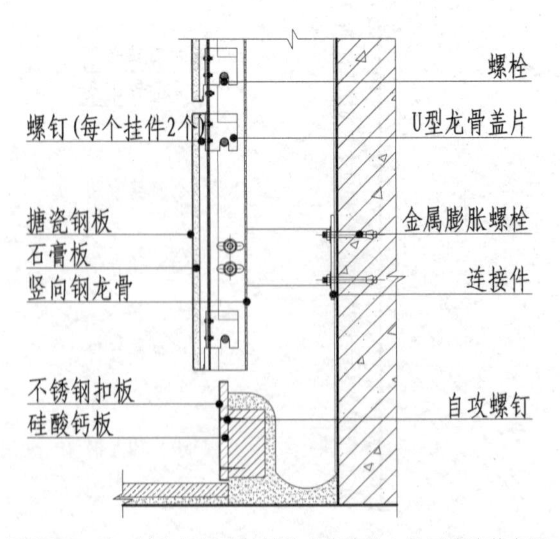

图 14-8-61 搪瓷钢板干挂墙体（背栓式）竖剖构造节点图

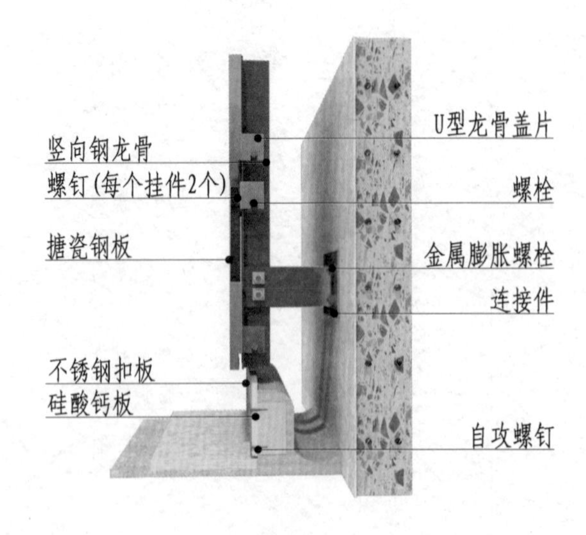

图 14-8-62 搪瓷钢板干挂墙体（背栓式）竖剖三维图

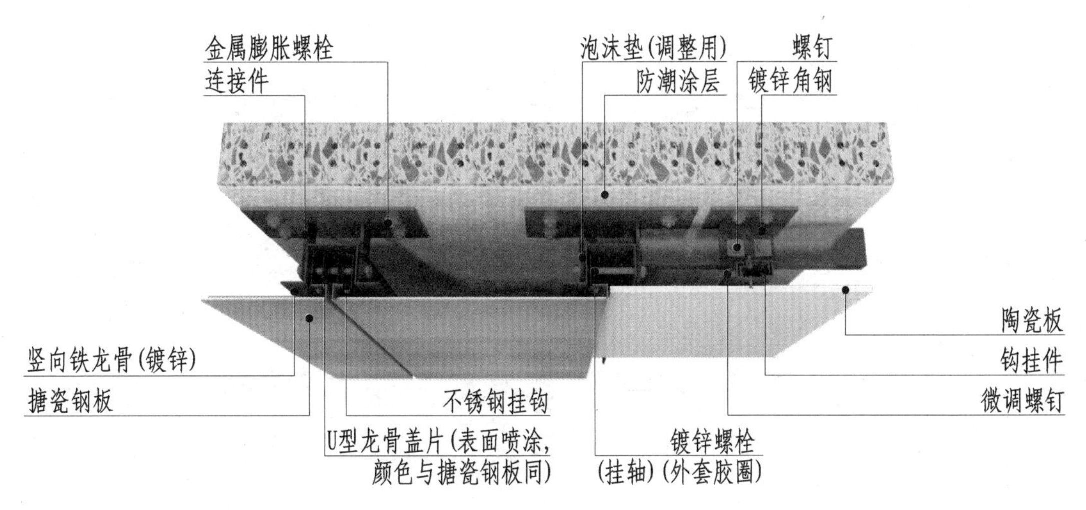

图 14-8-63　搪瓷钢板与石材交接墙面三维图

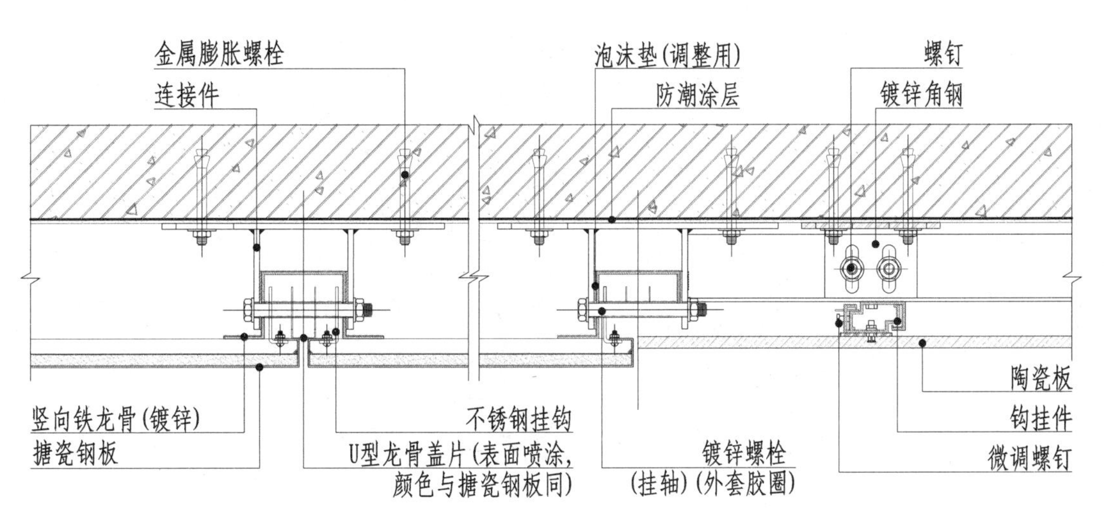

图 14-8-64　搪瓷钢板与石材交接墙面构造节点图

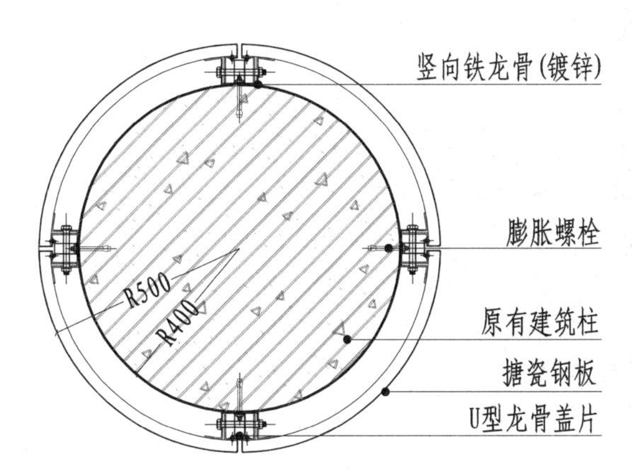

图 14-8-65　搪瓷钢板包圆柱构造节点图

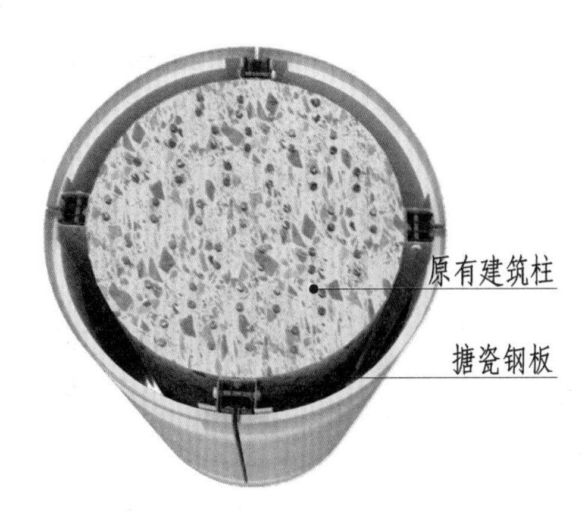

图 14-8-66　搪瓷钢板包圆柱三维图

第九节 内墙涂料墙面构造

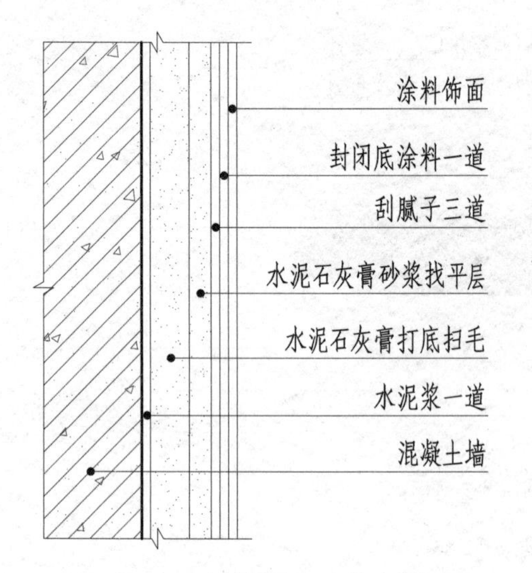

图 14-9-1 涂料墙面（一）构造节点图

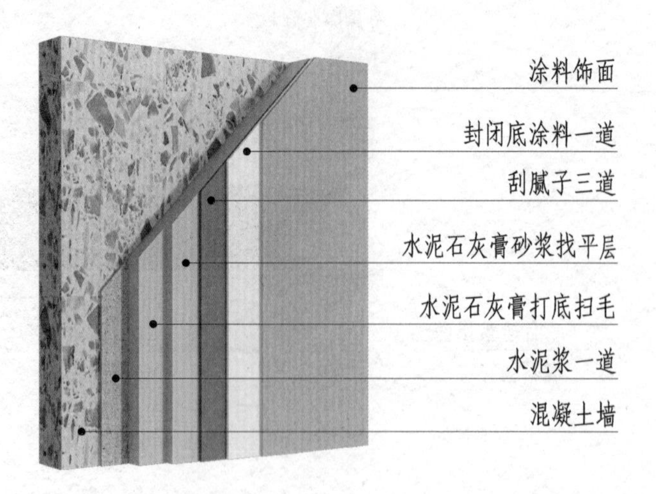

图 14-9-2 涂料墙面（一）三维图

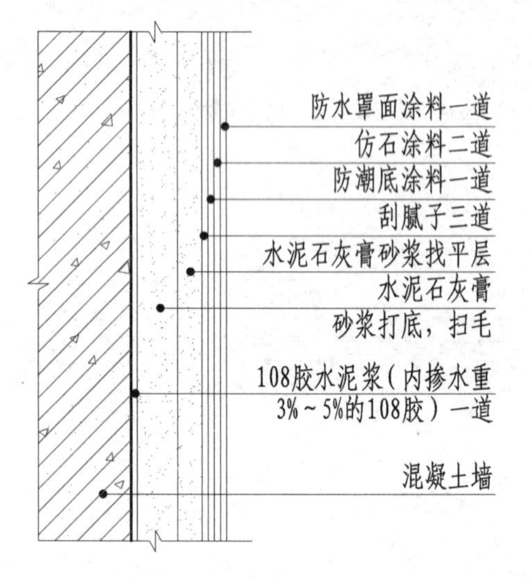

图 14-9-3 涂料墙面（二）构造节点图

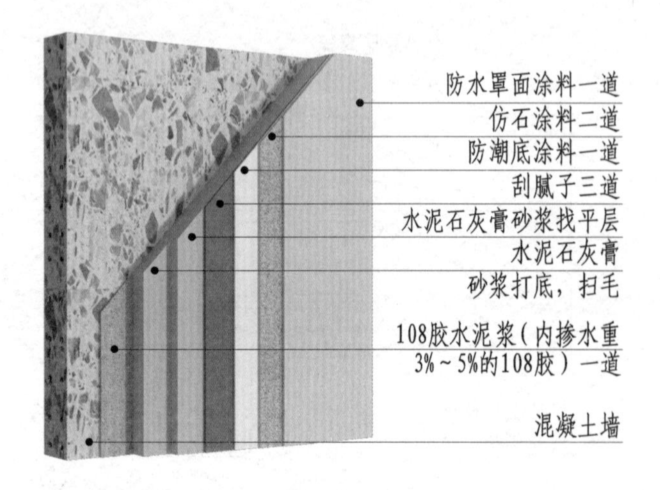

图 14-9-4 涂料墙面（二）三维图

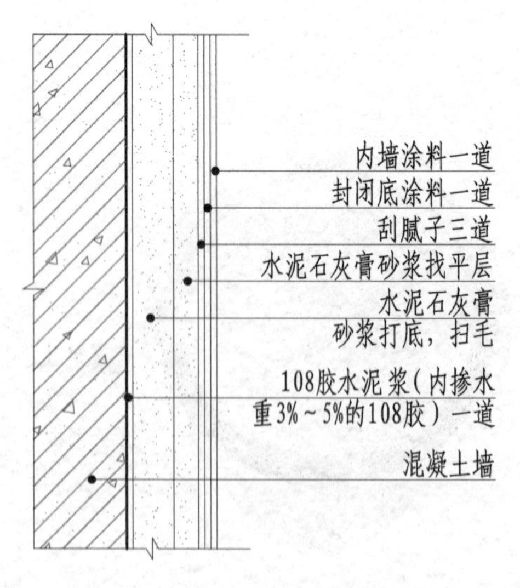

图 14-9-5 涂料墙面（三）构造节点图

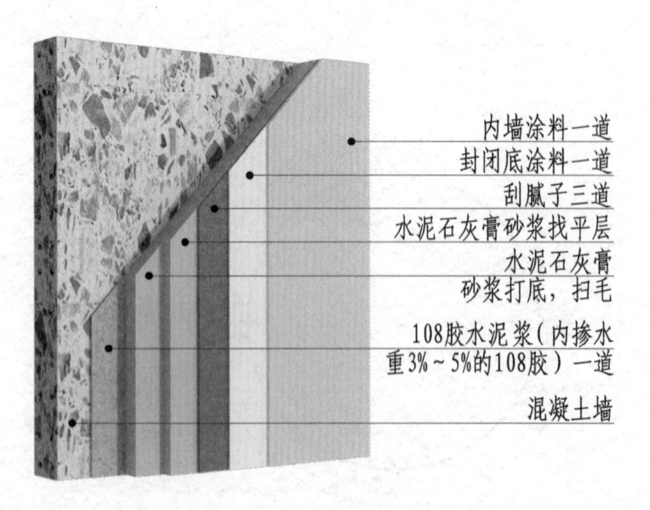

图 14-9-6 涂料墙面（三）三维图

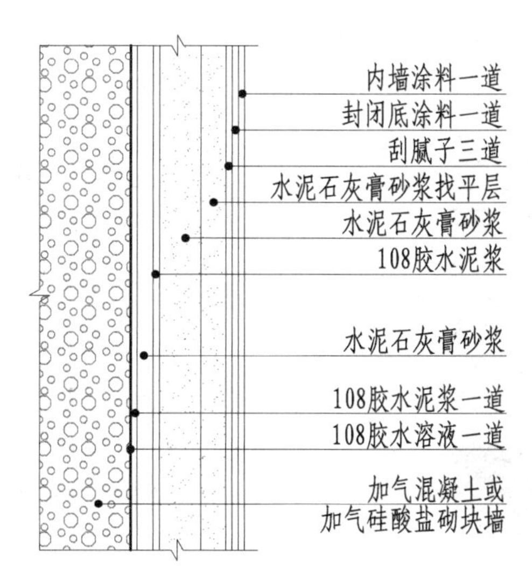

图 14-9-7　涂料墙面（四）构造节点图

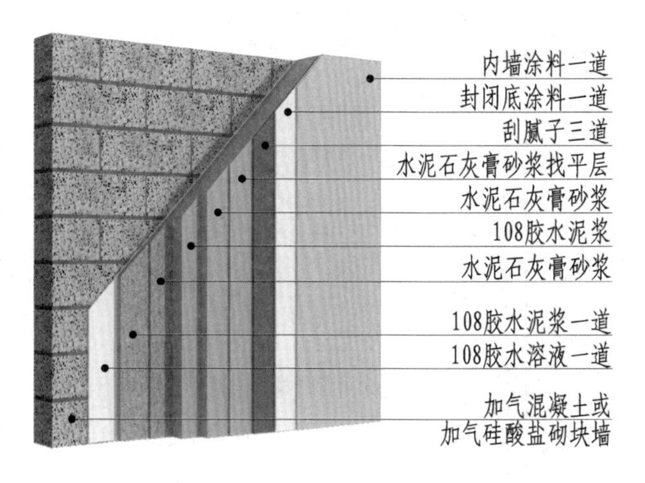

图 14-9-8　涂料墙面（四）三维图

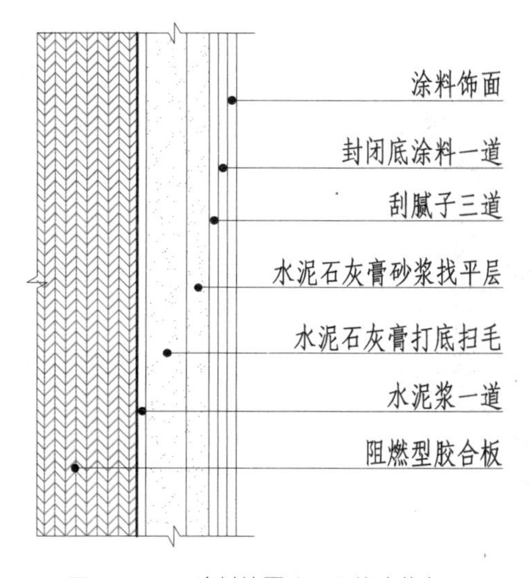

图 14-9-9　涂料墙面（五）构造节点图

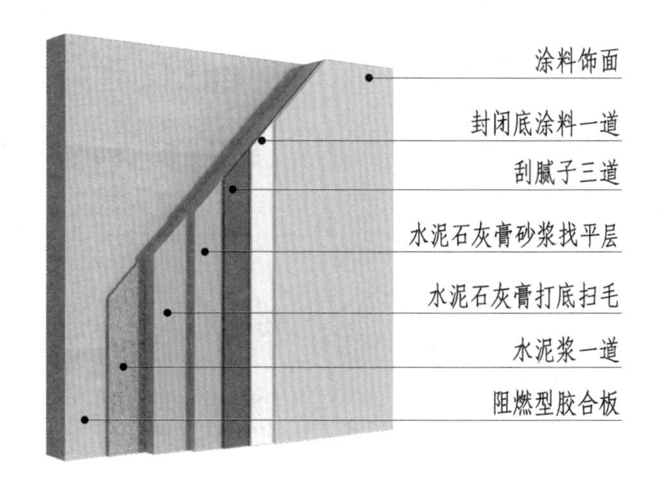

图 14-9-10　涂料墙面（五）三维图

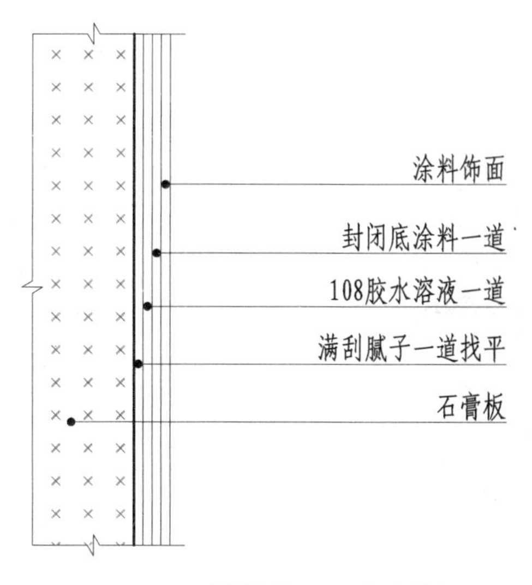

图 14-9-11　涂料墙面（六）构造节点图

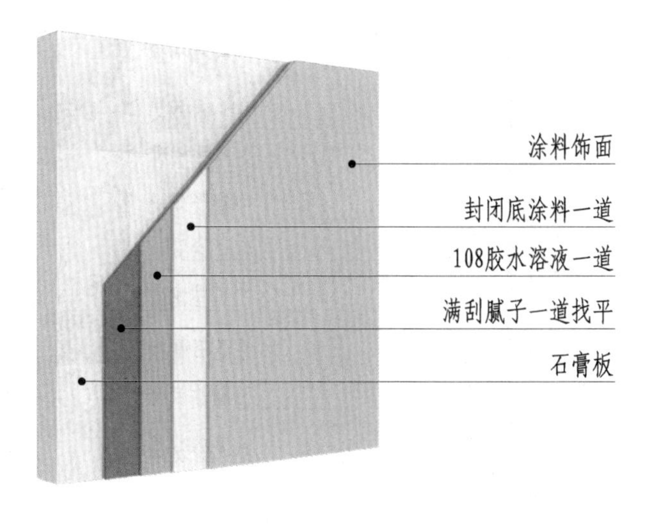

图 14-9-12　涂料墙面（六）三维图

第十节 隔声墙面构造

穿孔石膏板
玻璃布一层绷紧固定于龙骨表面
隔音岩棉
防潮层
水泥砂浆层
轻钢龙骨用膨胀螺栓与墙面固定
原建筑墙体

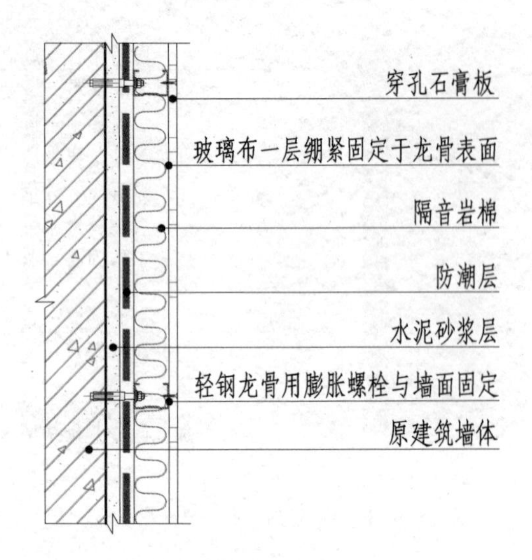

图 14-10-1 穿孔石膏板隔声墙面（一）构造节点图

原建筑墙体
穿孔石膏板
玻璃布一层绷紧固定于龙骨表面
隔音岩棉
防潮层
水泥砂浆层
轻钢龙骨用膨胀螺栓与墙面固定

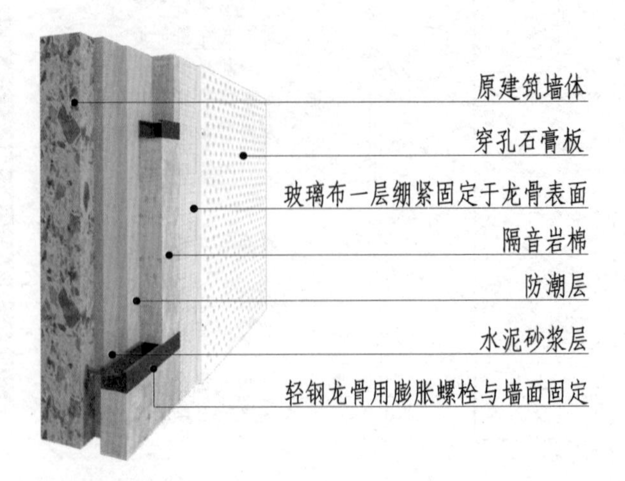

图 14-10-2 穿孔石膏板隔声墙面（一）三维图

轻钢龙骨
穿孔石膏板
隔音岩棉
轻钢龙骨空腔
原建筑墙体

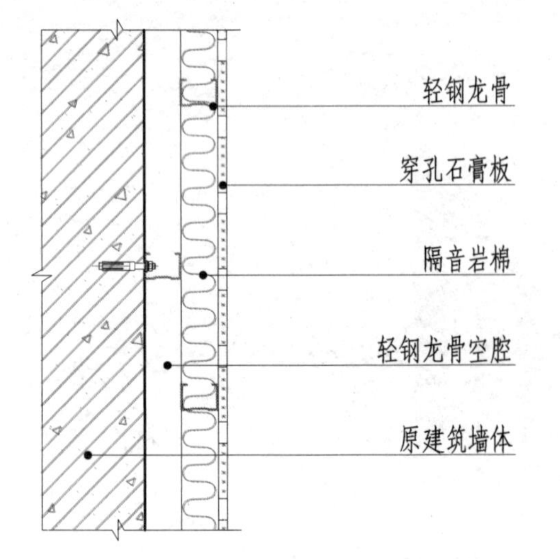

图 14-10-3 穿孔石膏板隔声墙面（二）构造节点图

穿孔石膏板
轻钢龙骨
隔音岩棉
轻钢龙骨空腔
原建筑墙体

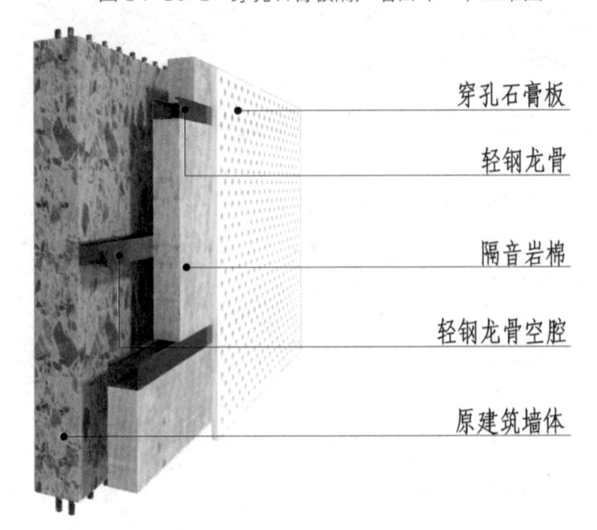

图 14-10-4 穿孔石膏板隔声墙面（二）三维图

原建筑墙体
防潮层
L型龙骨
膨胀螺栓
自攻螺钉
T型龙骨
穿孔石膏板
隔音岩棉
水泥砂浆层

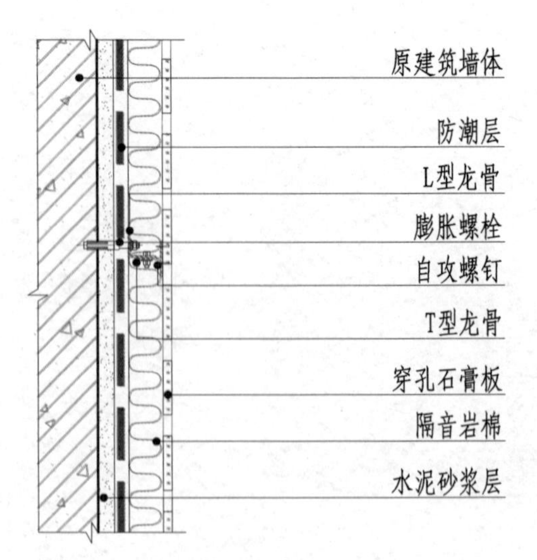

图 14-10-5 穿孔石膏板隔声墙面（三）构造节点图

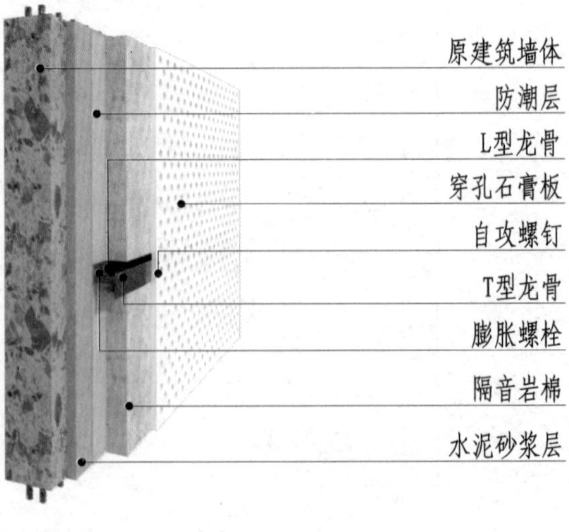

原建筑墙体
防潮层
L型龙骨
穿孔石膏板
自攻螺钉
T型龙骨
膨胀螺栓
隔音岩棉
水泥砂浆层

图 14-10-6 穿孔石膏板隔声墙面（三）三维图

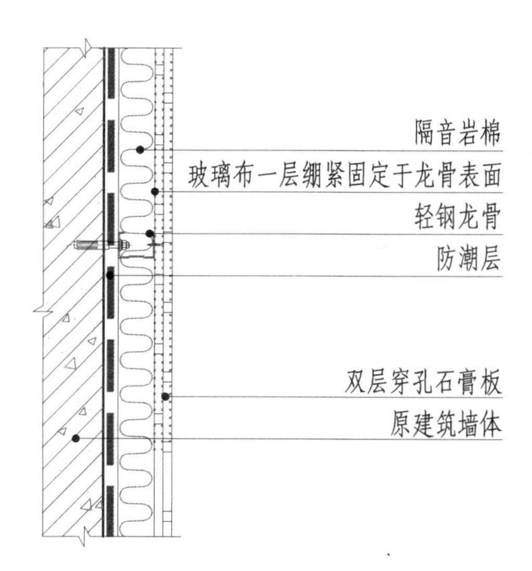

图 14-10-7 双层穿孔石膏板隔声墙面构造节点图

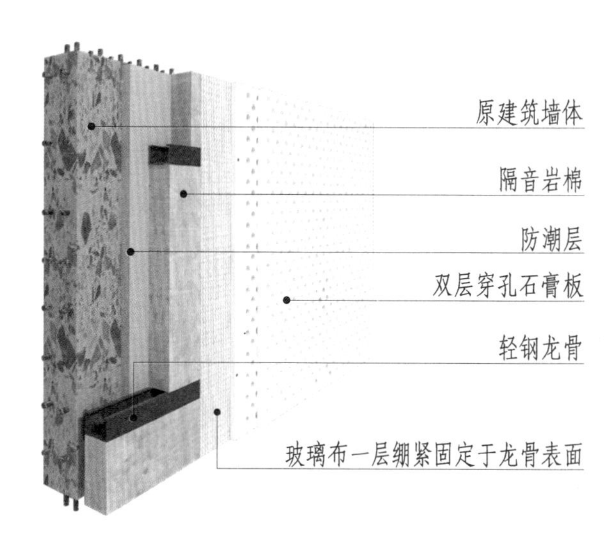

图 14-10-8 双层穿孔石膏板隔声墙面三维图

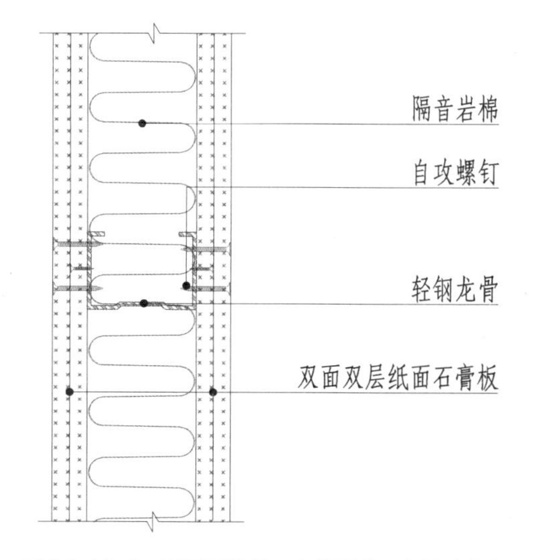

图 14-10-9 双层石膏板隔声墙面（一）构造节点图

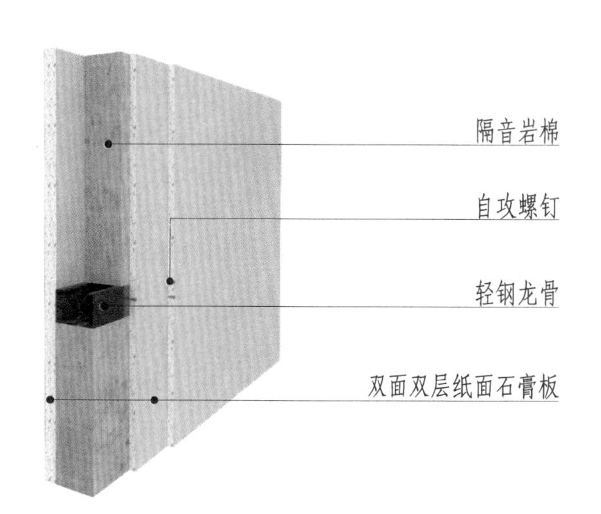

图 14-10-10 双层石膏板隔声墙面（一）三维图

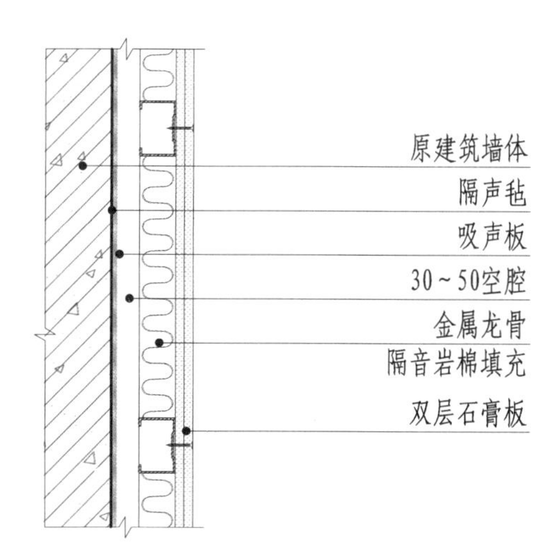

图 14-10-11 双层石膏板隔声墙面（二）构造节点图

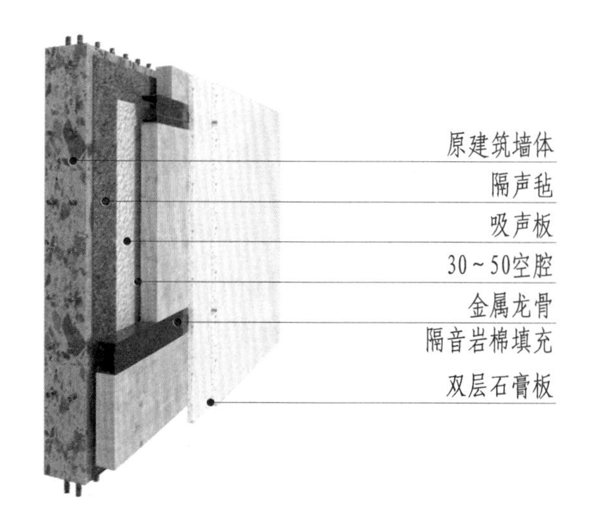

图 14-10-12 双层石膏板隔声墙面（二）三维图

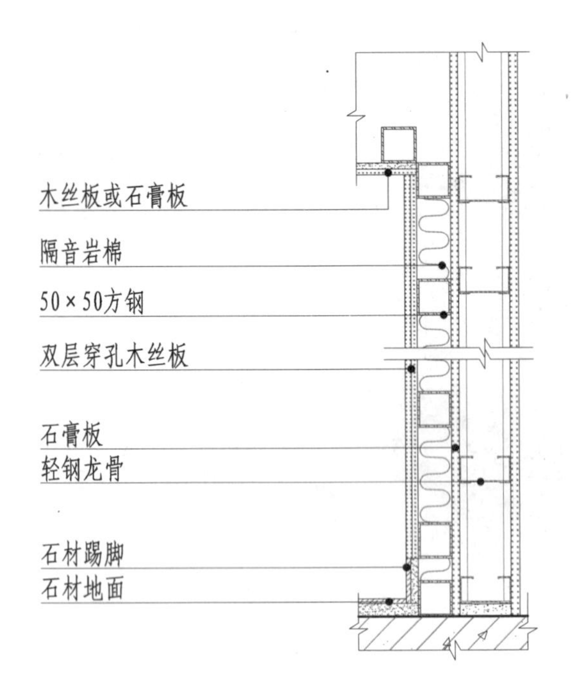

图 14-10-13 木丝板或石膏板隔声墙面构造节点图

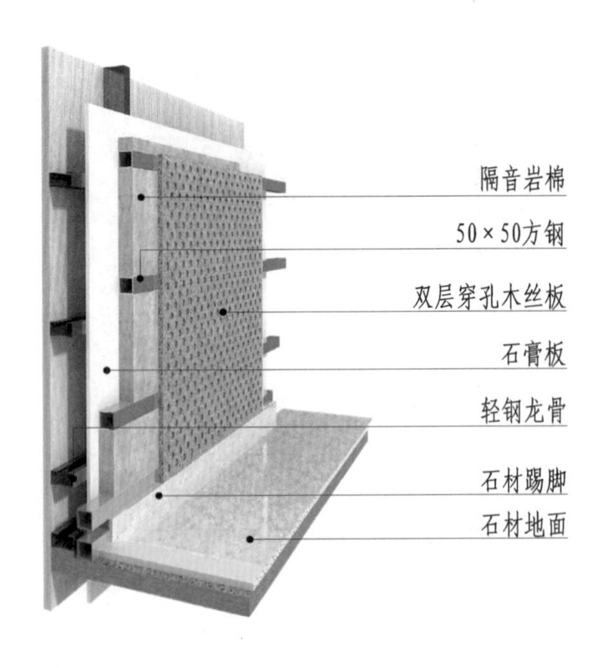

图 14-10-14 木丝板或石膏板隔声墙面三维图

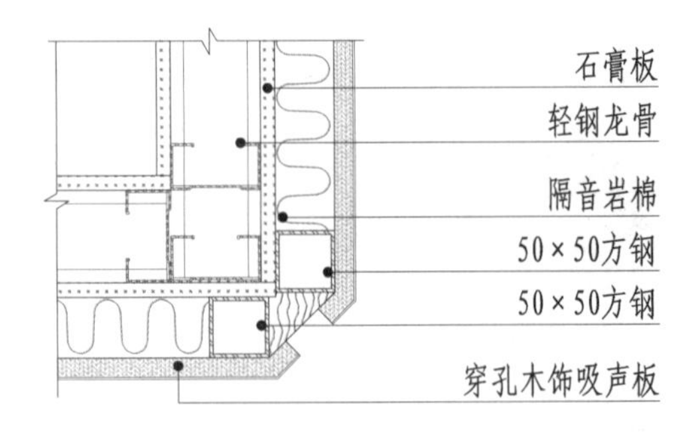

图 14-10-15 穿孔木饰吸声板墙面（一）构造节点图

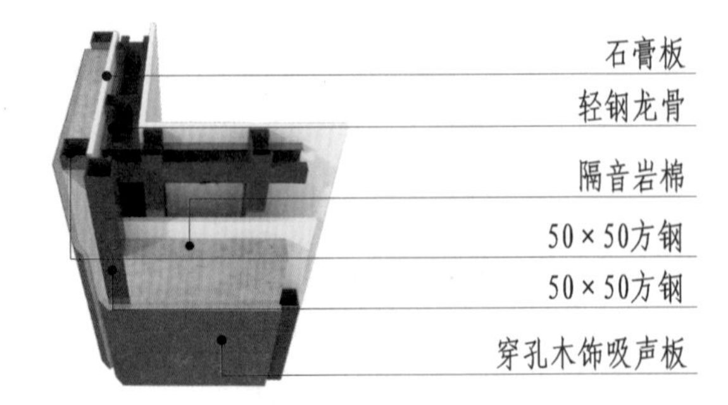

图 14-10-16 穿孔木饰吸声板墙面（一）三维图

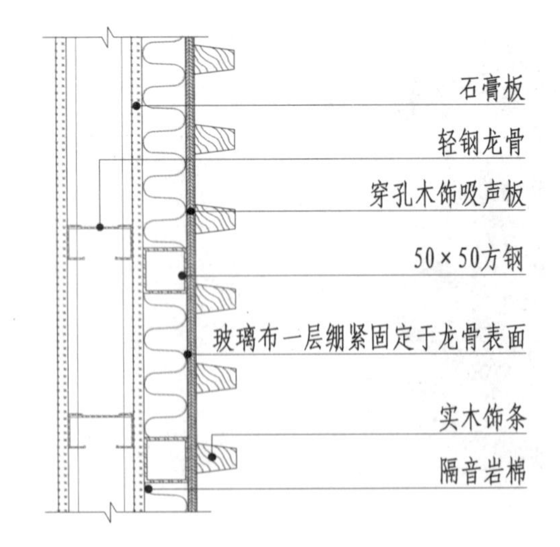

图 14-10-17 穿孔木饰吸声板墙面（二）构造节点图

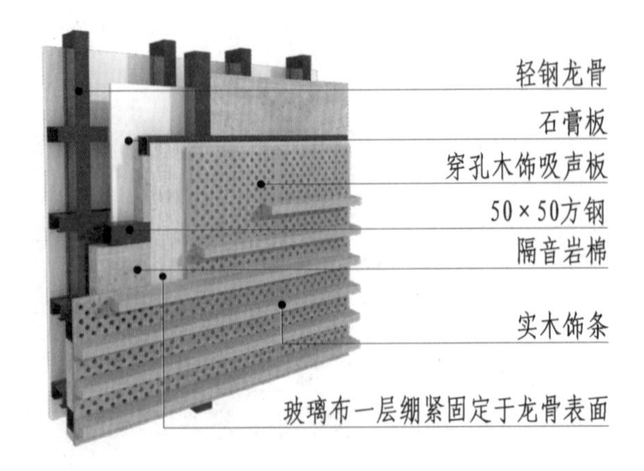

图 14-10-18 穿孔木饰吸声板墙面（二）三维图

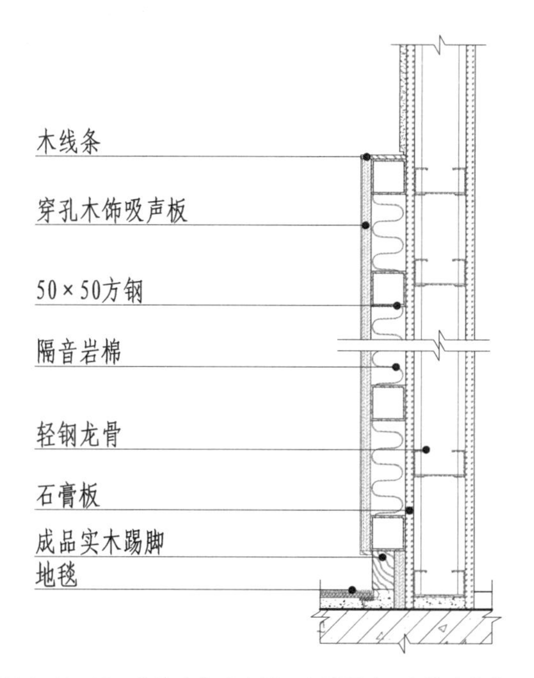

图 14-10-19　穿孔木饰吸声板隔声墙面（一）构造节点图

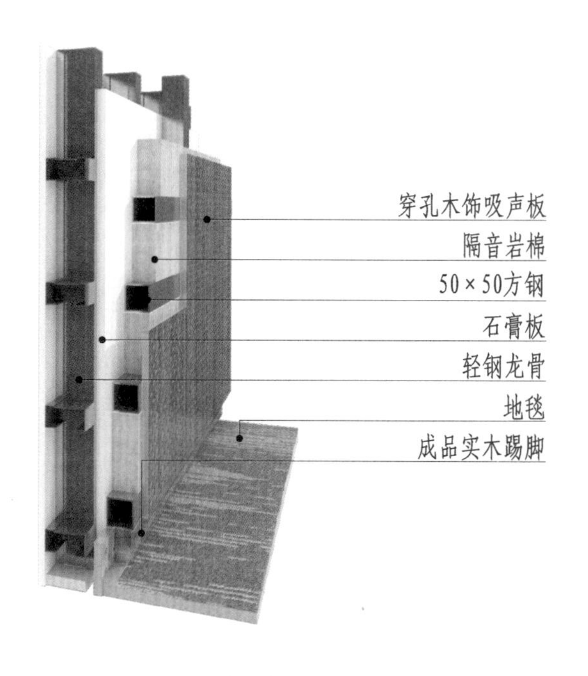

图 14-10-20　穿孔木饰吸声板隔声墙面（一）三维图

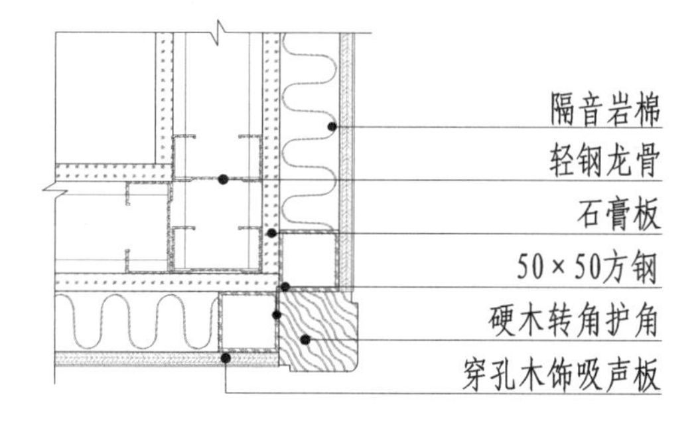

图 14-10-21　穿孔木饰吸声板隔声墙面（二）构造节点图

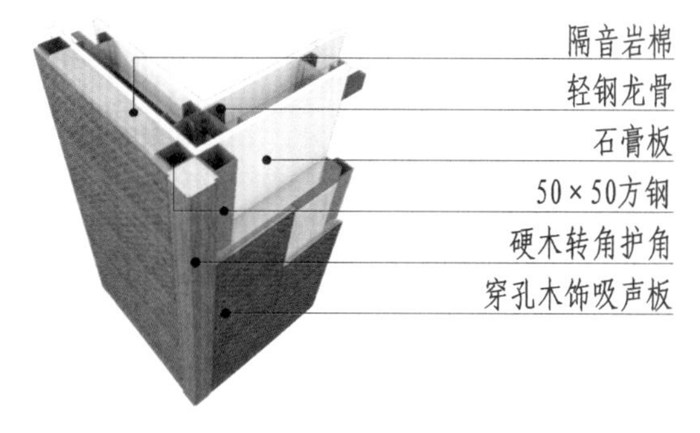

图 14-10-22　穿孔木饰吸声板隔声墙面（二）三维图

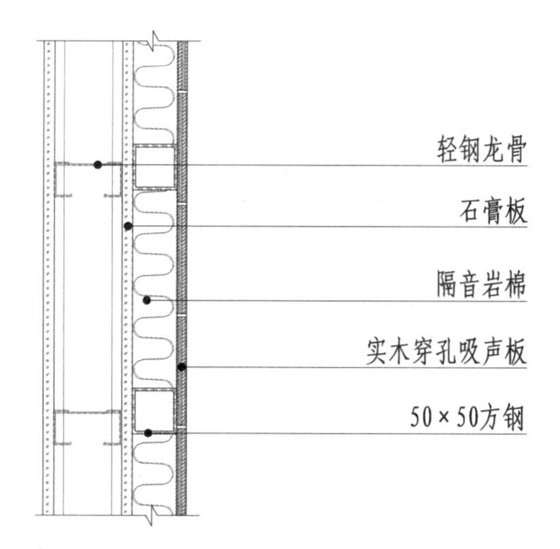

图 14-10-23　实木穿孔吸声板隔声墙面构造节点图

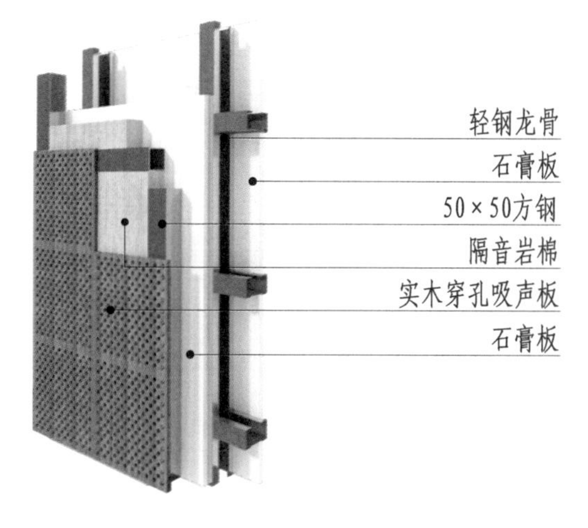

图 14-10-24　实木穿孔吸声板隔声墙面三维图

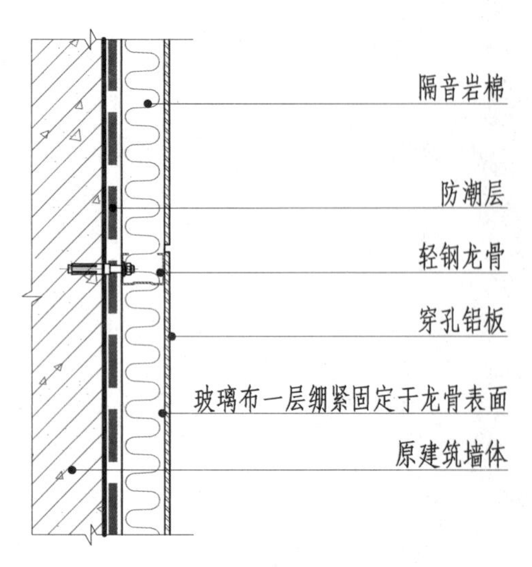

图 14-10-25 穿孔铝板隔声墙面构造节点图

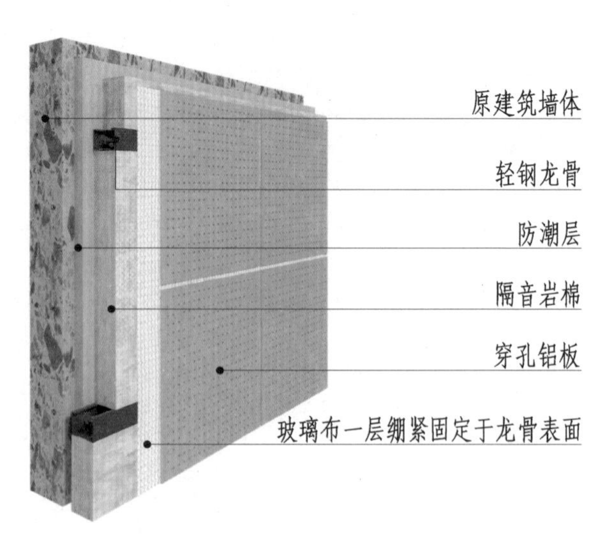

图 14-10-26 穿孔铝板隔声墙面三维图

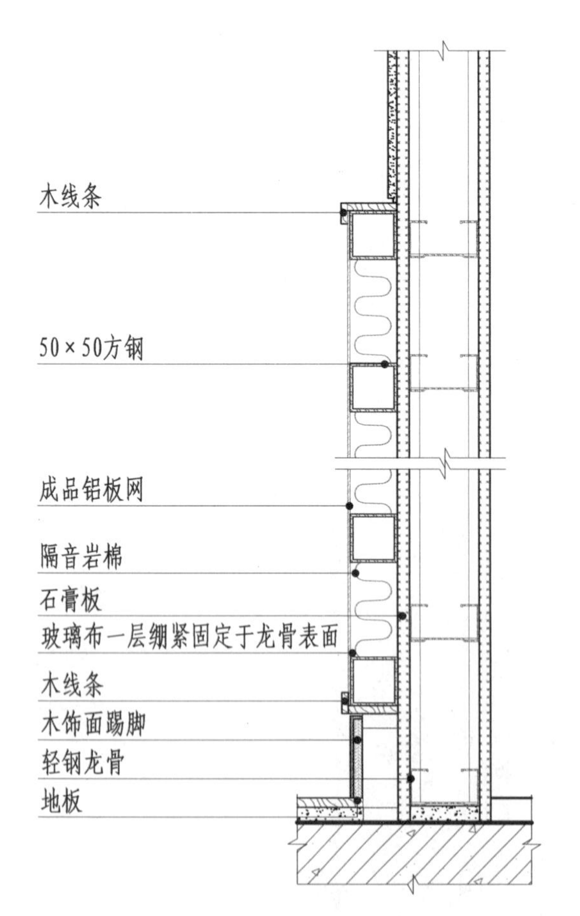

图 14-10-27 铝板网隔声墙面（一）构造节点图

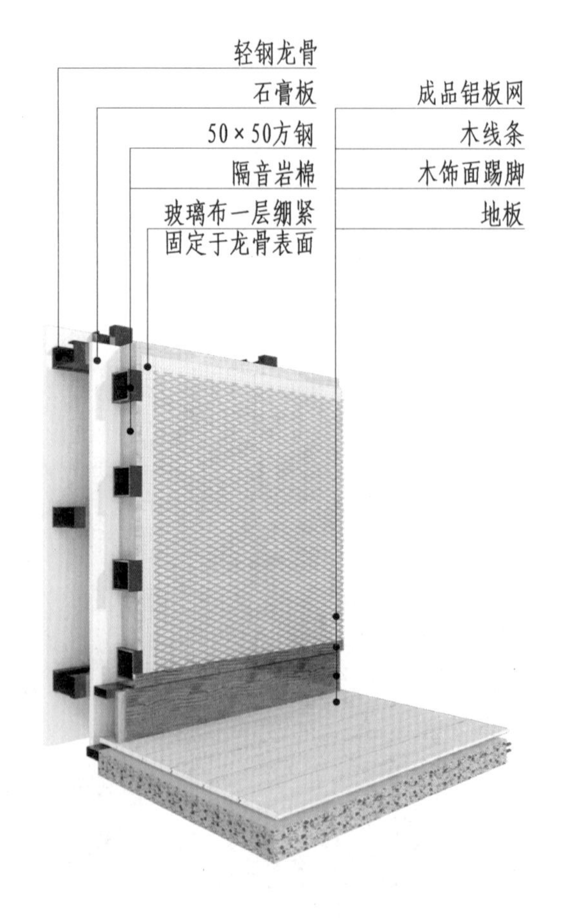

图 14-10-28 铝板网隔声墙面（一）三维图

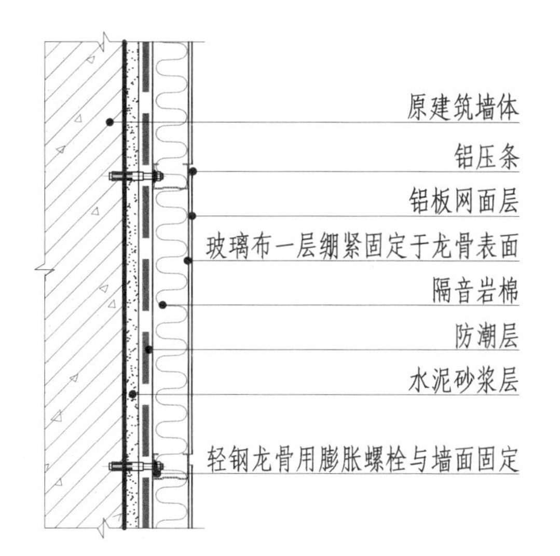

图 14-10-29 铝板网隔声墙面（二）构造节点图

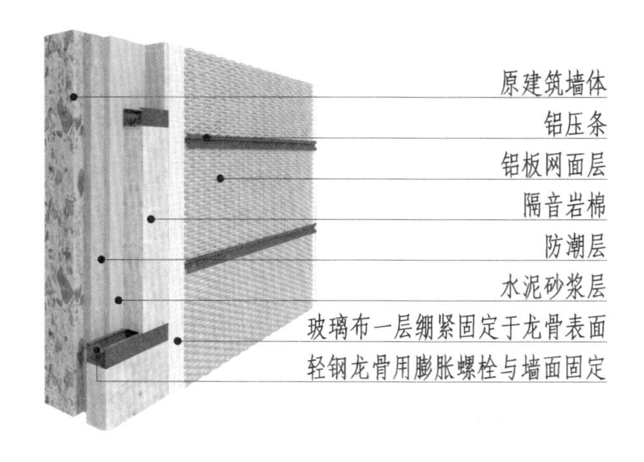

图 14-10-30 铝板网隔声墙面（二）三维图

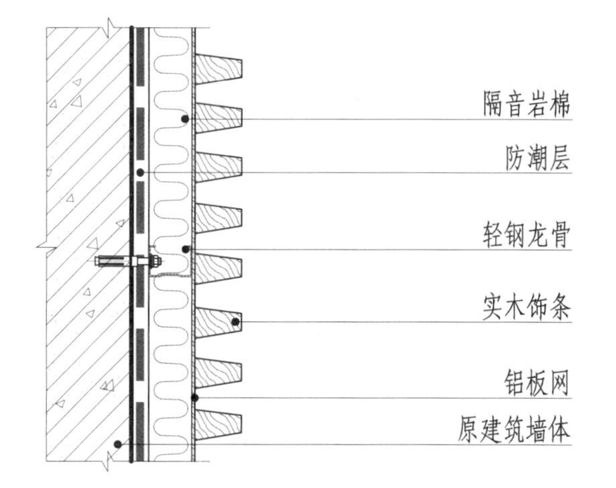

图 14-10-31 铝板网加压实木饰条隔声墙面（一）构造节点图

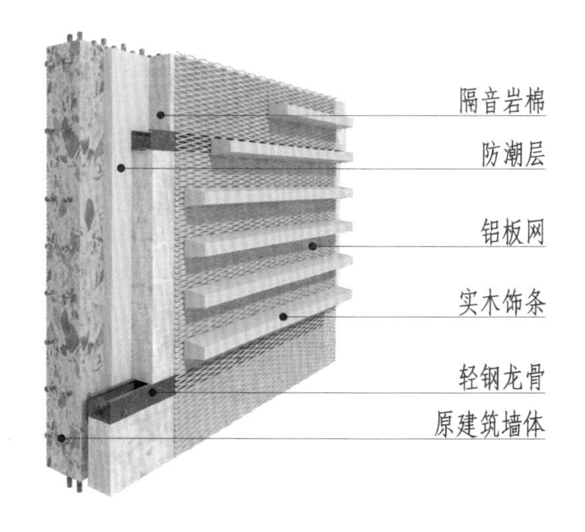

图 14-10-32 铝板网加压实木饰条隔声墙面（一）三维图

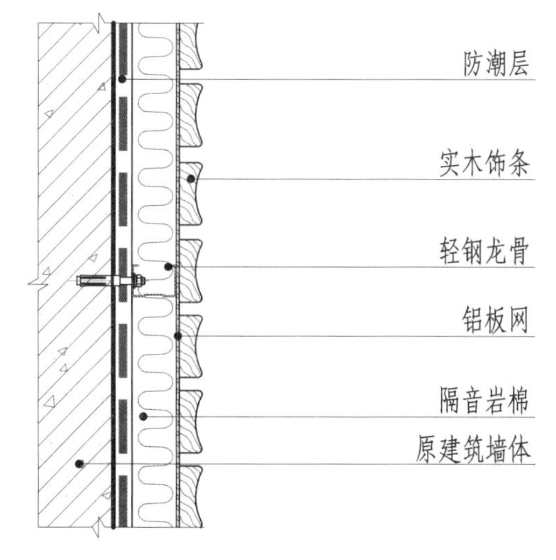

图 14-10-33 铝板网加压实木饰条隔声墙面（二）构造节点图

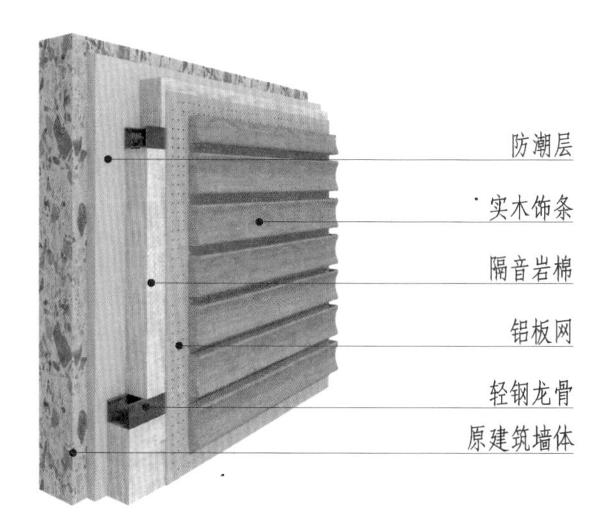

图 14-10-34 铝板网加压实木饰条隔声墙面（二）三维图

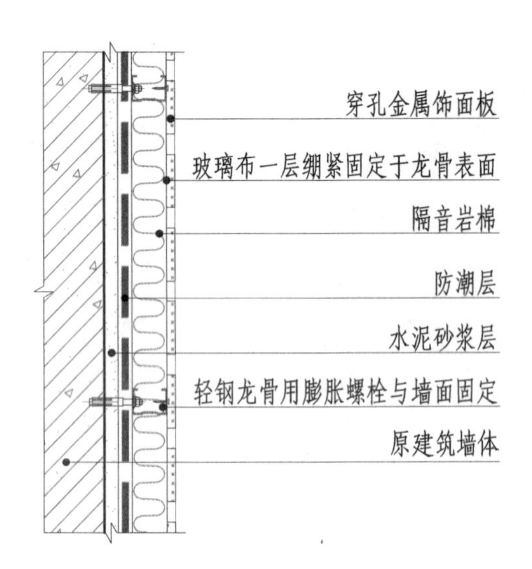

图 14-10-35 穿孔金属饰面板隔声墙面（一）构造节点图

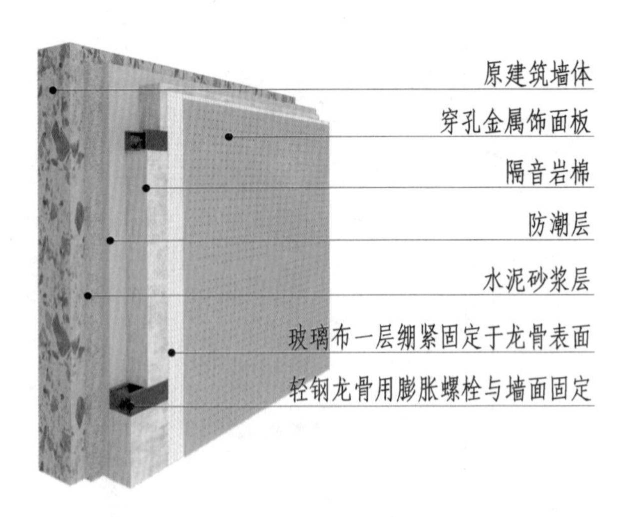

图 14-10-36 穿孔金属饰面板隔声墙面（一）三维图

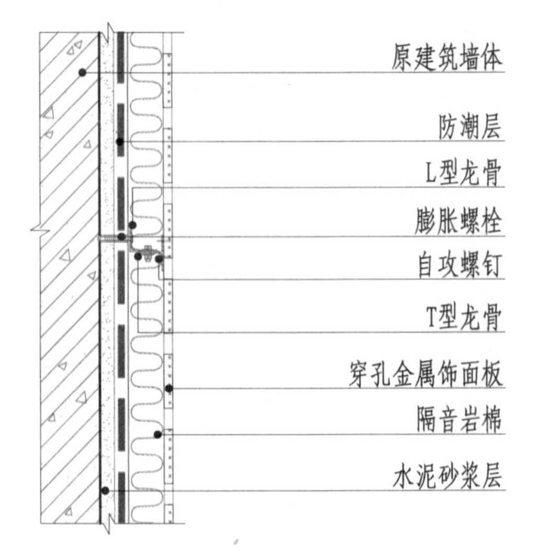

图 14-10-37 穿孔金属饰面板隔声墙面（二）构造节点图

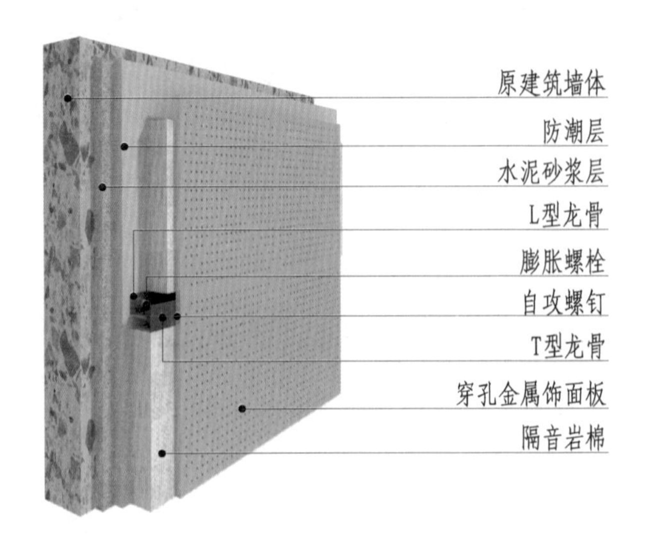

图 14-10-38 穿孔金属饰面板隔声墙面（二）三维图

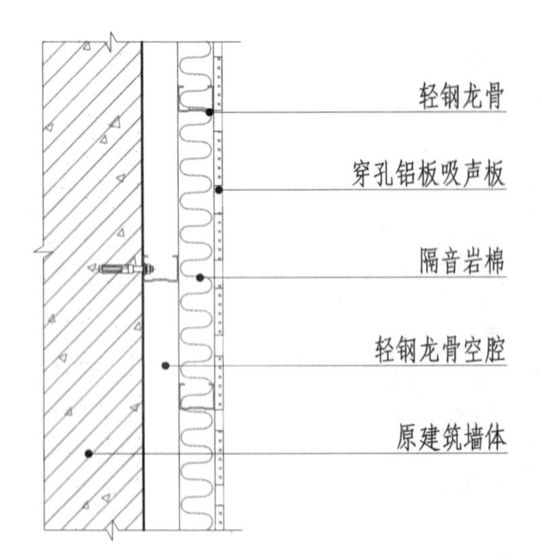

图 14-10-39 穿孔铝板吸声板隔声墙面构造节点图

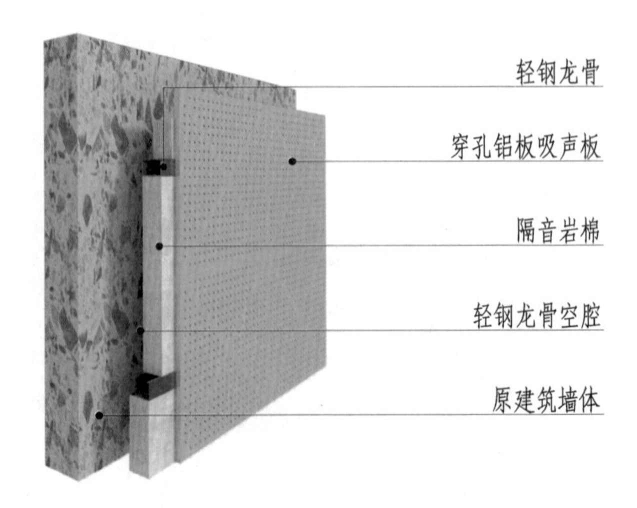

图 14-10-40 穿孔铝板吸声板隔声墙面三维图

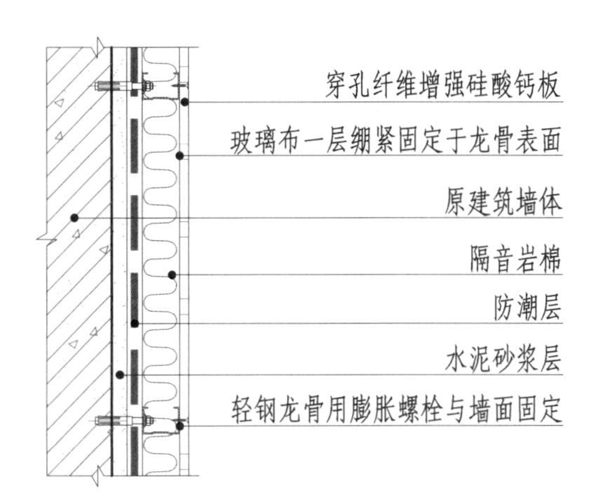

图 14-10-41　穿孔纤维增强硅酸钙板饰面构造节点图

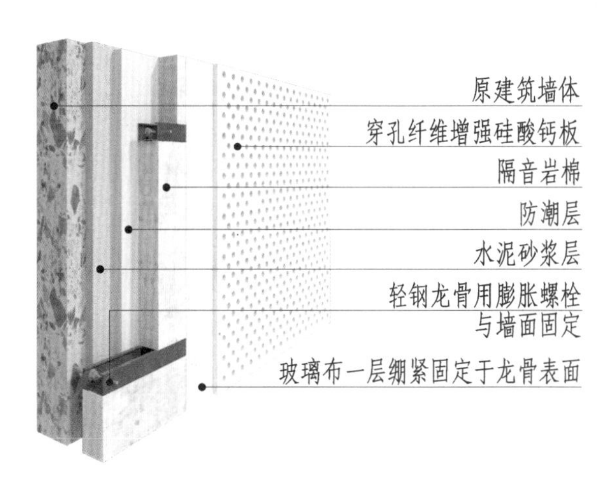

图 14-10-42　穿孔纤维增强硅酸钙板饰面三维图

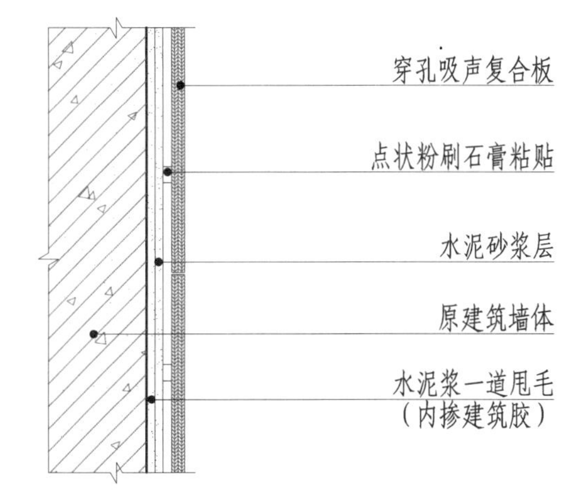

图 14-10-43　穿孔吸声复合板饰面构造节点图

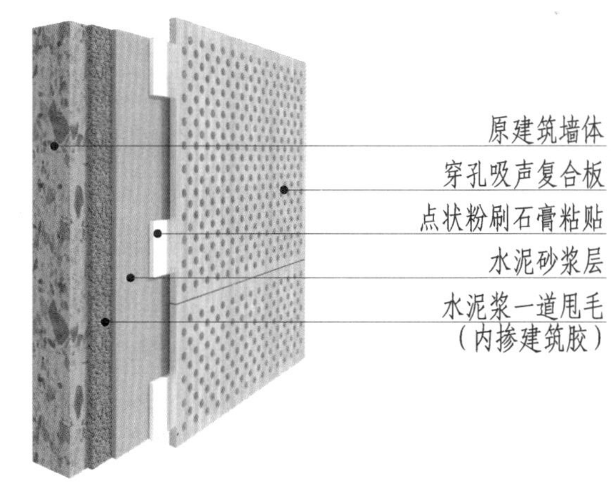

图 14-10-44　穿孔吸声复合板饰面三维图

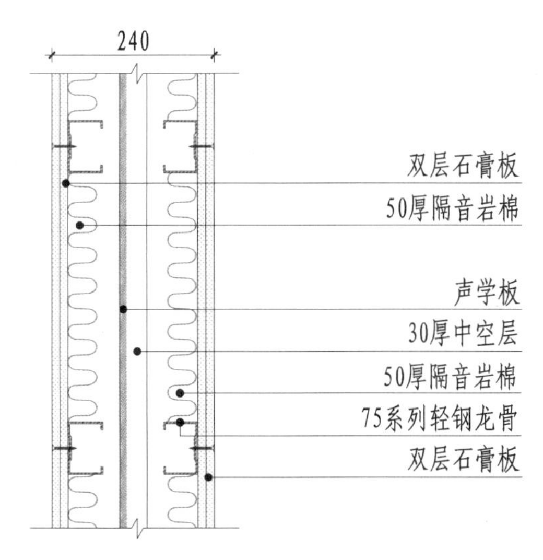

图 14-10-45　双层石膏板饰面构造节点图

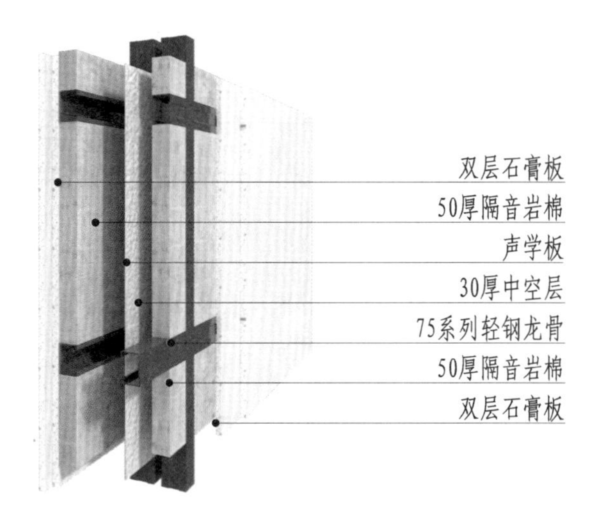

图 14-10-46　双层石膏板饰面三维图

第十五章 部品部件装饰装修构造图

一、门

门的主要作用是联系交通、分隔空间，同时还有装饰建筑立面的作用。门是围护构件，除了满足基本使用要求外，还应具有保温、隔热、隔音、防护等功能。室内门按材料可分为：木门、金属门、玻璃门、织物硬（软）包门等；按开启方式可分为：平开门、推拉门、折叠门、地弹簧门等。

门窗洞口尺寸应符合《建筑门窗洞口尺寸系列》（GB/T 5824-2008）的规定。门的构造尺寸可根据门窗洞口饰面材料、附框尺寸、安装缝隙确定。门扇的厚度分为 40 mm、45 mm、50 mm、55 mm、60 mm 等，门框套厚度根据墙厚确定。木质门的防火等级、含水率、甲醛释放量应符合国家相关规范和设计要求。玻璃应根据使用要求适当选取，需采用安全玻璃。

在居住建筑中，室内门的宽度单扇门为 800 ~ 1 000 mm，双扇门为 1 200 ~ 1 400 mm。门的高度多数在 2 000 ~ 2 200 mm 之间，有亮子的高度需增加 300 ~ 500 mm。在公共建筑中，室内门的宽度：单扇门为 950 ~ 1 100 mm，双扇门为 1 400 ~ 1 800 mm。门的高度为 2 100 ~ 2 400 mm，室内带亮子的应增加 500 ~ 700 mm。四扇玻璃外门宽为 2 500 ~ 3 200 mm，高可视立面造型与房高而定。

二、窗

窗是装设在墙洞中可启闭的建筑构件，是围护构件，其主要作用是采光、通风、眺望，同时还有装饰建筑立面的作用。除了满足基本使用要求外，窗还应具有保温、隔热、隔音、防护等功能。

窗有不同的种类，按开启方式分，主要有平开窗、推拉窗、悬窗（翻窗）、百叶窗、固定窗；按所用材料分，主要有木窗、金属窗、玻璃窗；按功能分，主要有防盗窗、防火窗、逃生窗、密闭窗等。

窗通常由窗框（包括上框、下框、边框、中横框等）和窗扇（包括上冒头、下冒头、窗芯等）组成。

通常，平开窗单扇宽不大于 600 mm，双扇宽度 900 ~ 1 200 mm，三扇窗宽 1 500 ~ 1 800 mm，

门的构成

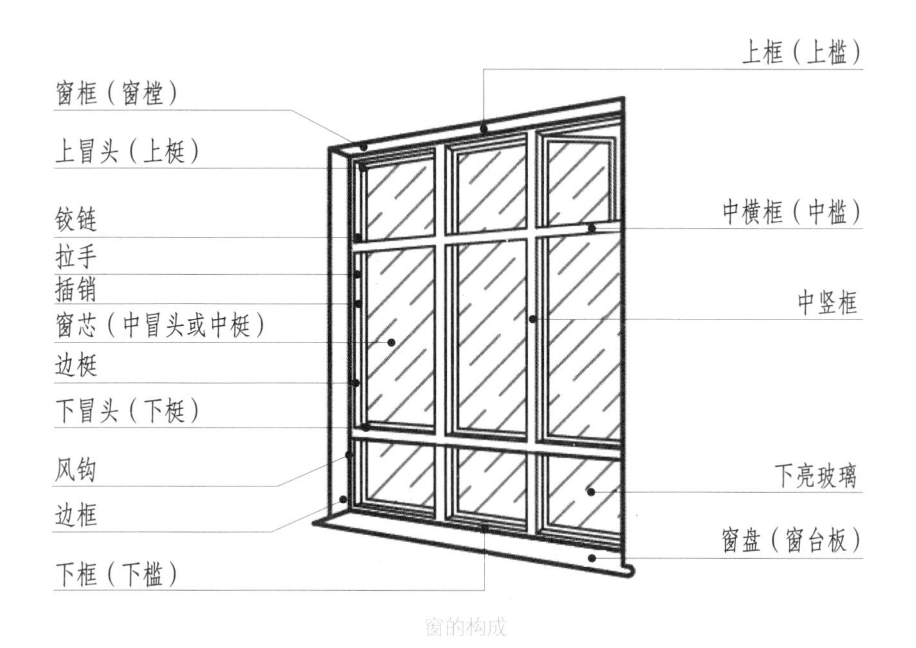

窗的构成

高度一般为 1 500 ~ 2 100 mm，窗台离地高度为 900 ~ 1 000 mm。推拉窗宽不大于 1 500 mm；旋转窗的宽度、高度不宜大于 1 000 mm，超过时需设中竖框和中横框，窗台高度可适当提高，约在 1 200 mm 左右。窗台高度在 600 mm 以下，应设护栏。

三、柜类家具

柜类家具主要用于储存物品，可分为三种构造形式：框架构造式、板式构造式、金属框架构造式。

因在装饰装修中，大多数的柜类家具都已采用成品定制的方式，现场制作家具的可能性不大，故本部分不做赘述。

四、卫生洁具

卫生洁具包括：大便器、小便器、洗面器、净身器、浴缸、淋浴房等。

蹲便器按冲洗方式可分为：冲洗阀式、水箱式（高水箱、背水箱）。冲洗阀式和水箱式又有明装与暗装、手动式与感应式之分。坐便器按产品可分为：分体坐便器、连体坐便器、智能全自动电子坐便器、后排污坐便器与下排污坐便器、直冲式坐便器与虹吸式坐便器。

小便器按产品可分为：壁挂式小便器、立式小便器、感应式自动冲洗小便器与手动冲洗阀式小便器。

洗面器按产品可分为：台式洗面器、立柱式洗面器、壁挂式洗面器。

净身器按喷水方式可分为：直喷式、斜喷式和前后交叉喷水式三大类。

浴缸按产品可分为：独立浴缸、有裙边浴缸、无裙边浴缸、气泡按摩浴缸（有裙边、无裙边）。

淋浴房按产品形状可分为：转角形淋浴房、一字形浴屏、圆弧形淋浴房、浴缸上浴屏等。

桑拿房按洗浴方式可分为：芬兰浴、土耳其浴、韩式汗蒸等。

水暖五金配件分为：上下水管件、水龙头、阀门、地漏。大部分水暖五金配件以部品的形式结合在卫生洁具中。

卫浴五金配件分为：扶手杆、无障碍助力器、手纸架、挂钩、毛巾杆、毛巾环、浴巾架、肥皂架、皂液器、卷纸器、烘手器等。

第一节 室内门的装饰装修构造

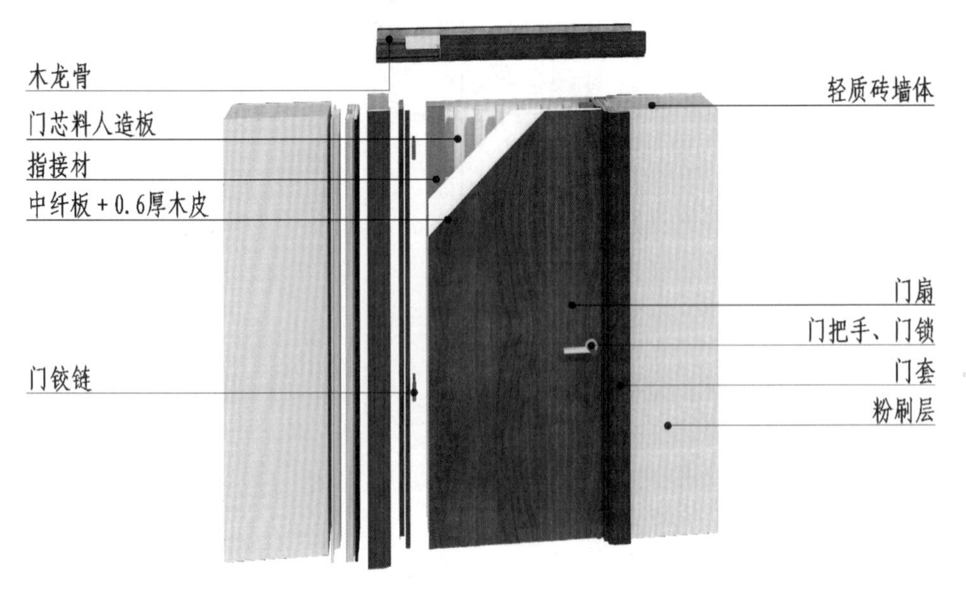

图 15-1-1 单扇平开门（一）三维图（实体墙）

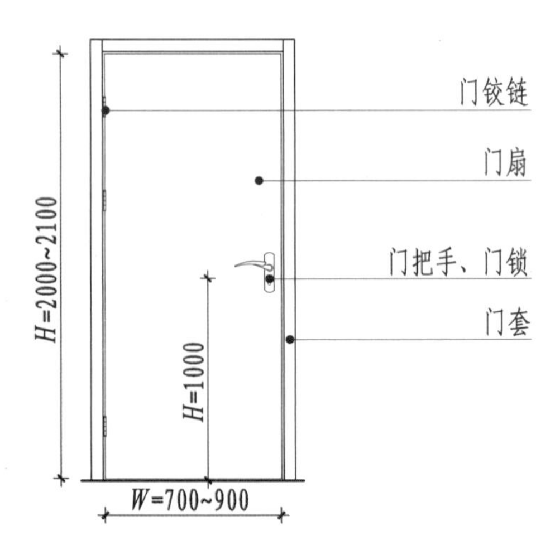

图 15-1-2 单扇平开门（一）门扇立面图

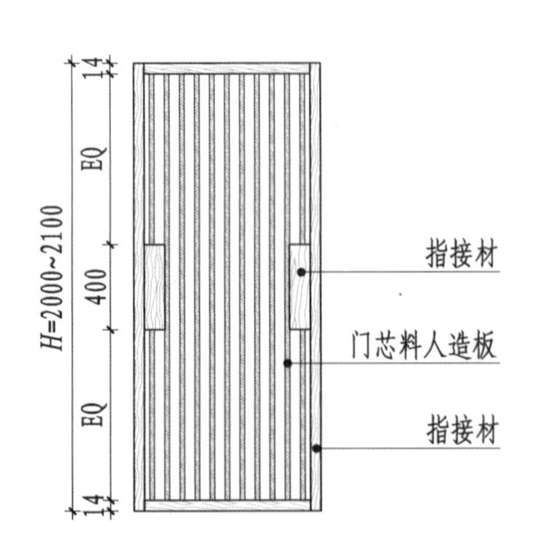

图 15-1-3 单扇平开门（一）内部构造图

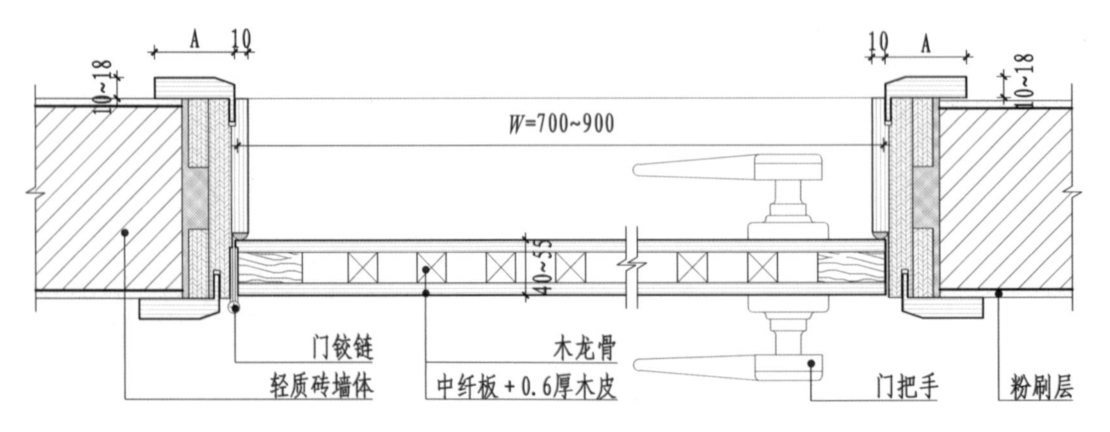

图 15-1-4 单扇平开门（一）构造节点图（实体墙）

图 15-1-5　单扇平开门（二）三维图（轻钢龙骨隔墙）

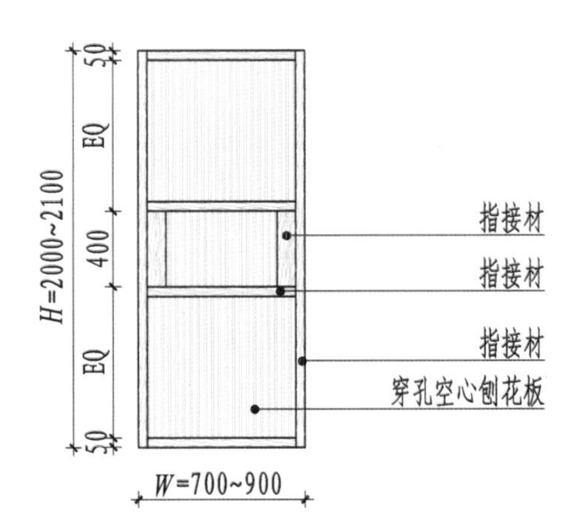

图 15-1-6　单扇平开门（二）门扇立面图

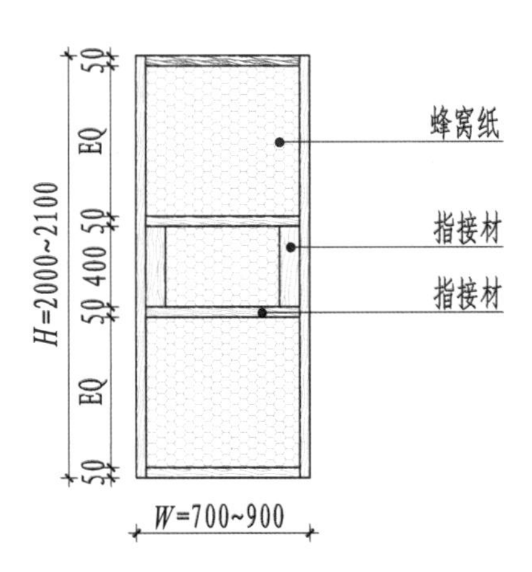

图 15-1-7　单扇平开门.（二）内部构造图

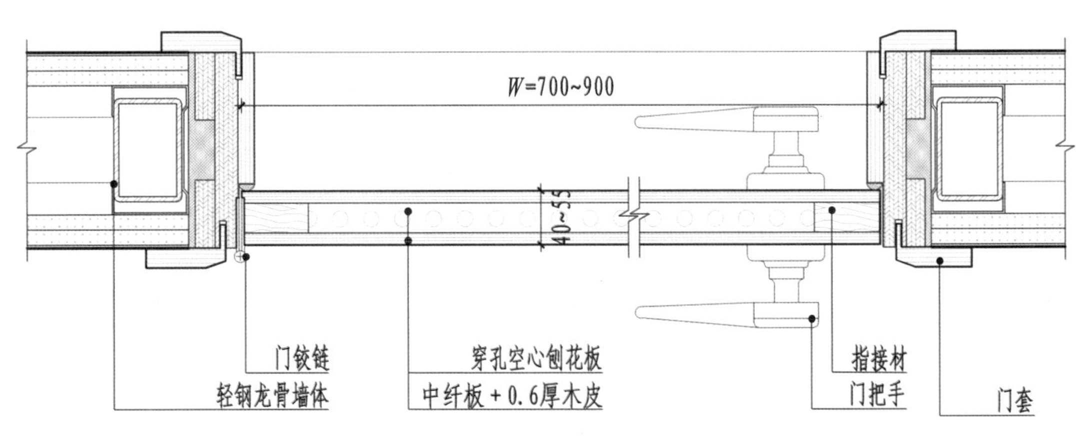

图 15-1-8　单扇平开门（二）构造节点图（轻钢龙骨隔墙）

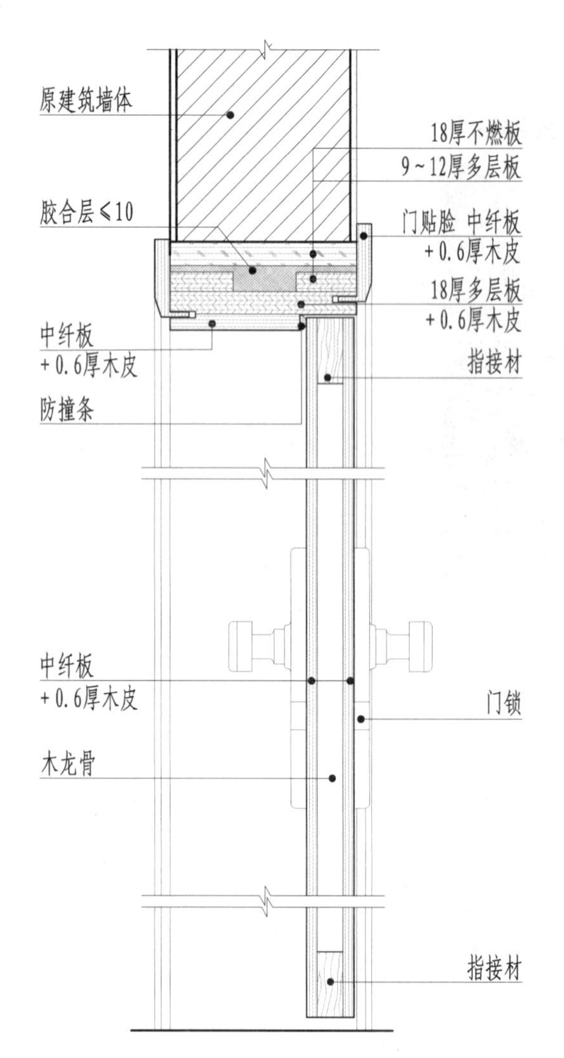

图 15-1-9 单扇平开门（一）竖向构造节点图（实墙体）

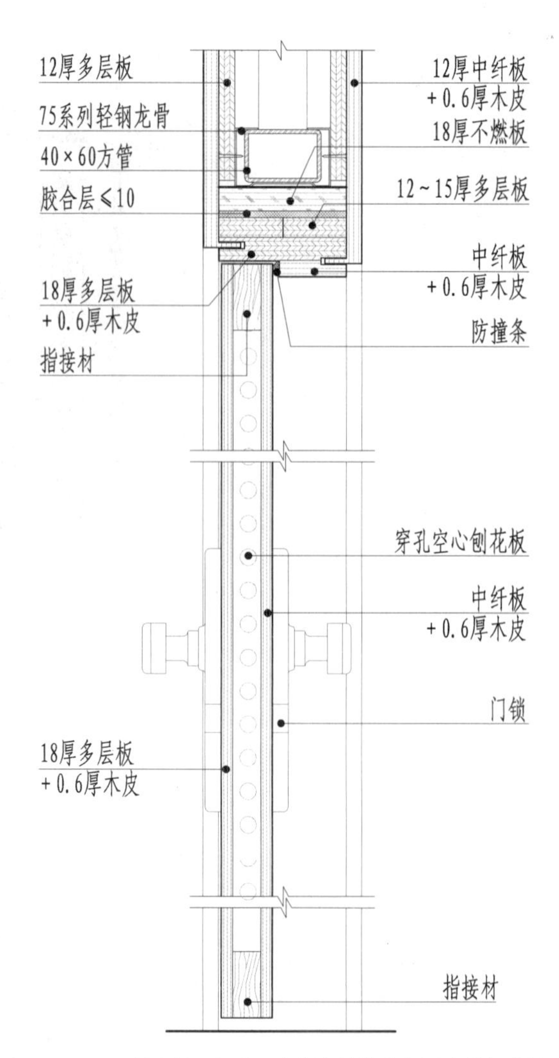

图 15-1-10 单扇平开门（二）竖向构造节点图（轻钢龙骨隔墙）

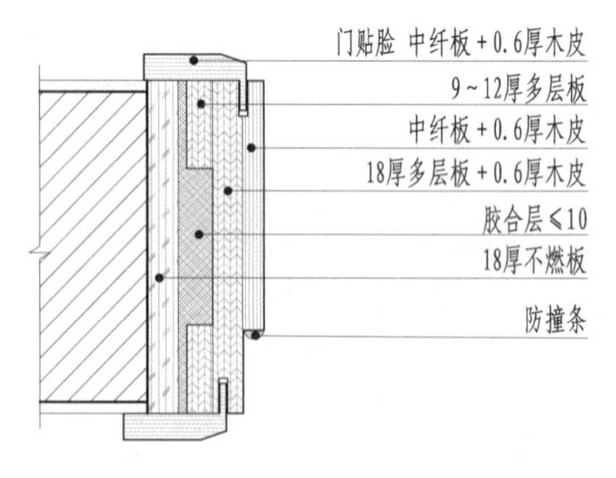

图 15-1-11 单扇平开门（一）门套构造节点图（实墙体）

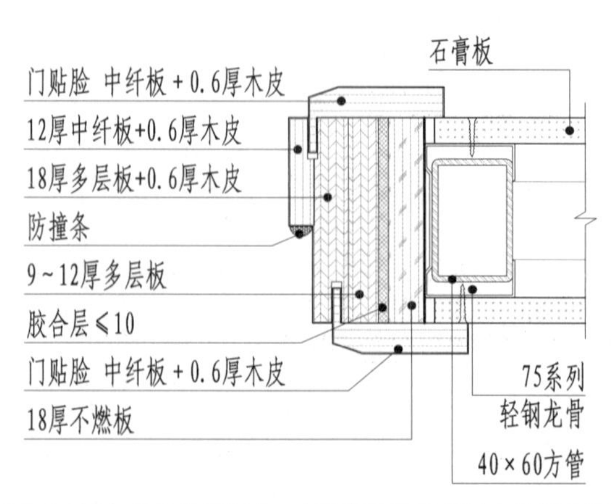

图 15-1-12 单扇平开门（二）门套构造节点图（轻钢龙骨隔墙）

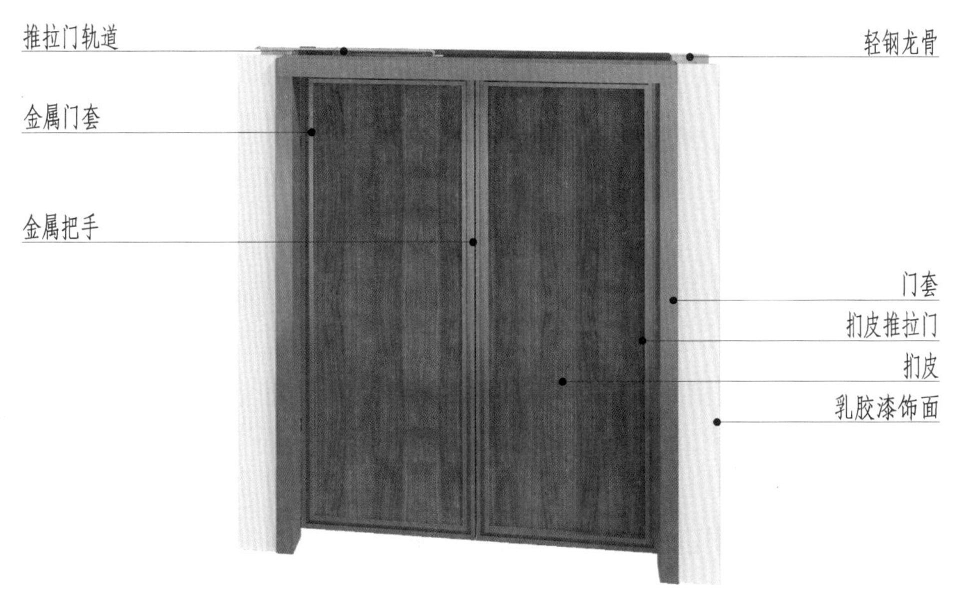

图 15-1-13　双扇移门三维图

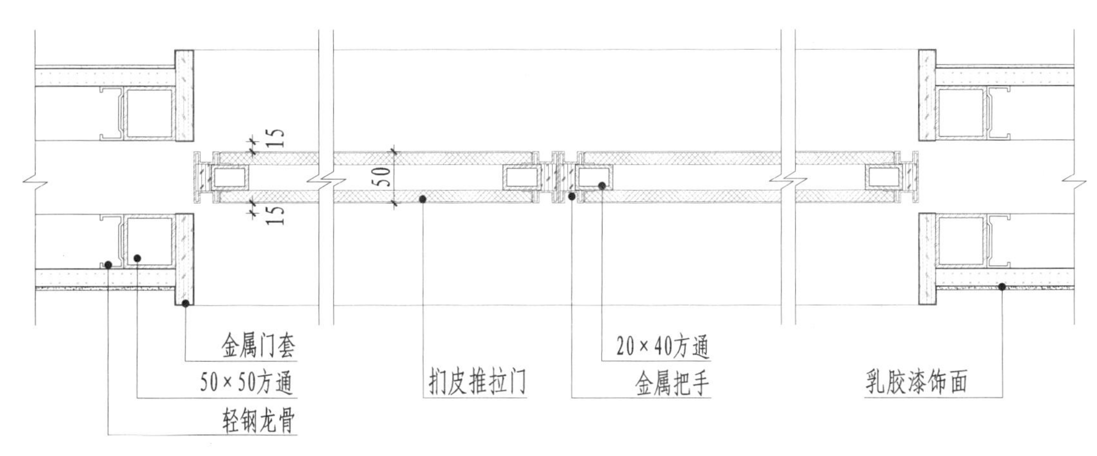

图 15-1-14　双扇移门构造节点图

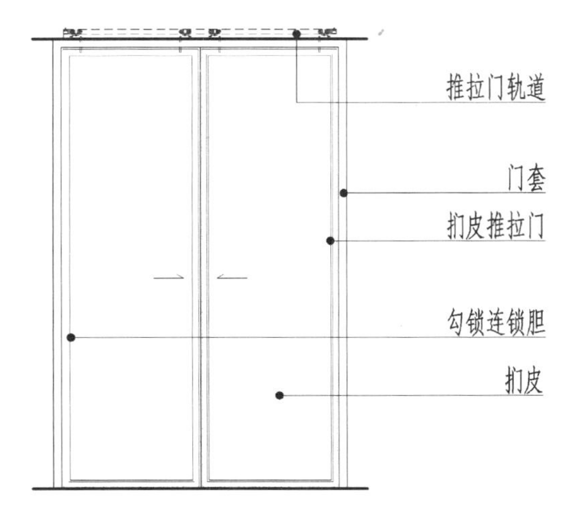

图 15-1-15　双扇移门立面图

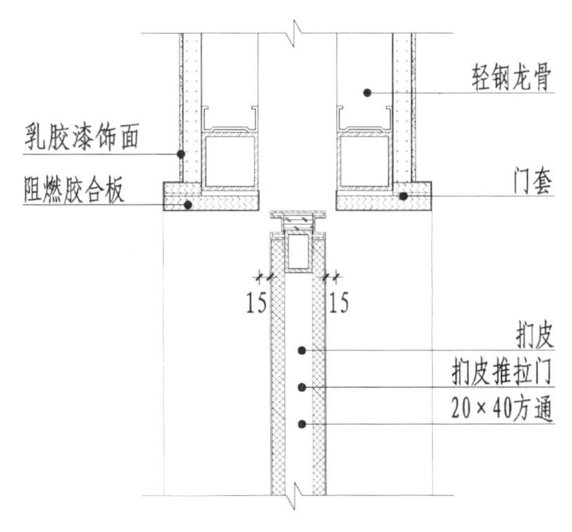

图 15-1-16　双扇移门吊轨构造节点图

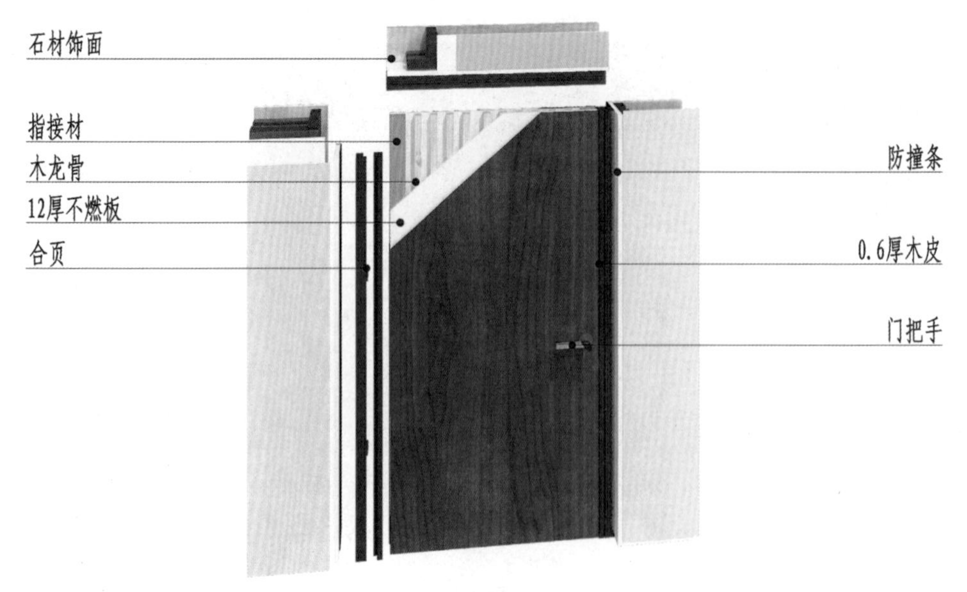

图 15-1-17 单扇隐形门三维图

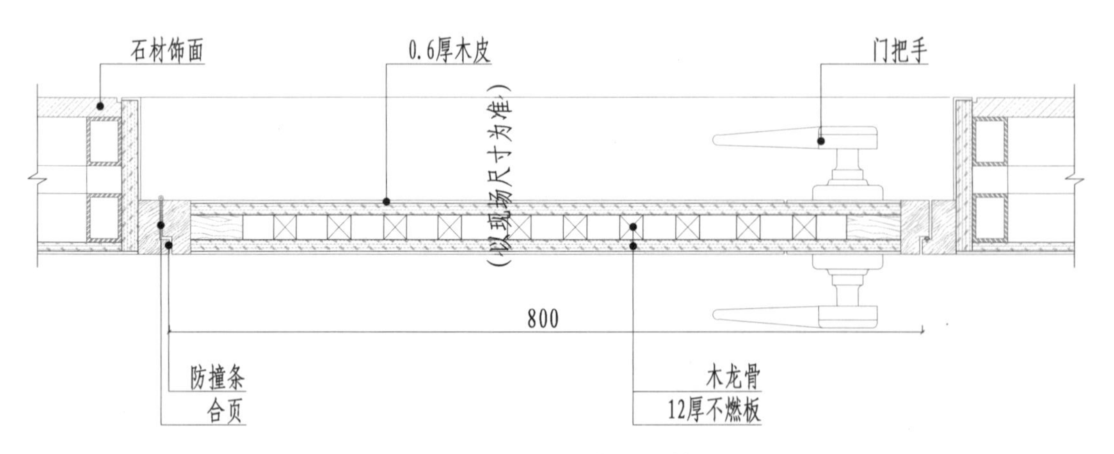

图 15-1-18 单扇隐形门横向构造节点图

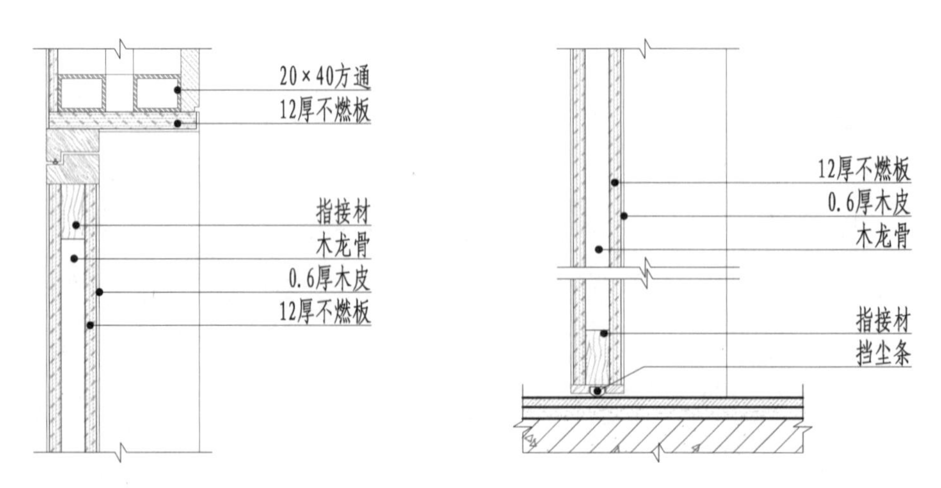

图 15-1-19 单扇隐形门竖向构造节点图

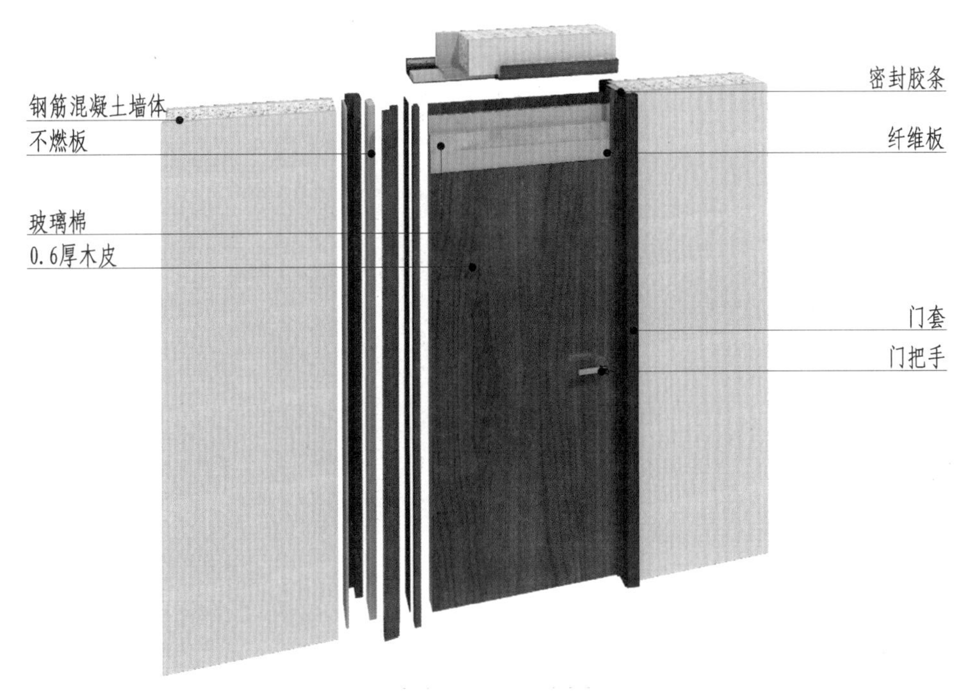

图 15-1-20 单扇隔声门三维图

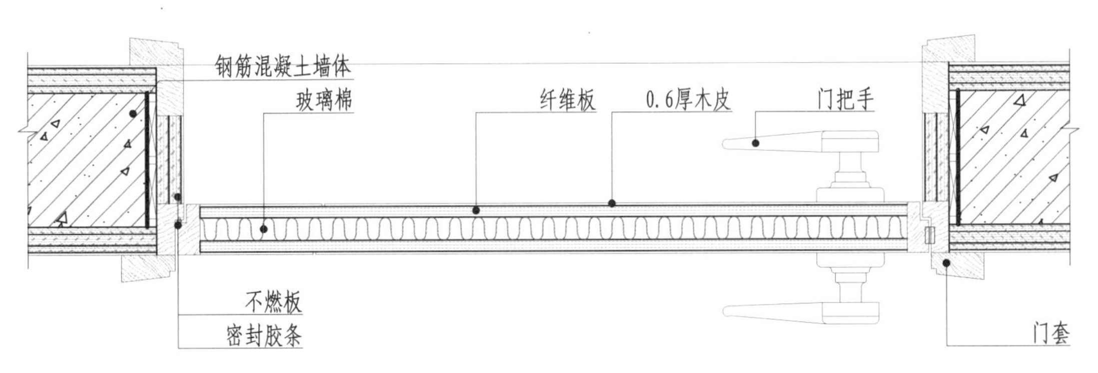

图 15-1-21 单扇隔声门横向构造节点图

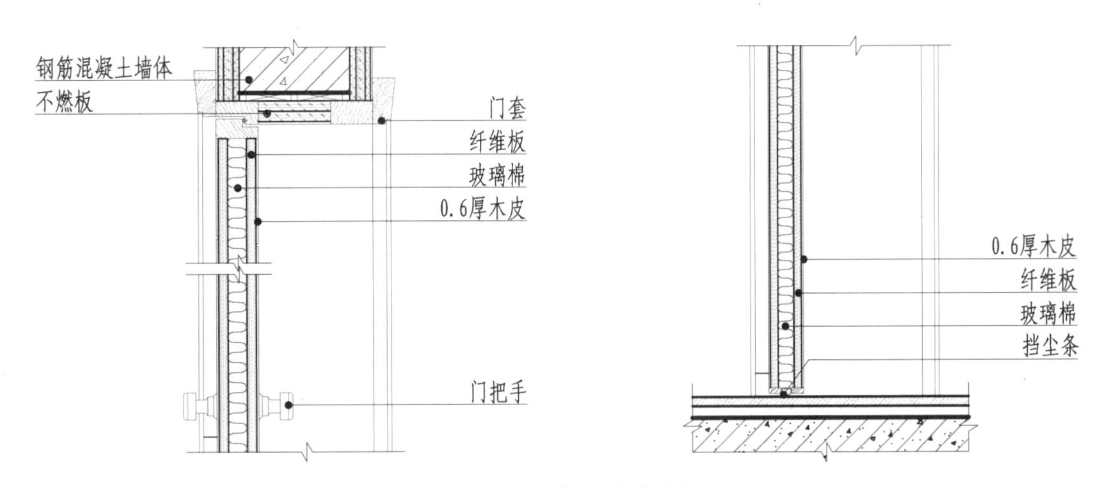

图 15-1-22 单扇隔声门竖向构造节点图

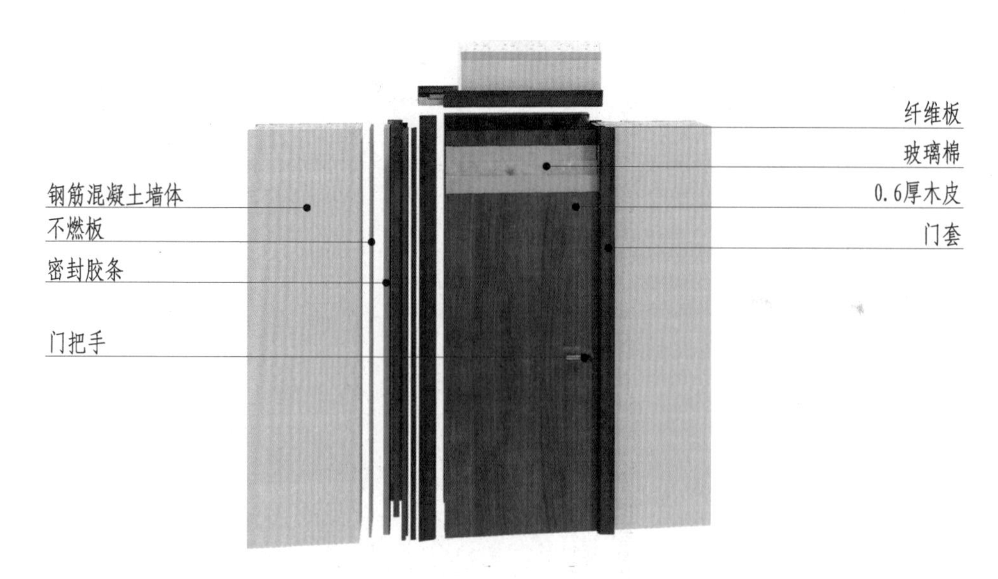

图 15-1-23 双层隔声门三维图

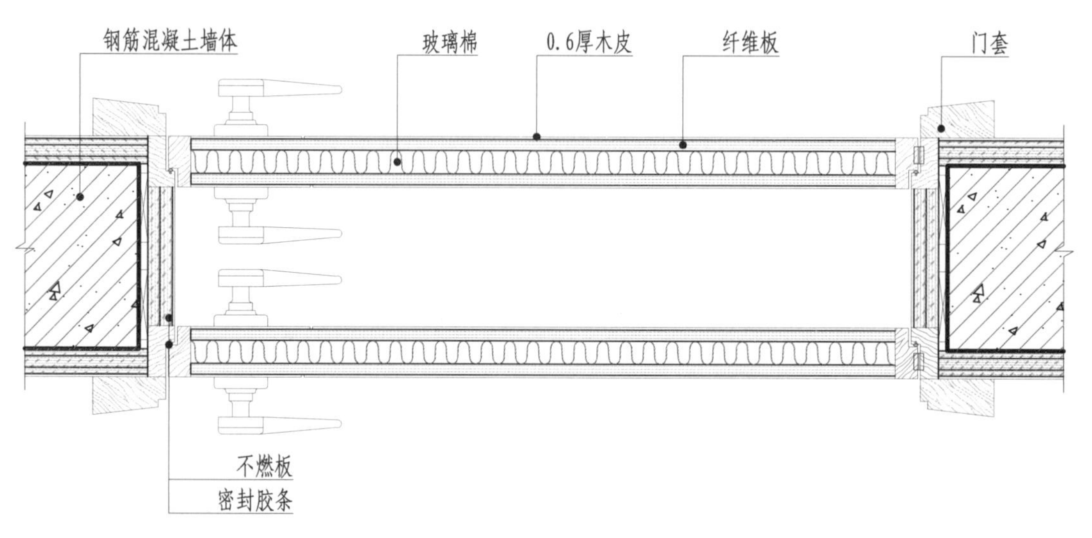

图 15-1-24 双层隔声门横向构造节点图

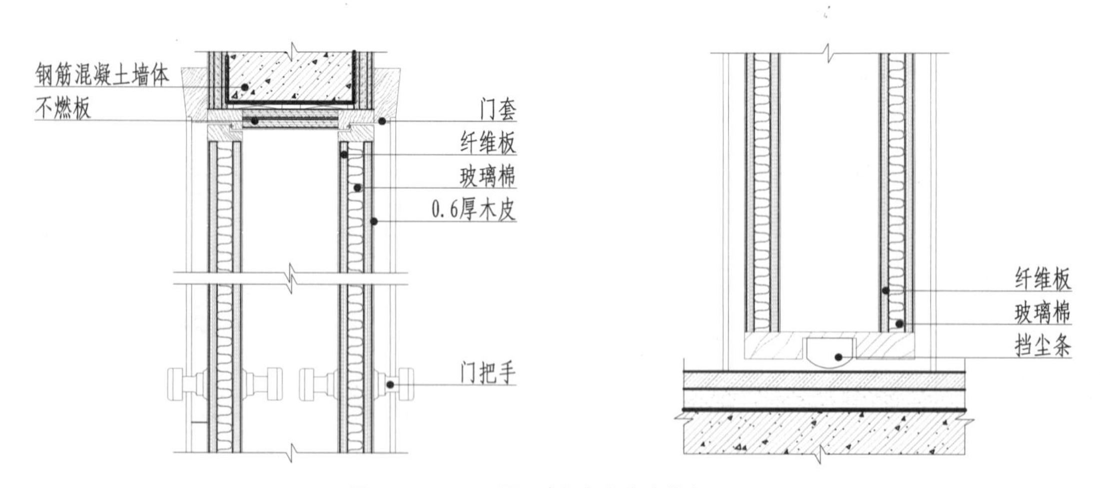

图 15-1-25 双层隔声门竖向构造节点图

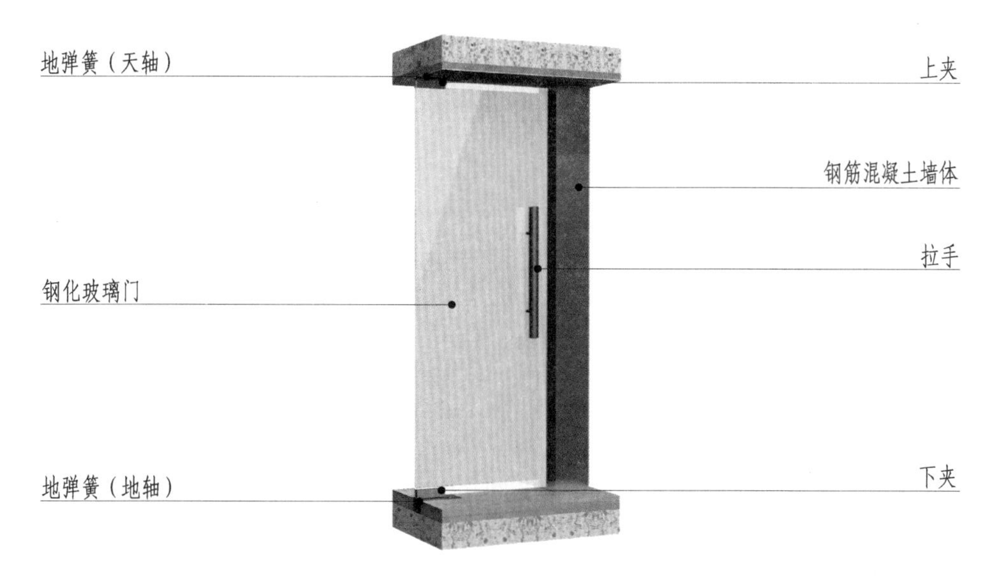

图 15-1-26　玻璃平开门三维图

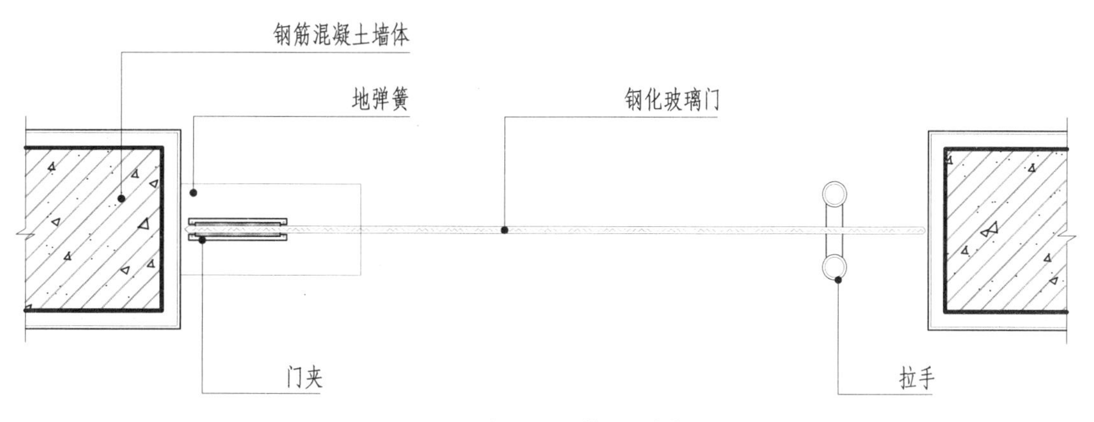

图 15-1-27　玻璃平开门横向构造节点图

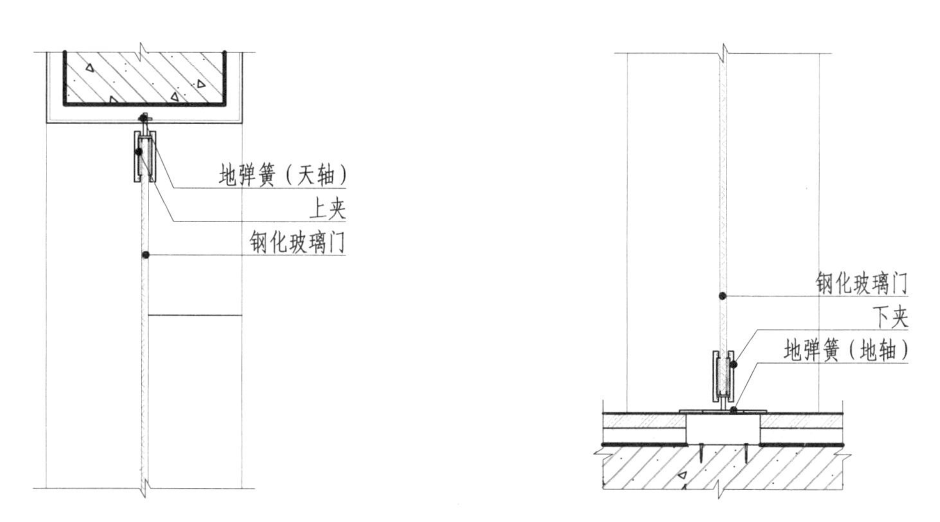

图 15-1-28　玻璃平开门竖向构造节点图

第二节 窗套构造

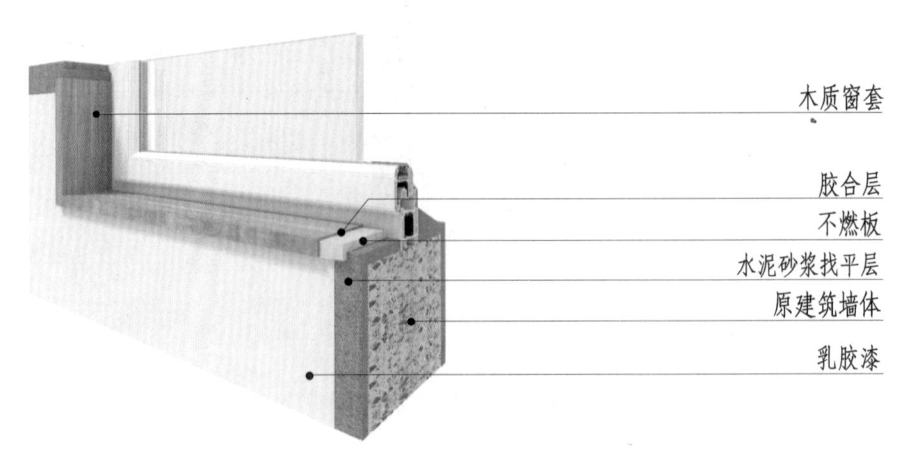

图 15-2-1 木质窗台（一）三维图

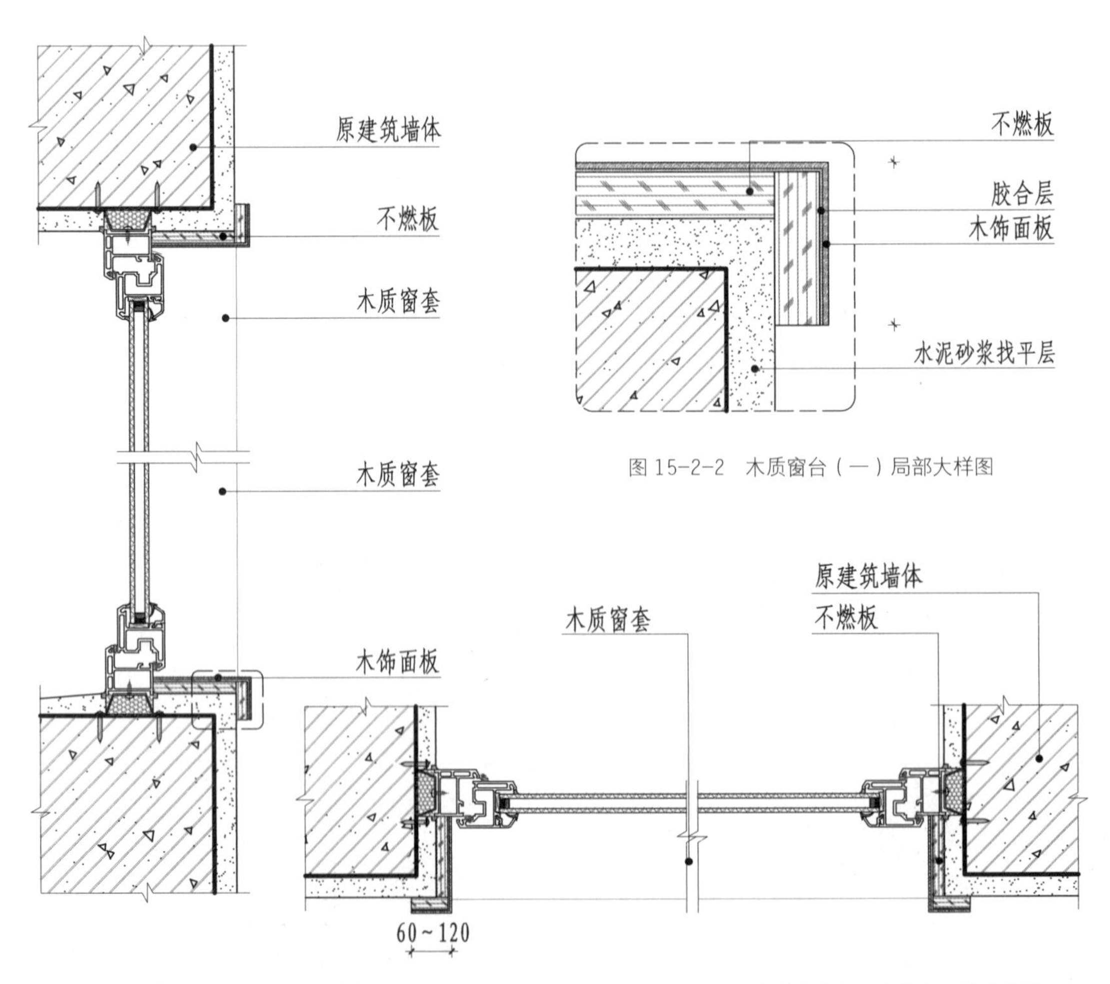

图 15-2-2 木质窗台（一）局部大样图

图 15-2-3 木质窗台（一）竖向构造节点图

图 15-2-4 木质窗台（一）横向构造节点图

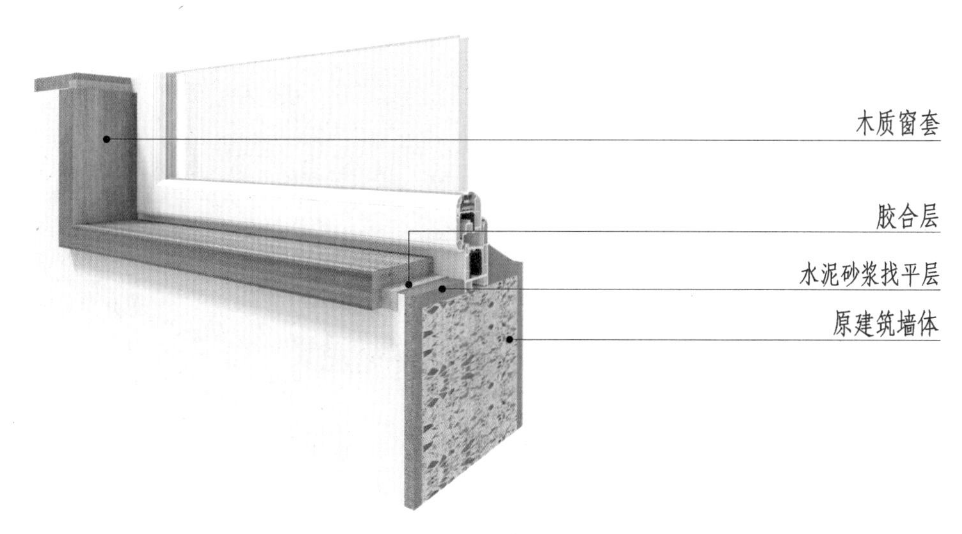

图 15-2-5　木质窗台（二）三维图

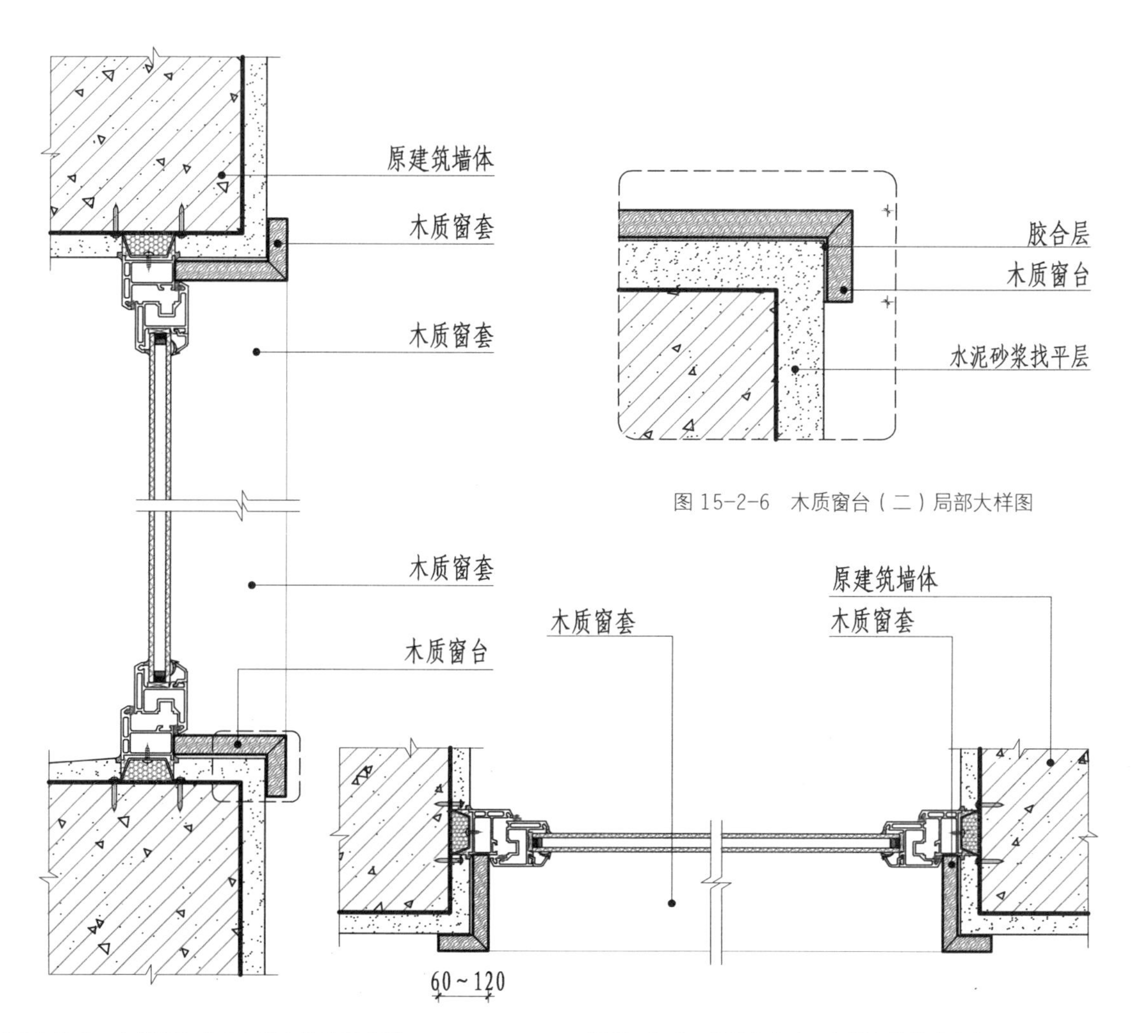

图 15-2-6　木质窗台（二）局部大样图

图 15-2-7　木质窗台（二）竖向构造节点图

图 15-2-8　木质窗台（二）横向构造节点图

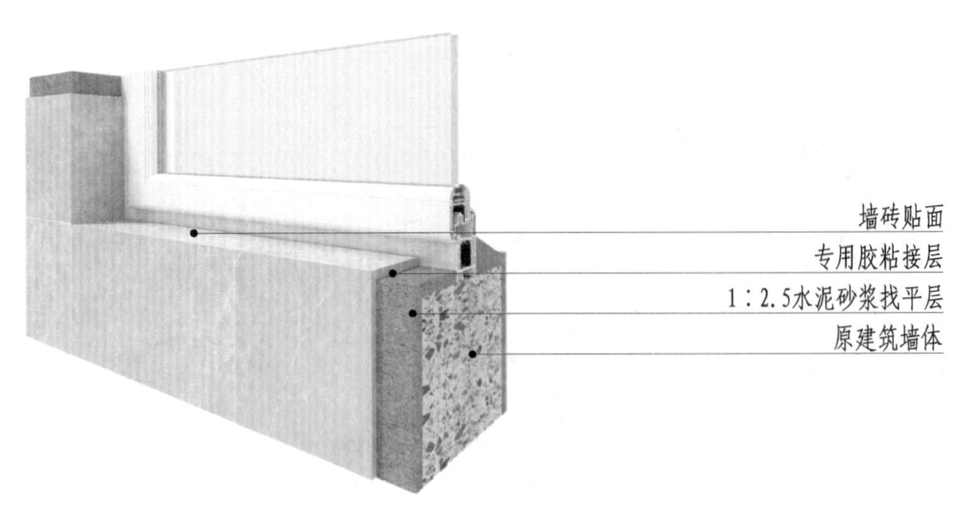

图 15-2-9 墙砖窗台三维图

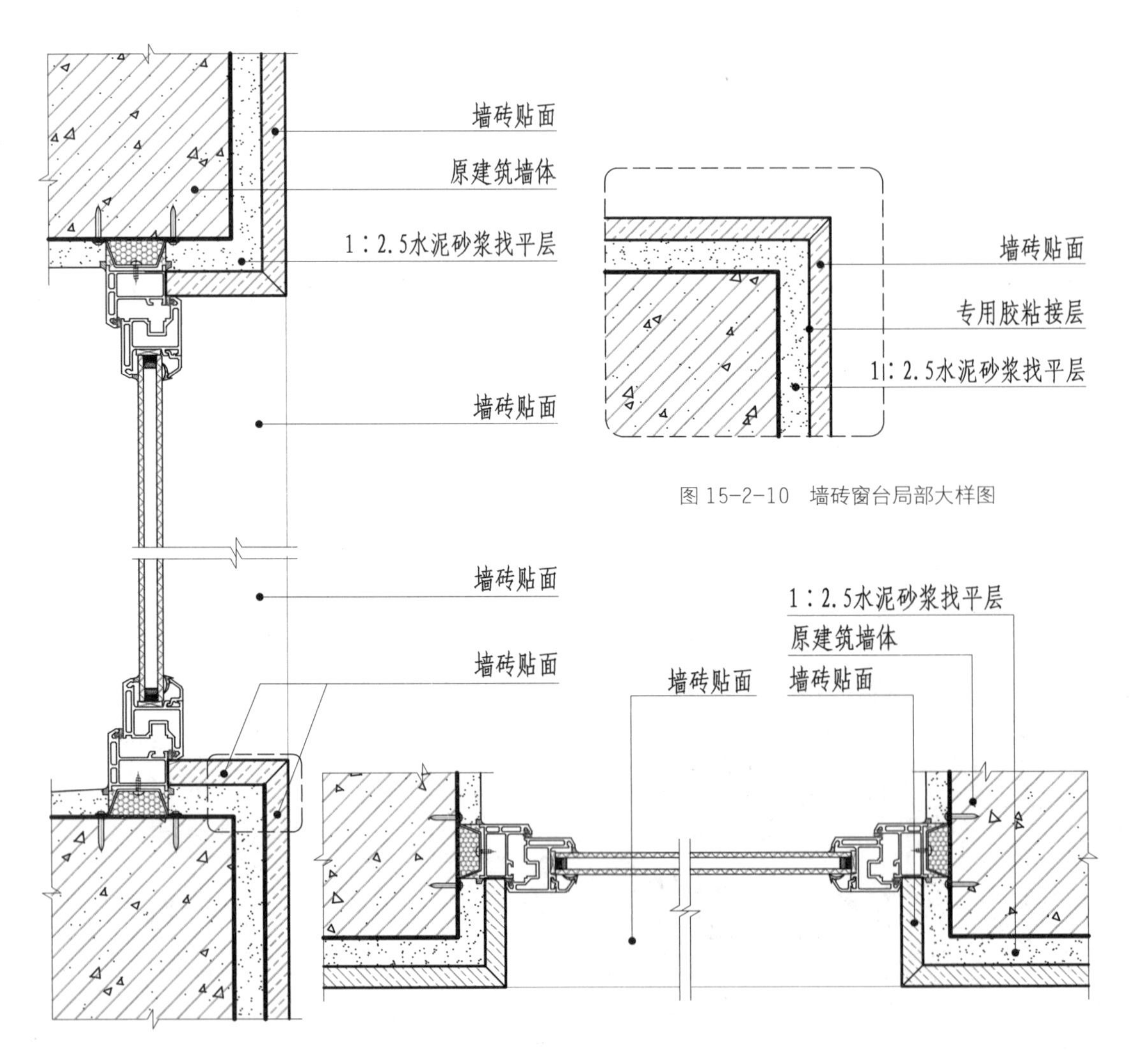

图 15-2-10 墙砖窗台局部大样图

图 15-2-11 墙砖窗台竖向构造节点图

图 15-2-12 墙砖窗台横向构造节点图

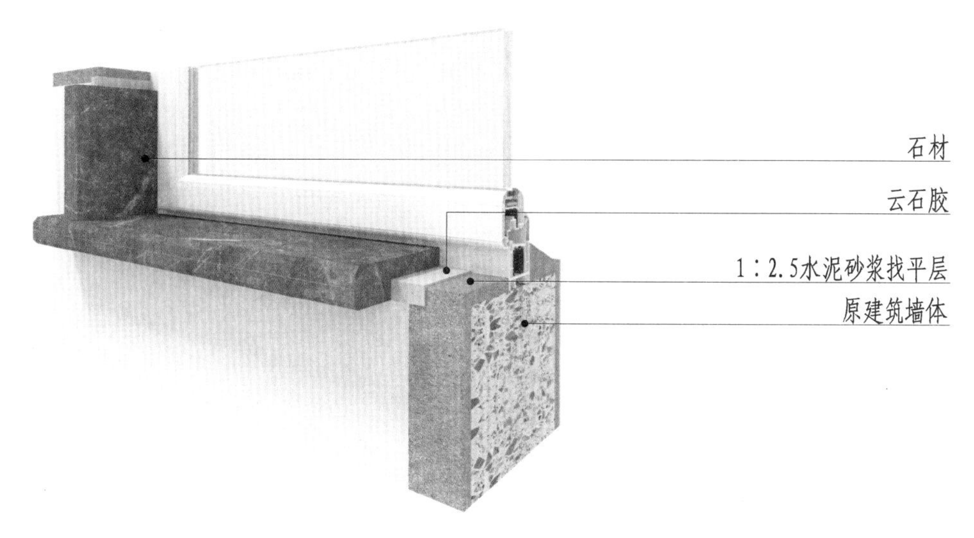

图 15-2-13　石材窗台（一）三维图

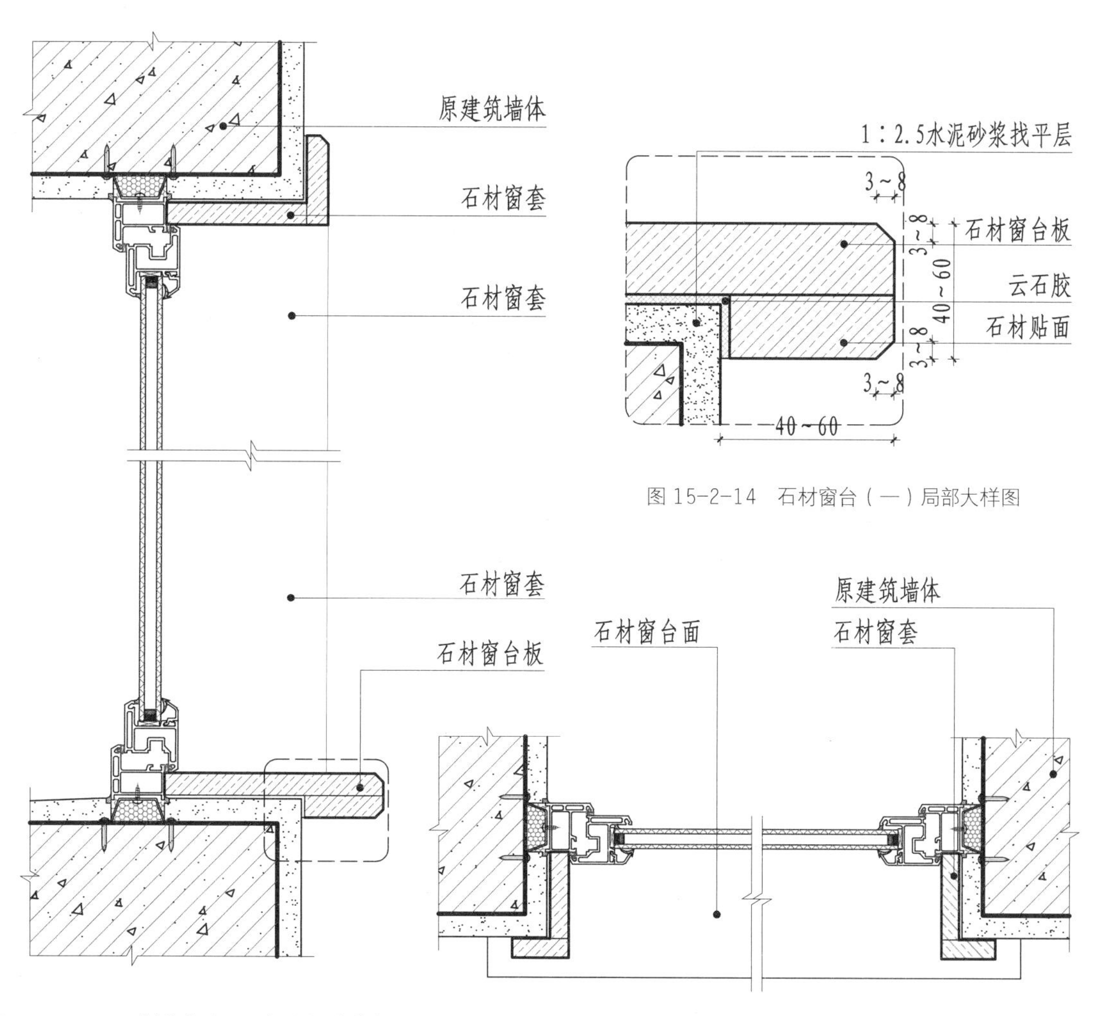

图 15-2-14　石材窗台（一）局部大样图

图 15-2-15　石材窗台（一）竖向构造节点图

图 15-2-16　石材窗台（一）横向构造节点图

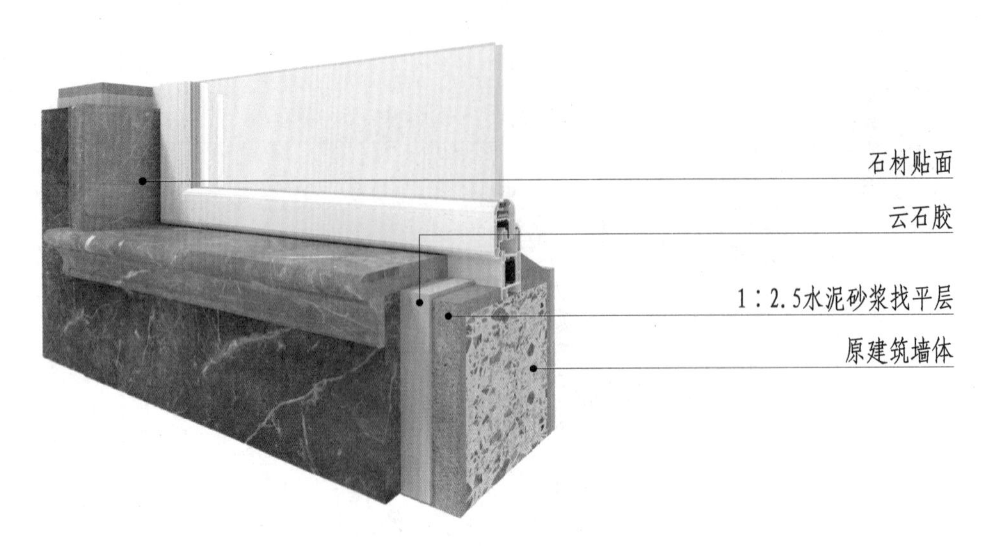

图 15-2-17 石材窗台（二）三维图

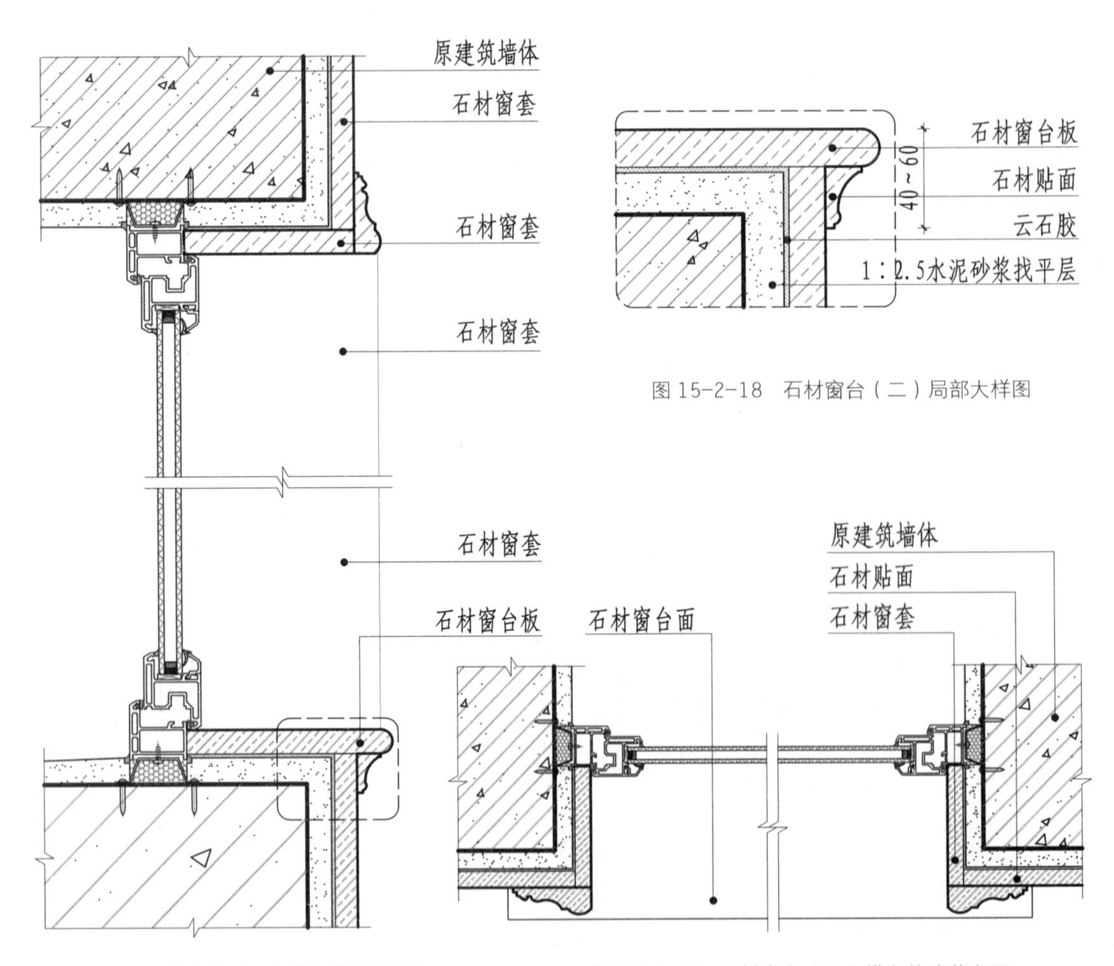

图 15-2-18 石材窗台（二）局部大样图

图 15-2-19 石材窗台（二）竖向构造节点图

图 15-2-20 石材窗台（二）横向构造节点图

第三节　固定家具的装饰装修构造

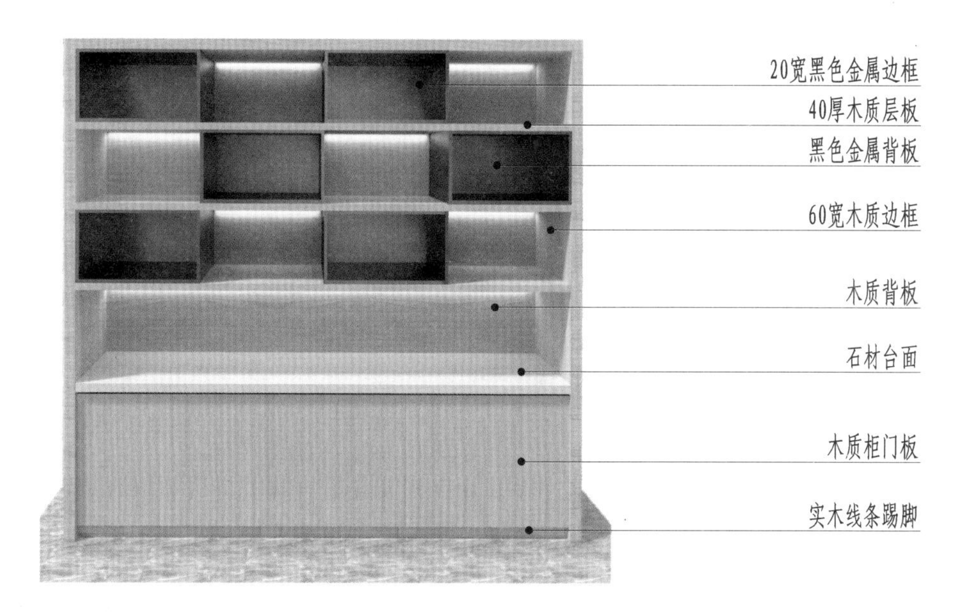

图 15-3-1　装饰柜三维图

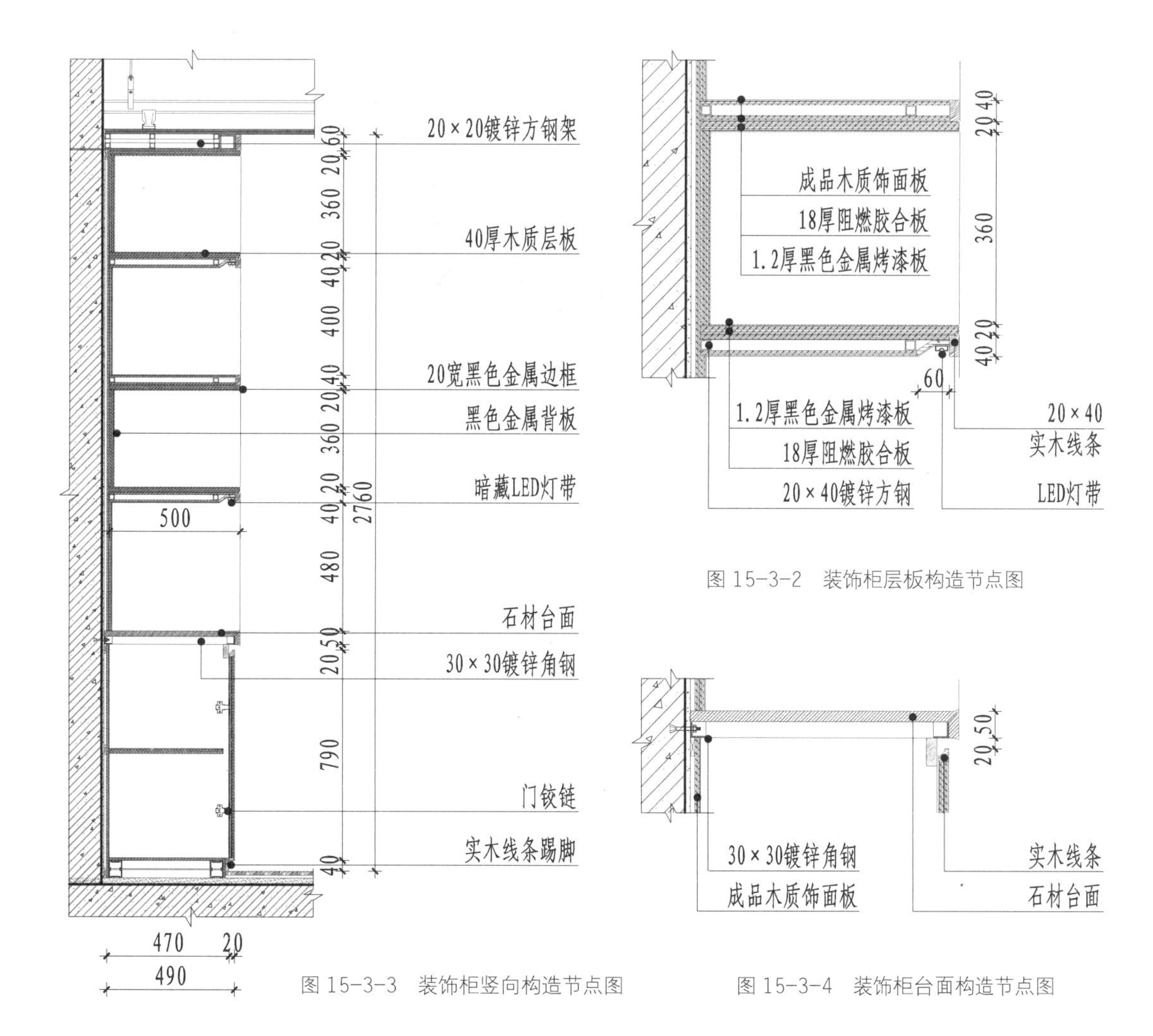

图 15-3-2　装饰柜层板构造节点图

图 15-3-3　装饰柜竖向构造节点图

图 15-3-4　装饰柜台面构造节点图

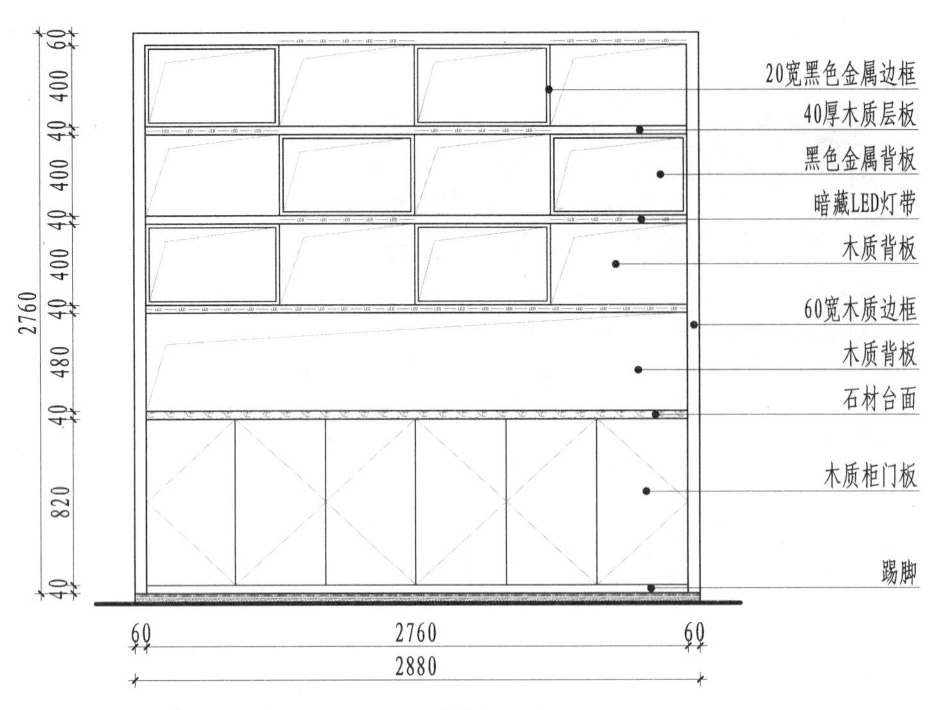

图 15-3-5 装饰柜正立面图

图 15-3-6 浴缸三维图

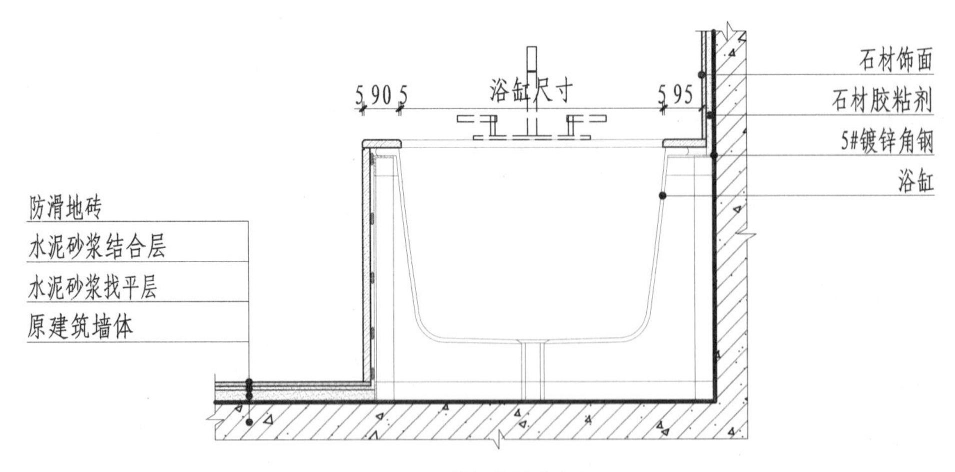

图 15-3-7 浴缸构造节点图

第四节 厨房、卫生间的装饰装修构造

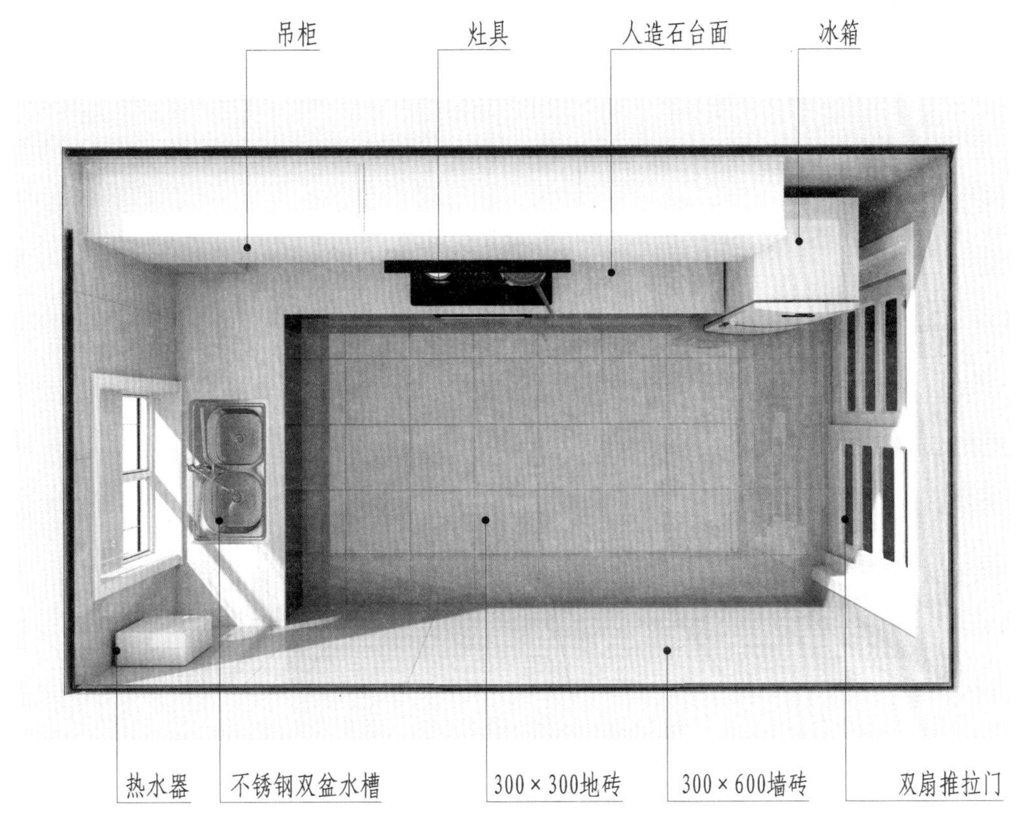

图 15-4-1 厨房三维图

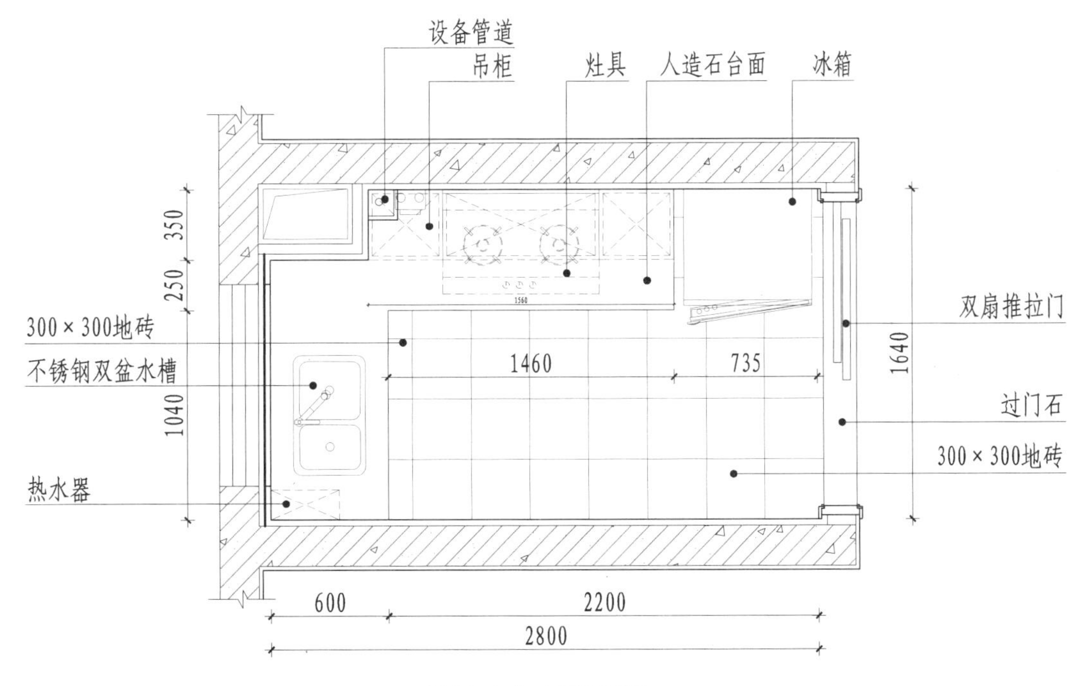

图 15-4-2 厨房平面图

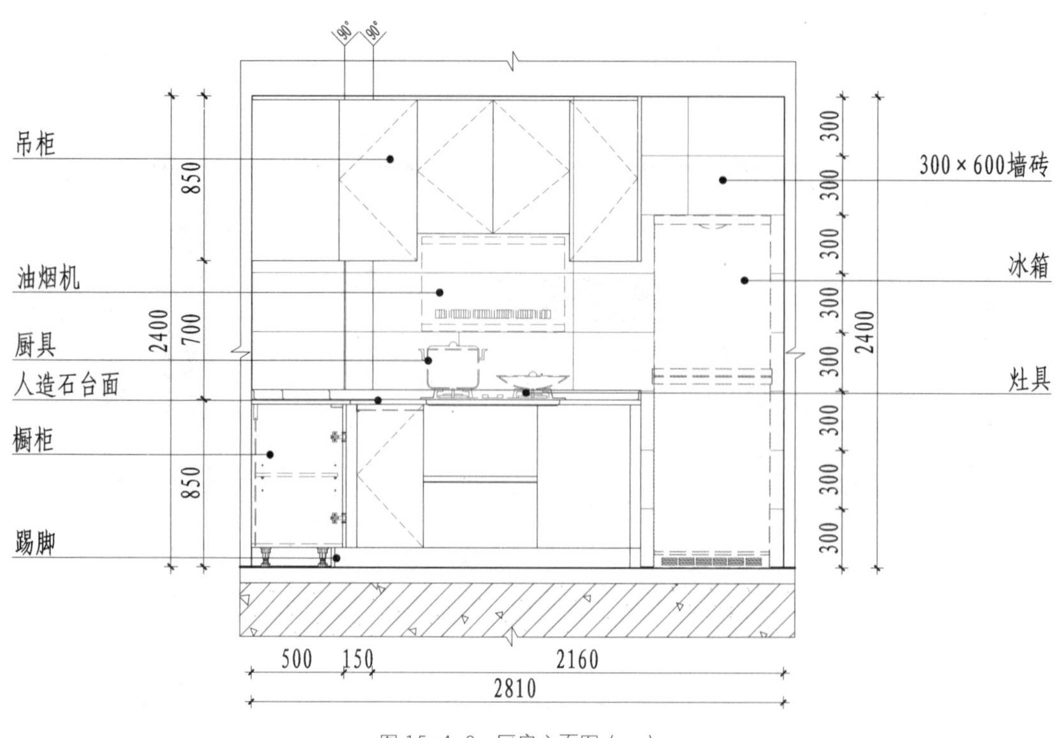

图 15-4-3 厨房立面图（一）

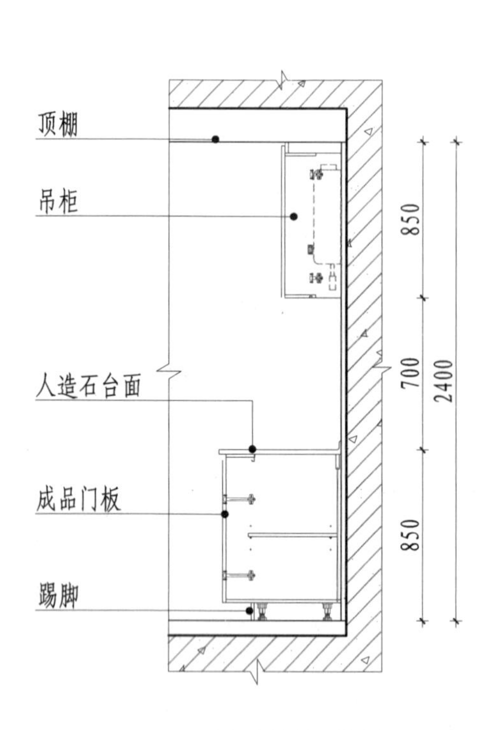

图 15-4-4 厨房竖向构造节点图

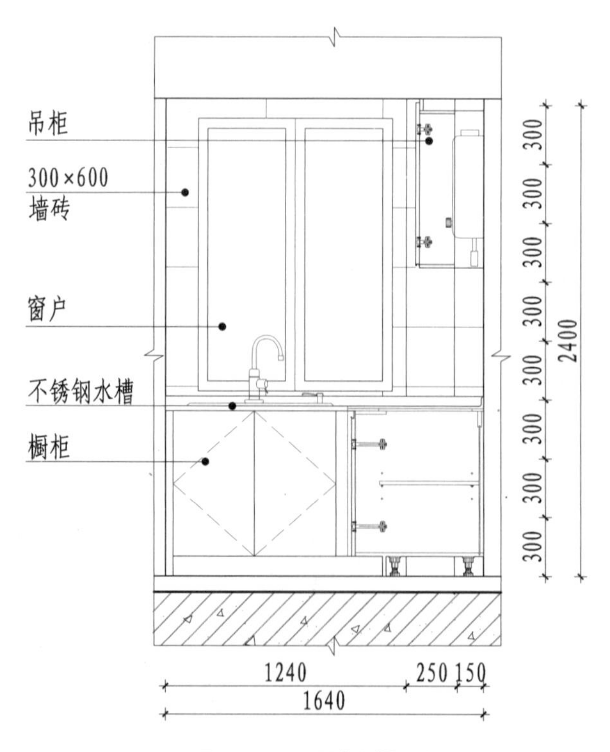

图 15-4-5 厨房立面图（二）

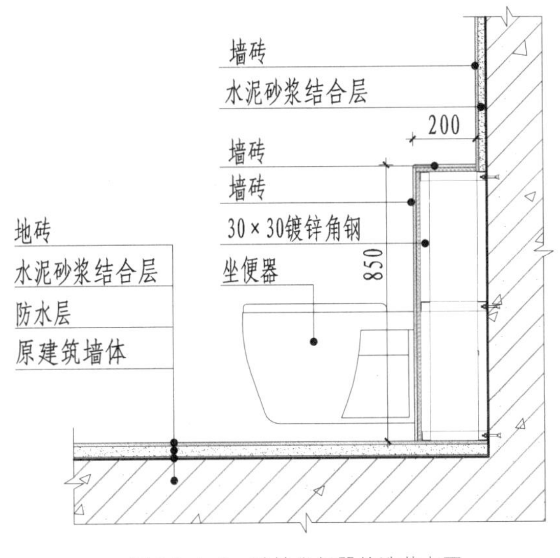

图 15-4-6　壁挂坐便器构造节点图

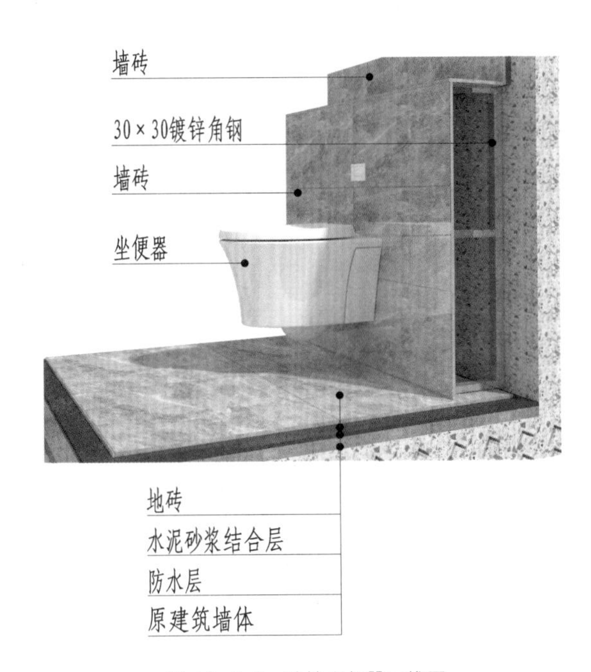

图 15-4-7　壁挂坐便器三维图

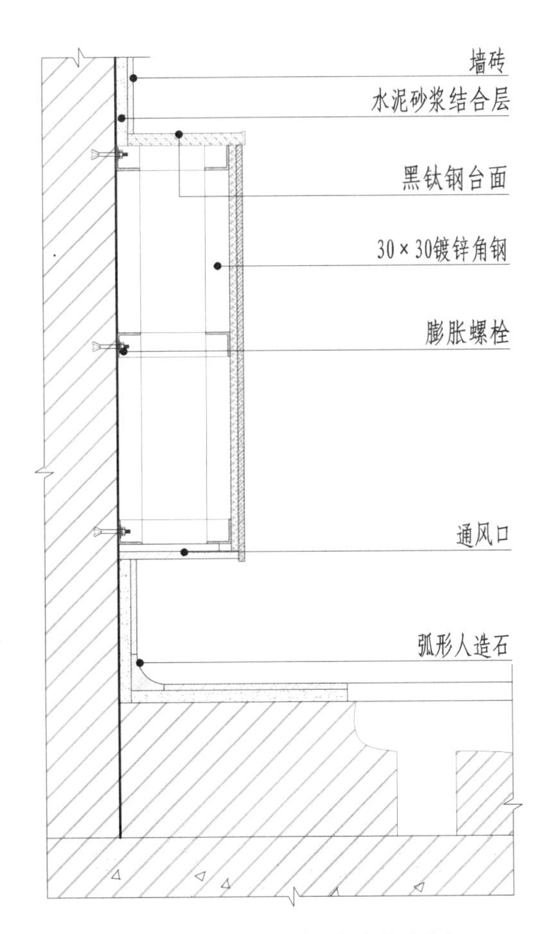

图 15-4-8　蹲坑后侧墙面竖向构造节点图

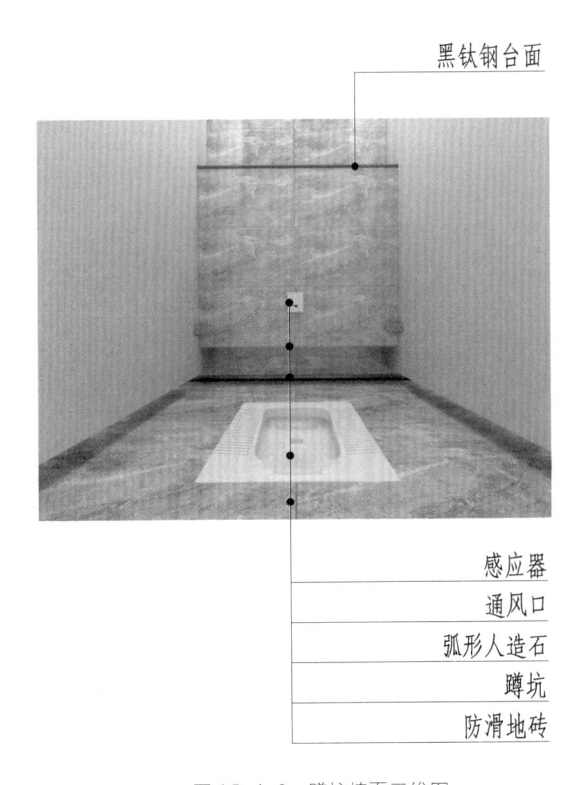

图 15-4-9　蹲坑墙面三维图

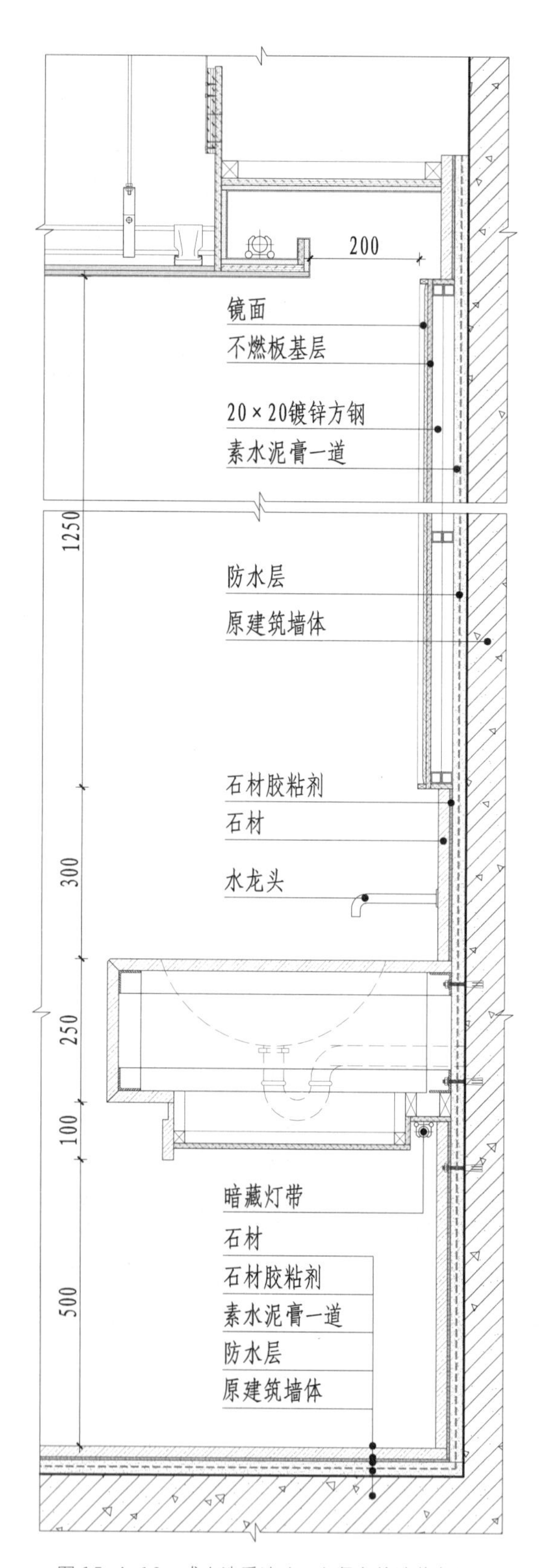

图 15-4-10 成人洗手池（一）竖向构造节点图

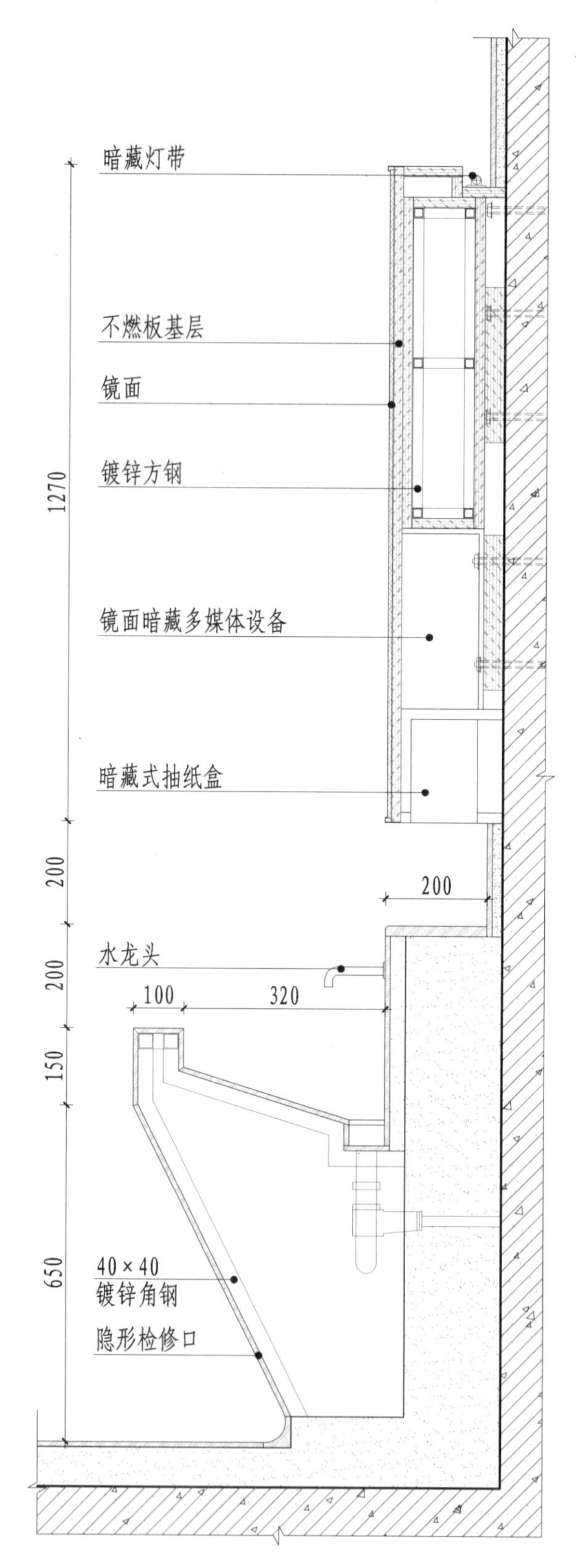

图 15-4-11 成人洗手池（二）竖向构造节点图

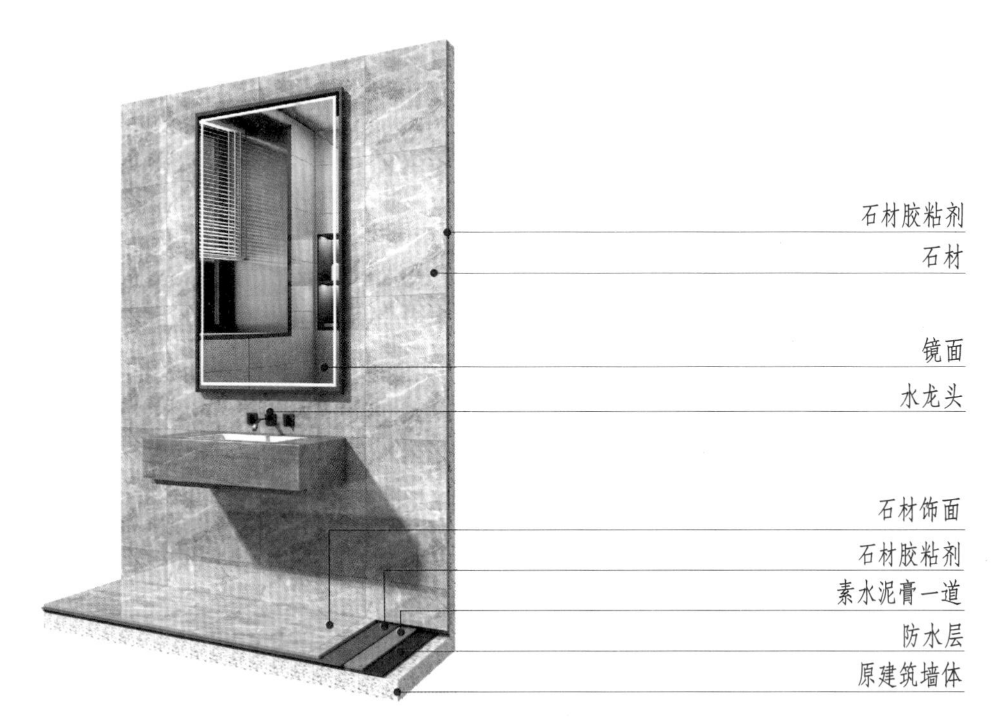

图 15-4-12　成人洗手池（一）三维图

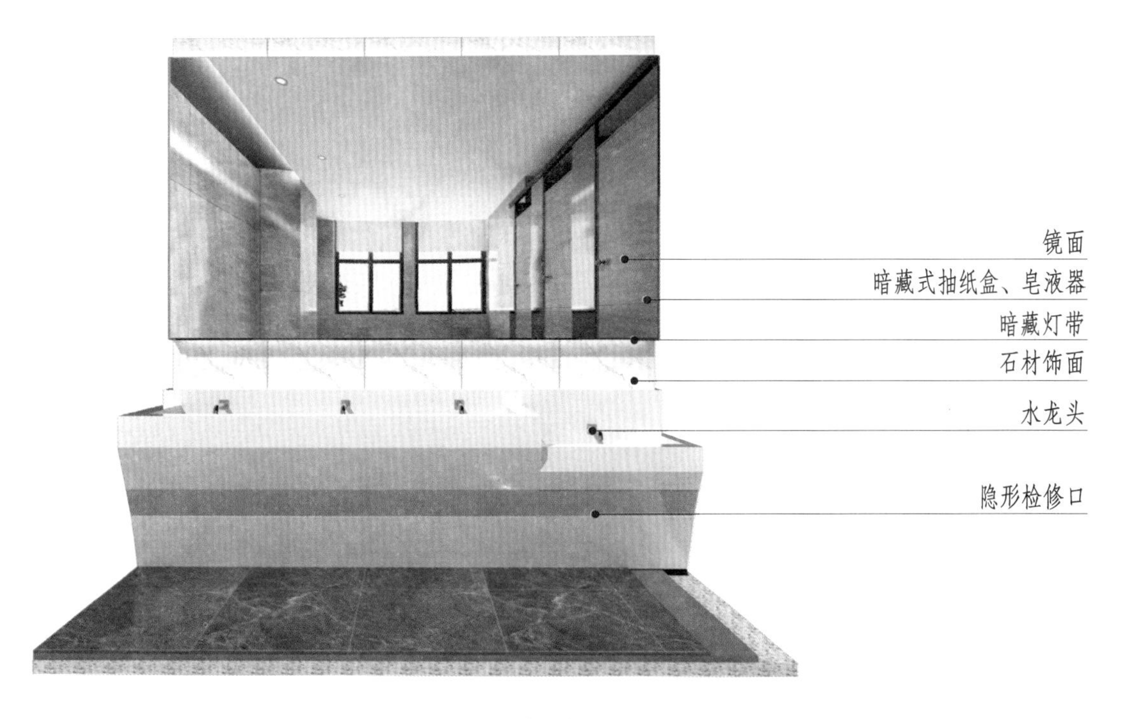

图 15-4-13　成人洗手池（二）三维图

第五节 壁炉的装饰装修构造

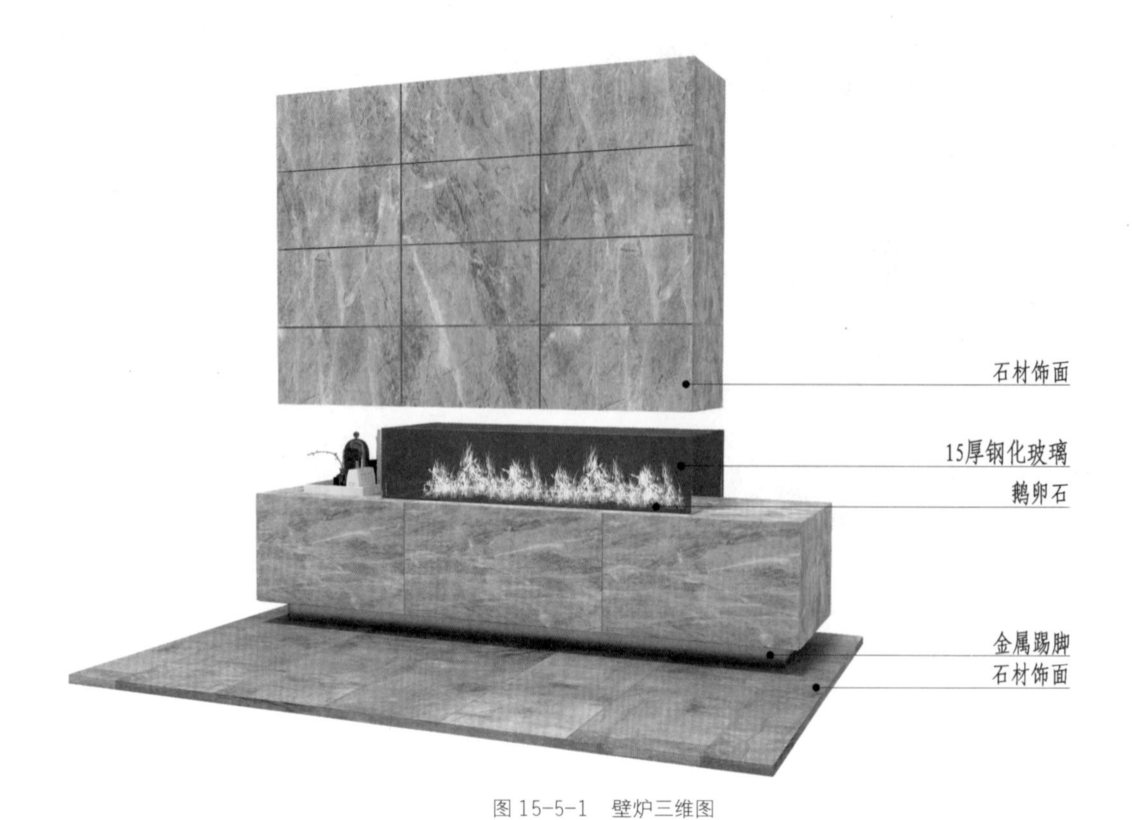

图 15-5-1 壁炉三维图

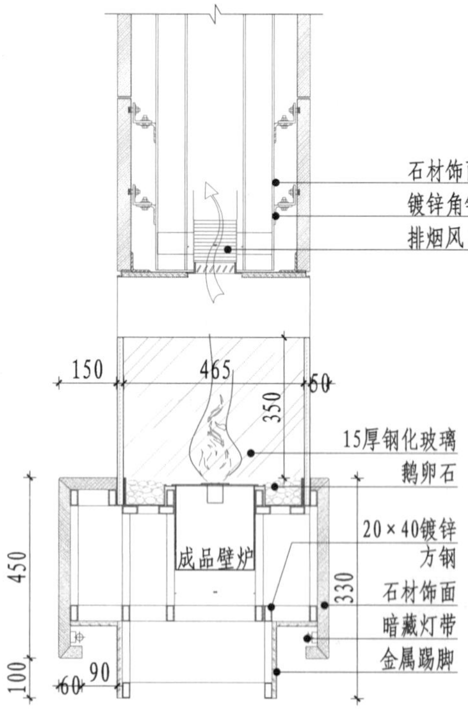

150
465
60
350
450
330
100
60
90
成品壁炉
石材饰面
镀锌角钢
排烟风口
15厚钢化玻璃
鹅卵石
20×40镀锌方钢
石材饰面
暗藏灯带
金属踢脚

图 15-5-2 壁炉纵向构造节点图

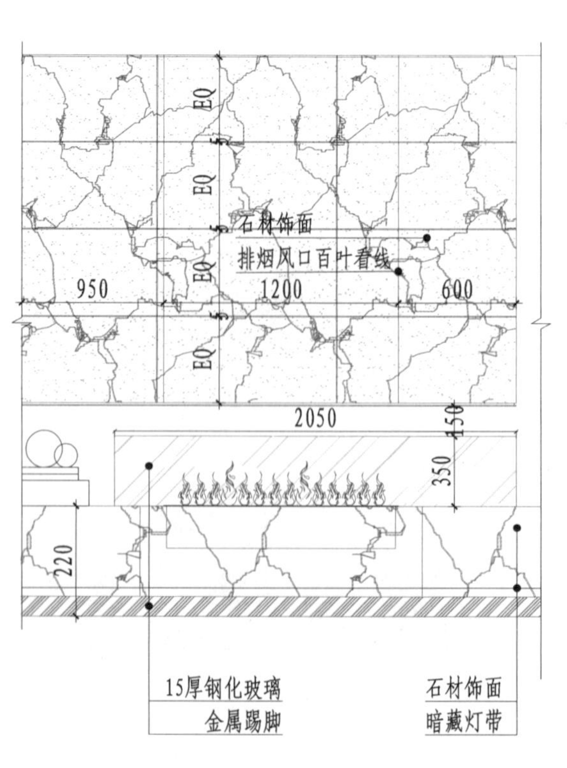

图 15-5-3 壁炉立面图

第六节　衣柜的装饰装修构造

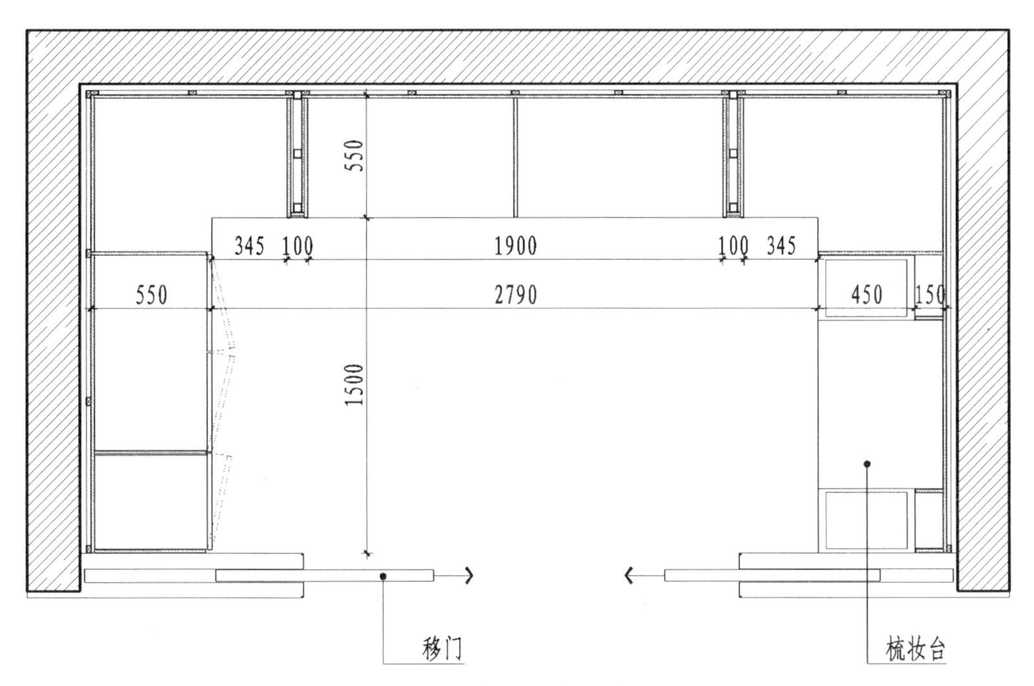

图 15-6-1　步入式衣帽间平面图

图 15-6-2　步入式衣帽间三维图

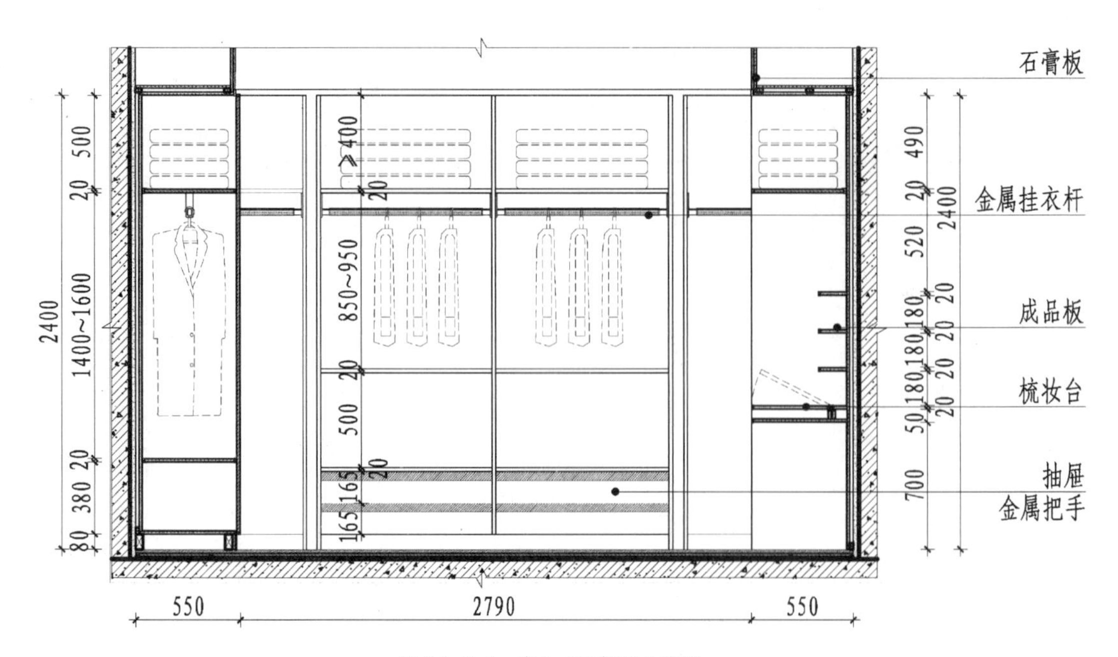

图 15-6-3 步入式衣帽间立面图

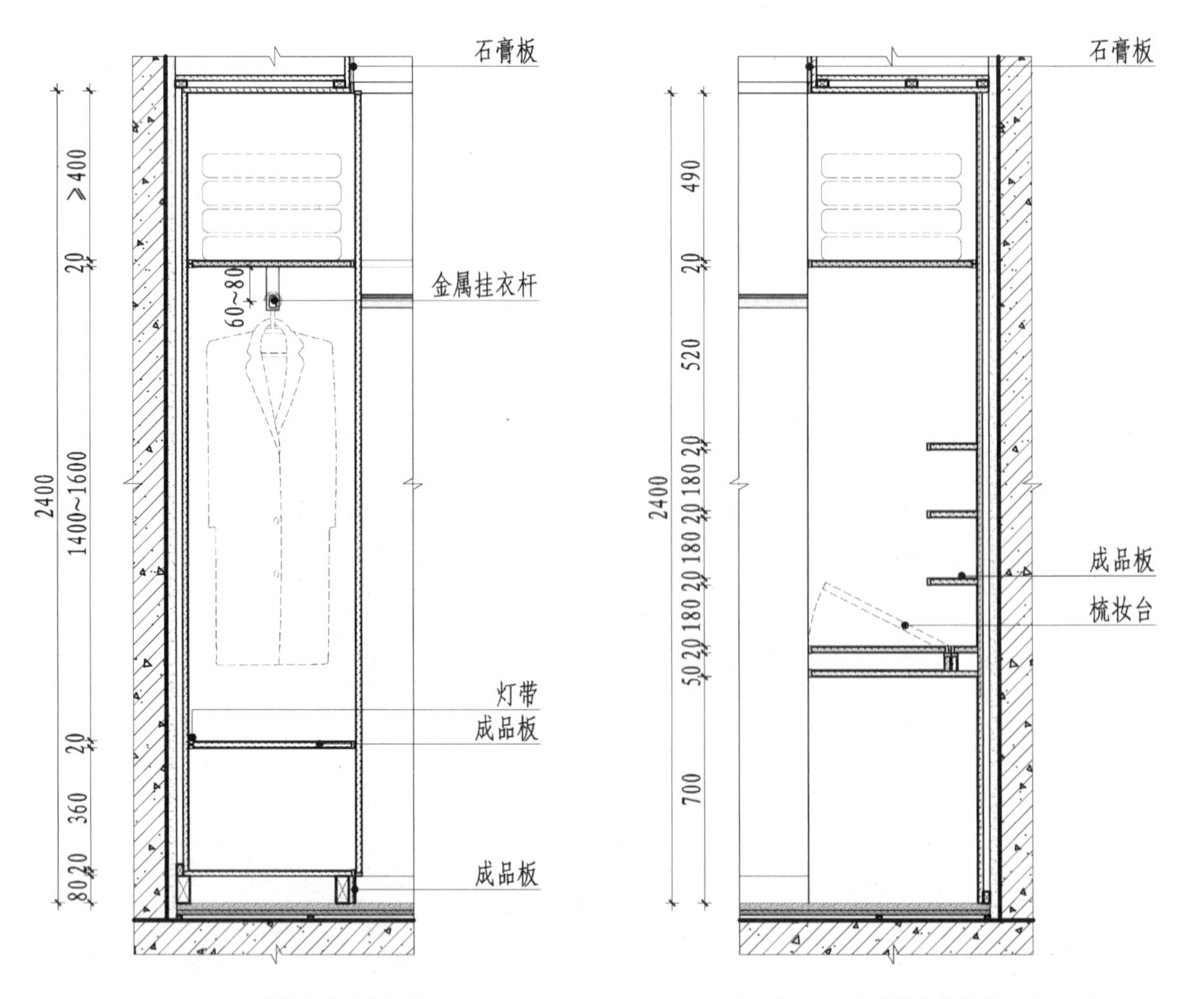

图 15-6-4 衣柜竖向构造节点图（一）

图 15-6-5 衣柜竖向构造节点图（二）